自学需精细 实战成高手

三虎工作室 编著

CorelDRAW X4 图形设计

自学实战手册

为自学者提供一本 快捷、实用、体贴 的用书！

- 从零开始，快速提升。
- 疑难解析，体贴周到。
- 多章综合案例，从入门到提高，一步到位！

科学出版社
www.sciencep.com

北京希望电子出版社
Beijing Hope Electronic Press
www.bhp.com.cn

内 容 简 介

本书从实际应用的角度出发，本着易学易用的特点，系统地介绍了CorelDRAW X4绘图与平面设计的基本操作方法与应用技巧。

全书共分为12章，从基础知识入手，引导读者逐步学习如何设置CorelDRAW X4的工作环境、CorelDRAW X4的基本操作、基本图形的绘制与编辑、轮廓线的设置与编辑、对象的操作与管理、对象的填充与编辑、文本的编辑与应用、特效图像的制作、图层与样式的应用、位图的编辑与处理、位图特效的应用、文件管理与打印等知识。最后一章通过6个典型的综合实例使读者快速掌握CorelDRAW X4的强大功能。

本书适合从事平面设计、网页设计以及印刷相关工作的用户，既适合无基础又想快速掌握CorelDRAW X4的读者自学，也可作为电脑培训班、职业院校以及大中专院校广告、平面设计、动漫和艺术类专业的参考书籍。

本书配套光盘内容包括部分实例源文件与素材以及视频教学内容。

需要本书或技术支持的读者，请与北京清河6号信箱（邮编：100085）发行部联系，电话：010-62978181（总机）转发行部、010-82702675（邮购），传真：010-82702698，E-mail：tbd@bhp.com.cn。

图书在版编目（CIP）数据

CorelDRAW X4图形设计自学实战手册／三虎工作室编著．北京：科学出版社，2009
ISBN 978-7-03-026081-9

Ⅰ.C… Ⅱ.三… Ⅲ.图形软件，CorelDRAW X4—技术手册 Ⅳ.TP391.41-62

中国版本图书馆CIP数据核字（2009）第212808号

责任编辑：白 凌 ／责任校对：小 方
责任印刷：金明盛 ／封面设计：叶毅登

科 学 出 版 社 出版
北京东黄城根北街16号
邮政编码：100717
http://www.sciencep.com
北京市金明盛印刷有限公司印刷
科学出版社发行 各地新华书店经销

*

2009年12月第 1 版 开本：787mm×1092mm 1/16
2009年12月第1次印刷 印张：27
印数：1-3 000册 字数：614千字

定价：44.80元（配1张CD）

部分案例

DM单

VI

标志

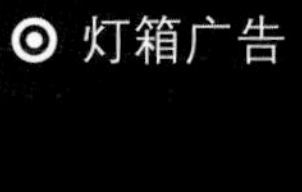

灯箱广告

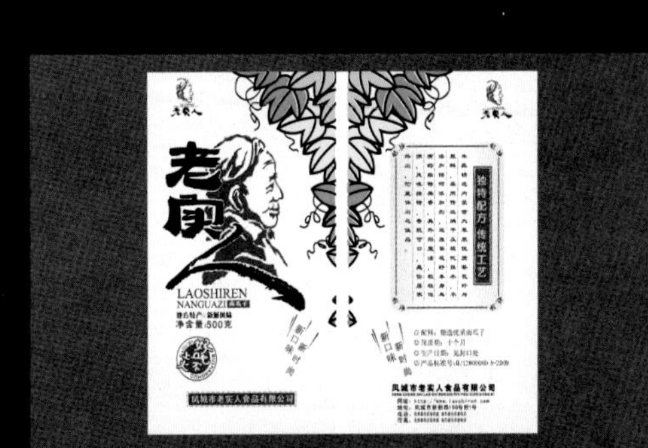

海底世界

花朵

混合插画

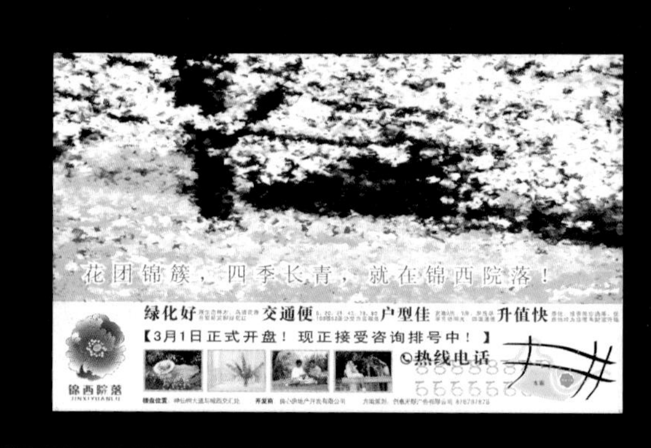

锦西院落

柠檬女孩

可爱小熊

◎ 人物插画

◎ 生日贺卡

◎ 圣诞贺卡

◎ 时尚女孩

◎ 水彩画

◎ 特殊效果图像

◎ 唯美造型

◎ 田野

◎ 舞台场景

◎ 下雪效果

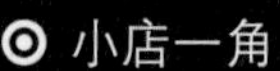
◎ 小店一角

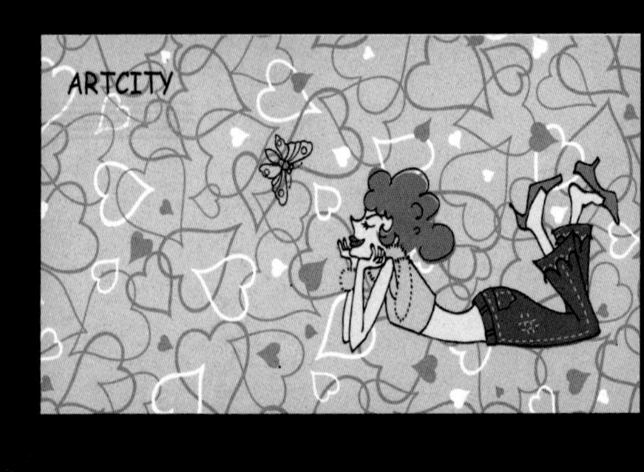

◎ 心形底纹

前 言

CorelDRAW 是 Corel 公司开发的矢量绘图和平面设计应用类软件，它具有使用方便、易于掌握等优点。CorelDRAW 广泛应用于插画设计、广告设计、包装设计以及印刷等领域。新版本的 CorelDRAW X4 的操作界面更加直观、功能更加强大，用户操作更加灵活。

无论是初学者，还是有一定软件基础的读者，都希望能购买到一本适合自己学习的书。通过对大量初级读者购书要求的调查，以及对计算机类图书特点的研究，我们精心策划并编写了这本书，旨在把一个初级读者在最短时间内培养成一名 CorelDRAW 的使用高手，提高读者的实际操作水平。

本书特色

本书从实用的角度出发，采用“零起点”学习软件基础知识，“现场练兵”实例提高软件操作技能，综合应用实例提高实战水平的教学安排。考虑读者的实际学习的需要，首先掌握软件核心功能技术要点，其次通过对实例的详细讲解来学习软件的核心功能和技术要点，然后结合“上机实践”这一边学边练的指导思想，充分发挥读者学习的主观能动性，“巩固与提高”模块将进一步巩固所学知识，从而达到举一反三的学习效果。科学的教学体系，边学边用的实用方法，可快速提高读者的学习效率，从而满足实际工作的需要。

语言精练、内容实用

在写作方式上，本书语言简练、通俗易懂，采用图文互解的方式让读者轻松掌握相关操作知识。在内容安排上，本书突出实用、常用的特点，也就是说只讲“实用的和常用的”知识点，真正做到让读者学得会，用得上。

结构科学、循序渐进

针对初学者的学习习惯和计算机软件的学习特点，采用边学边练的教学方式。把握系统性和完整性，由浅入深，以便读者做阶段性的学习，使读者通过学习掌握系统完备的知识。通过大量练习，使学习者能够掌握该软件的基本技能。

学练结合、快速掌握

从实际应用的角度出发，结合软件的典型功能与核心技术，在讲解相关基础知识后，恰当地安排一些“现场练兵”实例，通过对这些实例制作过程的详细讲解，读者可以快速掌握软件的典型功能与核心技术。另外，本书所讲的基础操作与实例的实用性较强，使读者学有所用，有所收获，突出了学练结合的特点。

上机实战、巩固提高

为了提高学习效果，充分发挥读者的学习主观能动性和创造力，我们精心设计了一些上机实例供读者上机实战。另外，还提供了一些选择题和简答题对所学基础知识进行巩固。

教学光盘

为了方便读者的学习，快速提高学习效率，本光盘不仅包括本书中部分实例源文件与素材及视频教学，对有代表性的实例进行了详细的讲解，还赠送了本软件操作基础的视频教学内容。

读者对象

如果您是下列读者之一，建议您购买这本书。

- 没有一点 CorelDRAW 基础知识，希望从零开始，全面学习 CorelDRAW 软件操作与技能的读者；
- 对 CorelDRAW 有一定的基础了解，但缺少实际应用，可以通过本书的“现场练兵”实例和综合应用实例提高应用水平的读者；
- 刚从学校毕业，想通过短时间内的自学而掌握 CorelDRAW 的实际应用能力的读者；
- 从事广告设计、包装设计、插画设计以及与印刷相关工作的读者。

编写团队

本书由三虎工作室编著，参与本书编写的人员有邱雅莉、王政、李勇、牟正春、鲁海燕、杨仁毅、邓春华、唐蓉、蒋平、王金全、朱世波、刘亚利、胡小春、陈冬、许志兵、余家春 、成斌、李晓辉、陈茂生、尹新梅、刘传梁、马秋云、彭中林、毕涛、戴礼荣、康昱、李波、刘晓忠、何峰、冉红梅、黄小燕等。在此向所有参与本书编写的人员表示衷心的感谢。更要感谢购买这本书的读者，您的支持是我们最大的动力，我们将不断努力，为您奉献更多、更优秀的电脑图书！同时由于作者水平有限，欢迎广大读者批评指正。

编者

目录

第1章 工作环境与基本操作

1.1 初识 CorelDRAW X4 …… 2

1.1.1 CorelDRAW X4 的欢迎屏幕 …… 2

1.1.2 CorelDRAW X4 的工作界面 …… 4

1.2 文件的基本操作 …… 7

1.2.1 新建图形文件 …… 7

1.2.2 打开图形文件 …… 7

1.2.3 保存图形文件 …… 8

1.2.4 关闭图形文件 …… 9

1.3 页面的基本操作 …… 9

1.3.1 设置绘图页面大小 …… 9

1.3.2 插入页面 …… 10

1.3.3 重命名页面 …… 11

1.3.4 删除页面 …… 12

1.3.5 调整页面顺序 …… 12

现场练兵 制作多页文档 …… 12

1.4 调整与设置视图 …… 14

1.4.1 视图的显示模式 …… 14

1.4.2 使用缩放工具查看对象 …… 15

1.4.3 使用视图管理器显示对象 …… 16

1.4.4 使用手形工具平移视图 …… 17

1.5 使用辅助工具 …… 17

1.5.1 使用辅助线 …… 17

1.5.2 使用标尺 …… 21

1.5.3 使用网格 …… 23

1.6 疑难解析 …… 24

1.7 上机实践 …… 28

1.8 巩固与提高 …… 28

第2章 图形的绘制

2.1 绘制几何图形 …… 32

2.1.1 绘制矩形和正方形 …… 32

2.1.2 绘制椭圆形和圆形 …… 33

2.1.3 绘制多边形 …… 35

2.1.4 绘制星形和复杂星形 …… 35

2.1.5 绘制螺纹 …… 37

2.1.6 绘制图纸 …… 38

2.2 绘制表格 …… 38

2.2.1 绘制表格 …… 38

2.2.2 选择表格 …… 39

2.2.3 表格的属性设置 …… 40

2.2.4 移动表格行或列 …… 43

2.2.5 插入和删除表格行或列 …… 44

2.2.6 均分表格行或列 …… 45

2.3 绘制各种形状 …… 45

2.4 绘制曲线 …… 45

2.4.1 手绘工具 …… 46

2.4.2 贝塞尔工具 …… 46

现场练兵 绘制线描效果的咖啡猫 …… 48

2.4.3 艺术笔工具 …… 54

2.4.4 钢笔工具 …… 57

2.4.5 折线工具 …… 58

2.4.6 三点曲线工具 …… 59

2.4.7 交互式连线工具 …… 60

2.4.8 度量工具 …… 60

2.5 智能绘图 …… 62

2.6 疑难解析 …… 63

2.7 上机实践 …… 65

2.8 巩固与提高 …… 66

第 3 章 图形的形状编辑和轮廓设置

3.1 编辑曲线的形状 68
3.1.1 添加和删除节点 68
3.1.2 更改节点的属性 69
3.1.3 直线与曲线的转换 70
3.2 使用刻刀工具切割图形 71
3.3 图形修饰 72
3.3.1 涂抹笔刷 72
3.3.2 粗糙笔刷 73
3.4 对象的造形 74
3.4.1 焊接对象 75
3.4.2 修剪对象 76
3.4.3 相交对象 77
3.4.4 简化对象 77
3.4.5 前减后和后减前对象 77
3.5 图框精确剪裁对象 78
3.5.1 将对象图框精确剪裁 78
3.5.2 锁定图框精确剪裁的内容 79
3.5.3 提取内容 80
3.6 设置对象的轮廓属性 80
3.6.1 设置轮廓宽度 80
3.6.2 改变轮廓颜色 81
3.6.3 改变轮廓样式 82
3.6.4 将轮廓转换为对象 83
3.6.5 取消对象的轮廓 84
现场练兵 绘制时尚女孩 84
3.7 疑难解析 95
3.8 上机实践 98
3.9 巩固与提高 98

第 4 章 对象的操作与管理

4.1 选择对象 102
4.1.1 选择单一对象 102
4.1.2 选择多个对象 102
4.1.3 全选对象 103
4.2 复制对象 104
4.2.1 对象的基本复制 104
4.2.2 再制对象 104
4.2.3 复制对象属性 105
4.2.4 使用滴管和颜料桶工具 106
4.3 变换对象 108
4.3.1 移动对象 108
4.3.2 调整对象的大小 109
4.3.3 旋转对象 110
4.3.4 比例缩放和镜像对象 111
4.3.5 倾斜对象 113
4.4 自由变换对象 114
4.4.1 自由旋转工具 114
4.4.2 自由角度镜像工具 115
4.4.3 自由调节工具 115
4.4.4 自由扭曲工具 115
4.5 控制对象 116
4.5.1 锁定与解锁对象 116
4.5.2 群组与取消群组对象 116
4.5.3 结合与打散对象 117
4.5.4 调整对象的排列顺序 118
4.5.5 对齐与分布对象 119
现场练兵 绘制舞台场景 121
4.6 疑难解析 128
4.7 上机实践 129
4.8 巩固与提高 130

第 5 章 填充对象

5.1 为对象填充色彩 132
5.1.1 均匀填充 132
5.1.2 渐变填充 135
5.2 为对象填充图样和纹理 141
5.2.1 为对象填充图样 141
5.2.2 为对象填充底纹 143
5.2.3 为对象填充 PostScript 底纹 145
5.3 使用交互式填充工具 146

5.4 使用交互式网状填充工具............151
5.4.1 创建和编辑网格........................151
5.4.2 为对象填充颜色........................152
现场练兵 绘制绚丽花朵........................153
5.5 疑难解析..169
5.6 上机实践..173
5.7 巩固与提高.....................................173

第 6 章 编辑与处理文本

6.1 输入文本..176
6.1.1 输入美术文本..........................176
6.1.2 输入段落文本..........................178
6.1.3 转换美术文本与段落文本........178
6.2 选择文本..179
6.2.1 选择全部文本..........................179
6.2.2 选择部分文本..........................179
6.3 设置文本格式.................................180
6.3.1 设置文本的对齐方式................180
6.3.2 设置字间距...............................181
6.3.3 设置段落文本的缩进量............184
6.3.4 字符位移..................................185
6.3.5 设置字符效果..........................186
6.4 设置段落文本的其他格式............187
6.4.1 设置分栏..................................187
6.4.2 添加制表位...............................189
6.4.3 设置首字下沉..........................190
6.4.4 链接段落文本框.......................191
6.5 书写工具..194
6.5.1 拼写检查..................................194
6.5.2 语法检查..................................195
6.6 查找和替换文本.............................195
6.6.1 查找文本..................................195
6.6.2 替换文本..................................196
6.7 图文混排..197
6.7.1 使文本沿路径排列...................197
6.7.2 段落文本绕图排列...................199
6.8 文本转换为曲线.............................200
现场练兵 制作房地产广告....................201
6.9 疑难解析..203
6.10 上机实践.......................................208
6.11 巩固与提高...................................208

第 7 章 为对象应用特殊效果

7.1 调和效果..210
7.1.1 创建直线调和效果...................210
7.1.2 修改调和效果..........................210
7.1.3 改变调和效果中的始端和末端对象..213
7.1.4 拆分调和对象..........................214
7.1.5 清除调和效果..........................215
7.2 轮廓图效果.....................................215
7.2.1 创建轮廓图..............................215
7.2.2 轮廓图属性设置.......................216
7.2.3 设置轮廓图的颜色...................217
7.3 变形效果..219
7.3.1 推拉变形..................................219
7.3.2 拉链变形..................................221
7.3.3 扭曲变形..................................222
7.4 透明效果..223
7.4.1 标准透明效果..........................223
7.4.2 渐变透明效果..........................225
7.4.3 图样和底纹透明效果...............228
7.5 交互式立体化效果..........................229
7.5.1 创建交互式立体化效果............229
7.5.2 立体化效果的属性栏设置........229
7.6 交互式阴影效果.............................233
7.6.1 创建交互式阴影效果...............233
7.6.2 调整阴影..................................234
7.6.3 分离阴影..................................236
7.7 封套效果..237
7.7.1 创建交互式封套效果...............237
7.7.2 编辑封套效果..........................238
7.8 透视效果..239

现场练兵 “海底世界”插画绘制 ····· 240
7.9 疑难解析 254
7.10 上机实践 261
7.11 巩固与提高 261

第 8 章 图层和样式

8.1 使用图层 264
8.1.1 认识“对象管理器”泊坞窗 264
8.1.2 在图层中添加对象 266
8.1.3 在主图层中添加对象 266
8.2 图形和文本样式 267
8.2.1 创建并应用图形和文本样式 267
8.2.2 查找图形和文本样式 268
8.2.3 删除图形和文本样式 269
8.3 颜色样式 269
8.3.1 新建颜色样式 269
8.3.2 从对象创建颜色样式 270
8.3.3 编辑颜色样式 271
8.3.4 应用颜色样式 272
8.3.5 删除颜色样式 272
现场练兵 特效按钮 272
8.4 疑难解析 274
8.5 上机实践 278
8.6 巩固与提高 278

第 9 章 位图的编辑处理

9.1 导入位图 282
9.2 位图的简单调整 283
9.2.1 裁剪位图 283
9.2.2 重新取样位图 285
9.2.3 编辑位图 286
9.3 矢量图转换为位图 286
9.4 调整位图的颜色和色调 287
9.4.1 高反差 287
9.4.2 局部平衡 289
9.4.3 取样/目标平衡 289
9.4.4 调合曲线 290
9.4.5 亮度/对比度/强度 291
9.4.6 颜色平衡 291
9.4.7 伽玛值 292
9.4.8 色度/饱和度/亮度 292
9.4.9 所选颜色 293
9.4.10 替换颜色 293
9.4.11 取消饱和 294
9.4.12 通道混合器 294
9.5 调整位图的色彩效果 295
9.5.1 去交错 295
9.5.2 反显 295
9.5.3 极色化 296
9.6 校正位图色斑效果 296
9.7 更改位图的颜色模式 296
9.7.1 黑白模式 297
9.7.2 灰度模式 297
9.7.3 双色模式 298
9.7.4 RGB 模式 299
9.7.5 Lab 模式 299
9.7.6 CMYK 模式 300
现场练兵 制作图像特效 300
9.8 跟踪位图 303
9.8.1 快速描摹 303
9.8.2 中心线描摹 303
9.8.3 轮廓描摹 304
9.9 疑难解析 306
9.10 上机实践 312
9.11 巩固与提高 312

第 10 章 位图特殊效果的应用

10.1 三维效果 314
10.1.1 三维旋转 314
10.1.2 柱面 314
10.1.3 浮雕 314
10.1.4 卷页 315

10.1.5 透视 315
10.1.6 挤远/挤近 315
10.1.7 球面 316

10.2 艺术笔触 316

10.2.1 炭笔画 316
10.2.2 单色蜡笔画 317
10.2.3 蜡笔画 317
10.2.4 立体派 317
10.2.5 印象派 318
10.2.6 调色刀 318
10.2.7 彩色蜡笔画 318
10.2.8 钢笔画 319
10.2.9 点彩派 319
10.2.10 木版画 319
10.2.11 素描 320
10.2.12 水彩画 320
10.2.13 水印画 320
10.2.14 波纹纸画 321

10.3 模糊 321

10.3.1 定向平滑 321
10.3.2 高斯式模糊 322
10.3.3 锯齿状模糊 322
10.3.4 低通滤波器 322
10.3.5 动态模糊 322
10.3.6 放射式模糊 323
10.3.7 平滑 323
10.3.8 柔和 323
10.3.9 缩放 324

10.4 相机 324

10.5 颜色变换 324

10.5.1 位平面 324
10.5.2 半色调 324
10.5.3 梦幻色调 325
10.5.4 曝光 325

10.6 轮廓图 326

10.6.1 边缘检测 326
10.6.2 查找边缘 326
10.6.3 描摹轮廓 326

10.7 创造性 327

10.7.1 工艺 327
10.7.2 晶体化 327
10.7.3 织物 327
10.7.4 框架 328
10.7.5 玻璃砖 328
10.7.6 儿童游戏 329
10.7.7 马赛克 329
10.7.8 粒子 329
10.7.9 散开 330
10.7.10 茶色玻璃 330
10.7.11 彩色玻璃 330
10.7.12 虚光 330
10.7.13 漩涡 331
10.7.14 天气 331

10.8 扭曲 332

10.8.1 块状 332
10.8.2 置换 332
10.8.3 偏移 332
10.8.4 像素 333
10.8.5 龟纹 333
10.8.6 漩涡 333
10.8.7 平铺 334
10.8.8 湿笔画 334
10.8.9 涡流 335
10.8.10 风吹效果 335
现场练兵 海浪效果 335

10.9 杂点 336

10.9.1 添加杂点 337
10.9.2 最大值 337
10.9.3 中值 337
10.9.4 最小 337
10.9.5 去除龟纹 338
10.9.6 去除杂点 338

10.10 鲜明化 338

10.10.1 适应非鲜明化 339
10.10.2 定向柔化 339
10.10.3 高通滤波器 339
10.10.4 鲜明化 339
10.10.5 非鲜明化遮罩 340

10.11 疑难解析 340

10.12 上机实践 342
10.13 巩固与提高 342

第 11 章 管理与打印文件

11.1 在 CorelDRAW X4 中管理文件 .. 346
11.1.1 导入与导出文件 346
11.1.2 与 CorelDRAW 兼容的文件格式 348
11.1.3 将文件发布到 Web 349
11.2 打印文件 352
11.2.1 打印设置 352
11.2.2 打印预览 356
11.3 疑难解析 357
11.4 上机实践 359
11.5 巩固与提高 360

第 12 章 综合实例

12.1 绘制插画 362
12.1.1 绘制帅气女孩 362
12.1.2 绘制唯美修饰背景 367
12.2 绘制圣诞贺卡 369
12.2.1 绘制贺卡背景 370
12.2.2 绘制贺卡主体物 371
12.3 DM 单设计 375
12.3.1 绘制 DM 背景 376
12.3.2 添加 DM 主体内容 380
12.4 灯箱广告设计 383
12.4.1 绘制背景画面 384
12.4.2 添加主体内容 387
12.5 包装设计 389
12.5.1 包装正面展开图设计 390
12.5.2 包装背面展开图设计 394
12.5.3 包装立体效果图制作 396
12.6 VI 设计 400
12.6.1 标志设计 401
12.6.2 VI 基础部分设计 403
12.6.3 VI 应用部分设计 408
12.7 上机实践 415
12.8 巩固与提高 416

Study

第 1 章

工作环境与基本操作

CorelDRAW 软件具有强大的绘图功能和简单易学的特点，因此在绘图领域得到了广泛的使用。从专业的设计人员到普通的绘图爱好者，都可以使用 CorelDRAW 进行美术创作或各种设计工作。本章将为读者介绍 CorelDRAW X4 的工作环境，以及一些 CorelDRAW 的基本操作。

学习指南

- 初识 CorelDRAW X4
- 文件的基本操作
- 页面的基本操作
- 调整与设置视图
- 使用辅助工具

精彩实例效果展示 ▲

1.1 初识 CorelDRAW X4

CorelDRAW 是由加拿大 Corel 公司推出的一款著名的矢量绘图软件，它经过不断的改进和完善发展为今天的 CorelDRAW X4 版本，成为具有强大功能的绘图软件。

1.1.1 CorelDRAW X4 的欢迎屏幕

在安装好 CorelDRAW X4 后，执行“开始”→“所有程序”→“CorelDRAW Graphics Suite X4”→“CorelDRAW X4”命令，即可启动 CorelDRAW X4。在启动过程中首先将出现如图 1-1 所示的启动界面，然后出现如图 1-2 所示的欢迎屏幕。

在 CorelDRAW X4 的欢迎屏幕中，除了以书签的形式将不同功能类别的内容展现给用户外，还向用户提供了 CorelDRAW 的大部分帮助系统的内容，帮助系统，可以辅助读者更好地学习 CorelDRAW 功能。

图 1-1 启动界面

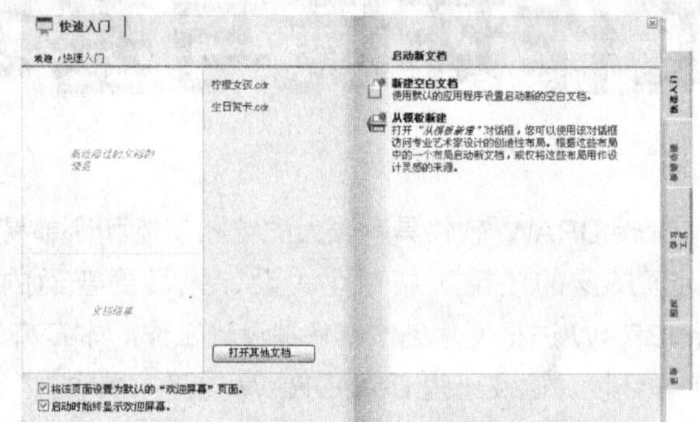

图 1-2 欢迎屏幕

欢迎屏幕中各选项的功能如下。

- 单击欢迎屏幕顶部的“新建空白文档”选项名称，即可进入 CorelDRAW X4 的工作界面，并自动创建一个新的默认绘图页面，如图 1-3 所示。
- 单击“从模板新建”选项名称，弹出如图 1-4 所示的“从模板新建”对话框，其中提供了一些模板，如名片、传单和明信片等。单击其中一个模板名称，在“设计员注释”一栏中，可查看设计员对该模板进行的一系列说明描述。选择好模板后，单击“打开”按钮，即可打开该模板并进行进一步的编辑。

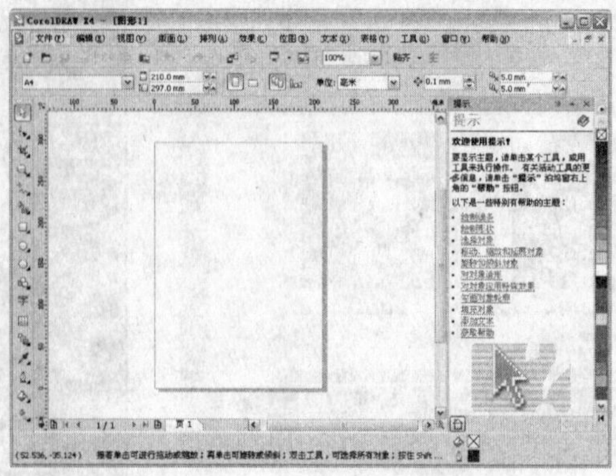

图 1-3 新建的空白文档

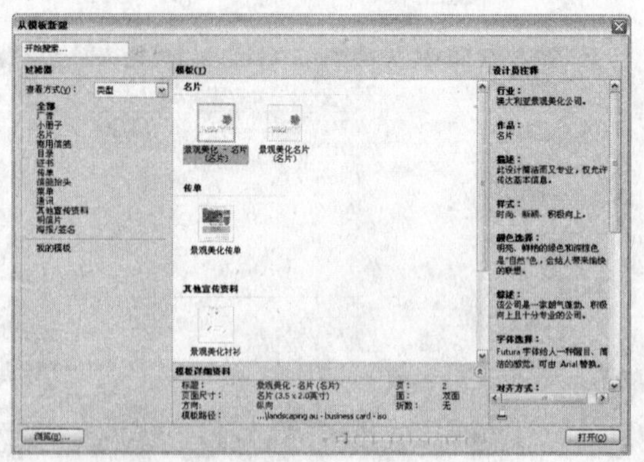

图 1-4 “从模板新建”对话框

- 欢迎屏幕的左侧用于显示和预览在 CorelDRAW X4 中打开过的图形文件。将光标移动到其中一个文件的名称上，可以在左侧的预览区域中预览该文件的缩览图，并在下方的“文档信息”区域中显示该文件的文件名、修改日期、存储位置和文件大小等信息，如图 1-5 所示。单击需要打开的文件名称，即可进入 CorelDRAW X4 并打开该图形文件。单击“打开其他文档”按钮，在弹出的“打开绘图”对话框中，可选择并打开已经保存的其他图形文件，如图 1-6 所示。

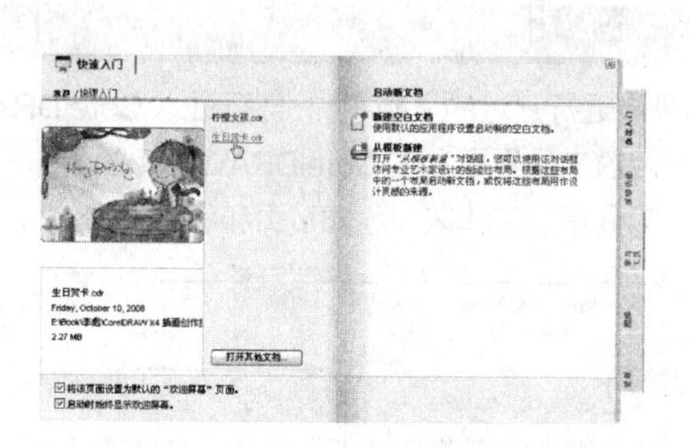

图 1-5　预览文件并查看文件信息

图 1-6　打开其他图形文件

- 在欢迎屏幕中共包括“快速入门”、“新增功能”、“学习工具”、“图库”和“更新”5 个选项卡。要切换选项卡，直接单击欢迎屏幕右侧边缘处的对应标签即可。“新增功能”选项卡用于查看 CorelDRAW X4 中新增的功能，如图 1-7 所示；“学习工具”选项卡用于开启软件的帮助系统，如图 1-8 所示；“图库”选项卡用于查看设计师在 CorelDRAW Graphics Suite X4 中创作的优秀设计作品，如图 1-9 所示；“更新”选项卡用于对 CorelDRAW 产品进行更新，如图 1-10 所示。

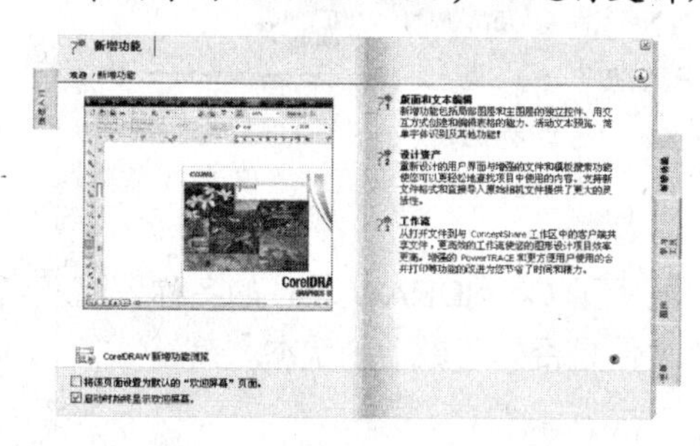

图 1-7　“新增功能”选项卡

图 1-8　“学习工具”选项卡

图 1-9　“图库”选项卡

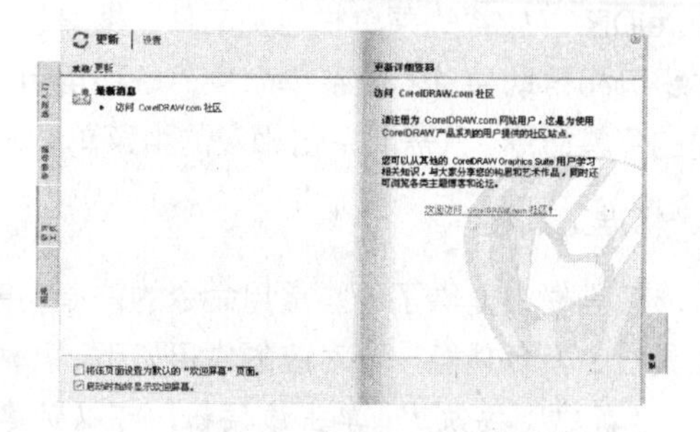

图 1-10　“更新”选项卡

小提示

默认状态下，进入欢迎屏幕时会显示“快速入门”标签内容。在切换欢迎屏幕中的标签内容时，如果选中“将该页面设置为默认的‘欢迎屏幕’页面”复选框，可以将当前的标签内容设置为默认的欢迎屏幕页面。

- 取消欢迎屏幕左下角的“启动时始终显示欢迎屏幕。”复选框，则在下次启动 CorelDRAW X4 时将不会显示欢迎屏幕。

1.1.2 CorelDRAW X4 的工作界面

在欢迎屏幕中单击“新建空白文档”选项名称或最近打开过的文档名称，即可进入 CorelDRAW X4 的工作界面，图 1-11 所示为打开一个图形文件后的工作界面。在 CorelDRAW X4 的工作界面中，包括标题栏、菜单栏、标准工具栏、属性栏、工具箱、工作区、绘图页面和状态栏等。

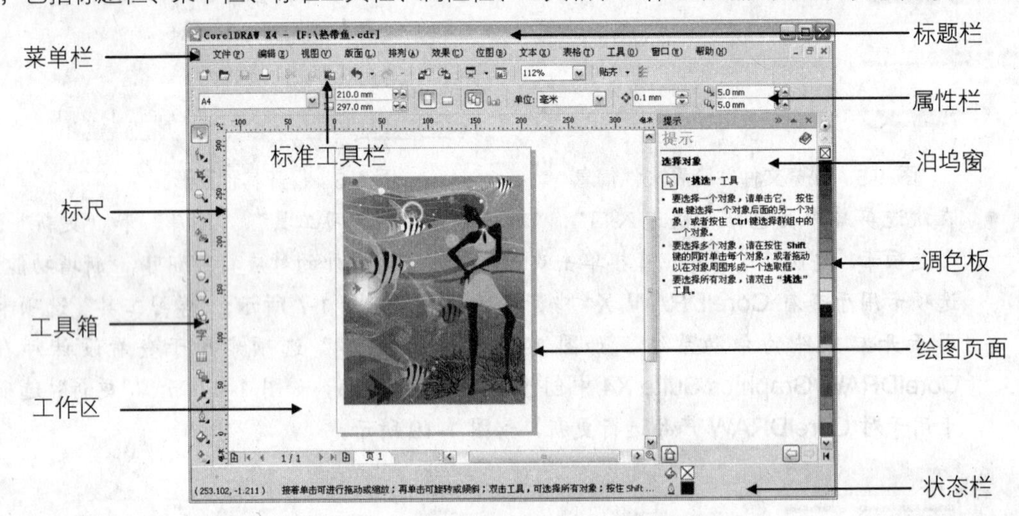

图 1-11　CorelDRAW X4 的工作界面

1. 标题栏

位于工作界面最顶端的为标题栏，在标题栏中显示了 CorelDRAW 软件的名称，以及当前所打开文件的存储位置和文件名，同时还显示了该文件是否处于激活的状态。

2. 菜单栏

CorelDRAW X4 的菜单栏包括文件、编辑、视图、版面、排列、效果、位图、文本、表格、工具、窗口和帮助共 12 组菜单命令，各项常用命令都按功能类别被整合在各组菜单中。要执行所需的菜单命令，只需要单击相应的组菜单，然后在弹出的菜单列表中选择所需的命令即可。

3. 标准工具栏

标准工具栏中提供了一些常用命令的快捷功能按钮，可以节省从菜单中选择命令的时间在标准工具栏中，各功能按钮对应的作用如下。

- “新建”按钮：单击该按钮，可以新建一个图形文件。

- "打开"按钮：单击该按钮，打开"打开绘图"对话框，然后在该对话框中选择需要打开的文件。
- "保存"按钮：保存当前文件。
- "打印"按钮：打印文件。
- "剪切"按钮：剪切当前选择的对象，并将对象放到剪贴板中。
- "复制"按钮：复制当前选择的对象，并将对象复制到剪贴板中。
- "粘贴"按钮：将剪切或复制到剪贴板中的对象粘贴到当前文件中。
- "撤销"按钮：撤销上一步操作。
- "重做"按钮：恢复撤销的操作。
- "导入"按钮：导入 CorelDRAW 或其他格式的文件。
- "导出"按钮：将当前文件导出为其他指定格式的文件。
- 应用程序启动器：单击该按钮，打开菜单选择其他的 Corel 应用程序。
- 欢迎屏幕：单击该按钮，打开 CorelDRAW X4 的欢迎屏幕。
- 贴齐贴齐：单击该按钮，选择开启贴齐网格、辅助线和对象，以及打开动态导线功能。
- "缩放级别"下拉列表100%：用于选择页面视图的显示比例。
- 选项：用于打开"选项"对话框，在其中可以对 CorelDRAW 选项进行设置。

4．属性栏

CorelDRAW 属性栏用于对当前所选工具的属性进行参数设置。属性栏会根据所选取的工具不同而显示相应的选项。图 1-12 所示分别为选择缩放工具和文本工具后的属性栏设置。

图 1-12　缩放工具和文本工具的属性栏设置

5．工具箱

工具箱用于放置 CorelDRAW 中常用的绘图工具，将光标移动到工具按钮上，系统将显示该工具的名称以及选择该工具的快捷键，如图 1-13 所示。

在工具按钮下显示有下三角按钮的工具按钮上，按下鼠标左键并停留片刻，即可显示该工具的展开工具栏，将光标移动到需要选择的工具上单击，即可选择对应的工具，如图 1-14 所示。

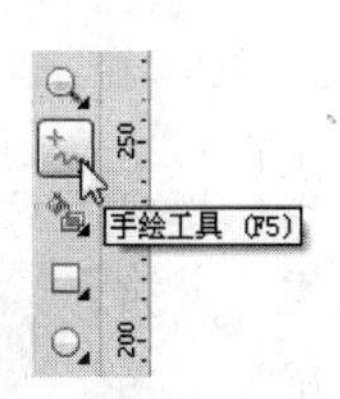

图 1-13　展开后的工具栏

图 1-14　选择工具

6．标尺

标尺位于工作区的顶端和左部边缘，用于帮助用户准确地绘图和定位对象。默认状态下，标尺会显示在工作界面中。如果工作界面中未显示标尺，可执行"视图"→"标尺"命令将其显示。当显示标尺后，在"标尺"命令前会显示一个勾选标记。当需要隐藏标尺时，再次执行"视图"→"标尺"命令即可。

7．工作区

工作区即 CorelDRAW 为用户提供的进行绘图操作的区域，CorelDRAW 中的标题栏、菜单栏、标准工具栏、属性栏、工具箱、标尺、泊坞窗和绘图页面等，都是工作区包含的范围。

8．绘图页面

绘图页面是指工作区中生成的一个矩形带阴影的页面范围。默认状态下，绘图页面为 A4 大小，并且呈纵向显示。在实际绘图工作中，用户可根据需要，自定义调整绘图页面的大小。当制作的文件要用于后期输出时，文件中的有效图形区域都要位于绘图页面之内，否则将无法正确输出。

9．泊坞窗

泊坞窗也就是工作面板，它用于放置 CorelDRAW X4 中的各种管理器和编辑命令。CorelDRAW 中包括多种类型的泊坞窗，执行“窗口”→“泊坞窗”命令，在弹出的下一级子菜单中可以选择并开启对应的泊坞窗。当泊坞窗命令前显示有勾选标记的，表示该泊坞窗已被激活并显示在页面上。

默认状态下，泊坞窗被嵌入在工作界面的右端，并作为独立的区域显示，如图 1-15 所示。在绘图过程中，用户可以根据绘图的需要，将泊坞窗调整到工作区中的任意位置。其操作方法是，在泊坞窗的标题栏上双击鼠标左键，将泊坞窗从工作区中分离为浮动的面板，这样，拖动泊坞窗顶部的标题栏，就可以任意移动其位置，如图 1-16 所示。

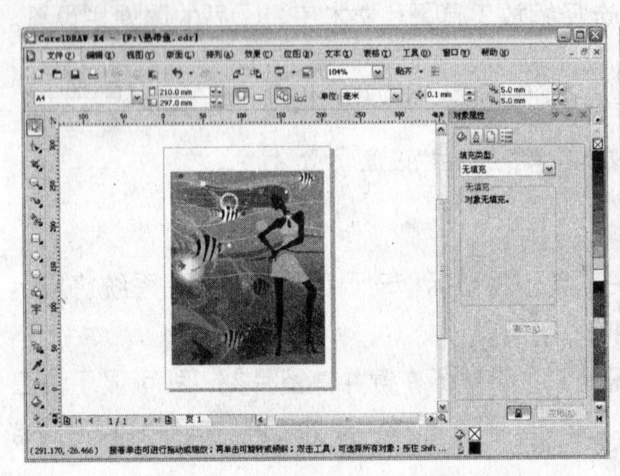

图 1-15 “对象属性”泊坞窗

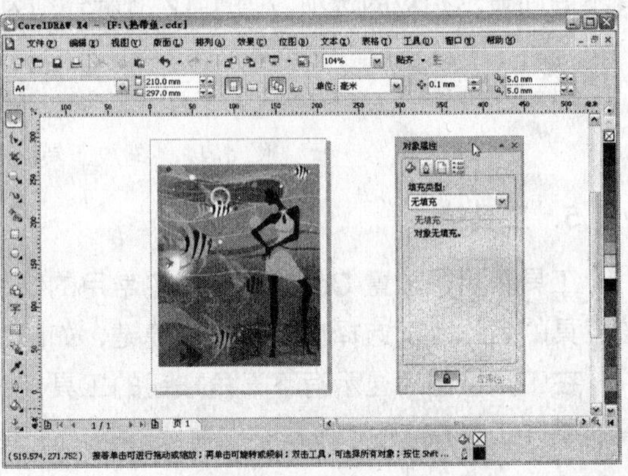

图 1-16 浮动的泊坞窗

10．调色板

默认状态下，调色板位于工作界面的右端，用于放置 CorelDRAW X4 中预设的各种均匀色样。调色板以默认的 CMYK 模式显示颜色，如果需要修改色彩模式、编辑颜色、添加颜色、删除颜色、将颜色排序或重置调色板时，可执行“工具”→“调色板编辑器”命令，在弹出的“调色板编辑器”对话框中即可完成操作，如图 1-17 所示。

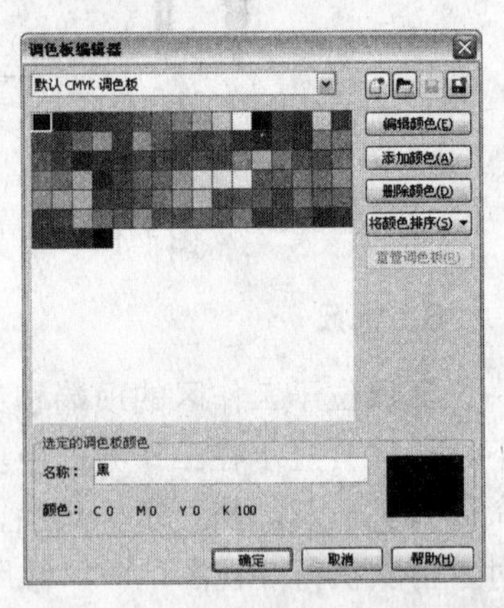

图 1-17 “调色板编辑器”对话框

11．状态栏

状态栏位于工作界面的底端，用于显示当前的操作状态，同时向用户提示绘图过程中可以进行的相关操作，以帮助用户更快地熟悉更多常用的操作方法和技巧。图 1-18 所示为选择一个对象后，在状态栏中显示的信息。

宽度: 77.466 高度: 54.292 中心: (-42.317, 199.482) 毫米　矩形 于 图层 1　无
(513.541, 97.648)　单击对象两次可旋转/倾斜；双击工具可选择所有对象；按住 Shift 键单击可选择多个对象；按…　黑 0.567 点

图 1-18　状态栏显示的信息

1.2　文件的基本操作

在进行任何一项设计工作时，都会用到一些基本操作，如用户可以通过新建图形文件或在已有的图形文件基础上进行新的绘图操作；在完成设计工作后，需要将劳动成果保存下来，而对于不再编辑的文件，可以将其关闭，以避免消耗过多的内存空间。

1.2.1　新建图形文件

在 CorelDRAW X4 中，系统将以默认大小设置新建图形文件，即新建图形文件中的绘图页面大小为“A4（210mm×297mm）”，方向为“纵向”，如图 1-19 所示。新建图形文件的方法有以下几种。

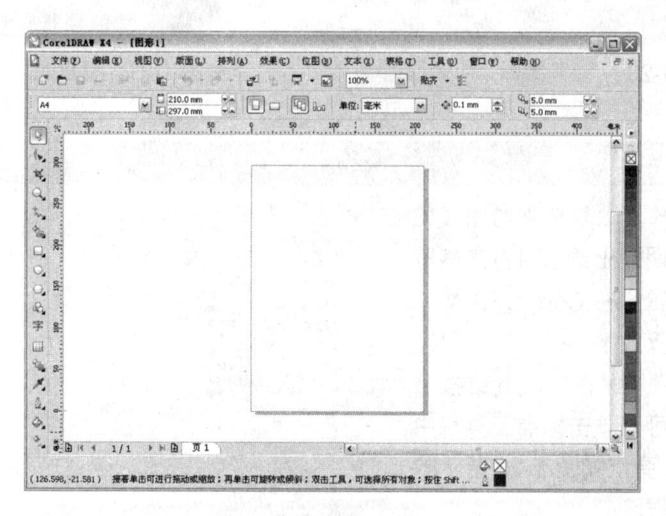

图 1-19　新建的图形文件

- 在启动 CorelDRAW X4 并进入其欢迎屏幕后，单击“新建空白文档”选项名称。
- 执行“文件”→“新建”命令或按下 Ctrl+N 组合键。
- 单击标准工具栏中的“新建”按钮。

1.2.2　打开图形文件

在 CorelDRAW X4 中打开 CorelDRAW 文件（文件后缀名为“.cdr”）的操作步骤如下。

1 执行“文件”→“打开”命令或者按下 Ctrl+O 组合键，也可以单击标准工具栏中的“打开”

按钮，打开“打开绘图”对话框，如图 1-20 所示。

2 单击“查找范围”下三角按钮，从弹出的下拉列表中找到文件保存的位置，然后在文件列表框中单击要打开文件的名称，并选中“预览”复选框，预览所选文件的缩略图。

小提示

在文件列表框中选择需要打开的文件时，按住 Shift 键可以选择连续排列的多个文件，按住 Ctrl 键可以选择不连续排列的多个文件，然后单击“打开”按钮，即可同时打开选中的多个文件。

3 单击“打开”按钮，即可打开该 CorelDRAW 文件，如图 1-21 所示。

图 1-20 “打开绘图”对话框

图 1-21 打开的矢量图形

1.2.3 保存图形文件

在完成绘图工作后，需要将绘图成果保存下来，以便后期输出或随时打开浏览以进行进一步的编辑。在 CorelDRAW 中保存文件的操作步骤如下。

1 执行“文件”→“保存”命令或按下 Ctrl+S 组合键，也可以单击标准工具栏中的“保存”按钮，弹出如图 1-22 所示的“保存绘图”对话框。

2 单击“保存在”下三角按钮，从弹出的下拉列表中选择保存文件的位置。

3 在“文件名”文本框中为文件命名，并在“保存类型”下拉列表中选择保存文件的格式。

4 完成设置后，单击“保存”按钮，即可将文件按指定的格式和文件名保存到指定的路径。

图 1-22 “保存绘图”对话框

如果当前文件是在打开的文件基础上进行的编辑，那么执行“文件”→“保存”命令将使修改后的文件覆盖原有的文件。如果既要保存文件所做的修改，又要保留原来的文件，那么可执行“文件”→“另存为”命令，在弹出的“保存绘图”对话框中修改存储文件的位置或文件名后，再进行保存即可。

1.2.4　关闭图形文件

要关闭当前打开的文件，执行“文件”→“关闭”命令或单击菜单栏右边的关闭按钮 × 即可。要关闭 CorelDRAW 中所有打开的文件，可执行“文件”→“全部关闭”命令。

如果需要关闭的文件还未保存，那么在关闭文件时，系统会弹出如图 1-23 所示的提示对话框。单击“是”按钮，可在用户保存文件后自动将该文件关闭；单击“否”按钮，不保存修改而直接将文件关闭；单击“取消”按钮，取消关闭操作，回到文件的编辑状态。

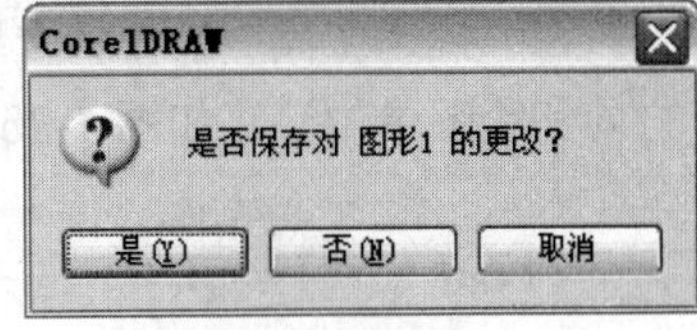

图 1-23　提示对话框

1.3　页面的基本操作

在实际工作中，如进行印刷品、户外广告设计时，都会根据实际的成品尺寸，自定义调整页面的大小。另外，在进行譬如画册的设计时，会根据画册的页数，在同一个文件中设置多个页面，以满足设计与制作的需要。下面就为读者介绍在 CorelDRAW 中设置页面属性的方法。

1.3.1　设置绘图页面的大小

系统默认状态下，新建图形文件中的绘图页面都为“A4”大小。要修改页面大小，可在绘图页面右边或底部的阴影上双击鼠标左键，或者执行“版面”→“页面设置”命令，在开启如图 1-24 所示的“选项”对话框中，即可对当前绘图页面的大小、方向和出血范围等参数进行设置。设置好后，单击“确定”按钮，即可按指定参数设置绘图页面。

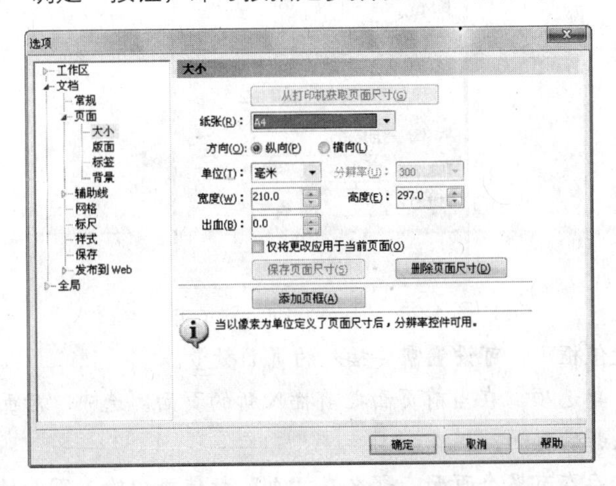

图 1-24　页面设置对话框

● 纸张：在该下拉列表框中可选择系统预设的常用纸张类型和大小。

- 方向：用于设置页面的方向。选择“纵向”或“横向”单选项，可使绘图页面在纵向与横向之间切换。
- 单位：用于设置绘图单位。
- 在“宽度”和“高度”数值框中输入数值，可以设置绘图页面的宽度和高度。
- 出血：设置绘图页面四周的出血范围。
- 如果当前文件中创建有多个页面，那么选中“仅将更改应用于当前页面”复选框，将只对当前绘图页面进行调整，而不影响其他绘图页面。

在“挑选工具”无任何选取对象的情况下，用户也可以通过属性栏调整绘图页面的大小、方向和绘图单位等，如图 1-25 所示。

图 1-25　属性栏中的页面设置选项

- 在“纸张类型/大小”下拉列表框中，可选择系统预设的纸张类型和大小。
- 在“纸张宽度”和“纸张高度”数值框中输入数值，可设置绘图页面的宽度和高度。设置好后，按下 Enter 键即可应用设置。
- 单击“纵向”按钮，使绘图页面变为纵向；单击“横向”按钮，使绘图页面变为横向。

1.3.2　插入页面

在进行多页面印刷品设计时，需要在同一个文件中创建多个页面，以方便设计制作，同时也便于浏览不同页面中的内容。在插入页面时，用户可以自定义设置所插入页面的大小和方向等属性。因此，在同一个文件中，可以创建不同大小和方向的页面。

要在当前文件中插入页面，可执行“版面”→“插入页”命令，打开如图 1-26 所示的“插入页面”对话框，在该对话框中即可对插入页面的数量、位置、版面方向以及大小等参数进行设置。设置好后，按下“确定”按钮即可，如图 1-26 所示。

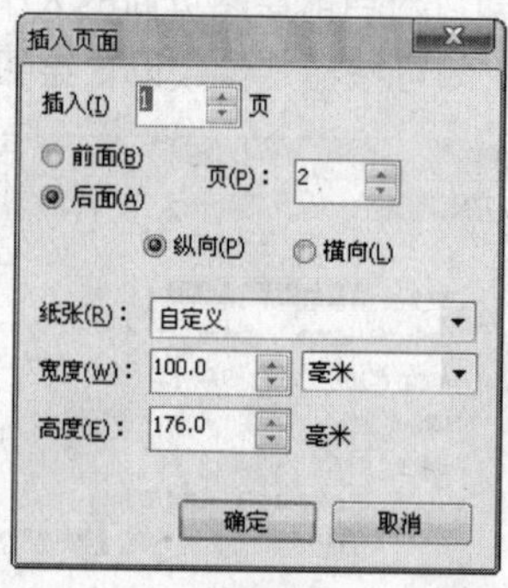

图 1-26　“插入页面”对话框

- 在“插入”数值框中，可设置需要插入的页面数量。
- 选中“前面”单选项，在当前页面之前插入新的页面。选中“后面”单选项，在当前页面之后插入新的页面。
- 如果当前文件存在有多个页面，那么在“页”数值框中输入页面的位置，这样新插入的页面就会位于该页面之前或之后。
- 单击“纵向”单选项，插入的页面为纵向；单击“横向”单选项，插入的页面为横向。

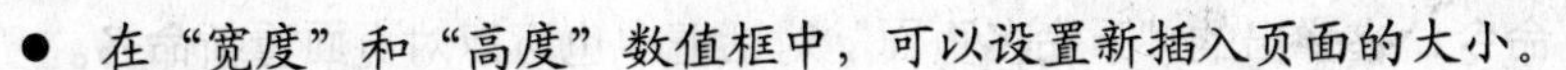

● 在“宽度”和“高度”数值框中，可以设置新插入页面的大小。

在插入多个页面后，执行“视图”→“页面排序器视图”命令，可以同时预览当前文件中所有页面的内容，如图 1-27 所示。

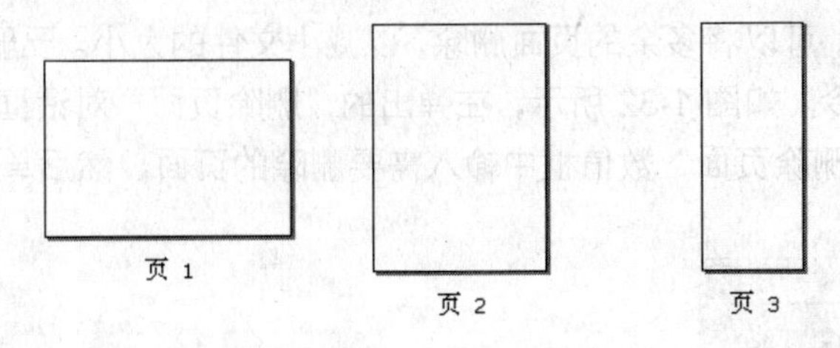

图 1-27　当前文件中的所有页面

用户还可以通过工作区左下角的页面标签栏按系统默认设置插入新的页面。在页面标签栏上有两个按钮，单击左边的按钮，可在当前页之前插入一个新的页面。单击右边的按钮，可在当前页之后插入一个新的页面，如图 1-28 所示。

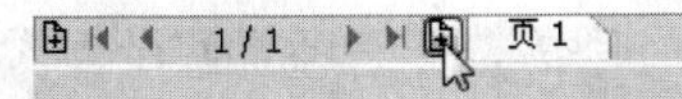

图 1-28　插入新的页面

小提示

在页面标签栏的页面名称上按下鼠标右键，可弹出如图 1-29 所示的快捷菜单，在其中选择“在后面插入页”命令，可以在当前页之后插入新的默认页面。选择“在前面插入页”命令，可以在当前页之前插入新的默认页面。

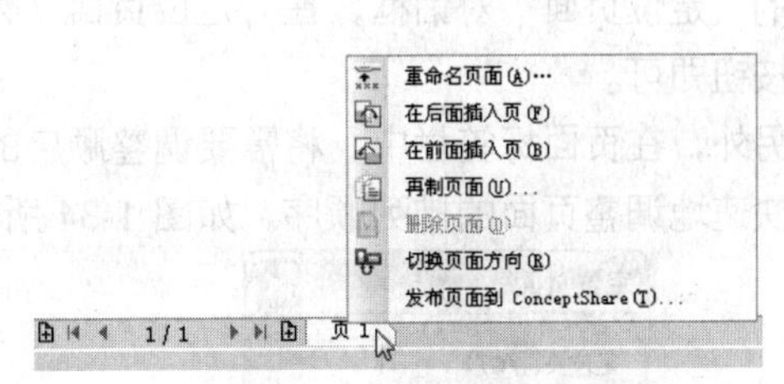

图 1-29　弹出的快捷菜单

1.3.3　重命名页面

如果当前文件中创建的页面太多，通过为页面重新命名，可以方便用户在绘图创作时更好地识别和查找到需要编辑的页面。

步骤如下：

1 在需要重命名的页面上单击，将其设置为当前页面。

2 执行“版面”→“重命名页面”命令，弹出“重命名页面”对话框，如图 1-30 所示。设置好页面名称后，单击“确定”按钮即可，如图 1-31 所示。

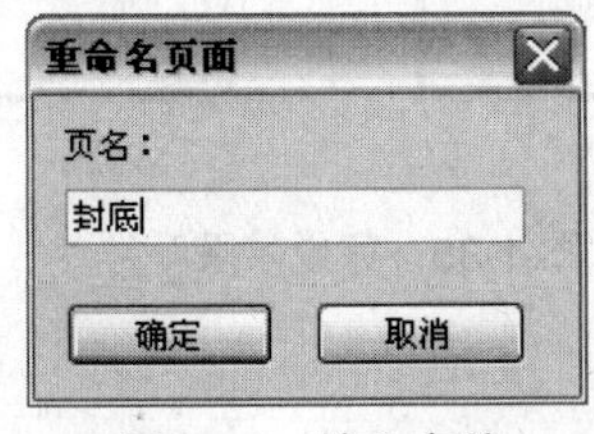

图 1-30　输入名称

图 1-31　重命名页面

在页面标签栏中，将光标移动到需要重命名的页面上，单击鼠标右键，从弹出的快捷菜单

中选择“重命名页面”命令，在弹出的“重命名页面”对话框中也可以对页面重新命名。

1.3.4 删除页面

在进行绘图操作时，可以将多余的页面删除，以减小文件的大小。要删除页面，可执行“版面”→“删除页面”命令。如图 1-32 所示，在弹出的“删除页面”对话框中，根据需要删除的页面所在的位置，在“删除页面”数值框中输入需要删除的页面，然后单击“确定”按钮，即可删除指定的页面。

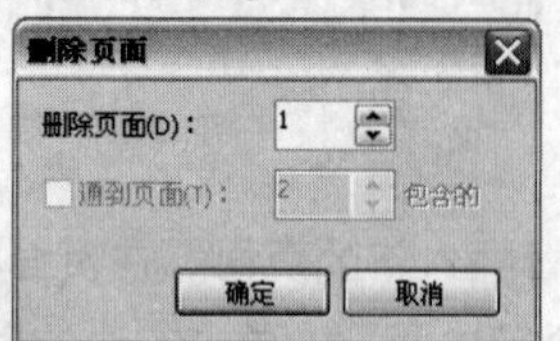

图 1-32 “删除页面”对话框

小提示

在页面标签栏中需要删除的页面上单击鼠标右键，从弹出的快捷选单中选择“删除页面”命令，可以直接将该页面删除。

1.3.5 调整页面顺序

在为当前文件创建多个页面后，可以根据页面内容，调整页面的前后排列顺序。要调整页面的排列顺序，选中要调整的页面，然后执行“版面”→“转到某页”命令，弹出如图 1-33 所示的“定位页面”对话框，在“定位页面”数值框中输入调整后的目标页面序号，单击“确定”按钮即可。

另外，在页面标签栏中，将需要调整顺序的页面拖动到指定的位置后，释放鼠标左键，也可以快速地调整页面的排列顺序，如图 1-34 所示。

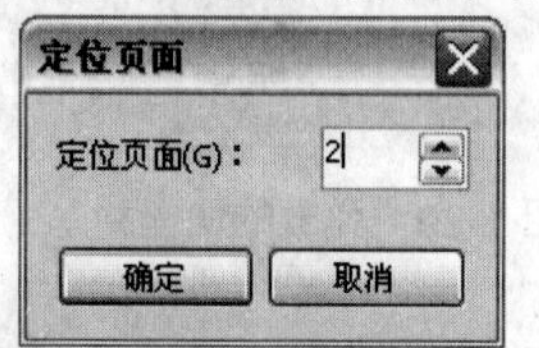

图 1-33 “定位页面”对话框

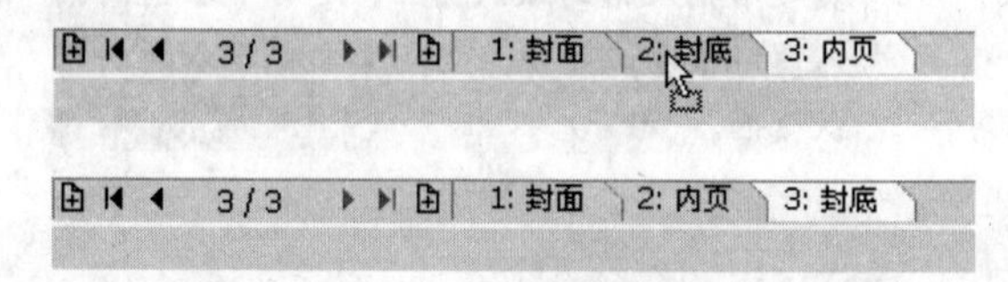

图 1-34 手动调整页面顺序

制作多页文档

下面请读者应用所学的设置页面的方法，将新建图形文件中的绘图页面大小修改为 210mm × 285mm，并将页面方向设置为横向，然后为该文件插入一个与当前页面相同的页面，再将它们的页面名称修改为“封面”和“封底”，如图 1-35 所示。

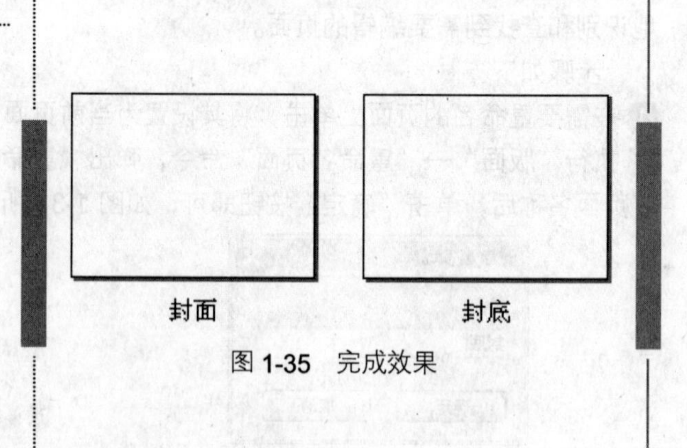

图 1-35 完成效果

具体操作方法如下所述。

1 单击标准工具栏中的“新建”按钮，新建一个图形文件。

2 在属性栏中的“纸张宽度和高度”数值框中，将绘图页面的大小修改为 210mm×285mm，然后单击“横向”按钮，修改后的绘图页面如图 1-36 所示。

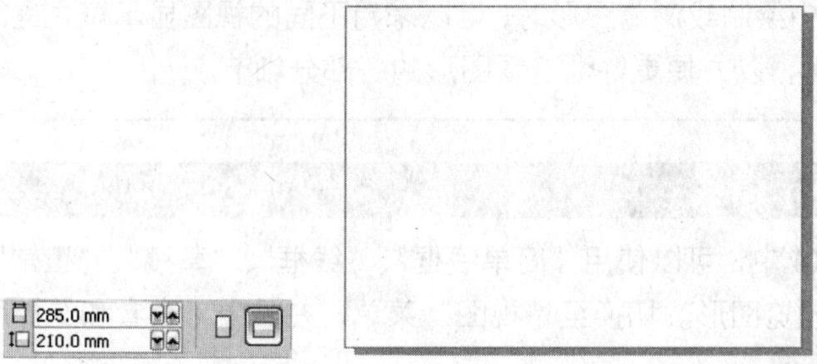

图 1-36　设置页面属性及修改后的页面

3 执行“版面”→“插入页”命令，在弹出的“插入页面”对话框中保持默认设置，然后单击“确定”按钮，即可插入与当前页具有相同属性的新页面，如图 1-37 所示。

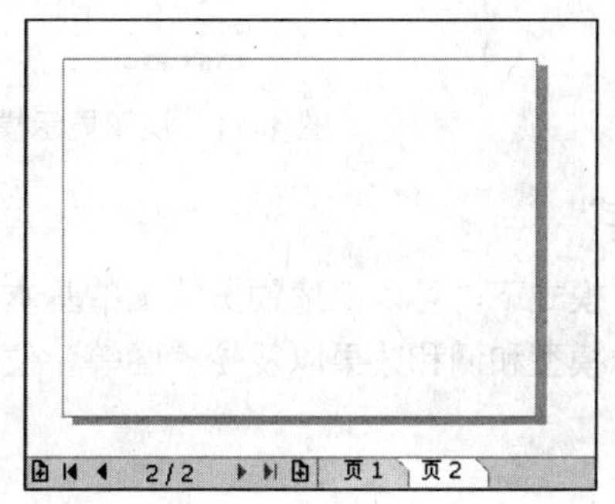

图 1-37　插入的页面

4 在需要重命名的页面名称上单击鼠标右键，从弹出的快捷菜单中选择“重命名页面”命令，在弹出的“重命名页面”对话框中将页面名称设置为“封底”，然后单击“确定”按钮，如图 1-38 所示。

5 单击“页 1”的页面名称，切换该页面为当前页面，然后使用相同的方法，将该页面重命名为“封面”，效果如图 1-39 所示。

2 / 2　页 1　2: 封底

图 1-38　重命名页面

1 / 2　1: 封面　2: 封底

图 1-39　重命名页面

6 执行“视图”→“页面排序器视图”命令，预览所有页面的内容，如图 1-40 所示。完成预览后，按下 Esc 键回到正常编辑状态。

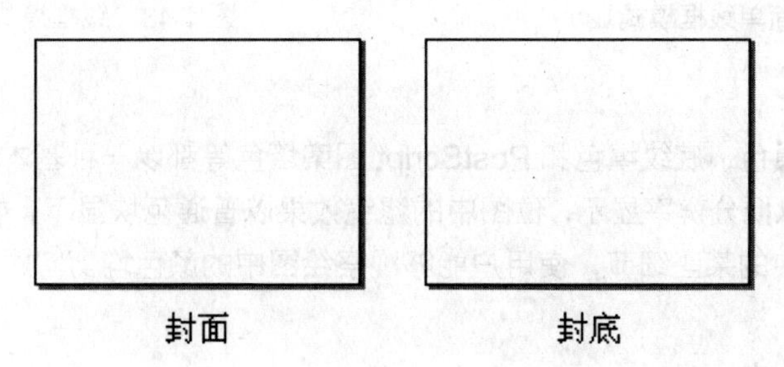

图 1-40　预览所有页面

1.4 调整与设置视图

在 CorelDRAW X4 中绘制或浏览图形时，可以采用不同的视图显示模式进行预览，也可以调整视图的显示比例，以方便更好地查看图形的各部分细节。

1.4.1 视图的显示模式

在 CorelDRAW X4 中，可以使用“简单线框”、“线框”、“草稿”、“正常”、“增强”、“使用叠印增强”6 种模式预览图形。切换至“视图”菜单，在其中可查看和选择所要使用的视图显示模式，如图 1-41 所示。

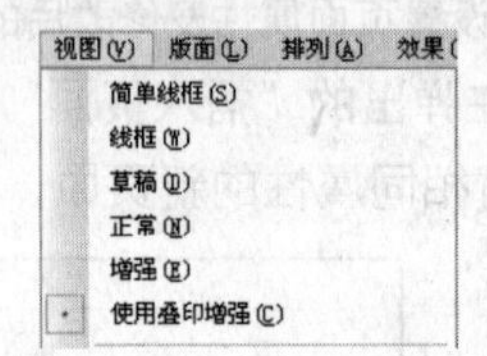

图 1-41 视图显示模式

1. 简单线框模式

在“简单线框”模式下，可以快速预览绘图的基本元素。矢量图将只显示绘图轮廓，而隐藏所有的填充、立体模型和调和效果以及轮廓图等，位图则显示为单色，如图 1-42 所示。

2. 线框模式

与简单线框显示模式类似，“线框”模式是在简单的线框模式下显示绘图及中间调和形状，位图同样显示为单色，如图 1-43 所示。

图 1-42 简单线框模式显示

图 1-43 线框模式显示

3. 草稿模式

矢量图中的图样填色、底纹填色和 PostScript 图案填色等都以一种基本图案显示，渐变色显示为单色。位图则以低分辨率显示，位图中的滤镜效果以普通色块显示，如图 1-44 所示。使用该模式可减少图形中的某些细节，使用户能够观察绘图中的颜色均衡问题。

4. 正常模式

正常模式下，按正常状态显示图形，不过不显示 PostScript 填色，位图会以高分辨率显示，如图 1-45 所示。正常模式下，刷新和打开速度比“增强”视图稍快，但图形的显示效果不如“增强”模式。

图 1-44　草稿模式显示

图 1-45　正常模式显示

5．增强模式

增强模式，将尽可能平滑地显示矢量图形，同时会显示 PostScript 填色效果，系统将以高分辨率显示位图，如图 1-46 所示。使用该模式显示复杂的图形时，会耗用更多内存和运算时间。

图 1-46　增强模式显示

6．使用叠印增强模式

叠印增强模式，可模拟重叠对象设置为叠印的区域颜色。矢量图中可显示 PostScript 填色，并尽可能平滑地显示图形，位图会以高分辨率显示。

1.4.2　使用缩放工具查看对象

在绘图时，可以将图形的局部区域放大显示，以便浏览图形局部或进行更为细致的绘图操作。在 CorelDRAW 中，可以使用缩放工具缩放视图，具体操作方法如下。

单击工具箱中的“缩放工具”按钮，当光标变为形状时，在页面上单击鼠标左键，即可将页面逐步放大。

按下 F3 键缩小视图，然后使用“缩放工具”在页面上按下鼠标左键并拖动鼠标，此时将出现一个选取框，释放鼠标后，位于选取框中的区域将在工作区中被最大限度地放大显示，如图 1-47 所示。

图 1-47　放大后的效果

选择“缩放工具”后，其属性栏设置如图 1-48 所示。

图 1-48　缩放工具的相关工具选项

- 单击“放大”按钮，或按下 F2 键，可使视图放大两倍。按下鼠标右键，会缩小视图为原来的 50%。
- 单击“缩小”按钮，或按下 F3 键，可使视图缩小为原来的 50%。
- 单击“缩放选定范围”按钮，或按下 Shift+F2 组合键，可将选定的对象最大化地显示在页面上。
- 单击“缩放全部对象”按钮，或按下 F4 键，可在绘图窗口中最大限度地缩放全部对象。按下鼠标右键，会缩小视图为原来的 50%。
- 单击“显示页面”按钮，或按下 Shift+F4 组合键，可将整个页面最大化地全部显示出来。
- 单击“按页宽显示”按钮，可按页面宽度显示。按下鼠标右键，可将页面缩小为原来的 50%显示。
- 单击“按页高显示”按钮，可最大化地按页面高度显示。按下鼠标右键，可将页面缩小为原来的 50%显示。

1.4.3　使用视图管理器显示对象

要缩放视图，还可以通过“视图管理器”泊坞窗来完成。在“视图管理器”泊坞窗中，可以缩放视图，也可以将当前视图的状态保存下来，以便随时切换到该视图状态。执行“窗口”→“泊坞窗”→“视图管理器”命令，开启如图 1-49 所示的“视图管理器”泊坞窗。

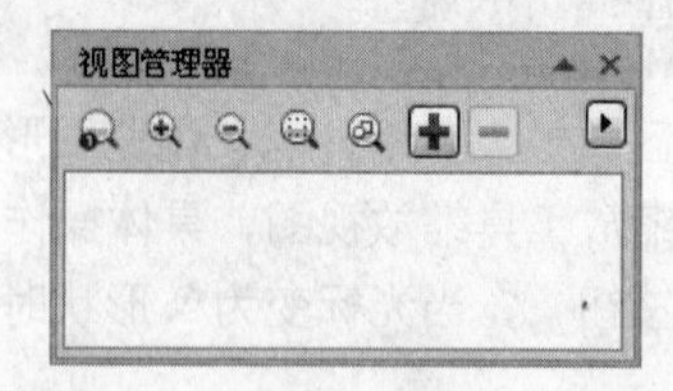

图 1-49　“视图管理器”泊坞窗

- 单击“缩放一次”按钮或按下 F2 键，光标将变为状态，此时可进行一次缩放视图的操作。单击或拖动鼠标左键，可放大视图。单击鼠标右键，可缩小视图。
- 单击“放大”按钮，可放大视图。单击“缩小”按钮，可缩小视图。

- 单击“缩放选定的范围”按钮，或者按下 Shift+F2 组合键，可在工作区中最大限度地缩放选定的对象。
- 单击“缩放全部对象”按钮，或按下 F4 键，可以将所有对象最大限度地显示在工作区中。
- 单击“添加当前视图”按钮，可以将当前视图状态保存，如图 1-50 所示。

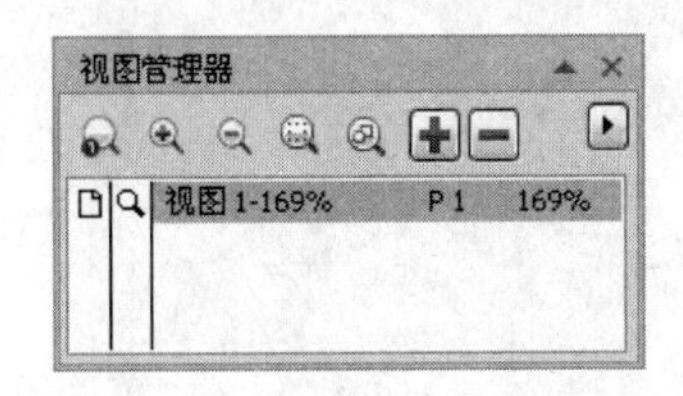

图 1-50　保存的视图状态

- 选择已保存的视图，然后单击“删除已保存的视图”按钮，即可将其删除。

1.4.4　使用手形工具平移视图

当视图被放大到一定程度，而使工作区无法显示全部对象时，可以使用手形工具移动视图的位置。

在“缩放工具”按钮上按下鼠标左键不放，从展开工具栏中选择“手形工具”，然后在工作区中按住鼠标左键并拖动，即可任意移动视图。

1.5　使用辅助工具

在绘图过程中，通过使用 CorelDRAW 中的辅助绘图工具，可以得到更加精准的绘图效果。CorelDRAW 中的辅助绘图工具包括辅助线、标尺和网格。用户可以根据绘图所需，选择适合的辅助绘图工具。

1.5.1　使用辅助线

辅助线是可以放置于绘图窗口中任意位置，以帮助用户准确定位的线条。用户可以根据所要定位的方向，将辅助线设置为水平线、垂直线和导线。辅助线可以同文件一起保存，但不会同文件一起被打印下来。

1．显示或隐藏辅助线

单击“视图”菜单，查看“辅助线”命令前是否有勾选标记，如果出现勾选标记，那么添加在绘图窗口中的辅助线就能被显示出来，反之则被隐藏。

如果辅助线被隐藏，那么执行“视图→辅助线”命令，即可将它们全部显示。另外，还可以执行“工具”→“选项”命令，或者单击标准工具栏中的“选项”按钮，在弹出的“选项”对话框中展开“文档”→“辅助线”选项，然后选中“显示辅助线”复选框，再单击“确定”按钮，也能显示所有辅助线，如图 1-51 所示。

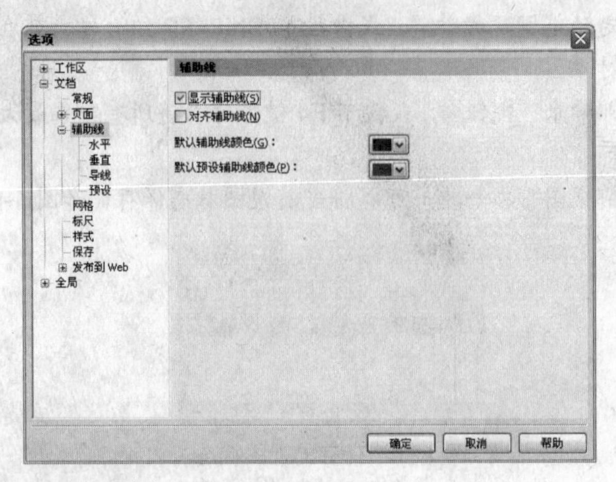

图 1-51　辅助线选项设置

- 选中“显示辅助线”复选框，可显示辅助线。
- 选中“对齐辅助线”复选框，在移动对象时，对象将自动与辅助线靠齐。
- 在“默认辅助线颜色”和“默认预设辅助线颜色”下拉列表中，可以选择辅助线和预设辅助线在绘图窗口中显示的颜色。

2. 添加辅助线

要添加水平、垂直或斜向的辅助线，可以通过以下的操作步骤来完成。

1 单击“视图”→“标尺”命令，在绘图窗口中显示标尺。

2 将光标移动到水平或垂直标尺上，按下鼠标左键向绘图窗口中拖动鼠标，即可拖出一条水平或垂直方向的辅助线，如图 1-52 所示。

3 使用挑选工具在辅助线上单击，辅助线将呈现红色被选取状态，再次单击辅助线，在辅助线两端将出现旋转手柄，此时拖动旋转手柄，即可旋转辅助线，从而得到导线，如图 1-53 所示。

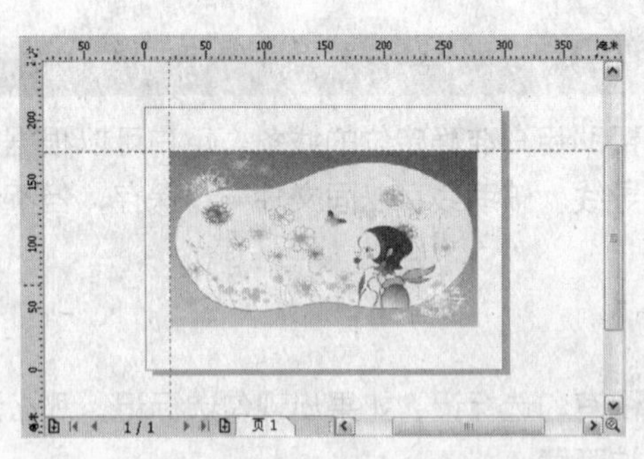

图 1-52　创建的水平与垂直辅助线

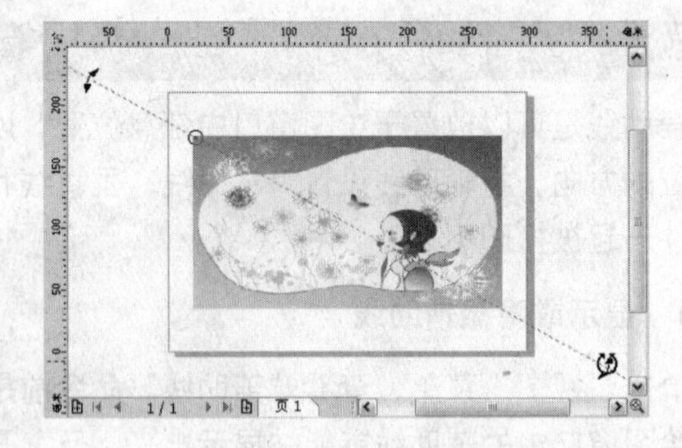

图 1-53　创建的导线

除了使用手动方式添加辅助线后，还可以通过“选项”对话框，将辅助线精确地添加在绘图窗口中指定的位置。

（1）添加水平辅助线

要精确地添加水平方向的辅助线，可通过以下的操作步骤来完成。

1 单击标准工具栏中的“选项”按钮，在弹出的“选项”对话框中展开“文档”→“辅助线”→“水平”选项，如图 1-54 所示。

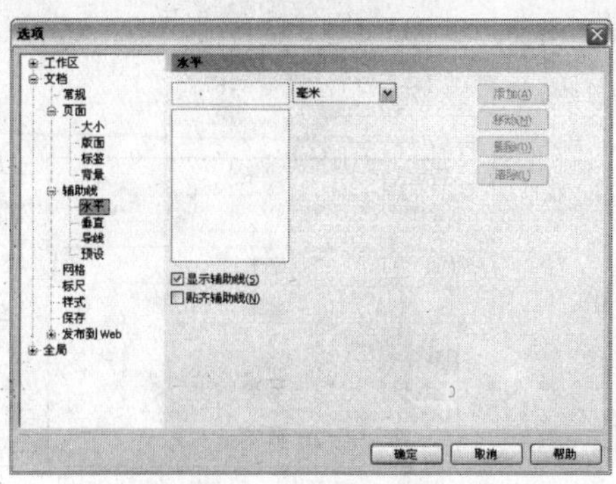

图 1-54　水平辅助线选项

2 在单位左边的文字框中，输入所要添加的水平辅助线在垂直标尺上的刻度值，然后单击“添加”按钮，将该值添加到下面的文字编辑框中，如图 1-55 所示。

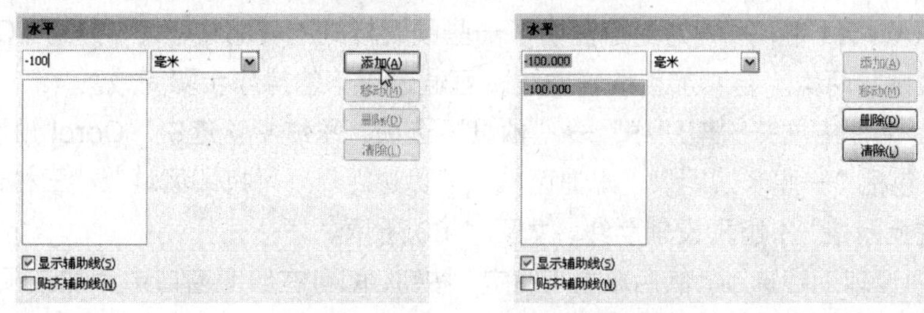

图 1-55　添加“水平”辅助线设置

3 单击“确定”按钮，即可在指定位置添加一条水平辅助线，如图 1-56 所示。

图 1-56　添加到指定位置的辅助线

（2）添加垂直辅助线

单击标准工具栏中的“选项”按钮，在弹出的“选项”对话框中展开“文档”→“辅助线”→“垂直”选项，然后按照添加水平辅助线的方法，指定辅助线在水平标尺上的位置，然后单击“确定”按钮，即可在指定位置添加一条垂直辅助线。

（3）添加导线

除了可以手动添加导线外，同样也可以在“选项”对话框中，为导线设置精确的角度和位置，其操作步骤如下。

1 打开“选项”对话框中，并展开“文档”→“辅助线”→“导线”选项，如图 1-57 所示。

2 在“指定”下拉列表中选择设置导线的方式。选择“2 点”选项，可设置连成导线的两个点的位置，此时对话框设置如图 1-58 所示。“X”和“Y”数值框分别用于设置两个点的坐标值。

3 在“指定”下拉列表中选择“角和 1 点”选项，此时对话框设置如图 1-59 所示，在该选项中，可以通过设置导线上某一点的位置和导线经过该点的角度添加精确的导线。“X”和“Y”数值框用于设置该点的坐标值，“角”数值框用于指定导线经过该点的角度。

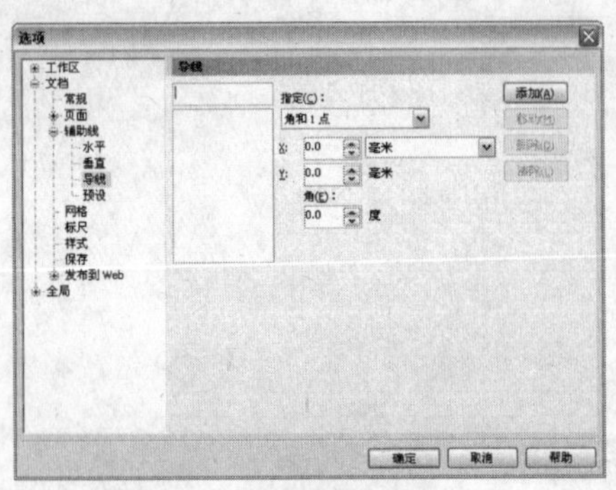

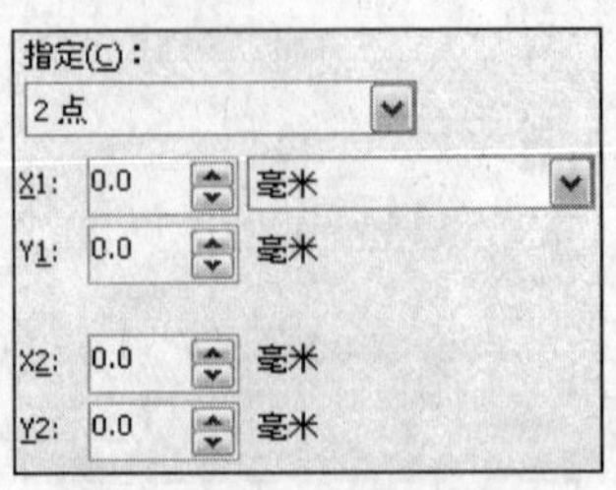

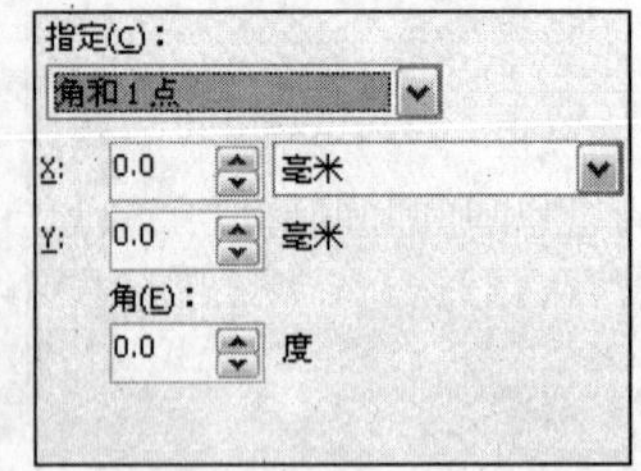

图 1-57　导线设置对话框　　图 1-58　“2 点”设置　　图 1-59　“角和 1 点”设置

设置好后，单击“添加”按钮，然后按下“确定”按钮，即可按指定参数设置添加一条导线。

（4）添加预设辅助线

在 CorelDRAW X4 中，系统为用户提供了一些预设样式的辅助线，其中分为“Corel 预设”和“用户定义预设”两类。要添加预设辅助线，可通过以下的操作步骤完成。

1 在“选项”对话框中展开“辅助线”→“预设”选项，系统默认选中“Corel 预设”单选按钮，在该选项中包括“一厘米边距”、“出血区域”、“页边距”、“可打印区域”、“三栏通讯”、“基本网格”和“左上网格”1 组预设辅助线，如图 1-60 所示。

2 选择需要的预设辅助线选项，然后单击“确定”按钮，即可在绘图窗口中添加该预设辅助线。

打开“选项”对话框，并展开“辅助线”→“预设”选项，然后选中“用户定义预设”单选项，此时对话框设置如图 1-61 所示。

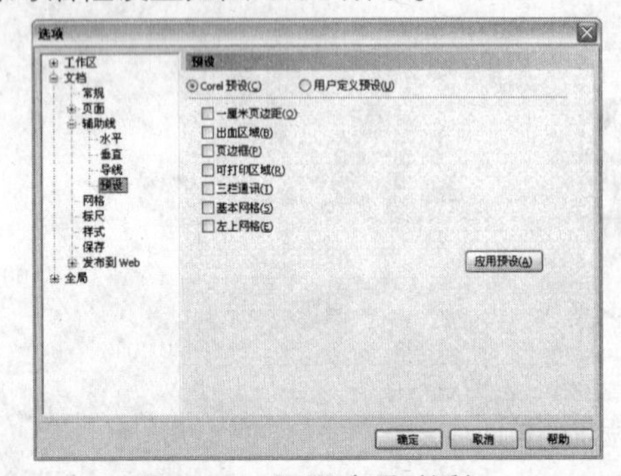

图 1-60　预设选项对话框

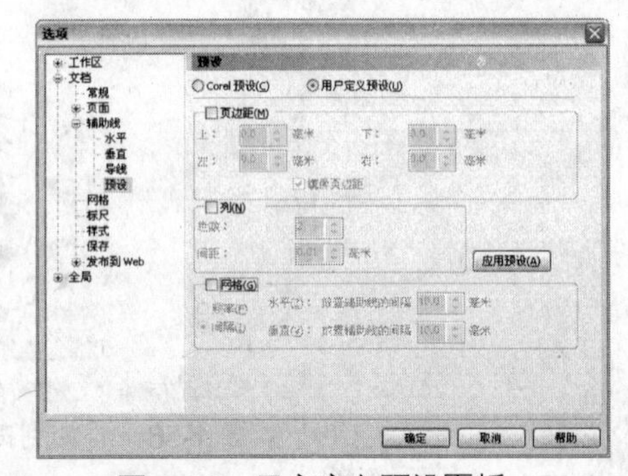

图 1-61　用户定义预设面板

3 选中“页边距”复选框，然后可设置辅助线离页面边缘的距离。选中“镜像页边距”复选框，可使辅助线在页面的上和下，左和右两边保持相同的页边距。

4 选中“列”复选框，可以通过添加辅助线来将页面垂直分栏。在“栏数”数值框中输入数值，可设置页面被辅助线划分的栏数。在“间距”数值框中输入数值，可设置两栏之间的距离。

5 选中“网格”复选框，可通过在页面上添加水平和垂直相交的辅助线，来形成网格。通过“频率”和“间隔”选项，可修改网格设置。

3. 锁定与解锁辅助线

要锁定辅助线，可在选取辅助线后，执行“排列”→“锁定对象”命令。辅助线被锁定后，就不能对辅助线进行移动、删除或旋转等操作。

如果要解除辅助线的锁定状态，可在选取被锁定的辅助线后，执行“排列”→“解除锁定对象”命令。也可以在锁定的辅助线上单击鼠标右键，从弹出的快捷菜单中选择“解除锁定对象”命令来解除辅助线的锁定状态，如图 1-62 所示。

图 1-62　解除辅助线的锁定状态

4．贴齐辅助线

当激活贴齐辅助线功能后，在移动选定的对象时，对象中的节点将向距离最近的辅助线及其交叉点靠齐，如图 1-63 所示。

要激活贴齐辅助线功能，可执行“视图”→“对齐辅助线”命令，或单击标准工具栏中的贴齐按钮，从弹出的下拉列表框中选择“贴齐辅助线”命令。当“贴齐辅助线”命令前显示有勾选标记时，表明已激活贴齐辅助线功能。

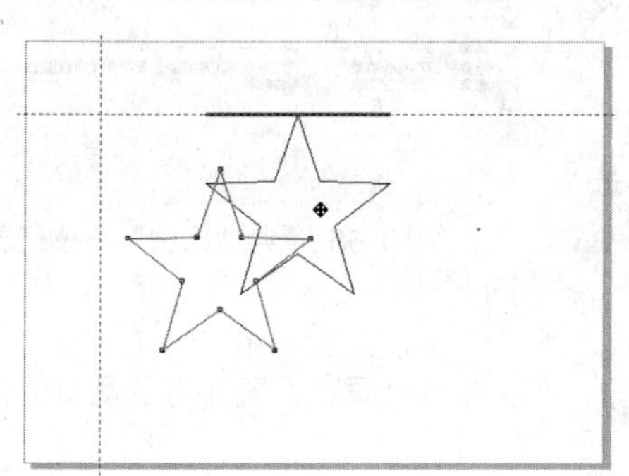
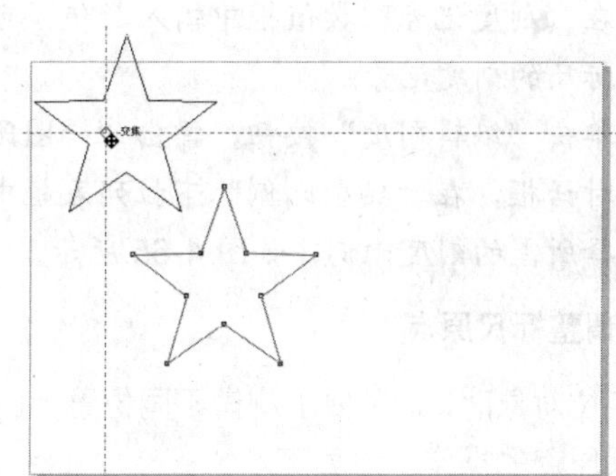

图 1-63　对齐辅助线后的效果

5．删除辅助线

选择需要删除的辅助线，然后按下 Delete 键即可将选定的辅助线删除。

要删除预设辅助线，还可单击工具选项栏中的“选项”按钮，在弹出的“选项”对话框中展开“辅助线”→“预设”选项，然后取消选取预设辅助线选项左边的复选框即可。

1.5.2　使用标尺

标尺用于帮助用户精确地绘制、调整对象大小和对齐对象的测量工具。执行“视图”→“标尺”命令可在绘图窗口中显示或隐藏标尺。

1．标尺的设置

在绘图过程中，用户可以根据测量需要，对标尺的单位、原点和刻度记号等参数进行设置。在标尺上双击鼠标左键，可弹出如图 1-64 所示的“选项”对话框，在其中可对标尺参数进行设置，完成设置后，单击“确定”按钮即可。

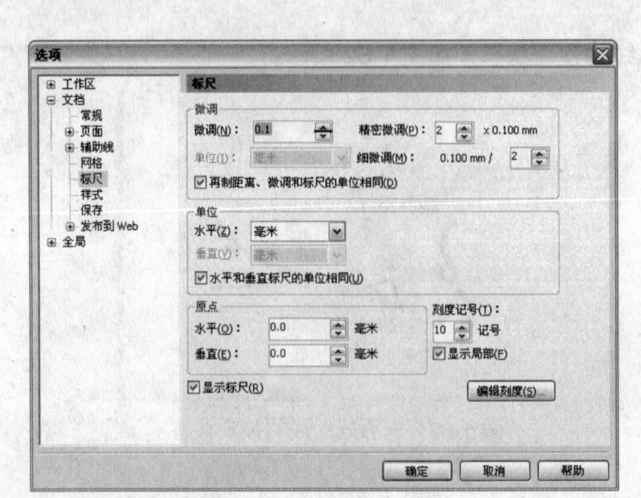

图 1-64　标尺的各个参数

- 在“单位”选项栏中可选择一种测量单位，默认单位为“毫米”。
- 在“原点”选项栏中，通过在“水平”和“垂直”数值框中输入数值，可指定标尺原点的坐标位置。
- 在“刻度记号”数值框中输入数值，可修改标尺的刻度记号。
- 单击“编辑刻度”按钮，弹出“绘图比例”对话框，在“典型比例”下拉列表框中可选择所需的刻度比例，如图 1-65 所示。

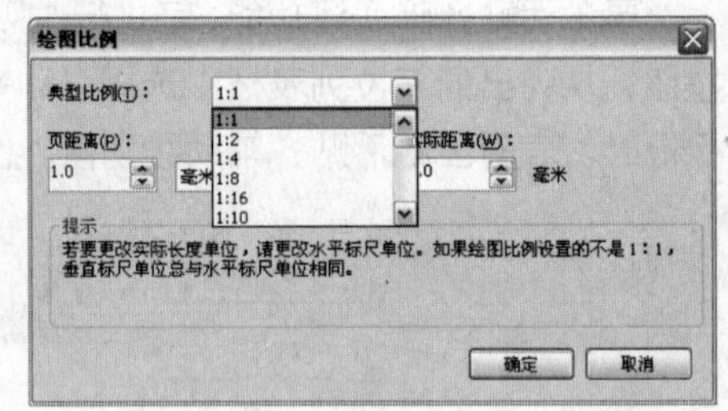

图 1-65　“典型比例”下拉列表框

2. 调整标尺原点

在定位对象时，为了便于测量不同位置上的对象，可以将标尺原点设置在方便测量的位置。调整标尺原点的操作方法如下。

1 移动光标到水平和垂直标尺相交处的原点上，然后按住鼠标左键，将原点拖动到绘图窗口中需要设置为标尺原点的位置，此时会有两条垂直相交的虚线随光标一起移动，如图 1-66 所示。

2 拖动到所需的位置后释放鼠标左键，即可将标尺原点设置在该位置上，如图 1-67 所示。

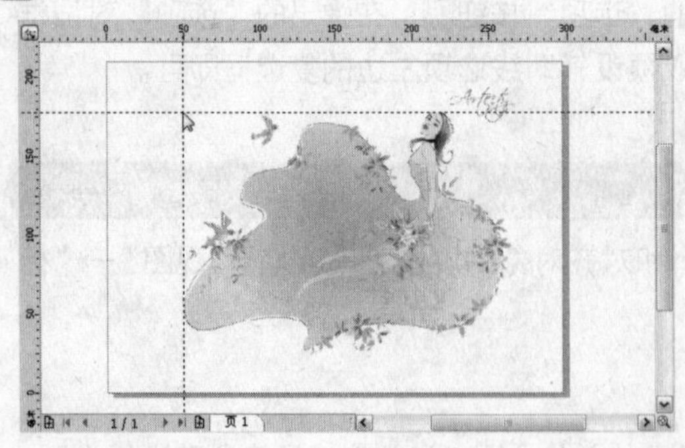

图 1-66　拖动标尺原点

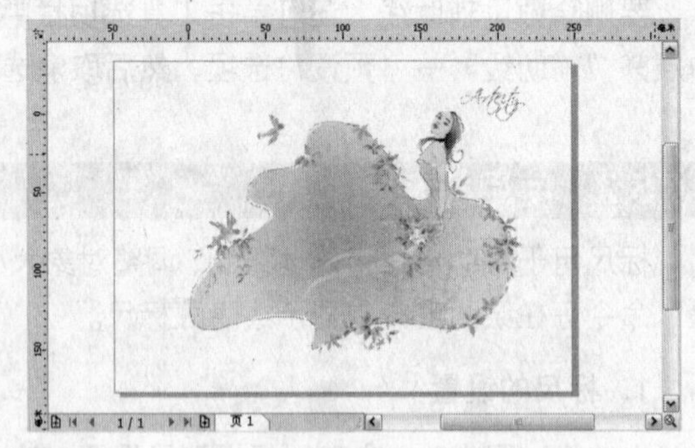

图 1-67　调整后的标尺原点

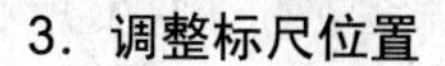

3．调整标尺位置

在 CorelDRAW X4 中，用户可以将标尺放置在绘图窗口中的其他位置。将光标移动到标尺原点按钮上，按住 Shift 键拖动标尺原点，即可将水平和垂直标尺同时移动到需要的位置，如图 1-68 所示。

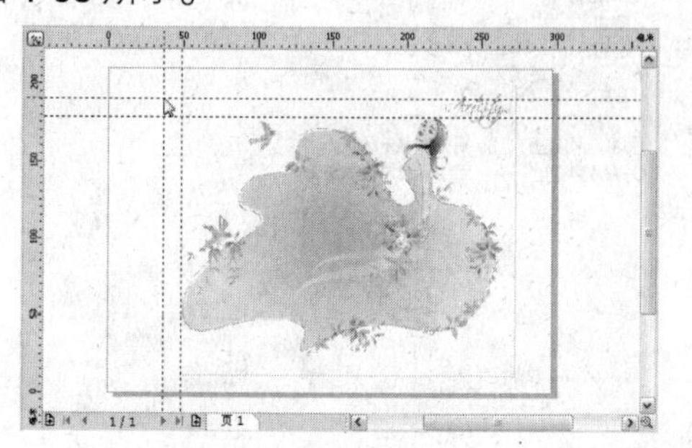
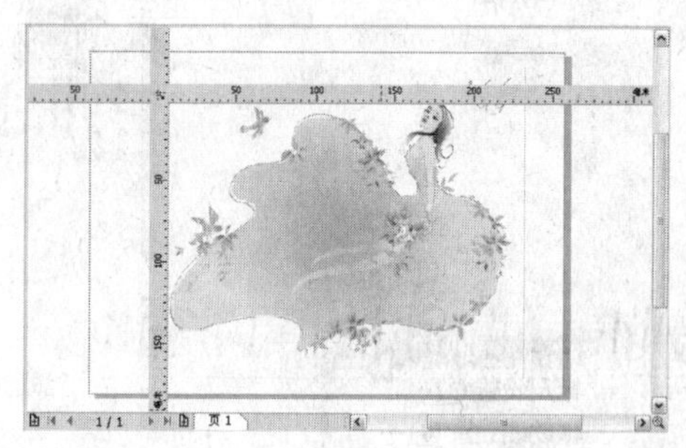

图 1-68　移动标尺

> **小提示**
>
> 按住 Shift 键分别拖动水平或垂直标尺，可单独移动水平或垂直标尺的位置。在改变标尺位置后，按住 Shift 键双击标尺原点按钮，可使标尺返回到默认设置。

1.5.3　使用网格

网格是由一系列等距离交叉的虚线或点组成。使用网格，可以在绘图窗口中精确地对齐和定位对象。通过指定网格的频率或间距，可以设置网格线或网格点之间的距离，以帮助用户更好地绘图和排列对象。

1．显示或隐藏网格

默认状态下，绘图窗口中不显示网格。要显示网格，可执行“视图→网格”命令，当“网格”命令前显示有勾选标记时，即可在绘图窗口中显示网格，如图 1-69 所示。要隐藏网格，再次执行“视图”→“网格”命令即可。

图 1-69　“网格选项”对话框

2．设置网格

要调整网格的频率或间距，可通过以下的操作步骤来完成。

1 执行“工具”→“选项”命令，在弹出的“选项”对话框中展开“文档”→“网格”选项，或者直接在标尺上单击鼠标右键，从弹出的快捷菜单中选择“网格设置”命令，如图 1-70 所示，弹出的“选项”对话框设置如图 1-71 所示。

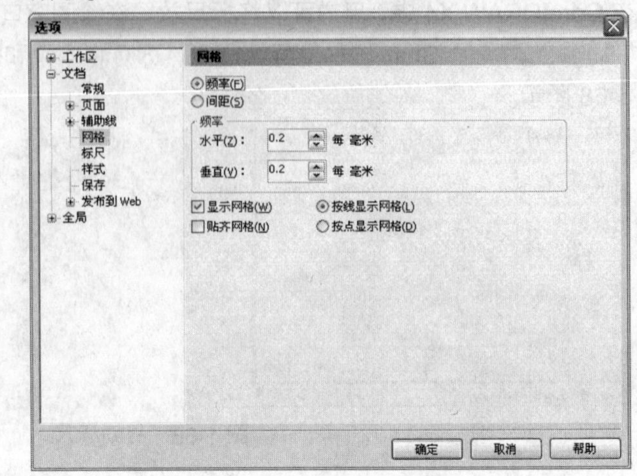

图 1-70　选择快捷菜单命令　　　　图 1-71　“网格”对话框

2 选中“频率”单选按钮，将以每一毫米距离中所包含的行数，指定网格的间隔距离。选中“间距”单选项，将以具体的距离数值，指定网格点或线之间的间隔距离。

3 在“水平”和“垂直”数值框中输入相应的数字，然后单击“确定”按钮，即可完成设置。提示。

小提示

在“网格”对话框中选中“按线显示网格”单选按钮，将按一系列交叉的虚线来组成网格；选中“按点显示网格”单选按钮，将按一系列交叉的点来组成网格。

3．贴齐网格

当显示网格并激活贴齐网格功能后，在绘图窗口中移动对象时，对象中的节点会自动与网格中的格点对齐，如图 1-72 所示。

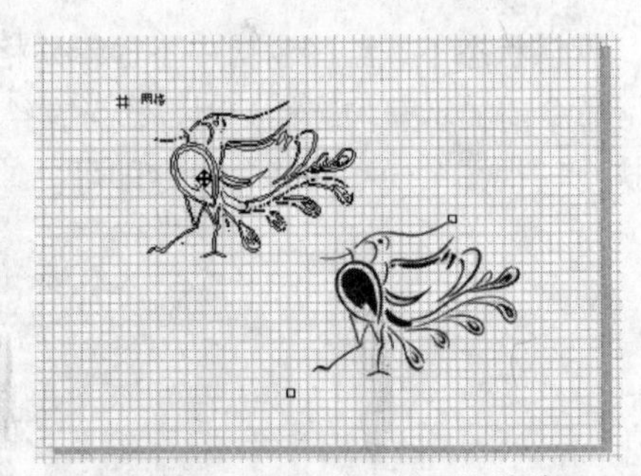

图 1-72　对象自动贴齐网格的效果

要激活贴齐网格功能，可执行“视图”→“贴齐网格”命令，或者单击工具选项栏中的“贴齐”按钮，从弹出的下拉列表框中选择“贴齐网格”命令，也可以在“选项”对话框中的“网格”选项中选中“贴齐网格”复选框。

1.6 疑难解析

通过本章的学习，读者应该对 CorelDRAW X4 的工作环境有了清楚的了解，并掌握了在 CorelDRAW 中操作文件、页面、视图和使用辅助工具的基本方法，下面就读者在学习过程中遇到的疑难问题进行进一步的解析。

1 如何设置 CorelDRAW X4 的文件自动备份功能？

默认状态下，用户在绘图过程中，系统会每隔 20 分钟对当前文件进行自动备份，并将备份的文件保存在系统默认的位置，以避免因意外情况使完成后的文件数据丢失。

要修改文件自动备份的时间，可单击标准工具栏中的“选项”按钮，在弹出的“选项”对话框中展开“工作”→“保存”选项，此时对话框的设置如图 1-73 所示。

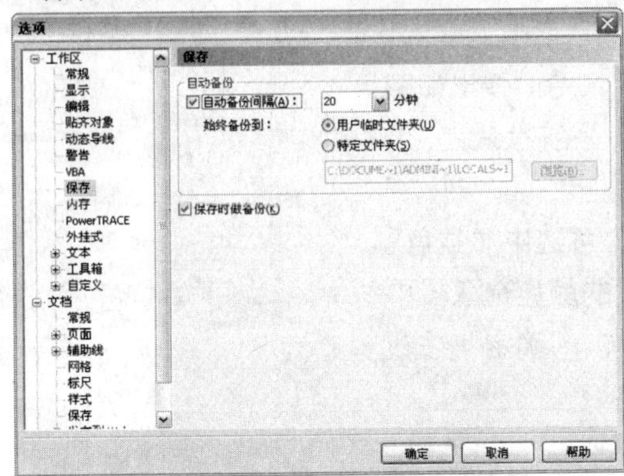

图 1-73　保存选项设置

- 选中“自动备份间隔”复选框，并在后面的数值框中输入分钟数，系统将按指定的间隔时间对当前文件进行自动备份。
- 选中“用户临时文件夹”选项，系统会将备份文件自动保存在默认位置处的临时文件夹中。
- 选中“特定文件夹”选项，下面的“浏览”按钮将被激活，单击该按钮，然后可指定放置备份文件的位置。
- 选中“保存时做备份”复选框，则在保存文件时，系统会自动在临时文件夹中添加备份文件。

2 如何将 CorelDRAW X4 中创建的文件存储为其他的版本？

通常情况下，CorelDRAW 高版本的文件不能在低版本中打开。如果要使该文件能够在低版本的 CorelDRAW 中打开，那么在存储文件时，就需要设置文件被保存的版本号。

执行“文件”→“另存为”命令，在弹出的“保存绘图”对话框中设置好存储文件的位置和文件名，然后单击“版本”下拉按钮，弹出如图 1-74 所示的“版本”下拉列表，从中选择所要使用的 CorelDRAW 版本，再单击“保存”按钮，即可将当前文件保存为指定的 CorelDRAW 版本。

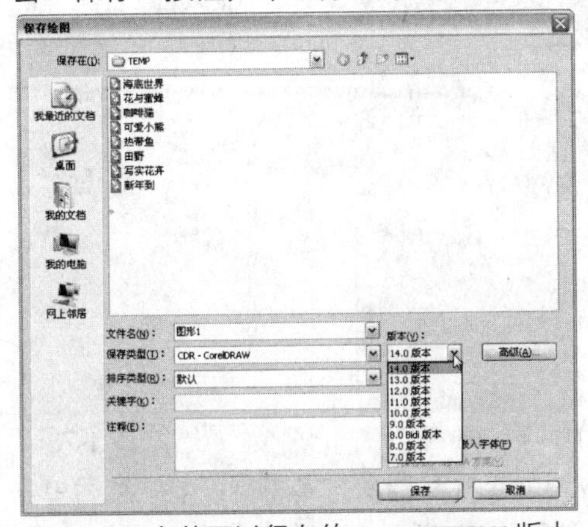

图 1-74　文件可以保存的 CorelDRAW 版本

3 怎样为页面设置背景？

在绘图过程中，用户可以使用位图图像或纯色的背景作为页面的底纹或背景色等。设置页面背景后，当前文件中的所有页面都会具有该页面背景。要设置背景，可通过以下的操作步骤来完成。

1 执行“版面→页面背景”命令，弹出如图1-75所示的“选项”对话框，系统默认为“无背景”状态，即没有背景。

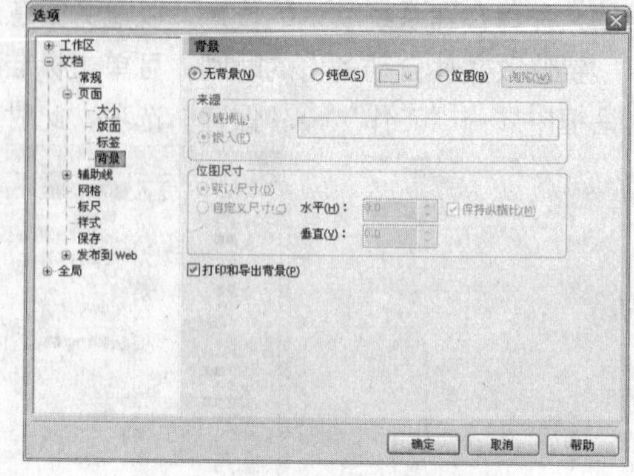

图 1-75 背景选项对话框设置

2 要为页面设置纯色背景，可选中“纯色”单选项，然后在右边被激活的颜色选取器中选择所需的背景色，然后单击“确定”按钮即可，如图1-76所示。

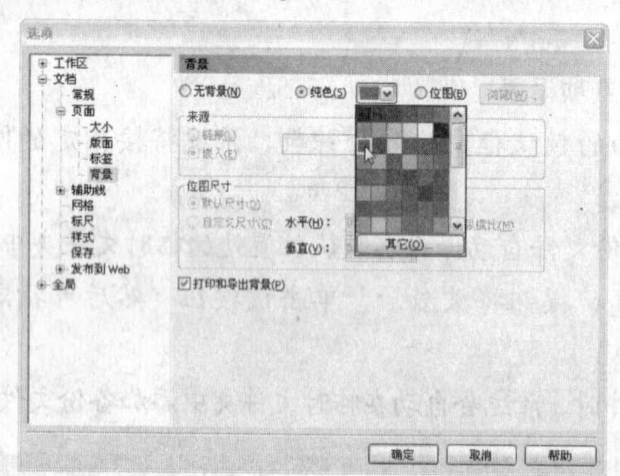

图 1-76 设置纯色背景

3 重新执行“版面”→“页面背景”命令，打开“选项”对话框，选中“位图”选项，然后单击右边的“浏览”按钮，在弹出的“导入”对话框中选择所需的背景图像，如图1-77所示，然后单击“导入”按钮，回到“选项”对话框，如图1-78所示。

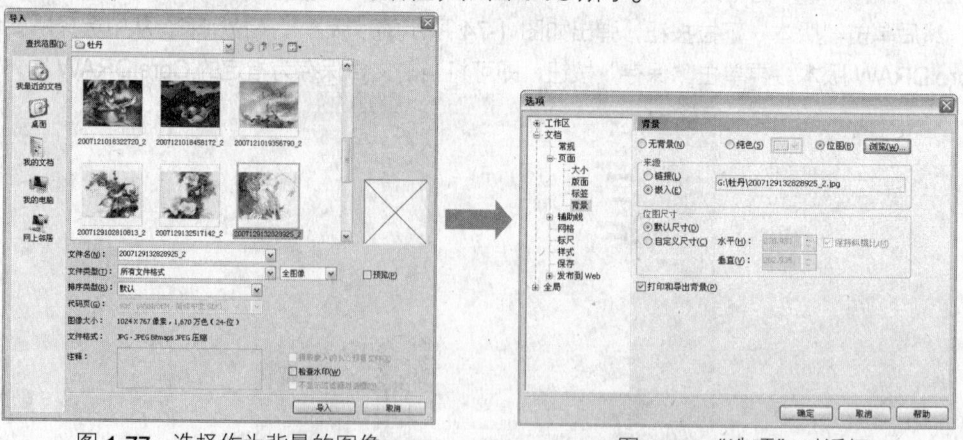

图 1-77 选择作为背景的图像　　图 1-78 “选项”对话框

4 在“选项”对话框中对位图的尺寸和导入方式进行设置，然后单击“确定”按钮，即可将选取的图像设置为页面背景，如图1-79所示。

图 1-79　设置后的页面背景效果

4 如何设置对象的贴齐？

在激活贴齐对象的功能后，绘图或移动对象时，可以自动识别对象中的节点、交集、中点、象限、正切、垂直、边缘、中心和文本基线等，然后使正在移动的对象与识别的贴齐点贴齐，如图 1-80 所示。当光标移动到贴齐点时，贴齐点会突出显示，表示该贴齐点就是对象要贴齐的位置。

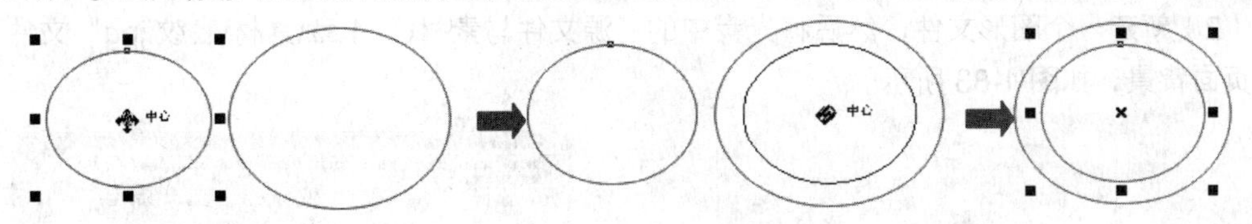

图 1-80　贴齐对象

1．激活贴齐对象功能

执行“视图”→“贴齐对象”命令，或单击标准工具栏中的贴齐按钮，从弹出的下拉列表框中选择“贴齐对象”命令，当“贴齐对象”命令前显示有勾选标记时，表示已激活贴齐对象功能。要关闭贴齐对象功能，再次执行“视图”→“贴齐对象”命令即可。

2．设置贴齐选项

在激活贴齐对象功能后，系统默认状态下，对象会与另一个对象中的节点、交集、中点、象限、正切、垂直、边缘、中心和文本基线等贴齐点对齐。用户可以通过设置，以决定是否与这些贴齐点对齐。

执行“视图”→“设置”→“贴齐对象设置”命令，打开如图 1-81 所示的“选项”对话框，在其中选中或取消选中贴齐点，然后单击“确定”按钮，即可完成设置。

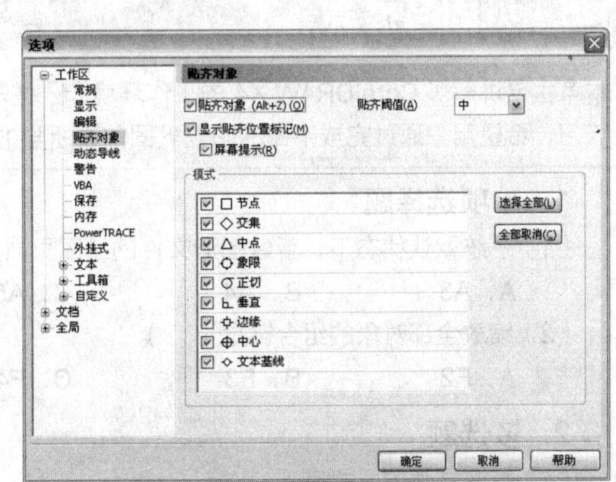

图 1-81　“贴齐对象”选项的设置

- 选中“贴齐对象”复选框，打开贴齐对象功能。
- 选中“显示贴齐位置标记”复选框，在贴齐对象时显示贴齐点标记。反之则不显示贴齐点标记。
- 选中“屏幕提示”复选框，将显示屏幕提示。反之则不显示屏幕提示。
- 在“模式”选项栏中，可选中一个或多个需要启动的贴齐模式。单击“选择全部”按钮，可选择所有的贴齐模式选项。单击“全部取消”按钮，可取消所有的贴齐模式选项，但不会关闭贴齐功能。
- 在“贴齐阈值”下拉列表框中，可选择光标激活贴齐点时的灵敏度。

1.7 上机实践

（1）新建一个图形文件，并将绘图页面大小设置为 165mm×280mm，然后在该文件中插入两个页面，将其中一个页面设置为“信封”纸张类型，另一个页面设置为“信纸”纸张类型，再使用页面排序器视图预览所有的页面效果，如图 1-82 所示。

（2）新建一个图形文件，然后将光盘中的“源文件与素材\第 1 章\素材\底纹.jpg”文件设置为页面背景，如图 1-83 所示。

图 1-82 文件中的页面效果

图 1-83 设置后的页面背景

1.8 巩固与提高

本章主要讲解了 CorelDRAW X4 的工作环境和一些基本操作方法。下面是本章相关的一些练习，希望用户通过完成下面的习题巩固前面所学的知识。

1. 单项选择题

（1）系统默认状态下，新建图形文件的绘图页面大小为（ ）。

A．A3　　B．A4　　C．A5　　D．A6

（2）缩放全部对象的组合键是（ ）。

A．F2　　B．F3　　C．F4　　D．Shift+F4

2. 多选题

（1）打开文件的方式有（ ）。

A．执行“文件”→“打开”命令

B．按下 Ctrl+O 组合键

C．单击标准工具栏中的打开按钮

D．执行“文件”→“最近用过的文件”命令

（2）辅助线分为（　　）3 种类型。

A．水平线　　B．垂直线　　C．导线　　D．虚线

3. 判断题

（1）用户只能在同一个文件中设置大小和方向都相同的绘图页面。通过单击页面标签中的按钮，将按系统默认设置插入一个新的页面。（　　）

（2）当激活贴齐对象功能后，在移动选定的对象时，对象中的节点将向距离最近的辅助线及其交叉点靠齐。（　　）

读书笔记

Study

第2章

图形的绘制

CorelDRAW 是专业的矢量绘图和编辑工具，其中提供了多种绘图工具，利用这些工具，可以轻松完成几何图形、复杂形状和曲线对象的绘制。要学习各种绘图技能，首先就要从掌握这些基本绘图工具的用法开始，本章将为读者详细讲解使用这些工具的方法和技巧。

学习指南

- 绘制几何图形
- 绘制表格
- 绘制各种形状
- 绘制曲线
- 智能绘图

精彩实例效果展示 ▲

2.1 绘制几何图形

使用 CorelDRAW 中的几何图形绘制工具，可以绘制出包括矩形、圆形、多边形、星形、螺纹和图纸等几何图形，下面介绍绘制几何图形的方法。

2.1.1 绘制矩形和正方形

要在 CorelDRAW 中绘制矩形和正方形，可以通过使用“矩形工具”或“3 点矩形”工具来完成。下面分别介绍使用这两种工具的方法。

1. 使用矩形工具

使用“矩形工具”绘制矩形和正方形的操作方法如下。

1 在工具箱中单击“矩形工具”按钮□。

2 在绘图窗口中按下鼠标左键并拖动鼠标，即可进行矩形的绘制，释放鼠标左键后，绘制的矩形将被自动选取，如图 2-1 所示。

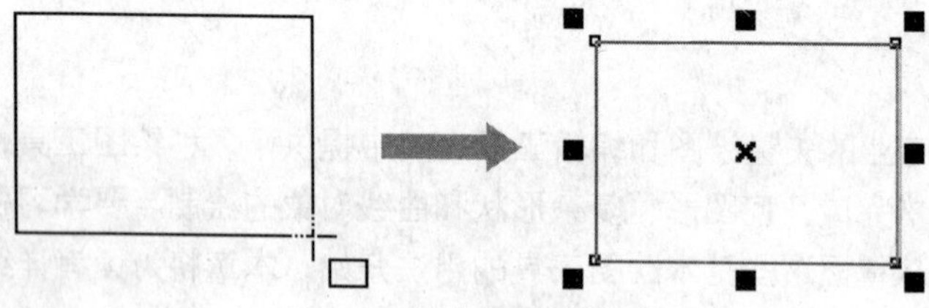

图 2-1　基本矩形的绘制

3 在绘制矩形的时候按住 Ctrl 键，即可绘制出正方形，如图 2-2 所示。

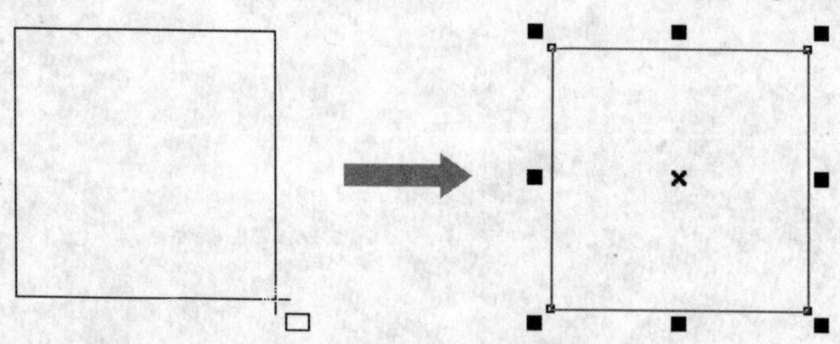

图 2-2　正方形的绘制

4 在选择矩形工具后，其属性栏设置如图 2-3 所示。

图 2-3　矩形工具的属性栏

5 在“左边矩形的边角圆滑度”和“右边矩形的边角圆滑度”数值框中输入数值，可以绘制圆角矩形，且 4 个角可以设置不同的边角圆滑度值。

- 单击“全部圆角”按钮，即使其成为激活状态后，在任意一个边角圆滑度数值框中输入数值，然后按下 Enter 键，则其他边角圆滑度数值框中都会出现相同的数值。这样可使矩形每个边角保持相同的圆滑度。
- 在“轮廓宽度”0.567 pt 数值框中，可设置矩形轮廓线的宽度。单击该选项的下三角按钮，在弹出的下拉列表框中可以选择预设的轮廓线宽度。

2. 使用3点矩形工具

“3点矩形”工具是通过指定矩形的宽度和高度来快速绘制矩形的，使用“3点矩形”工具的操作方法如下。

1 在“矩形工具”的展开工具栏中选择“3点矩形”工具。

2 在绘图窗口中按下鼠标左键并拖动，如图2-4所示，在出现一条直线后释放鼠标左键，以确定矩形的一边，该边将决定矩形的宽度或高度。

3 在与该边相垂直的方向上移动光标，以确定矩形的高度或宽度，如图2-5所示，然后单击鼠标左键，即可按指定的大小和角度绘制矩形，如图2-6所示。

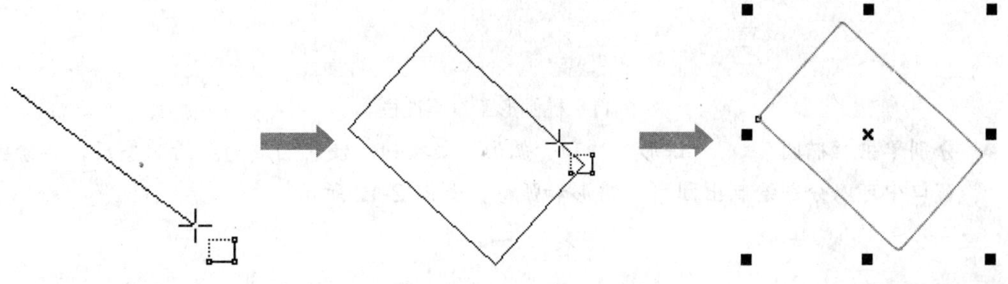

图2-4　绘制矩形的一边　　图2-5　确定矩形的宽度或高度　　图2-6　绘制好的矩形

小提示

在使用“3点矩形”工具绘制矩形时，按住Ctrl键可以按指定的大小和角度绘制正方形。

2.1.2　绘制椭圆形和圆形

在CorelDRAW中绘制椭圆形和圆形，可以使用“椭圆形工具”或“3点椭圆形工具”来完成，其绘制方法与使用“矩形工具”和“3点矩形”工具相似。

1 在工具箱中单击“椭圆形工具”按钮，在绘图窗口中按下鼠标左键并拖动，然后释放鼠标，即可绘制出椭圆形，如图2-7所示。

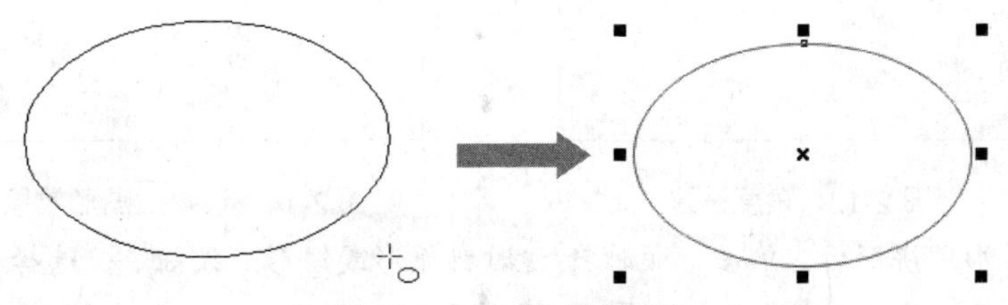

图2-7　绘制基本椭圆形

2 在绘制椭圆形的过程中按住Ctrl键，可绘制出圆形。

3 在“椭圆形工具”的展开工具栏中选择“3点椭圆形工具”，然后在绘图区域中按下鼠标左键并拖出一条任意方向的直线，以确定椭圆形其中一端的直径，如图2-8所示。

4 确定好椭圆形一端的直径长度后，释放鼠标左键，然后在与该直径相垂直的方向上移动光标，以确定椭圆形另一端的直径长度，如图2-9所示，最后单击鼠标左键，即可按指定的大小和角度绘制椭圆形，如图2-10所示。

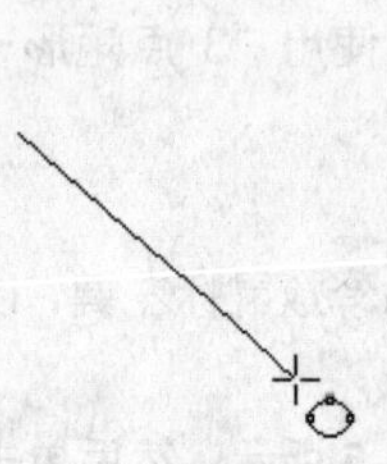

图 2-8　确定椭圆形一端的直径

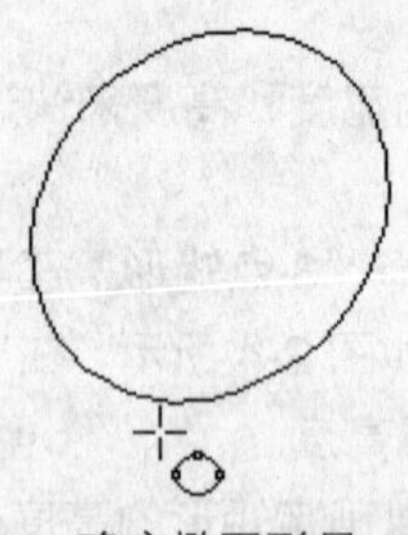

图 2-9　确定椭圆形另一端的直径

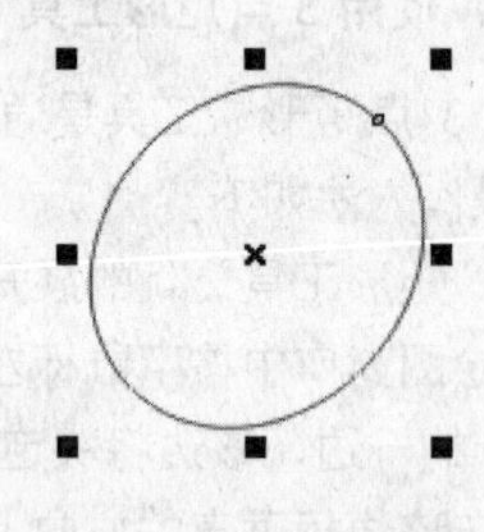

图 2-10　绘制好的椭圆形

选择“椭圆形工具”后，属性栏设置如图 2-11 所示。

图 2-11　椭圆形工具属性栏

- 分别单击“椭圆”、“饼形”和“弧形”按钮，使它们成为激活状态后，在绘图窗口中可以分别绘制出圆形、饼形和弧形，如图 2-12 所示。

图 2-12　圆形、饼形和弧形

- 在“起始和结束角度”数值框中，可设置饼形和弧形的起始和结束角度。图 2-13 所示为起始和结束角度的设置及得到的饼形和弧形效果。在为圆形或椭圆形设置起始和结束角度后，圆形和椭圆形将自动转换为弧形.如图 2-14 所示。

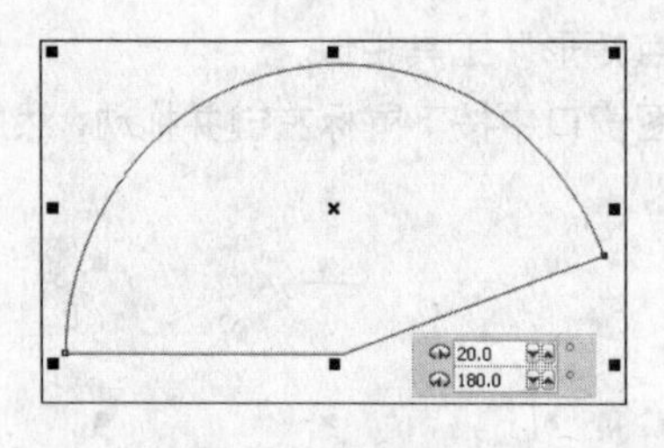

图 2-13　角度设置

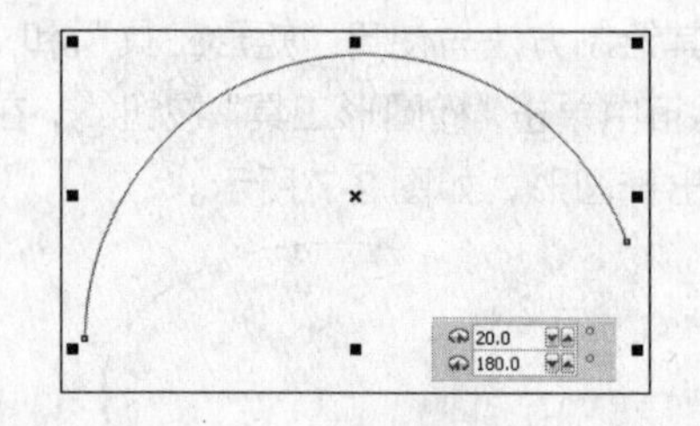

图 2-14　设置后图形效果

- 在选择弧形或饼形后，单击“顺时针/逆时针弧形或饼形”按钮，选择的弧形或饼形将变为与原对象互补的图形，如图 2-15 所示。

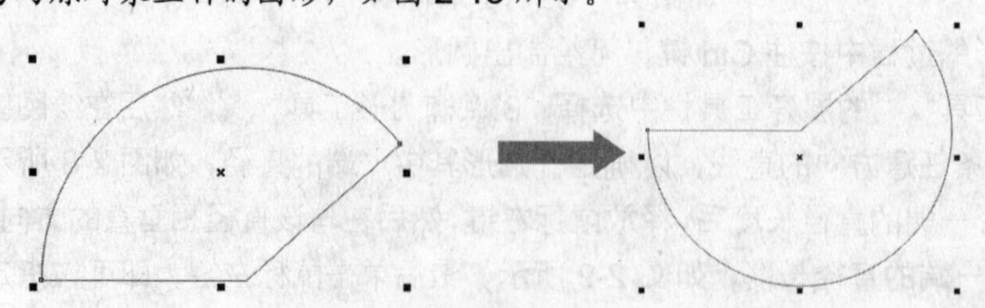

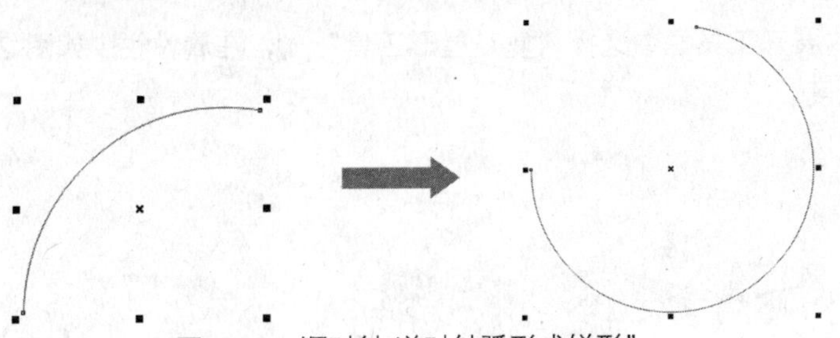

图 2-15　顺时针/逆时针弧形或饼形”

2.1.3　绘制多边形

绘制多边形可以使用“多边形工具”来完成。用户可以指定多边形的边数，多边形的边数设置得越多，越接近圆形。

1 在工具箱中选择“多边形工具”，在属性栏的“多边形、星形和复杂星形的点数和边数”数值框中设置多边形的边数，然后按下 Enter 键，这里将多边形的边数设置为 7。

2 在绘图窗口中按下鼠标左键并拖动鼠标，释放鼠标后，即可绘制出指定边数的多边形，如图 2-16 所示。

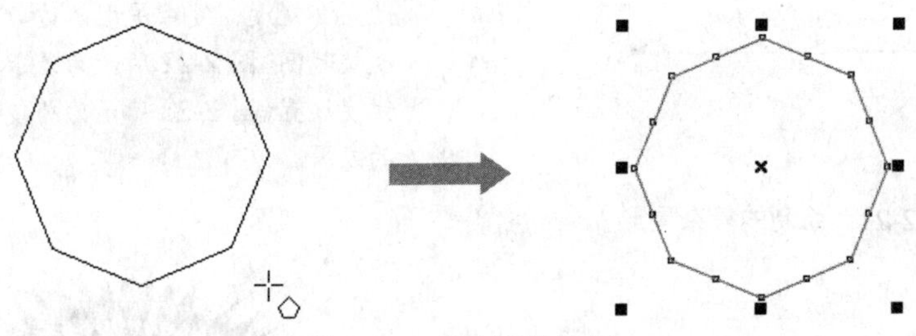

图 2-16　多边形的绘制

3 在绘制多边形时按住 Ctrl 键，可绘制出宽度和高度相同的多边形。

2.1.4　绘制星形和复杂星形

在绘制星形和复杂星形时，用户可以指定星形和复杂星形的锐度。锐度越高，星形的边角锐度越大。

1 在多边形工具的展开工具栏中选择“星形工具”，然后在属性栏中设置星形的边数和锐度，如图 2-17 所示。

2 在绘图窗口中按下鼠标左键并拖动，释放鼠标后即可按指定设置绘制出星形，如图 2-18 所示。在绘制好星形后，也可以在属性栏中更改星形的边数和锐度。图 2-19 所示为将星形锐度设置为 80 后的星形效果。

5　50

图 2-17　“星形工具”属性栏的设置

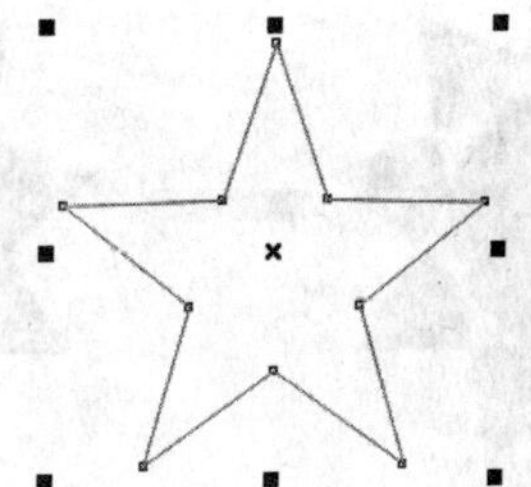

图 2-18　绘制的星形

3 在多边形工具的展开工具栏中选择“复杂星形工具”，在属性栏中如图 2-20 所示设置复杂星形的边数和锐度。

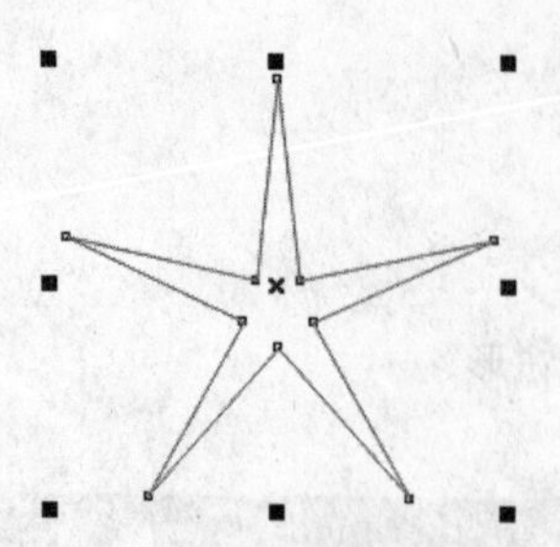

图 2-19 锐度为 80 的星形效果

图 2-20 “复杂星形工具”的属性栏设置

4 在绘图窗口中按下鼠标左键并拖动鼠标，释放鼠标后即可按指定设置绘制出复杂星形，如图 2-21 所示。

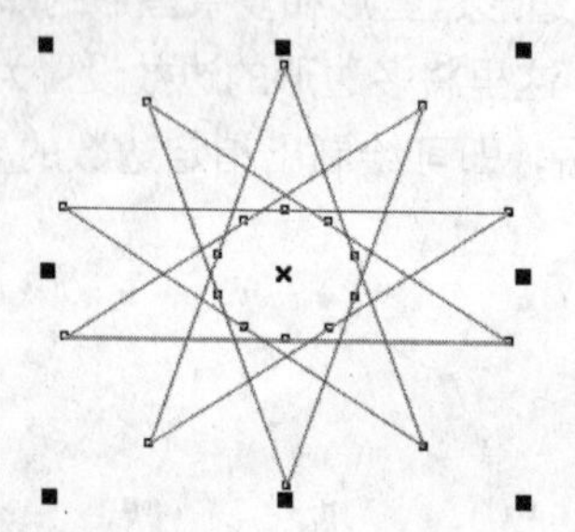

图 2-21 绘制的复杂星形

小提示

当复杂星形的边数少于“7”时，则不能设置其锐度。复杂星形的边数越多，其尖锐度就越高。图 2-22 所示为复杂星形的边数和锐度设置，图 2-23 所示为将复杂星形填色后的效果。

图 2-23 绘制的复杂星形及其填色效果

50 20

图 2-22 复杂星形的边数和锐度设置

小提示

多边形、星形和复杂星形中各个边角是互相关联的，当使用“形状工具”拖动任一边角时，该对象中的其他边角也会同时发生相应的变化，如图 2-24 所示。

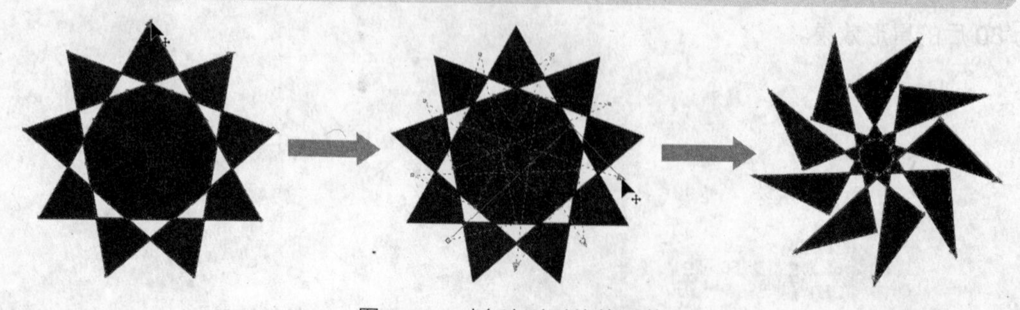

图 2-24 对多边形形状的调整

2.1.5　绘制螺纹

CorelDRAW 中提供的螺纹包括对称式螺纹和对数式螺纹。对称式螺纹呈均匀扩展，每个回圈之间的间距相等；对数式螺纹扩展时，回圈之间的距离从内向外不断增大，用户可以设置对数式螺纹向外扩展的比率。

绘制螺纹的操作方法如下。

1 在工具箱中单击“螺纹工具”按钮，在属性栏中单击“对称式螺纹”按钮，然后在“螺纹回圈”数值框中设置螺纹的回圈数，并按下 Enter 键，如图 2-25 所示。

图 2-25　对称式螺纹的属性设置

2 在绘图窗口中按下鼠标左键并拖动鼠标，即可绘制出对称式螺纹，如图 2-26 所示。

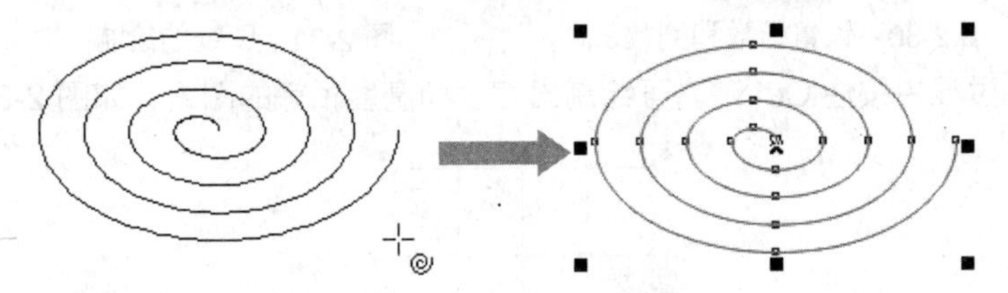

图 2-26　绘制对称式螺纹

3 在绘制螺纹的过程中按住 Ctrl 键，可绘制出上下和左右直径相同的螺纹，如图 2-27 所示。

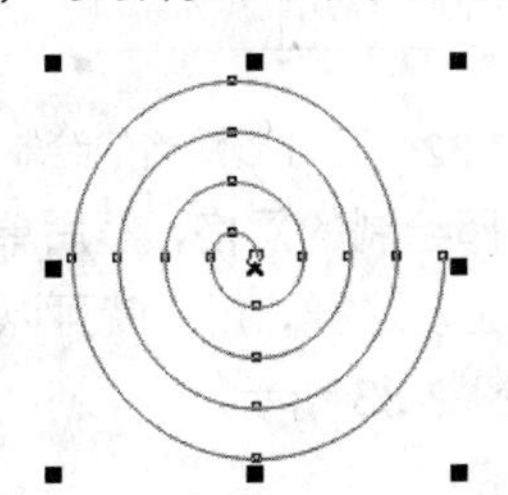

图 2-27　上下和左右直径相同的螺纹

4 在螺纹工具属性栏中单击“对数式螺纹”按钮，然后在“螺纹回圈”数值框中输入螺纹的回圈数，并在“螺纹扩展参数”数值框中设置螺纹的扩展量为 80，再按下 Enter 键，如图 2-28 所示。

图 2-28　对数式螺纹属性栏设置

5 在绘图窗口中绘制的对数式螺纹如图 2-29 所示。

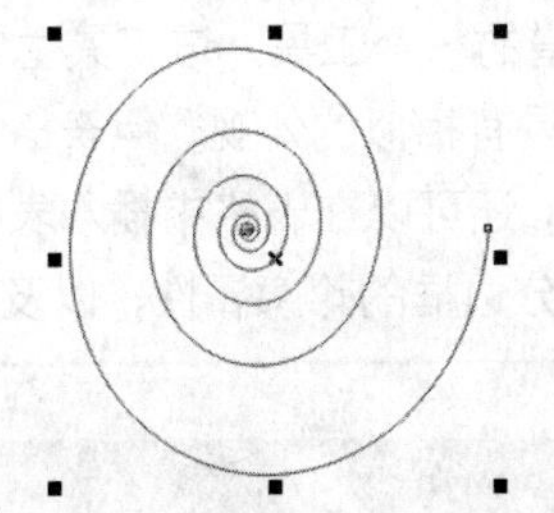

图 2-29　绘制的对数式螺纹

2.1.6　绘制图纸

CorelDRAW 中绘制用的图纸，是由多个矩形或正方形对齐并排而成。通过解散图纸对象的群组状态，可以将图纸打散为各个单独的矩形或正方形。

1 在工具箱中单击“图纸工具”按钮，并在属性栏中设置图纸的行数和列数，如图 2-30 所示，然后在绘图窗口中按下鼠标左键并拖动鼠标，即可绘制出指定行数和列数的图纸，如图 2-31 所示。

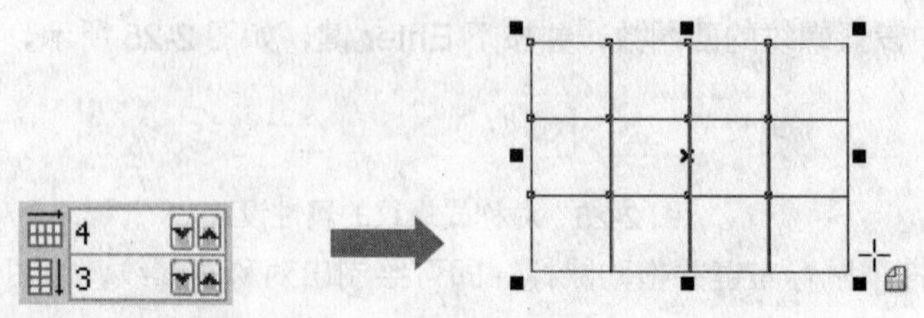

图 2-30　设置行数和列数　　图 2-31　图纸的绘制

2 在绘制图纸的过程中按住 Ctrl 键，可绘制出宽度和高度相等的图纸，如图 2-32 所示。

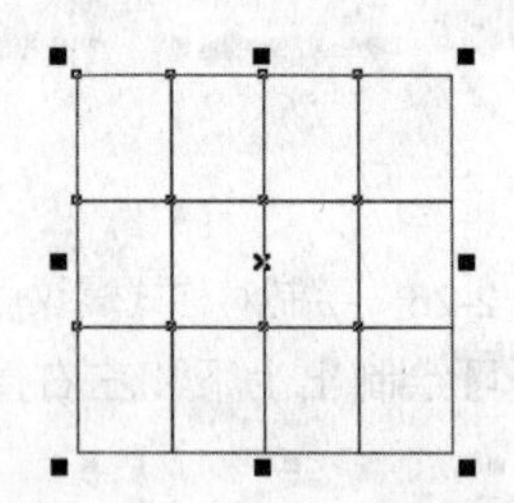

图 2-32　正方形网格的绘制

3 将工具切换到“挑选工具”，选择绘制的网格，然后单击属性栏中的“取消群组”按钮或按下 Ctrl+U 组合键，解散网格的群组。这样，用户就可以移动网格中的任一个单元格，或者单独调整某一个单元格的大小了，如图 2-33 所示。

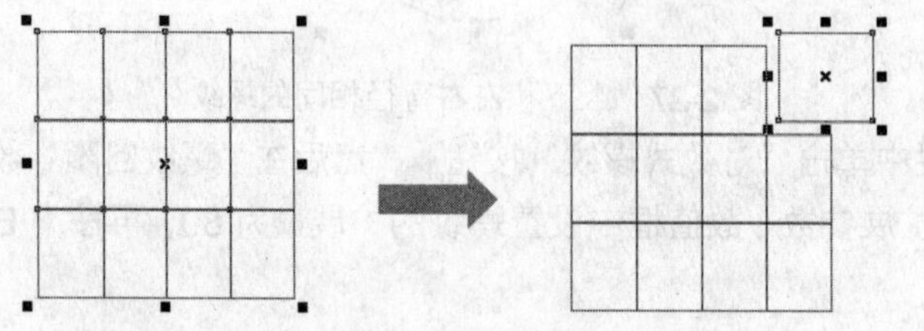

图 2-33　解散网格的群组并移动和缩放单元格

2.2 绘制表格

表格工具是 CorelDRAW X4 中新增的一个工具，该工具主要用于绘制表格。系统默认状态下，使用该工具绘制的表格与图纸具有相似的外观，但表格具有更为灵活编辑的属性。用户除了可以设置表格的行数和列数外，还可以在表格中插入表格行或列、单独调整单元格的大小、为表格设置边框样式、调整部分边框的轮廓属性，以及在表格中输入文字或图形等。

2.2.1　绘制表格

选择工具箱中的“表格工具”，并在属性栏中的“表格中的行数和列数”数值框中设置表格的行数和列数，然后在绘图窗口中按下鼠标左键，并向对角方向拖动鼠标，即可绘制出表格，如图 2-34 所示。

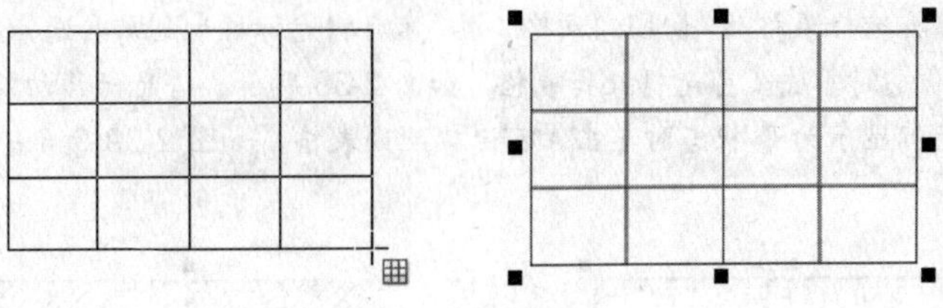

图 2-34 绘制表格

2.2.2 选择表格

在绘制表格后，通常都会根据绘图的需要，对整个表格或部分单元格进行大小、边框样式以及背景色等参数的设置，在设置表格属性之前，需要选择表格。下面介绍选择表格或部分单元格的方法。

- 要选择整个表格，使用挑选工具单击表格即可，如图 2-35 所示。
- 要选择表格中的所有单元格，在单击工具栏中的“挑选工具”按钮选择表格后，再将工具切换到表格工具，然后执行“表格”→“选择”→“表格”命令，或按下 Ctrl+A 组合键即可。被选中的表格中会出现蓝色斜线，如图 2-36 所示。

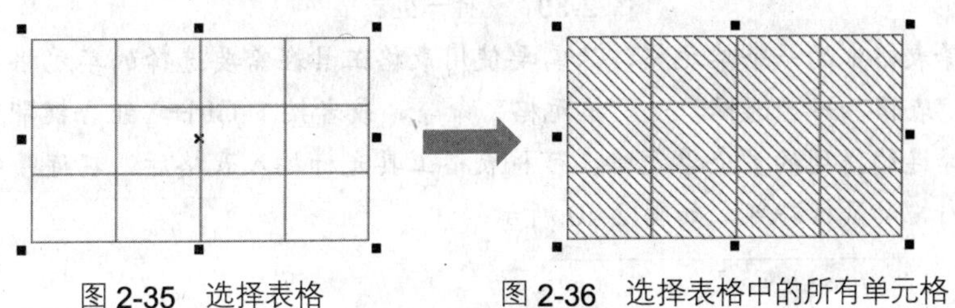

图 2-35 选择表格　　图 2-36 选择表格中的所有单元格

小提示

在使用挑选工具选择表格后，切换到表格工具，并将光标移动到表格的左上角，当光标变为状态时单击，也可以选择表格中的所有单元格。

- 要选择一行表格，可先使用表格工具在该行中的单元格上单击，将光标插入到单元格中，然后执行“表格”→“选择”→“行”命令，则该单元格所在的一行表格都将被选择，如图 2-37 所示。

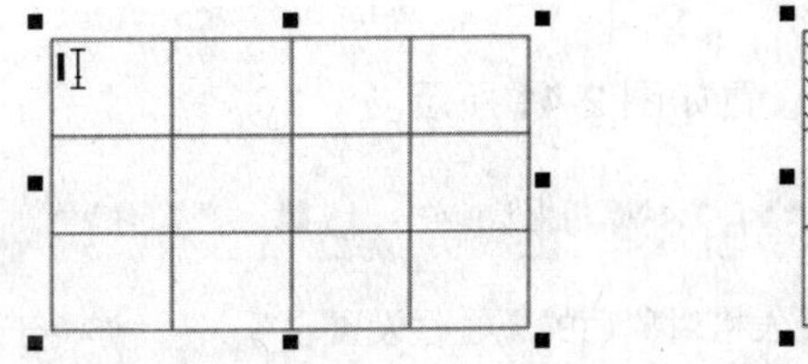

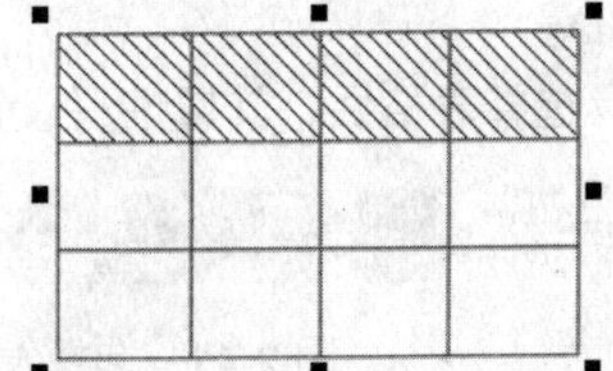

图 2-37 选择一行表格

- 要选择一列表格，同样先在将光标插入到单元格中，然后执行“表格”→“选择”→“列”命令，即可选择该单元格所在的一列表格。

使用挑选工具选择表格后，切换到表格工具，然后将光标移动到需要选择的表格行的左端，当光标变为➡状态时单击，可选择此行表格，如图 2-38 所示。将光标移动到需要选择的表格列的顶端，当光标显示为⬇状态时单击，可选择此列表格，如图 2-39 所示。

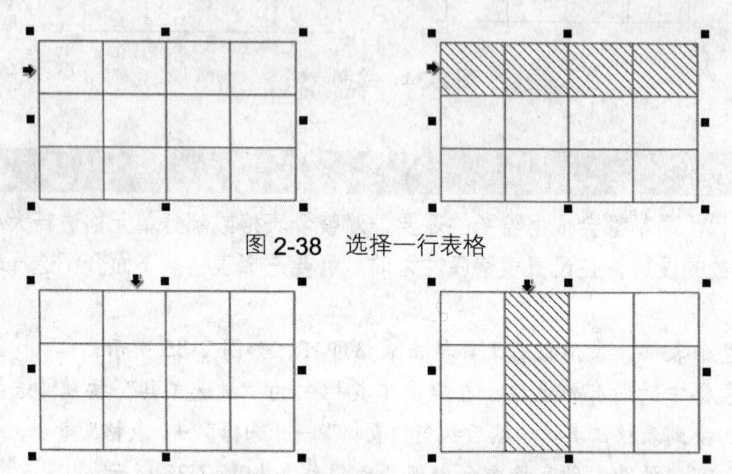

图 2-38 选择一行表格

图 2-39 选择一列表格

- 要选择表格中的一个单元格，只需要使用表格工具在需要选择的单元格上单击，然后执行“表格”→“选择”→“单元格”命令，或者按下 Ctrl+A 组合键即可。
- 要选择连续排列的多个单元格，可将表格工具光标插入表格后，在连续排列的多个单元格内拖动鼠标即可，如图 2-40 所示。

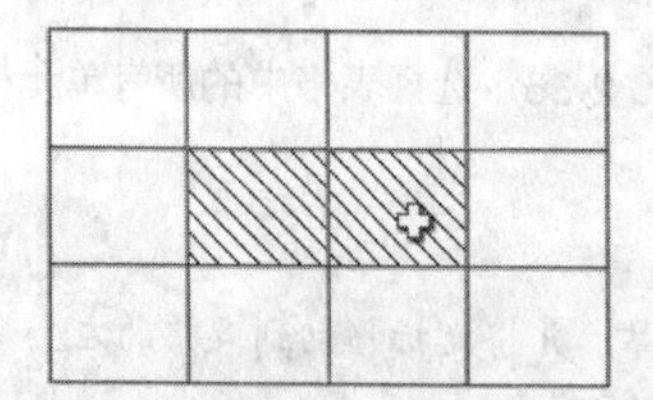

将表格工具光标插入到单元格中，然后就可以在该单元格中输入文字。

图 2-40 选择连续排列的单元格

2.2.3 表格的属性设置

选择表格或表格中的单元格，然后可以通过属性栏，设置表格的行数、列数、背景色、边框样式和轮廓属性等。

使用挑选工具选择表格后，其属性栏设置如图 2-41 所示。

图 2-41 选择表格对象后的属性栏设置

- 在“对象位置” 和“对象大小” 数值框中，可以分别设置网格对象的位置和大小。
- 在“表格中的行数和列数”数值框 中，可以设置表格的行数和列数。

- 在“背景”颜色选取器中，可以选择表格的背景色。为表格设置背景色后，单击“背景”选项右边的“编辑填充”按钮，弹出“均匀颜色”对话框，如图 2-42 所示，在其中可以自定义网格的背景颜色，如图 2-43 所示。

图 2-42　选择颜色

图 2-43　自定义网格背景色

- 单击“边框”选项中的按钮，在弹出如图 2-44 所示的下拉列表框中指定需要修改属性的边框范围。这样，设置后的边框属性只作用于指定的范围。图 2-45 所示为修改外部边框轮廓宽度后的效果。

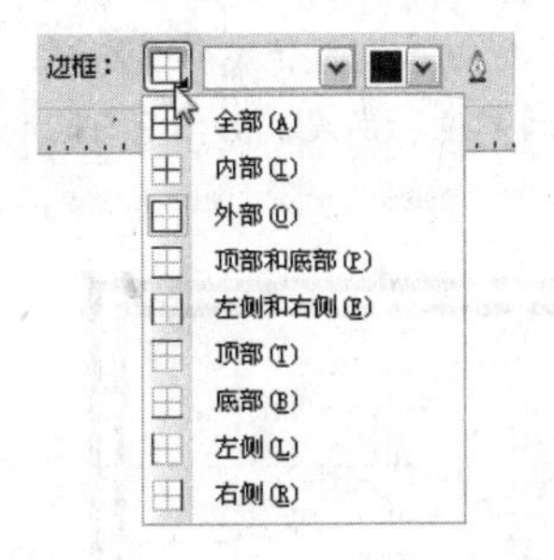

图 2-44　“边框”下拉列表框

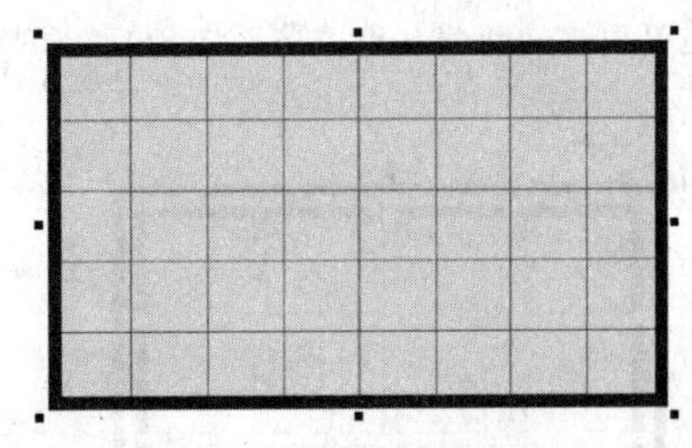

图 2-45　修改外部边框轮廓宽度后的效果

- 在“边框”的数值框 0.567 pt 中，可以选择预设的轮廓宽度或输入自定义的轮廓宽度。单击右边的轮廓颜色选取器按钮，然后可以选择边框的颜色。单击“轮廓笔”对话框按钮，在弹出的“轮廓笔”对话框中，可以设置边框轮廓的属性，包括轮廓色、轮廓宽度和样式等。图 2-46 所示为“轮廓笔”对话框及产生的网格边框效果。

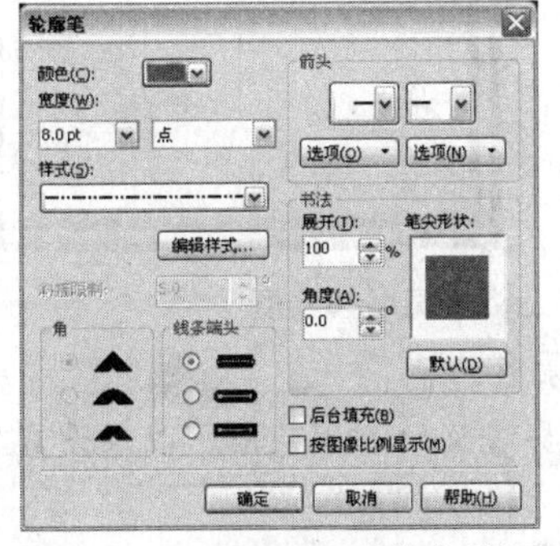

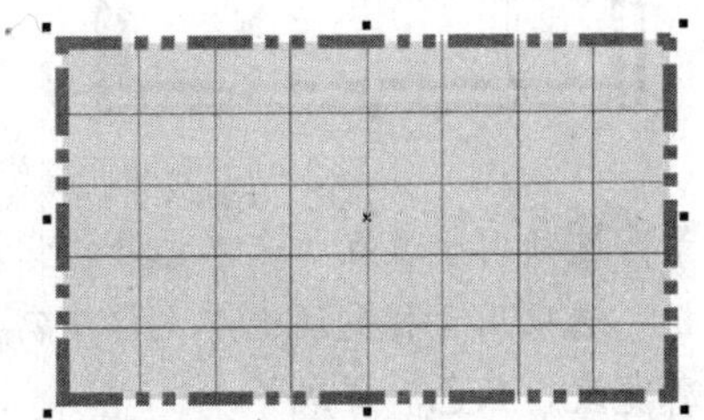

图 2-46　“轮廓笔”对话框的设置及边框效果

- 单击“选项”按钮，弹出如图 2-47 所示的选项设置，选中“在键入时自动调整单元格大小”复选框，在表格中输入文字时，系统会在输入的文字超出单元格所能显示的范围时自动调整单元格的大小。选中“单独的单元格边框”复选框，用户可以在下方的“水平单元格间距”和“垂直单元格间距”中设置单元格之间的间隔距离。图 2-48 所示为设置单元格间距后的表格效果。

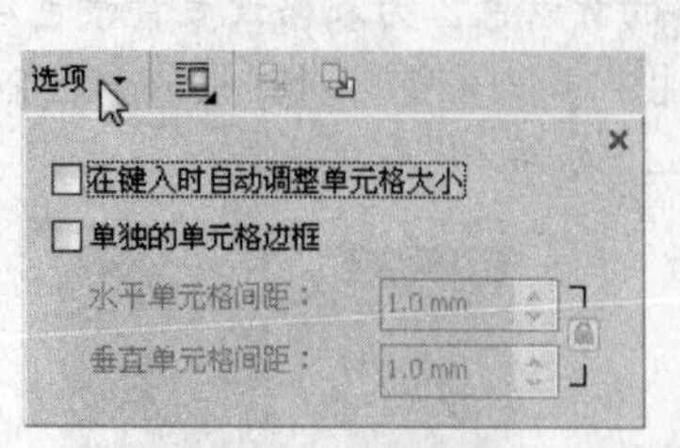

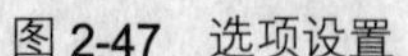

图 2-47　选项设置

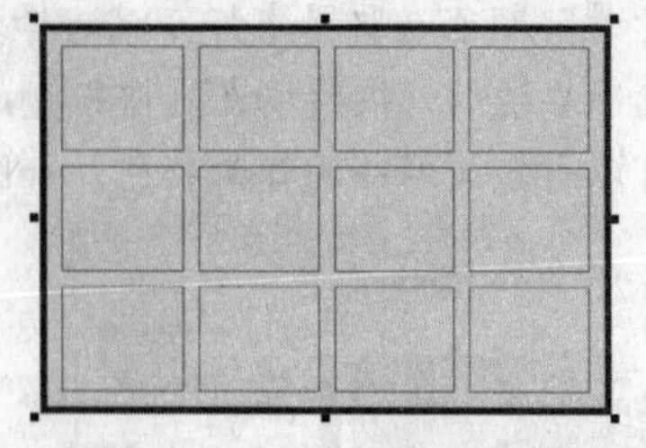

图 2-48　设置单元格间距后的表格

使用表格工具选择表格中的部分单元格后，其属性栏设置如图 2-49 所示。

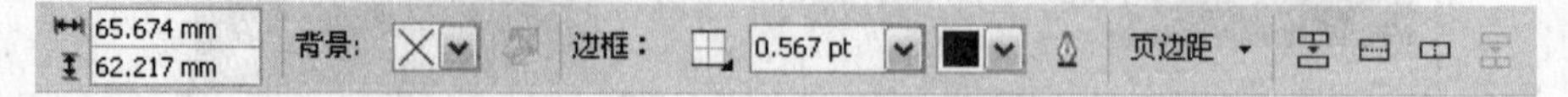

图 2-49　选择部分单元格后的属性栏

- 在“对象大小”数值框中可以设置所选单元格的大小。

> **小提示**
>
> 使用表格工具拖动表格内部的边框线，可以任意调整对应单元格的宽度或高度，如图 2-50 所示。拖动内部边框线的相交点，可以同时调整单元格的宽度和高度，如图 2-51 所示。

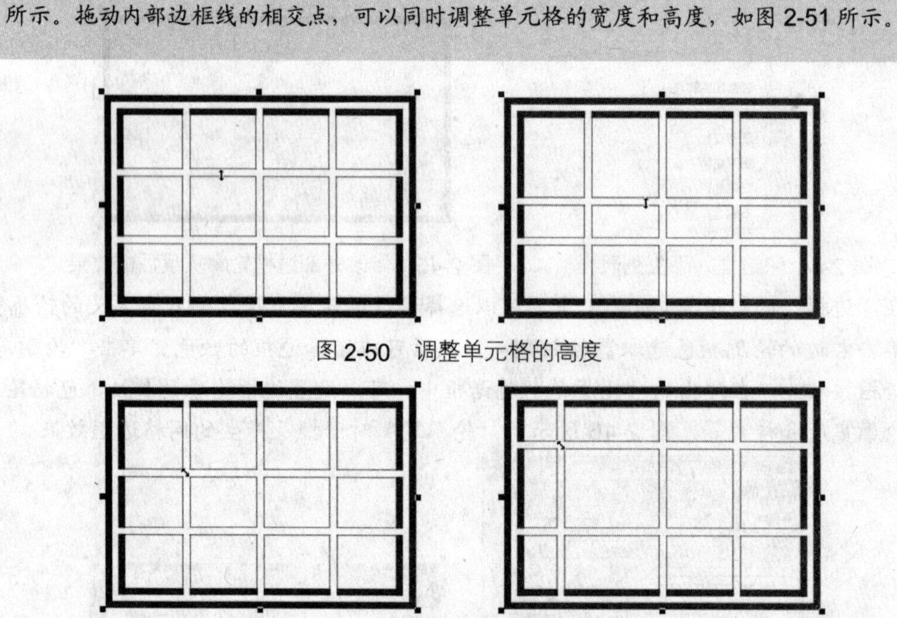

图 2-50　调整单元格的高度

图 2-51　同时调整单元格的宽度和高度

- “背景”选项用于设置所选单元格的背景色。
- “边框”选项用于指定所选单元格中需要修改的边框范围，以及设置指定位置上的边框轮廓宽度、颜色和样式等。
- 在选择连续排列的多个单元格后，单击属性栏中的按钮，可以将选定的单元格合并为一个单元格，如图 2-52 所示；单击按钮，弹出如图 2-53 所示的“拆分单元格”对话框，在其中设置拆分后的单元格行数，然后单击“确定”按钮，即可按指定的行数将选定的单元格水平拆分，如图 2-54 所示；单击按钮，在弹出的“拆分单元格”对话框中设置栏数，然后单击“确定”按钮，可以按指定的栏数垂直拆分选定的单元格；选择合并后的单元格，单击按钮，可以将该单元格拆分为合并前的状态。

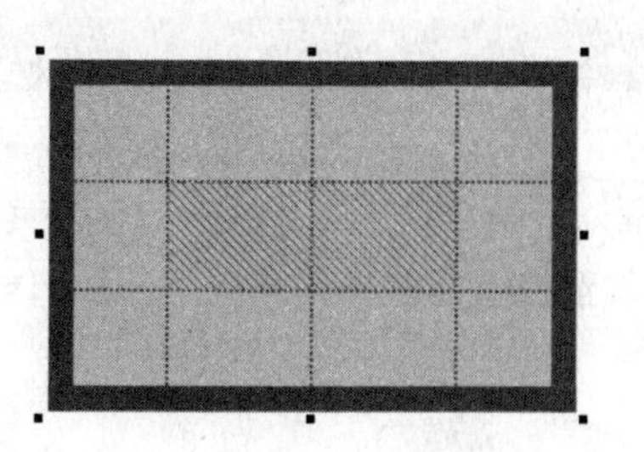

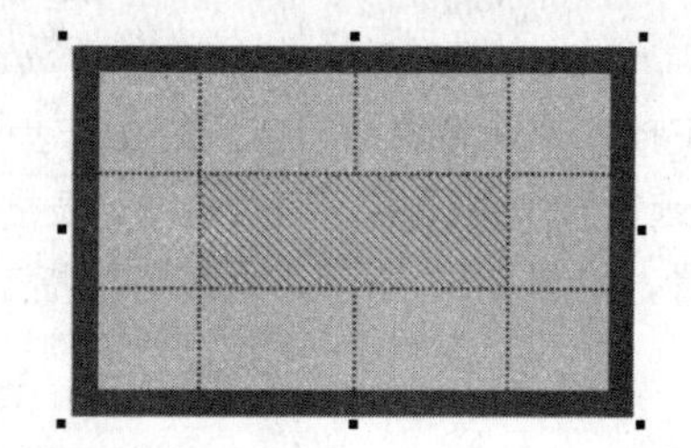

图 2-52　合并选定的单元格

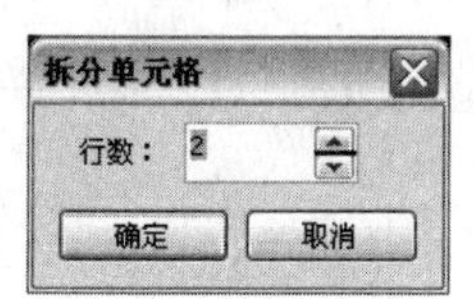

图 2-53　“拆分单元格”对话框

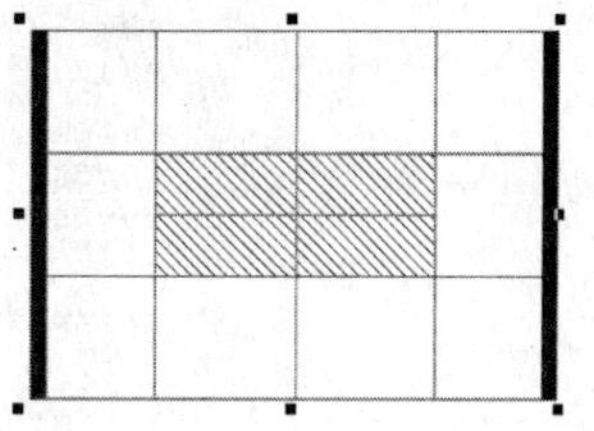

图 2-54　拆分选定的单元格

使用表格工具在表格中插入光标后，可以在表格中输入文字，此时的属性栏设置如图 2-55 所示。

图 2-55　在表格中插入光标后的属性栏设置

- 在“字体列表”下拉列表框 Kozuka Gothic Pro B 中，可以设置文字的字体样式。在字体大小下拉列表框 12 pt 中，可以选择或设置文字的字体大小。
- 单击 U 按钮，可以为文字设置下划线效果。
- 单击按钮，在弹出的下拉列表框中可以选择文字对齐的方式。单击按钮，从弹出的下拉列表中可以设置文字与基线垂直对齐的方式。
- 单击按钮，将文字更改为水平方向。单击按钮，将文字更改为垂直方向。

2.2.4　移动表格行或列

要在同一个表格中调整行或列的位置，可以在选择需要移动的行或列后，将它们拖动到指定的位置即可。需要注意的是，在移动表格行或列时，不能将光标插入到单元格中，否则不能移动。

用户还可以将选定的表格行或列移动到其他表格中。

1 选择要移动的表格行或列，然后按下 Ctrl+X 组合键进行剪切。

2 在另一个表格中选择一行或一列，然后按下 Ctrl+V 组合键进行粘贴，将弹出如图 2-56 所示的“粘贴行”或“粘贴列”对话框，在对应的对话框中选择插入行或列的方式后，单击“确定”按钮即可。

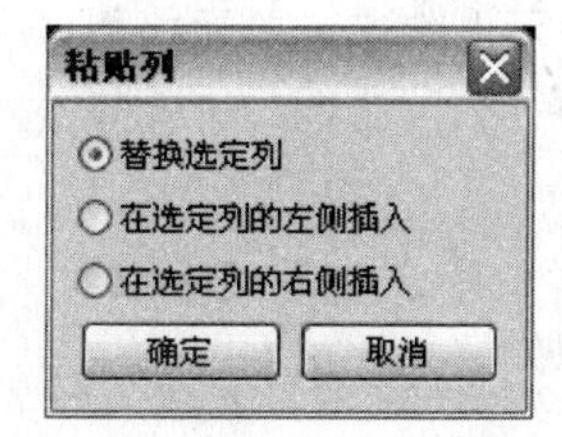

图 2-56　“粘贴列”对话框

2.2.5 插入和删除表格行或列

在表格中插入或删除表格行或列的操作步骤如下。

1 在表格中选择一个单元格，然后执行“表格→插入”命令，在展开的下一级子菜单中选择表格插入的位置，如图 2-57 所示，系统将按指定的位置在选定的单元格处插入一行或一列。

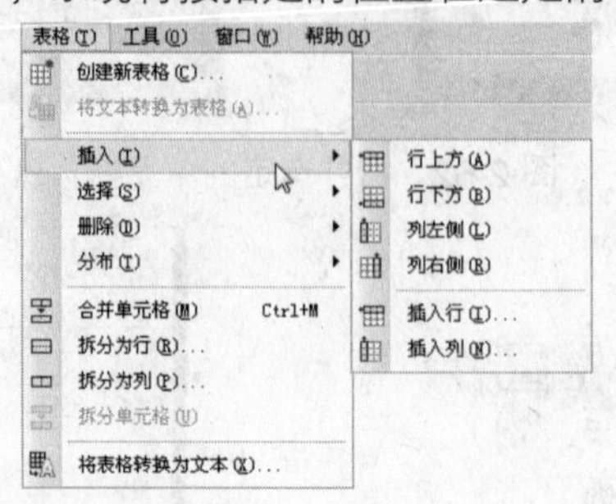

图 2-57 选择单元格

小提示

在“表格”→“插入”子菜单中选择“行上方”、“行下方”、“行左侧”或“行右侧”命令后，插入的行数或列数由执行命令前所选择的行数或列数决定。例如，在插入表格行或列前选择了 2 行或 2 列单元格，在执行插入命令后，表格中将插入 2 行或 2 列单元格。

2 执行“表格”→“插入”→“插入行”命令，在弹出的“插入行”对话框中，可设置插入行的行数和位置，如图 2-58 所示。

3 执行“表格”→“插入”→“插入列”命令，在弹出的“插入列”对话框中，可设置插入列的栏数和位置，如图 2-59 所示。

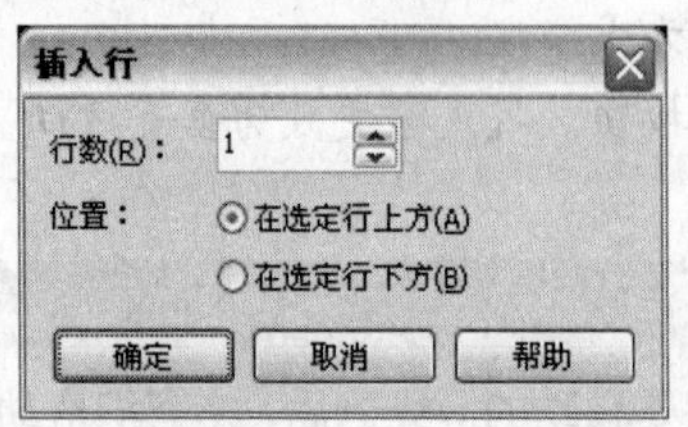

图 2-58 “插入行”对话框

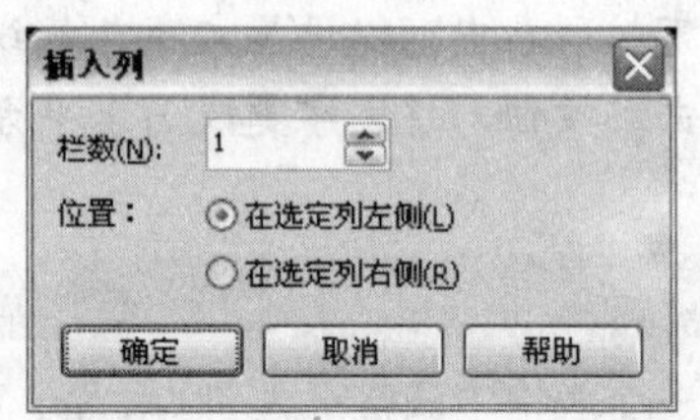

图 2-59 “插入列”对话框

4 选择表格中需要删除的行，然后执行“表格”→“删除”→“行”命令，即可删除选定的行。选择表格中需要删除的列，如图 2-60 所示，然后执行“表格”→“删除”→“列”命令，即可删除选定的列。

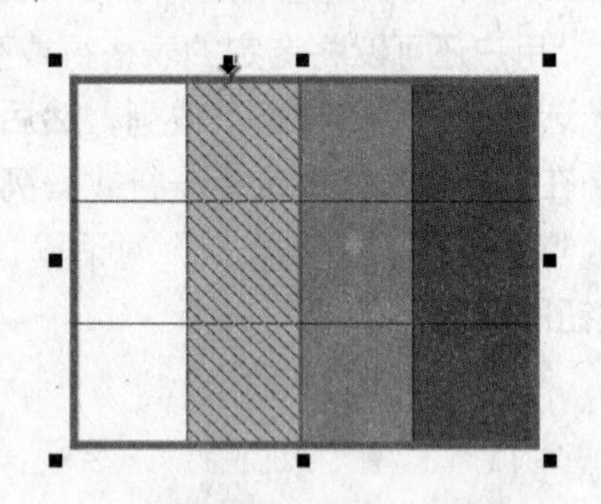

图 2-60 选择的列

5 选择表格中连续排列的一个或多个单元格，然后执行“表格”→“删除”→“行”命令，可删除选定单元格所在的行；执行“表格”→“删除”→“列”命令，可删除选定单元格所在的列。

6 要删除整个表格，在选择表格对象后，按下 Delete 键即可。

2.2.6　均分表格行或列

选择要均匀分布的表格行，然后执行“表格”→“分布”→“行均分”命令，即可使选定行中的单元格保持相同的高度。选择要均匀分布的表格列，然后执行“表格”→“分布”→“列均分”命令，即可使选定列中的单元格保持相同的宽度。

2.3　绘制各种形状

使用 CorelDRAW 中的形状绘制工具，可以绘制出箭头、流程图、标题和标注等多种类型的形状对象。在基本形状工具按钮上按下鼠标左键，即可查看所有的形状绘制工具，如图 **2-61** 所示。

图 **2-61**　形状绘图工具

绘制各种形状的操作方法是，在工具箱中选择所需要的形状绘制工具，然后单击属性栏中的“完美形状”按钮，从弹出式面板中选择所需要的形状样式，然后在绘图窗口中按下鼠标左键并拖动，即可绘制出选择的形状。不同形状绘制工具中提供的完美形状如图 **2-62** 所示。

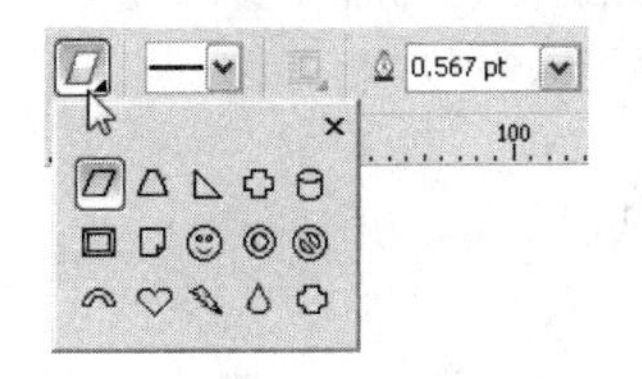

基本形状

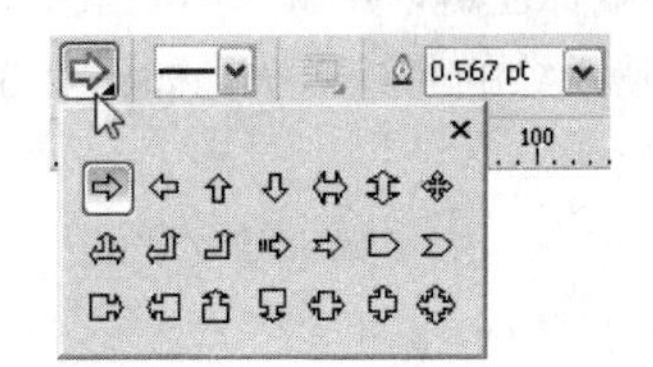

箭头形状

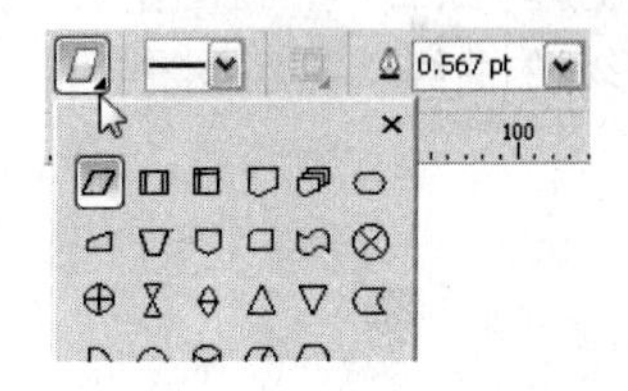

流程图形状

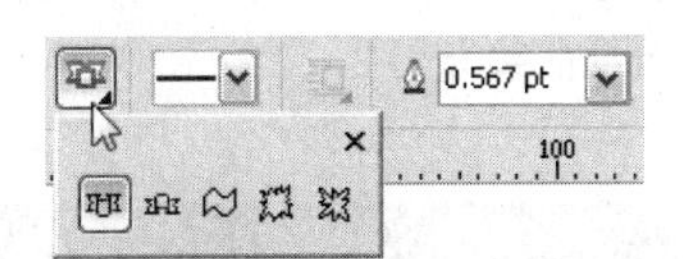

标题形状

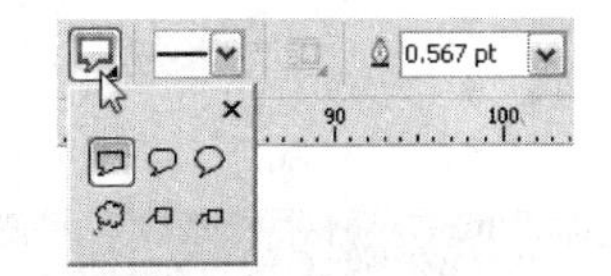

标注形状

图 **2-62**　各种形状样式

2.4　绘制曲线

在进行绘图创作时，仅仅会绘制简单图形是完全不够的，还必须掌握绘制曲线的方法，因为曲线是组成各种复杂图形的基本元素，使用曲线绘制工具，可以帮助用户创作各种不同形状的造型。

2.4.1 手绘工具

手绘工具主要用于绘制直线或自由形状的线条，绘制直线或自由线条的操作步骤如下。

1 在工具箱中单击“手绘工具”按钮，光标将显示为状态，此时在绘图窗口上单击鼠标左键，创建直线的起点。

2 移动光标，可看到光标与起点处会有一条直线连接，如图 2-63 所示。确定好直线的方向和终点位置后，单击鼠标左键，绘制的直线将被自动选取，如图 2-64 所示。

图 2-63 光标与起点处连接的直线　　图 2-64 绘制的直线

3 要继续在绘制的直线上绘制其他线段，可将光标移动到已绘制线段的其中一个端点上，当光标显示为状态时单击鼠标左键，然后移动光标到下一线段的终点处单击，即可绘制出与前一条线段相连接的第 2 条线段，如图 2-65 所示。使用同样的方法，可以绘制相互连接的其他线段。

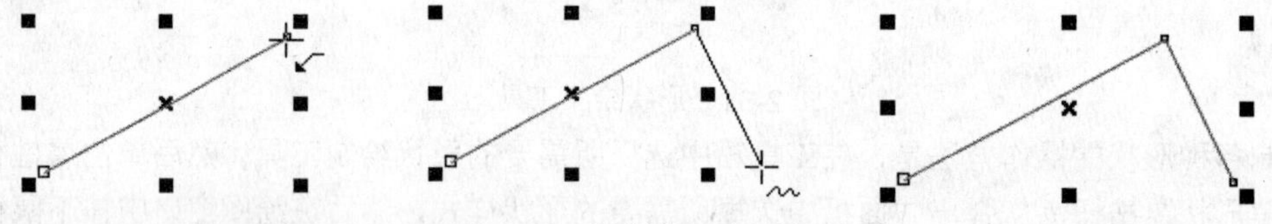

图 2-65 绘制第 2 条选段

4 使用手绘工具在绘图窗口中按下鼠标左键，并随意拖动鼠标，然后释放鼠标后，即可绘制自由形状的曲线，并且系统会自动平滑手绘的曲线形状，如图 2-66 所示。

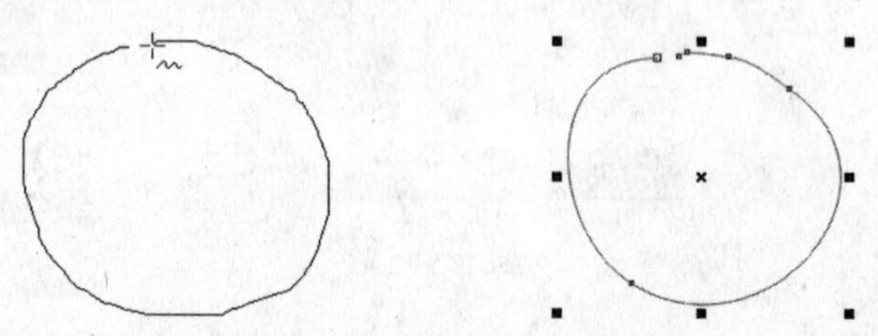

图 2-66 绘制自由曲线

2.4.2 贝塞尔工具

使用贝塞尔工具，除了可以绘制直线外，还可以精确地绘制出各种形状的平滑曲线。使用该工具绘制连接的多条直线段时，只需要在绘制点单击即可，其绘制方法相对于手绘工具更为简便，如图 2-67 所示。

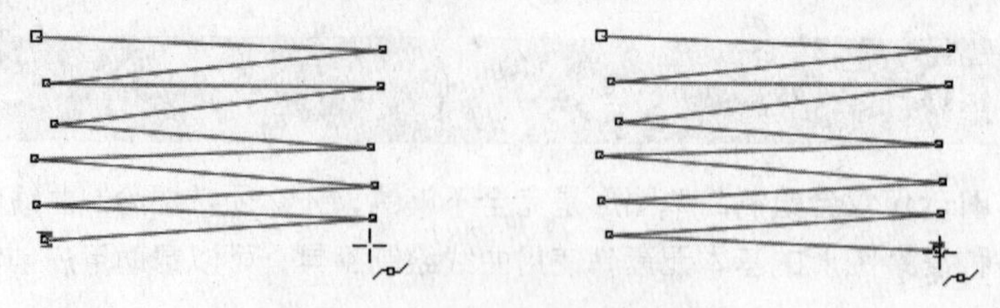

图 2-67 绘制连接的多条线段

使用贝塞尔工具绘制封闭曲线的操作步骤如下。

1 在手绘工具展开工具栏中选择“贝塞尔工具”。

2 在绘图窗口中按下鼠标左键并拖动鼠标，创建曲线的起始节点，此时该节点两端将出现两个控制手柄，并由一条蓝色控制线连接，此种方式创建的节点为平滑节点，如图 2-68 所示。继续拖动鼠标，可以调整控制线的方向，从而决定所要绘制曲线的弧度和走向。

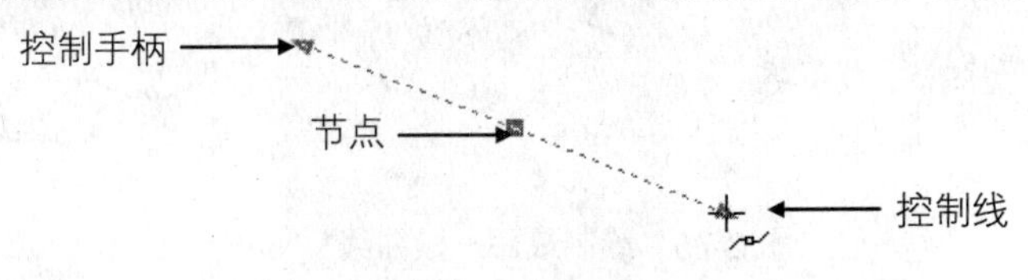

图 2-68　起始节点

3 创建起始节点后，释放鼠标左键，然后将光标移到适当的位置按下鼠标左键并拖动，确定曲线上第 2 个节点的位置以及该节点上控制线的方向，从而控制此段曲线的形状，如图 2-69 所示。调整好曲线形态以后，释放鼠标左键，完成第 1 段曲线的绘制，如图 2-70 所示。

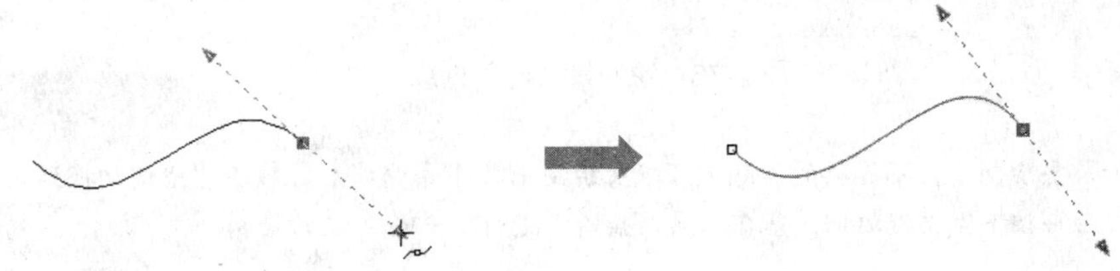

图 2-69　拖动鼠标　　图 2-70　在两点之间绘制曲线

4 在需要创建第 2 个节点的位置上按下鼠标左键并拖动，可创建第 2 条曲线，此时由平滑节点连接的曲线都处于平滑状态，如图 2-71 所示。

5 如果在绘制下一段曲线时，需要使曲线转角，那么需要在平滑节点上双击鼠标左键，取消该节点一端的控制手柄，使该节点由平滑节点变为尖突节点，如图 2-72 所示。

图 2-71　绘制的曲线　　图 2-72　取消节点一端的控制手柄

6 将光标移动到需要创建第 3 个节点的位置上按下鼠标左键并拖动，释放鼠标后，即可绘制转角的曲线，如图 2-73 所示。

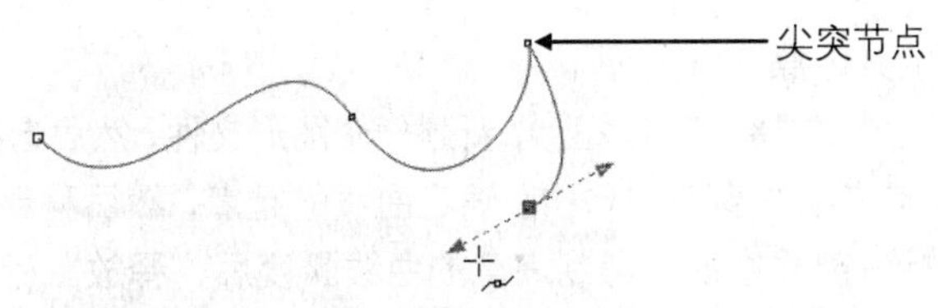

图 2-73　绘制转角的曲线

7 如果下一段需要绘制的是直线，那么同样需要在新创建的节点上双击鼠标左键，然后在需要创建第 4 个节点的位置上单击，此时连接两个节点的便是直线段，如图 2-74 所示。

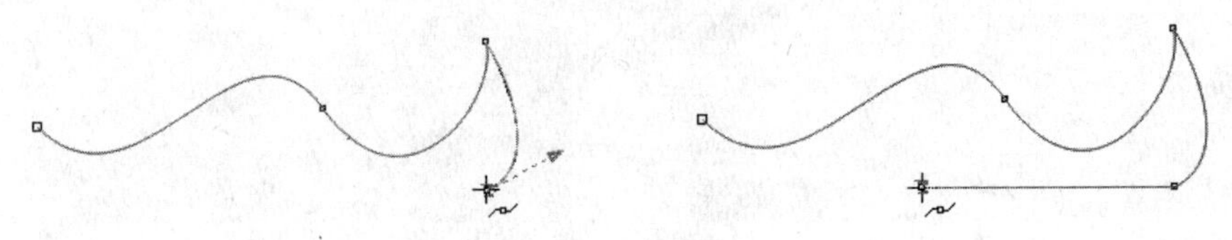

图 2-74　绘制直线段

8 将光标移动到曲线的起点上，当光标显示为十状态时按下鼠标左键并拖动鼠标，即可完成最后一段曲线的绘制，并且绘制完成的曲线为封闭状态，如图 2-75 所示。

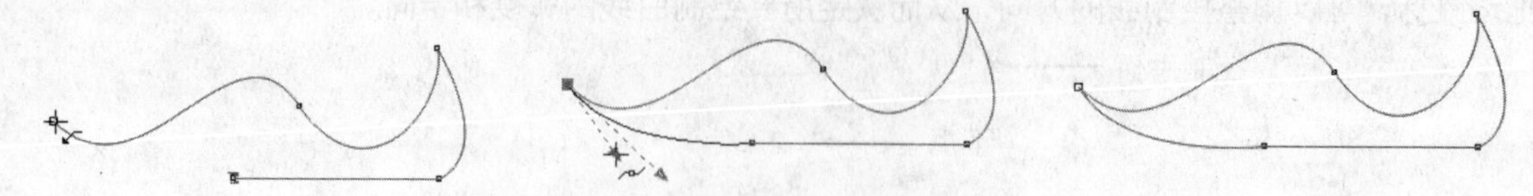

图 2-75　绘制最后一段曲线

9 按下 Ctrl+Z 组合键，取消上一步的操作，然后移动光标到曲线的起点上单击，则最终与起点连接的最后一条线段为直线段，如图 2-76 所示。

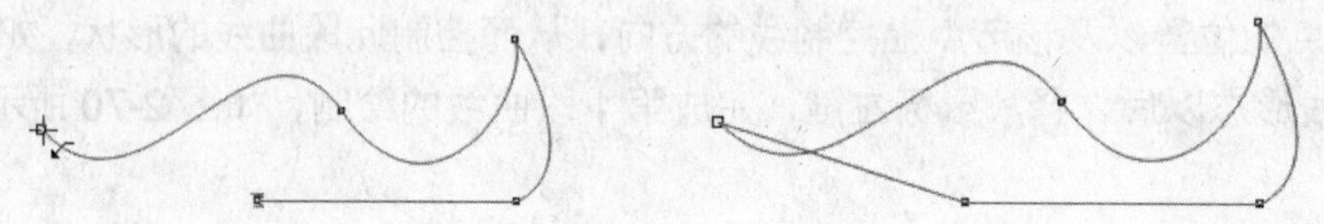

图 2-76　绘制最后一条直线

小提示

如果要绘制多条不连接的曲线，可以在绘制完第 1 条曲线后，按下空格键切换到挑选工具，然后再按下空格键返回贝塞尔工具，接着再进行下一条曲线的绘制。

现场练兵

绘制线描效果的咖啡猫

下面将通过绘制一个线描效果的咖啡猫造型，如图 2-77 所示，使读者掌握绘制封闭式曲线和开放式曲线以及设置轮廓属性的操作方法。

图 2-77　咖啡猫效果

绘制该实例的具体操作方法如下。

1 单击标准工具栏中的"新建"按钮，新建一个图形文件，然后选择工具箱中的贝塞尔工具。

2 使用贝塞尔工具在绘图窗口中单击，确定曲线的起点，然后移动光标到需要创建下一个节点的位置，按下鼠标左键并拖动，得到满意的曲线弧度后，释放鼠标左键，即可创建第 2 个节点和第 1 条曲线，如图 2-78 所示。

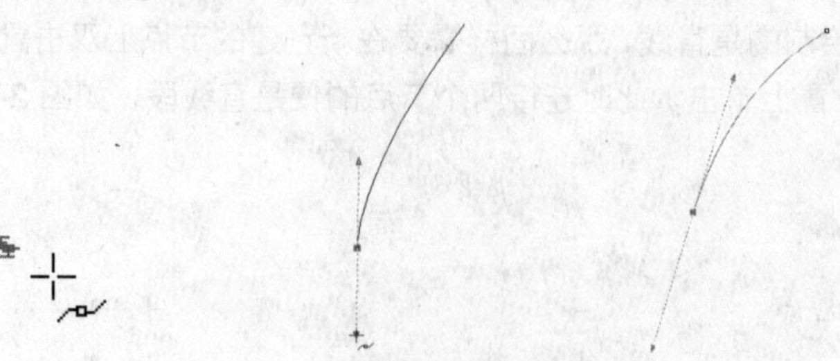

图 2-78　绘制第一段曲线

3 使用贝塞尔工具在创建的第 **2** 个节点上双击，隐藏该节点一端的控制手柄，如图 **2-79** 所示，然后移动光标到下一个位置按下鼠标左键并拖动，创建第 **3** 个节点和第 **2** 条曲线，如图 **2-80** 所示。

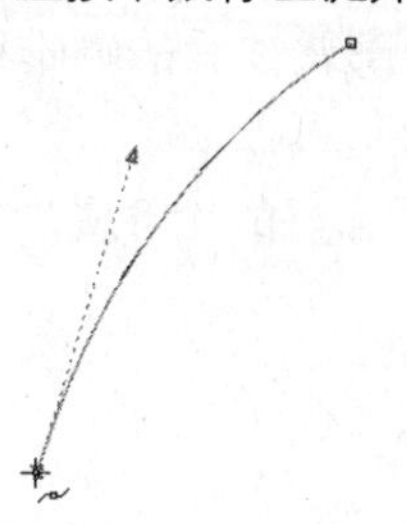

图 **2-79**　隐藏节点一端的控制手柄

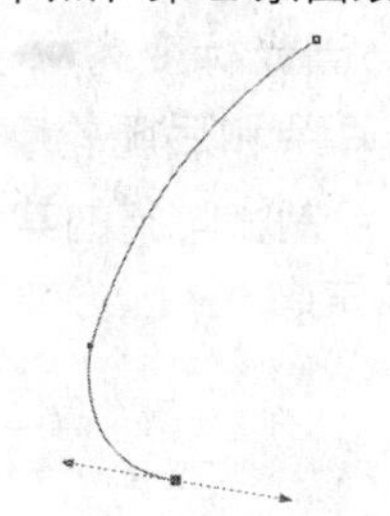

图 **2-80**　绘制第 **2** 条曲线

4 使用同样的操作方法绘制咖啡猫的其他外形轮廓，效果如图 **2-81** 所示。将光标移动到曲线的起点上，如图 **2-82** 所示，然后按下鼠标左键并拖动，绘制最后一段曲线，完成封闭曲线的绘制，如图 **2-83** 所示。

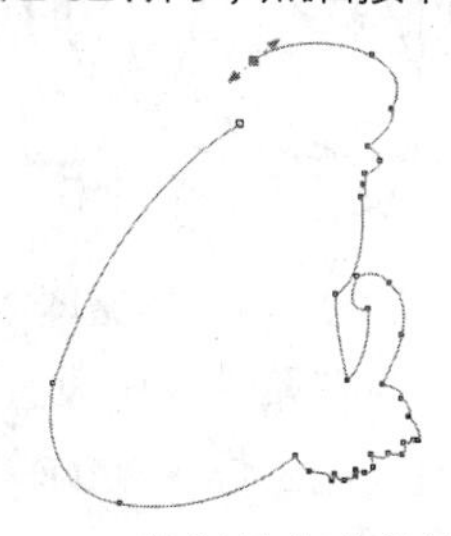

图 **2-81**　绘制的咖啡猫外形

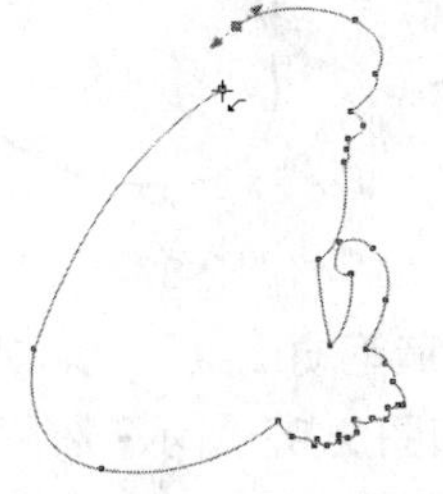

图 **2-82**　光标在曲线起点上的状态

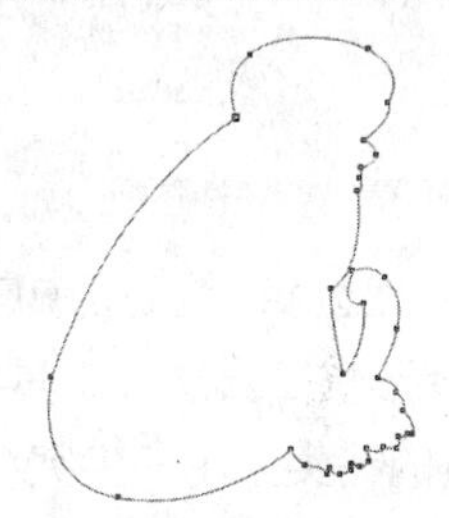

图 **2-83**　绘制完成的封闭曲线

5 单击工具箱中的“形状工具”按钮，使用该工具在曲线上单击，显示该曲线中的所有节点，然后在多余的节点上双击，将多余的节点删除，并拖动各个节点两端的控制手柄，使曲线保持平滑，完成效果如图 **2-84** 所示。

图 **2-84**　编辑形状后的对象

> **小提示**
>
> 曲线上的节点越少，曲线越平滑。要在曲线上增加节点，直接在曲线上双击鼠标左键即可。要调整曲线的形状，单击曲线上的节点，然后拖动节点两端的控制手柄即可。要移动节点的位置，直接将节点拖动到所需的位置即可。

6 单击“挑选工具”按钮，在绘制的咖啡猫外形上单击，将该对象选取，然后按下 **F12** 键打开“轮廓笔”对话框，并参照图 **2-85** 所示设置轮廓属性，然后单击“确定”按钮，得到如图 **2-86** 所示的轮廓效果。

7 使用贝塞尔工具绘制咖啡猫的耳朵和右后腿外形，如图 **2-87** 所示。

图 **2-85**　“轮廓笔”对话框的设置

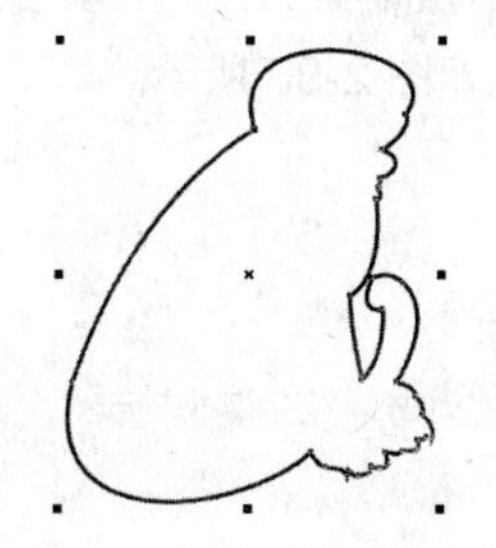

图 **2-86**　修改后的轮廓效果

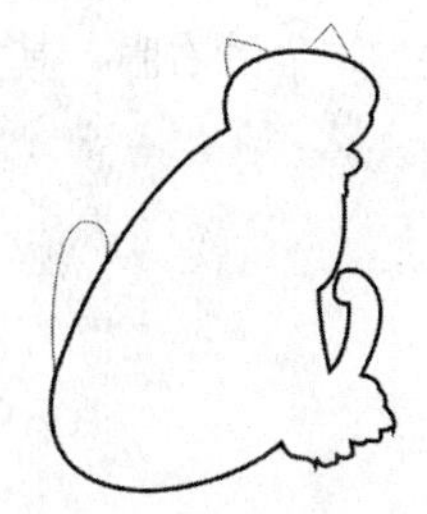

图 **2-87**　绘制的耳朵和后腿外形

8 选择挑选工具，并按住 Shift 键，同时选择上一步绘制的耳朵和后腿外形。执行“编辑”→“复制属性自”命令，在弹出的“复制属性”对话框中选中“轮廓笔”复选框，然后单击“确定”按钮，如图 2-88 所示，当光标变为➡形状时，在设置轮廓属性后的咖啡猫外形范围内单击，将该轮廓属性复制到耳朵和后腿轮廓上，如图 2-89 所示。

9 使用贝塞尔工具绘制咖啡猫的其他外形轮廓，并将设置好的轮廓属性复制到新绘制的轮廓上，效果如图 2-90 所示。

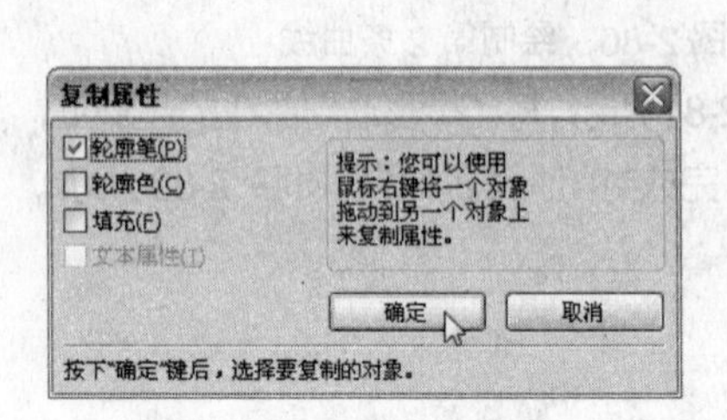

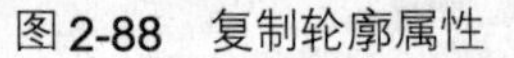
图 2-88 复制轮廓属性

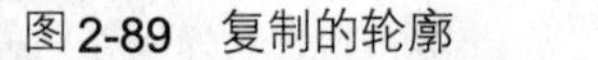
图 2-89 复制的轮廓

图 2-90 咖啡猫整体外形

10 选择形状工具展开工具栏中的“粗糙笔刷工具”，如图 2-91 所示，并在属性栏中设置好该工具的笔尖大小和尖突频率参数，如图 2-92 所示，然后在咖啡猫左前腿上适当位置处的轮廓上涂抹，得到如图 2-93 所示的粗糙轮廓效果。

图 2-91 粗糙笔刷工具属性栏的设置

11 按下 F2 键，将工具切换到缩放工具，然后放大粗糙轮廓处的显示比例。单击“形状工具”按钮，然后调整粗糙轮廓处的节点位置，得到如图 2-94 所示的轮廓效果，以表现腿上的毛发效果。

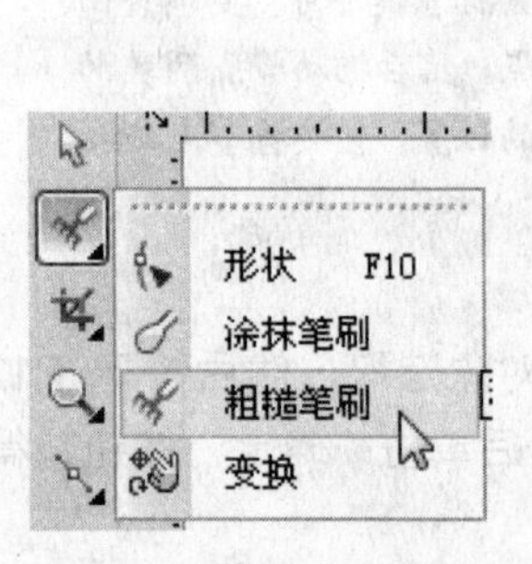

图 2-92 选择“粗糙笔刷”工具　图 2-93 腿部轮廓的粗糙处理　图 2-94 调整节点形状后的轮廓

12 使用贝塞尔工具和椭圆形工具绘制咖啡猫的左眼，其操作流程如图 2-95 所示。使用贝塞尔工具绘制咖啡猫的右眼，其操作流程如图 2-96 所示。

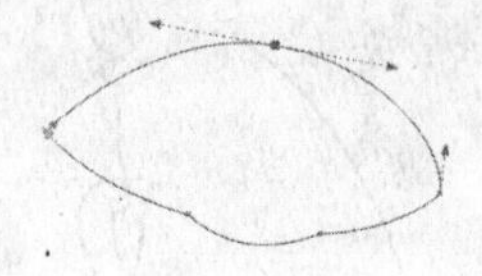

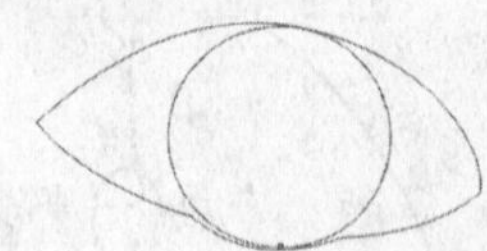

图 2-95 绘制咖啡猫的左眼

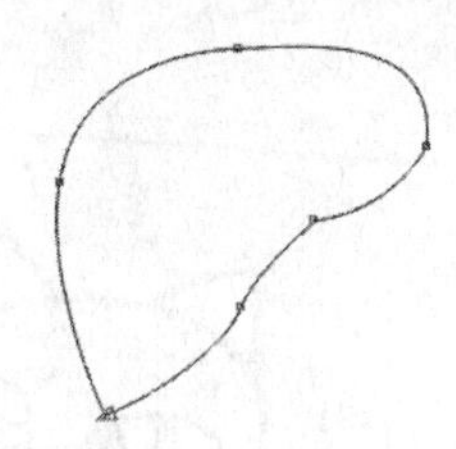
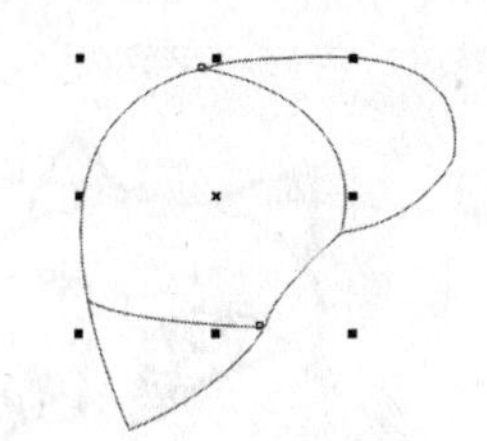
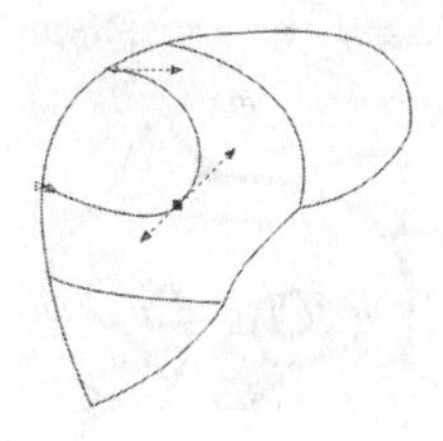

图 2-96　绘制咖啡猫的右眼

13 分别选择上一步绘制的左眼和右眼对象，然后按下 F12 键打开“轮廓笔”对话框，并参考图 2-97 所示设置轮廓参数，得到如图 2-98 和图 2-99 所示的左眼和右眼效果。

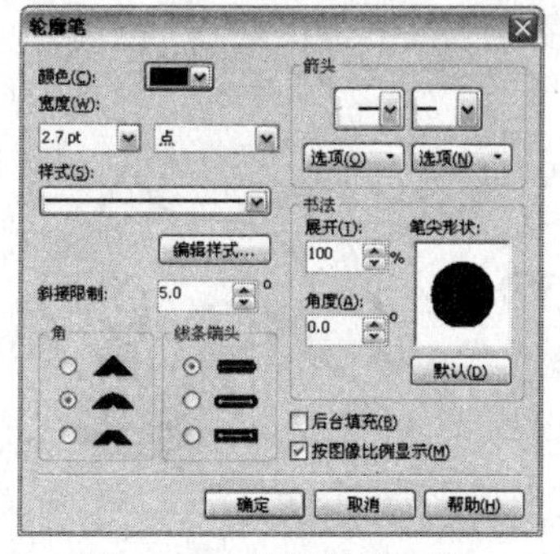

图 2-97　设置轮廓属性

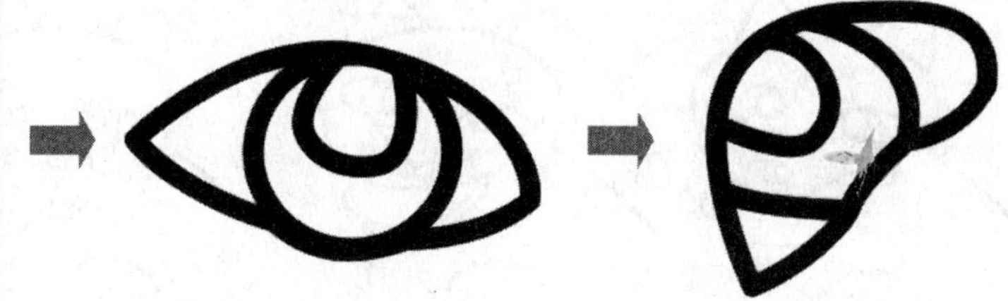

图 2-98　左眼效果　　图 2-99　右眼效果

14 使用挑选工具分别选择左眼和右眼对象，然后按下 Ctrl+G 组合键，分别将它们群组。将群组后的左眼和右眼对象移动到猫头部的适当位置，并调整到适当的大小，如图 2-100 所示。

图 2-100　眼睛对象的排列效果

15 使用贝塞尔工具绘制如图 2-101 所示的开放式曲线，并在该曲线上再绘制两条曲线，如图 2-102 所示。

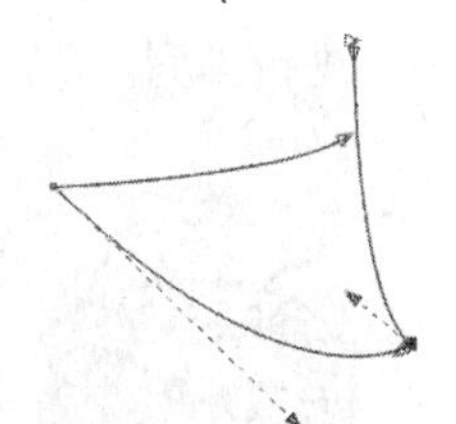

图 2-101　绘制的开放式曲线

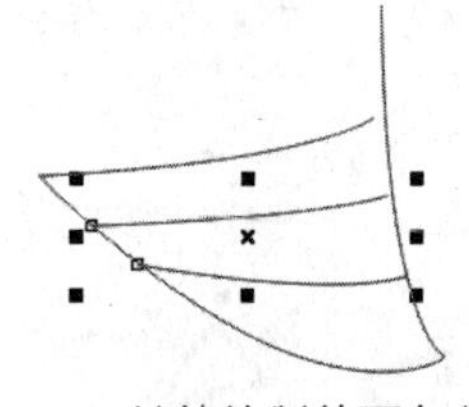

图 2-102　继续绘制的两条曲线

16 同时选择上一步绘制的 3 条曲线，将其移动到咖啡猫左眼的下方，并调整到适当的大小，然后将眼睛对象中的轮廓属性复制到这 3 条曲线上，效果如图 2-103 所示，以表现此处的胡须效果。

17 使用同样的方法绘制咖啡猫右眼下方的胡须，效果如图 2-104 所示。

18 使用贝塞尔工具在两侧胡须中间的适当位置绘制两条曲线，如图 2-105 所示，以表现咖啡猫的鼻子。

图 2-103　左眼下方的胡须效果

图 2-104　右眼下方的胡须效果

图 2-105　咖啡猫的鼻子效果

19 按照如图 2-106 所示的绘制顺序，绘制相应的曲线，对咖啡猫的嘴部细节进行刻画，曲线轮廓的设置与眼睛对象中的轮廓属性相同。

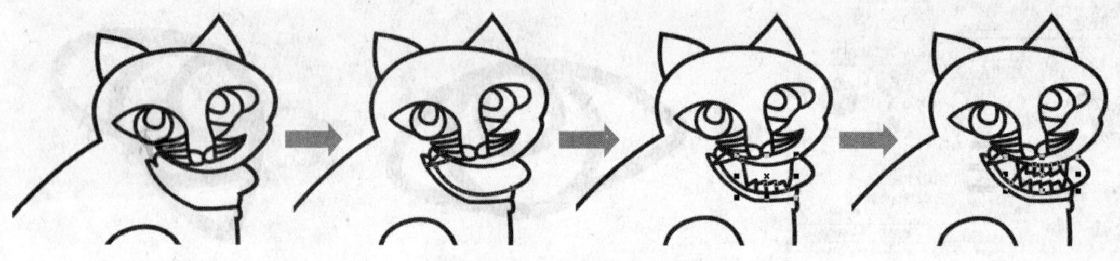
图 2-106　对嘴部细节的刻画

20 在咖啡猫头部下方的适当位置绘制如图 2-107 所示的曲线，以表现咖啡猫的下巴，然后在头部右侧的适当位置绘制如图 2-108 所示的轮廓。

图 2-107　绘制的下巴形状

图 2-108　绘制的轮廓形状

21 选择椭圆形工具，按住 Ctrl 键在双眼中间的空白位置处绘制一个圆形，并设置与眼睛对象相同的轮廓属性，如图 2-109 所示。

22 使用挑选工具选择该圆形，然后将其复制，并如图 2-110 所示进行排列，然后适当调整部分圆形的大小。

图 2-109　修改轮廓属性后的圆形

图 2-110　圆形的排列效果

复制对象的常用方法有两种，一种是在原位置上复制对象，其操作方法是在选择对象后，按下小键盘中的+键即可。另一种是将对象复制到目标位置，其操作方法是使用挑选工具选取对象，然后将该对象移动到目标位置，在释放鼠标左键之前按下鼠标右键即可。

23 使用贝塞尔工具在咖啡猫的背部绘制如图 2-111 所示的多条曲线，以表现此处的花纹，然后分别在咖啡猫的腿部和尾部外形上绘制曲线，表现这部分的花纹效果，如图 2-112 和图 2-113 所示。

图 2-111　绘制背部花纹效果

图 2-112　绘制腿部花纹效果

图 2-113　绘制尾部花纹效果

24 使用贝塞尔工具绘制出类似于椭圆状的曲线轮廓，然后将其复制，并排列在咖啡猫的尾部和腹部位置上，如图 2-114 所示。

25 使用贝塞尔工具绘制出猫爪的形状，完成线描效果的咖啡猫的绘制，效果如图 2-115 所示。使用挑选工具选择全部的咖啡猫对象，按下 Ctrl+G 组合键群组。

图 2-114　椭圆状对象的排列效果

图 2-115　完成后的咖啡猫

26 最后为咖啡猫添加一个背景画面，并在画面中添加一些文字作为修饰，即可完成本实例的制作，如图 2-116 所示。

图 2-116　添加背景

2.4.3 艺术笔工具

艺术笔工具为用户提供了丰富的预设笔触和矢量图案，用户可以使用艺术笔工具一次性地绘制出指定图案的笔触效果。艺术笔工具分为预设、画笔、喷罐、书法和压力 5 种笔刷样式，下面介绍使用艺术笔工具的方法。

1．预设

单击“艺术笔工具”按钮，在该工具的属性栏中，系统默认会选择“预设”按钮，如图 2-117 所示。

图 2-117 “艺术笔工具”属性栏

- 在“手绘平滑”数值框中，可设置线条的平滑度。
- 在“艺术笔工具宽度” 数值框中，可设置所绘制笔触的宽度。
- 在“预设笔触列表” 下拉列表框中，可选择系统提供的预设笔触样式。

为预设艺术笔工具设置好宽度，并选择好适合的预设笔触后，在绘图窗口中按下鼠标左键并拖动鼠标，即可绘制出该笔触样式，如图 2-118 所示。

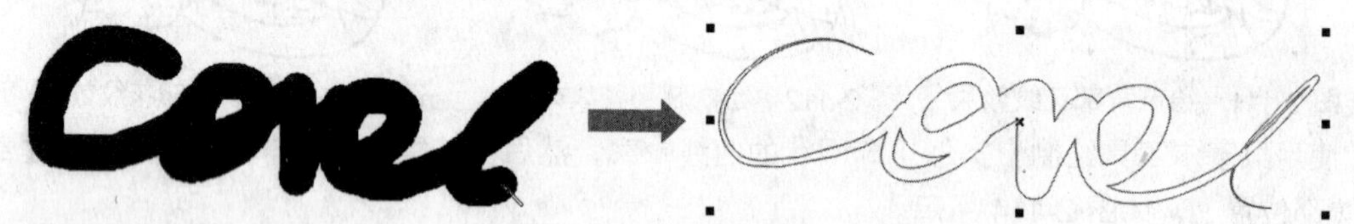

图 2-118 使用预设笔触绘制的文字

2．笔刷

使用“笔刷”艺术笔工具，可以绘制出箭头和填满色谱图样等图案。

在艺术笔工具属性栏中选择“笔刷”按钮，属性栏设置如图 2-119 所示。在该属性栏中，可以设置艺术笔工具的手绘平滑度、宽度和笔触样式。用户还可以将自己喜欢的图案保存为预设艺术笔触，这样，使用艺术笔工具时就可以直接使用该图案效果。

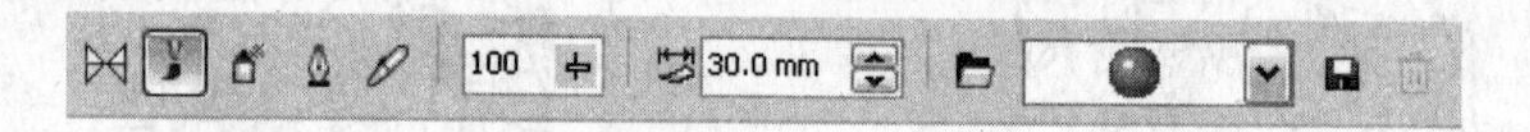

图 2-119 画笔笔刷属性栏

- 单击“浏览”按钮，可浏览硬盘中的文件夹。
- 在“笔触列表”下拉列表框中，可选择系统提供的预设笔触样式。
- 单击“保存艺术笔触”按钮，可以将选定的图案保存为预设笔触，并添加到笔触列表中，如图 2-120 所示，使用“笔刷”艺术笔工具绘画的效果如图 2-121 所示。

图 2-120 保存预的设笔触

图 2-121　画笔笔触的绘制效果

3．喷罐

在 CorelDRAW 中，用户可以在线条上喷涂一系列对象，包括图形、文本对象，以及导入的各种位图和符号等。通过调整对象之间的间距，可以控制喷涂线条的显示方式。用户还可以改变线条上的喷涂顺序，以及对象在喷涂线条上的位置。

选择艺术笔工具，单击属性栏中的"喷罐"按钮，此时的属性栏如图 2-122 所示。

图 2-122　喷罐笔刷属性栏

- 要喷涂的对象大小：用于设置喷罐对象的缩放比例。
- 喷涂列表文件列表：用于选择系统提供的喷罐样式。
- 选择喷涂顺序：用于设置应用到对象上的喷涂顺序，用户可以选择"随机"、"顺序"或"按方向"3 种方式。分别选择不同的喷涂顺序后得到的喷涂效果如图 2-123 所示。

图 2-123　随机、顺序和按方向喷涂的效果

- 添加到喷涂列表：单击该按钮，可以将选定的对象添加到喷涂列表中，如图 2-124 所示。这样用户就可以在线条上喷涂该对象，如图 2-125 所示。

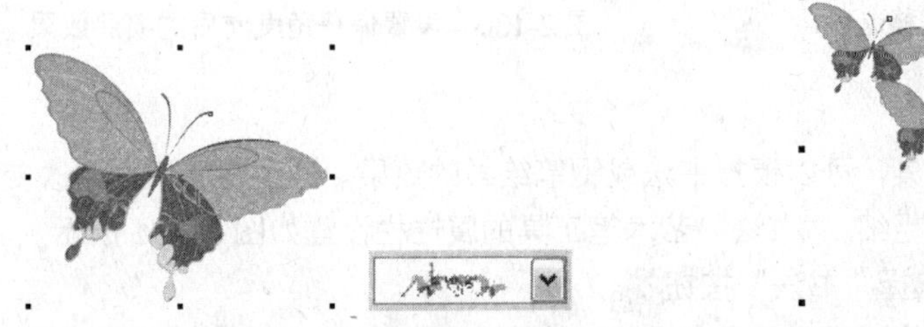

图 2-124　将选定的对象添加到喷涂列表

图 2-125　绘制的喷涂对象

- 在喷涂列表中选择需要删除的喷涂对象，然后单击属性栏中的按钮，可以将该样式删除。

- 喷涂列表对话框：单击该按钮，弹出如图 2-126 所示的“创建播放列表”对话框，在其中可以设置喷涂对象及其顺序。

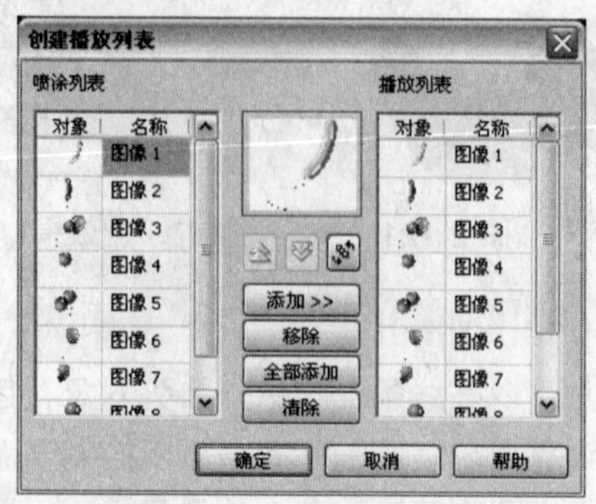

图 2-126 “创建播放列表”对话框

- 要喷涂的对象的小块颜料/间距：用于设置喷涂对象的颜色属性和喷涂样式中各个元素之间的距离。
- 旋转：单击该按钮，弹出如图 2-127 所示的选项设置，在其中可以设置喷涂对象旋转的角度。图 2-128 所示为设置旋转角度前后的喷涂效果。

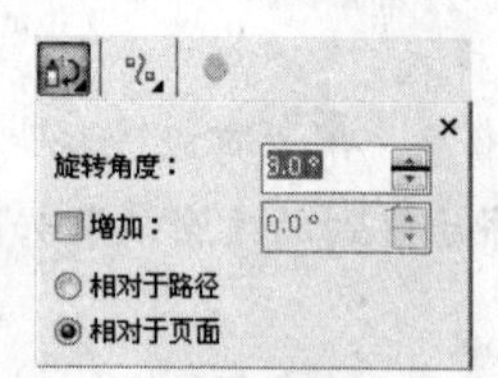

图 2-127 旋转选项设置

图 2-128 设置旋转角度前后的喷涂效果

- 偏移：单击该按钮，弹出如图 2-129 所示的选项设置，在其中可以设置使用喷涂对象时各个元素产生偏移的量和方向。图 2-130 所示为设置偏移角度前后的喷涂效果。

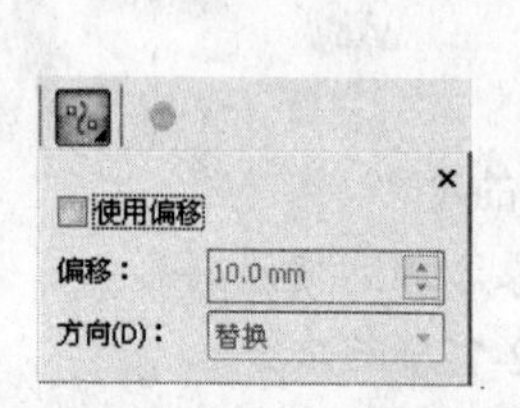

图 2-129 设置偏移选项

图 2-130 设置偏移角度前后的喷涂效果

4．书法

使用“书法”艺术笔工具，可以模拟书法或钢笔绘画的效果。通过在属性栏中改变书法的角度，可以控制书法线条的粗细。“书法”艺术笔工具的属性栏设置如图 2-131 所示。

1 在艺术笔工具属性栏中选择“书法”按钮。

2 在“艺术工具宽度”数值框中设置线条的宽度，并在“书法角度”数值框中设置线条的角度，然后按下鼠标左键并拖动鼠标，直到绘制出满意的形状为止。图 2-132 所示为使用该笔刷绘制的花朵形状。

图 2-131 “书法”艺术笔工具的属性设置

图 2-132 使用“书法”笔触绘制的花朵

5. 压力

使用“压力”艺术笔工具并结合绘图板的使用，可以绘制各种粗细的压感线条，用户用笔时施加的压力越大，绘制的线条越粗，反之则越细。“压力”艺术笔工具的属性栏设置如图 2-133 所示，图 2-134 所示为使用该笔刷绘制的花朵形状。

图 2-133 “压力”艺术笔工具的属性栏

图 2-134 使用“压力”笔触绘制的花朵

2.4.4 钢笔工具

钢笔工具与贝塞尔工具具有相似的功能，钢笔工具同样用于绘制直线以及平滑的曲线，它也是通过节点和控制手柄来控制曲线的形状。不过在使用钢笔工具绘图时，可以提前预览下一段需要绘制的曲线形状。

1 在工具箱中选择“钢笔工具”按钮，并在属性栏中单击“预览模式”按钮，这样在绘制下一段曲线时可以提前预览曲线的形态。

2 将光标移动到绘图窗口中单击鼠标左键或按下鼠标左键并拖动，创建曲线的起点，如图 2-135 所示。

3 移动光标，可预览曲线起点与光标连接的曲线形态，如图 2-136 所示。在需要创建第 2 个节点的位置按下鼠标左键并向另一方向拖动鼠标，即可绘制出相应的曲线，如图 2-137 所示。

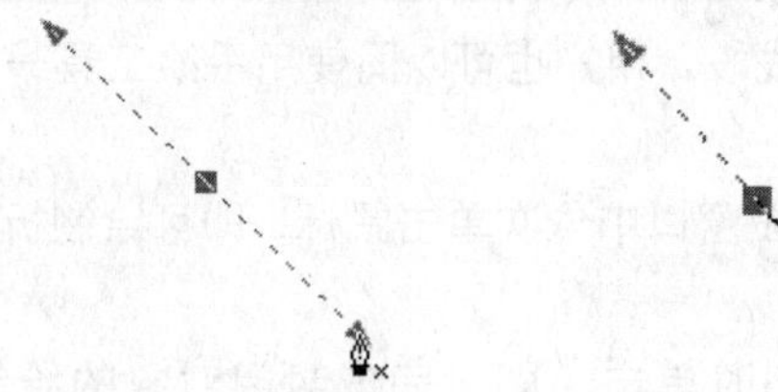

图 2-135 按住鼠标拖动

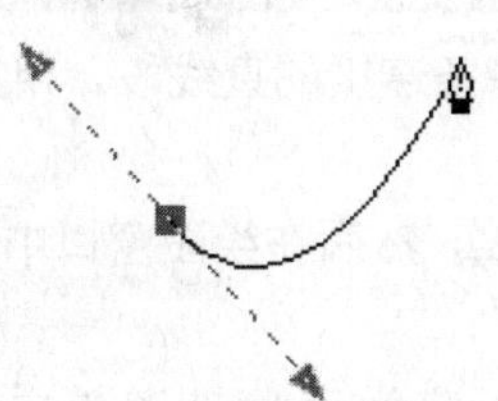

图 2-136 移动鼠标

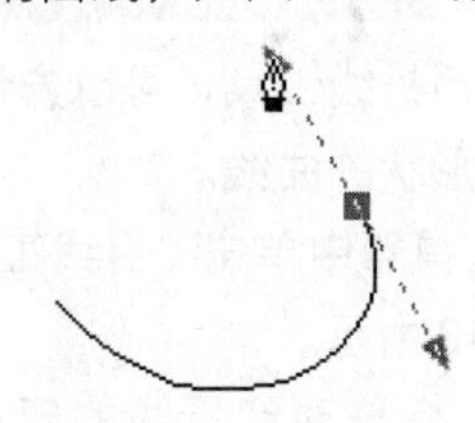

图 2-137 绘制曲线

4 在需要创建第 3 个节点的位置按下鼠标左键并拖动，可生成第 2 条曲线，且两条曲线之间呈平滑状态连接，连接这两条曲线的为平滑节点，如图 2-138 所示。

5 如果下一段需要创建一条转角的曲线，那么需要改变与直线连接的节点属性。按住“Alt”键，将光标移动到最后创建的节点上，当光标显示为 状态时单击，将该平滑节点转换为尖突节点，如图 2-139 所示。

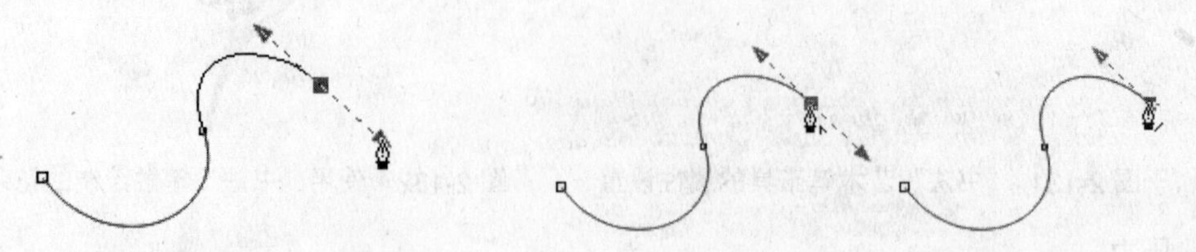

图 2-138　绘制的平滑曲线　　图 2-139　将平滑节点转换为尖突节点

6 移动光标到创建下一个节点的位置按下鼠标左键并拖动，即可生成一条转角的曲线，如图 2-140 所示。

7 如果下一段需要创建一条直线段，那么同样将新创建的平滑节点转换为尖突节点，然后在创建下一个节点的位置单击，即可在这两个节点之间生成一条直线段，如图 2-141 所示。

图 2-140　创建转角的曲线　　图 2-141　绘制的直线段

8 将光标移动到曲线的起点，然后单击或按下鼠标左键拖动，在生成最后一段曲线的同时，完成封闭对象的绘制，如图 2-142 所示。

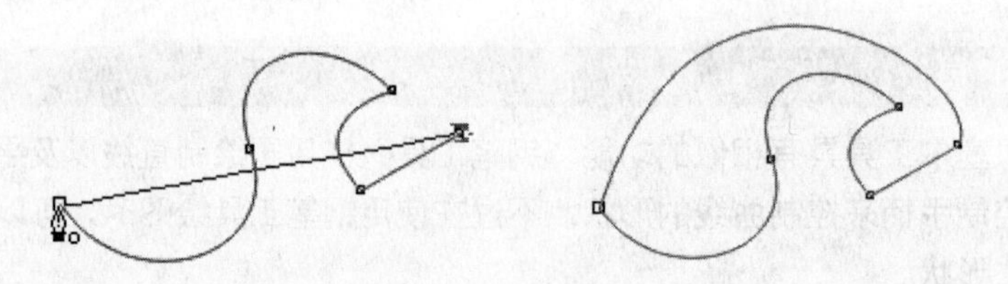

图 2-142　绘制的封闭对象

在使用钢笔工具绘图时，激活属性栏中的“自动添加/删除”按钮，可以在已经绘制的曲线上增加新的节点或删除已有的节点。曲线上的节点越多，绘制的曲线形状越精确，不过要使曲线更加平滑，就需要删除曲线上多余的节点。

2.4.5　折线工具

使用折线工具，可以方便地创建多条连接的直线段，用户也可以同使用手绘工具一样，绘制自由形状的曲线。

1 在工具箱中单击“折线工具”按钮，然后在绘图窗口中依次单击鼠标，即可绘制折线，如图 2-143 所示。

2 将光标移动到折线的起点，当光标变为 状态时单击，即可完成封闭对象的绘制，如

图 2-144 所示。

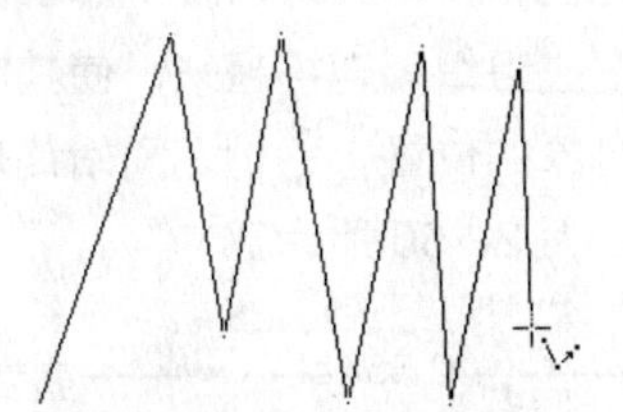

图 2-143　绘制折线

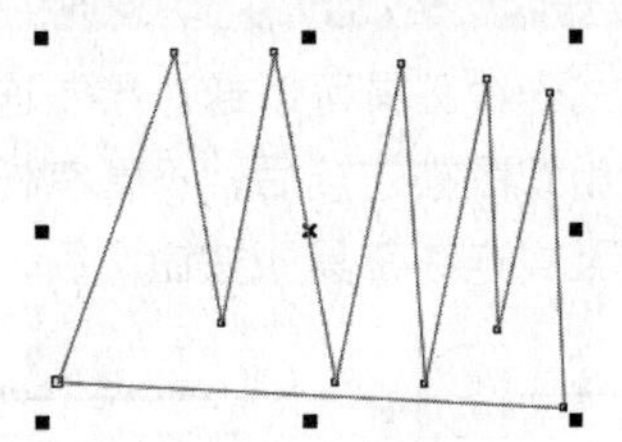

图 2-144　绘制的封闭对象

3 继续使用折线工具在绘图窗口中按下鼠标左键并拖动鼠标，即可绘制自由形状的曲线，如图 2-145 所示。绘制好曲线后，按下空格键选择曲线对象，结束绘制，如图 2-146 所示。

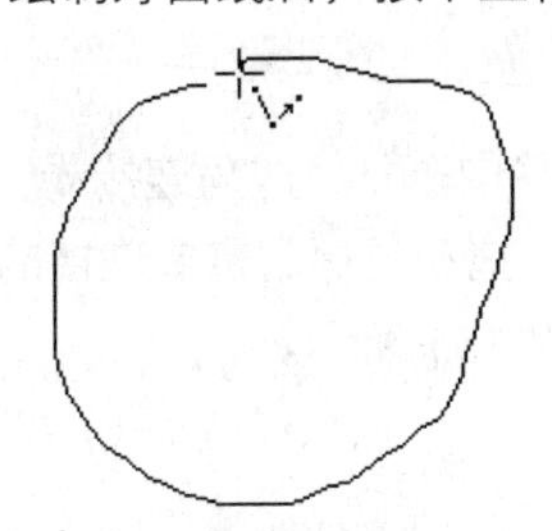

图 2-145　拖动鼠标

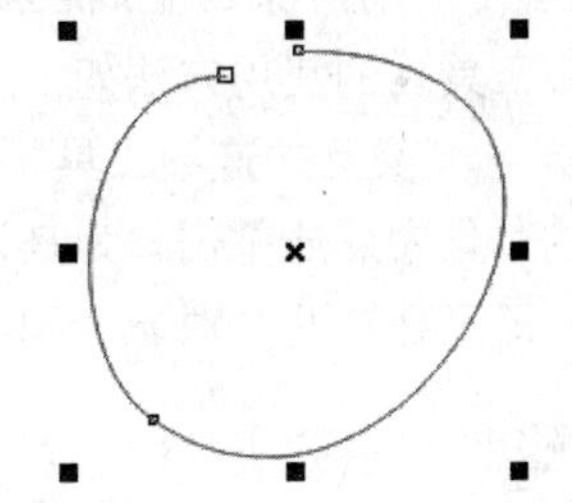

图 2-146　绘制自由曲线

在绘制折线时，按住 Ctrl 键或 Shift 键，可以绘制水平、垂直或以 15° 为增量的线段。

2.4.6　三点曲线工具

使用三点曲线工具可以通过指定曲线的宽度和高度来绘制所需的曲线。该工具的操作方法如下。

1 在工具箱中单击“三点曲线工具”按钮，在绘图窗口中按下鼠标左键不放，并向另一方向拖动鼠标，指定曲线的起点和终点，如图 2-147 所示。然后释放鼠标，再移动光标的位置，可预览所要生成的曲线形态，如图 2-148 所示。

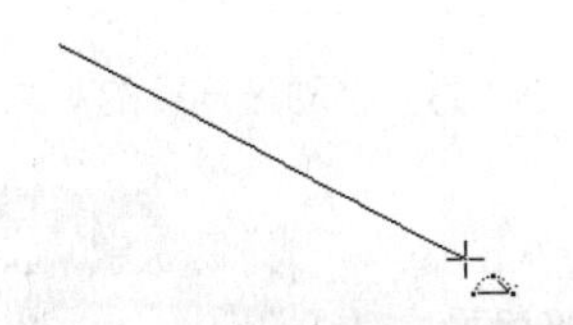

图 2-147　指定曲线的起点和终点

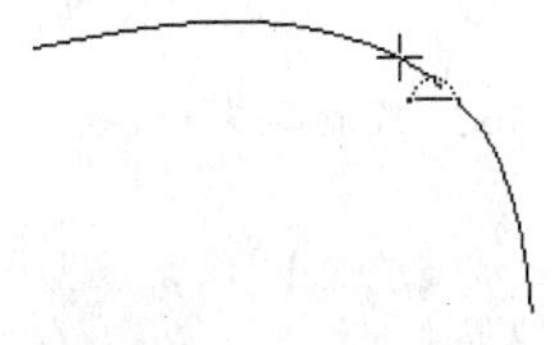

图 2-148　预览曲线形态

2 移动光标，以确定曲线的高度，然后单击鼠标左键，即可完成曲线的绘制，如图 2-149 所示。

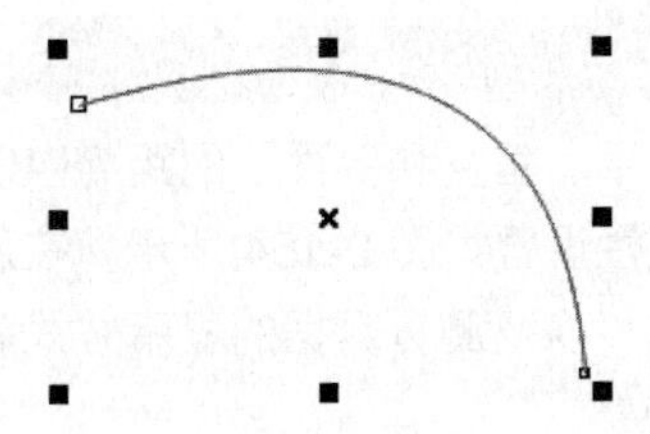

图 2-149　绘制的曲线

2.4.7 交互式连线工具

使用交互式连线工具可以通过绘制连接线，将流程图或组织图连接起来，使其成为一个整体。流程图或组织图被连接后，不管怎样移动其中一个对象的位置，它们之间始终是相连的。

单击“交互式连线工具”按钮后，其属性栏设置如图 2-150 所示。

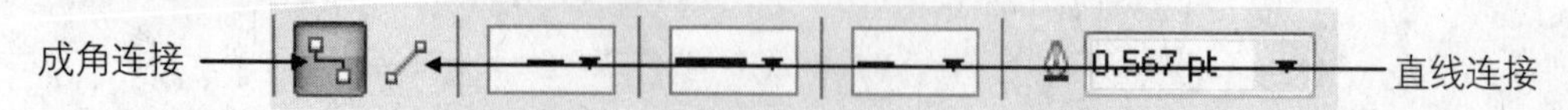

图 2-150 交互式连线工具的属性栏设置

- **成角连接**：由多条线段组成角度连接器后，将对象连接。
- **直线连接**：将对象由直线连接。

交互式连线工具的使用方法如下。

1 在工具箱中单击“交互式连线工具”按钮，并在属性栏中单击“成角连接器”按钮，然后在需要连接的对象中点处单击，为其设置连线的起点，再拖动鼠标到需要连接的另一个对象的中点处单击，即可在这两个对象之间绘制连接线，如图 2-151 所示。

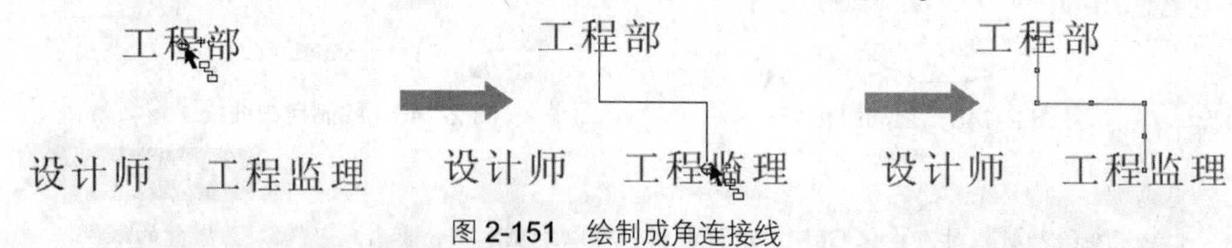

图 2-151 绘制成角连接线

2 在属性栏中单击“直线连接器”按钮，然后分别在需要连接的两个对象的中点处单击，即可绘制直线连接线，如图 2-152 所示。

3 移动其中一个对象，可发现被连接的对象之间处于连接状态，如图 2-153 所示。

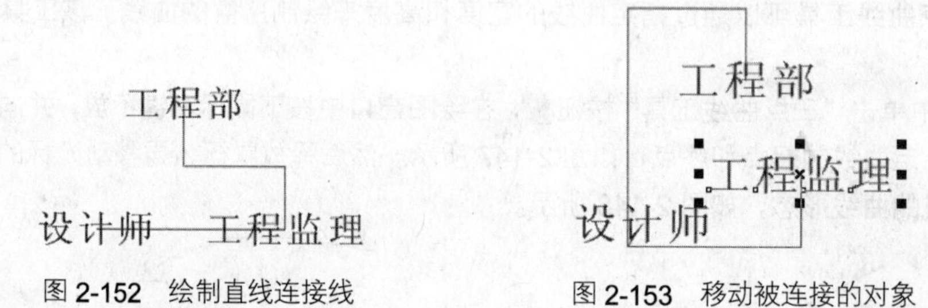

图 2-152 绘制直线连接线

图 2-153 移动被连接的对象

要删除连接线，可在选择连接线后，按下 Delete 键即可。

2.4.8 度量工具

度量工具用于测量对象在水平、垂直和斜面上的距离以及角度等，同时还可以为对象添加标注。选择度量工具后，其属性栏设置如图 2-154 所示。在属性栏中，可以设置度量工具的度量样式、度量精确度、测量单位、以及测量数据的显示方式等。

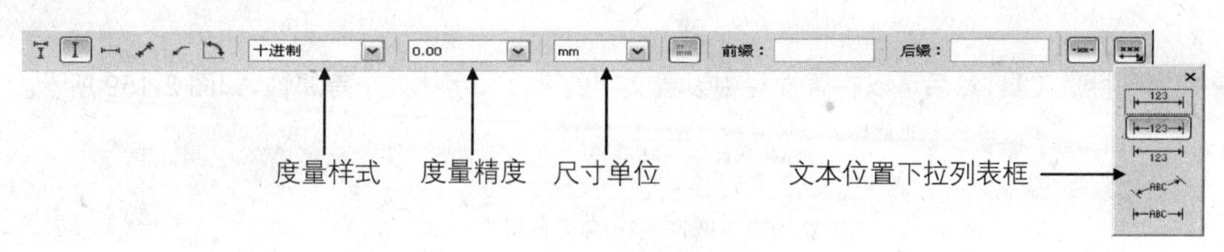

图 2-154 度量工具的属性栏

1. 自动度量工具

自动度量工具用于测量对象在水平和垂直方向上的距离，其测量方法如下。

1 单击“文本工具”按钮，并在属性栏中单击按钮，使测量数据中的文字显示为水平方向。

2 在工具箱中选择“度量工具”按钮，此时属性栏会默认选择“自动度量工具”按钮。

3 要测量水平距离，可在需要测量的水平距离的一端单击鼠标左键，然后水平移动光标到另一端再次单击鼠标左键，在出现的标注线后拖动光标，确定好显示测量数据的位置，然后单击鼠标左键，即可添加水平测量线并显示测量结果，如图 2-155 所示。

图 2-155 测量水平距离

4 要测量垂直距离，可在需要测量的垂直距离的一端单击鼠标左键，然后垂直移动光标到另一端再次单击鼠标左键，在出现的标注线后拖动光标，确定好显示测量数据的位置，然后单击鼠标左键，即可添加垂直测量线并显示测量结果。

2. 垂直、水平和倾斜度量工具

垂直度量工具、水平度量工具和倾斜尺度工具，分别用于测量对象在垂直、水平和倾斜方向上的距离，读者可参考使用“自动度量工具”的方法进行测量。

3. 标注工具

标注工具用于为对象添加文字说明，如对象的绘制方法、设计说明等。

1 单击属性栏中的“标注工具”按钮，然后移动光标到需要标注的对象上单击，释放鼠标后移动光标的位置，此时光标将变为如图 2-156 所示的状态。

2 将光标移动到需要添加说明文字的位置处双击或单击两次鼠标，此时将出现如图 2-157 所示的文字输入光标，然后在此处输入说明文字即可，效果如图 2-158 所示。

图 2-156 拖动光标

图 2-157 双击鼠标

图 2-158 添加标注

3 切换到挑选工具，然后可以在属性栏中设置文字的字体和字体大小等属性，如图 2-159 所示。

图 2-159　属性栏中的文字属性设置

4. 角度量工具

角度量工具用于测量对象的角度，具体测量方法如下。

1 单击属性栏中的“角度量工具”按钮，然后在需要测量角度的顶点上单击，再沿角的一边移动鼠标并单击，使其中一条角度测量紧贴角度的一边，如图 2-160 所示。

图 2-160　创建测量角度的一边

2 移动光标到角度的另一条边上，使第 2 条角度测量线紧贴此边，如图 2-161 所示，然后单击鼠标左键，以确定需要测量的角度大小。

3 移动光标，以确定添加测量结果的位置，如图 2-162 所示，然后单击鼠标左键，即可在指定的位置添加测量结果，如图 2-163 所示。

图 2-161　创建测量角度的另一边　　图 2-162　移动光标　　图 2-163　测量的结果

2.5 智能绘图

在使用“智能绘图”工具进行手绘笔触的绘制时，系统将对笔触形状进行自动识别，并将其转换为最接近手绘笔触的基本形状。如绘制一个类似于矩形或椭圆形的曲线时，系统会自动将其转换为矩形或椭圆形；在绘制类似于梯形或平行四边形的曲线时，系统会将其转换为“完美形状”对象。而类似于三角形、方形、菱形或箭头形状的对象将被转换为曲线对象。如果绘制的是自由线条，则系统会对其进行平滑处理。

1 在智能填充工具展开工具栏中选择“智能绘图工具”按钮，并在属性栏中设置形状识别等级和智能平滑等级，以指定系统识别和平滑形状的能力，如图 2-164 所示。

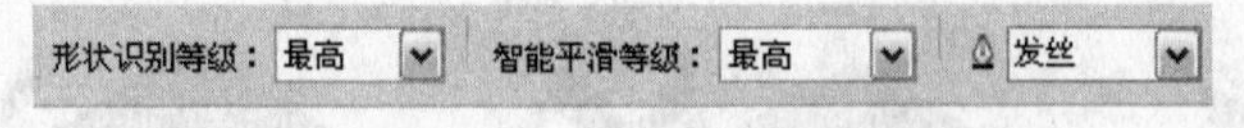

图 2-164　智能绘图工具的属性栏

2 在绘图窗口中按下鼠标左键不放，拖动鼠标绘制一个大致椭圆形，释放鼠标后，系统会自动将其识别为椭圆形，如图 2-165 所示。

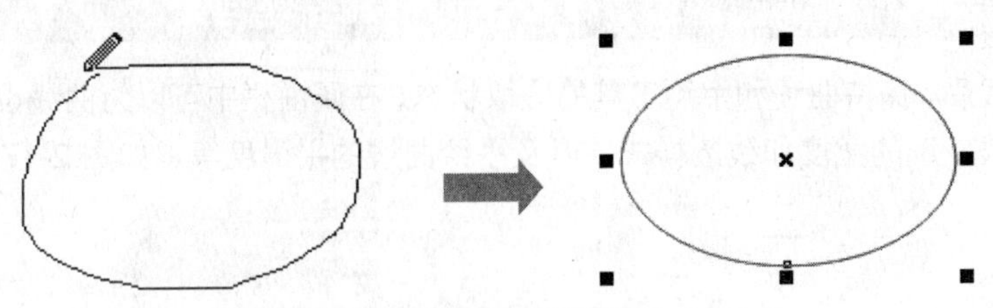

图 2-165　绘制的圆形

3 按下鼠标左键绘制一段自由形状的线条，释放鼠标后，系统会对齐进行平滑处理，如图 2-166 所示。

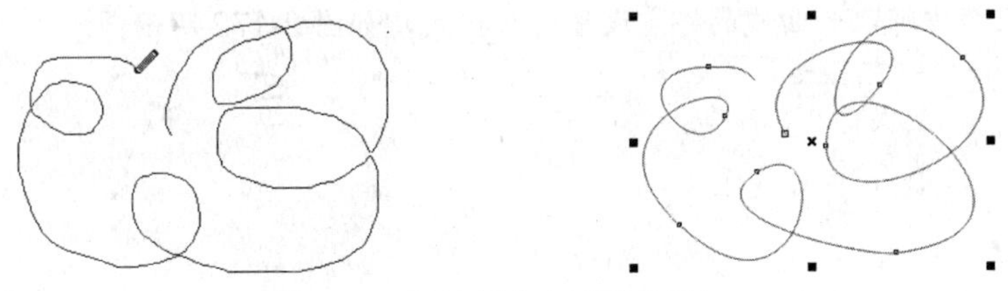

图 2-166　绘制自由形状的线条

2.6 疑难解析

本章向读者介绍了使用 CorelDRAW X4 中的绘图工具绘制几何图形、表格、完美形状和曲线的方法，下面就读者在学习过程中遇到的疑难问题进行进一步的解析。

1 怎样才能快捷地绘制圆角矩形?

在使用矩形工具绘制矩形后，除了使用矩形工具属性栏设置圆角外，还可以使用形状工具将矩形由直角编辑为圆角，并且使用形状工具可以自由调整边角的圆滑度。

1 单击“形状工具”按钮，在矩形上单击，在矩形周围将出现如图 2-167 所示的控制点。

2 将光标移动到任意一个控制点上，按下鼠标左键并拖动鼠标，如图 2-168 所示，即可将矩形编辑为圆角，如图 2-169 所示。

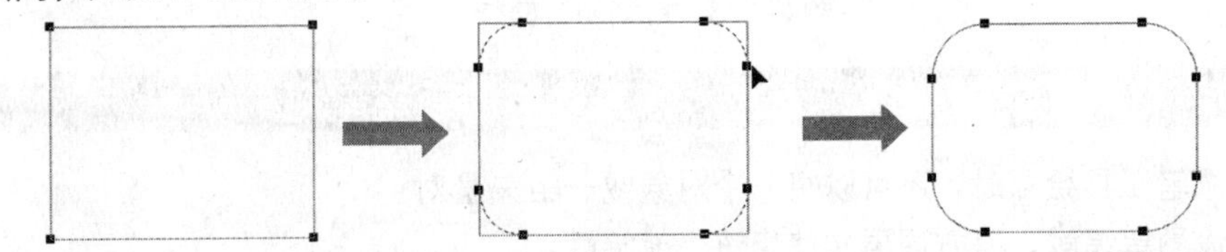

图 2-167　出现的控制点　图 2-168　编辑圆角时的状态　图 2-169　编辑后的圆角矩形

小提示

“形状工具”按钮用于调整曲线的形状。CorelDRAW 中绘制的几何图形不能被形状工具编辑，要编辑几何图形的形状，需要先将几何图形转换为曲线。关于形状工具的具体使用方法，将在“3.1 编辑曲线形状”一节中作详细的介绍。

2 怎样通过属性栏为线条设置不同的线形和箭头符号?

在绘制完曲线后，保持曲线和手绘工具的选取状态，在属性栏中可以为曲线设置箭头样式，同时可以改变曲线轮廓的宽度和线条样式，以及手绘曲线的平滑度等，如图 2-170 所示。

图 2-170 “手绘工具”属性栏的设置

- 单击“起始箭头选取器”下拉按钮，从弹出的下拉列表框中可以为曲线的起点设置箭头样式，如图 2-171 所示。单击“终止箭头选取器”下三角按钮，从弹出的下拉列表框中可以为曲线的终点设置箭头样式，如图 2-172 所示。

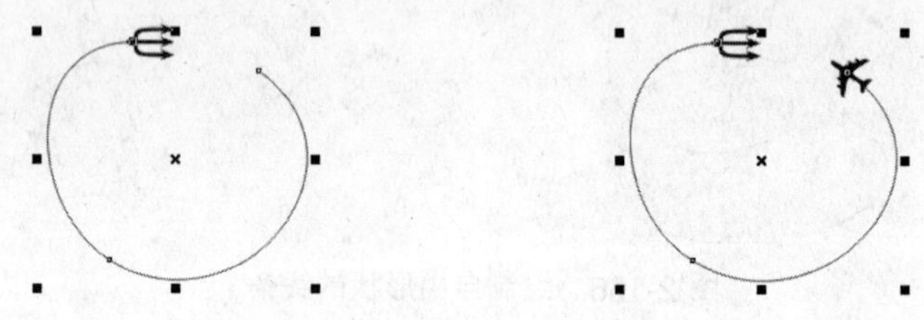

图 2-171 起点处的箭头样式　　图 2-172 终点处的箭头样式

- 在“轮廓样式选取器”下拉列表框中，提供了多种轮廓样式供用户选择。在“轮廓宽度”下拉列表框 0.567 pt 中，可以设置轮廓的宽度。
- 在“手绘平滑”选项中，可以设置系统自动平滑曲线的程度。该值越大，线条的节点越少，线条越平滑。
- 如果绘制的曲线是开放式的，那么单击属性栏中的“自动闭合”按钮，即可自动闭合曲线，如图 2-173 所示。

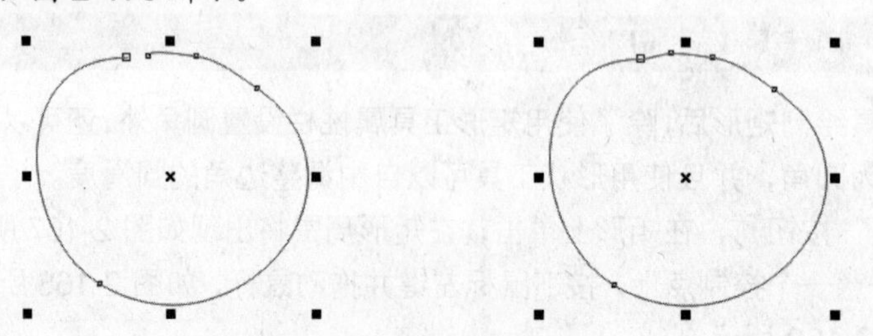

图 2-173 自动闭合曲线

3 如何将自创的图案保存为艺术笔工具中的画笔笔触?

在使用艺术笔工具绘画时，还可以将一个对象或一组矢量对象保存为预设画笔笔触，以方便再次使用该画笔笔触。

1 选择要保存为画笔笔触的一个对象或一组对象，如图2-174所示。

2 选择艺术笔工具，单击属性栏中的“笔刷”按钮，再单击属性栏中的“保存艺术笔触”按钮，在弹出的“另存为”对话框中，为保存的笔触设置文件名，如图 2-175 所示，然后单击“保存”按钮，即可将选定的对象为预设笔触，并添加到笔触列表中，如图 2-176 所示。

图 2-174 绘制的星形

图 2-175　设置保存笔刷的文件名

图 2-176　添加笔触图案

小提示

在“笔触列表”中选择自定义的预设笔触，然后单击属性栏中的“删除”按钮，将弹出如图 2-177 所示的提示对话框，单击“是”按钮，即可将选定的自定义笔触从列表中删除。

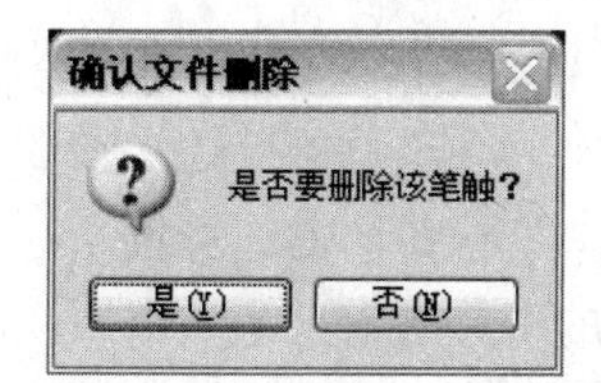

图 2-177　“确认文件删除”对话框

4　怎样在表格中输入文字?

使用表格工具在绘图窗口中绘制一个表格，并保持表格的选取状态，然后使用表格工具在表格上单击，在表格中插入光标，在属性栏中设置文字的字体、字体大小以及文本方向等属性后，输入所需的文字内容即可。

在表格中输入文字之前，单击表格工具属性栏中的“选项”按钮，在弹出的选项中选中“在键入时自动调整单元格大小”复选框，在表格中输入文字时，系统会在输入的文字超出单元格所能显示的范围时，自动调整单元格的大小。

2.7　上机实践

用本章所学的绘制几何图形和曲线的方法，绘制如图 2-178 所示的蝴蝶装饰图案。

图 2-178　蝴蝶图案

2.8 巩固与提高

本章主要讲解了在 CorelDRAW X4 中绘制基本图形和曲线的方法。下面是相关的习题，希望读者通过完成下面的练习巩固本章所学的知识。

1．单项选择题

（1）使用（　）可以将矩形编辑为圆角矩形。

A．挑选工具　　B．形状工具　　C．钢笔工具　　D．贝塞尔工具

（2）在使用钢笔工具绘图时，按住（　）键在平滑节点上单击，可以将该节点转换为尖突节点。

A．Ctrl　　B．Shift　　C．空格键　　D．Alt

（3）使用（　）工具绘制手绘笔触时，系统可以自动识别笔触形状，并将其转换为最接近手绘笔触的基本形状。

A．智能绘图工具　B．表格工具　　C．手绘工具　　D．钢笔工具

2．多选题

（1）在绘制折线时，按住（　）键或（　）键，可以绘制水平、垂直或以 15° 为增量的线条。

A．Ctrl　　B．Alt　　C．Shift　　D．空格键

（2）可以精确地绘制任意曲线的工具是（　）。

A．手绘工具　　B．贝塞尔工具　　C．钢笔工具　　D．三点曲线工具

3．判断题

（1）在绘制表格时，可以设置表格的行数和列数，还可以在绘制的表格中插入表格行或列、单独调整单元格的大小、为表格设置边框样式、调整部分边框的轮廓属性，以及在表格中输入文字或图形等。（　）

（2）在使用艺术笔工具绘画时，可以将一个对象或一组矢量对象保存为预设画笔笔触。（　）

（3）多边形、星形和复杂星形中各个边角是没有关联的，因此可以使用“形状工具”按钮单独编辑对象中的其中一个边角。（　）

Study

第3章

图形的形状编辑和轮廓设置

在进行绘图创作时，经常需要对绘制的对象进行反复的形状编辑和调整，以达到理想中更为完美的绘图造型。默认状态下绘制的对象都具有外部轮廓，用户可以根据画面整体效果的需要为对象设置或者取消轮廓属性。本章将为读者详细介绍编辑对象形状和设置轮廓属性的方法。

学习指南

- 编辑曲线的形状
- 使用刻刀工具切割图形
- 图形修饰
- 对象的造形
- 精确剪裁对象
- 设置对象的轮廓属性

精彩实例效果展示 ▲

3.1 编辑曲线的形状

对于绘制好的曲线，用户可以使用形状工具编辑和调整其形状，以达到满意的绘图效果。下面介绍使用形状工具编辑曲线形状的各种方法和技巧。

3.1.1 添加和删除节点

在编辑曲线形状时，添加和删除节点是经常进行的操作。在曲线上添加节点，可以通过确定节点的位置和调整控制手柄的状态，得到更为精确的曲线形状。通过删除曲线上多余的节点，可以使曲线更加平滑。

添加和删除节点的操作方法如下。

1 单击“基本形状”工具，并在属性栏中的完美形状中选择心形，然后将其绘制出来，如图 3-1 所示。选择心形，执行“排列”→“转换为曲线”命令，将其转换为曲线，如图 3-2 所示。

2 单击“形状工具”，在对象上需要添加节点的位置双击鼠标左键，即可在此处添加一个节点，如图 3-3 所示。

图 3-1　绘制心形

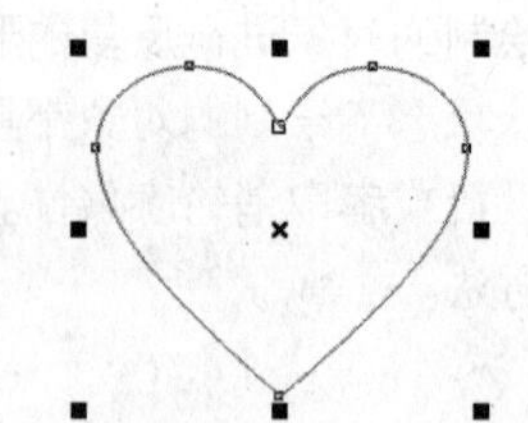

图 3-2　将心形转换为曲线

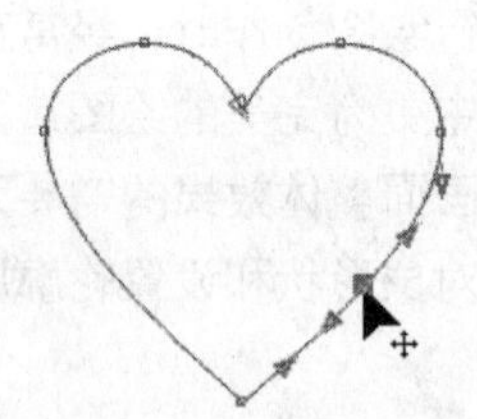

图 3-3　添加的节点

3 使用形状工具拖动节点，即可移动节点的位置，同时曲线的形状也会随之发生改变，如图 3-4 所示。

4 使用形状工具单击曲线上的节点，即可选择该节点，然后拖动节点两端的控制手柄，也可改变曲线的形状，如图 3-5 所示。

图 3-4　移动节点的位置

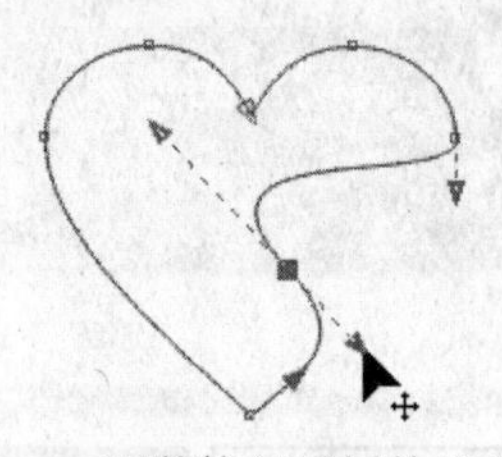

图 3-5　调整控制手柄的状态

5 要删除曲线上多余的节点，在需要删除的节点上双击鼠标左键即可，如图 3-6 所示。

图 3-6　删除节点

小提示

要删除曲线上的节点，还可使用形状工具选择需要删除的节点，然后单击属性栏中的“删除节点”按钮或按下 Delete 键即可。

3.1.2　更改节点的属性

在调整曲线形状的过程中，还可以通过改变节点的属性，来调整曲线的形状。CorelDRAW 中的节点分为平滑节点、对称节点和尖突节点 3 种类型，下面介绍转换节点属性的方法。

- 平滑节点两边的控制手柄是互为关联的，当拖动其中一个控制手柄时，另一个控制手柄也会按同样的方向保持移动，因此平滑节点连接的曲线可以产生平滑过渡，如图 3-7 所示。
- 对称节点同样具有平滑节点的特征。不同的是，当移动该节点其中一端的控制手柄时，另一端的控制手柄始终保持相同的方向和长度，如图 3-8 所示。
- 尖突节点两端的控制手柄是相互独立的，当拖动其中一端的控制手柄时，另一端的控制手柄保持不变，因此可以生成转角的曲线，如图 3-9 所示。

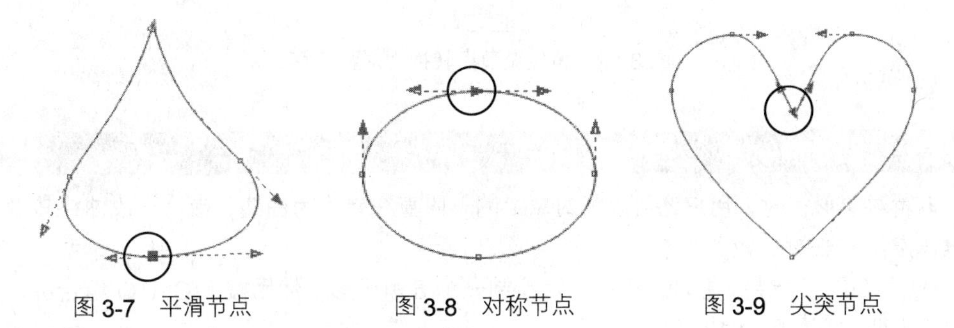

图 3-7　平滑节点　　图 3-8　对称节点　　图 3-9　尖突节点

1．转换平滑节点或对称节点为尖突节点

要将平滑节点或对称节点转换为尖突节点，可在选择平滑节点或对称节点后，单击属性栏中的“使节点成为尖突”按钮即可。图 3-10 所示为将平滑节点转换为尖突节点，并拖动该节点一端控制手柄后的效果。

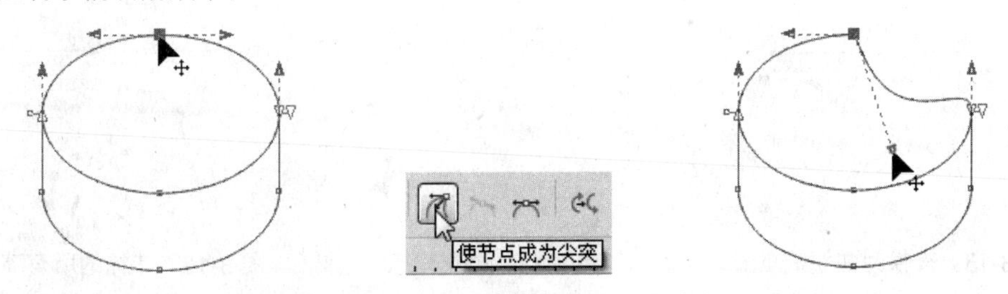

图 3-10　将平滑节点转换为尖突节点

2．转换对称节点或尖突节点为平滑节点

选择需要转换的对称节点或尖突节点，然后单击属性栏中的“平滑节点”按钮即可。图 3-11 所示为将尖突节点转换为平滑节点，并拖动该节点一端控制手柄后的效果。

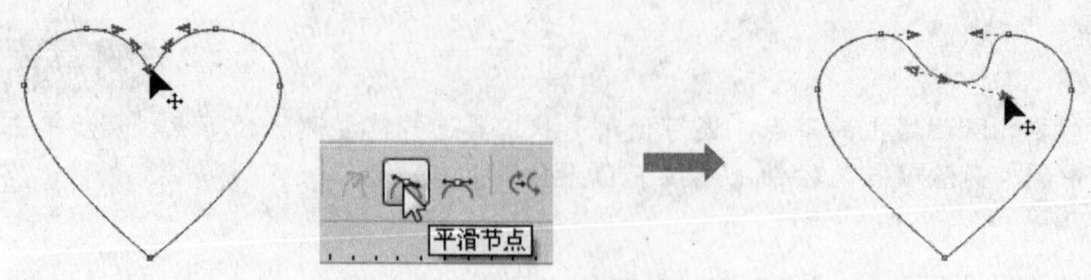

图 3-11　将尖突节点转换为平滑节点

3. 转换平滑节点和尖突节点为对称节点

选择需要转换的平滑节点和尖突节点，然后单击属性栏中的“生成对称节点”按钮，即可将该节点转换为对称节点。图 3-12 所示为将尖突节点转换为对称节点，并拖动该节点一端控制手柄后的效果。

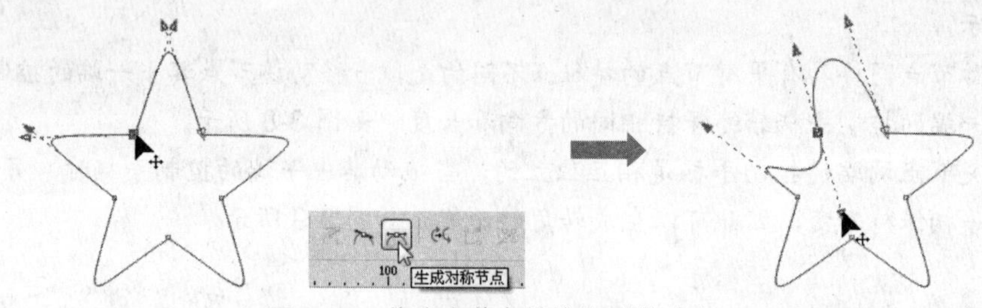

图 3-12　将尖突节点转换为对称节点

3.1.3　直线与曲线的转换

在编辑对象形状时，用户还可以将对象上的一段直线转换为曲线，或将一段曲线转换为直线，具体操作方法如下。

1 使用星形工具，并按住 Ctrl 键的同时绘制一个五角星形，然后按下 Ctrl+Q 组合键，将该对象转换为曲线，如图 3-13 所示。

2 选择形状工具，在星形以外的空白区域按下鼠标左键并拖动鼠标，如图 3-14 所示，框选该对象中的所有节点，如图 3-15 所示。

图 3-13　转换为曲线的星形　　图 3-14　框选对象　　图 3-15　选择的所有节点

3 单击属性栏中的“转换直线为曲线”按钮，将所有的直线转换为曲线。

4 使用形状工具在空白区域上单击，取消选择所有节点，然后分别选择星形的顶点，再按下 Delete 键将它们分别删除，得到如图 3-16 所示的圆角星形。

5 使用形状工具选择圆角星形中的其中一个节点，然后单击属性栏中的“转换曲线为直线”按钮，将对应的曲线转换为直线，如图 3-17 所示。

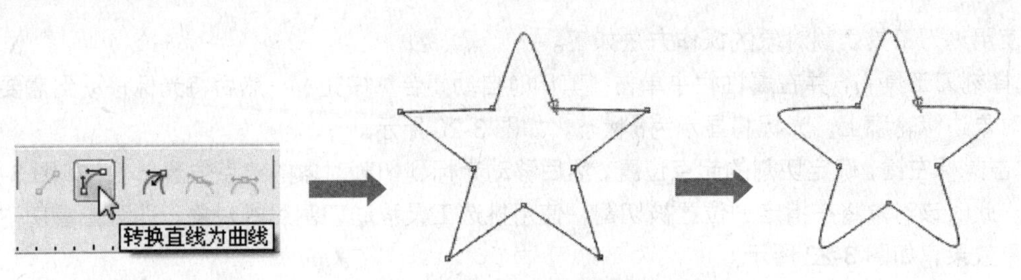

图 3-16 转换直线为曲线并删除顶点

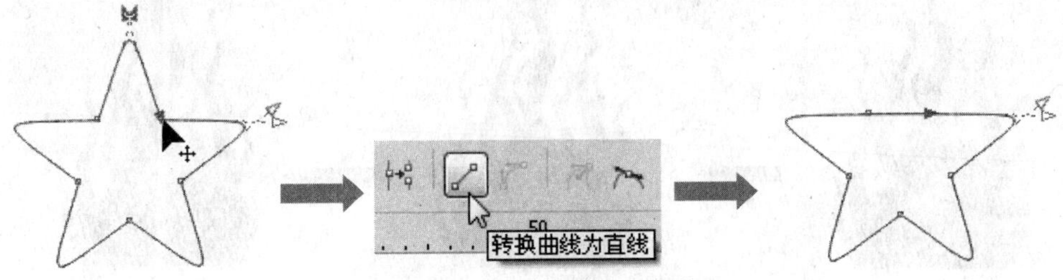

图 3-17 将曲线转换为直线

6 保持该节点的选取状态，单击属性栏中的“转换直线为曲线”按钮，将对应的直线转换为曲线，然后拖动曲线上出现的控制手柄，将其调整为原来的圆角星形效果，如图 3-18 所示。

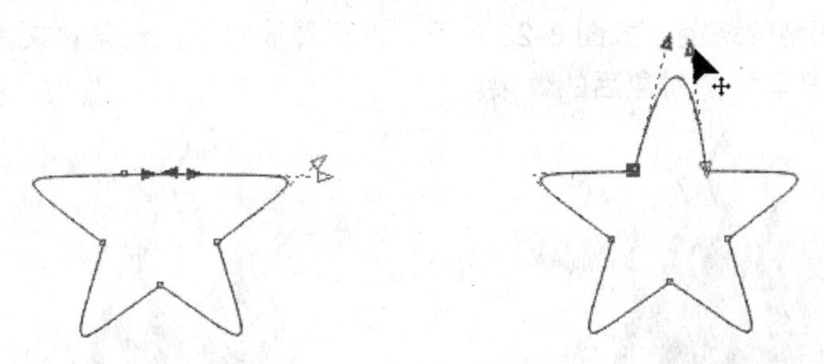

图 3-18 调整曲线的形态

3.2 使用刻刀工具切割图形

使用刻刀工具可以将位图或矢量图分割为几个部分，形成由两个或多个子路径组成的对象。在切割对象时，用户可以选择在切割时自动闭合对象，或是保留为一个对象。

在工具箱中裁切工具下的工具列表中单击“刻刀工具”按钮，其属性栏设置如图 3-19 所示。

图 3-19 “刻刀工具”的属性栏设置

- “保留为一个对象”按钮：在切割对象前单击该按钮，可使分割后的对象成为一个整体。
- “剪切时自动闭合”按钮：在切割对象前单击该按钮，可将切割的对象创建为两个独立的对象。
- 同时激活“保留为一个对象”和“剪切时自动闭合”按钮，将不会分割对象，而是将对象连成一个整体。

使用刻刀工具切割对象的操作方法如下。

1 选择刻刀工具，并在属性栏中单击“剪切时自动闭合”按钮，然后将光标移动到需要切割的对象边缘轮廓上，光标将显示为状态，如图 3-20 所示。

2 单击鼠标左键，确定切割的起点位置，然后移动光标到切割对象的终点位置单击，如图 3-21 所示。此时该对象将在指定的位置被切割，使用挑选工具移动切割后的对象，即可查看切割后的对象效果，如图 3-22 所示。

图 3-20　确定切割的起点位置　　图 3-21　确定切割的终点位置　　图 3-22　切割后的对象

3 按下 Ctrl+Z 组合键，还原对象到切割前的状态。

4 选择刻刀工具，将光标指向准备切割的对象，当光标变为状态时按下鼠标左键并拖动鼠标，绘制对象被切割的路径，如图 3-23 所示，然后释放鼠标，对象将按指定的路径被切割。图 3-24 所示为移动切割对象后的效果。

图 3-23　绘制对象被切割的路径

图 3-24　切割后的对象

3.3 图形修饰

在 CorelDRAW X4 中绘图时，除了使用常用的形状工具编辑对象形状外，还可以使用粗糙笔刷和删除虚拟线段工具修饰对象的形状，以满足绘图需要。

3.3.1 涂抹笔刷

使用涂抹笔刷工具可以通过拖放对象轮廓，使对象产生变形。根据涂抹对象的位置和范围，可以控制对象变形的范围和形状。

在形状工具下的工具列表中单击“涂抹笔刷”，其属性栏设置如图 3-25 所示。

图 3-25　“涂抹笔刷”工具的属性栏设置

- 笔尖大小 10.0 mm：用于设置涂抹笔刷的宽度。
- 在效果中添加水份浓度 0：设置涂抹笔刷的力度。如果用户使用的电脑连接有压感笔，那么单击按钮，即可转换为使用压感笔模式。
- 为斜移设置输入固定值 45.0°：设置涂抹笔刷或模拟压感笔的倾斜角度。
- 为关系设置输入固定值 0.0°：用于设置涂抹笔刷或模拟压感笔的笔尖方位角。

使用涂抹笔刷工具的操作步骤如下。

1 单击“挑选工具”按钮选择需要变形处理的对象，如图 3-26 所示。

2 在“形状工具”展开工具栏中选择“涂抹笔刷”工具，并在属性栏中设置笔尖大小，然后在对象上按下鼠标左键并拖动鼠标，如图 3-27 所示。释放鼠标后，即可使对象按光标移动方向发生变形，如图 3-28 所示。

图 3-26　选择涂抹对象

图 3-27　涂抹对象操作

图 3-28　涂抹效果

3 使用同样的方法继续涂抹对象，得到如图 3-29 所示的变形效果。

图 3-29　完成后的涂抹效果

3.3.2　粗糙笔刷

利用粗糙笔刷工具，可以使曲线条、曲线和文本对象产生锯齿或尖突的边缘形状。“粗糙笔刷”工具属性栏的设置与涂抹笔刷工具相似，通过在属性栏中控制对象边缘缩进的大小、角度、方向和数量等参数，可以控制对象边缘的粗糙效果，如图 3-30 所示。

图 3-30　属性栏设置

- 笔尖大小 1.0 mm：用于指定粗糙尖突的大小。
- 尖突频率 1：用于改变粗糙区域中的尖突数量。
- 单击按钮，使用压感笔时改变粗糙区域中的尖突数量。
- 在效果中添加“水份浓度”选项 0，拖动时增加粗糙尖突的数量。

- 斜移数值框 45.0°：指定粗糙尖突的高度。

使用粗糙笔刷工具编辑对象边缘形状的操作步骤如下。

1 单击“挑选工具”按钮选择需要处理的对象，如图 3-31 所示。

2 选择“形状工具”展开工具栏中的“粗糙笔刷”工具，并在属性栏中设置适合的笔尖大小和尖突频率值，如图 3-32 所示。

图 3-31　选取对象

图 3-32　“粗糙笔刷”工具属性栏的设置

3 在选定的对象边缘按下鼠标左键并来回拖动鼠标，如图 3-33 所示，释放鼠标后，即可使对象边缘产生粗糙的变形效果，如图 3-34 所示。

图 3-33　应用粗糙笔刷效果

图 3-34　完成后的对象边缘效果

小提示

将粗糙笔刷工具应用于几何图形、完美形状或文本等不是曲线的对象时，系统会弹出如图 3-35 所示“转换为曲线”对话框，单击“确定”按钮，系统会将指定的对象转换为曲线，然后就可以应用该效果了。

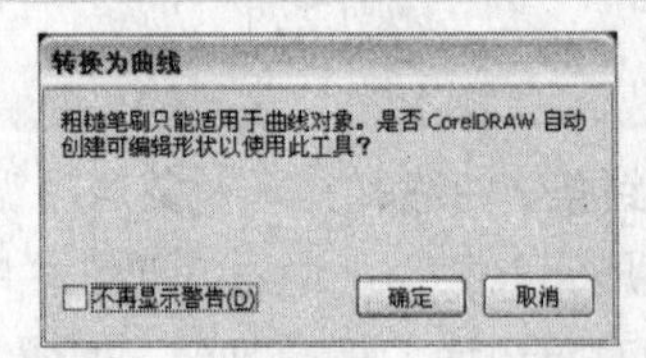

图 3-35　“转换为曲线”对话框

3.4　对象的造形

在编辑对象形状时，CorelDRAW X4 还为用户提供了多种方式的对象造形功能。执行“排列”→“造形”命令，在弹出的子菜单中，可查看并执行所需的造形命令，如图 3-36 所示。另外，在选择造形对象后，在属性栏中会提供与造形命令对应的功能按钮，用户还可以通过单击相应的功能按钮来完成造形操作，如图 3-37 所示。

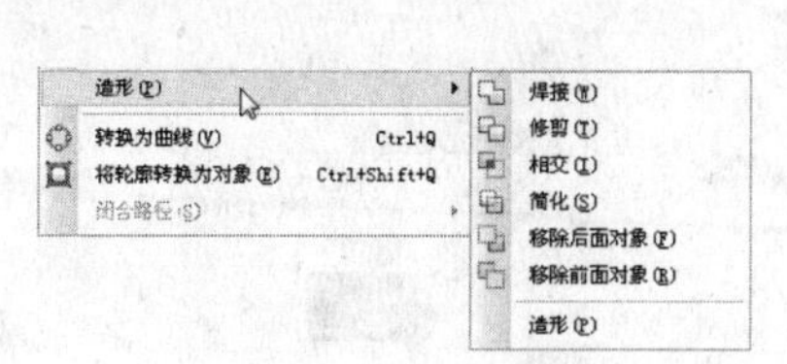

图 3-36　“造形”命令

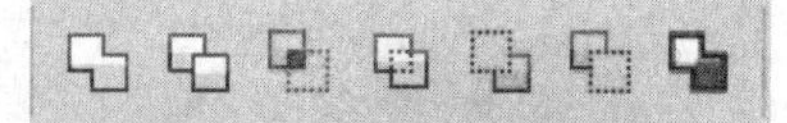

图 3-37　“造形”功能按钮

3.4.1　焊接对象

焊接功能可以将多个对象或组合对象焊接为一个具有不规则外形的对象。用于焊接的对象可以是单独的线条、重叠或不重叠的对象等，但不能焊接段落文本和位图。焊接后，焊接对象的边界将作为新对象的轮廓，并采用目标对象中的填充和轮廓属性。

在焊接对象时，根据选择对象的不同方式不同，焊接后得到的新对象中具有的填充和轮廓属性也会不同。

- 选择挑选工具，框选绘图窗口中需要焊接的对象，然后单击属性栏中的“焊接”按钮，得到的新对象中的填充和轮廓属性会与所选对象中位于最下层的对象属性保持一致，如图 3-38 所示。

图 3-38　框选对象后得到的焊接效果

- 按住 Shift 键，使用挑选工具分别单击需要焊接的对象，将它们同时选取，然后单击属性栏中的“焊接”按钮，得到的新对象中的填充轮廓属性会与最后选取的对象保持一致，如图 3-39 所示。

图 3-39　加选对象后得到的焊接效果

用户还可以通过“造形”泊坞窗来焊接对象。在该泊坞窗中，可以指定焊接对象后所要保留的源对象，包括目标对象和来源对象。

1 选择需要焊接的一个对象，该对象即是来源对象，如图 3-40 所示。然后执行“窗口”→“泊坞窗”→造形”命令，在打开的“造形”泊坞窗中选择造形下拉列表框中的“焊接”选项，如图 3-41 所示。

小提示

选中“来源对象”复选框，在焊接对象后保留来源对象。选中“目标对象”复选框，在焊接对象后保留目标对象。同时选中“来源对象”和“目标对象”复选框，将同时保留来源对象和目标对象。取消选中“来源对象”和“目标对象”复选框，来源对象和目标对象不会被保留。

图 3-40　选择来源对象

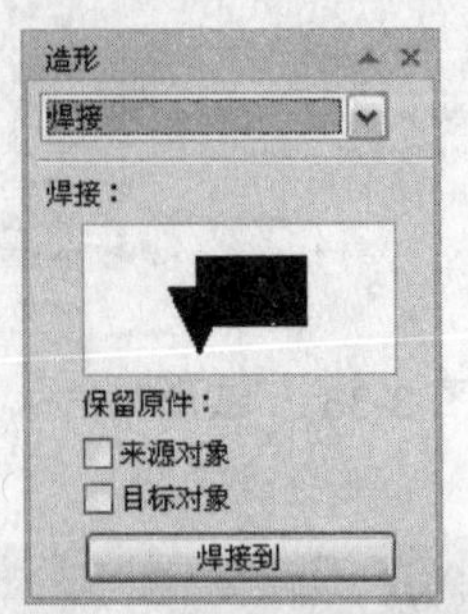

图 3-41　“造形”泊坞窗

2 选中“来源对象”复选框，然后单击“焊接到”按钮，当光标变成形状时单击目标对象，即可将对象焊接，焊接后得到的新对象中的轮廓和填充属性将与目标对象保持一致，如图 3-42 所示。

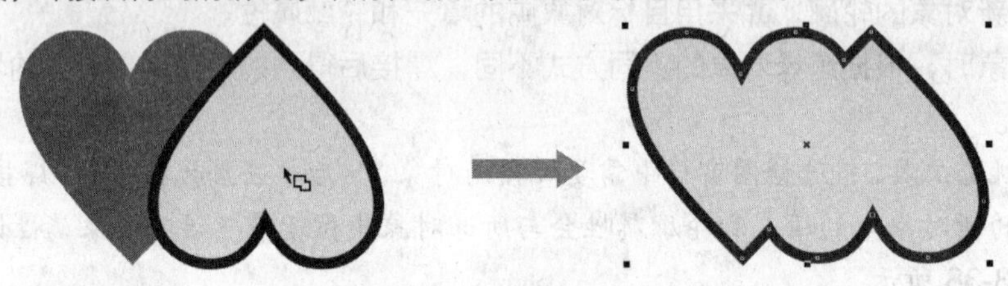

图 3-42　对象焊接效果

3 将焊接后的新对象移动到其他位置，可发现来源对象仍被保留了下来。

3.4.2　修剪对象

使用修剪命令，可以修剪掉对象之间重叠的区域，用户可以使用一个对象或一组对象来修剪其他的对象。修剪对象与焊接对象相似，系统会根据用户选择对象的方式来决定被修剪的对象。

- 使用挑选工具框选需要修剪的对象，然后单击属性栏中的“修剪”按钮，则位于最下层的对象将被修剪，如图 3-43 所示。

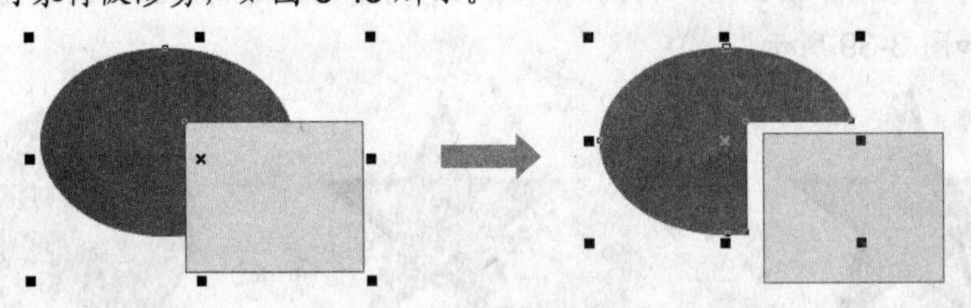

图 3-43　修剪下层的对象

- 按住 Shift 键，使用挑选工具加选需要焊接的对象，然后单击属性栏中的“修剪”按钮，则最后选择的对象将被修剪，如图 3-44 所示。

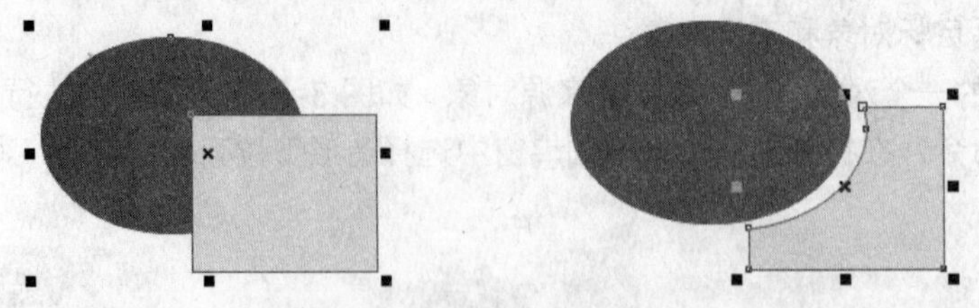

图 3-44　修剪最后选择的对象

在“修整”泊坞窗中，还可进行“相交”、“简化”、“前减后”和“后减前”的操作，其操作方法与“焊接”功能相似，因此在介绍后面的其他修整功能时，将不作相应的泊坞窗介绍了。

3.4.3 相交对象

“相交”命令用于将两个或多个对象之间重叠的部分创建为一个新的对象。选择需要相交的对象，然后单击属性栏中的“相交”按钮，即可将选定对象之间重叠的部分创建为一个新的对象，新对象与目标对象中的填充和轮廓属性保持一致，如图 3-45 所示。

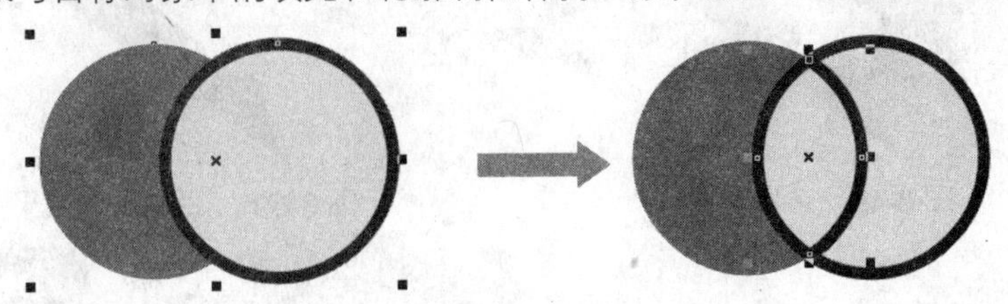

图 3-45　相交对象

3.4.4 简化对象

“简化”命令用于将两个或多个对象之间重叠的部分减去。“简化”命令与“修剪”命令不同，使用“简化”命令后，选定对象中所有与最上层对象相重叠的对象都将被简化，如图 3-46 所示。

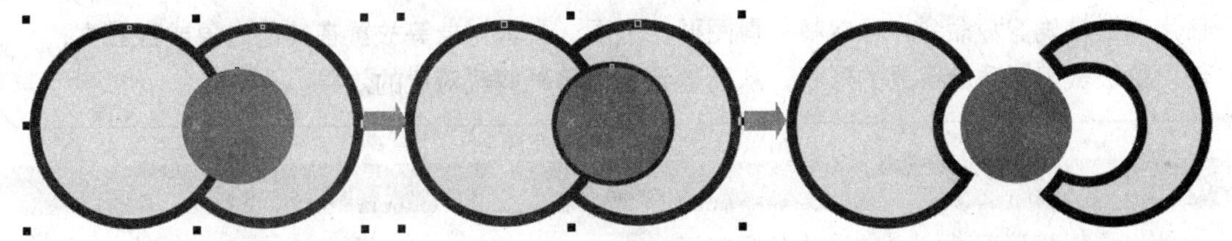

图 3-46　简化对象后的效果

3.4.5 前减后和后减前对象

使用“前减后”命令，可以减去选定对象中除最上层以外的所有对象，同时最上层对象中与下层对象重叠的部分也会被减去。选择需要执行“前减后”命令的对象，如图 3-47 所示，然后单击属性栏中的“移除后面对象”按钮，得到如图 3-48 所示的效果。

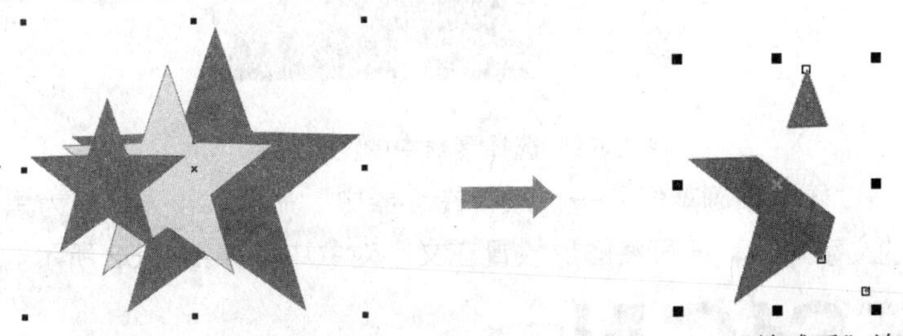

图 3-47　选择对象　　　　图 3-48　“前减后”效果

使用“后减前”命令，可以减去选定对象中除最下层以外的所有对象，同时最下层对象中与上层对象重叠的部分也会被减去。选择需要执行“后减前”命令的对象，如图 3-49 所示，然后单击属性栏中的“移除前面对象”按钮，得到如图 3-50 所示的效果。

图 3-49　选择对象

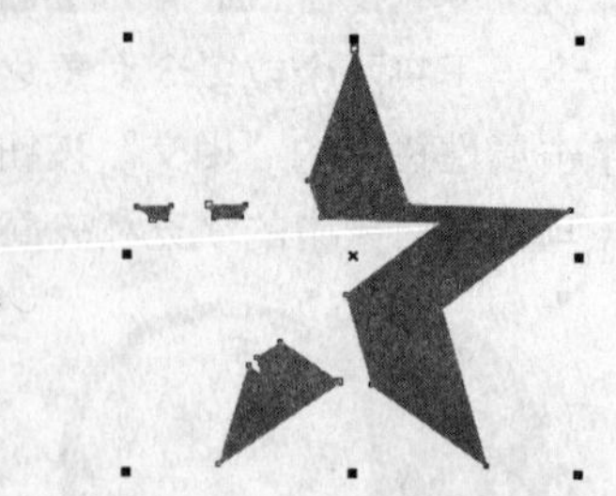

图 3-50　“后减前”效果

小提示

在使用修剪、相交、简化、前减后和后减前命令为对象造形时，同样可以在“造形”泊坞窗中完成，其使用方法与焊接对象相似。

3.5 图框精确剪裁对象

使用图框精确剪裁命令，可以将矢量图形、位图、文本对象等放置在其他对象或容器内，使对象被裁剪以适合容器的形状，从而达到图框精确剪裁对象的效果。

3.5.1 将对象图框精确剪裁

使用图框精确剪裁命令的操作步骤如下。

1 打开光盘中的“源文件与素材\第 3 章\素材\文字和图形.cdr”文件，然后选择该文件中的图形对象，如图 3-51 所示。

图 3-51　选择素材中的图案对象

2 执行“效果”→“图框精确剪裁”→“放置在容器中”命令，当光标变为黑色箭头状态时，单击素材文件中的文字对象，即可将图形放置在文字对象中，如图 3-52 所示。

DESIGN

图 3-52　将图形放置在文字中

小提示

选择需要精确剪裁的对象，然后使用鼠标右键将其拖动到容器对象上，释放鼠标右键，并从弹出的快捷菜单中选择“图框精确剪裁内部”命令，也可将对象置于容器中，如图 3-53 所示。

图 3-53　精确剪裁对象

3 将对象放置在容器中后，通常还需要调整对象在容器中的大小、位置以及角度等。选择精确裁剪后的对象，执行“效果”→“图框精确剪裁”→“编辑内容”命令，或者按下 Ctrl 键单击该对象，进入到该容器内部，如图 3-54 所示。

4 在容器内部，用户可以根据绘图的需要，对容器内的对象进行相应的调整，图 3-55 所示为将图形缩小并移动其位置后的效果。

图 3-54　提取的内容

图 3-55　编辑内容后的效果

5 在完成对容器内容的编辑后，执行“效果”→“图框精确剪裁”→“结束编辑”命令，或者单击绘图窗口左下角的 完成编辑对象 按钮，即可退出容器内容的编辑状态，完成对容器内容的编辑，如图 3-56 所示。

DESIGN

图 3-56　完成后的对象裁剪效果

3.5.2　锁定图框精确剪裁的内容

将对象图框精确剪裁后，默认状态下，对容器对象所作的调整也会同时作用于容器中的内容，如移动容器对象的位置，容器中的内容也会同时移动。

要想在调整容器对象时不作用于容器中的内容，可以将容器中的内容锁定。选择图框精确剪裁后的对象，然后在对象上单击鼠标右键，从弹出的快捷菜单中选择“锁定图框精确剪裁的内容”命令，即可将容器中的内容锁定。图 3-57 所示为锁定容器内容后，移动容器对象位置后的效果。

要取消图框精确剪裁内容的锁定状态，可在容器对象上单击鼠标右键，再次执行“锁定图框精确剪裁的内容”命令即可。

图 3-57　移动容器对象位置时内容不变

3.5.3　提取内容

将对象图框精确剪裁后，要取消对象的精确剪裁效果，可执行“效果”→“图框精确剪裁”→“提取内容”命令，或者在容器对象上单击鼠标右键，从弹出的快捷菜单中选择“提取内容”命令即可。取消对象的图框精确剪裁效果后，对象将恢复为精确剪裁前的状态。

3.6　设置对象的轮廓属性

默认状态下，绘制的曲线对象都具有外部轮廓。默认的轮廓宽度为 0.567pt，轮廓色为黑色。在绘图过程中，可以通过设置轮廓属性，改变轮廓的宽度、样式和颜色等外观效果。

3.6.1　设置轮廓宽度

选择需要设置轮廓宽度的对象，然后在属性栏中的“选择轮廓宽度或键入新宽度”数值框 0.567 pt 中设置所需的宽度值即可，也可以在该选项下拉列表中选择预设的宽度值。

除此之外，在选择对象后，单击工具箱中的“轮廓”按钮，从展开工具栏中也可以选择预设的轮廓宽度，如图 3-58 所示。单击“轮廓”工具下展开工具栏中的“轮廓笔”按钮，打开对话框，或者按下 F12 键，在弹出的“轮廓笔”对话框的“宽度”选项中，也可以设置适合的轮廓宽度，如图 3-59 所示。

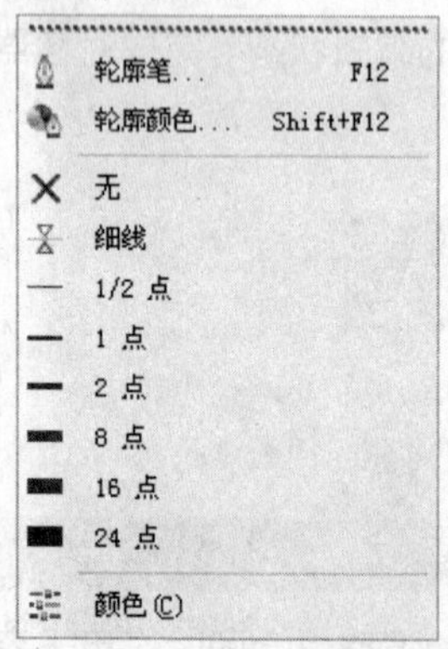

图 3-58　预设的轮廓宽度

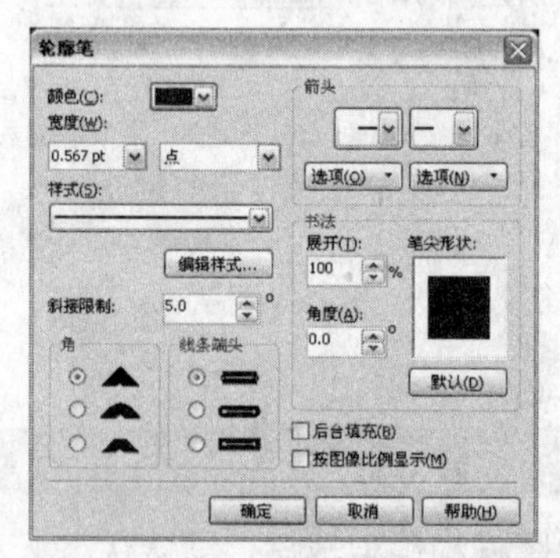

图 3-59　使用“轮廓笔”对话框

小提示

在“轮廓笔”对话框中选中“后台填充”复选框，可以将轮廓限制在对象的填充区域以外，图 3-59 所示为未选中“后台填充”复选框时设置的轮廓宽度，图 3-60 所示为选中“后台填充”复选框后的轮廓宽度。选中“按图像比例显示”复选框，在缩放对象时，对象的轮廓宽度也会进行等比例的缩放。

图 3-60　选中“后台填充”复选框前后的轮廓宽度

3.6.2　改变轮廓颜色

在 CorelDRAW 中设置轮廓颜色的方式有很多种，最简单的一种方法是在选择对象后，使用鼠标右键单击调色板中的色样，即可将对象轮廓设置为指定的颜色，如图 3-61 所示。要为轮廓自定义所需的颜色，可以通过“轮廓颜色”对话框和“颜色”泊坞窗来完成。

图 3-61　改变轮廓颜色

1．使用“轮廓颜色”对话框

选择需要调整轮廓颜色的对象，单击“轮廓”工具按钮，在展开工具栏中选择“轮廓颜色”选项，弹出如图 3-62 所示的“轮廓颜色”对话框，在其中的“组件”选项栏中，即可输入所需的颜色参数值，如图 3-62 所示。设置好颜色参数后，单击“确定”按钮，即可调整选定对象的轮廓颜色。

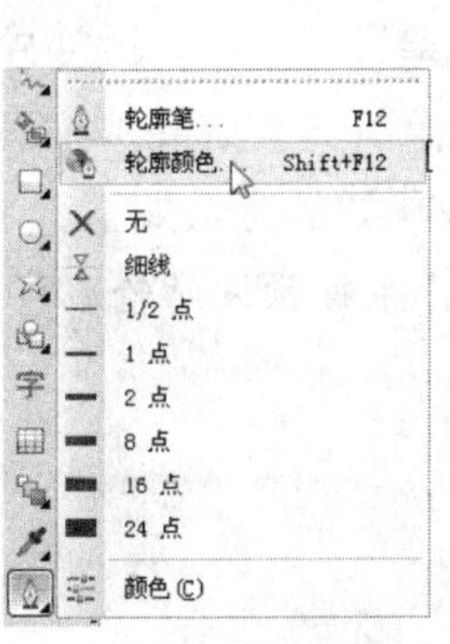

图 3-62　使用“轮廓颜色”对话框自定义颜色

2．使用“颜色”泊坞窗

除了使用“轮廓颜色”对话框外，还可以使用“颜色”泊坞窗自定义轮廓颜色。

1 选择需要调整轮廓色的对象，执行“窗口”→“泊坞窗”→“颜色”命令，打开“颜色”泊坞窗。

2 在该泊坞窗下拉列表框中选择所要应用的颜色模式，并在对应的颜色组件中设置所需的颜色参数值，然后单击“轮廓”按钮，即可将设置的颜色应用于对象的轮廓，如图 3-63 所示。

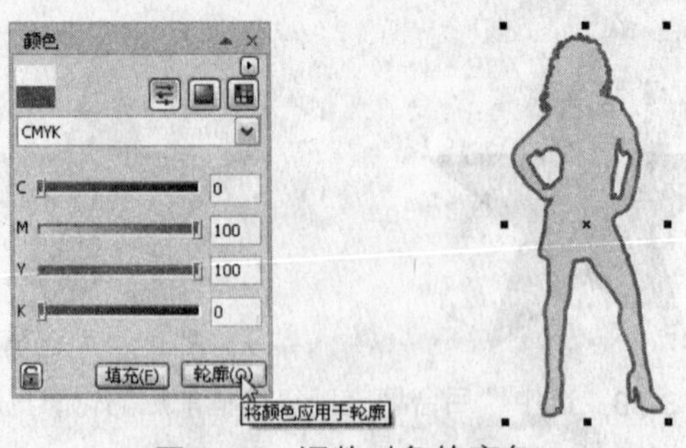

图 3-63　调整对象轮廓色

3 在“颜色”泊坞窗中设置好颜色参数，然后单击“填充”按钮，可以用设置好的颜色填充选定的对象，如图 3-64 所示。

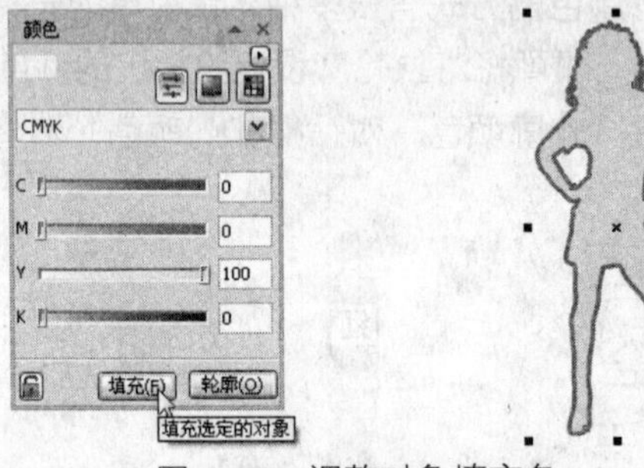

图 3-64　调整对象填充色

小提示

除了使用“轮廓颜色”对话框和“颜色”泊坞窗设置轮廓色外，还可以按下 F12 键，在弹出的“轮廓笔”对话框中，通过“颜色”选项设置对象的轮廓色。

3.6.3　改变轮廓样式

默认状态下，对象的轮廓样式为实线状，通过在“轮廓笔”对话框中改变轮廓样式，可以为轮廓设置不同式样的虚线，并且用户还可以自定义编辑轮廓样式。选择添加有轮廓的对象，按下 F12 键打开“轮廓笔”对话框，在该对话框中改变轮廓样式的方法如下。

- 单击“样式”下拉列表框，从弹出的列表中可以选择系统预设的轮廓样式，如图 3-65 所示。

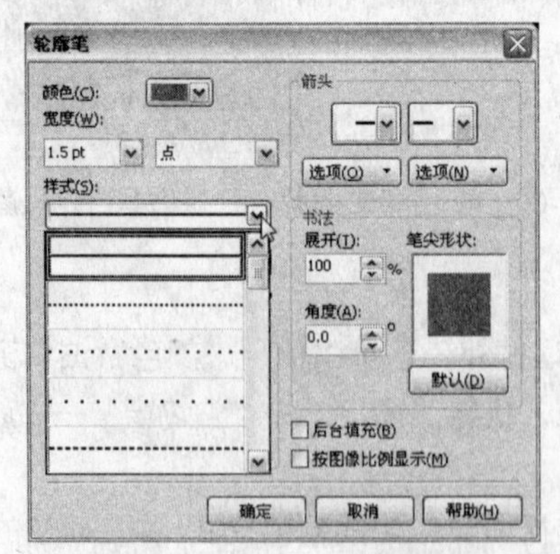

图 3-65　“样式”下拉列表框

- 单击“轮廓笔”对话框中的“编辑样式”按钮，打开如图 3-66 所示的“编辑线条样式”对话框，该对话框向用户提供了编辑线条样式的操作提示，按照提示的方法进行操作，即可自定义设置轮廓样式。

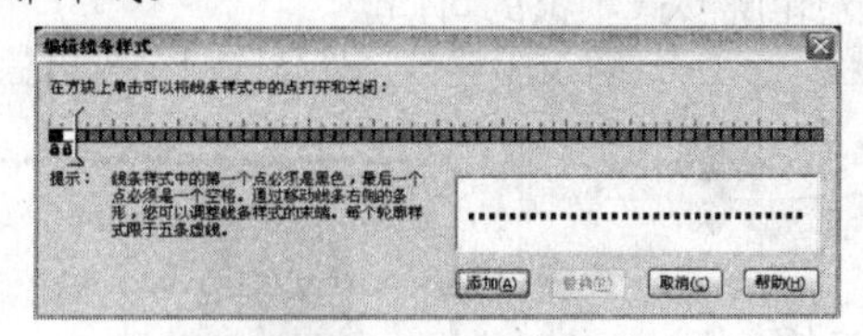

图 3-66　自定义线条样式

- 在“角”选项栏中，可以选择将轮廓的拐角设置为尖角、圆角或斜角样式，如图 3-67、图 3-68 所示。

图 3-67　“角”选项栏

图 3-68　尖角、圆角和斜角的轮廓效果

3.6.4　将轮廓转换为对象

在 CorelDRAW X4 中，只能为对象的轮廓填充纯色，而无法填充渐变色、图样或底纹效果等，同时也无法单独编辑轮廓的形状。如果要对轮廓进行更多的调整和编辑处理，可以将轮廓转换为对象，这样用户就可以按照编辑对象的方法对其进行处理。

选择带轮廓的对象，然后执行“排列”→“将轮廓转换为对象”命令，即可将该对象中的轮廓转换为独立的对象。图 3-69 所示为转换为对象后的轮廓和为该对象填充底纹后的效果。

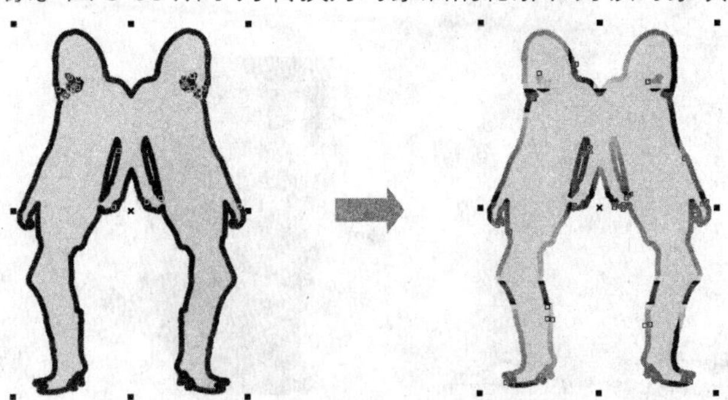

图 3-69　为转换为对象后的轮廓填充底纹后的效果

3.6.5 取消对象的轮廓

要取消对象的轮廓，可在选择对象后，使用鼠标右键单击调色板中的⊠图标，或在“轮廓”工具的展开工具栏中选择“无轮廓”选项✕即可。

现场练兵

绘制时尚女孩

下面将通过绘制一个时尚女孩造型以及唯美的背景装饰图案，使读者掌握绘制人物造型和对画面进行修饰处理的方法，如图 3-70 所示。

图 3-70 时尚女孩插画效果

绘制该实例的具体步骤如下。

1 使用贝塞尔工具绘制出女孩的整体外形，将填充为“黑色”并取消外部轮廓，如图 3-71 所示。

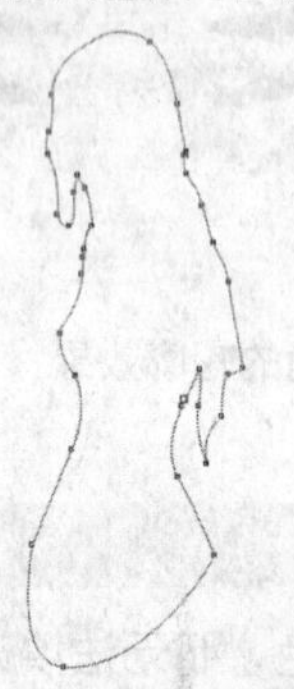

图 3-71 绘制的人物轮廓

2 选择艺术笔工具，单击属性栏中的“预设”按钮⋈，选择如图 3-72 所示的预设笔刷，绘制如图 3-73 所示的发丝效果，然后使用形状工具调整笔触的走向，使笔触边缘更加平滑。全选所有的笔触对象，将它们填充为“黑色”，并取消外部轮廓，以表现头发飘逸的外形，如图 3-74 所示。

图 3-72 艺术笔工具设置

图 3-73 绘制发丝

图 3-74 绘制女孩的头发

在使用艺术笔工具绘制头发外形时，可以在属性栏中的 2.0 mm 数值框中调整艺术笔工具的宽度，来完成头发外形的绘制。

3 保持所有笔触对象的选取状态，按下 Ctrl+G 组合键，将所有笔触对象群组。

4 使用贝塞尔工具绘制如图 3-75 所示的裙子对象，为其填充射线渐变色，在“渐变填充”对话框中，选择“自定义”颜色，设置“位置”0%处为（C:71、M:98、Y:18、K:5）、55%和 100%处（C:2、M:78、Y:91、K:0），其他选项参数设置如图 3-76 所示。填充好后，取消对象的外部轮廓。

图 3-75　绘制的裙子对象

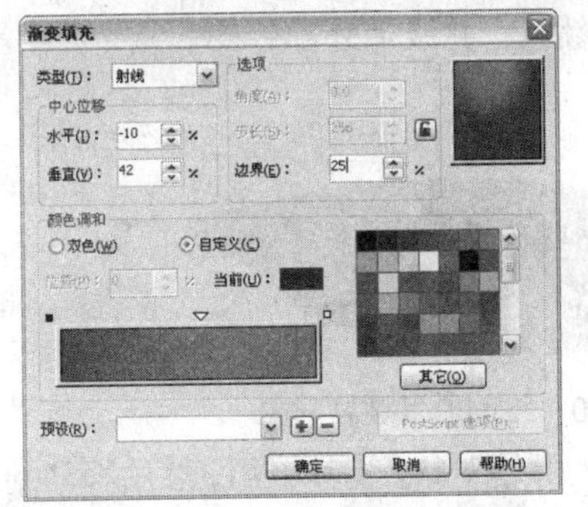

图 3-76　射线渐变参数设置

5 使用贝塞尔工具在人物的头部绘制如图 3-77 所示的曲线对象，以表现女孩的脸型。选择交互式填充工具，在该对象上拖动鼠标，按默认设置为其填充线性渐变色，然后在属性栏中将填充类型设置为“射线”，并将填充色的起点色和终点色分别设置为（C:53、M:40、Y:38、K:28）和白色，如图 3-78 所示。填充好后，取消对象的外部轮廓。

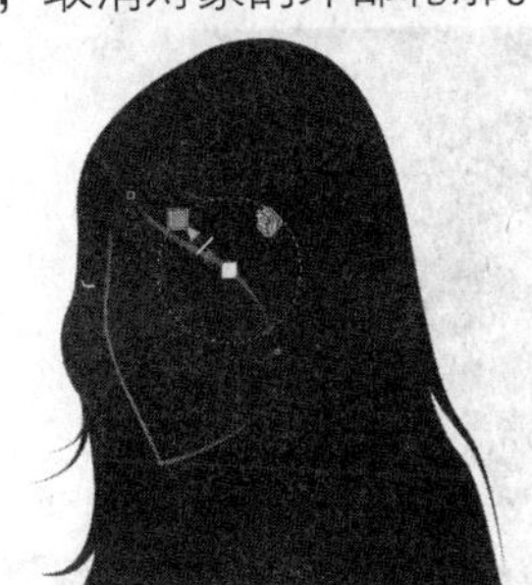

图 3-77　绘制的脸型效果

6 使用贝塞尔工具绘制如图 3-79 所示的留海形状，然后单击交互式填充工具，为其填充从（C:26、M:19、Y:18、K:11）到白色的射线渐变色，并取消外部轮廓。

图 3-78　射线渐变的参数设置

图 3-79　绘制的留海效果

小提示

关于使用“渐变填充”对话框和“交互式填充工具”为对象填充渐变色，以及为对象填充均匀色的方法，请查看本书“第 5 章 填充对象”中的详细内容介绍。

7 使用贝塞尔工具绘制如图 3-80 所示的下嘴唇对象，将其填充为从（C:9、M:93、Y:96、K:2）到（C:27、M:95、Y:93、K:13）的线性渐变色，并取消外部轮廓。

8 在上一步绘制的下嘴唇上方，绘制如图 3-81 所示的上嘴唇对象，为其填充（C:30、M:100、Y:98、K:0）的颜色，并取消外部轮廓。

图 3-80　绘制的下嘴唇对象

图 3-81　绘制的上嘴唇对象

9 全选绘制好的嘴唇对象，将其群组，然后移动到女孩脸部的适当位置，并调整到适当的大小，如图 3-82 所示。

10 使用贝塞尔工具绘制如图 3-83 所示外形的对象，并将其选取，然后同时选中女孩的外形对象，单击属性栏中的“修剪”按钮，对女孩外形进行修剪，以表现女孩的颈部曲线形状，如图 3-84 所示。

图 3-82　女孩的嘴唇效果

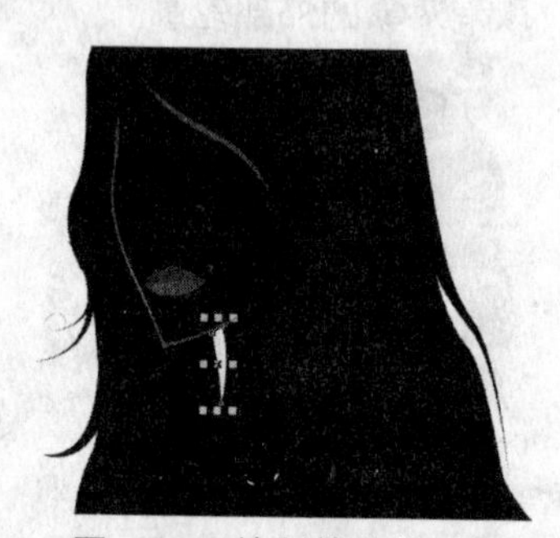

图 3-83　绘制的曲线对象

图 3-84　修剪后表现出的颈部曲线

11 使用贝塞尔工具绘制出女孩的左手对象，如图 3-85 所示，将其填充为黑色并取消外部轮廓。

12 在手臂上绘制一个曲线对象，然后使用“交互式填充工具”为其填充从白色到（C:9、M:93、Y:96、K:2）的线性渐变色，并在属性栏中设置“渐变填充角和边界”选项的参数值为“-58.6°”和“48”，填充效果如图 3-86 所示。

13 选择“交互式调和工具”下的工具列表中的“透明度”工具，将上一步绘制的对象应用开始透明度设置为 90 的标准透明度效果，以表现手臂上的受光效果，如图 3-87 所示。

图 3-85　绘制的左手对象

图 3-86　绘制在手臂上的曲线对象

图 3-87　调整对象的透明度

14 使用椭圆形工具绘制一个圆形，如图 3-88 所示。按下空格键切换到挑选工具，然后按住 Ctrl 键垂直向下拖动圆形，在释放鼠标左键之前按下鼠标右键，当光标右下角出现如图 3-89 所示的⊞标记时，释放鼠标，即可将该圆形复制到指定的位置，如图 3-90 所示。

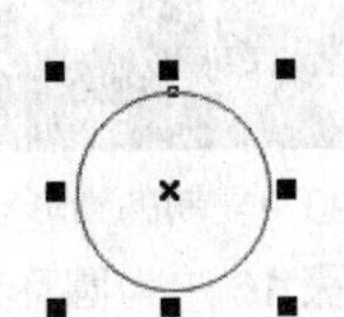

图 3-88　绘制的圆形

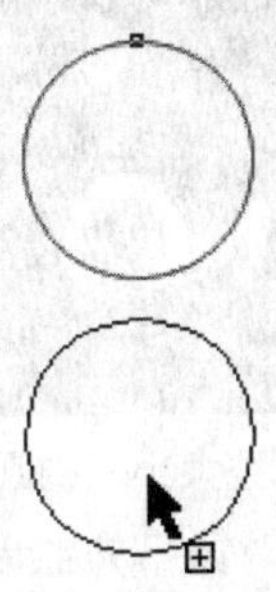

图 3-89　复制对象时的光标状态

15 连续按下 Ctrl+D 组合键 8 次，再制圆形，得到如图 3-91 所示的绘制效果。

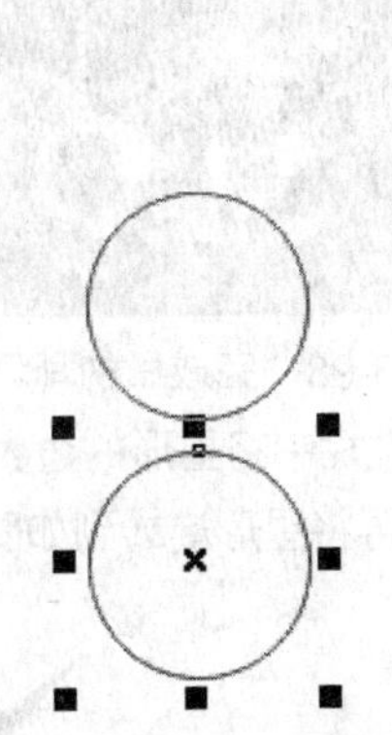

图 3-90　复制到指定位置的圆形

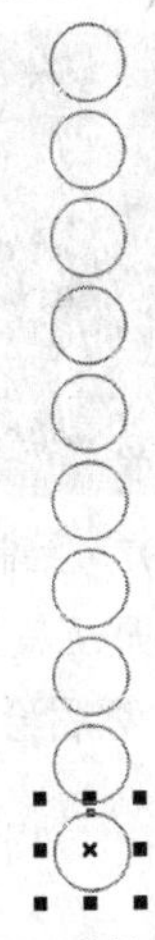

图 3-91　圆形的再制效果

16 全选上一步绘制的圆形，按下 Ctrl+G 组合键将其群组，填充为白色后取消外部轮廓。将该圆形对象移动到女孩头部的适当位置，并调整到适当的大小，以表现耳环的一部分，如图 3-92 所示。

17 使用椭圆形工具并结合复制命令和修剪功能，绘制如图 3-93 所示的圆环对象，为其填充线性渐变色，学则“自定义”颜色设置渐变色为 0%处（C:25、M:22、Y:31、K:6）、44%处（C:5、M:5、Y:5、K:0）、100%处（C:27、M:23、Y:33、K:7），并设置渐变填充的边界为 11%。填充好后，取消对象的外部轮廓。

18 使用椭圆形工具在上一步绘制的圆环上绘制一个适当大小的圆形，将其填充为白色，然后将该圆形复制到圆环上的其他位置，并如图 3-94 所示进行排列。

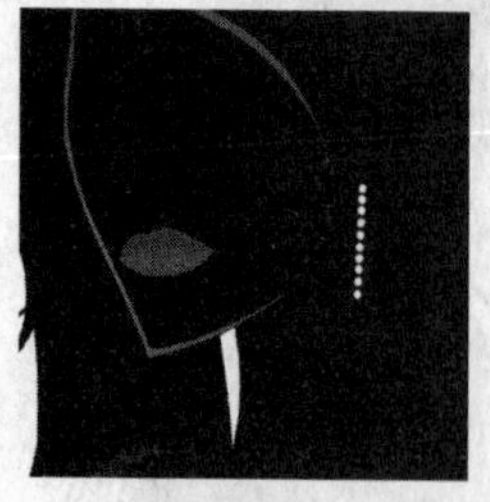

图 3-92　圆形构成耳环的部分

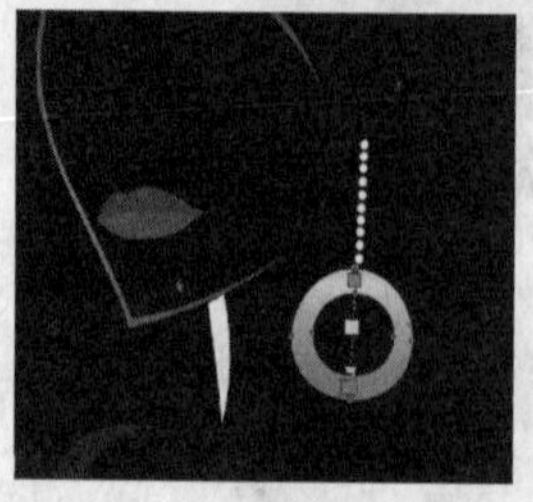

图 3-93　绘制的圆环效果

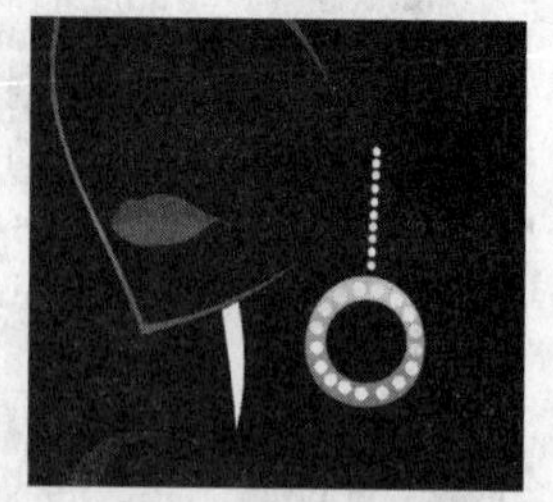

图 3-94　圆环上的圆形组合

19 将步骤 15 中绘制的圆形对象复制一份，然后删除下方的 4 个圆形，再将剩下的圆形对象缩小到一定的大小后，放置在圆环下方的适当位置，如图 3-95 所示。将该圆形对象复制 3 份，然后如图 3-96 所示排列在圆环的下方。

图 3-95　调整大小后的圆形对象

图 3-96　复制的圆形对象效果

20 在上一步制作的圆形对象下方绘制一个圆形，然后将步骤 16 中为圆环对象填充的颜色属性复制到该圆形上，并取消其外部轮廓，如图 3-97 所示。将该圆形复制 3 份，然后分别放置在其他圆形对象的下方，完成耳环效果的绘制，如图 3-98 所示。

图 3-97　绘制的圆形

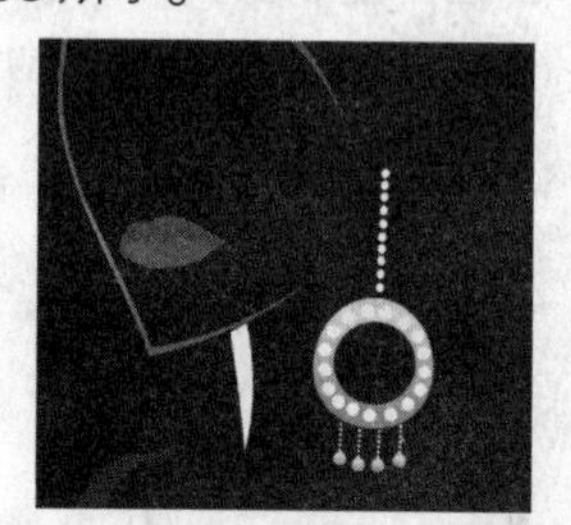

图 3-98　完成后的耳环效果

21 选择多边形工具展开工具栏中的星形工具，并在属性栏中将星形的边数设置为 4、锐度设置为 80，如图 3-99 所示，然后绘制如图 3-100 所示的星形，再将星形旋转到如图 3-101 所示的角度。

图 3-99　星形工具的属性设置

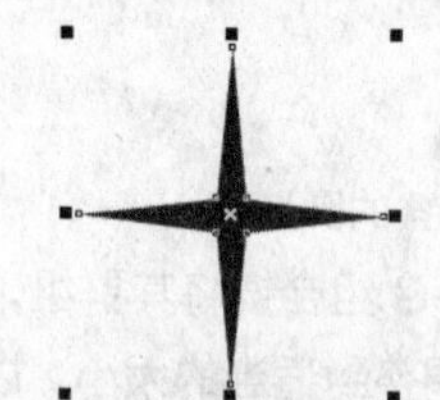

图 3-100　绘制的星形

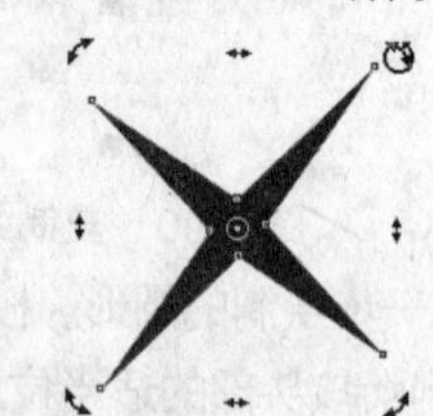

图 3-101　星形旋转的角度

22 按下小键盘上的+键复制上一步绘制的星形，再按下 Shift 键将复制的星形放大，并在属性栏中将星形的锐度设置为 92，效果如图 3-102 所示。

㉓ 保持大的星形的选取状态，然后选择交互式透明工具，对该对象应用开始透明度为 54 的标准透明度，如图 3-103 所示。

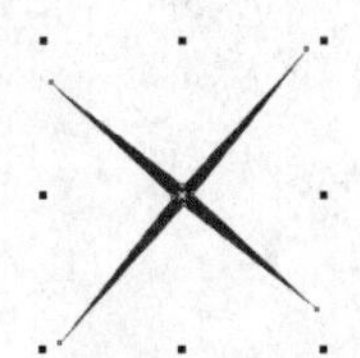

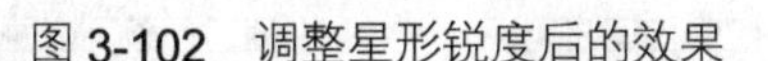

图 3-102　调整星形锐度后的效果　　图 3-103　星形的透明效果

㉔ 将绘制的星形对象群组，并填充为“白色”，然后移动到耳坠上如图 3-104 所示的位置，再调整到适当的大小，以表现耳坠的反光效果。

㉕ 将星形对象复制一份到耳环的顶部，并调整到适当的大小后如图 3-105 所示。

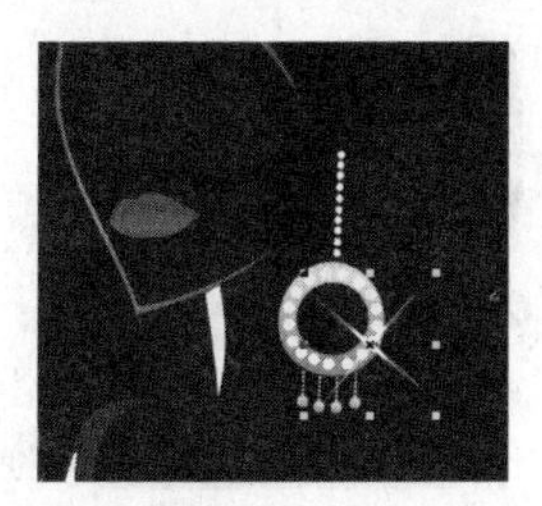

图 3-104　耳环上的星形反光效果　　图 3-105　复制到耳环顶部的星形对象

㉖ 选择耳环中的吊坠部分和反光对象，将其群组，并复制一份，然后移动到左边如图 3-106 所示的位置，并调整到适当的大小，作为女孩另一只耳朵上的耳环效果。

㉗ 使用贝塞尔工具在女孩的下巴处绘制如图 3-107 所示的对象，然后将其选取，并同时选择吊坠对象，再单击属性栏中的修剪按钮，将遮盖在脸部的吊坠修剪掉，如图 3-108 所示。

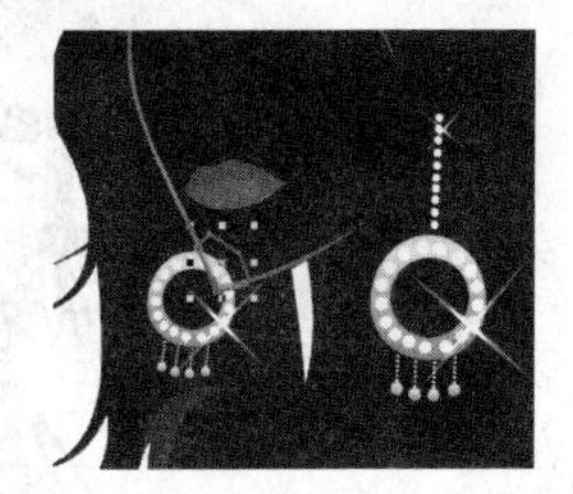

图 3-106　绘制好的耳环效果　图 3-107　绘制的用于修剪的对象　图 3-108　将吊坠修剪后的效果

㉘ 使用椭圆形工具绘制如图 3-109 所示的圆形，将其填充为白色，并取消外部轮廓。执行“位图”→“转换为位图”命令，在弹出的“转换为位图”对话框中设置选项参数如图 3-110 所示，然后单击“确定”按钮，将圆形对象转换为位图。

图 3-109　绘制的圆形

㉙ 执行“位图”→“模糊”→“高斯式模糊”命令，在弹出的“高斯式模糊”对话框中，将“半径”参数设置为 14 像素，如图 3-111 所示，然后单击“确定”按钮，得到如图 3-112 所示的模糊效果，以表现反光周围的光晕。

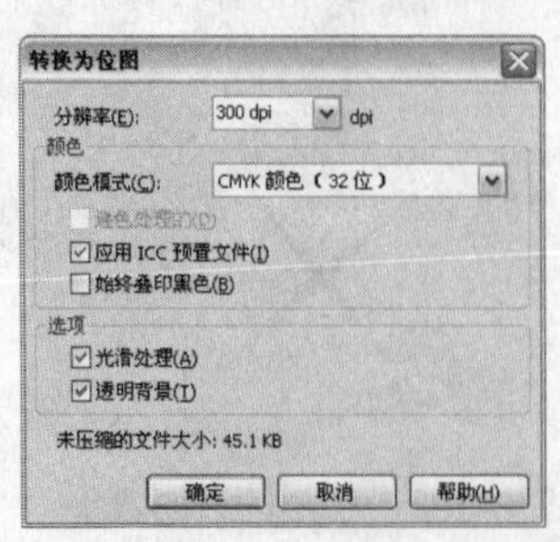

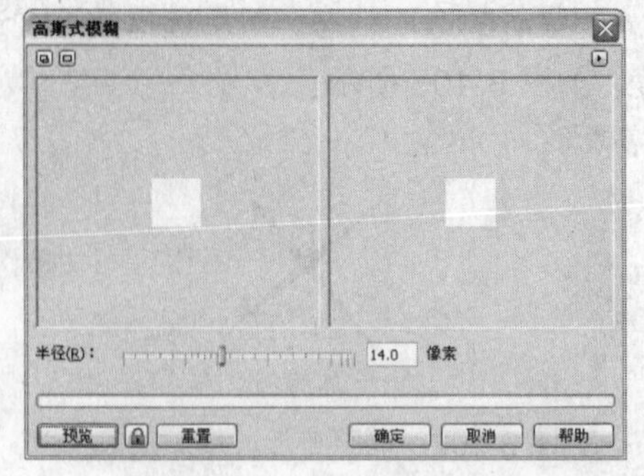

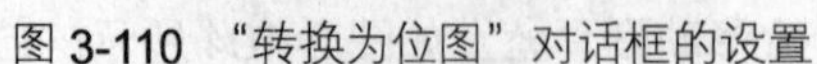
图 3-110 “转换为位图”对话框的设置　　图 3-111 “高斯式模糊”对话框设置

30 将上一步制作完成的光晕对象复制一份到左边的耳环吊坠上，适当缩小其大小后如图 3-113 所示。

图 3-112 反光周围的光晕效果　　图 3-113 左边吊坠上的光晕效果

31 使用贝塞尔工具绘制如图 3-114 所示的裙子吊带，将其填充为（C:0、M:80、Y:100、K:0）的颜色，并取消外部轮廓，然后选择手臂和手臂上的受光对象，按下 Shift+PageUp 组合键，将它们调整到最上层，如图 3-115 所示。

图 3-114 绘制的群组吊带对象　　图 3-115 调整对象排列顺序后的效果

32 使用椭圆形工具并结合复制命令，在女孩的手臂上绘制如图 3-116 所示的圆形组合，用户可以适当调整各个圆形的大小，增强其自然排列的效果，以表现女孩手臂上的装饰物。

33 将耳环上的反光和光晕对象复制一份到手臂的装饰物上，调整到适当的大小和位置后如图 3-117 所示。

图 3-116　手臂上的装饰物效果

图 3-117　装饰物的反光效果

34 单击属性栏中的导入按钮，在弹出的“导入”对话框中选择光盘中的“源文件与素材\第 3 章\素材\衣服图案.cdr”文件，然后单击“导入”按钮，将其导入到当前文件中，如图 3-118 所示。

35 将衣服图案移动到裙子对象上，并调整图案的大小和位置。保持衣服图案的选取状态，连续按下 Ctrl+PageDown 组合键，将其调整到手臂对象的下方，完成女孩造型的绘制，如图 3-119 所示。

36 全选女孩造型中的所有对象，按下 Ctrl+G 组合键，将它们群组，如图 3-120 所示。

图 3-118　导入的衣服图案

图 3-119　裙子上的图案效果

图 3-120　完成后的女孩造型

37 使用贝塞尔工具绘制如图 3-121 所示的花瓣对象，将各个花瓣对象填充为“黄色”，并为对象设置适当的轮廓宽度和轮廓色（C:51、M:55、Y:34、K:2）。在花瓣中心绘制如图 3-122 所示的花蕊对象，填充（C:0、M:77、Y:45、K:0）的颜色，并为其设置与花瓣对象相同的轮廓色。

图 3-121　绘制的花瓣对象

图 3-122　绘制的花蕊对象

38 分别按照图 3-123 和图 3-124 所示的绘图顺序和曲线形状，绘制背景画面中所需的两个不同的装饰图案。图案中各个曲线对象的轮廓色均为（C:51、M:55、Y:34、K:2）。

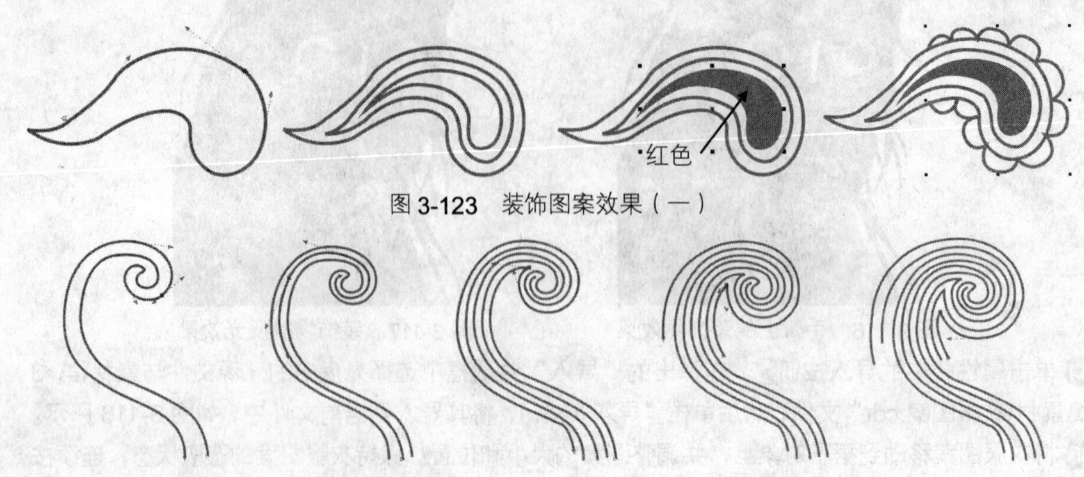

图 3-123 装饰图案效果（一）

图 3-124 装饰图案效果（二）

39 复制图 3-124 中绘制好的装饰图案，将其垂直镜像，如图 3-125 所示然后所示选择位于中心的曲线对象。选择形状工具，如图 3-126 所示框选该对象顶端的两个节点，然后单击属性栏中的“延长曲线使其闭合”按钮，使该曲线成为闭合状态，如图 3-127 所示。

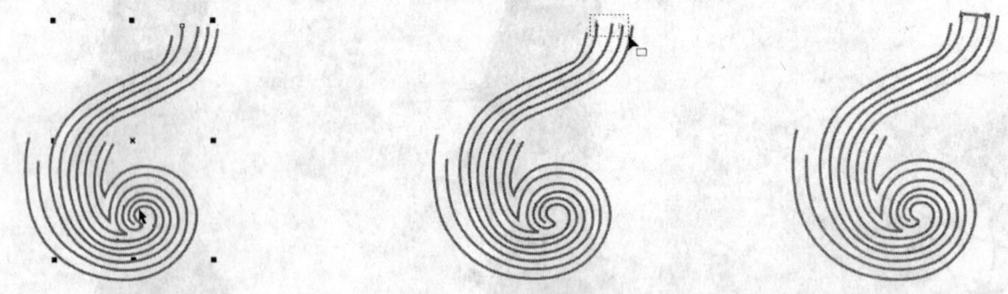

图 3-125 选择的对象　　图 3-126 框选顶端的节点　　图 3-127 将曲线对象闭合

40 选择闭合后的曲线对象，将其填充为（C:26、M:26、Y:17、K:0）的颜色，并取消外部轮廓，如图 3-128 所示。选择位于该对象上的曲线，然后修改其轮廓色为白色，如图 3-129 所示。

41 选择本小节步骤 38 中绘制的如图 3-124 所示的图案，将其复制到空白位置，如图 3-130 所示，然后选择位于该图案外围的两条曲线对象，再按下 Delete 键将它们删除，剩下的图案效果如图 3-131 所示。将修改后的图案复制 4 份，并结合使用“修剪”功能，将图案排列组合为如图 3-132 所示的效果。

图 3-128 填充对象后的效果

图 3-129 修改所选对象轮廓色

图 3-130 复制的图案

图 3-131 删除部分曲线对象后的图案效果

图 3-132 将图案排列组合后的效果

42 选择上一步 3-131 所示修过后的图案，将其复制到空白位置，如图 3-133 所示。删除该图案中位于中心的曲线对象，然后使用形状工具将剩下的曲线对象编辑为如图 3-134 所示的形状。将最后修改的图案水平镜像复制一份，排列到图 3-132 所示的图案上，如图 3-135 所示。

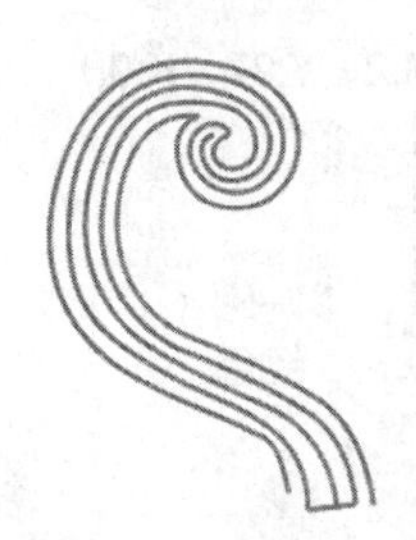

图 3-133 复制的图案

图 3-134 编辑后的图案效果

图 3-135 排列后的图案效果

43 使用贝塞尔工具在图 3-135 所示的图案上绘制如图 3-136 所示的线段，然后选择上一步最后修改的图案对象，单击属性栏中的“修剪”按钮，得到如图 3-137 所示的修剪效果。

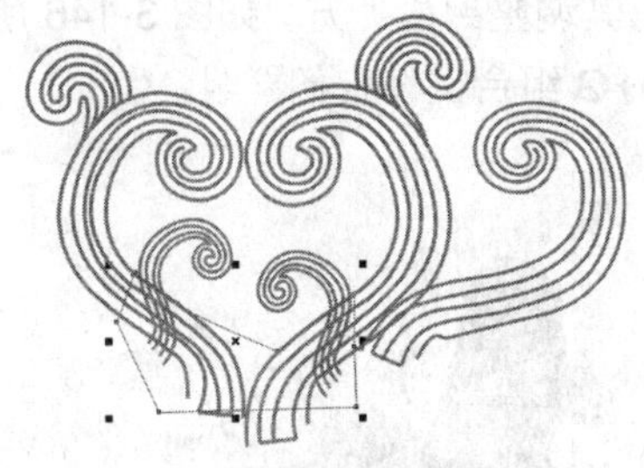

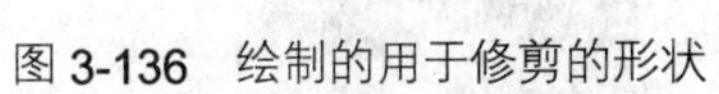

图 3-136 绘制的用于修剪的形状

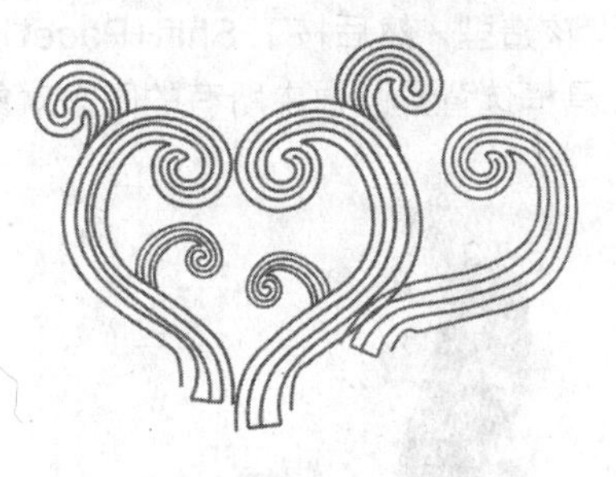

图 3-137 修剪后的图案效果

44 使用贝塞尔工具分别绘制出背景画面中所需的图案，各图案效果分别如图 3-138、图 3-139、图 3-140、图 3-141 和图 3-142 所示。

图 3-138 图案 1

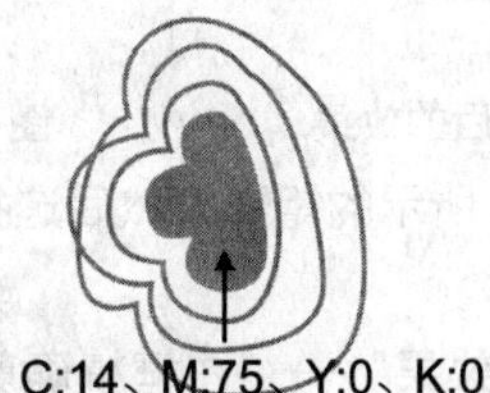

图 3-139 图案 2

图 3-140 图案 3

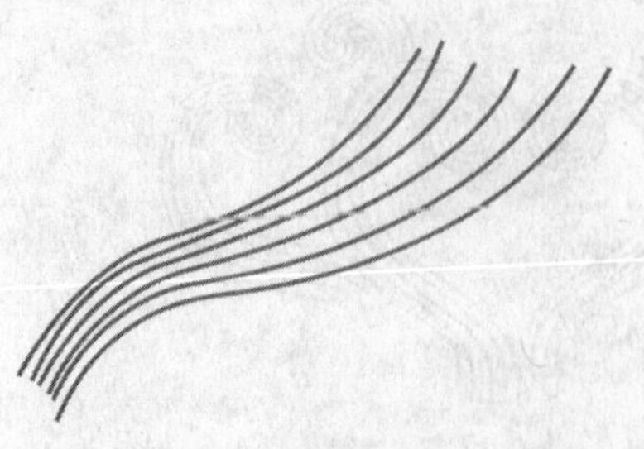

图 3-141 图案 4

图 3-142 图案 5

45 对本小节中绘制的图案对象分别进行群组，然后如图 3-143 所示排列在女孩造型的周围。使用贝塞尔工具分别绘制如图 3-144 所示的两个曲线对象，并为它们填充相应的颜色，然后按下 Shift+PageDown 组合键，将它们调整到最下方，如图 3-145 所示。

图 3-143 图案对象的排列组合效果

图 3-144 绘制的曲线对象

46 选择女孩造型，然后按下 Shift+PageUp 组合键，将其调整到最上方，如图 3-146 所示。使用挑选工具框选背景画面中所有的图案对象，按下 Ctrl+G 组合键将它们群组。

图 3-145 调整对象排列顺序后的效果

图 3-146 将女孩造型设置到最上层

47 使用矩形工具绘制如图 3-147 所示的矩形，然后选择女孩造型和背景画面中的图案对象，按下 Ctrl+G 组合键进行群组。

48 保持对象的选取状态，执行“效果”→“图框精确剪裁”→“放置在容器中”命令，当光标变为箭头状态时，按图 3-148 所示单击上一步绘制的矩形对象，即可将选取的对象放置在矩形容器中。

图 3-147　绘制矩形

图 3-148　单击作为容器的矩形对象

49 选择精确裁剪后的对象，按住 Ctrl 键单击该对象，进入容器内部，然后将容器中的对象移动到适当的位置，如图 3-149 所示。

50 完成后按住 Ctrl 键单击工作区中的空白区域，结束对容器内对象的编辑。编辑完成后，为矩形对象设置适当的轮廓宽度，完成本实例的绘制，如图 3-150 所示。

图 3-149　移动容器内对象的位置

图 3-150　完成后的插画效果

3.7 疑难解析

本章向读者介绍了在 CorelDRAW X4 中编辑对象形状和设置对象轮廓属性的方法，下面就读者在学习过程中遇到的问题进行进一步的解析。

1 如何断开和闭合曲线?

通过形状工具属性栏，可以将封闭对象转换为开放式对象，或者将开放式对象转换为封闭对象，具体操作方法如下。

1 使用多边形工具绘制一个五边形，然后按下 Ctrl+Q 组合键，将其转换为曲线，再单击调色板中的黑色，将其填充为黑色，如图 3-151 所示。

2 使用形状工具选择需要断开的节点，然后单击属性栏中的“断开曲线”按钮，如图 3-152 所示，即可将曲线在此处断开。默认状态下，开放式曲线不能被填充颜色。使用形状工具移动此处节点的位置，即可查看曲线被断开后的状态，如图 3-153 所示。

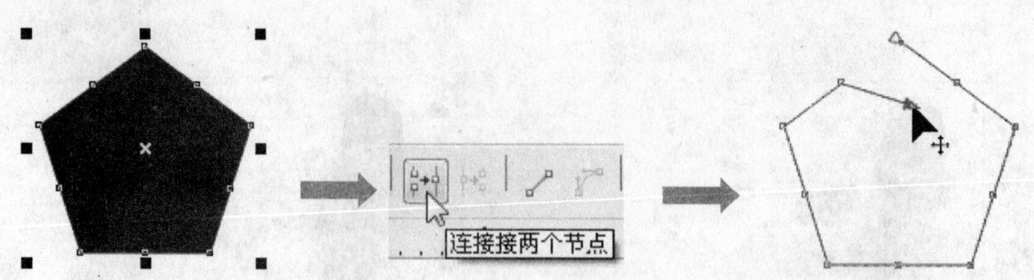

图 3-151 填充后的五边形　图 3-152 单击“断开曲线”按钮　图 3-153 移动节点位置后的效果

3 要闭合开放的曲线，可使用形状工具选取曲线上断开处的两个节点，如图 3-154 所示，然后单击属性栏中的“连接两个节点”按钮，如图 3-155 所示，即可将选定的两个节点连接，从而闭合开放式曲线，如图 3-156 所示。

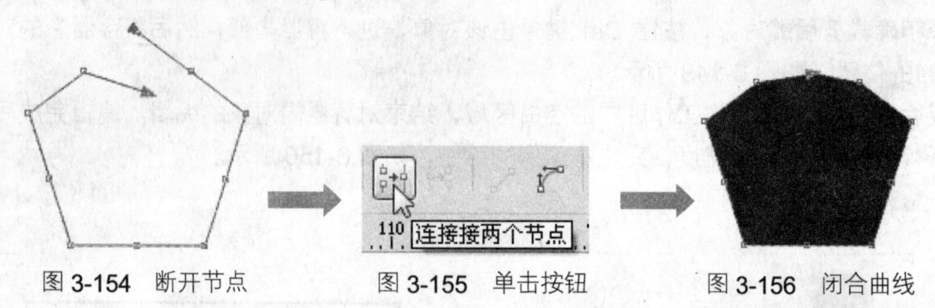

图 3-154 断开节点　图 3-155 单击按钮　图 3-156 闭合曲线

2 怎样才能使轮廓线与对象一起缩放？

默认状态下缩放对象时，对象的轮廓宽度始终保持不变。在这种情况下，对象被放得越大，轮廓会显得越细，而将对象缩得越小，轮廓则会显得越粗。因此用户在绘图时常常会出现这样的问题，就是原本设置好的轮廓宽度，但在调整了对象大小后，会出现变粗或变细的情况，如图 3-157 所示。

图 3-157 将对象缩小前后的轮廓对比

要在缩放对象时使轮廓同对象一起同比例缩放，可在为对象设置适当的轮廓宽度后，按下 F12 键，从弹出的“轮廓笔”对话框中选中“按图像比例显示”复选框，如图 3-158 所示，然后单击“确定”按钮即可。

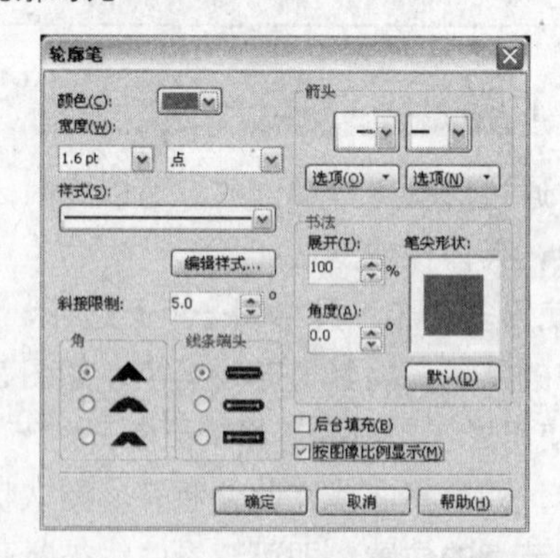

图 3-158 选中“按图像比例显示”复选框

3 怎样为对象应用书法笔触的轮廓？

选择添加有轮廓的对象，然后按下 F12 键打开“轮廓笔”对话框，在“书法”选项栏中，即可为轮廓设置书法笔触的轮廓样式。图 3-159 所示为设置“书法”轮廓样式前后的效果对比。

- “展开”选项用于设置笔尖的宽度，其取值范围为 1 ~ 100，该值越小，笔尖越会由方形变成越细的矩形，或由圆形变为椭圆形，以便于创建更为明显的书法效果。
- “角度”选项用于设置绘图时画笔的方向。
- 在“笔尖形状”缩览图中单击或拖动，可手动调整画笔的笔尖，如图 3-160 所示。

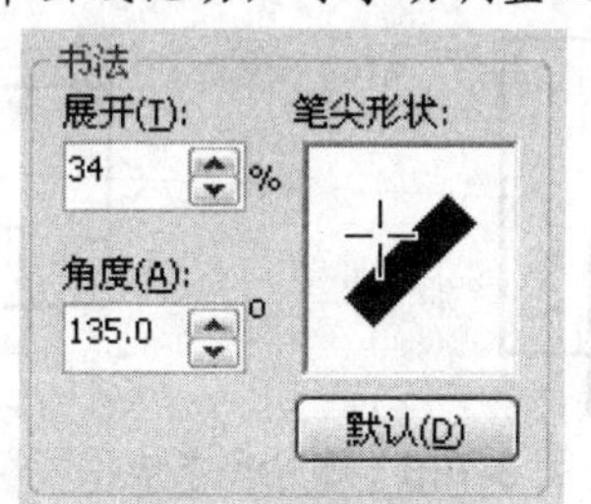

图 3-159　手动调整笔尖形状

图 3-160　设置书法轮廓样式前后的效果对比

4 如何删除对象的虚拟段？

CorelDRAW 中的虚拟段是指两个或多个相交的对象中，线条与线条交叉时，位于交叉点之间的线段。通过使用“虚拟段删除”工具，就可以将交叉点之间的线段删除，以得到新的外观效果。删除虚拟段后的封闭对象，将变为开放式对象。

1 使用矩形工具，在绘图窗口中绘制 3 个相交的矩形，如图 3-161 所示。

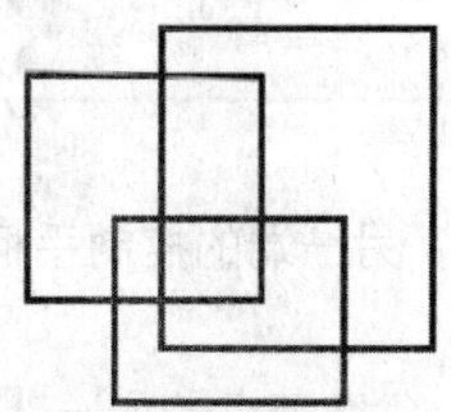

图 3-161　绘制的矩形

2 选择“裁剪工具”展开工具栏中的“虚拟段删除”工具，移动光标到需要删除的虚拟段上，当光标变为状态时单击，即可删除此处的虚拟段，如图 3-162 所示。

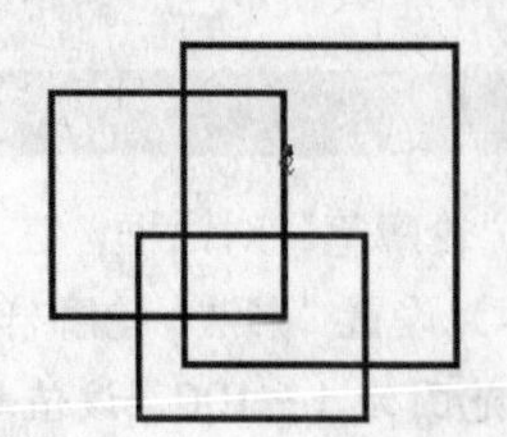

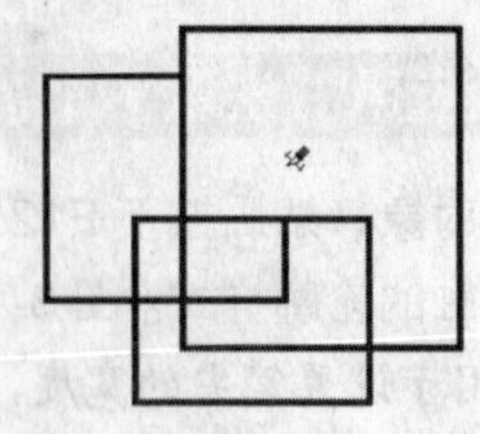

图 3-162　删除虚拟段

3 在要删除的虚拟段周围按下鼠标左键并拖动，释放鼠标后，选取框触及到的虚拟段都将被删除，如图 3-163 所示。

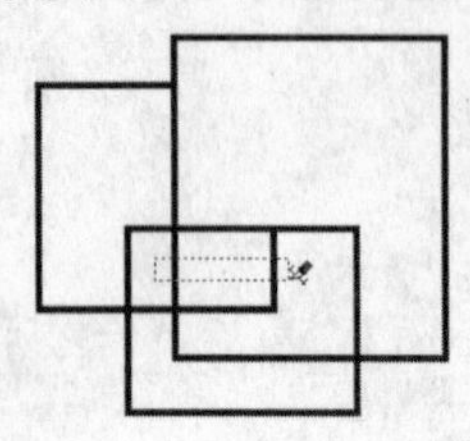

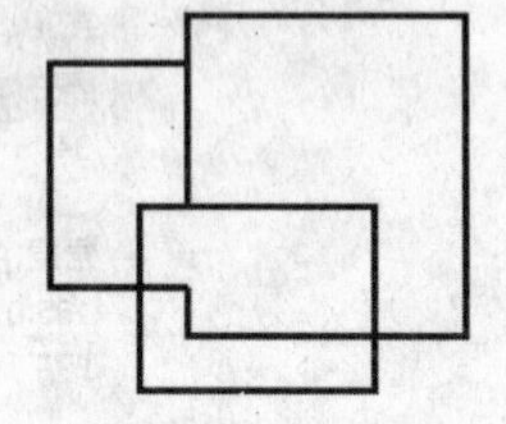

图 3-163　删除多条虚拟段

3.8 上机实践

利用前面所学的绘图知识以及编辑曲线形状的方法，绘制如图 3-164 所示的卡通造型。

图 3-164　卡通造型效果

3.9 巩固与提高

在学习完编辑对象形状和设置轮廓属性的方法后，希望读者通过完成下面的习题，巩固本章学习到的知识。

1．单项选择题

（1）拖动节点一端的控制手柄时，另一端的控制手柄也会始终保持相同的方向和长度，这种节点被称为（　）。

A．平滑节点　　B．尖突节点
C．对称节点　　D．拐角节点

（2）打开“轮廓笔”对话框的组合键是（　）。

A．F10　　B．F11
C．F12　　D．F13

（3）可以将两个或多个对象之间重叠的部分减去的命令是（　　）。

A．修剪　　B．前减后

C．后减前　　D．简化

2．多选题

（1）使用形状工具在曲线上添加节点的操作方法有（　　）。

A．在曲线上双击鼠标左键

B．在曲线上单击鼠标左键，然后单击属性栏中的“添加节点”按钮

C．在曲线上单击鼠标右键，从弹出的快捷菜单中选择“添加”命令

D．在曲线上单击鼠标左键，然后按下小键盘中的+键

（2）设置轮廓颜色的途径有（　　）。

A．使用调色板

B．使用“颜色”泊坞窗

C．使用“轮廓笔”对话框

D．使用“轮廓颜色”对话框

3．判断题

（1）尖突节点两端的控制手柄是互为关联的，当拖动其中一个控制手柄时，另一个控制手柄也会按同样的方向保持移动，因此平滑节点连接的曲线可以产生平滑过渡。（　　）

（2）在焊接对象时，根据选择对象的不同、方式不同，焊接后得到的新对象中具有的填充和轮廓属性也会不同。（　　）

（3）默认状态下缩放对象时，对象的轮廓宽度始终保持不变。要在缩放对象时使轮廓同对象一起同比例缩放，可在“轮廓笔”对话框中选中“按图像比例显示”复选框。（　　）

读书笔记

Study

第4章

对象的操作与管理

在 CorelDRAW X4 中编辑对象时，大部分操作都只对选定的对象起作用。因此，要编辑和处理对象，首先就要选择对象。在绘制较复杂的图形时，由于图形通常是由多个不同形状和颜色的对象组成，因此在绘制过程中就需要有序地管理对象，会用到复制、变换、群组、锁定、对齐或分布对象等命令。

学习指南

- 选择对象
- 复制对象
- 变换对象
- 自由变换对象
- 控制对象

精彩实例效果展示 ▲

4.1 选择对象

在绘图过程中，用户可以选择单一的对象，或同时选择多个对象来对它们进行相同的编辑操作。下面介绍选择单一对象、多个对象和全部对象的操作方法。

4.1.1 选择单一对象

选择“挑选工具”，在需要选择的对象上单击鼠标左键，当对象四周出现黑色的实心控制点时，表示该对象已经被选中。如果被选择的对象是由多个对象群组而成，那么该对象中所有被群组的对象都将被选中，如图 4-1 所示。

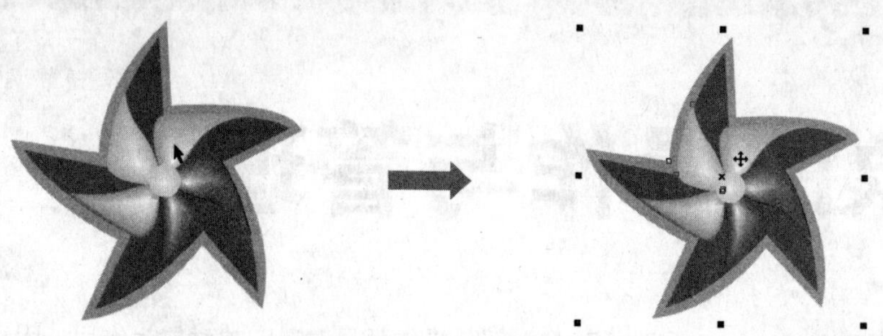

图 4-1 选择单一对象

小提示

连续按下空格键，可以在当前所使用的工具与挑选工具之间进行切换。但是如果当前正处于文字输入状态，那么按下空格键，就只会在文字输入光标处键入一个空格。

4.1.2 选择多个对象

在编辑对象时，如果要为多个对象同时应用相同的处理效果时，就可以将这些对象同时选取后再进行下一步的操作，以节省执行重复操作的时间。

1 单击“挑选工具”按钮，在需要选取的其中一个对象上单击，将其选择，如图 4-2 所示。

2 按住 Shift 键，分别使用挑选工具单击其他需要选取的对象，即可将它们同时选取，如图 4-3 所示。

图 4-2 选择其中一个对象　　图 4-3 选择其他的对象

3 如果需要选择的对象较多，可以采用框选的方法选择对象。使用挑选工具在对象以外的空白区域按下鼠标左键，然后拖动鼠标，如图 4-4 所示，当出现的选取框完全选择了所有对象时，释放鼠标左键，则位于选择框内的所有对象都将被选取，如图 4-5 所示。

图 4-4　拖动鼠标

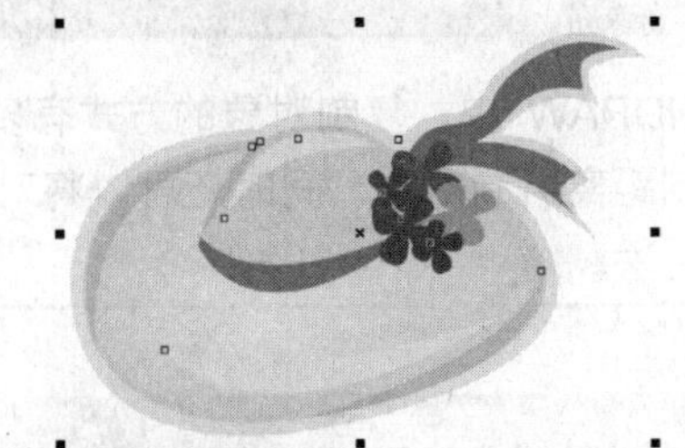

图 4-5　框选多个对象

小提示

在选取对象的过程中，如果选择了多余的对象，则可以按住 Shift 键再次单击多选的对象，即可取消对该对象的选取。

4.1.3　全选对象

要选择当前绘图窗口中的所有对象，可在挑选工具按钮上双击鼠标左键即可。用户还可以通过执行“编辑”→“全选”中的子菜单命令，指定所要选择的内容，如图 4-6 所示。

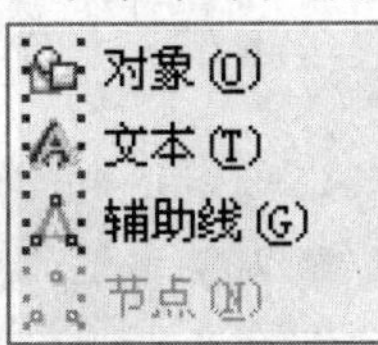

图 4-6　“全选”命令

- 选择“对象”命令，可选择绘图窗口中的所有对象。
- 选择“文本”命令，可选择绘图窗口中的所有文本对象，如图 4-7 所示。
- 选择“辅助线”命令，可选择绘图窗口中的所有辅助线，选中的辅助线呈红色显示，如图 4-8 所示。
- 在选择一个曲线对象后，选择“节点”命令，则选定对象中的所有节点都将被选中，如图 4-9 所示。

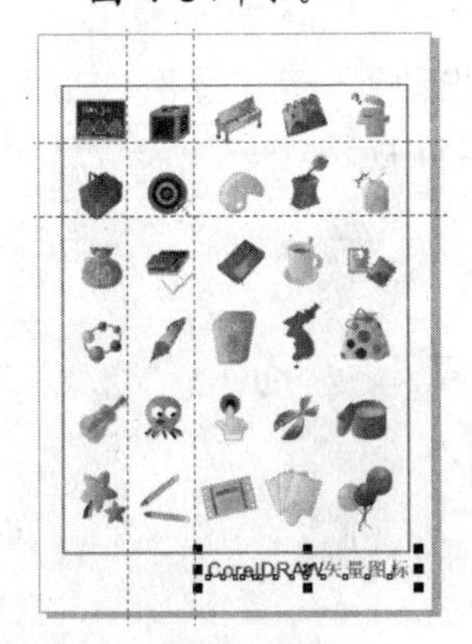

图 4-7　全选文本

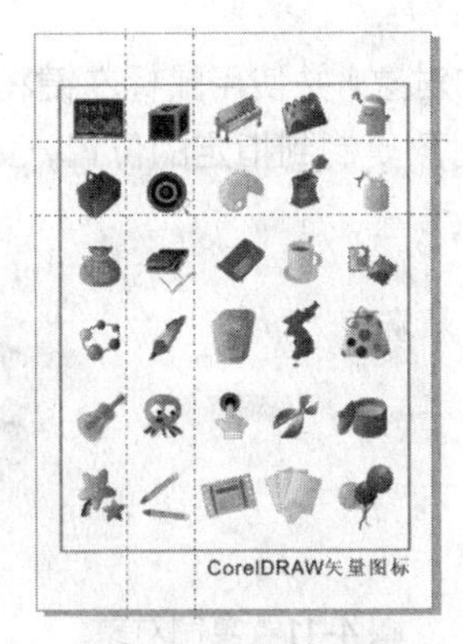

图 4-8　全选辅助线

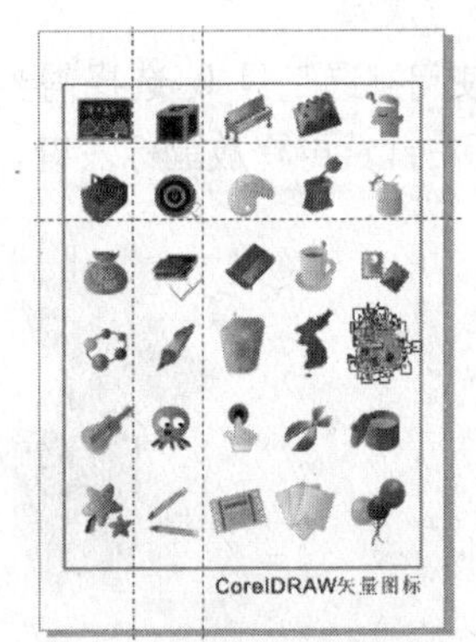

图 4-9　选择对象中的所有节点

4.2 复制对象

在 CorelDRAW 中，复制对象的方式有多种，用户可以按基本方法复制对象，也可以按指定的再制距离再制对象，同时还可以将对象属性复制到另一个对象上，下面介绍复制对象的各种方法。

4.2.1 对象的基本复制

要从选定的对象上复制出一个具有相同外观的对象，可通过以下的操作方法完成。

- 选择需要复制的对象，执行“编辑”→“复制”命令或按下 Ctrl+C 组合键，再执行“编辑”→“粘贴”命令或按下 Ctrl+V 组合键。
- 单击标准工具栏中的“复制”按钮，再单击“粘贴”按钮。
- 在选定的对象上单击鼠标右键，从弹出的快捷菜单中选择“复制”命令。
- 按下小键盘中+键。

使用以上方法复制的对象，都会与原对象重叠。用户还可以将对象复制到指定的位置，其操作方法是，使用挑选工具选择对象后，将该对象拖动到指定的位置，然后按下鼠标右键，当光标变为状态时，释放鼠标左键即可，如图 4-10 所示。

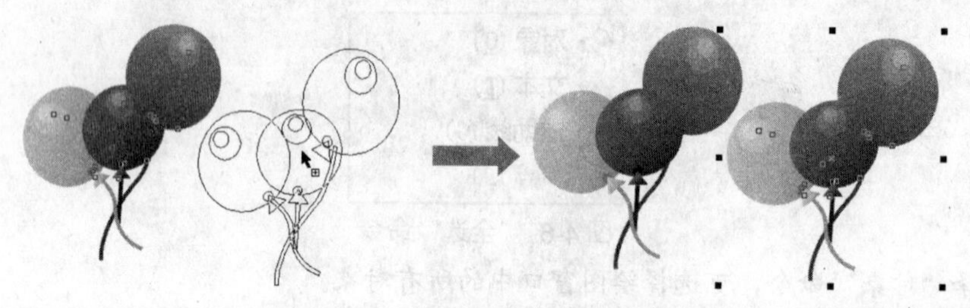

图 4-10　复制对象到指定的位置

4.2.2 再制对象

通过再制功能，可以按指定的再制距离将选定的对象复制为一个或多个对象，再制对象的操作方法如下。

1 使用挑选工具选择需要再制的对象，并使用鼠标左键将对象拖动到一定的距离，然后按下鼠标右键，再释放鼠标左键，将该对象复制到指定的位置，如图 4-11 所示。

图 4-11　复制对象

2 执行“编辑”→“再制”命令或重复按下 Ctrl+D 组合键，即可按指定的再制距离再制多个对象，如图 4-12 所示。

图 4-12 再制对象

使用再制对象功能，可以制作出由相同图案组合排列而成的底纹效果。在进行平面设计时，还可以通过再制曲线对象，制作出轻盈、飘渺的线条底纹，如图 4-13 所示。

图 4-13 制作的线条底纹

4.2.3 复制对象属性

在 CorelDRAW 中，还可以将指定对象中的填充和轮廓属性复制到选定的对象上。如果当前选定的对象为文本对象，而当前绘图窗口中还存在有另一个文本对象时，就可以将另一个文本对象中的属性复制到选定的文本对象上。

复制对象属性的操作方法如下。

1 使用挑选工具选择需要设置属性的对象，如图 4-14 所示。

2 执行“编辑”→“复制属性”命令，在打开的“复制属性”对话框中，选中需要复制的属性内容，如图 4-15 所示，然后单击“确定”按钮。

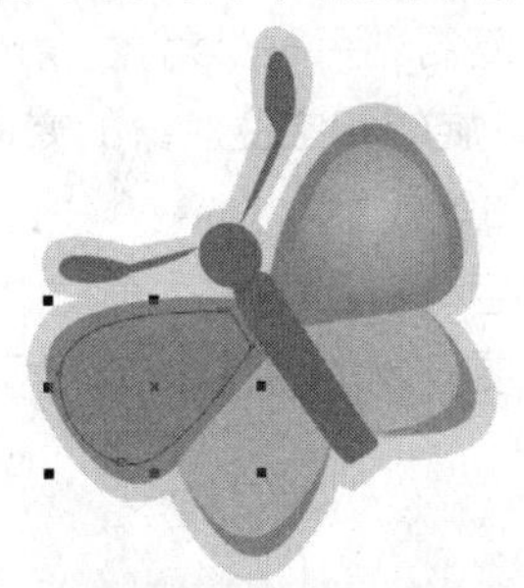

图 4-14 选中需要复制属性的对象

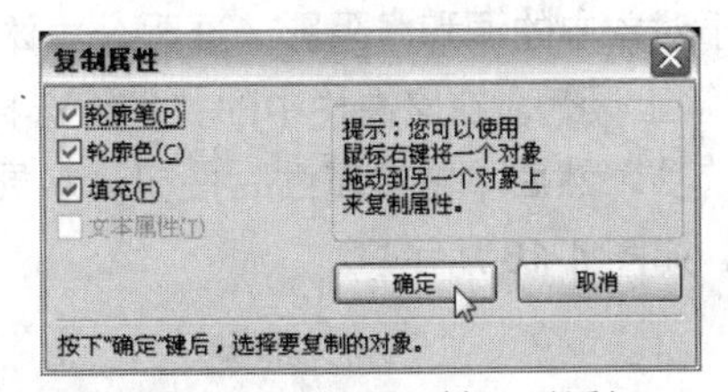

图 4-15 “复制属性”对话框

在“复制属性”对话框中选中“轮廓笔”复选框，可以使选定的对象具有与指定对象相同的轮廓笔属性，包括轮廓的宽度和样式等；选中“轮廓色”复选框，可以使选定的对象具有与指定对象相同的轮廓颜色；选中“填充”复选框，可以使选定的对象具有与指定对象相同的填充色；选中“文本属性”复选框，使选定的文本对象具有与指定对象相同的文本属性，包括文本大小和字体等。

3 当光标变为➡状态后，单击用于复制属性的对象，即可将该对象中指定的属性复制到选定的对象上，如图 4-16 所示。

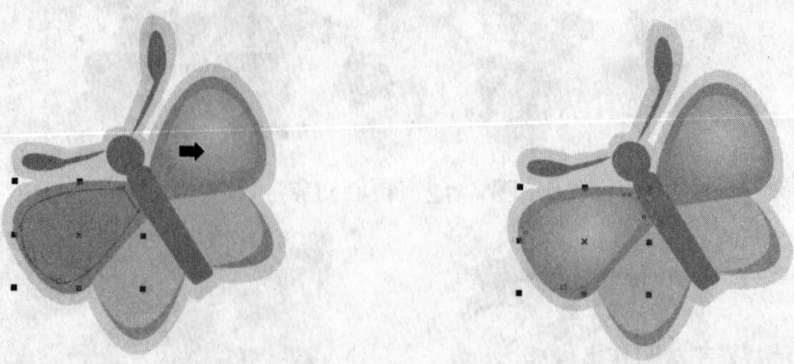

图 4-16　复制指定对象中的属性

使用鼠标右键将源对象拖动到目标对象上，释放鼠标后，在弹出的快捷菜单中选择“复制填充”、“复制轮廓”或“复制所有属性”命令，即可将源对象中的填充、轮廓或所有属性复制到目标对象上，如图 4-17 所示。

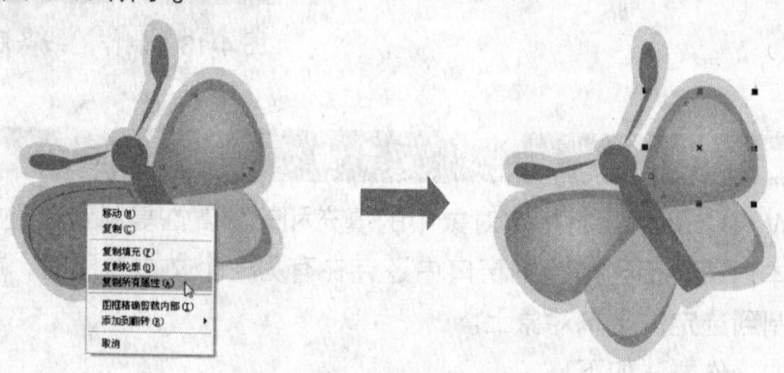

图 4-17　复制对象属性

4.2.4　使用滴管和颜料桶工具

结合滴管工具和颜料桶工具，可以将属性从一个对象复制到另一个对象。用户可以复制对象中的轮廓、填充和文本属性，还可以复制调整对象大小、旋转和定位对象的变换等操作，以及应用于对象中的调和、阴影、透明、立体化、封套和轮廓图等效果。

1 选择滴管工具，在属性栏中的“是否选择对对象属性或颜色取样”下拉列表框中选择“对象属性”选项，然后单击“属性”按钮，从展开列表中选择需要复制的属性内容，再单击“确定”按钮，如图 4-18 所示。

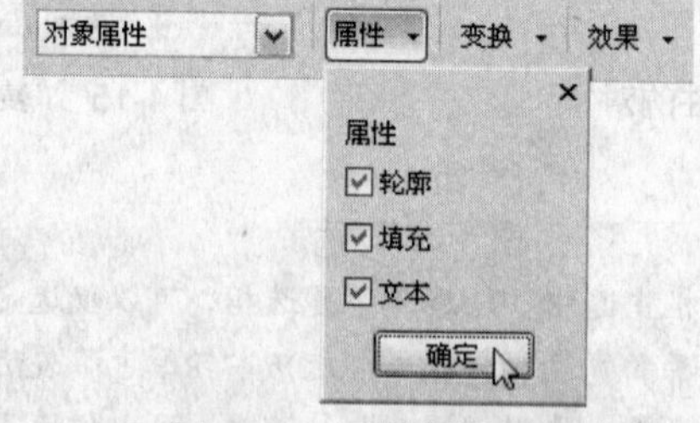

图 4-18　属性栏设置

2 使用滴管工具单击要复制其属性的对象，如图 4-19 所示。

3 选择颜料桶工具，然后单击要对其应用复制属性的对象，即可将复制的属性应用到该对象上，如图 4-20 所示。

图 4-19　单击要复制其属性的对象

图 4-20　应用其属性后的对象

4 选择挑选工具，在对象上单击两次，在出现旋转手柄时，拖动四角处的旋转手柄将对象旋转一定的角度，如图 4-21 所示。

5 选择滴管工具，单击属性栏中的“变换”按钮，从展开列表中选中“旋转”复选框，然后单击“确定”按钮，如图 4-22 所示。

图 4-21　拖动旋转手柄

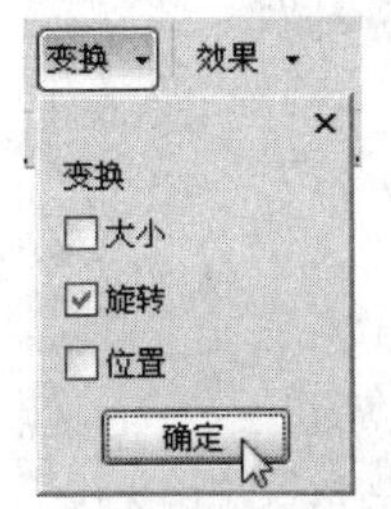

图 4-22　启动“旋转“选项

6 使用滴管工具单击要复制其变换的对象，如图 4-23 所示。

7 将工具切换至颜料桶工具，然后单击要对其应用变换的对象，即可将复制的属性和变换应用到该对象上，如图 4-24 所示。

图 4-23　单击要复制其变换的对象

图 4-24　应用变换后的效果

在选择滴管工具属性栏中的“对象属性”选项后，分别单击属性栏中的“变换”和“效果”按钮，弹出的列表如图 4-25 所示，即在复制对象属性时，会复制启用的选项。

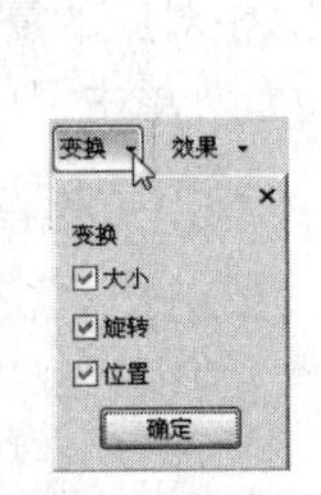

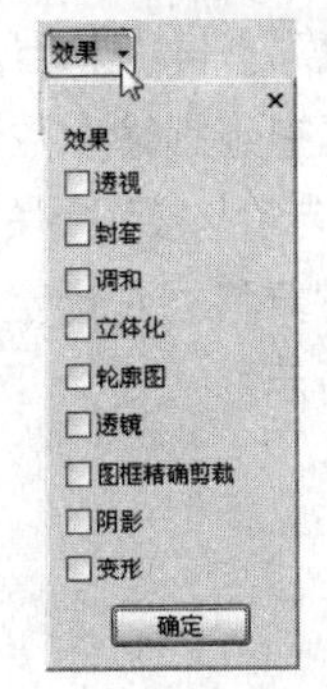

图 4-25　“变换”和“效果”展开工具栏

4.3 变换对象

在绘图或进行各项设计工作时，常要调整对象的位置、大小和角度，以及对选定对象进行比例缩放、镜像或倾斜等操作，从而得到满意的画面效果。

要变换对象，可以使用挑选工具来完成，用户也可以执行“排列”→“变换”命令，弹出如图 4-26 所示的下一级子菜单，在其中选择所需的变换命令，然后在开启的“变换”泊坞窗中精确地变换对象，如图 4-27 所示。

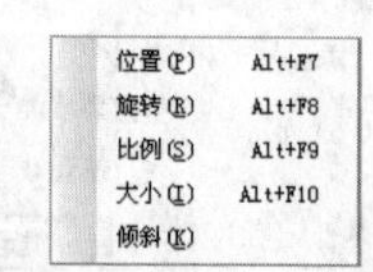

图 4-26 选择命令

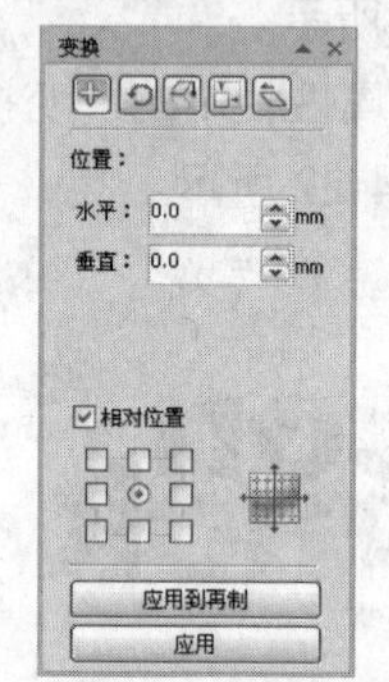

图 4-27 “变换”泊坞窗

4.3.1 移动对象

移动对象的操作方法如下。

1 使用“挑选工具”选择需要移动的对象，在对象上按下鼠标左键，然后将对象拖动到指定的位置，即可移动该对象的位置，如图 4-28 所示。

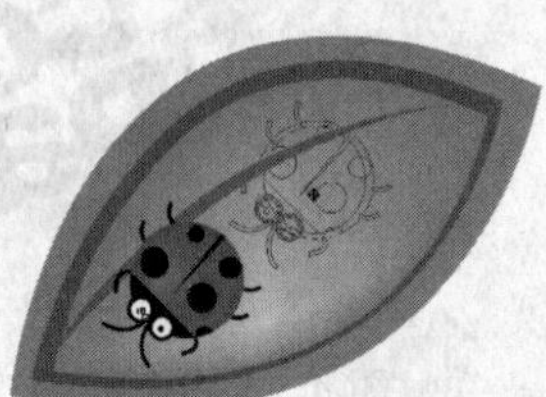

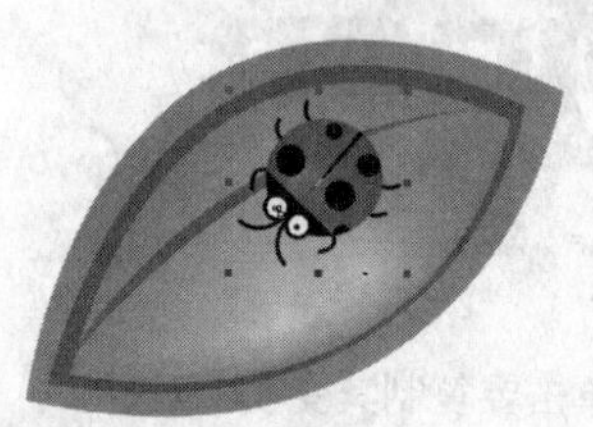

图 4-28 手动移动对象的位置

2 要精确移动对象的位置，可以通过“变换”泊坞窗完成。选择需要移动的对象，如图 4-29 所示，然后执行“排列”→“变换”→“位置”命令，打开“变换”泊坞窗。

3 在“水平”和“垂直”数值框中分别输入数值，指定对象在水平轴和垂直轴上的位置值，并选中“相对位置”复选框，然后选中与要设置的锚点相对应的复选框，然后单击“应用”按钮，如图 4-30 所示，即可将选定的对象移动到指定的位置。单击“应用到再制”按钮，可以将对象复制到指定的位置，如图 4-31 所示。

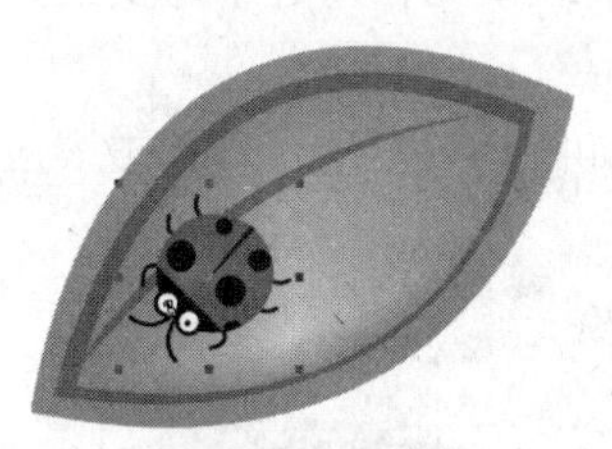

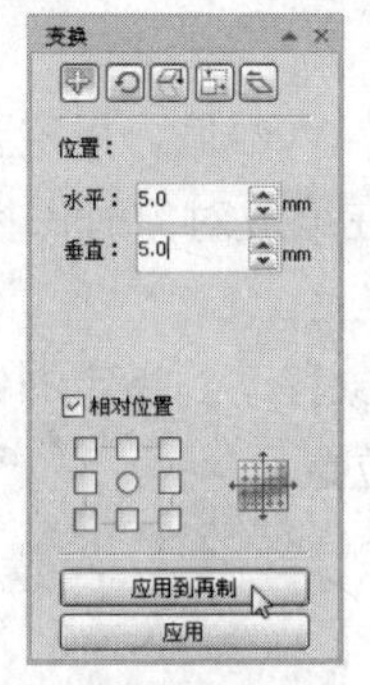

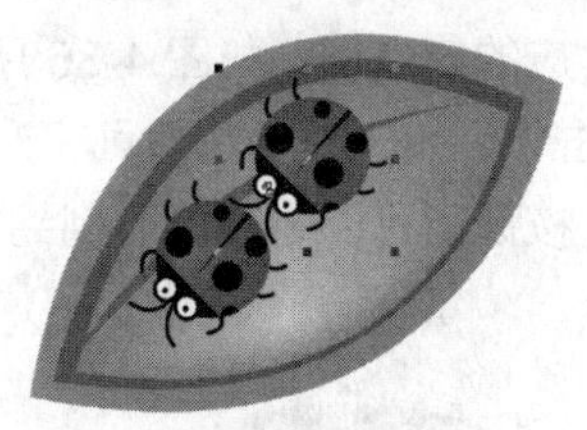

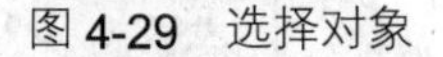

图 4-29　选择对象　　图 4-30 设置数值　　图 4-31　精确移动对象

- 选中“相对位置”复选框，在移动对象的位置时，将以原对象的锚点作为相对的坐标原点，并将对象沿对应的方向移动到相对于原位置指定距离的新位置上。
- 当选中“相对位置”复选框时，“水平”和“垂直”数值框将显示为 0，0，这时在“水平”和“垂直”框中指定的不同位置，表示对象当前位置相对于中心锚点所产生的距离变化。

小提示

在移动对象时，用户还可以按下键盘上的方向键来微调对象。按住 Ctrl 键的同时按下键盘上的方向键，可以按照微调的一小部分距离移动对象；按住 Shift 键的同时按下键盘上的方向键，可以按照微调距离的倍数来移动选定的对象。

4.3.2　调整对象的大小

调整对象大小的操作方法如下。

1 使用挑选工具选择对象，然后将光标移动到对象四周出现的控制点上，即可缩放对象的大小。拖动对象四角处的控制点，可以等比例缩放对象，如图 4-32 所示；拖动水平方向上居中的控制点，可以单独缩放对象的宽度，如图 4-33 所示；拖动垂直方向上居中的控制点，可以单独缩放对象的高度，如图 4-34 所示。

图 4-32　按比例调整

图 4-33　单独调整对象的宽度

图 4-34　单独调整对象的高度

小提示

使用挑选工具选择对象后，按住 Shift 键拖动该对象四角处的控制点，可以从对象中心等比例缩放对象。按住 Ctrl 键拖动四角处的控制点，可以将选定对象调整为原始大小的几倍。按住 Alt 键拖动四角处的控制点，可以按任意纵横比缩放对象。

2 在选择对象后，如图 4-35 所示，单击“变换”泊坞窗中的“大小”按钮，将“变换”泊坞

窗切换到“大小”参数设置。

3 在“水平”和“垂直”数值框中分别输入数值，指定要将对象水平和垂直缩放的百分比，然后取消选中“不按比例”复选框，以便在缩放对象时保持对象的纵横比，再选中与要设置的锚点相对应的复选框，如图 4-36 所示。

4 单击“应用”按钮，即可将选定的对象移动到指定的位置，如图 4-37 所示。单击“应用到再制”按钮，可以将对象复制到指定的位置。

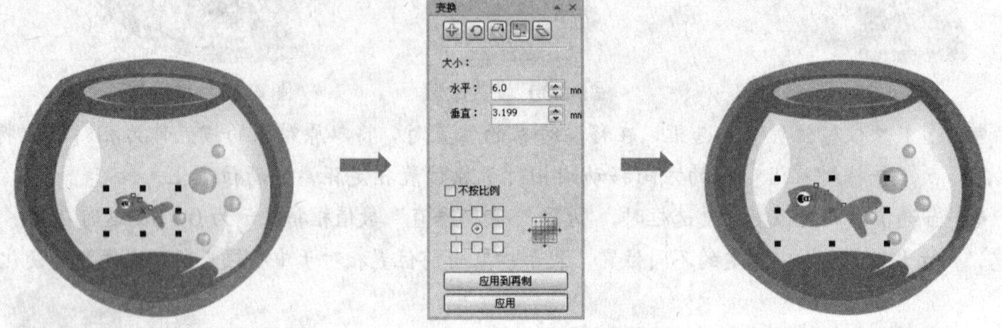

图 4-35 选择的对象　　图 4-36 “大小”选项的设置　　图 4-37 放大后的对象

选择对象后，在属性栏中的“对象大小”数值框中输入数值，然后按下 Enter 键，也可以精确地缩放对象，如图 4-38 所示。

x: 108.73 mm	↔ 17.37 mm	100.0 %
y: 154.955 mm	↕ 15.466 mm	100.0 %

图 4-38 “对象大小”选项

4.3.3 旋转对象

在 CorelDRAW 中，可以通过指定水平坐标值和垂直坐标值精确地旋转对象，也可以重新指定旋转中心的位置，以得到所需的旋转效果。旋转对象的操作方法如下。

1 使用挑选工具在对象上单击两次，当对象四周出现旋转控制点时，按顺时针或逆时针方向拖动对象四角处的旋转控制点，即可任意旋转对象，如图 4-39 所示。

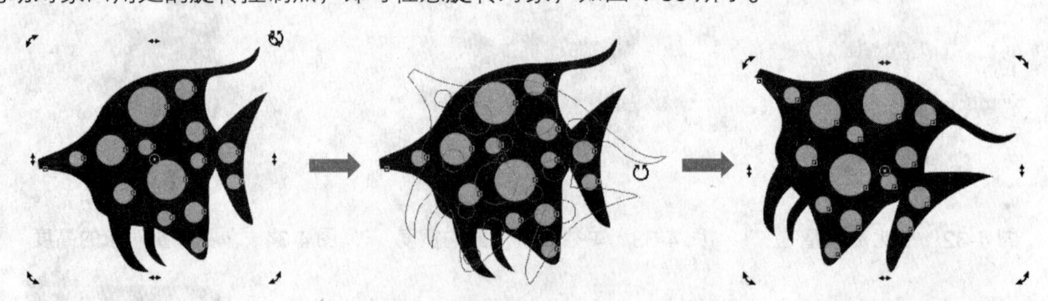

图 4-39 旋转对象

小提示

默认状态下，旋转中心位于对象的中心点位置，通过改变旋转中心⊙的位置，可以使对象围绕新的旋转基点进行旋转。

2 将光标移动到旋转中心上，按下鼠标左键将其拖动到新的位置，然后拖动对象四角处的旋转控制点，得到如图 4-40 所示的旋转效果。

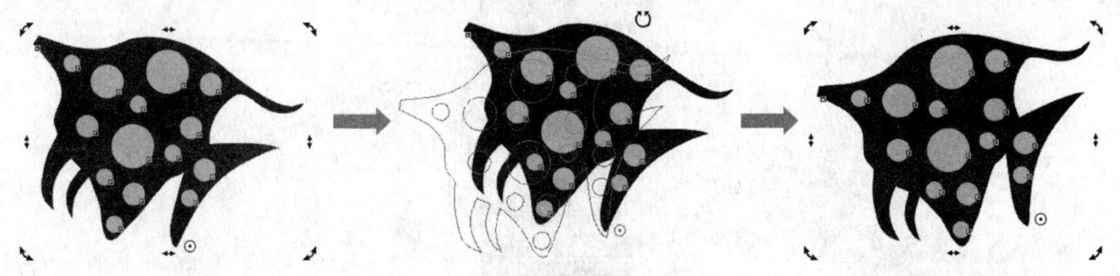

图 4-40　沿指定的旋转中心旋转对象

3 单击“变换”泊坞窗中的“旋转”按钮，将“变换”泊坞窗切换到“旋转”选项设置，在其中可以精确设置对象的旋转参数。

4 在“角度”数值框中设置旋转对象的角度值，并在“水平”和“垂直”数值框中指定对象在水平和垂直轴上的位置，以设置旋转中心的位置，如图 4-41 所示。

小提示

选中“相对中心”复选框，并单击该复选框下面区域中的“中心”选项，可以将对象的相对中心设置为其原始位置。

5 连续单击“应用到再制”按钮，可以将选定的对象按指定的旋转角度和旋转中心旋转并复制对象，如图 4-42 所示。

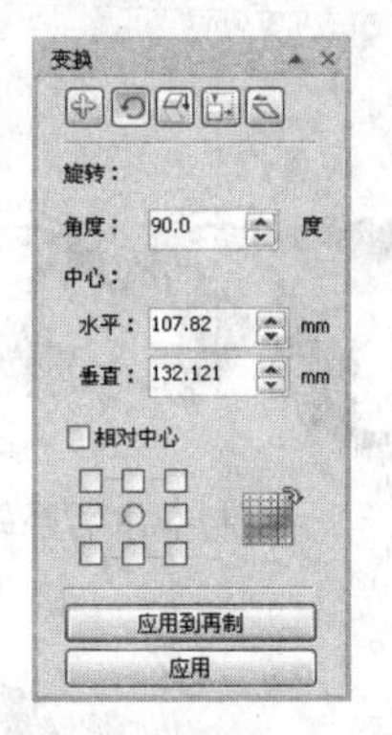

图 4-41　设置旋转选项参数

图 4-42　旋转并复制对象后的效果

小提示

在选择对象后，还可以通过属性栏中的“旋转角度”数值框 0.0 °来精确地旋转对象，在“旋转角度”数值框中输入角度值，然后按下 Enter 键即可。

4.3.4　比例缩放和镜像对象

“比例缩放”用于将对象按指定的比例缩放，“镜像对象”用于将对象在水平或垂直方向上翻转。比例缩放和镜像对象的操作方法如下。

1 选取需要变换的对象，然后单击“变换”泊坞窗中的“缩放和镜像”按钮，此时“变换”泊坞窗的设置如图 4-43 所示。

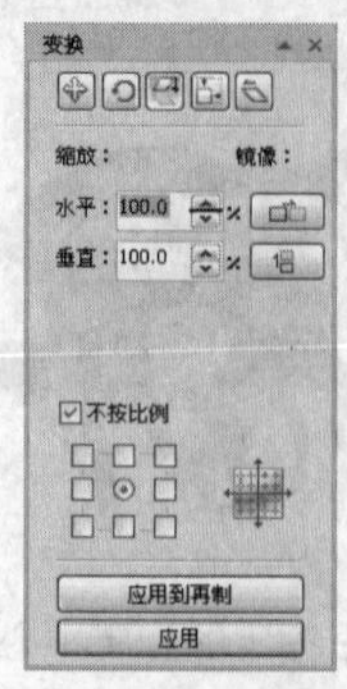

图 4-43 “缩放和镜像”窗口

2 要使对象按比例缩放，需要取消选择“不成比例”复选框，然后在“水平”和“垂直”数值框中输入缩放的比例，再单击“应用”按钮即可。要同时缩放和复制对象，可在完成设置后单击“应用到再制”按钮。

3 用户还可以在缩放对象时将对象镜像。在“变换”泊坞窗中设置好缩放比例，然后单击按钮，可以在缩放对象时将其水平镜像；单击按钮，可在缩放对象时将其垂直镜像，如图 4-44 所示。

4 选中与要设置的锚点相对应的复选框，如图 4-45 所示，然后单击“应用到再制”按钮，可以在指定的锚点上复制并翻转对象。

选择的对象

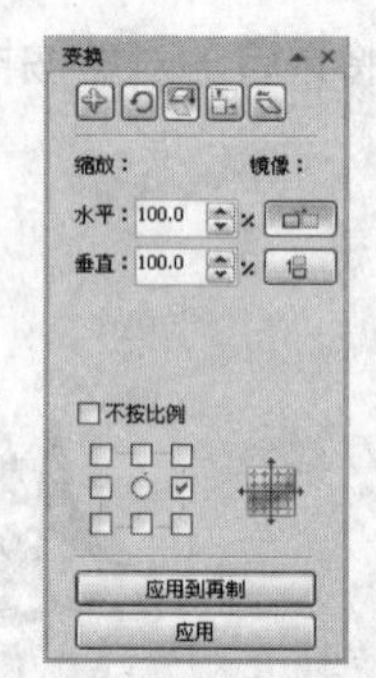

设置水平翻转参数

复制并水平翻转对象

图 4-44 水平翻转对象

选择的对象

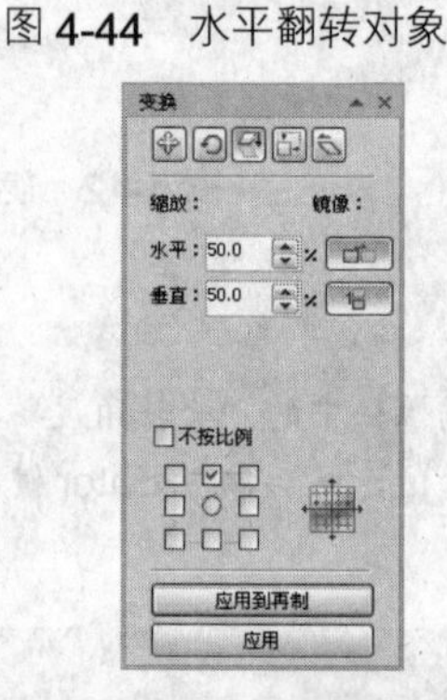

设置比例和镜像选项

复制并垂直翻转对象

图 4-45 垂直翻转对象

用户还可以使用“挑选工具”来镜像对象。选择需要变换的对象，将光标移动到水平方向上居中的控制点上，然后按下鼠标左键向另一边拖动鼠标，释放鼠标后即可将对象水平镜像。将光标移动到垂直方向上居中的控制点上，然后按下鼠标左键向另一边拖动鼠标，释放鼠标后即可将对象垂直镜像。

在手动镜像对象时按住 Ctrl 键，可以在保持原对象大小不变的情况下镜像对象，如图 4-46 所示。在镜像对象操作完成之前按下鼠标右键，可以将对象复制并镜像，如图 4-47 所示。

选择对象后，单击属性栏中的水平镜像按钮，可以将对象水平镜像；单击垂直镜像按钮，可以将对象垂直镜像。

图 4-46 保持原对象大小镜像对象

图 4-47 复制并镜像对象

4.3.5 倾斜对象

在 CorelDRAW 中倾斜对象时，可以设置倾斜对象的角度，同时还可以从对象的默认中心位置改变其倾斜角度并调整锚点大小。倾斜对象的操作方法如下。

1 在需要倾斜的对象上单击鼠标左键两次，在出现的控制点中，按下鼠标左键拖动对象四周居中的控制点，即可将对象按对应的角度倾斜，如图 4-48 所示。

图 4-48 手动倾斜对象

2 要精确地倾斜对象，还可以通过“变换”泊坞窗来完成。单击“变换”泊坞窗中的“倾斜”按钮，切换到“倾斜”选项设置。

3 在“水平”和“垂直”数值框中输入数值，指定对象在水平和垂直方向上倾斜对象的度数。如果要改变对象的锚点，可选中“使用锚点”复选框，然后启用与要设置的锚点相对应的复选框，如图 4-49 所示。

4 完成设置后，单击“应用”或“应用到再制”按钮即可，如图 4-50 所示。

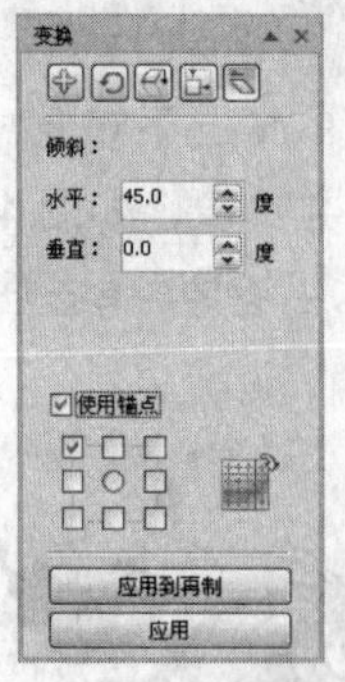

图 4-49　输入数值

图 4-50　指定角度倾斜并复制对象

4.4 自由变换对象

除了使用挑选工具手动变换对象，或使用“变换”泊坞窗精确地变换对象外，还可以使用自由变换工具来变换对象。自由变换工具可以将对象自由旋转、自由角度镜像、自由调节和自由扭曲，下面介绍使用此工具的方法。

在“形状工具”展开工具栏中选择“自由变换工具”按钮，其属性栏设置如图 4-51 所示。

图 4-51　自由变换工具的属性栏设置

- 单击“自由旋转工具”按钮，可以按自由角度旋转对象。
- 单击“自由角度镜像工具”按钮，可以按自由角度镜像对象。
- 单击“自由调节工具”按钮，可以将对象任意缩放。
- 单击“自由扭曲工具”按钮，可以将对象自由扭曲。
- 在“旋转角度”数值框 50.0 中，可以设置旋转对象的角度。
- 在“旋转中心的位置”数值框 -96.977 mm 129.758 mm 中，可以设置旋转中心的位置。
- 在“倾斜角度”数值框 0.0 0.0 中，可以设置对象在水平和垂直方向倾斜的角度。
- 单击“应用到再制”按钮，在自由变换对象时可以再制对象。
- 单击“相对于对象”按钮，然后在“对象位置”数值框 x: 145.463 mm y: 139.727 mm 中输入数值并按下 Enter 键，可以指定将对象移动的位置。

4.4.1 自由旋转工具

使用自由旋转工具旋转对象的操作步骤如下。

1 选择需要变换的对象，然后选择自由变换工具，并在属性栏中单击“自由旋转工具”按钮。

2 在选定的对象上按住鼠标左键并拖动，此时可预览对象旋转的效果，释放鼠标左键，即可将对象旋转到指定的位置和角度，如图 4-52 所示。

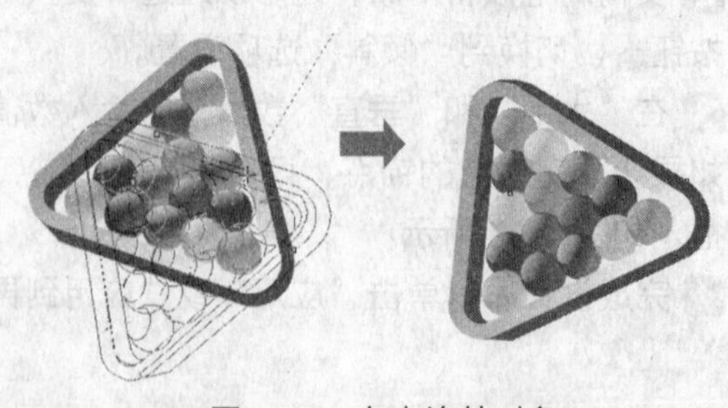

图 4-52　自由旋转对象

4.4.2　自由角度镜像工具

使用自由角度镜像工具镜像对象的操作步骤如下。

1 使用挑选工具选择对象，然后将工具切换到自由变换工具，并单击属性栏中的“自由角度镜像工具”按钮。

2 在选定的对象上按住鼠标左键并拖移，随即出现的移动轴的倾斜度可以决定对象的镜像方向，确定后释放鼠标左键，即可完成自由角度镜像的操作，如图 4-53 所示。

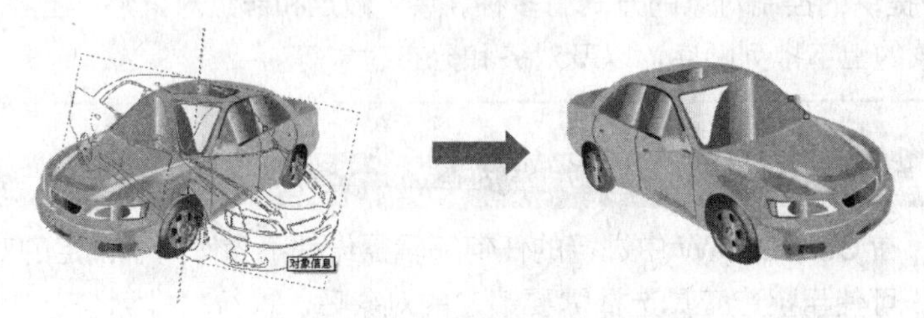

图 4-53　自由角度镜像对象

4.4.3　自由调节工具

使用自由调节工具的操作步骤如下。

1 选择需要变换的对象，然后选择自由变换工具，并单击属性栏中的“自由调节工具”按钮。

2 在对象上按下鼠标左键并拖动，此时用户可以预览对象调节的效果，确定效果后释放鼠标左键，即可完成调节操作，如图 4-54 所示。

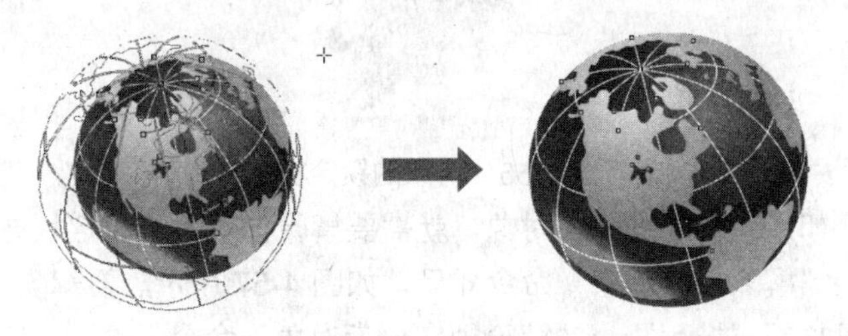

图 4-54　自由调节对象

4.4.4　自由扭曲工具

选择需要变换的对象，将工具切换到自由变换工具，并单击属性栏中的“自由扭曲工具”按钮，然后在选定的对象上按下鼠标左键并拖动，确定扭曲效果后释放鼠标左键，即可完成扭曲操作，如图 4-55 所示。

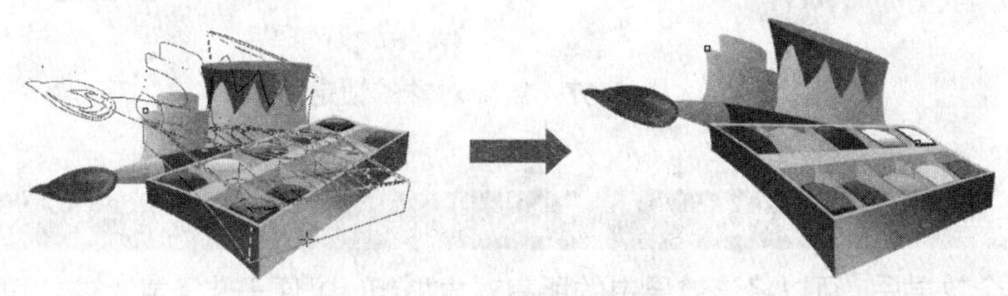

图 4-55　自由扭曲对象

4.5 控制对象

在编辑或绘制较复杂的效果时，需要对组成该效果的各个对象进行控制和管理操作。例如，可以将不需要再编辑的对象锁定，以防止对其误操作，也便于选择其他的对象。也可以将绘制好的一个效果中的所有对象群组，以方便对其选择或同时应用相同的效果。CorelDRAW 中提供的控制对象的方式有多种，除了锁定和群组对象外，还可以结合和打散对象、调整对象的上下排列顺序，以及对齐和分布对象等。

4.5.1 锁定与解锁对象

锁定对象后，在 CorelDRAW 中进行的任何编辑操作都不会作用于锁定的对象。

要锁定对象，可使用挑选工具选择需要锁定的对象后，执行“排列”→“锁定对象”命令即可。对象被锁定后，对象四周的控制点将变为 🔒 状态，如图 4-56 所示。

图 4-56 对象的锁定状态

在锁定对象后，如果要继续编辑该对象，就需要解除该对象的锁定状态。选择锁定的对象，然后执行“排列”→“解除锁定对象”命令即可，如图 4-57 所示。要解除当前绘图窗口中所有对象的锁定状态，可执行“排列”→“解除锁定全部对象”命令。

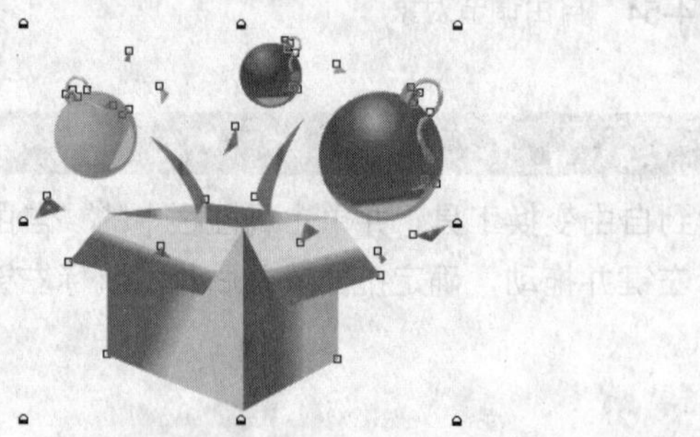

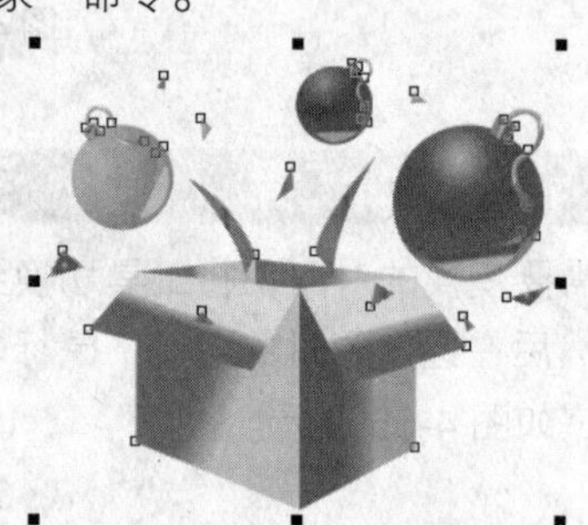

图 4-57 解除对象的锁定

4.5.2 群组与取消群组对象

在绘制完一个效果后，可以将该效果中的所有对象群组，以便于选择或对该效果进行统一编辑。

群组对象的操作方法是，选择需要群组的所有对象，执行“排列”→“群组”命令，或按下 Ctrl+G 组合键，也可以单击属性栏中的“群组”按钮，即可将选定的对象群组。群组对象后，将隐藏各个组成对象中显示的节点，如图 4-58 所示。

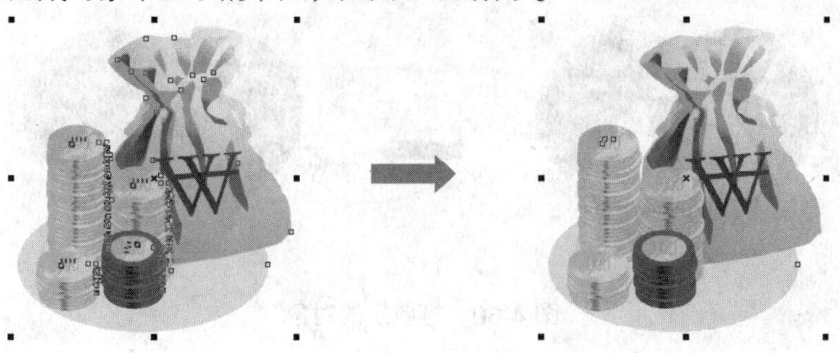

图 4-58　群组对象

小提示

用户还可以创建嵌套群组，嵌套群组就是将两个或两个以上的群组对象再次群组。创建嵌套群组的操作方法与群组对象相同。如果需要群组的对象分别处在不同的图层，那么将这些对象群组后，它们将会调整到同一个图层中。

如果要单独编辑群组对象中的一个或多个对象，可以解散该对象的群组状态。选择需要解散群组的对象，然后执行“排列”→“取消群组”命令或按下 Ctrl+U 组合键，也可以单击属性栏中的“取消群组”按钮即可。

如果需要将嵌套群组中的所有对象都解散群组，那么执行“排列”→“取消全部群组”命令，或单击属性栏中的“取消全部群组”按钮即可。

4.5.3　结合与打散对象

“结合”命令在功能上不同于“群组”命令，“群组”命令是单纯地将多个对象群组在一起，它们的外观效果不会发生改变。而“结合”命令可以将多个对象结合为一个新的对象，在结合对象的同时，其外观效果也会发生变化。

同时选择需要结合的对象，然后执行“排列”→“结合”命令或按下 Ctrl+L 组合键，也可以单击属性栏中的“结合”按钮，即可将选定的对象结合在一起，效果如图 4-59 所示。

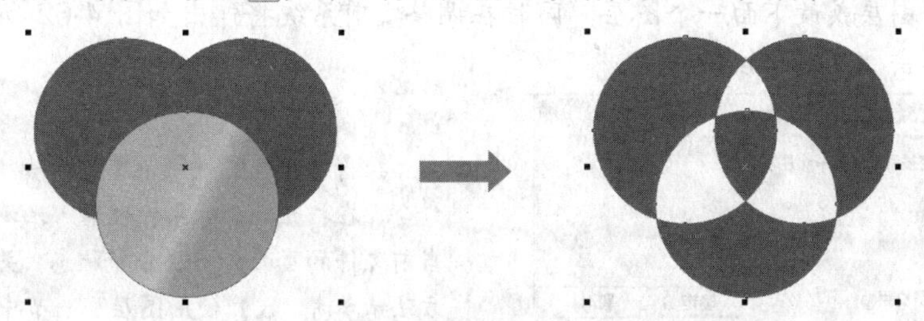

图 4-59　结合后的对象效果

使用“结合”命令结合后产生的新对象，其对象属性取决于选取对象的方式。在结合对象前，如果采用框选的方式选择需要结合的对象，那么结合后得到的新对象属性，会与选定对象中位于最下层的对象属性保持一致。如果采用加选的方式选择所要结合的对象，那么结合后得到的新对象属性，会与最后选择的一个对象的属性保持一致。

将对象结合后，还可以将其打散为结合前选定的对象，但是打散后的对象属性无法恢复到结合前的状态。选择结合后的对象，然后执行“排列”→“打散曲线”命令或按下 Ctrl+K 组合键，也可以单击属性栏中的“打散”按钮，即可将结合后的对象打散，如图 4-60 所示。

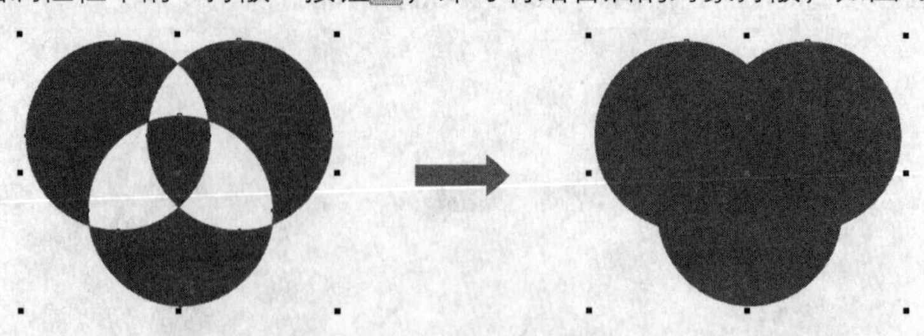

图 4-60　打散后的对象

4.5.4　调整对象的排列顺序

默认状态下，先绘制的对象会位于下层，后绘制的对象会位于上层。因此，对象的排列顺序会与绘制对象的先后顺序有关。在绘图创作时，通常都无法根据对象的排列顺序来决定绘图的先后顺序，因此，在绘图时就需要调整对象的上下排列顺序，以得到满意的效果。

选择需要调整排列顺序的对象，然后执行“排列”→“顺序”命令，在展开的下一级菜单中即可选择调整对象排列顺序的方式，如图 4-61 所示。

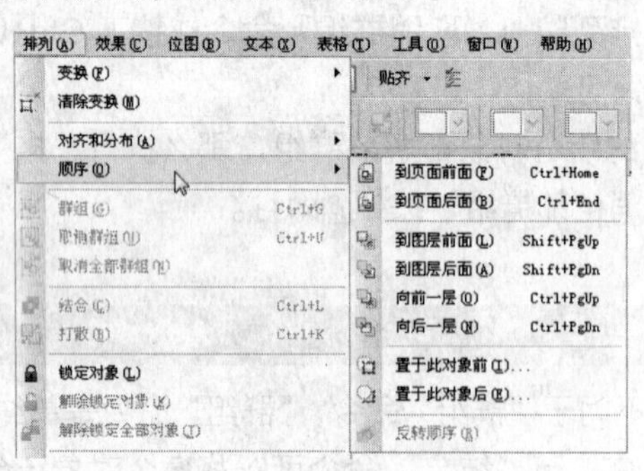

图 4-61　调整排列顺序的命令

- 如果在当前页面中存在有多个图层，那么选择“到页面前面”或“到页面后面”命令，也可以按下 Ctrl+Home 或 Ctrl+End 组合键，即可将选定对象调整到当前页面中的最上面一个图层或最下面一个图层，同时在调整之前系统将弹出如图 4-62 所示的提示对话框，单击“确定”按钮即可。

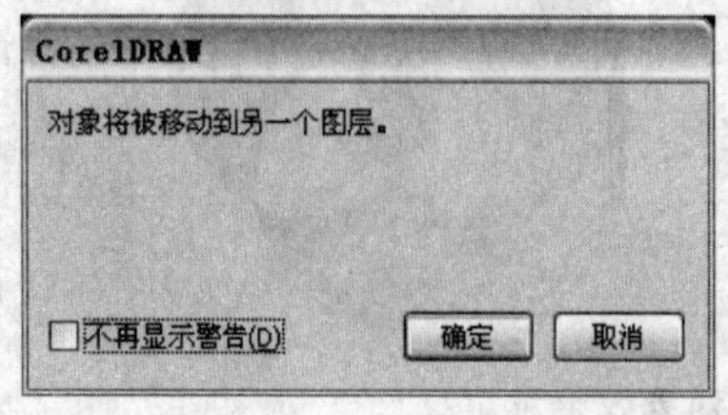

图 4-62　提示对话框

> **小提示**
>
> 执行“窗口”→“泊坞窗”→“对象管理器”命令，在打开的“对象管理器”泊坞窗中可以查看当前文件的页面和图层分布状态。关于图层的使用方法请参考“8.1 使用图层”一节中的详细介绍。

- 选择“到图层前面”或“到图层后面”命令，也可以按下 Shift+PageUp 或 Shift+PageDown 组合键，即可将选定的对象调整到当前图层中所有对象的最前面或最后面。
- 执行“向前一层”或“向后一层”命令，也可以按下 Ctrl+PageUp 或 Ctrl+PageDown 组合键，即可将选定的对象调整到当前图层的上一层或下一层。重复执行该命令，可快速调整对象在图层上的叠放次序。

- 执行“置于此对象前”或“置于此对象后”命令，当光标变为➡形状时单击绘图窗口中的另一个对象，可以将选定的对象置于指定对象的上一层或下一层，如图 4-63 所示。

图 4-63　调整到指定的对象后

- 选择“反转顺序”命令，可以将选定的对象按照相反的叠放顺序排列，如图 4-64 所示。

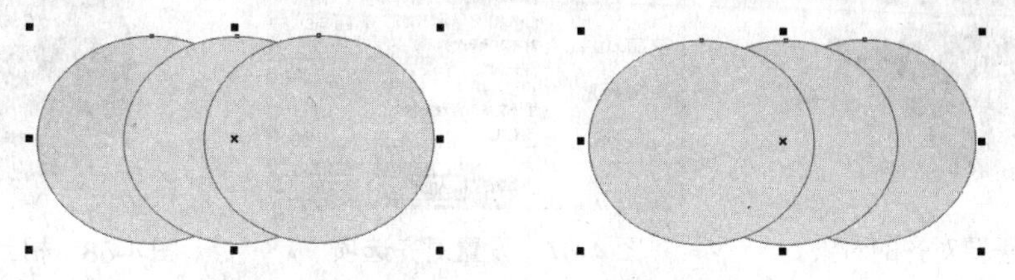

图 4-64　反转对象的排列顺序

4.5.5　对齐与分布对象

在 CorelDRAW X4 中，可以将选定的多个对象按指定的方式对齐或分布，以得到精准的排列效果。用户可以使对象互相对齐（如按对象的中心或边缘对齐），也可以使对象与绘图页面中的各个部分对齐（如中心、边缘或网格）。

1. 对齐对象

选择需要对齐的所有对象，然后选择“排列”→“对齐和分布”命令属性栏中的“对齐和分布”按钮，弹出如图 4-65 所示的“对齐与分布”对话框，对话框默认为“对齐”选项卡，在该选项卡中即可指定对象对齐的方式。

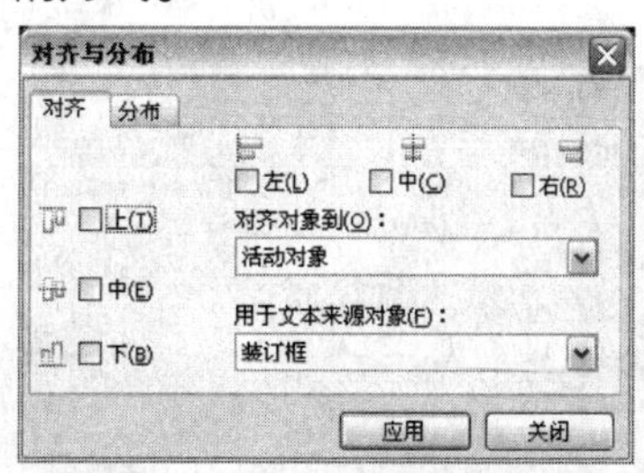

图 4-65　“对齐”选项设置

- 要使对象沿水平轴对齐，可选中水平方向上的“左”、“中”或“右”复选框，这样就可以按所选对象的左边、右边或中心位置使对象相互对齐。
- 要使对象沿垂直轴对齐，可选中垂直方向上的“上”、“中”或“下”复选框，这样就可以按所选对象的上边、下边或中心位置使对象相互对齐。
- 在“对齐对象到”下拉列表框中，可以选择与对象对齐的目标对象。如要使对象相互对齐，可选择“活动对象”选项。

- 在“用于文本来源对象”下拉列表框中，可以选择文本对象相互对齐的方式。选择“第一条线的基线”选项，使用文本第一条线的基线作为参照点对齐文本对象。选择“最后一条线的基线”选项，使用文本最后一条线的基线作为参照点对齐文本对象。选择“装订框”选项，使用文本对象的边框作为参照点对齐文本对象。
- 在完成“对齐”设置后，单击“确定”按钮，即可使对象按指定的方式对齐。单击“关闭”按钮，可关闭该对话框。

图 **4-66** 所示为需要对齐的对象，图 **4-67** 所示为对齐选项设置，图 **4-68** 所示为对象之间相互对齐后的效果。

图 **4-66** 需要对齐的对象

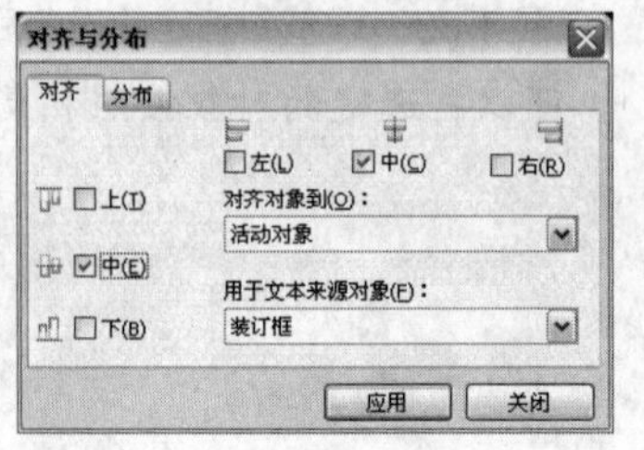

图 **4-67** 设置对齐选项

图 **4-68** 相互对齐的效果

用来对齐左、右、顶端或底端边缘的参照对象，是由创建对象的顺序或选择对象的顺序决定的。如果采用框选的方式选择对象，那么最后创建的对象将成为对齐其他对象的参考点。如果采用加选的方式选择对象，那么最后选择的对象将成为对齐其他对象的参考点。

2．分布对象

通过“分布”功能，可以将多个对象水平或垂直对齐并分布在绘图页面的中心、选定的范围或页面的范围。在分布对象时，可以根据对象的宽度、高度和中心点在对象之间增加间距，也可以使选定的对象保持相等的间距。

在“对齐和分布”对话框中单击“分布”选项卡，切换到“分布”选项卡设置，如图 **4-69** 所示。

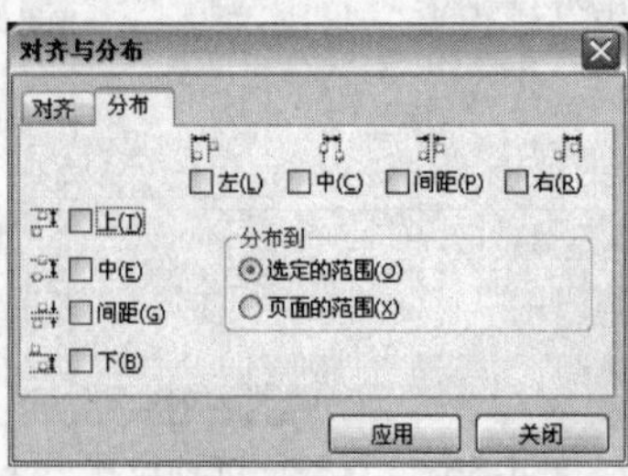

图 **4-69** “分布”选项卡的设置

- 选中水平方向上的分布选项，可以使对象沿水平轴分布。选中“左”选项，平均设置对象左边缘之间的间距。选中“中”选项，平均设置对象中心点之间的间距。选中“间距”选项，平均设置选定对象之间的间隔。选中“右”选项，平均设置对象右边缘之间的间距。
- 选中垂直方向上的分布选项，可以使对象沿垂直轴分布。选中“上”选项，平均设置对象上边缘之间的间距。选中“中”选项，平均设置对象中心点之间的间距。选中“间距”选项，平均设置选定对象之间的间隔。选中“下”选项，平均设置对象下边缘之间的间距。

- 在“分布到”选项栏中，可以指定分布对象的区域。选中“选定的范围”选项，在环绕对象的边框区域上分布对象。选中“页面的范围”选项，在绘图页面上分布对象。

图 4-70 所示为需要分布的对象，图 4-71 所示为分布选项设置，图 4-72 所示为对象按页面范围等间距分布的效果。

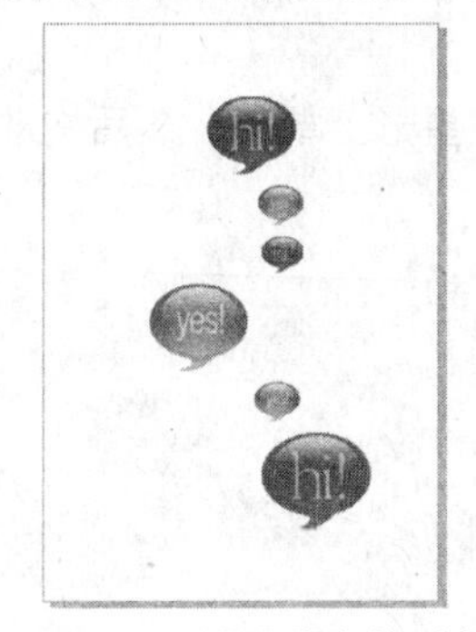

图 4-70　需要分布的对象

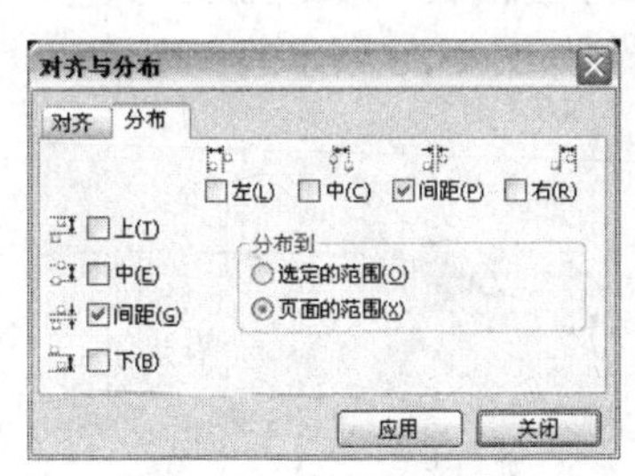

图 4-71　分布选项设置

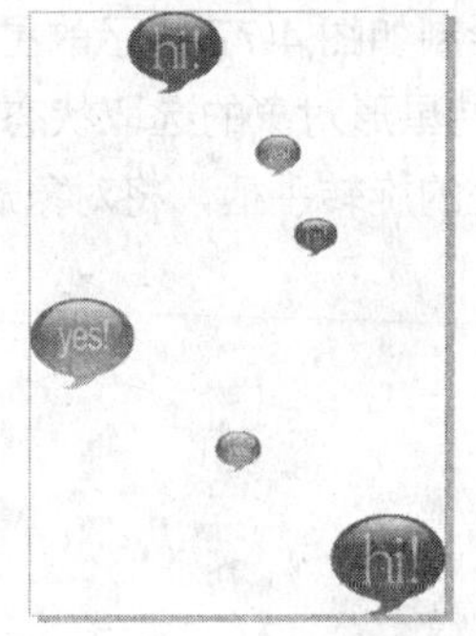

图 4-72　按页面范围等间距分布

现场练兵

绘制舞台场景

下面将通过绘制一个舞台场景，如图 4-73 所示，使读者掌握复制对象、变换对象、控制和管理对象的方法。

图 4-73　舞台场景效果

绘制该实例的具体操作方法如下。

1 使用矩形工具绘制如图 4-74 所示的矩形。选择该对象，按下 F11 键打开“渐变填充”对话框，在“类型”下拉列表框中选择“线性”选项，并设置渐变色为 0%处（C:76、M:94、Y:0、K:0）、42%处（C:64、M:98、Y:0、K:0）、56%处（C:10、M:80、Y:0、K:0）、69%处和 100%处“黄色”，如图 4-75 所示。设置好后，单击“确定”按钮，得到如图 4-76 所示的填充效果。

图 4-74　绘制的矩形

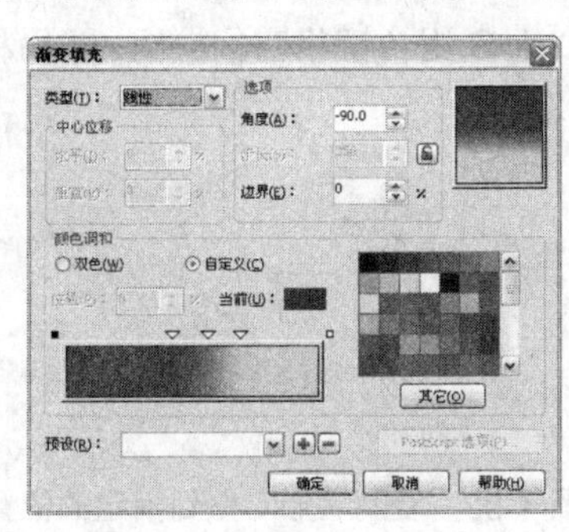

图 4-75　渐变颜色设置

图 4-76　对象的填色效果

关于使用“渐变填充”对话框为对象填充颜色的方法，请参考本书 5.1 节下的“2 渐变填充”一节中的详细介绍。

2 选择多边形工具展开工具栏中的星形工具，在属性栏中将边数设置为 5，锐度设置为 50，然后绘制如图 4-77 所示的星形。

3 保持星形对象的选取状态，按下空格键切换到挑选工具，并在星形上单击，然后拖动对象四角处的旋转手柄，将对象旋转到如图 4-78 所示的角度。

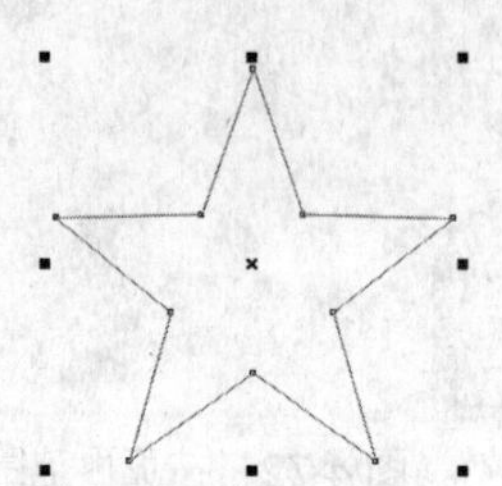

图 4-77 绘制的星形

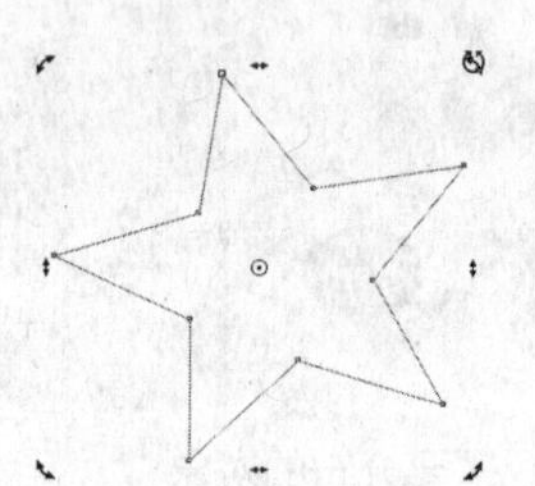

图 4-78 旋转星形对象

4 在星形上单击，切换到选择状态，然后在星形上按下鼠标左键，将其拖动到如图 4-79 所示的位置，再按下鼠标右键，接着释放鼠标左键，将该对象复制到如图 4-80 所示的位置。

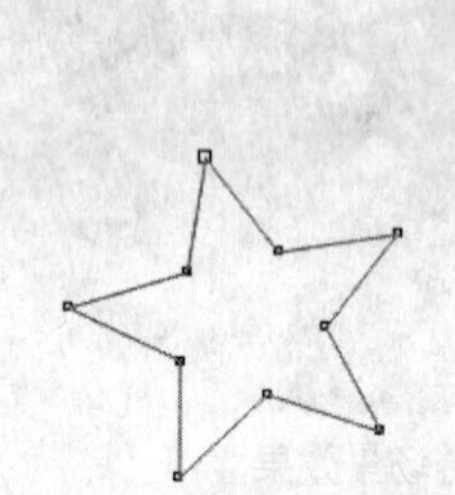

图 4-79 拖动对象到指定的位置

图 4-80 复制到指定位置的对象

5 连续按下 Ctrl+D 组合键再制星形对象，效果如图 4-81 所示。

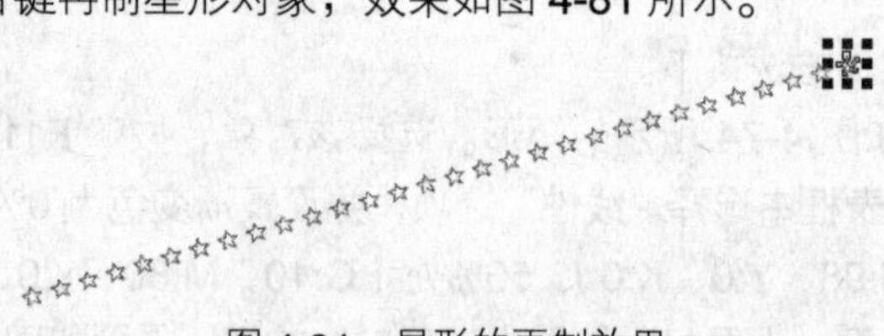

图 4-81 星形的再制效果

6 选择所有的星形对象，按下 Ctrl+G 组合键将它们群组，然后将群组后的对象复制到如图 4-82 所示的位置。

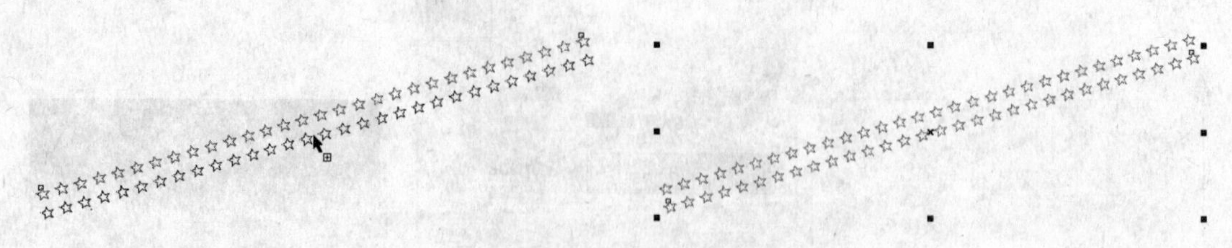

图 4-82 复制星形对象到指定的位置

7 连续按下 Ctrl+D 组合键再制星形对象，效果如图 4-83 所示。

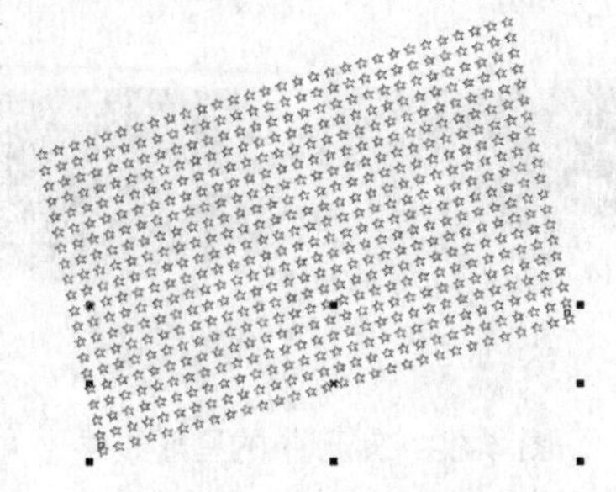

图 4-83　对象的再制效果

8 将所有的星形对象群组，然后执行“效果”→“图框精确剪裁”→“放置在容器中”命令，当出现黑色粗箭头光标后，单击渐变填充的矩形对象，如图 4-84 所示，即可将星形对象精确剪裁到矩形中，如图 4-85 所示。

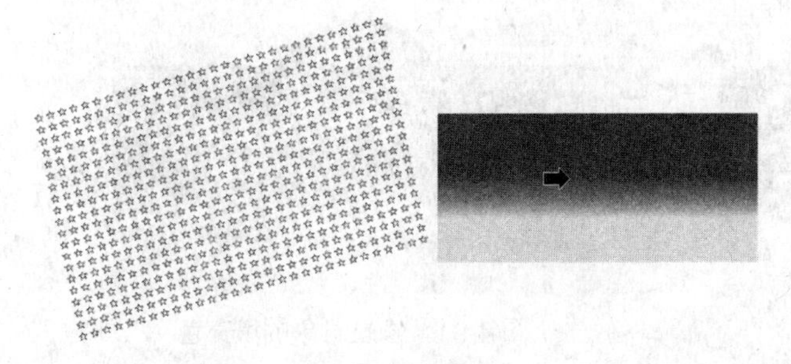

图 4-84　指定容器对象

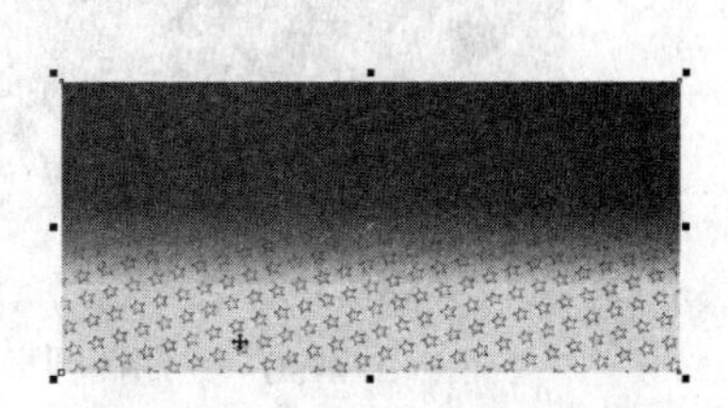

图 4-85　星形精确剪裁后的效果

9 选择精确剪裁后的对象，按住 Ctrl 键单击该对象，进入到容器内容，然后将星形对象调整到如图 4-86 所示的大小和位置。

10 选择星形对象，单击属性栏中的“取消全部群组”按钮，解散所有星形对象的群组，然后单击属性栏“结合”按钮，将所有星形对象结合，再将结合后的对象填充为白色，并取消外部轮廓，如图 4-87 所示。

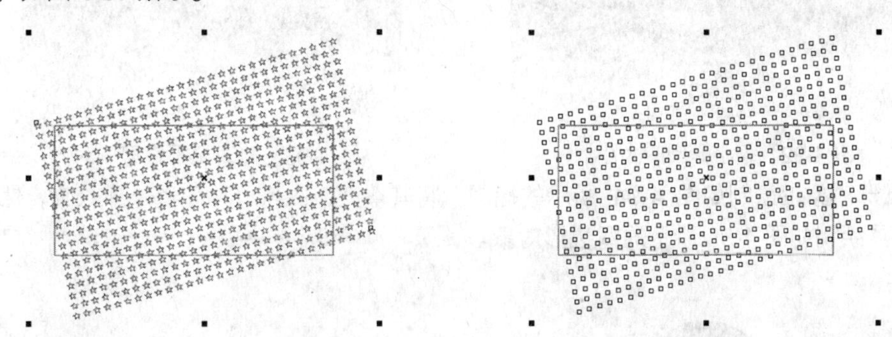

图 4-86　星形对象在容器中的效果　　图 4-87　结合并填充后的效果

11 在交互式调和工具展开工具栏中选择交互式透明工具，然后在属性栏中的“透明度类型”下拉列表框中选择“标准”选项，并将“开始透明度”参数设置为 65，然后按下 Enter 键，如图 4-88 所示。

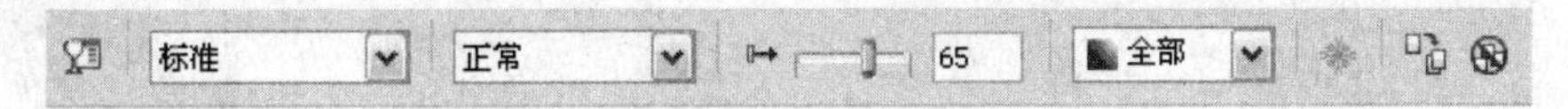

图 4-88　标准透明设置

12 完成对内容的编辑后，按住 Ctrl 键单击对象以外的空白区域，回到正常编辑状态，此时的对象效果如图 4-89 所示。

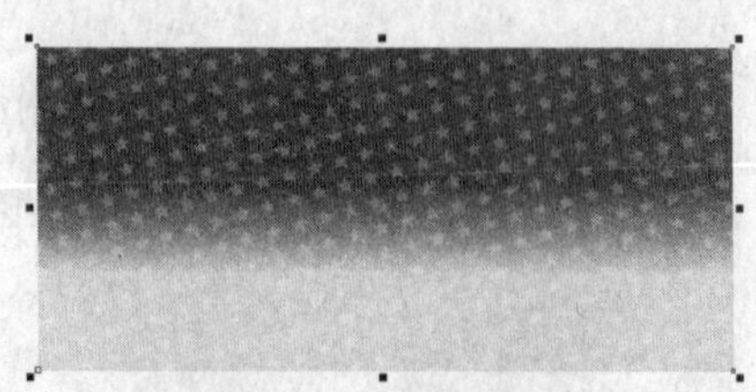

图 4-89　矩形中的星形效果

13 使用星形工具在矩形的上方绘制如图 4-90 所示的椭圆形，然后单击调色板中的“蓝”色样，将其填充为蓝色，再单击调色板中的☒图标，取消其外部轮廓。

14 选择上一步绘制的椭圆形，按下小键盘上+键将其复制，然后使用交互式填充工具为其填充从（C:68、M:0、Y:32、K:0）到蓝色的线性渐变色，如图 4-91 所示。

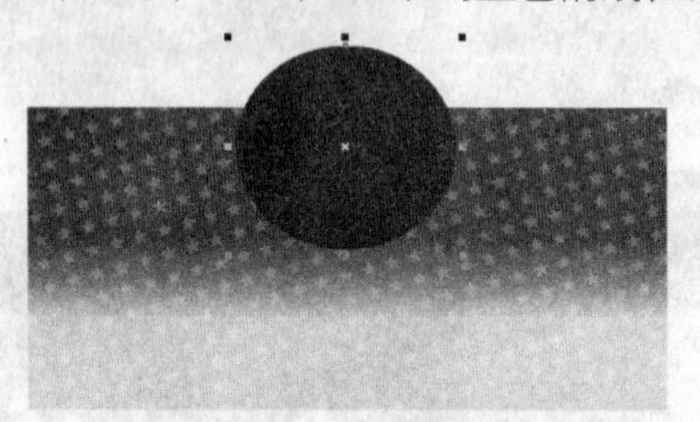

图 4-90　绘制椭圆形

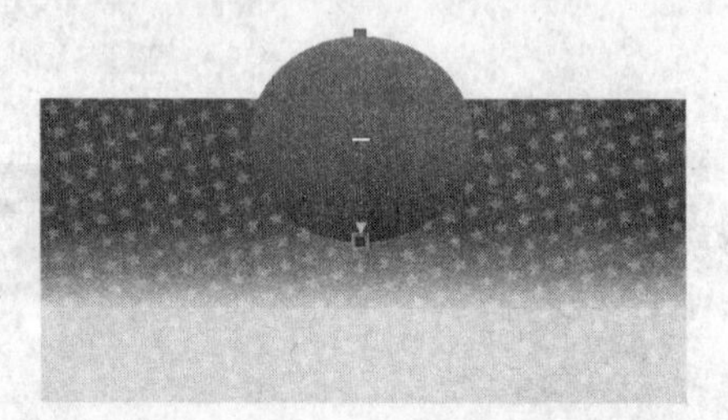

图 4-91　修改对象的填充色

15 选择上一步填充的椭圆形，然后按住 Shift 键向对象内部拖动四角处的控制点，将其向对象中心缩小到如图 4-92 所示的大小。

16 同时选择两个椭圆形和矩形，按下 C 键将它们垂直居中对齐，如图 4-93 所示。

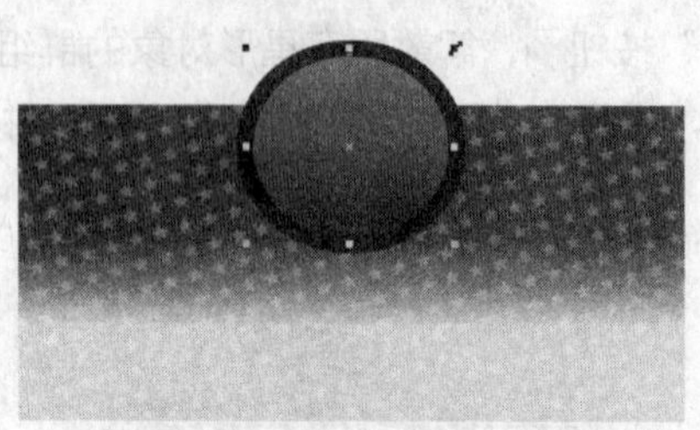

图 4-92　缩小椭圆的大小

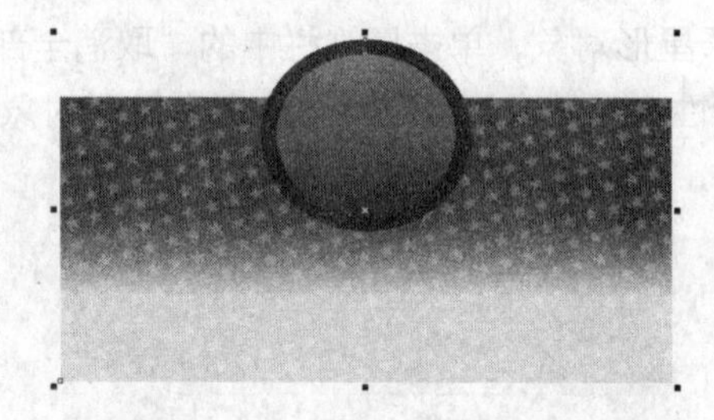

图 4-93　将对象垂直居中对齐

17 在椭圆形对象上绘制如图 4-94 所示的椭圆，将其填充为白色，并取消外部轮廓，然后使用贝塞尔工具绘制如图 4-95 所示的四边形对象。

图 4-94　绘制的椭圆形

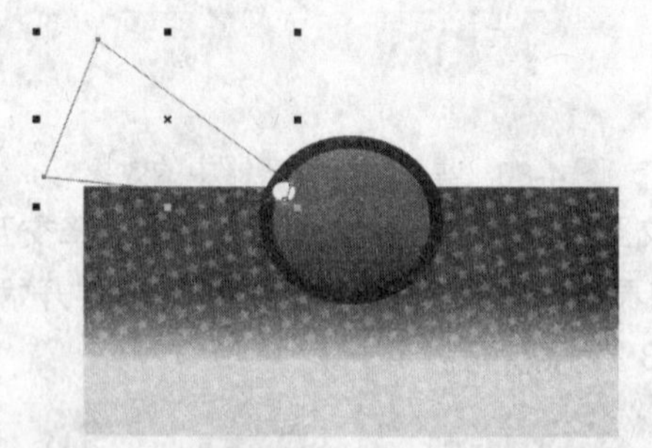

图 4-95　绘制的对象

18 将绘制的四边形对象填充为白色，并取消外部轮廓，然后单击“交互式透明工具”选择“标准”透明效果，将其透明度设置为 65，如图 4-96 所示。

19 同时选择四边形和白色椭圆形对象，按下 Ctrl+G 组合键群组。

20 使用挑选工具在群组后的对象上再次单击鼠标左键，调出旋转手柄，然后将旋转中心点移动到如图 4-97 所示的位置。

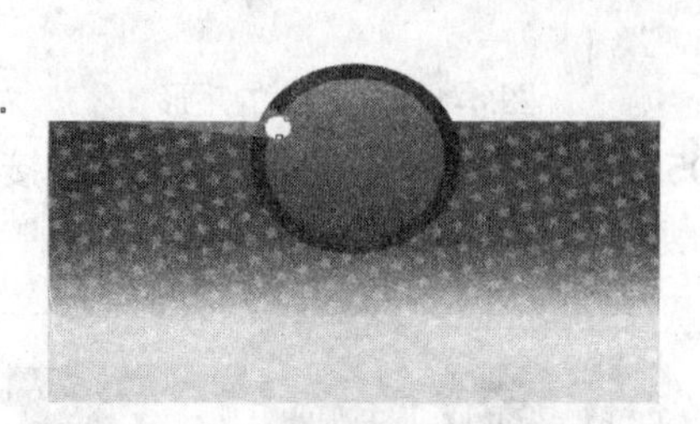

图 4-96　四边形对象上的透明效果

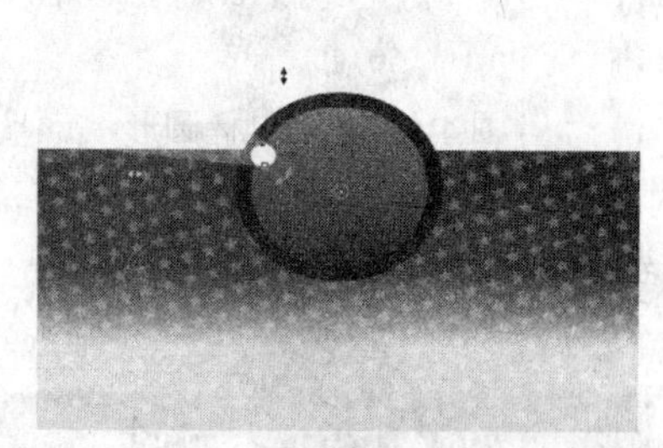

图 4-97　调整旋转中心点

21 使用挑选工具向下拖动选定对象左下角处的旋转手柄，按下鼠标右键，如图 4-98 所示，当光标处出现⊞标记时释放鼠标左键，即可将选定对象复制并旋转到指定的位置，如图 4-99 所示。

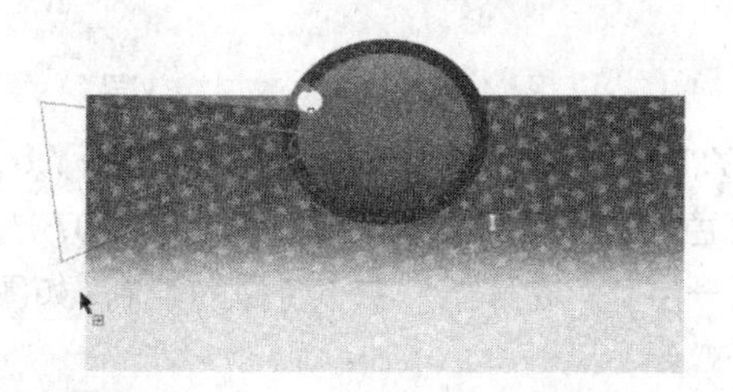

图 4-98　复制并旋转对象时的光标状态

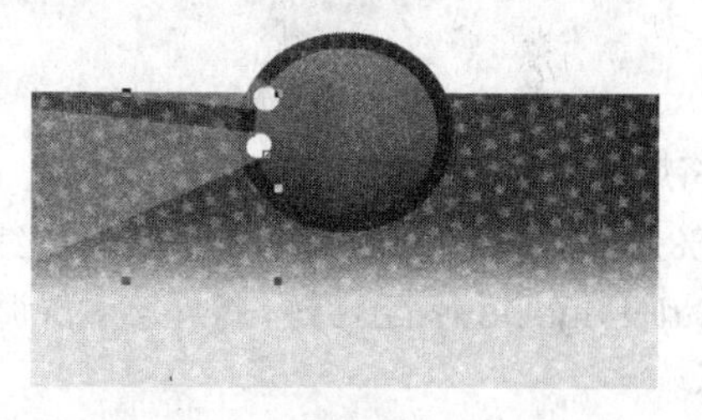

图 4-99　复制并旋转后的对象

22 按下 Ctrl+D 组合键，将选定对象再制到如图 4-100 所示的位置，完成舞台左边灯光的绘制。

23 将绘制好的灯光对象复制，然后单击属性栏中的“水平镜像”按钮，将其水平镜像，再按住 Ctrl 键将镜像后的对象水平移动到如图 4-101 所示的位置，完成右边灯光的绘制。

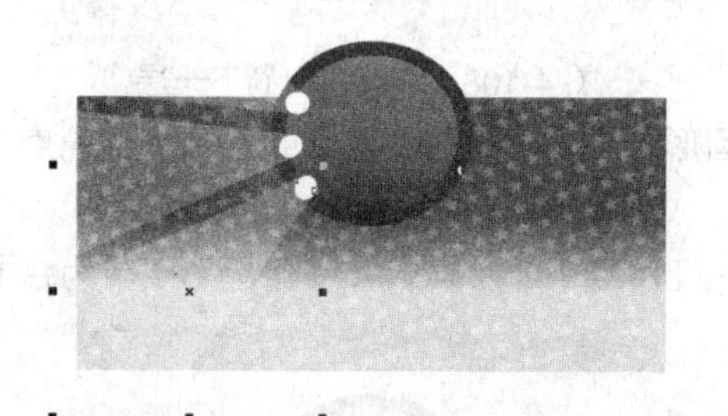

图 4-100　对象的再制效果

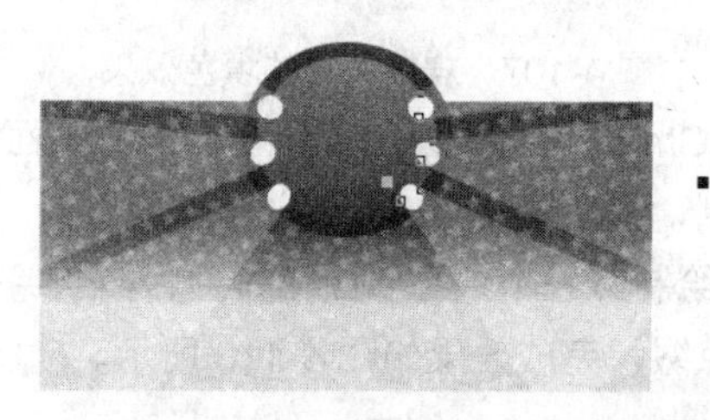

图 4-101　舞台右边的灯光效果

24 使用椭圆形工具绘制如图 4-102 所示的椭圆形，为其填充 0%处（C:45、M:36、Y:15、K:0）、54%处白色、100%处（C:45、M:36、Y:15、K:0）的线性渐变色，并取消外部轮廓。

25 选择上一步绘制的椭圆形，将其复制到如图 4-103 所示的位置，然后使用矩形工具绘制如图 4-104 所示的矩形。

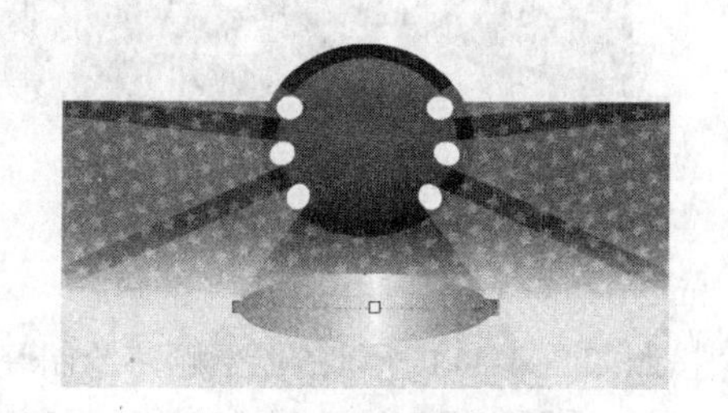

图 4-102　绘制椭圆形

图 4-103 复制椭圆形

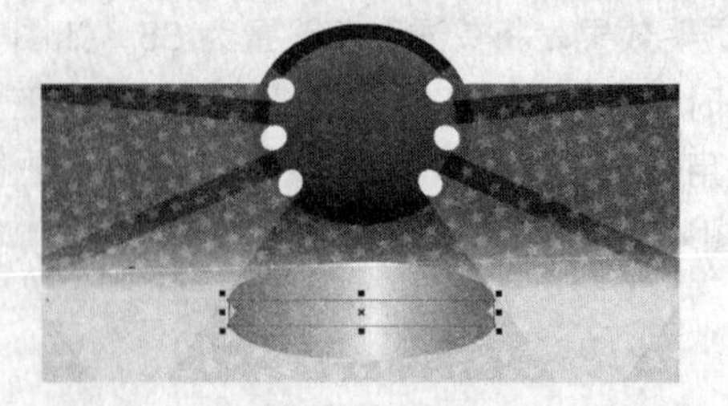

图 4-104 绘制的矩形

26 同时选择矩形和上一步复制的椭圆形，如图 4-105 所示，然后单击属性栏中的“焊接”按钮 ，得到如图 4-106 所示的焊接对象。

图 4-105 同时选择的对象

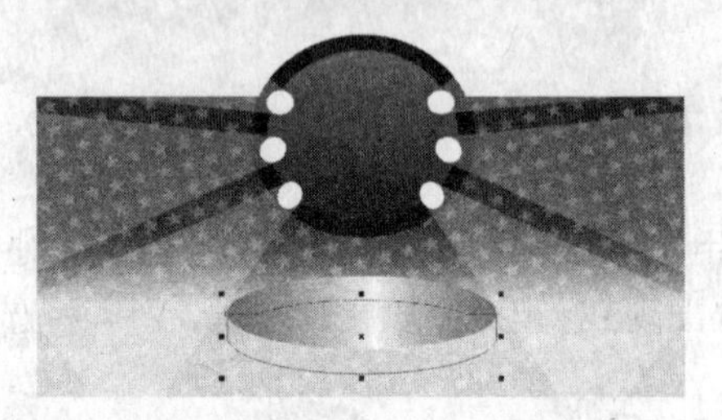

图 4-106 对象的焊接效果

27 将焊接后的对象填充为 0%处（C:62、M:52、Y:19、K:0）、54%处（C:26、M:18、Y:8、K:0）、100%处（C:62、M:52、Y:19、K:0）的线性渐变色，并取消其外部轮廓，如图 4-107 所示。按下 Ctrl+PageDown 组合键，将焊接对象调整到下一层，完成第一个中心台面的绘制，如图 4-108 所示。

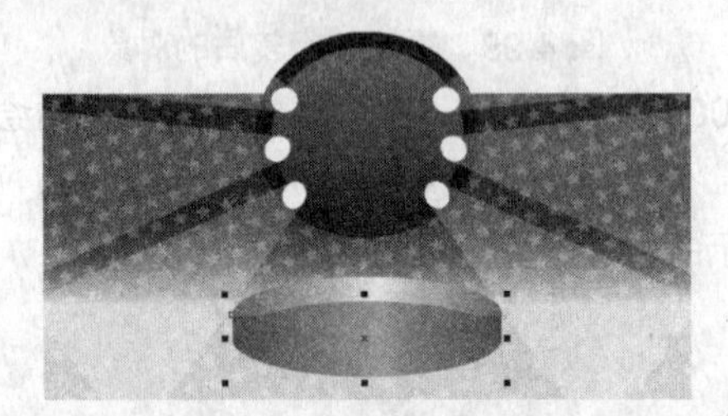

图 4-107 焊接对象的填色效果

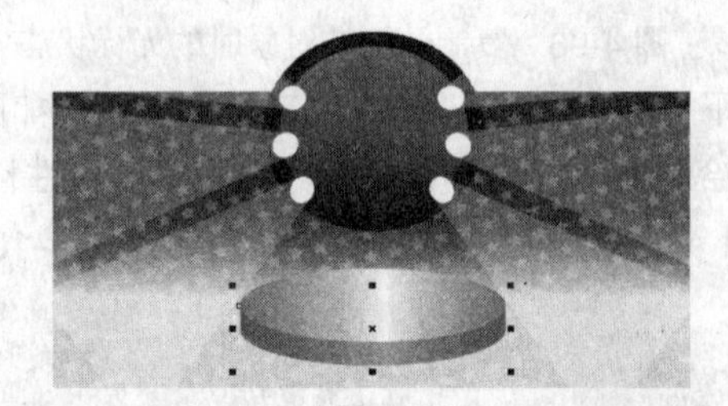

图 4-108 调整对象到下一层

28 按住 Ctrl 键使用椭圆形工具在台面的侧面绘制圆形，将其填充为白色，并取消外部轮廓。将圆形复制，并如图 4-109 所示进行排列。

29 按照绘制第一个中心台面的方法，绘制另一个橘红色的中心台面，并使用星形工具为台面添加星形点缀，完成效果如图 4-110 所示。

图 4-109 中心台面上的圆形

图 4-110 第二个中心台面效果

30 按照如图 4-111 所示的绘图顺序绘制聚光灯对象，然后将椭圆形灯泡对象填充为白色，选择“标准”透明效果，设置其“开始透明度”为 58%，再取消其外部轮廓，以表现灯泡的透明性。

图 4-111　绘制聚光灯

31 将绘制好的聚光灯对象群组，然后移动到舞台左上方，并调整到适当的大小，如图 4-112 所示。按照如图 4-113 所示的排列效果，对聚光灯对象进行复制，完成舞台左边聚光灯的绘制。

图 4-112　聚光灯在舞台上的效果

图 4-113　舞台左边的聚光灯效果

32 选择所有聚光灯对象，然后将它们复制并水平镜像，再将复制的聚光灯对象水平移动到舞台的右边，如图 4-114 所示。

33 单击标准工具栏中的“导入”按钮，然后导入光盘中的“源文件与素材\第 4 章\素材\麦克风与文字.cdr”文件，然后将麦克风和文本对象按照如图 4-115 所示的效果排列在舞台画面中。

图 4-114　舞台右边的聚光灯效果

图 4-115　舞台画面中的麦克风和文字效果

34 选择背景矩形上的所有对象，按下 Ctrl+G 组合键将它们群组，然后执行“效果”→”图框精确剪裁”→”放置在容器中”命令，当出现粗箭头光标后单击背景矩形对象，如图 4-116 所示，即可将选定的对象精确剪裁到矩形中，如图 4-117 所示。

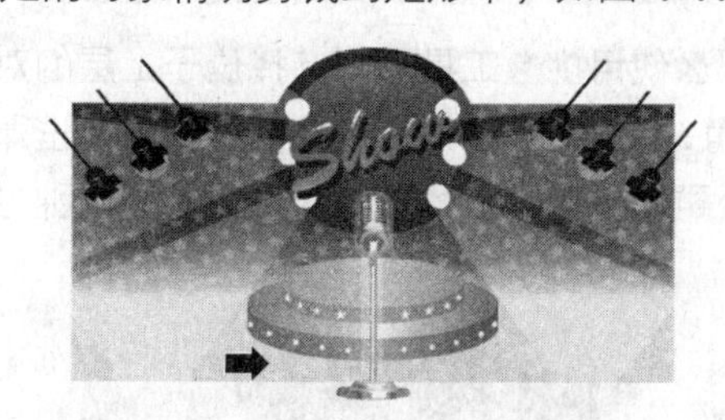

图 4-116　指定容器对象

图 4-117　选定对象的精确剪裁效果

35 选择精确剪裁后的对象，按住 Ctrl 键单击该对象，进入到容器内部，然后如图 4-118 所示调整对象在容器中的位置。调整好后，单击绘图窗口左下角的 完成编辑对象 按钮，完成对内容的编辑，同时完成本实例的制作，如图 4-119 所示。

图 4-118 调整对象在容器中的位置

图 4-119 实例完成效果

4.6 疑难解析

本章向读者介绍了在 CorelDRAW X4 中选择对象、复制对象、变换对象以及控制对象的方法和技巧，下面就读者在学习过程中遇到的疑难问题进行进一步的解析。

1 怎样按绘图顺序选择对象?

在 CorelDRAW 中，还可以按照绘图的先后顺序来循环选择绘图窗口中的对象。

在工具箱中选择挑选工具，然后直接按下键盘中的 Tab 键，可以选择在 CorelDRAW 中最后绘制的一个对象。继续按下 Tab 键，系统会按照用户绘制对象的先后顺序，从最后绘制的对象开始，逐步选取前面绘制的各个对象。

例如，在绘图窗口中按照前后顺序分别绘制一个圆形、矩形和星形，然后按下 Tab 键，系统选择对象的效果如图 4-120 所示。

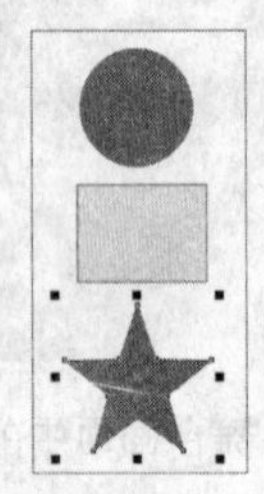

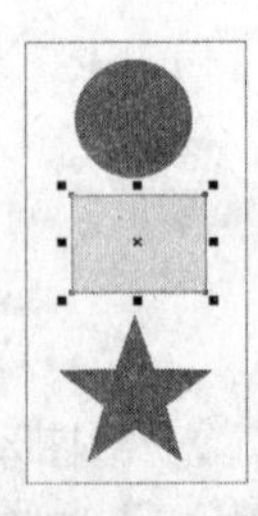

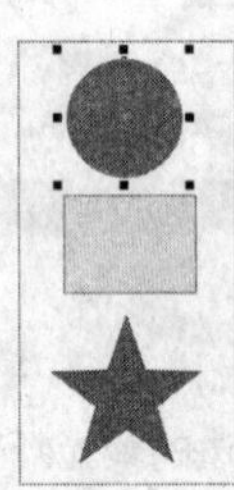

图 4-120 按绘图顺序选择对象

2 怎样选择重叠的对象?

在 CorelDRAW 中，如果两个对象上下重叠，那么使用挑选工具只能选择位于上层的对象。如果要选择被覆盖的下一层对象，可按住 Alt 键的同时，使用挑选工具在重叠的对象上单击即可，如图 4-121 所示；再次单击重叠的对象，可选择此处再下一层中被覆盖的对象。按照此种方法，则位于下层中被覆盖的对象都将被依次选取。

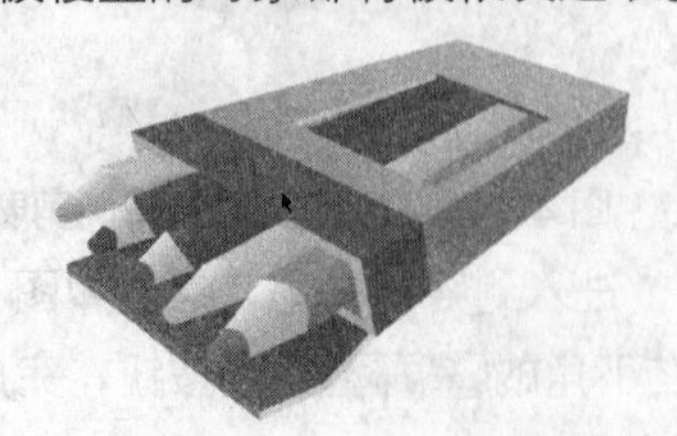

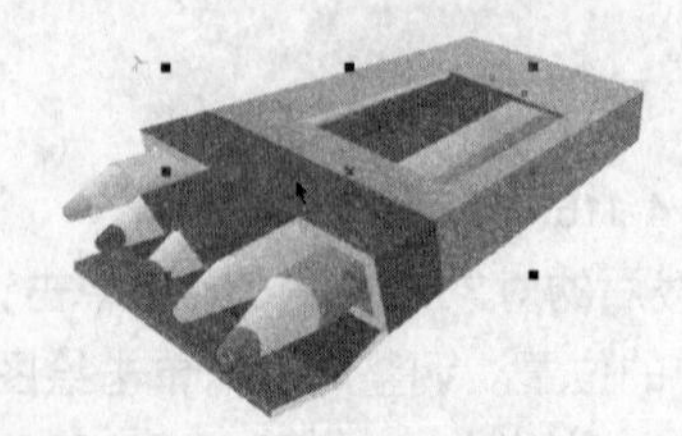

图 4-121 选择重叠的对象

3 怎样调整再制对象的距离？

在挑选工具没有选择任何对象的情况下，可以通过属性栏中的“再制距离”数值框 中重新设置再制偏移的距离。重新设置后，执行“编辑”→“再制”命令，系统将按指定的距离再制对象，如图 4-122 所示。

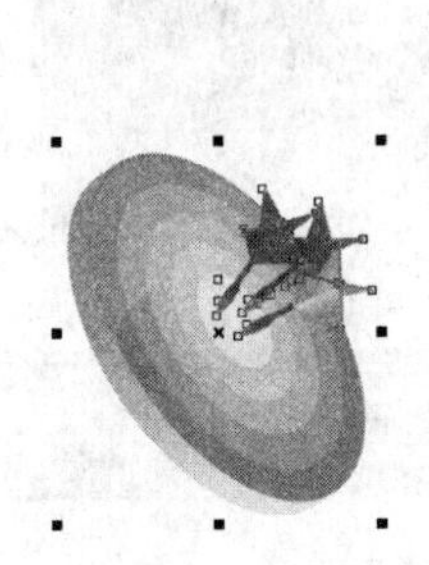

图 4-122　再制对象

4 怎样设置微调距离？

在挑选工具没有选择任何对象的情况下，在属性栏中的“微调偏移”数值框 中更改默认的微调偏移值，然后按下 Enter 键，即可重新设置微调距离，如图 4-16 所示。重新设置后，使用键盘中的方向键移动选定的对象时，对象将按新的微调偏移量移动。

5 怎样选择群组对象中的单个对象？

如果要单独调整群组对象中的其中一个对象，而又不希望解散该群组对象的群组状态时，可在按住 Ctrl 键的同时单击该群组对象中需要选择的对象，当选定的对象四周出现圆形的控制点时，表明该对象被单独选取，如图 4-123 所示。

如果按住 Ctrl 键，并使用挑选工具单击的是一个嵌套群组对象，那么将会选择指定对象所在的群组对象，如图 4-124 所示。

图 4-123　选择群组对象中的单个对象

图 4-124　选择嵌套群组中的一个群组对象

4.7 上机实践

用前面所学的绘制图形、编辑对象形状、复制和变换对象以及调整对象排列顺序等方法，绘制如图 4-125 所示的心形底纹。

图 4-125　心形底纹效果

4.8 巩固与提高

本章主要讲解了在 CorelDRAW X4 中选择、复制、变换和控制对象的各项操作方法和技巧。下面是相关的习题，希望读者通过完成下面的练习，巩固前面学习到的知识。

1. 单项选择题

（1）在选择对象时按住（　　）键，可以选择被覆盖的对象。

A．Ctrl　　B．Tab　　C．Alt　　D．Shift

（2）在选择对象时按住（　　）键，可以按绘图顺序选择对象。

A．Ctrl　　B．Tab　　C．Alt　　D．Shift

（3）将对象（　　）后，就不能对其进行移动、复制、变换和删除等任何编辑操作。

A．锁定　　B．群组　　C．结合　　D．焊接

2. 多选题

（1）自由变换工具包括（　　）。

A．自由旋转工具　　B．自由角度镜像工具

C．自由调节工具　　D．自由扭曲工具

（2）可以使用滴管工具和颜料桶工具复制的对象属性包括（　　）。

A．轮廓、填充和文本属性　　B．变换

C．效果　　D．镜像

3. 判断题

（1）使用挑选工具选择对象后，按下键盘中的方向键，也可以移动对象的位置。在挑选工具没有选择任何对象时，可以通过属性栏中的“微调偏移”选项重新设置微调的距离。（　　）

（2）“结合”命令在功能上不同于“群组”命令，“结合”命令是单纯地将多个对象群组在一起，它们的外观效果不会发生改变。而“群组”命令可以将多个对象结合为一个新的对象，在结合对象的同时，其外观效果也会发生变化。（　　）

（3）默认状态下，旋转中心位于对象的中心点位置，通过改变旋转中心点的位置，可以使对象围绕新的旋转基点进行旋转。（　　）

Study

第5章

填充对象

大自然中，丰富的色彩为人们带来了多姿多彩的世界，大自然的美好也给了设计师创作的空间。设计师通过自己的灵感，将变化万千的色彩充分地应用到创作中，为原本静止的画面赋予了独特的生命力，呈现不同的感性色调。要很好地应用色彩，就需要掌握调配颜色和填充颜色的方法，本章将为读者详细介绍填充对象的方法。

学习指南

- 为对象填充色彩
- 为对象填充图样和纹理
- 使用交互式填充工具
- 使用交互式网状填充工具

精彩实例效果展示 ▲

5.1 为对象填充色彩

在绘图时，用户可以为对象填充单一的均匀色，也可以为对象填充多种颜色过渡且富有层次的渐变色。下面介绍为对象填充均匀色和渐变色的方法。

5.1.1 均匀填充

在 CorelDRAW 中为对象填充均匀色的方法有多种，包括使用调色板、“均匀颜色”对话框和“颜色”泊坞窗等，下面介绍具体的操作方法。

1. 使用调色板

选择要填充的对象，使用鼠标左键单击调色板中所需的色样，即可将选定的对象填充为该颜色，如图 5-1 所示。

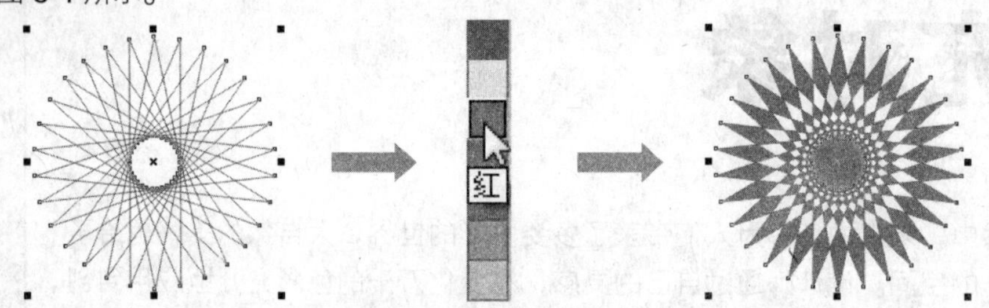

图 5-1 为对象填充均匀色

在使用调色板填充对象时，使用鼠标左键将调色板中的色样直接拖动到对象上，光标将变为如图 5-2 所示的状态，此时释放鼠标，即可将该颜色填充到指定的对象上，如图 5-3 所示。将色样拖动到对象的轮廓上，当光标变为如图 5-4 所示的状态时释放鼠标，可以使用该颜色填充对象的轮廓，如图 5-5 所示。

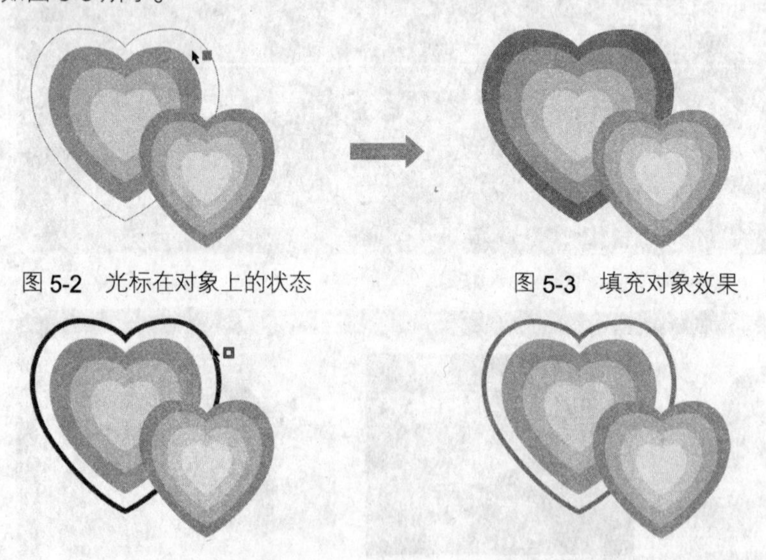

图 5-2 光标在对象上的状态　　图 5-3 填充对象效果

图 5-4 光标在对象轮廓上的状态　　图 5-5 填充轮廓的效果

在调色板中的⊠图标上单击鼠标左键，可取消选定对象的填充色。在⊠图标上单击鼠标右键，可清除选定对象的轮廓。

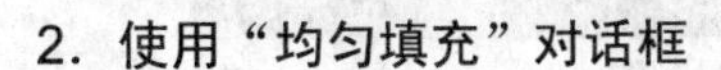

2. 使用“均匀填充”对话框

在“均匀填充”对话框中，可以自定义设置用户所需要的颜色参数值，为对象填充精确的颜色。

1 选择要填充的对象，单击工具箱中的“填充”按钮，从展开工具栏中选择“均匀填充”选项，弹出“均匀填充”对话框。

2 在“模型”下拉列表框中选择所需的颜色模式，然后在“组件”选项栏中输入所需的颜色参数值，然后单击“确定”按钮，即可使用指定的颜色填充选定的对象，如图 5-6 所示。

图 5-6　颜色参数设置以及填充效果

“均匀填充”对话框包括“模型”、“混合器”和“调色板”选项卡，下面分别介绍各个选项卡的功能和使用方法。

在“模型”选项卡中，各选项的功能如下。

- 在“模型”下拉列表框中，可以选择不同的颜色模式。如果当前文件要用于印刷输出，就需要选择 CMYK 模式，若只用于绘画欣赏，则使用 RGB 模式。
- 在“参考”选项栏中，可以显示上一次使用的颜色和当前选取的颜色，以便用户对颜色进行对比。
- 在“组件”选项栏中，可以通过输入数值或使用颜色组滑块的方式，设置所需要的颜色。
- 在“名称”下拉列表框中，可以选择系统预设的颜色，如图 5-7 所示。

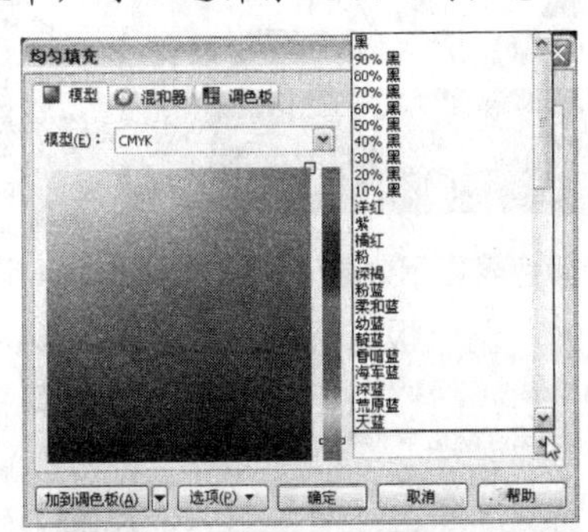

图 5-7　预设的颜色列表

- 单击“选项”按钮，从弹出的下拉列表框中选择“对换颜色”选项，通过该选项可以将新建颜色与旧颜色对换，或查看旧颜色的参数值，如 5-8 所示；“选项”按钮的下拉列表框中的“颜色查看器”选项用于调整颜色查看器的显示方式。

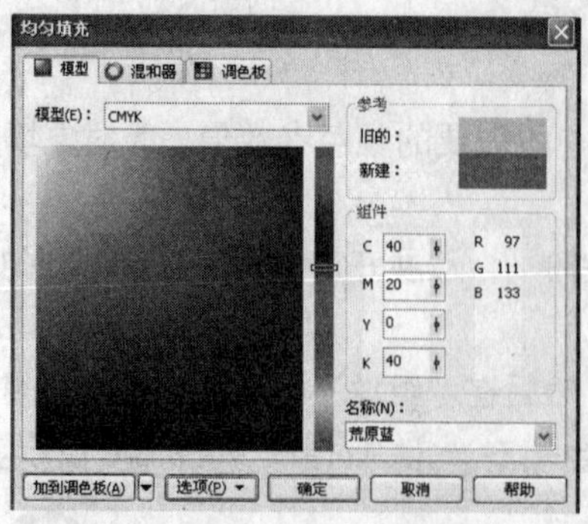

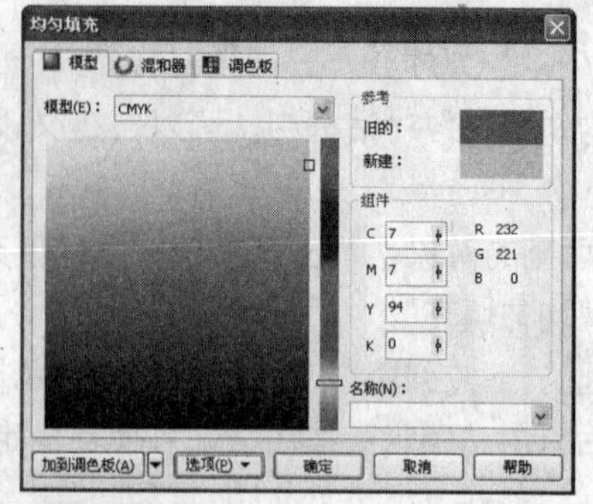

图 5-8　执行“对换颜色”命令的效果

单击“均匀填充”对话框中的“混和器”标签，切换到该选项卡，如图 5-9 所示。

● 在“色度”下拉列表中，可以选择显示颜色的范围及方式，如图 5-10 所示。

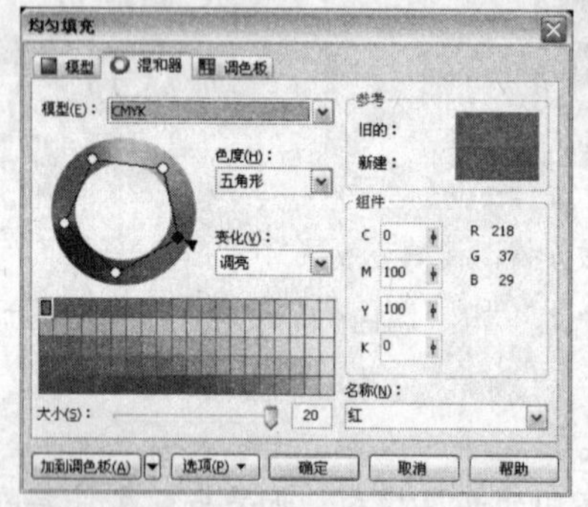

图 5-9　“混合器”选项卡

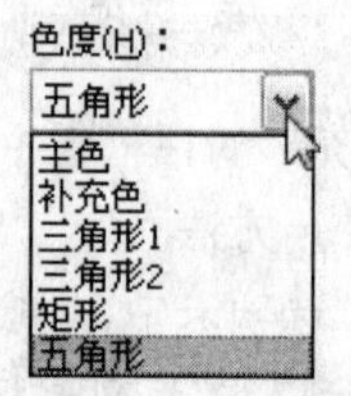

图 5-10　色度下拉列表框

● 在“变化”下拉列表框中，可以选择决定颜色表的显示色调。选择不同显示色调后的颜色表显示效果如图 5-11 所示。

● 拖动“大小”选项滑块，可以设置颜色列表所显示的列数，如图 5-12 所示。

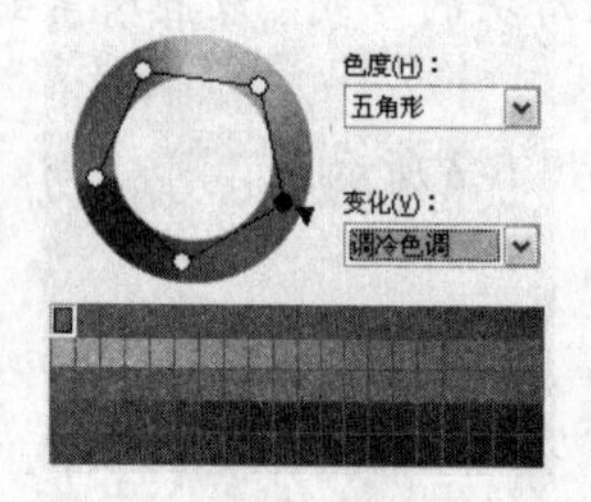

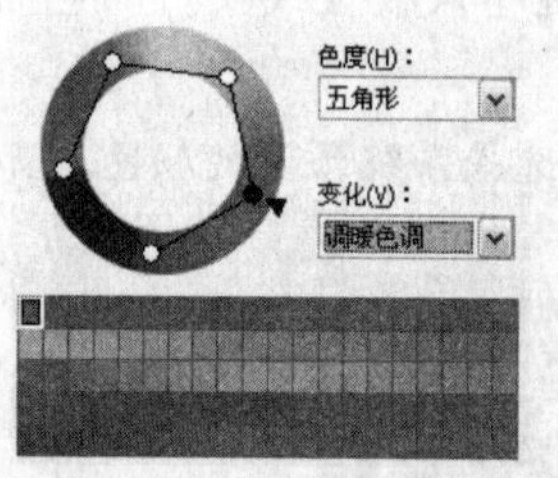

图 5-11　不同色调下的颜色表显示效果

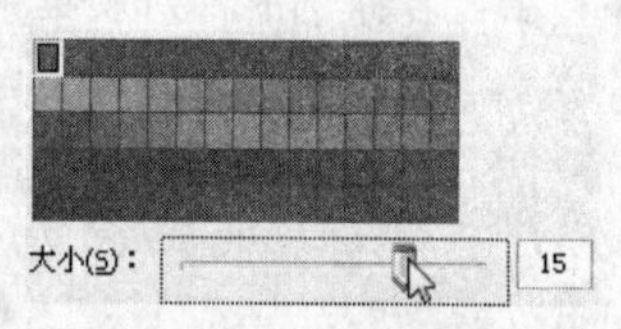

图 5-12　设置“大小”后的颜色表显示效果

单击“均匀填充”对话框中的“调色板”标签，切换到该选项卡，如图 5-13 所示。

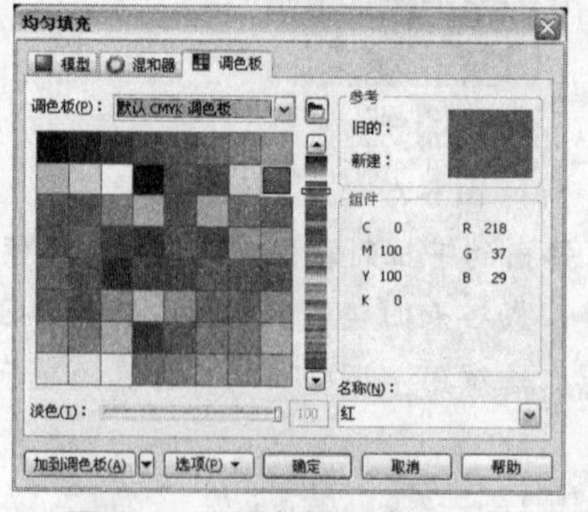

图 5-13　“调色板”选项设置

- 在“调色板”下拉列表框中，可以选择系统预设的固定调色板类型，如图 5-14 所示。在该下拉列表框中选择“自定义调色板”选项，可以打开系统预设的更多调色板类型。
- 在纵向显示的颜色条上单击或拖动，可以选择一个颜色范围，然后在左边的颜色表中，会显示该颜色范围内的色样，如图 5-15 所示。

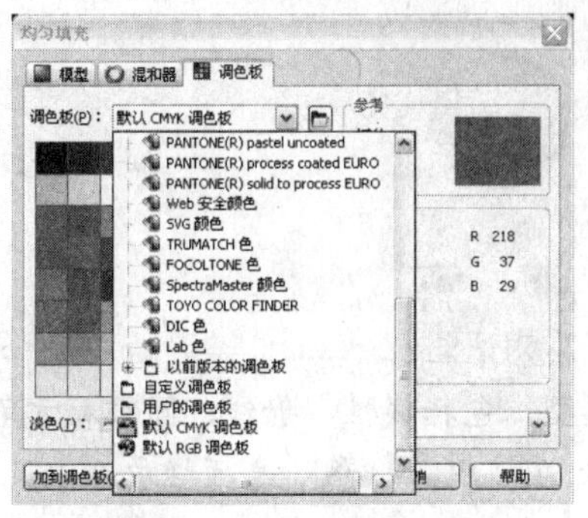

图 5-14　“调色板”下拉列表

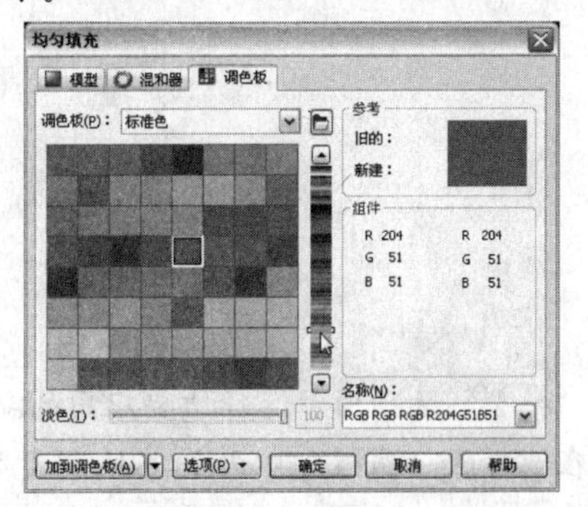

图 5-15　选取的色样

- 在颜色表中选择一种颜色后，在“组件”选项栏中可以查看所选颜色的参数值。

3．使用“颜色”泊坞窗

选择需要填充的对象，执行“窗口”→“泊坞窗”→“颜色”命令，打开如图 5-16 所示的“颜色”泊坞窗。在该泊坞窗下拉列表框中选择所需的颜色模式，并在对应的组件选项中设置所需的颜色参数值，然后单击“填充”按钮，即可为选定的对象填充指定的颜色（单击“轮廓”按钮，可使用设置好的颜色填充对象的轮廓）。

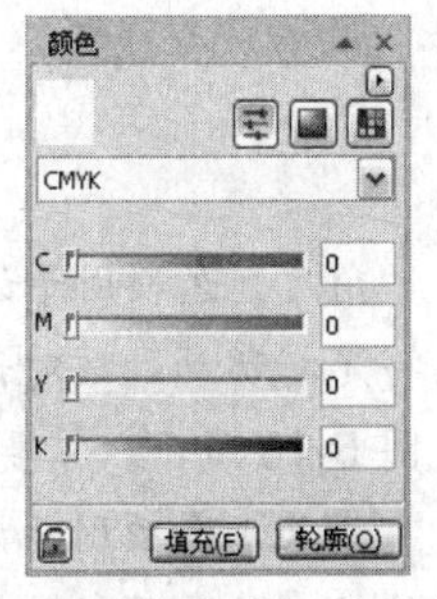

图 5-16　“颜色”泊坞窗

5.1.2　渐变填充

渐变填充可以为对象填充两种或多种颜色平滑渐进的色彩效果。在绘图时，通过为对象填充相应的渐变色，不仅可以达到丰富画面的目的，还可以通过色彩来表现对象的质感，增强对象的立体效果等。因此，在进行产品造型设计时，渐变色是常用的一种填充方式。

CorelDRAW X4 中的渐变填充类型包括线性、射线、圆锥和方角渐变，不同的渐变类型产生的渐变效果如图 5-17 所示。

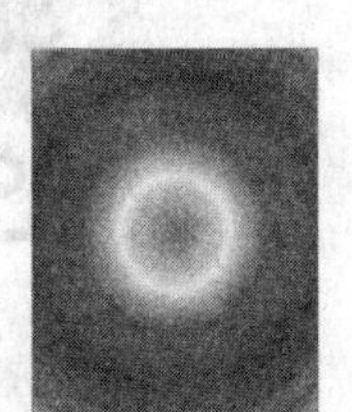
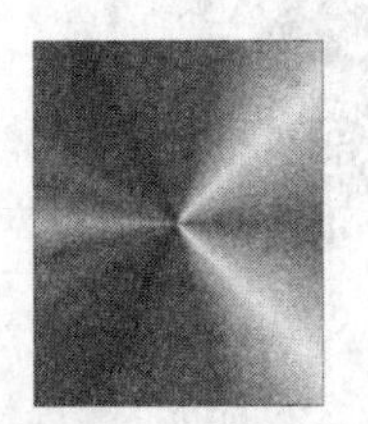

图 5-17　线性、射线、圆锥和方角渐变效果

在为对象填充渐变色时，可以设置渐变的调和方向、角度、中心点、中点和边界等。并且通过指定渐变步长值，可以设置渐变颜色过渡的精细程度。步长值越大，颜色之间过渡得越自然。

在填充工具的展开工具栏中选择“渐变填充”选项，弹出如图 5-18 所示的“渐变填充”

对话框，其中各选项的功能如下。

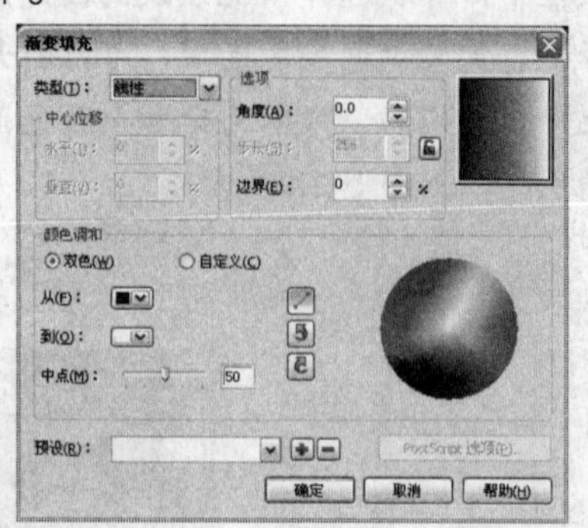

图 5-18 “渐变填充”对话框

- “类型”选项用于选择所要应用的渐变色类型，包括线性、射线、圆锥和方角渐变。
- 在选择除“线性”以外的其他渐变类型后，在“中心位移”选项栏中可以设置渐变中心的位置。也可以通过在“预览窗口”中单击或拖动鼠标左键设置渐变中心的位置，如图 5-19 所示。

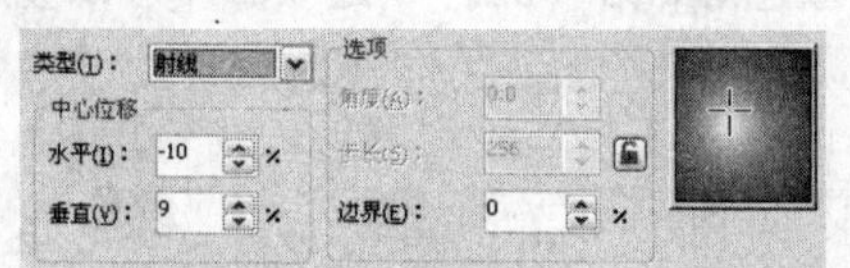

图 5-19 调整渐变中心的位置

- “角度”选项用于设置渐变颜色的角度，用户可以在数值框中直接输入角度值，也可以将光标移动到该对话框右上角的“预览窗口”中，通过拖动鼠标设置新的渐变角度，如图 5-20 所示。需要注意的是，“射线”渐变不能设置渐变角度值。
- “步长”选项用于设置各个颜色之间的过渡数量。单击“步长”值右边的锁定按钮，然后在该选项数值框中输入所需的步长值即可，如图 5-21 所示。

图 5-20 设置角度后的渐变效果

图 5-21 设置步长值后的填充效果

- “边界”选项用于设置颜色渐变过渡的范围，如图 5-22 所示。该值越小范围越大，反之就越小。“圆锥”渐变不能设置渐变的边界。

图 5-22　不同的边界设置效果

- 单击按钮，可以根据色调的饱和度，沿直线变化来确定中间的填充颜色。它由颜色开始到颜色结束，并穿过色轮。
- 单击按钮，可以使颜色从开始到结束，沿色轮逆时针旋转调和颜色。
- 单击按钮，可以使颜色从开始到结束，沿色轮顺时针旋转调和颜色。
- 单击“预设”下三角按钮，从展开的下拉列表中可以选择系统预设的渐变样式，包括多种类型的柱面和彩虹预设等。
- 如果要将设置好的颜色保存为预设渐变色样，首先在“预设”文本框中为该颜色命名，然后按下按钮即可。将颜色保存后，在“预设”下拉列表框中可以直接调用该色样。
- 选中“颜色调和”选项栏中的“自定义”单选项，可以设置两种或两种以上颜色过渡的渐变色。
- “位置”选项用于设置当前添加颜色所处的位置。可通过设置数值来精确定位，也可通过拖动颜色滑块来改变其位置。
- “当前”选项用于显示当前选取的颜色。

1. 双色渐变

“双色”渐变可以为对象设置两种颜色的渐变色，为对象填充双色渐变色的操作方法如下。

选择需要填充的对象，如图 5-23 所示。按下 F11 键打开“渐变填充”对话框，在“类型”下拉列表框中选择所需的渐变类型，这里以选择“射线”选项为例，如图 5-24 所示。

图 5-23　选择的对象

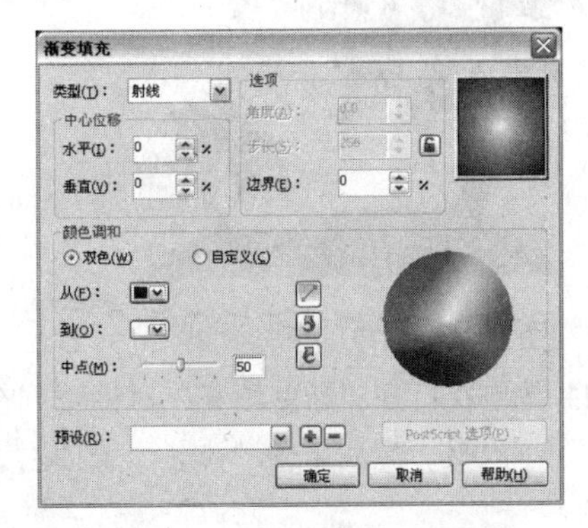

图 5-24　“渐变填充”对话框

1 在“颜色调和”选项栏中默认选择“双色”单选项。单击“从”选项下三角按钮，从弹出的颜色选取器中选择一个颜色，作为渐变的起始颜色。如果预设的色样不能满足填色需求，可以单击颜色选取器中的“其它”按钮，从弹出的“选择颜色”对话框中自定义所需要的颜色，然后单击“确定”按钮即可，如图 5-25 所示。

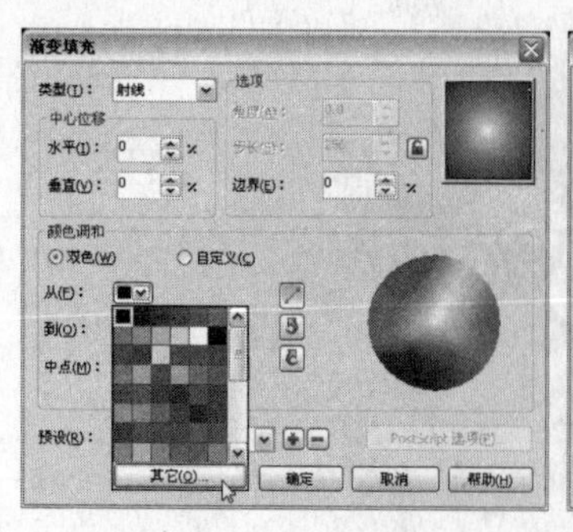

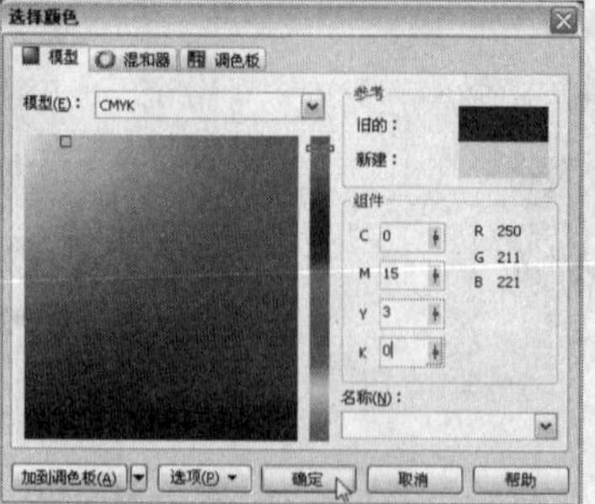

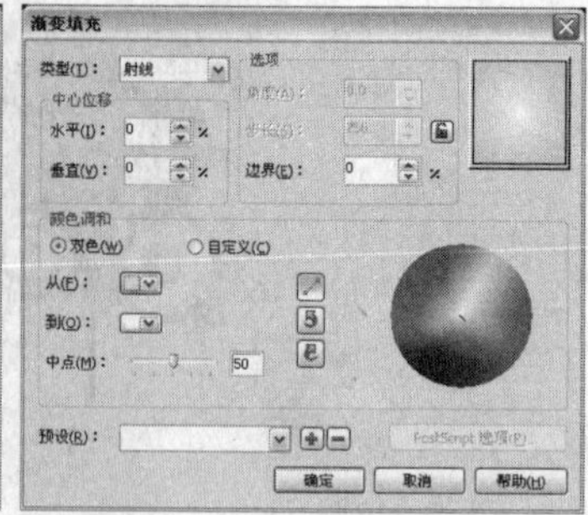

图 5-25　自定义渐变的起始颜色

2 回到“渐变填充”对话框，单击“到”选项的下三角按钮，从弹出的颜色选取器中选择渐变的结束颜色，如图 5-26 所示。

3 在渐变色预览窗口中单击或按下鼠标左键拖动光标，调整渐变的中心位置，如图 5-27 所示。完成设置后，单击“确定”按钮，得到如图 5-28 所示的填充效果。

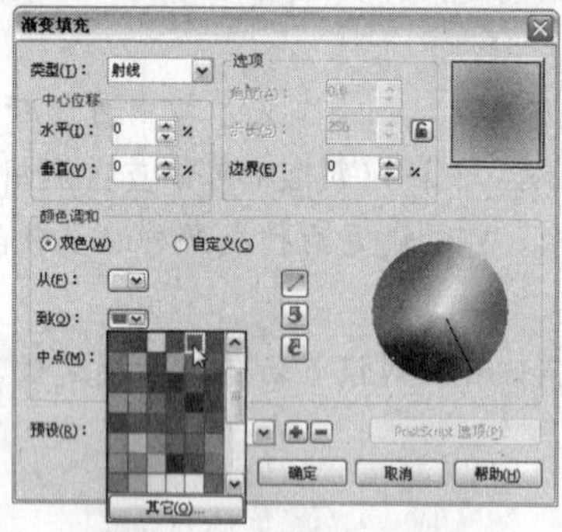

图 5-26　选择结束颜色

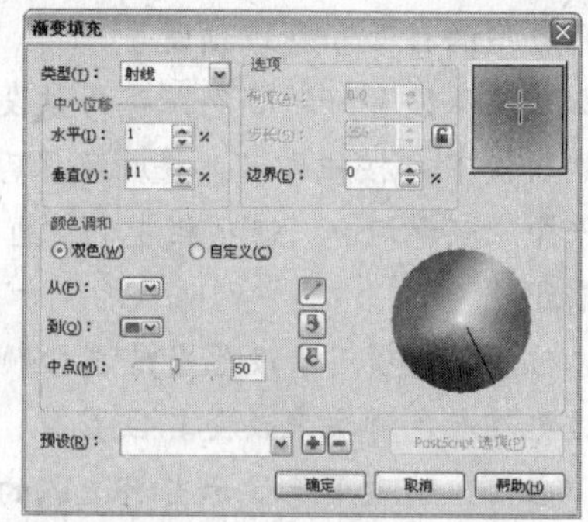

图 5-27　调整渐变中心位置

4 使用鼠标右键单击调色板中的⊠图标，取消该对象的轮廓，如图 5-29 所示。

图 5-28　对象的填充效果

图 5-29　取消对象的轮廓

5 按下 F11 键再次打开“渐变填充”对话框，在“中心位移”选项栏中，将“水平”和“垂直”选项值都设置为 0%，然后单击“步长”选项右边的按钮，取消该选项的锁定状态，如图 5-30 所示。

6 在“步长”选项数值框中更改原数值为 5，然后单击“确定”按钮，得到如图 5-31 所示的填充效果。

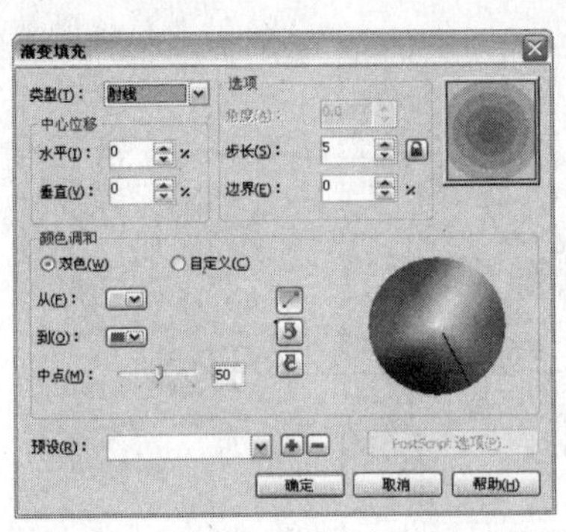

图 5-30　重新设置后的渐变选项参数

图 5-31　修改后的填充效果

2. 自定义渐变

通过自定义渐变设置，可以为对象填充两种或两种以上的颜色渐进效果，为对象填充自定义渐变色的操作方法如下。

1 选择需要填充的对象，如图 5-32 所示。按下 F11 键打开“渐变填充”对话框，在“类型”下拉列表框中选择所需的渐变类型，这里以选择“圆锥”选项为例。

2 单击“颜色调和”选项栏中的“自定义”单选项，此时“颜色调和”选项栏设置如图 5-33 所示。

图 5-32　选择对象

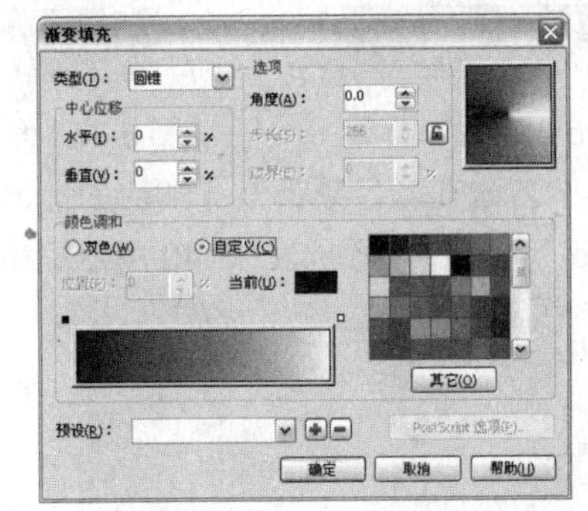

图 5-33　设置“颜色调和”选项栏

3 单击颜色条上方位于左端的框，选中的框会由空心变为黑色实心，然后在右边的颜色选取器中单击“其他”按钮，从弹出的“选择颜色”对话框中选择此处的颜色，再单击“确定”按钮，如图 5-34 所示。

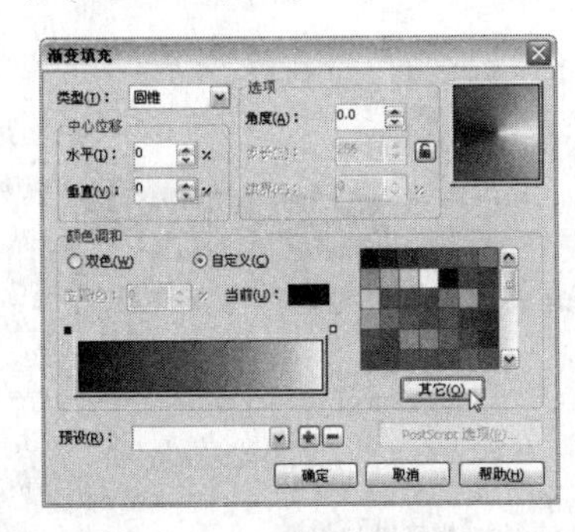

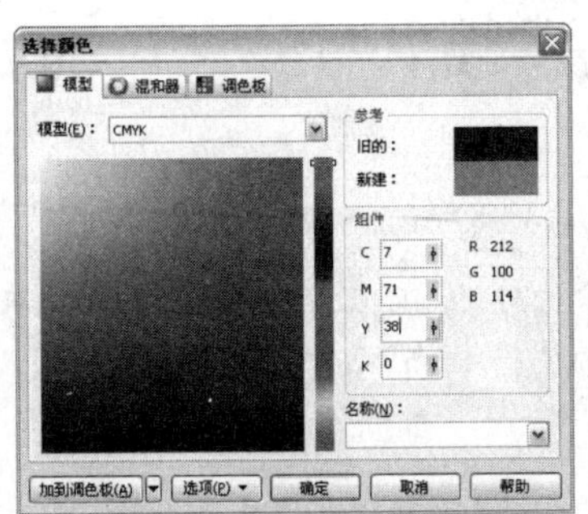

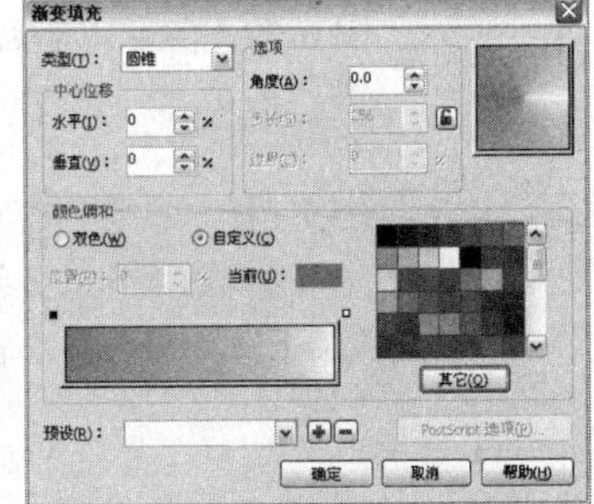

图 5-34　选择渐变的起始颜色

4 单击颜色条上方位于右端的框，然后设置渐变的结束颜色为（C:12、M:85、Y:43、K:0），如图 5-35 所示。

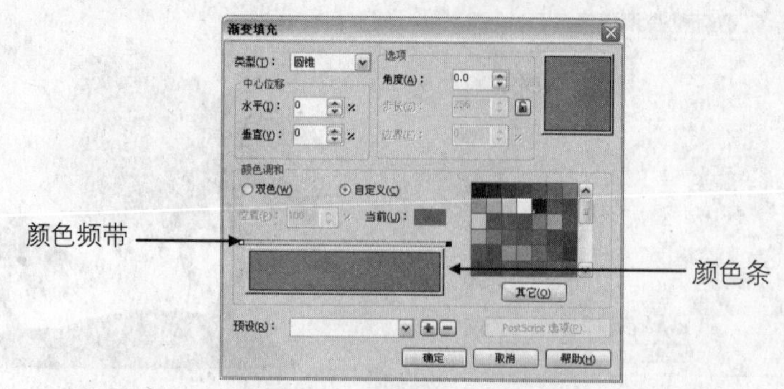

图 5-35　设置渐变的结束颜色

5 在颜色条上方的颜色频带上双击，在双击处添加一个新的标记，如图 5-36 所示。

6 拖动该标记到 5%的位置，也可以在“位置”数值框中输入所需的位置百分数，以调整两种颜色之间的转换点如图 5-37 所示。

7 在右边的颜色选取器中，为新添加的标记设置颜色为（C:9、M:38、Y:96、K:0），效果如图 5-38 所示。

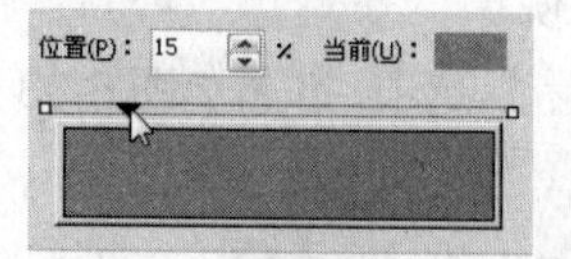

图 5-36　添加标记

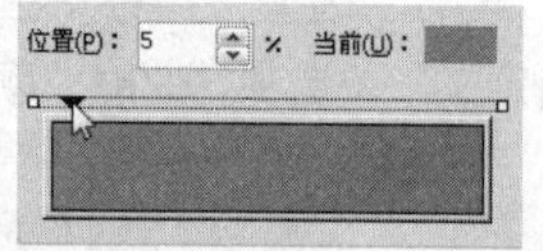

图 5-37　移动标记的位置

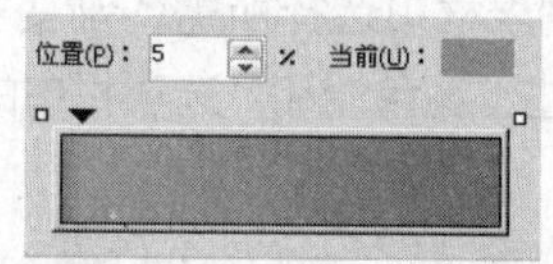

图 5-38　设置标记的颜色

8 使用同样的方法在颜色频带上添加新的标记，并分别设置相应的颜色，如图 5-39 所示，然后单击“确定”按钮，得到如图 5-40 所示的填充效果。

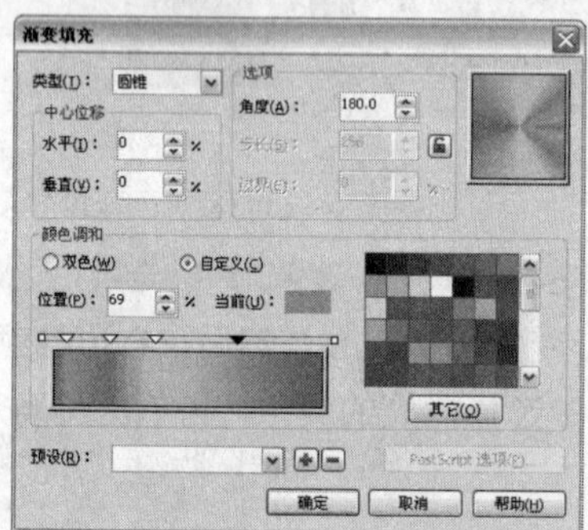

图 5-39　自定义渐变颜色设置

图 5-40　对象的填充效果

小提示

要删除颜色频带上多余的标记，可在需要删除的标记上双击鼠标左键即可，删除标记后的渐变颜色也会进行相应的调整，如图 5-41 所示。

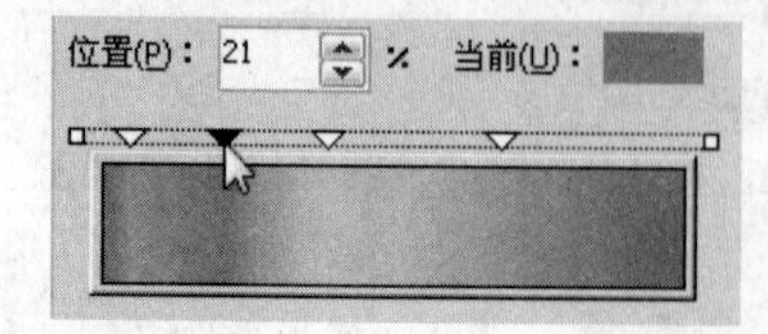

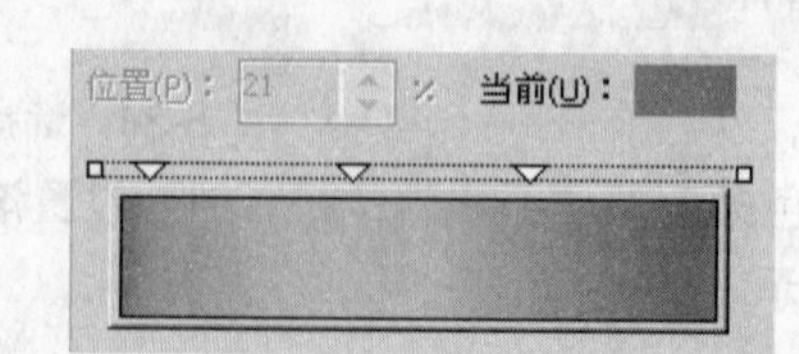

图 5-41　删除多余的标记

5.2 为对象填充图样和纹理

在 CorelDRAW 中，除了可以为对象填充均匀色和渐变色外，还可以为对象填充图样和底纹。CorelDRAW 中预设了丰富的图样和底纹填充样式，用户可以直接使用这些样式填充对象，同时也可以使用其他的图像作为填充样式。

5.2.1 为对象填充图样

CorelDRAW 中的图样分为 3 种类型，包括双色、全色和位图图样。选择需要填充的对象，然后在“填充”工具展开工具栏中选择“图样填充”对话框，弹出如图 5-42 所示的“图样填充”对话框。

图 5-42　“图样填充”对话框

- 选择“双色”单选按钮，可以为对象填充只有“前部”和“后部”两种颜色的图样，如图 5-43 所示。
- 选择“全色”单选按钮，可以为对象填充全部颜色的图样。全色图样可以由矢量图和线描图生成，也可以由装入的位图图像生成。因此，使用全色图样填充可以使对象产生丰富的图案效果，如图 5-44 所示。
- 选择“位图”单选按钮，可以选择效果各异的位图图像作为图样填充对象，其复杂性取决于图像大小和分辨率等，填充效果比前两种更加丰富，如图 5-45 所示。

图 5-43　双色图样

图 5-44　全色图样

图 5-45　位图图样

- “前部”和“后部”选项用于设置双色图样的前部和后部颜色。如图 5-46 所示。

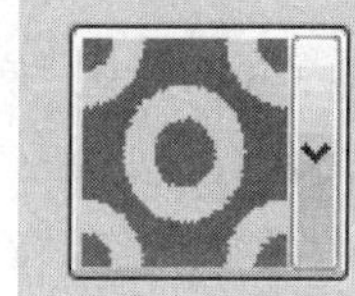

图 5-46　设置颜色后的双色填充

- “原点”区域：在“x”和“y”数值框中输入数值，可设置使图案在填充后相对于图形位置发生变化的量。
- “大小”区域：在“宽度”和“高度”数值框中输入数值，可设置图样的大小，如图 5-47 所示。

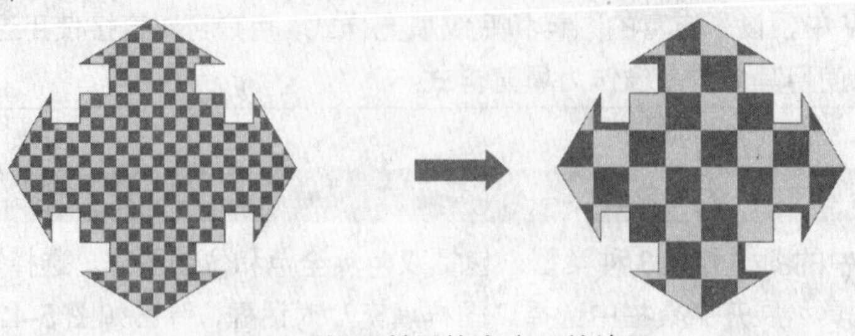

图 5-47　设置单元格大小及其效果

- “变换”：在“倾斜”和“旋转”数值框中输入数值，可设置图样倾斜和旋转的角度，如图 5-48 所示。

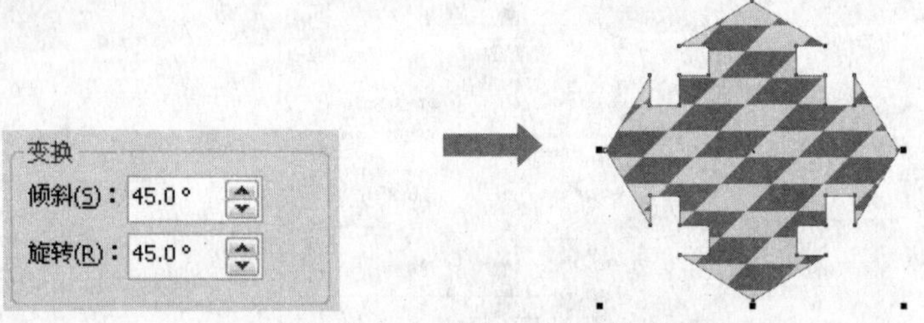

图 5-48　“变换”参数的设置及其填充效果

- “行或列位移”区域：在“平铺尺寸”数值框中输入“行”或“列”的百分比值，可以使图案产生不同程度的错位效果，如图 5-49 和图 5-50 所示。

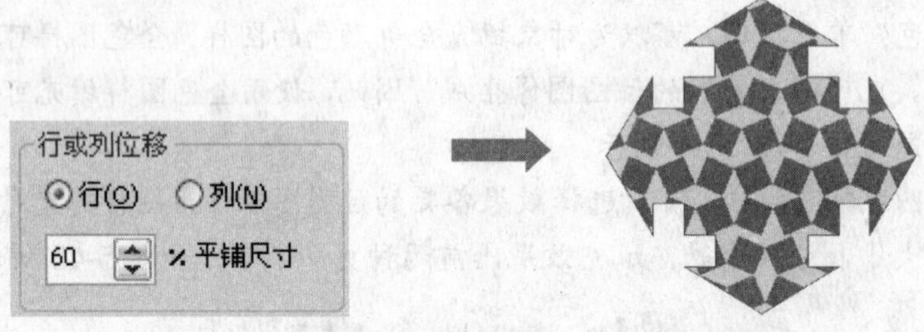

图 5-49　设置“行”参数后的错位填充效果

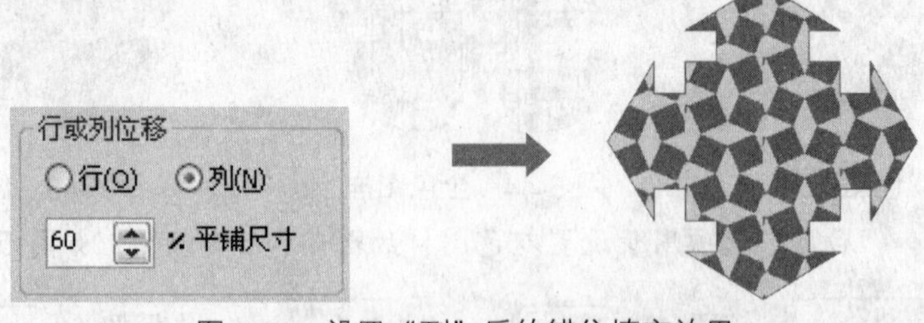

图 5-50　设置“列”后的错位填充效果

- “将填充与对象一起变换”复选框：在为对象填充图样时选中该复选框，在对选定对象进行缩放或倾斜等变换操作时，填充对象的图样也会同时变换。反之，图样会保持不变。
- “镜像填充”复选框：在为对象填充图样时选中该复选框，填充后的图样将被镜像。

- 装入：用于装入其他图像作为填充图样。单击该按钮，弹出如图 5-51 所示的“导入”对话框，在其中选择一张图像或其他图形后，单击“导入”按钮，即可将选择的图像导入进来，导入的图像将自动转换为双色图样并添加到样式列表中，如图 5-52 所示。使用该图样填充对象后的效果如图 5-53 所示。

图 5-51　“导入”对话框

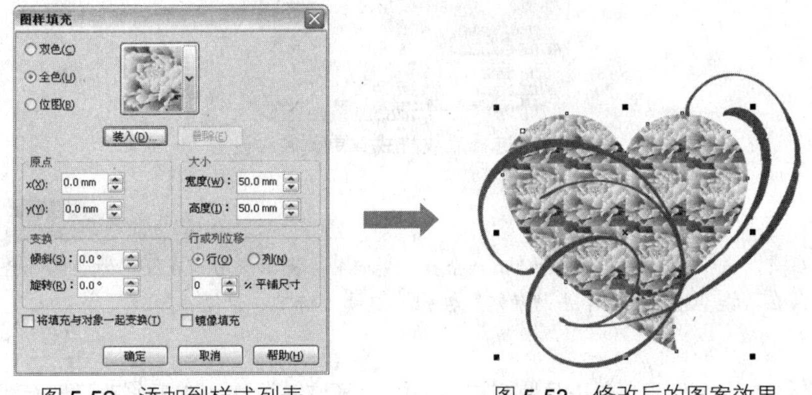

图 5-52　添加到样式列表　　图 5-53　修改后的图案效果

- 删除：在填充“双色”或“位图”预设图样时从图样下拉列表框中选择一个需要删除的图样，然后单击“删除”按钮，即可将其删除。

5.2.2　为对象填充底纹

CorelDRAW X4 中预设了丰富的底纹样式，用户可以按默认设置应用这些底纹，也可以在应用底纹时重新设置选项参数或更改底纹颜色等。CorelDRAW 中的底纹颜色只能使用 RGB 模式，不过，用户可以参考其他模式的颜色来调配所需要的颜色。

1 选择需要填充的对象，如图 5-54 所示，然后在填充工具的展开工具栏中选择“底纹填充”对话框，弹出如图 5-55 所示的“底纹填充”对话框。

图 5-54　选择的对象

图 5-55 “底纹填充”对话框

2 在“底纹库”下拉列表框中选择所需的底纹库，并在“底纹列表”中选择适合的底纹样式，然后在对话框右边的选项栏中设置底纹选项参数并更改底纹颜色，如图 5-56 所示（根据选择的不同底纹，会出现不同的选项设置）。

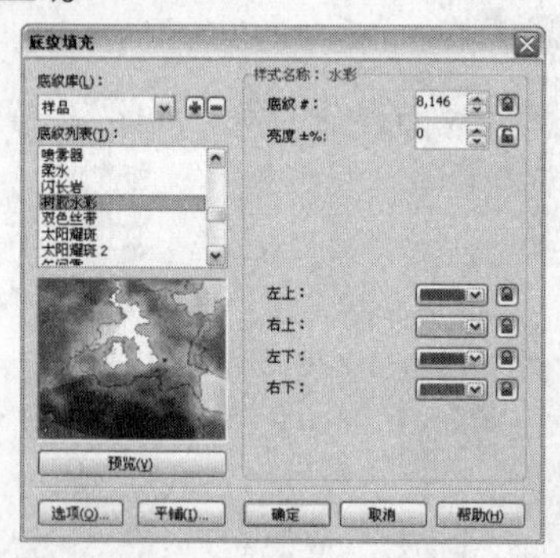

图 5-56　选择底纹样式并更改底纹设置

小提示

在更改底纹颜色时，系统会弹出一个提示对话框，提示应用到底纹中的颜色都会是 RGB 颜色，在该提示对话框中单击“确定”按钮，继续进行下一步操作。

3 设置好底纹选项参数后，单击预览窗口下方的“预览”按钮，查看修改设置后的底纹效果，如图 5-57 所示。

4 调整并预览到满意的底纹效果后，单击“确定”按钮，得到如图 5-58 所示的底纹填充效果。

图 5-57　预览底纹效果

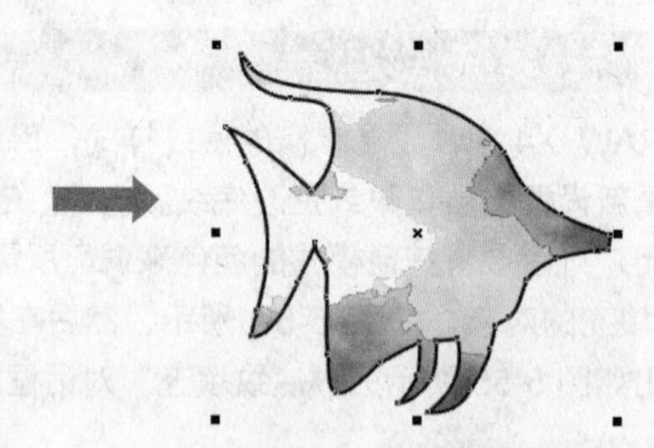

图 5-58　底纹的填充效果

在“底纹填充”对话框中，单击对话框中的“选项”按钮，在弹出如图 5-59 所示的“底纹选项”对话框中，可以设置底纹作为位图的分辨率和底纹的最大平铺宽度。

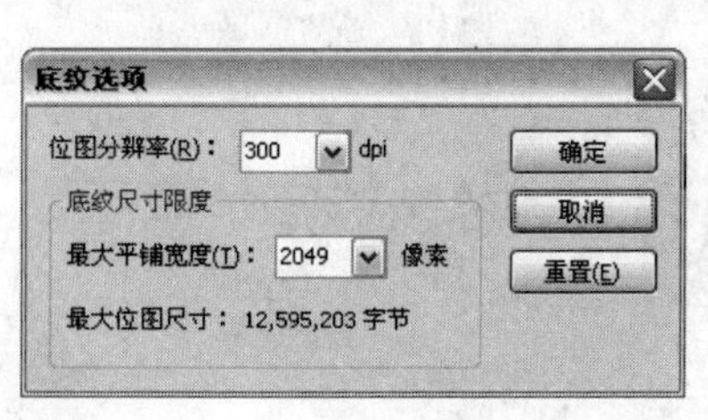

图 5-59　“底纹选项”对话框

单击“平铺”按钮，在弹出如图 5-60 所示的“平铺”对话框中，可以设置底纹填充对象时的“原点”、“大小”、“变换”、“行和列位移”等参数。选中“将填充与对象一起变换”复选框，在修改对象时，为对象填充的底纹也会同时被修改。

在修改底纹效果后，单击“底纹填充”对话框中的按钮，在弹出的“保存底纹为”对话框中为底纹命名，并选择保存底纹的位置，然后单击“确定”按钮，即可将重新设置后的底纹保存为自定义底纹，如图 5-61 所示。

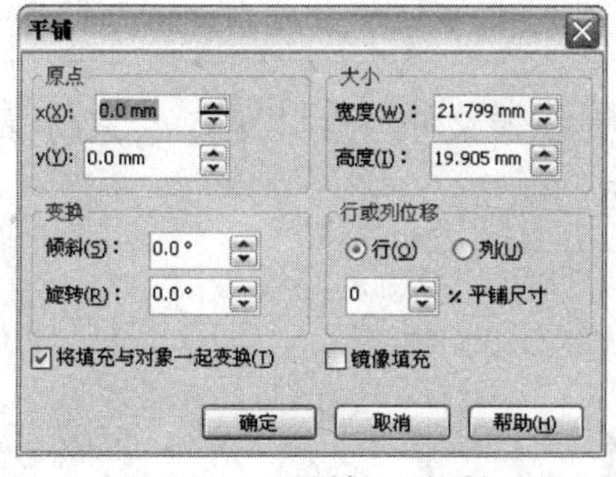

图 5-60　“平铺”对话框

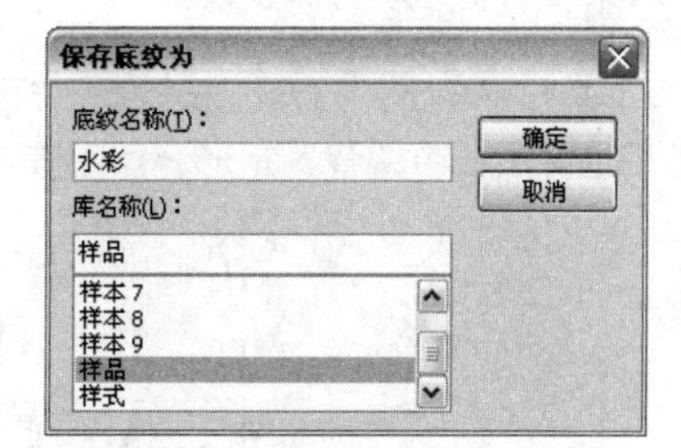

图 5-61　“保存底纹为”对话框

5.2.3　为对象填充 PostScript 底纹

PostScript 底纹是使用 PostScript 语言设计的特殊纹理。在填充 PostScript 底纹时，由于一些底纹较复杂，因此在打印或屏幕显示使用 PostScript 底纹填充的对象时，会等待较长的时间，甚至一些更为复杂的 PostScript 底纹只能显示为“PS”字母。

为对象应用 PostScript 底纹进行填充的操作步骤如下。

1 选择“填充”工具展开工具栏中的 PostScript 填充对话框，在弹出的“PostScript 底纹”对话框中选中“预览填充”复选框，以便于在预览窗口中预览选择的 PostScript 底纹，如图 5-62 所示。

2 在底纹列表框中选择所需的底纹样本，然后在“参数”选项栏中设置底纹散布的密度，最大和最小的底纹大小，再单击“刷新”按钮，预览修改后的底纹效果，如图 5-63 所示。设置好所有选项后，单击“确定”按钮，得到如图 5-64 示的填充效果。

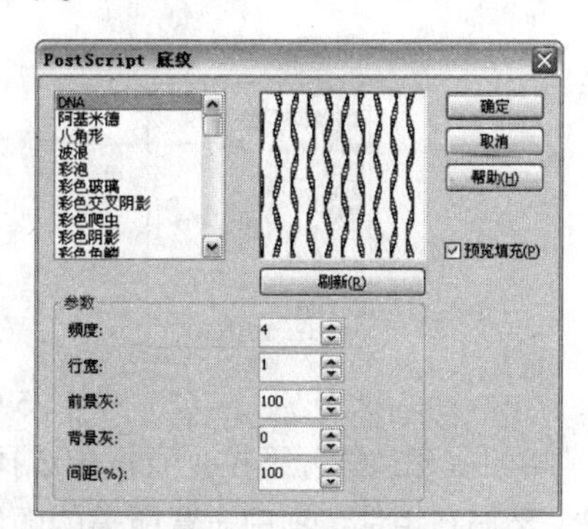

图 5-62　“PostScript 底纹”对话框

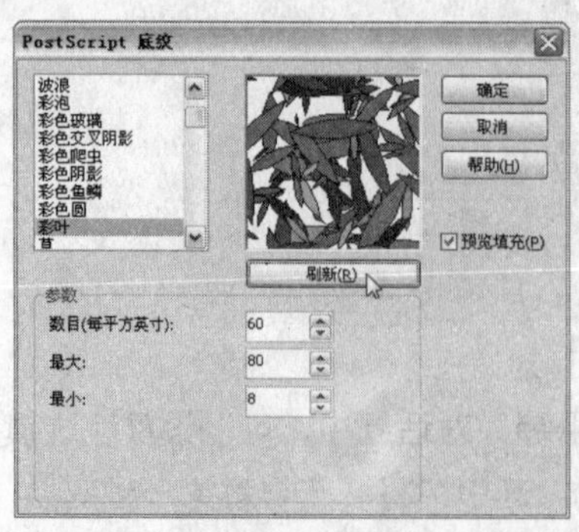

图 5-63　设置 PostScript 底纹选项

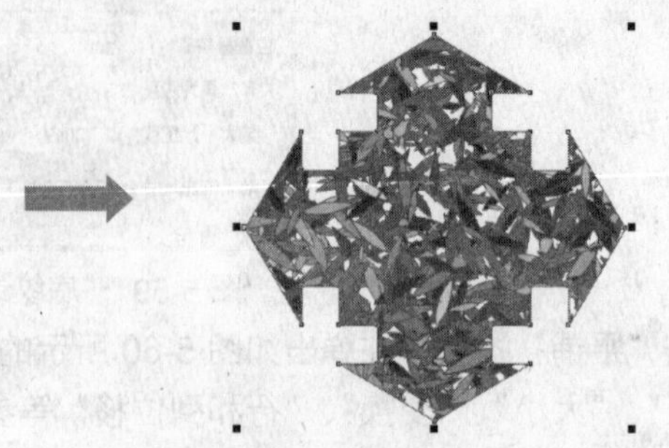

图 5-64　PostScript 底纹填充效果

5.3 使用交互式填充工具

使用“交互式填充工具”可以为对象填充均匀色、渐变色、图样、底纹和 PostScript 底纹。通过使用该工具填充对象时，可以直观地查看对象的填充效果，同时可以更为灵活地调整应用到对象上的填充颜色和参数。

1 在标准工具栏中单击“打开”按钮，打开光盘中的“源文件与素材\第 5 章\素材\素材.cdr”文件，然后选择画面中的背景矩形，如图 5-65 所示。

图 5-65　选择需要填充的对象

2 在工具箱中选择“交互式填充工具”，并在属性栏中单击“填充类型”下三角按钮，从弹出的下拉列表框中选择“均匀填充”选项，如图 5-66 所示，此时选定的对象将被默认填充为“黑色”。

图 5-66　选择填充类型

3 在“均匀填充类型”下拉列表框中选择所要应用的颜色模式，这里保持默认的“CMYK”模式不变，然后在组件选项中设置所需的颜色参数值，再按下 Enter 键，即可为选定的对象填充指定的颜色，如图 5-67 所示。

图 5-67　标准填充效果

4 要为对象填充渐变色，可在“填充类型”下拉列表框中选择所需的渐变类型，这里以选择“线性”渐变为例进行讲解。在“填充类型”下拉列表框中选择“线性”选项后，属性栏设置和默认状态下的线性渐变填充效果分别如图 5-68 和图 5-69 所示。

图 5-68　设置“线性”属性栏

图 5-69　对象上的线性渐变控制点

5 在“填充下拉式”颜色选取器中选择渐变的起始颜色，并在“最后一个填充挑选器”中选择渐变的结束颜色，修改颜色后的填充效果如图 5-70 所示。

图 5-70　应用线性填充

6 在“渐变填充中心点”数值框中输入位置，以决定颜色转换点的位置，并在“渐变填充角和边界”选项中设置渐变填充的角度和边界，如图 5-71 所示。设置好后，按下 Enter 键，填充效果如图 5-72 所示。

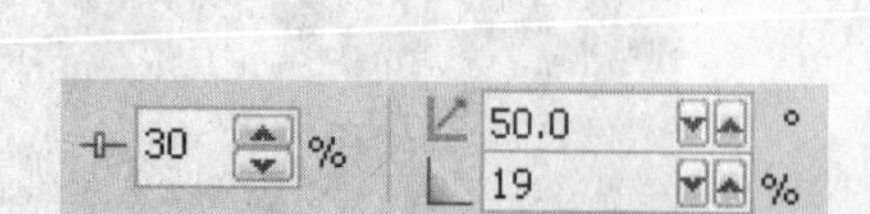

图 5-71 属性栏的设置

图 5-72 填充对象效果

小提示

用户还可以通过手动方式调整渐变的填充中心点、角度和边界。拖动渐变控制线上的渐变中心点，可以随意调整渐变的中心点位置，如图 5-73 所示；分别拖动渐变起始点或结束点，可以调整渐变的角度和边界，如图 5-74 所示；拖动渐变控制线，也可以调整渐变的边界。

图 5-73 调整渐变中心点

图 5-74 调整渐变的角度和边界

7 要为对象填充多种颜色的渐变色，可在渐变控制线上增加新的颜色节点即可。使用交互式填充工具在控制线上需要添加颜色节点的位置双击鼠标左键，即可在此处添加一个新的颜色节点，如图 5-75 所示。

图 5-75 调整渐变中心点

8 单击新添加的颜色节点，将其选择，然后在属性栏中的“渐变填充节点颜色”选项的颜色选取器中为选定的颜色节点设置所需的颜色，并在“节点位置”选项中调整该颜色节点的位置，效果如图 5-76 所示。

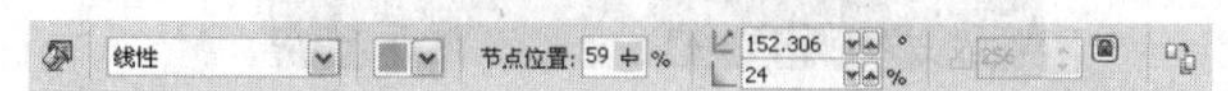

图 5-76　设置节点的颜色

小提示

在选择颜色节点后，单击调色板中的色样，或者在“颜色”泊坞窗中设置所需的颜色，然后单击“填充”按钮，也可以为选定的节点设置新的颜色。

要删除多余的颜色节点，可以在选择的颜色节点上单击鼠标右键即可，删除颜色节点后的渐变色也会同时发生调整。

9 在“填充类型”下拉列表框中分别选择“射线”、“圆锥”和“方角”渐变后，对象的填充效果分别如图 5-77 所示。

图 5-77　其他类型的渐变填充效果

10 要为对象填充图样、底纹和 PostScript 底纹，可在“填充类型”下拉列表框中选择所需的填充类型即可。下面以选择“双色图样”为例进行讲解。在“填充类型”下拉列表框中选择“双色图样”选项，其属性栏设置如图 5-78 所示。

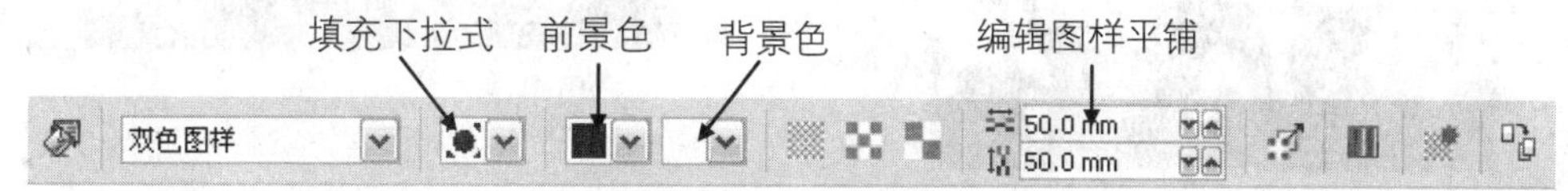

图 5-78　“双色图样”属性栏设置

- 单击“小型图样拼接”按钮，使对象以小型图样拼接的方式填充。
- 单击“中型图样拼接”按钮，使对象以中型图样拼接的方式填充。
- 单击“大型图样拼接”按钮，使对象以大型图样拼接的方式填充。
- 单击“变换对象的填充”按钮，可以变换对象的填充。
- 单击“生成填充图块镜像”按钮，可以生成填充图块镜像。
- 单击“创建图样”按钮，在弹出的“创建图样”对话框中，设置所要创建的图样类型和分辨率级别，如图 5-79 所示，然后单击“确定”按钮，再圈选需要创建为图样的一个图样区域，如图 5-80 所示，接着将弹出如图 5-81 所示的“创建图样”提示框，在其中单击“确定”按钮，即可生成新的图样，如图 5-82 所示。

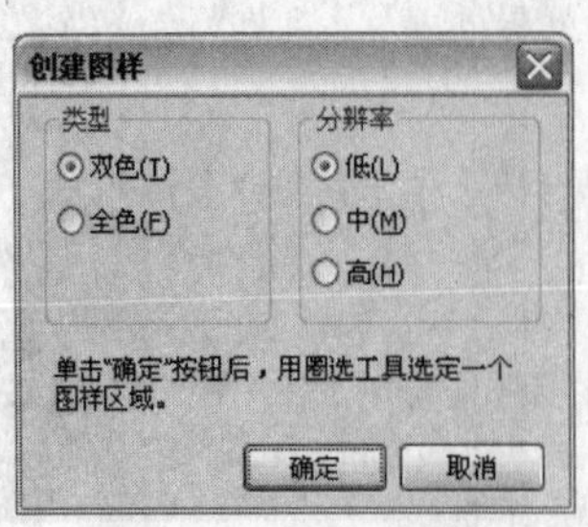

图 5-79 设置分辨率

图 5-80 圈选要创建为图样的图样区域

图 5-81 "创建图样"提示框

图 5-82 创建的图样

11 在"填充下拉式"列表框中选择所需的图样，并在"前景色"和"背景色"颜色选取器中设置图样的前部和后部颜色，然后选择图样拼接的方式，得到如图 5-83 所示的填充效果。

12 拖动对象上生成的图样控制点，可以缩放图样的大小，也可以旋转或倾斜图样等，如图 5-84 所示。

图 5-83 双色图样填充效果

图 5-84 变换图样

13 在"填充类型"下拉列表框中分别选择"全色图样"、"位图图样"、"底纹填充"和"PostScript 填充"类型后，对象的填充效果分别如图 5-85 所示。

图 5-85　其他图样和底纹填充效果

5.4 使用交互式网状填充工具

使用交互式网状填充工具可以在对象上创建任何方向的平滑颜色过渡，从而产生独特的效果。在应用网状填充时，可以指定网格的列数和行数以及网格的交叉点，还可以通过添加或删除节点（网格交点）来调整网格。在不需要应用网状填充效果时，可以将效果清除。需要注意的是，网状填充只能应用于闭合对象或单条路径。

5.4.1 创建和编辑网格

在对象上创建和编辑网格的操作方法如下。

1 选择需要应用网状填充的对象，然后在交互式填充工具展开工具栏中单击“交互式网状填充工具”按钮，此时系统将根据选定对象的形状创建默认网格，如图 5-86 所示。

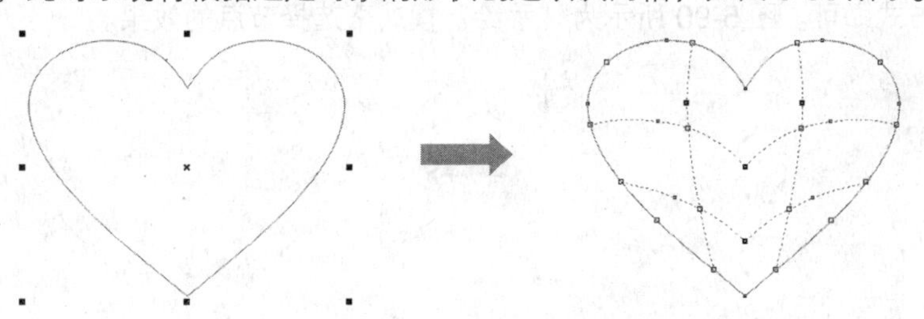

图 5-86　创建的默认网格

2 在网格中单击鼠标左键，此时属性栏设置如图 5-87 所示。

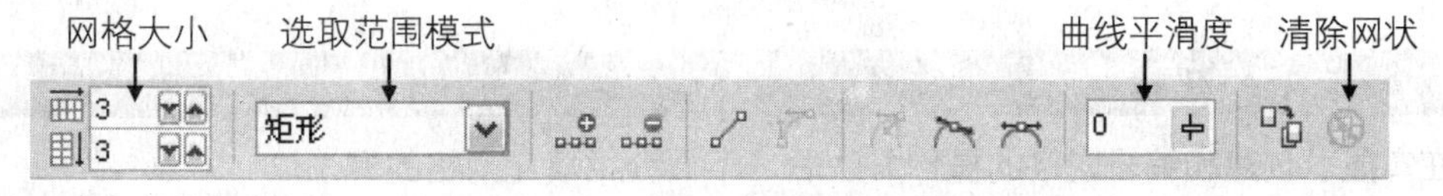

图 5-87　编辑网格的属性栏设置

编辑网格的操作方法与调整曲线形状的方法相似。用户在选择网格节点后，可以按照调整曲线形状的方法来编辑填充网格。

3 将光标移动到网格线上，当光标变为状态时双击，可在此处添加一个节点，并增加一条经过该点的网格线，如图 5-88 所示。

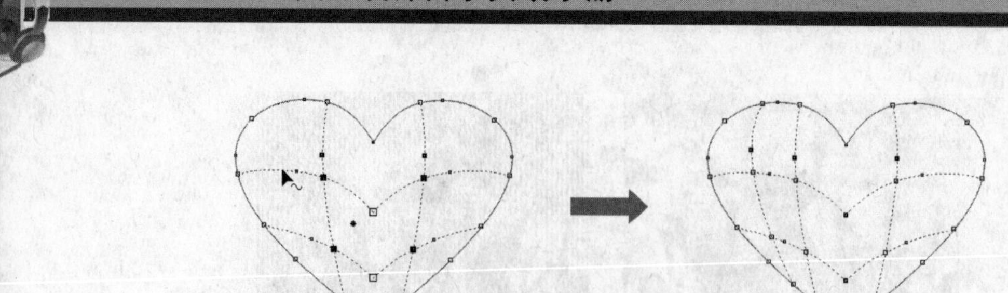

图 5-88　添加网格线

4 在编辑网格时，如果需要删除多余的网格节点，可在选择节点后，按下 Delete 键将它们删除，如图 5-89 所示。如果删除的为网格交点，那在删除网格交点的同时将删除对应的网格线。

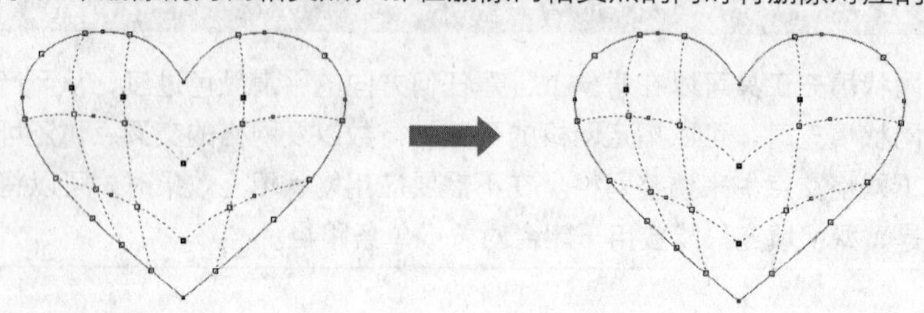

图 5-89　删除多余的节点

如果要选择多个网格节点，可以按住 Shift 键时逐个单击需要选择的节点，即可将它们同时选取。用户也可以采用框选的方式选择多个节点，如图 5-90 所示。在 CorelDRAW X4 中，系统默认的框选类型为“矩形”，要更改框选方式，可在属性栏中的“选取范围模式”下拉列表中选取“手绘”方式即可。图 5-90 所示为“手绘”模式下选择节点的效果。

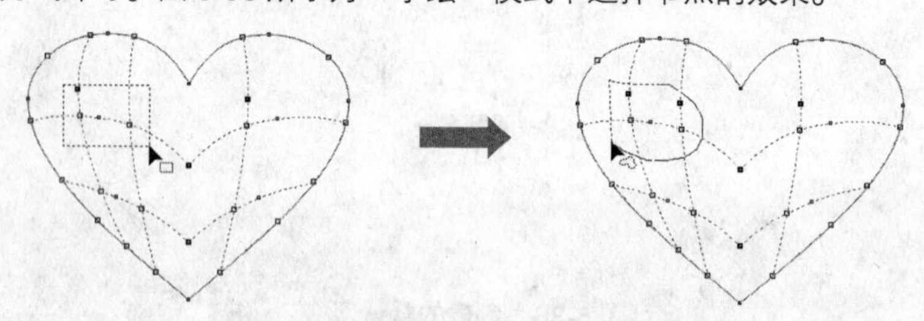

图 5-90　“手绘”状态下的选取效果

5.4.2　为对象填充颜色

在掌握了创建和编辑网格的操作方法后，下面介绍填充网格的方法。

1 选择需要填充的节点，然后使用鼠标左键单击调色盘中的色样，即可使用指定的颜色填充该节点所在的区域，如图 5-91 所示。

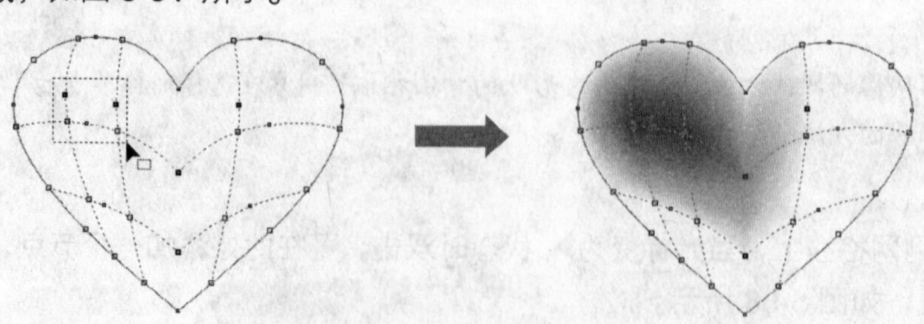

图 5-91　填充选定的节点

2 拖动节点或网格中的相交点，可以扭曲填充颜色的方向，如 5-92 所示。

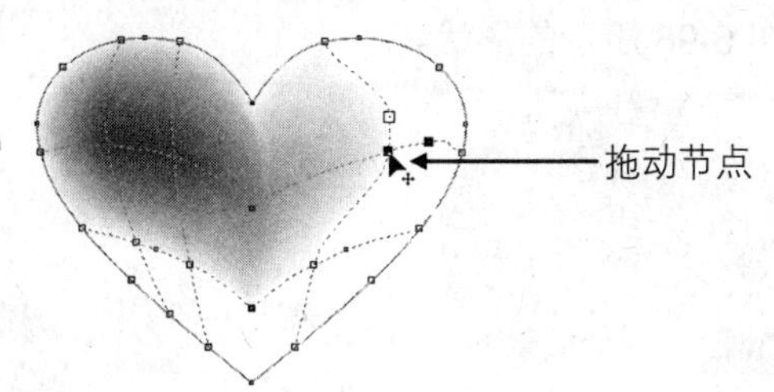

图 5-92　扭曲填充颜色的方向

3 要使用自定义的颜色填充网格，可以在“颜色”泊坞窗中设置好需要的颜色，然后单击“填充”按钮，即可填充选定的网格区域，如图 5-93 所示。

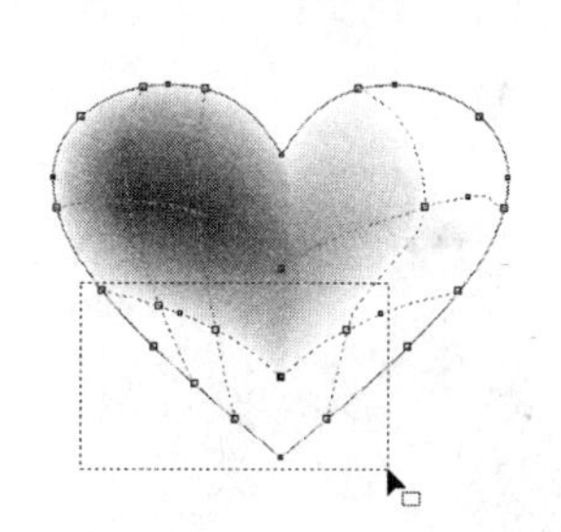

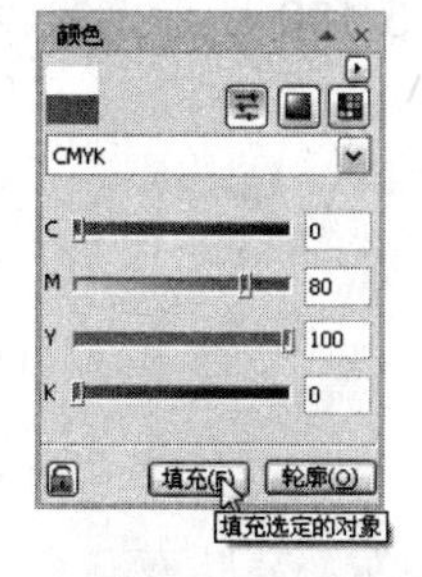

图 5-93　使用自定义的颜色填充网格

4 在不需要应用网格填充效果时，单击交互式网格填充工具属性栏中的“清除网状”按钮即可。

绘制绚丽花朵

下面将通过绘制绚丽逼真的花朵造型，使读者掌握为对象应用网格填充效果的方法和技巧。如图 5-94 所示。

图 5-94　完成后的海底世界插画效果

绘制该实例的步骤如下。

1 使用贝塞尔工具绘制如图 5-95 所示的花瓣外形，将其填充为（C:0、M:33、Y:10、K:0）的颜色，如图 5-96 所示。

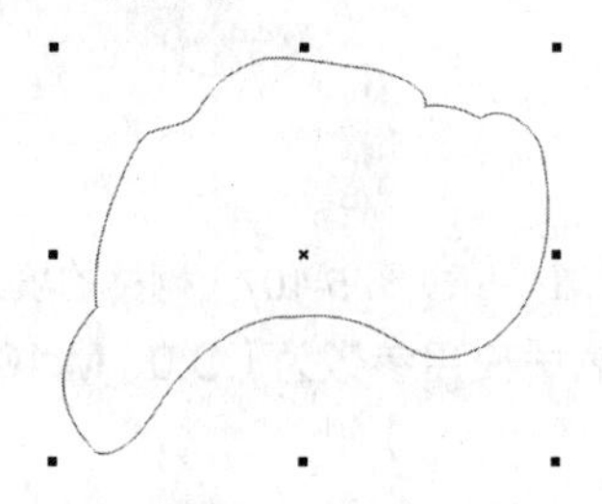

图 5-95　绘制的花瓣外形

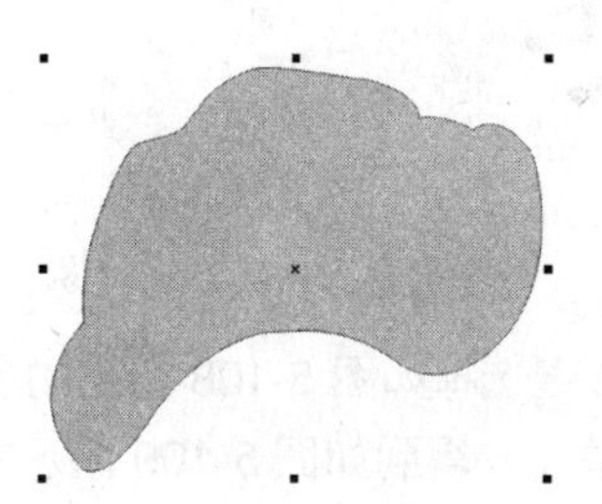

图 5-96　对象的填充效果

2 将工具切换到交互式网格填充工具，将自动创建如图 5-97 所示的网格效果，然后使用该工具将网格编辑为如图 5-98 所示的形状。

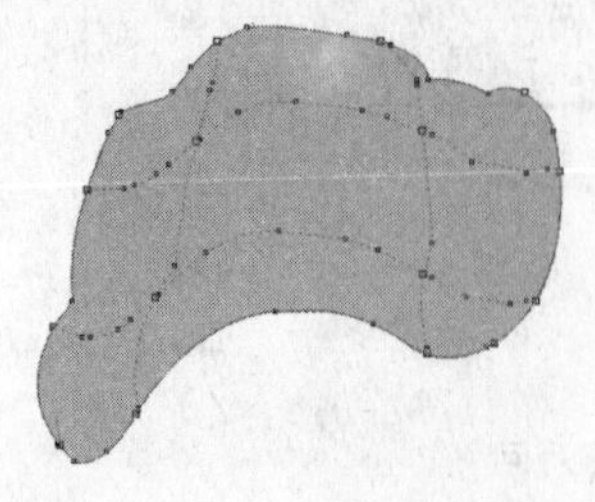

图 5-97　自动创建的网格效果

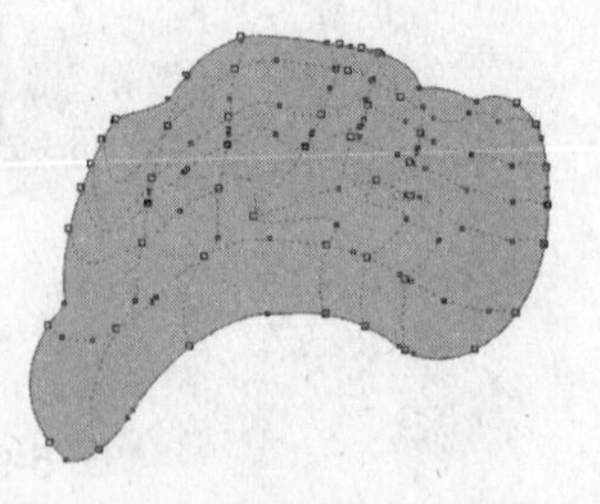

图 5-98　编辑后的网格形状

3 使用交互式网格填充工具框选如图 5-99 所示的网格节点，并在“颜色”泊坞窗中设置颜色参数为（C:0、M:11、Y:1、K:0），如图 5-100 所示，然后单击“填充”按钮，得到如图 5-101 所示的填充效果。

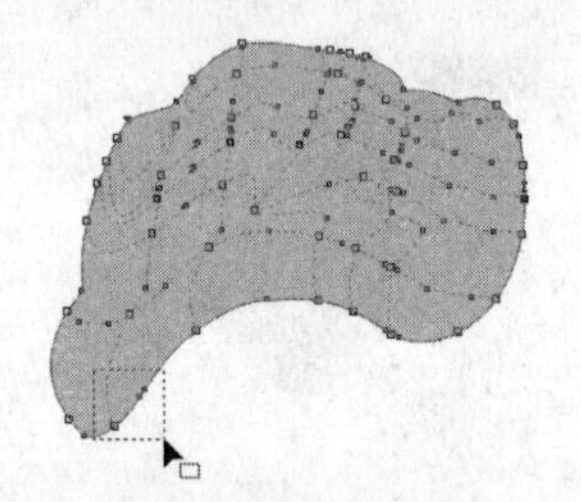

图 5-99　选择网格节点

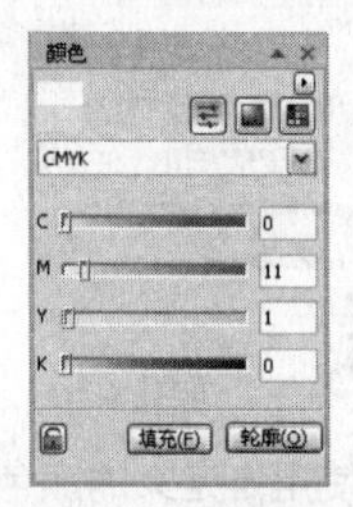

图 5-100　颜色参数设置

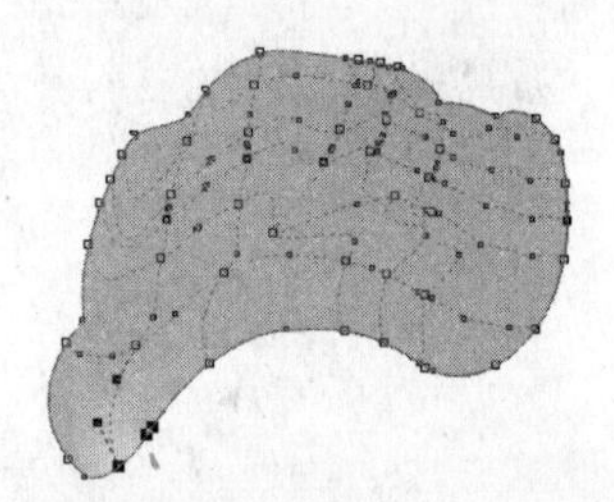

图 5-101　网格的填充效果

4 选择如图 5-102 所示的网格节点，然后使用参数为（C:0、M:20、Y:5、K:0）的颜色为其填充，如图 5-103 所示，得到如图 5-104 所示的填充效果。

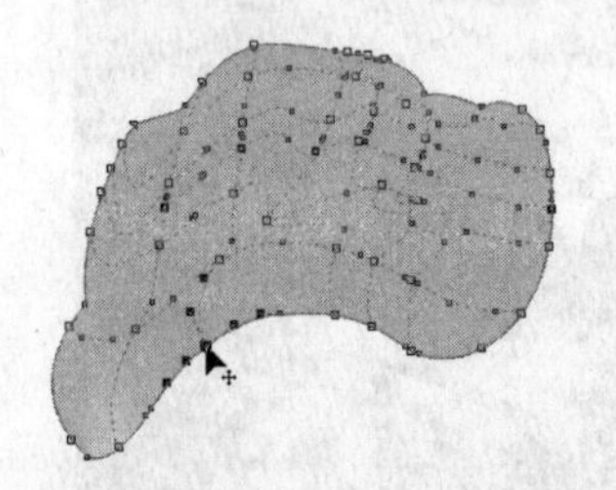

图 5-102　选择的网格节点

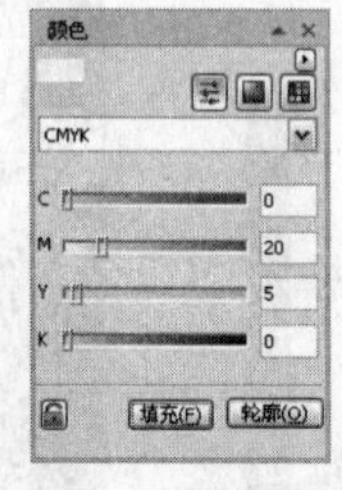

图 5-103　颜色参数设置

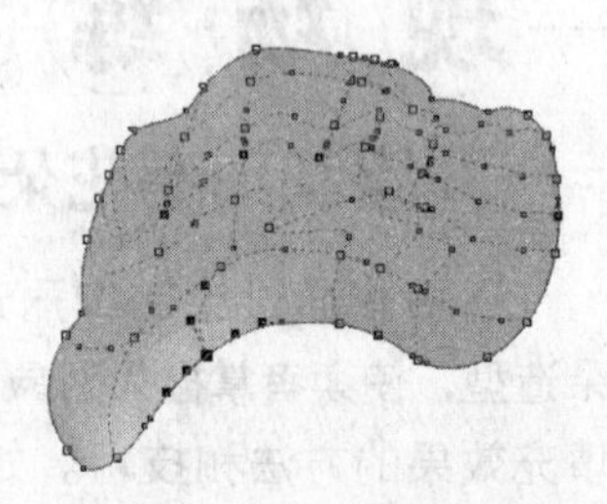

图 5-104　网格的填充效果

5 框选如图 5-105 所示的网格节点，然后使用参数为（C:0、M:10、Y:0、K:0）的颜色为其填充，如图 5-106 所示，得到如图 5-107 所示的填充效果。

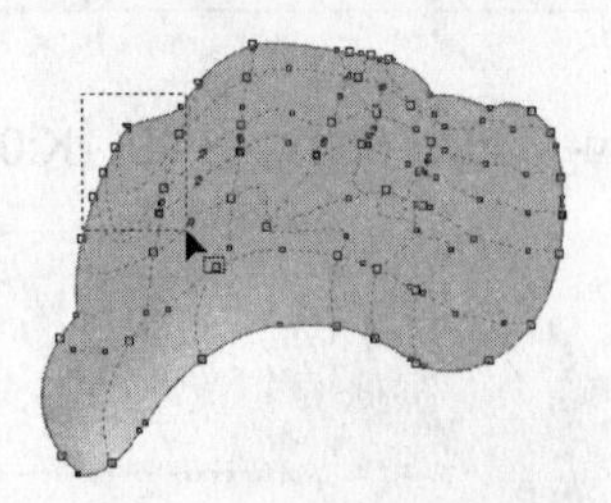

图 5-105　选择的网格节点

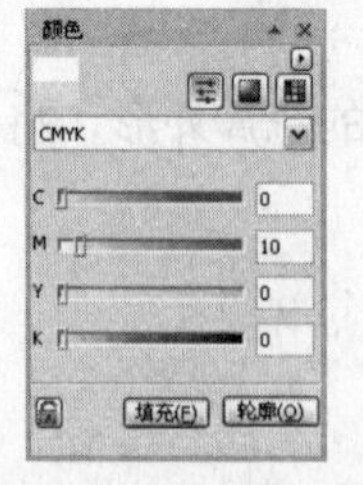

图 5-106　颜色参数设置

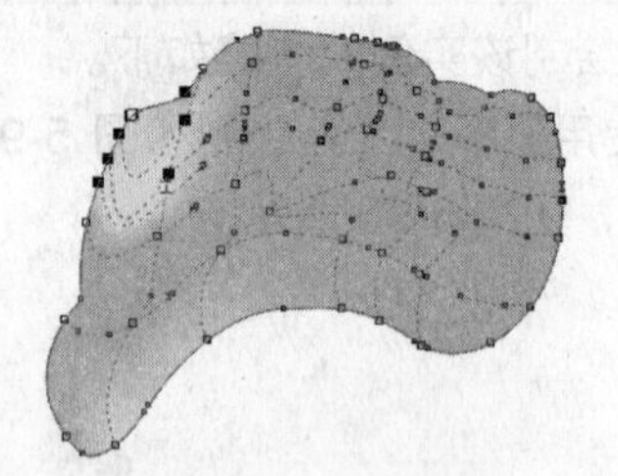

图 5-107　网格的填充效果

6 按住 Shift 键选择如图 5-108 所示的多个网格节点，然后使用参数为（C:0、M:10、Y:0、K:0）的颜色为其填充，得到如图 5-109 所示的填充效果。

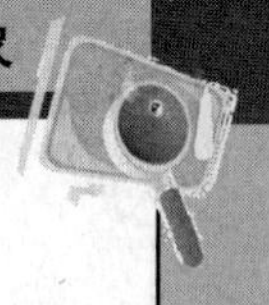

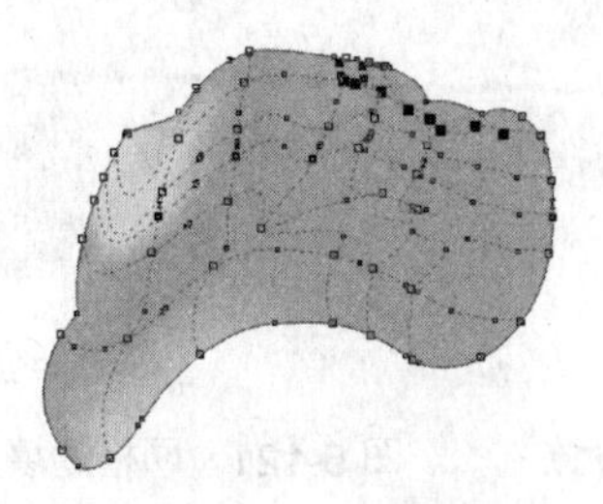

图 5-108　选择的网格节点

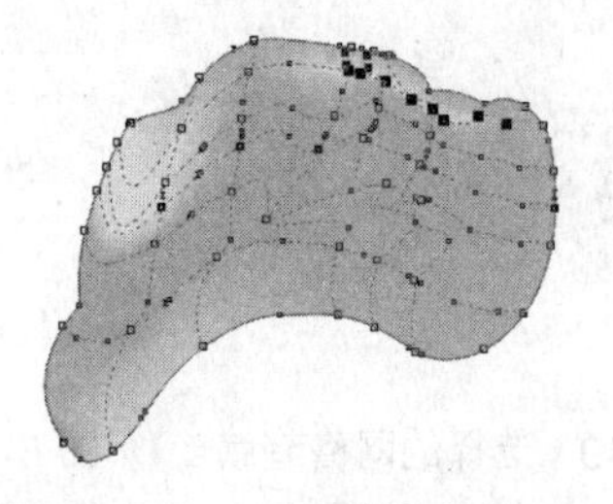

图 5-109　网格的填充效果

7 选择如图 5-110 所示的多个网格节点，然后使用参数为（C:0、M:10、Y:44、K:0）的颜色为其填充，如图 5-111 所示，得到如图 5-112 所示的填充效果。

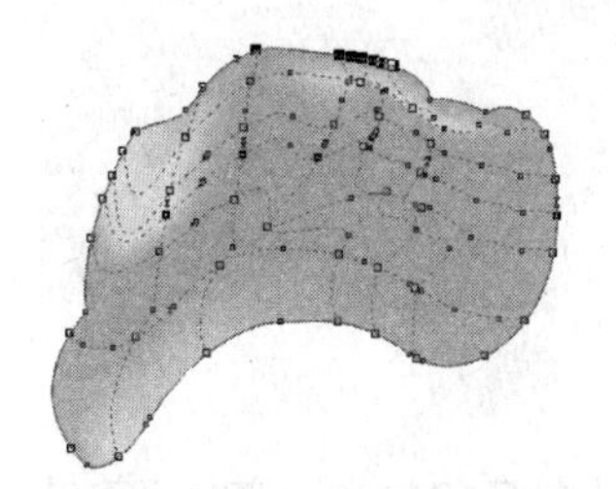

图 5-110　选择的网格节点

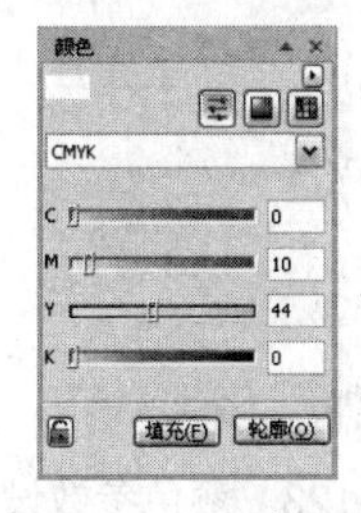

图 5-111　颜色参数设置

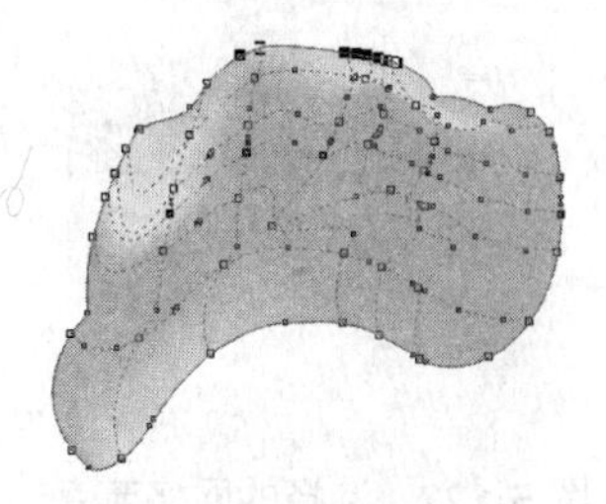

图 5-112　网格的填充效果

8 框选如图 5-113 所示的多个网格节点，然后使用参数为（C:0、M:7、Y:20、K:0）的颜色为其填充，如图 5-114 所示，得到如图 5-115 所示的填充效果。

9 选择如图 5-116 所示的多个网格节点，然后使用参数为（C:0、M:21、Y:7、K:0）的颜色为其填充，如图 5-117 所示，得到如图 5-118 所示的填充效果。

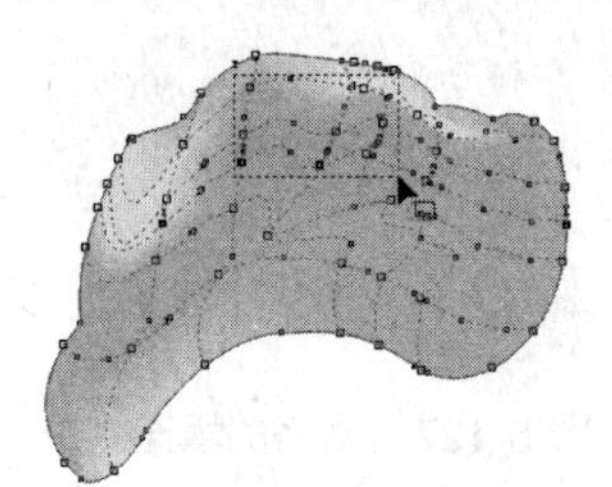

图 5-113　选择的网格节点

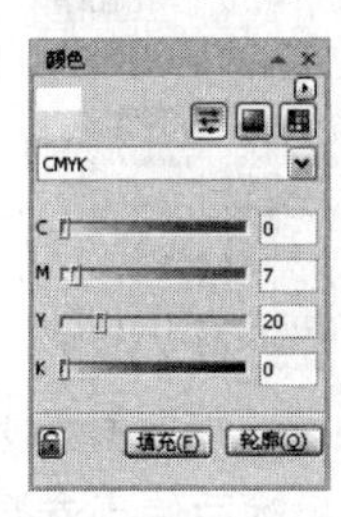

图 5-114　颜色参数设置

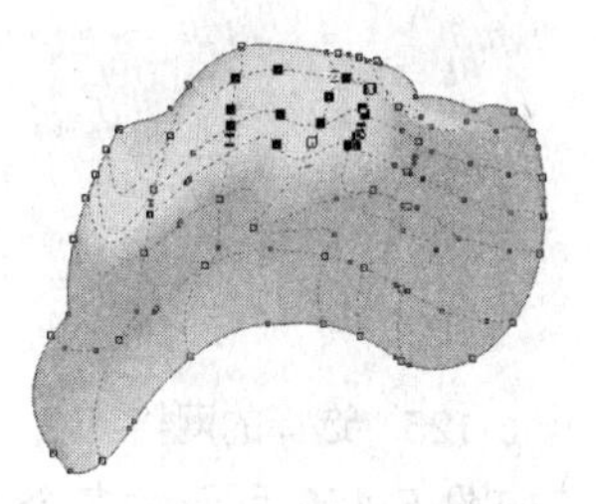

图 5-115　网格的填充效果

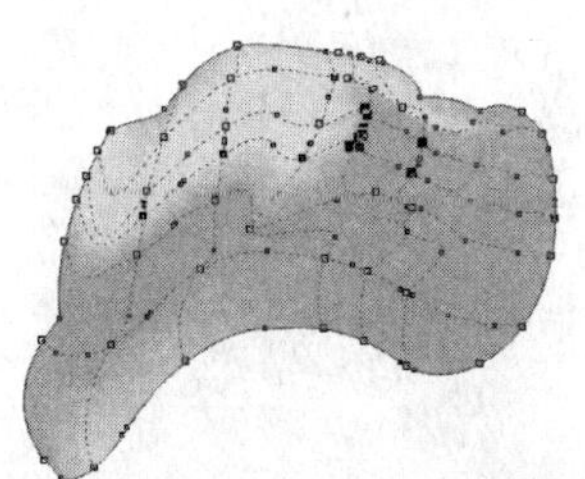

图 5-116　选择的网格节点

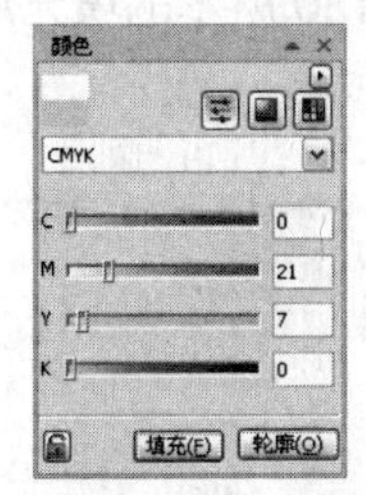

图 5-117　颜色参数设置

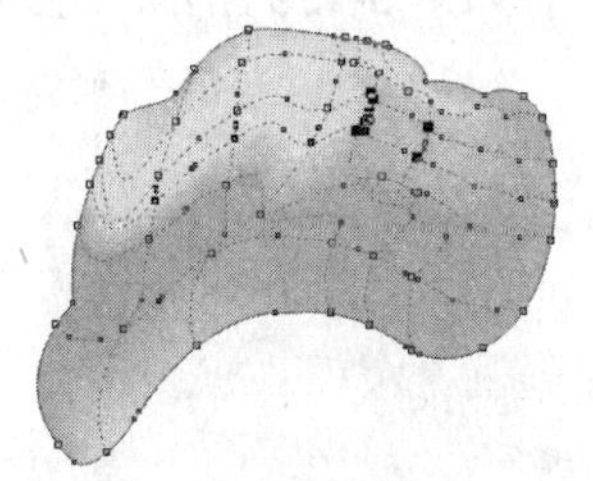

图 5-118　网格的填充效果

10 框选如图 5-119 所示的多个网格节点，然后使用参数为（C:0、M:27、Y:10、K:0）的颜色为其填充，如图 5-120 所示，得到如图 5-121 所示的填充效果。

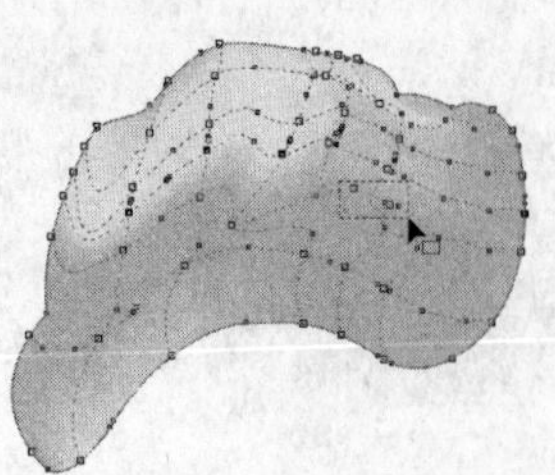
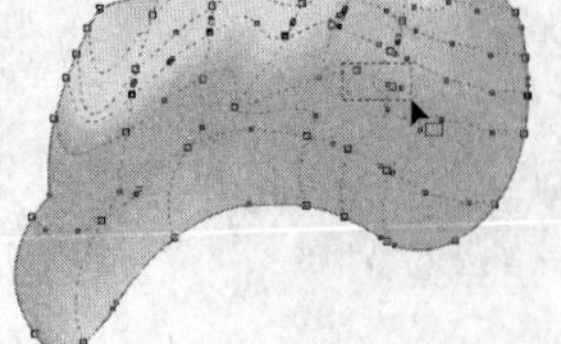
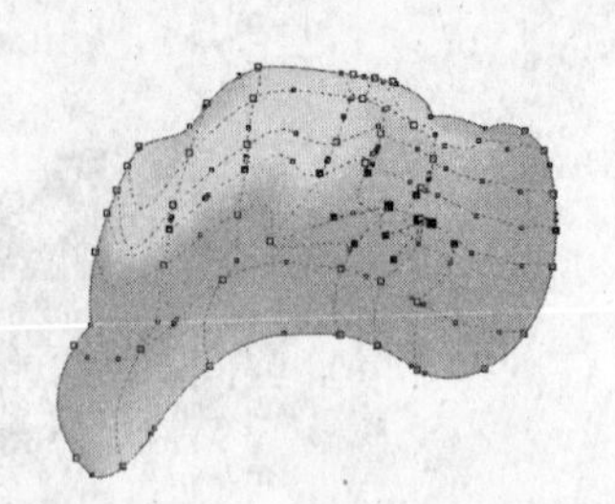

图 5-119　选择的网格节点　　图 5-120　颜色参数设置　　图 5-121　网格的填充效果

11 选择如图 5-122 所示的网格节点，然后使用参数为（C:0、M:10、Y:2、K:0）的颜色为其填充，如图 5-123 所示，得到如图 5-124 所示的填充效果。

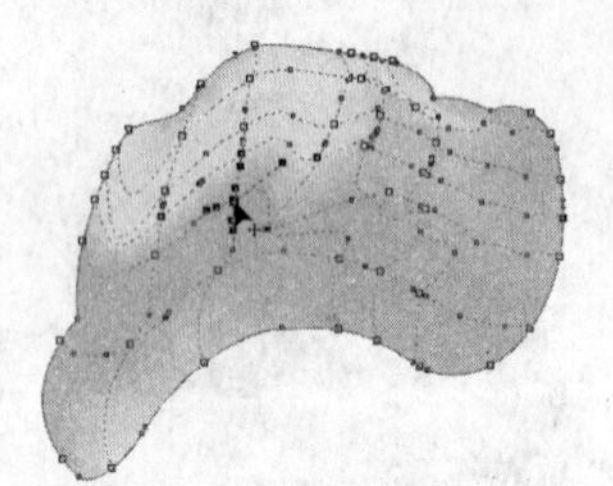
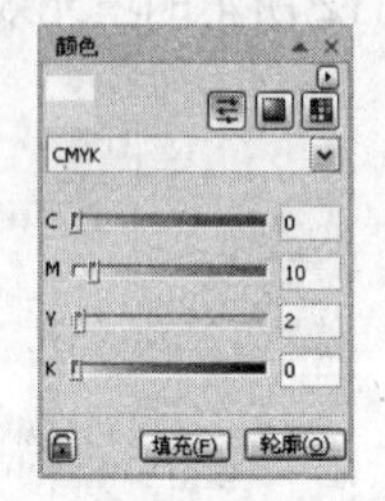

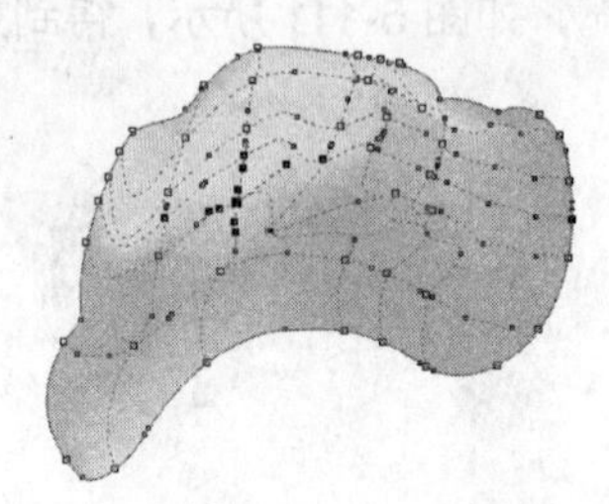

图 5-122　选择的网格节点　　图 5-123　颜色参数设置　　图 5-124　网格的填充效果

12 选择如图 5-125 所示的网格节点，然后使用参数为（C:0、M:23、Y:12、K:0）的颜色为其填充，如图 5-126 所示，得到如图 5-127 所示的填充效果。

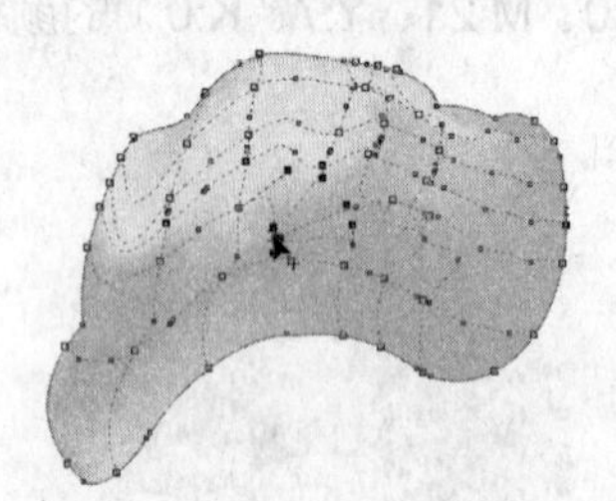
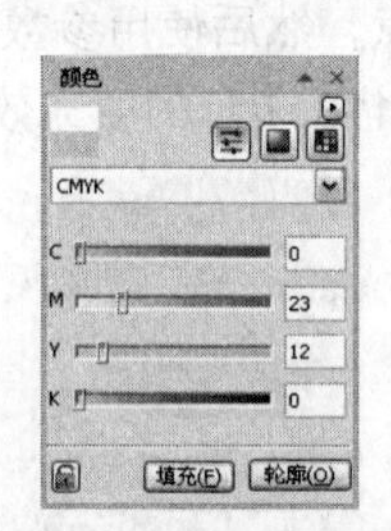

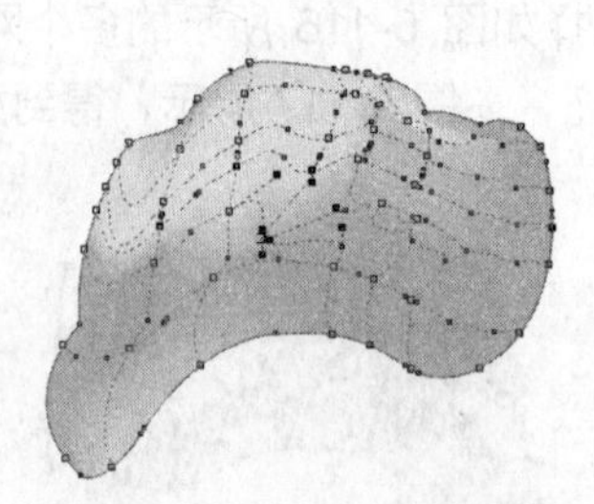

图 5-125　选择的网格节点　　图 5-126　颜色参数设置　　图 5-127　网格的填充效果

13 框选如图 5-128 所示的多个网格节点，然后使用参数为（C:0、M:17、Y:4、K:0）的颜色为其填充，如图 5-129 所示，得到如图 5-130 所示的填充效果。

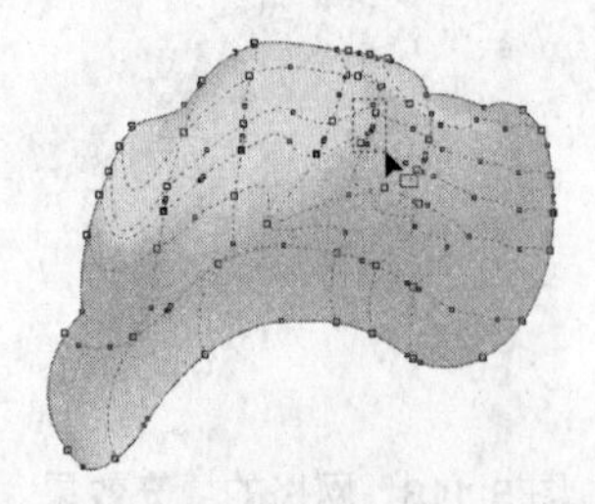
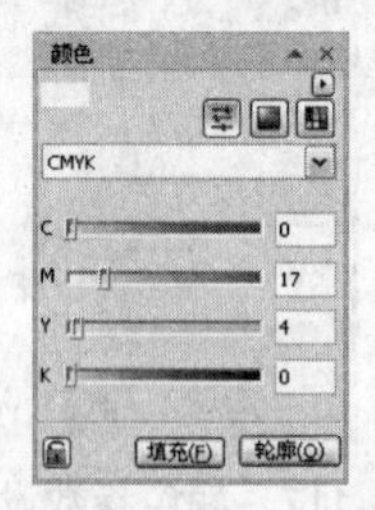

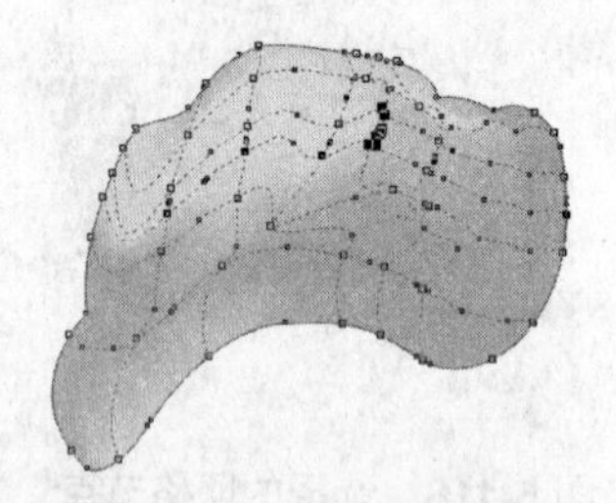

图 5-128　选择的网格节点　　图 5-129　颜色参数设置　　图 5-130　网格的填充效果

14 选择如图 5-131 所示的网格节点，然后使用参数为（C:0、M:27、Y:8、K:0）的颜色为其填充，如图 5-132 所示，得到如图 5-133 所示的填充效果。

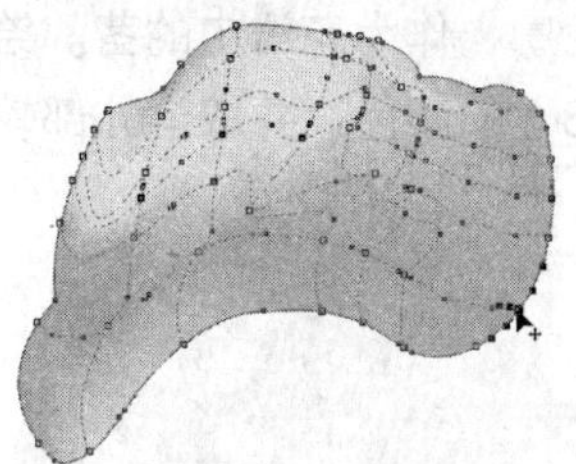
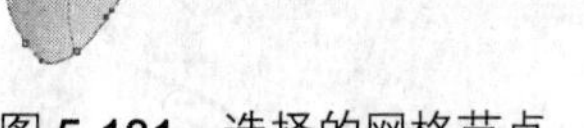

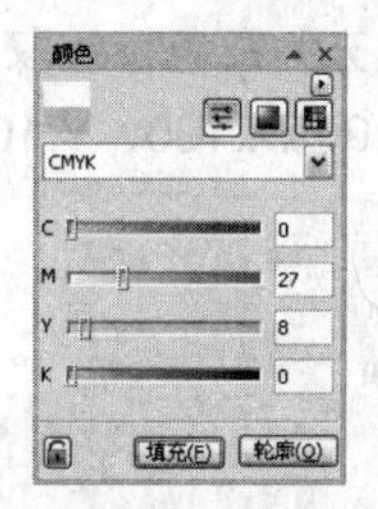

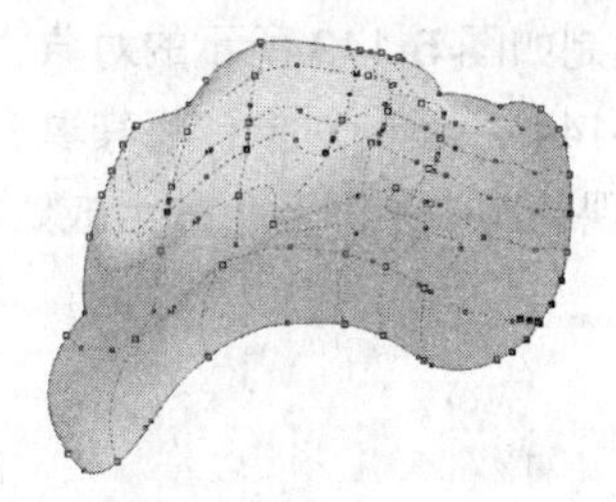

图 5-131　选择的网格节点　　图 5-132　颜色参数设置　　图 5-133　网格的填充效果

⑮ 按下空格键将工具切换到挑选工具，选择花瓣对象，然后单击调色板中的图标，取消其外部轮廓，如图 5-134 所示。

⑯ 在花瓣对象上绘制如图 5-135 所示的不规则对象，将其填充为白色，并取消外部轮廓，然后为其应用“开始透明度”参数为 70 的“标准”透明效果，如图 5-136 所示。

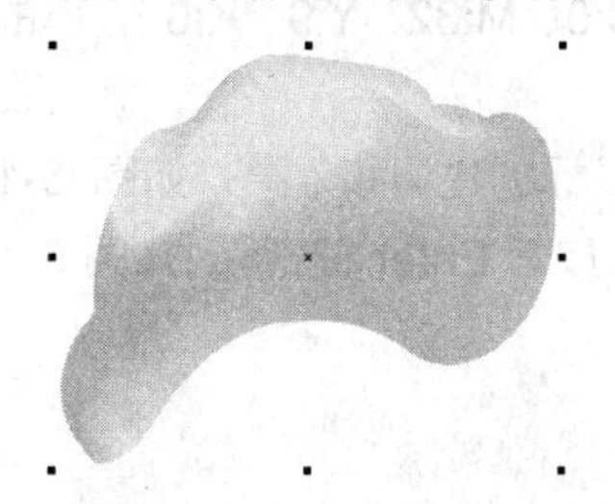

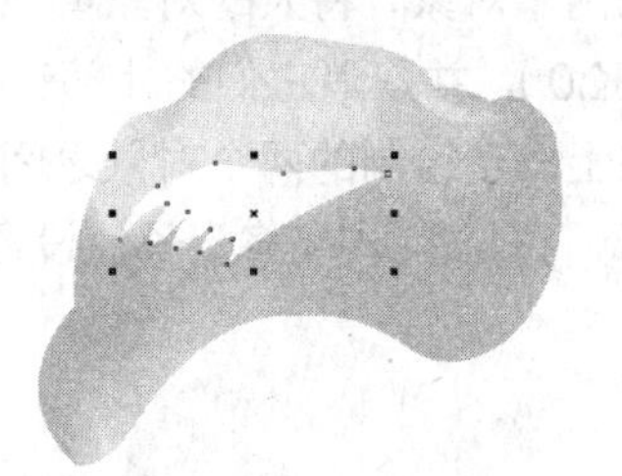

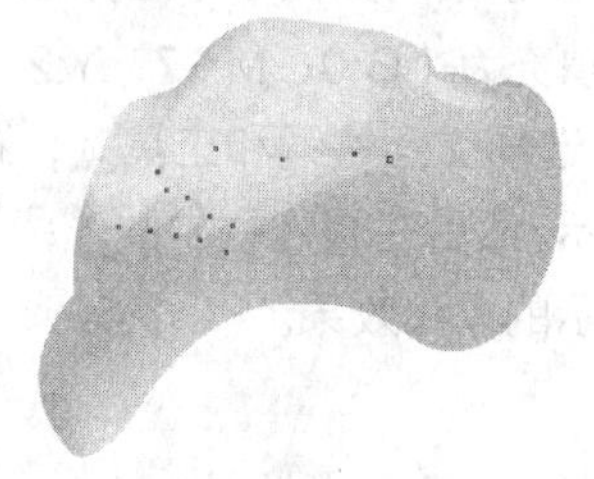

图 5-134　取消对象的外部轮廓　　图 5-135　绘制的对象　　图 5-136　对象的透明效果

⑰ 绘制如图 5-137 所示的不规则对象，将它们填充为白色，并取消外部轮廓，然后为它们应用“开始透明度”参数为 50 的“标准”透明效果，如图 5-138 所示。

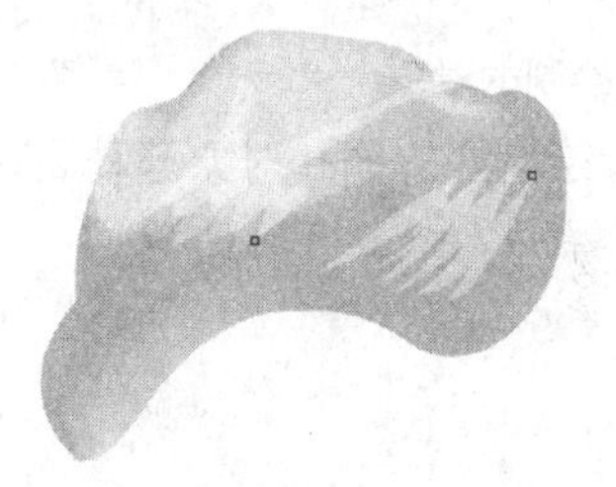

图 5-137　绘制的对象　　图 5-138　对象的透明效果

⑱ 分别绘制如图 5-139 所示的两个不规则对象，将它们填充为白色，并取消外部轮廓，然后为位于上方的对象应用“开始透明度”为 20 的标准透明效果，为位于下方的对象应用“开始透明度”参数为 30 的“标准”透明效果，如图 5-140 所示。

⑲ 绘制如图 5-141 所示的两个对象，位于上方的对象填充颜色为（C:0、M:9、Y:38、K:0），位于下方的对象填充颜色为（C:0、M:14、Y:14、K:0），然后取消它们的外部轮廓，以表现花瓣的颜色层次，如图 5-142 所示。

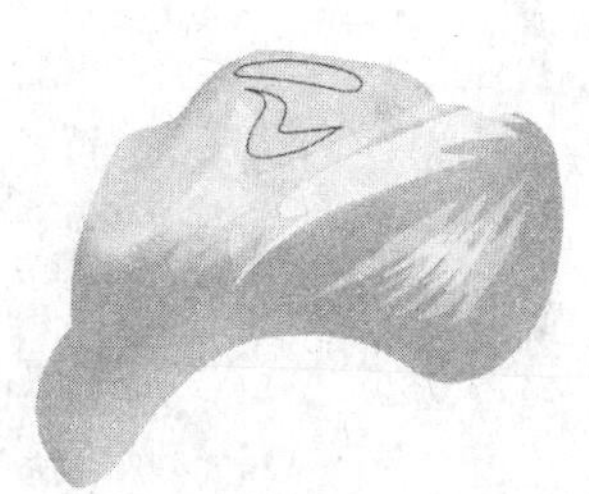

图 5-139　绘制的两个对象　　图 5-140　对象的透明效果　　图 5-141　绘制的对象

20 绘制如图 5-143 所示的对象，将其填充为白色，并取消外部轮廓，作为花瓣中的茎。绘制如图 5-144 所示的对象，将其填充为（C:0、M:100、Y:100、K:28）的颜色，并取消外部轮廓，以表现花瓣中不同颜色的组成效果。

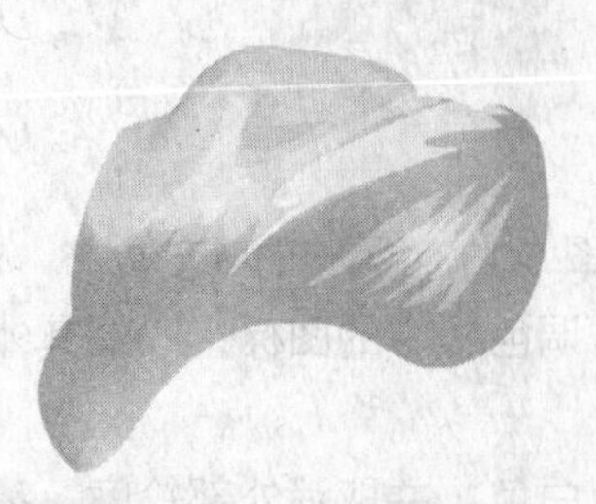

图 5-142　对象的填色效果

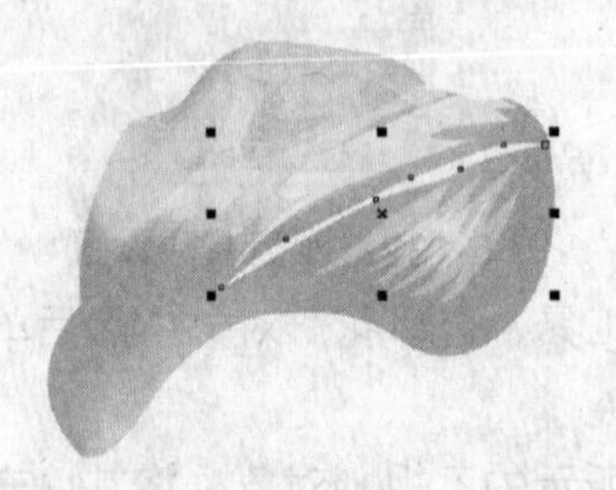

图 5-143　绘制花瓣中的茎

图 5-144　花瓣中不同颜色的组成

21 分别绘制如图 5-145 所示的两个对象，将大的对象填充为（C:0、M:32、Y:9、K:0），小的对象填充为（C:0、M:17、Y:2、K:0），并取消它们的外部轮廓。

22 选择交互式调和工具，在上一步绘制的两个对象之间拖动鼠标创建调和效果，如图 5-146 所示，然后在属性栏中的 5 选项中，将步长值设置为 5，按下 Enter 键，得到如图 5-147 所示的调和效果。

图 5-145　绘制的对象

图 5-146　创建调和效果

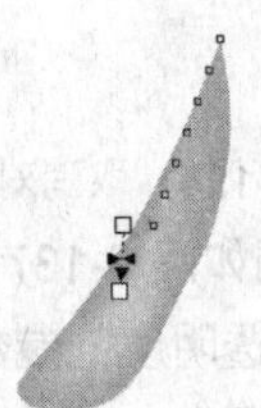

图 5-147　修改步长后的效果

23 将上一步绘制好的调和对象移动到花瓣对象上，调整其大小和位置后如图 5-148 所示。

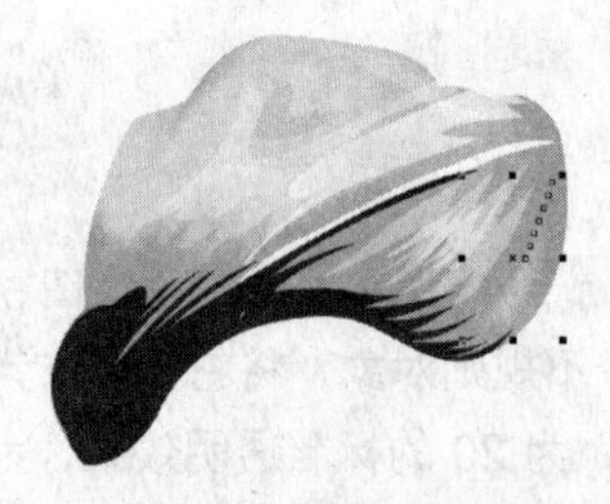

图 5-148　调整对象在花瓣上的效果

24 绘制如图 5-149 所示的第 2 片花瓣外形，其填充色为（C:0、M:32、Y:9、K:0），如图 5-150 所示。选择交互式网格填充工具，为该对象创建网格效果并将网格编辑为如图 5-151 所示的形状。

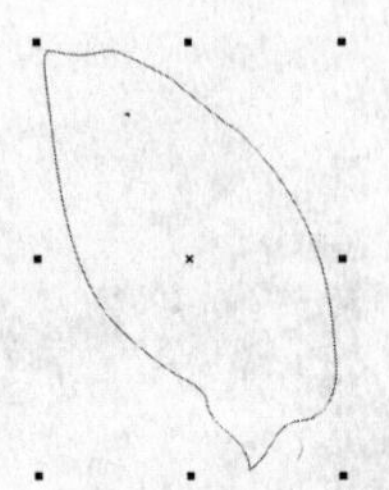

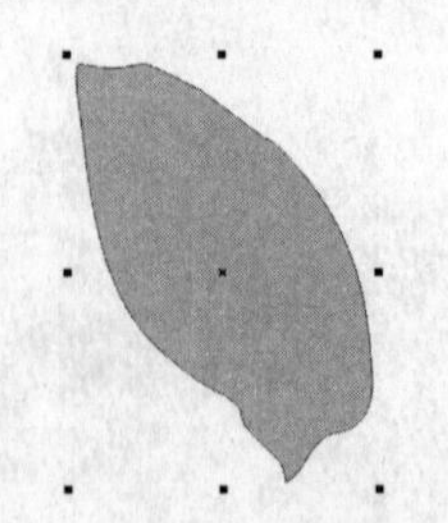

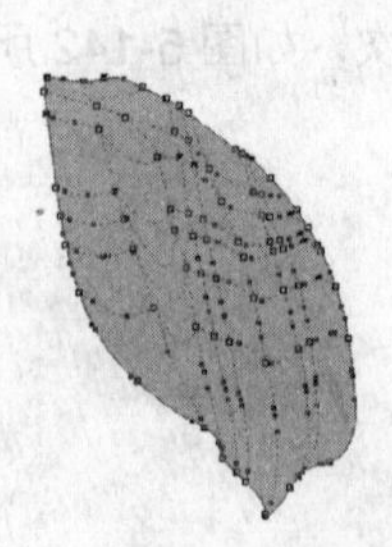

图 5-149　绘制第 2 个花瓣对象　　图 5-150　对象的填充效果　　图 5-151　编辑后的网格形状

25 按住 Shift 键选择如图 5-152 所示的多个网格节点，然后将它们填充为白色，得到如图 5-153 所示的填充效果。

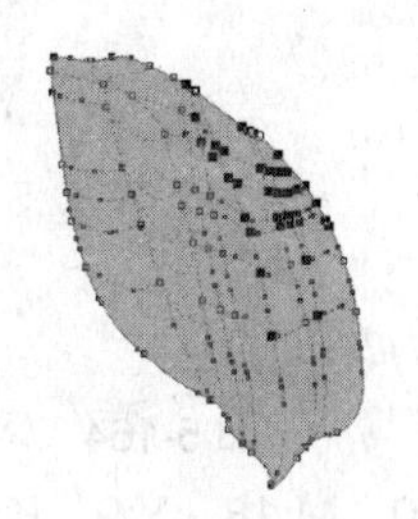

图 5-152　选择的网格节点

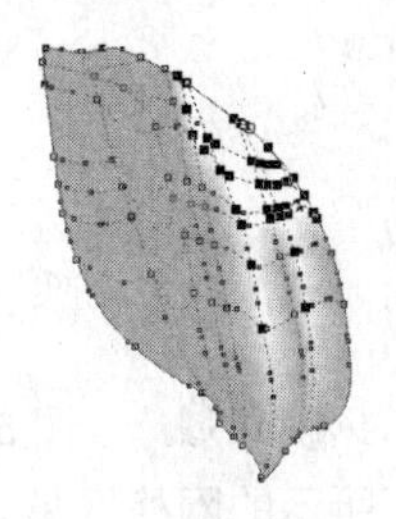

图 5-153　网格的填充效果

26 选择如图 5-154 所示的网格节点，然后使用参数为（C:0、M:7、Y:2、K:0）的颜色为其填充，如图 5-155 所示，得到如图 5-156 所示的填充效果。

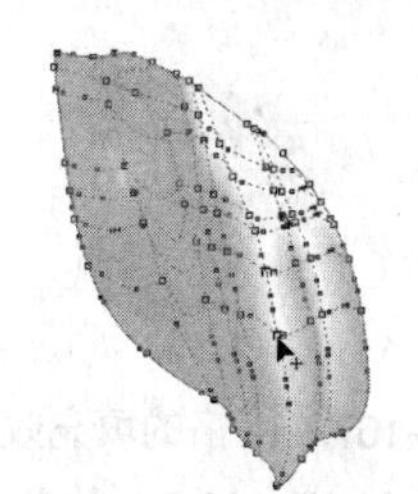

图 5-154　选择的网格节点

图 5-155　颜色参数设置

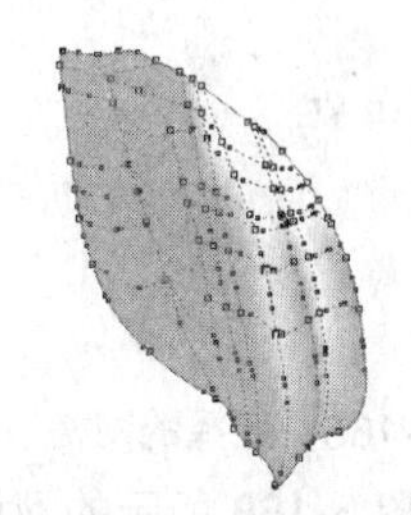

图 5-156　网格的填充效果

27 选择如图 5-157 所示的网格节点，然后将它们填充为白色，得到如图 5-158 所示的填充效果。

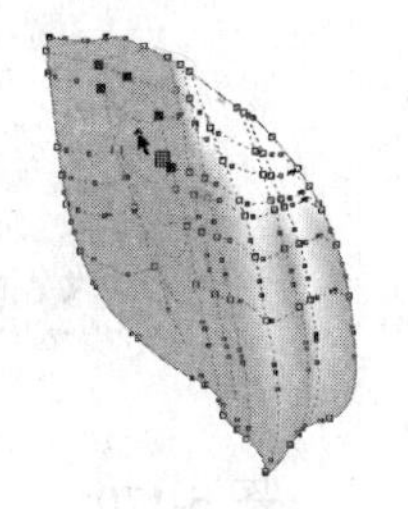

图 5-157　选择的网格节点

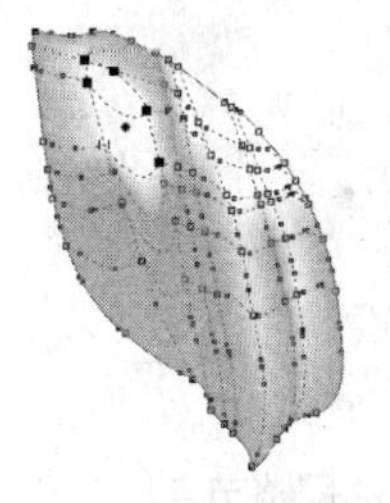

图 5-158　网格的填充效果

28 框选如图 5-159 所示的网格节点，然后使用参数为（C:0、M:13、Y:58、K:0）的颜色为其填充，如图 5-160 所示，得到如图 5-161 所示的填充效果。

29 在如图 5-162 所示的网格区域内单击，选择该区域，然后使用参数为（C:0、M:11、Y:6、K:0）的颜色为其填充，如图 5-163 所示，得到如图 5-164 所示的填充效果。

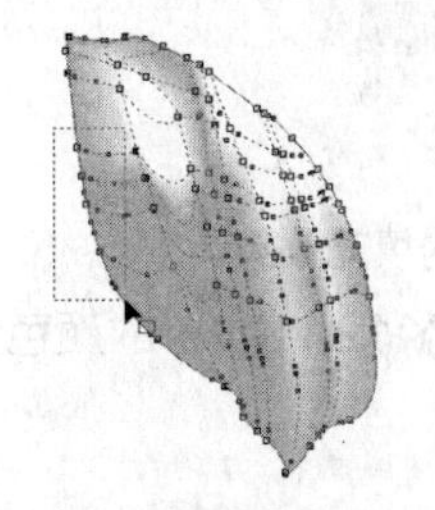

图 5-159　选择的网格节点

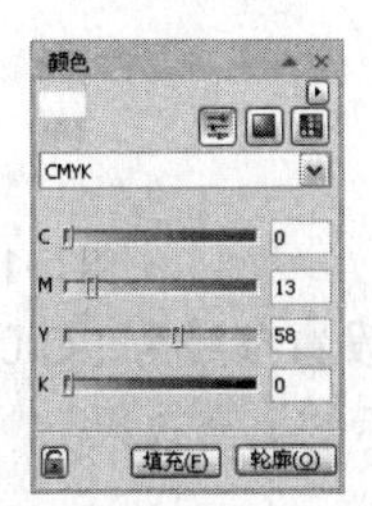

图 5-160　颜色参数设置

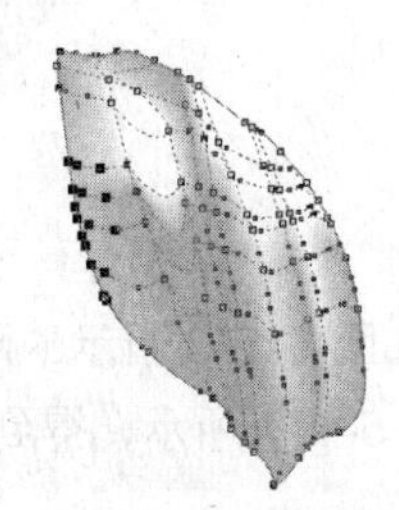

图 5-161　网格的填充效果

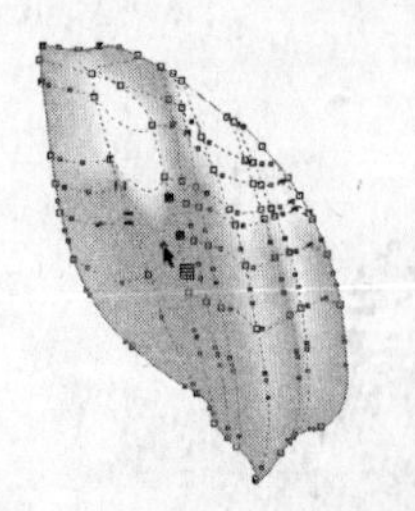

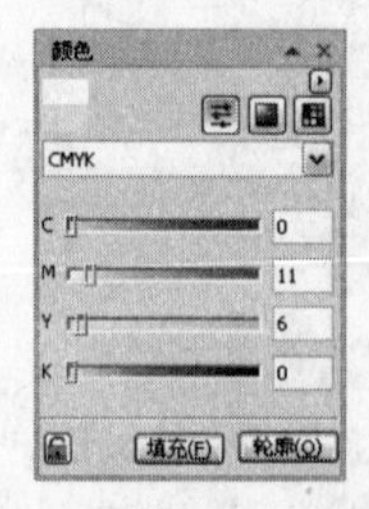

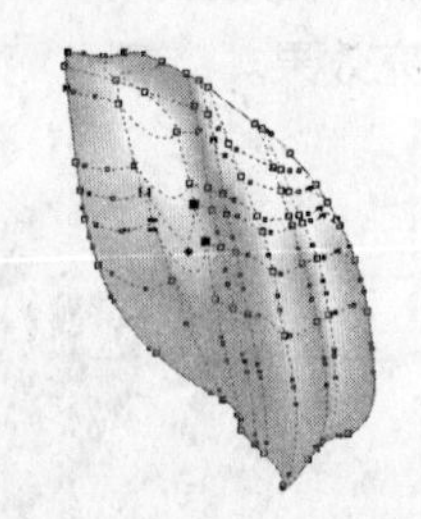

图 5-162　选择的网格区域　　图 5-163　颜色参数设置　　图 5-164　网格的填充效果

30 选择如图 5-165 所示的网格区域，然后使用参数为（C:0、M:18、Y:9、K:0）的颜色为其填充，如图 5-166 所示，得到如图 5-167 所示的填充效果。

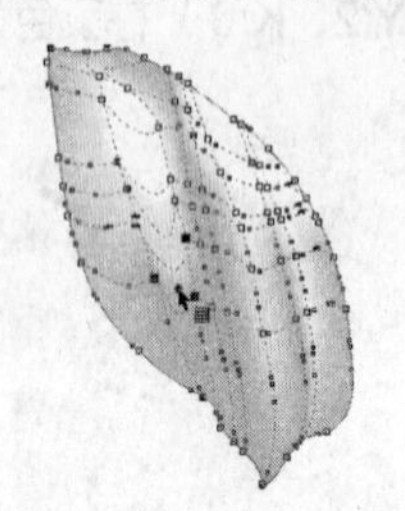

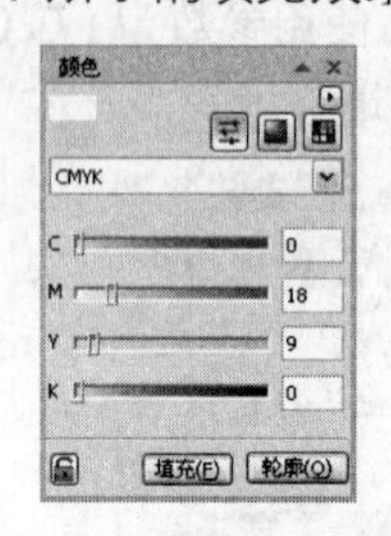

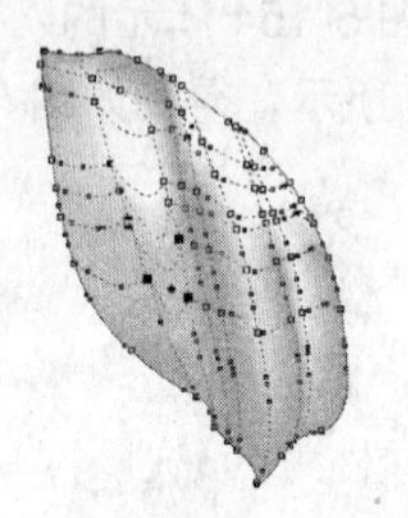

图 5-165　选择的网格节点　　图 5-166　颜色参数设置　　图 5-167　网格的填充效果

31 选择如图 5-168 所示的网格节点，然后使用参数为（C:0、M:43、Y:17、K:0）的颜色为其填充，如图 5-169 所示，得到如图 5-170 所示的填充效果。

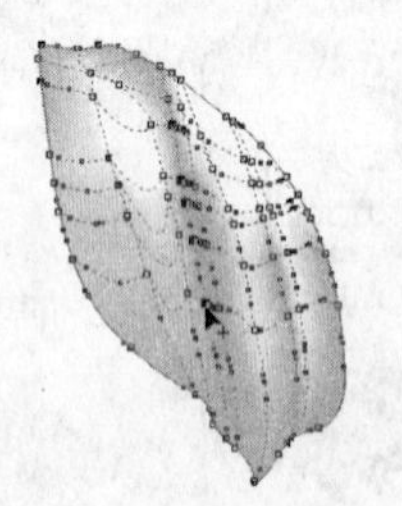

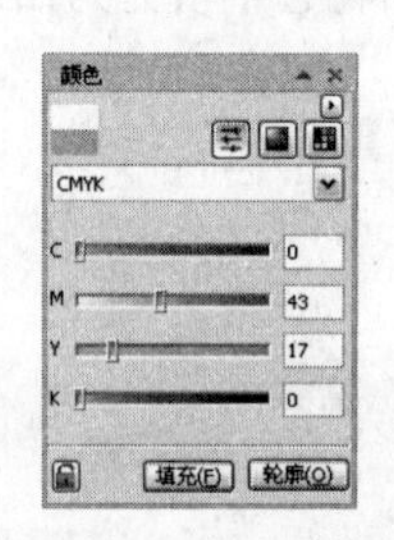

图 5-168　选择的网格节点　　图 5-169　颜色参数设置　　图 5-170　网格的填充效果

32 选择如图 5-171 所示的网格节点，将其填充为白色，得到如图 5-172 所示的填充效果。

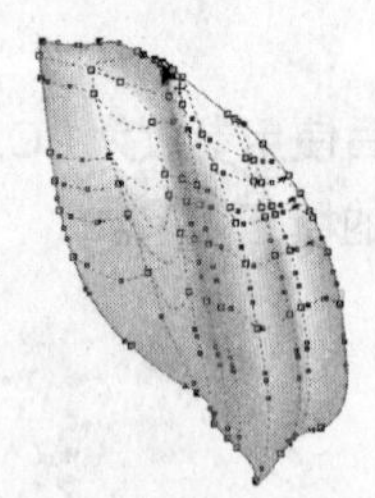

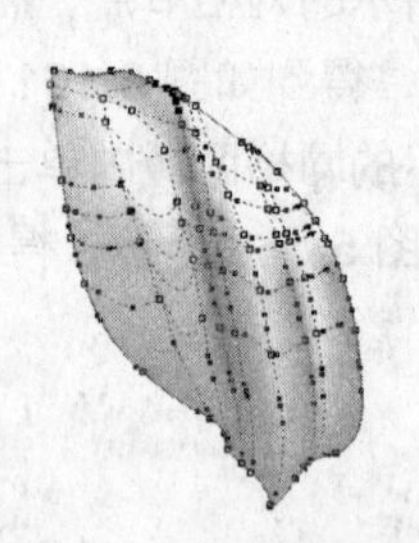

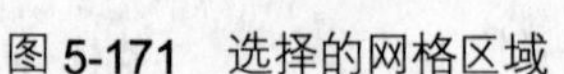

图 5-171　选择的网格区域　　图 5-172　网格的填充效果

33 框选如图 5-173 所示的网格节点，然后设置参数为（C:0、M:10、Y:12、K:0）的颜色为其填充，如图 5-174 所示，得到如图 5-175 所示的填充效果。

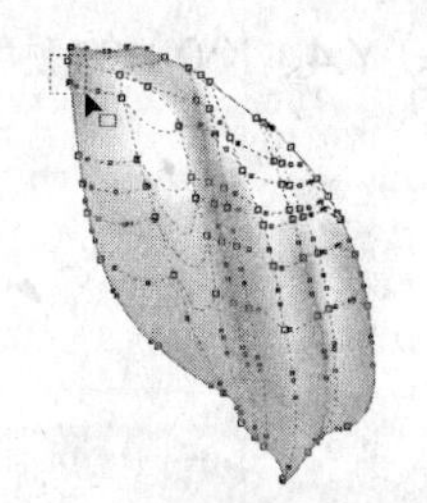

图 5-173　选择的网格节点

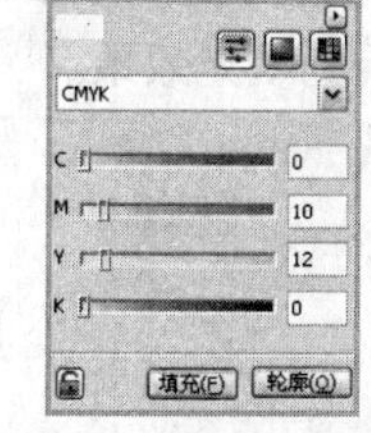

图 5-174　颜色参数设置

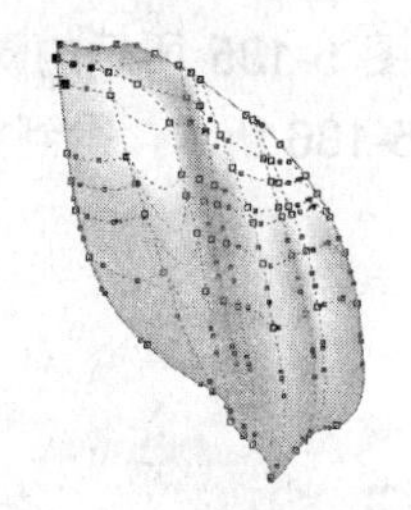

图 5-175　网格的填充效果

34 按下空格键将工具切换到挑选工具，选择该花瓣对象，取消其外部轮廓，如图 5-176 所示。

35 绘制如图 5-177 所示的多个曲线对象，将它们填充为（C:0、M:100、Y:100、K:30），并取消外部轮廓，以表现该花瓣中其他颜色的纹路。

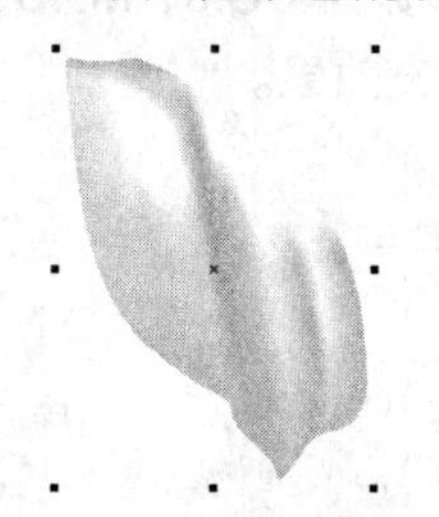

图 5-176　取消对象的外部轮廓

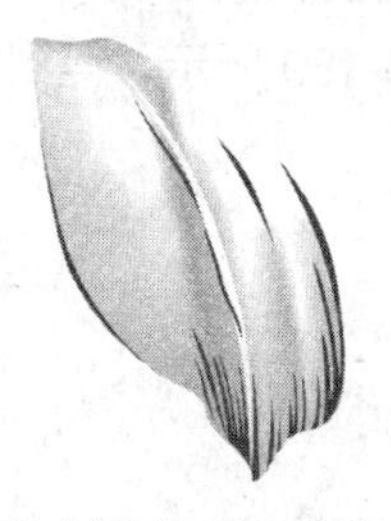

图 5-177　绘制其他颜色的纹路

36 绘制如图 5-178 所示的第 3 片花瓣对象，将其填充为（C:0、M:48、Y:18、K:0），然后使用交互式网格填充工具为其创建如图 5-179 所示的网格。

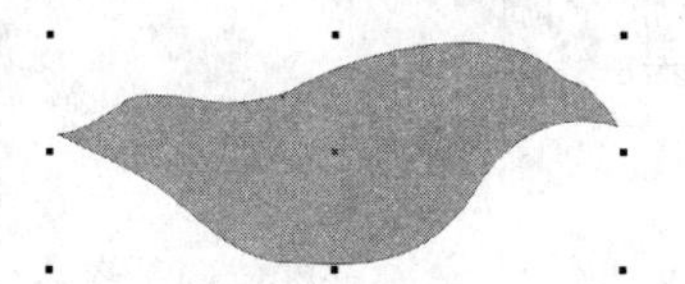

图 5-178　绘制的花瓣对象

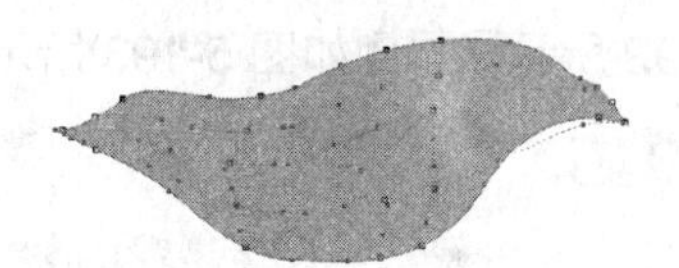

图 5-179　对象上的网格

37 选择如图 5-180 所示的网格区域，然后将该区域填充为白色，得到如图 5-181 所示的填充效果。

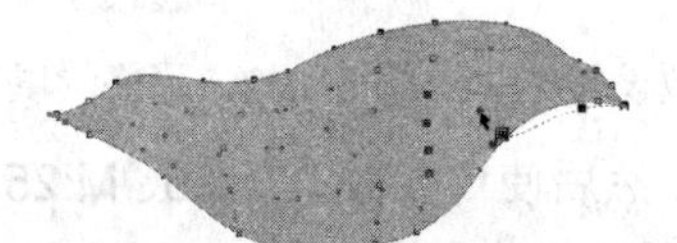

图 5-180　选择网格区域

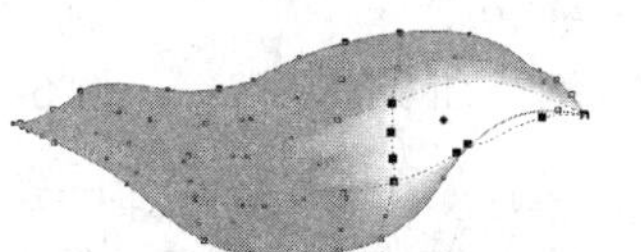

图 5-181　网格的填充效果

38 选择如图 5-182 所示的网格区域，然后使用参数为（C:0、M:10、Y:0、K:0）的颜色为其填充，如图 5-183 所示，得到如图 5-184 所示的填充效果。

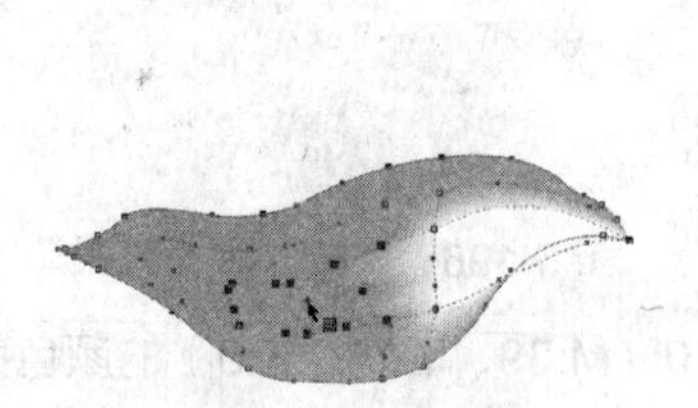

图 5-182　选择的网格区域

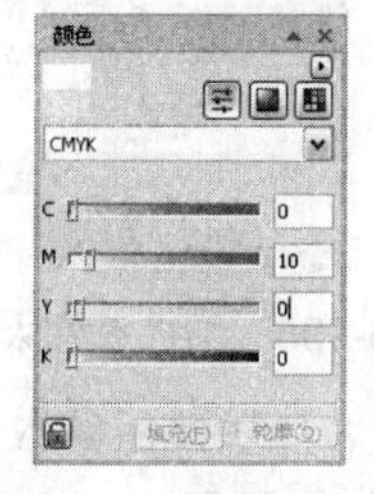

图 5-183　颜色参数设置

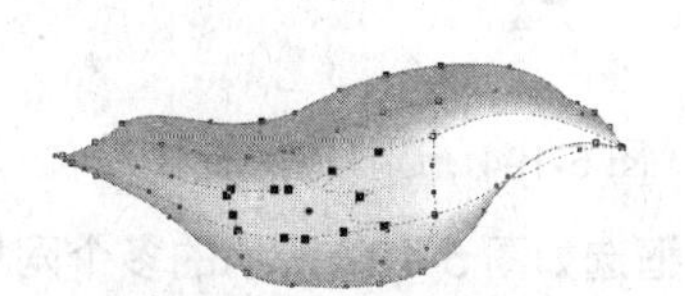

图 5-184　网格的填充效果

39 选择如图 5-185 所示的网格节点，然后使用参数为（C:0、M:30、Y:4、K:0）的颜色为其填充，如图 5-186 所示，得到如图 5-187 所示的填充效果。

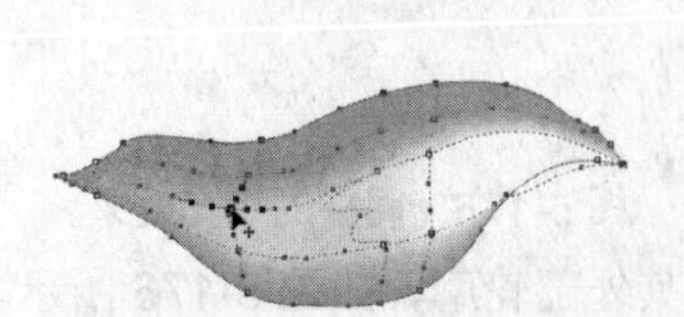

图 5-185 选择的网格节点

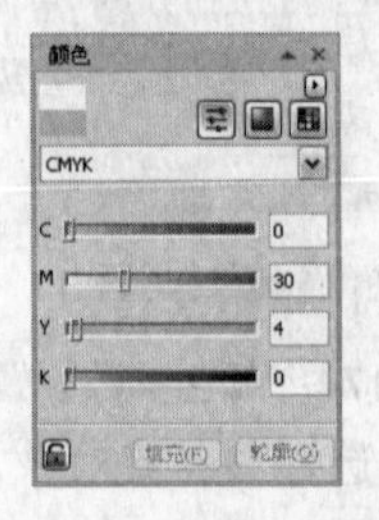

图 5-186 颜色参数设置

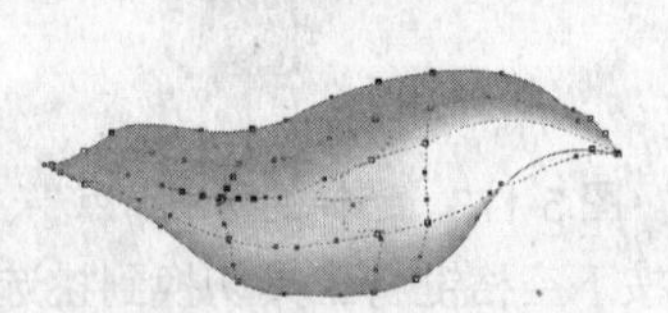

图 5-187 网格的填充效果

40 框选如图 5-188 所示的多个网格节点，然后使用参数为（C:0、M:16、Y:56、K:0）的颜色为其填充，如图 5-189 所示，得到如图 5-190 所示的填充效果。

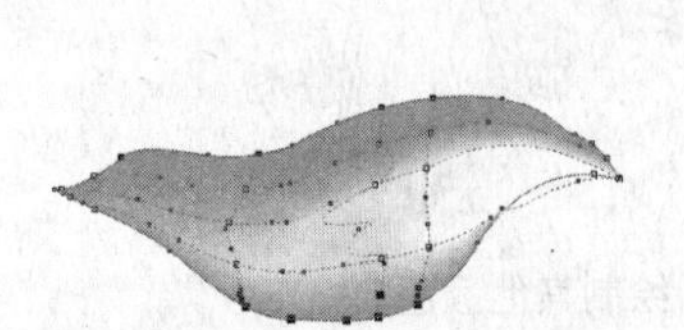

图 5-188 选择的网格节点

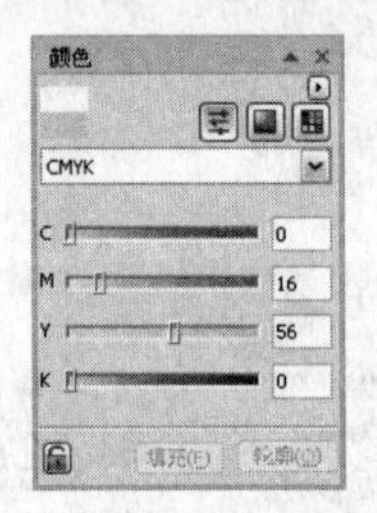

图 5-189 颜色参数设置

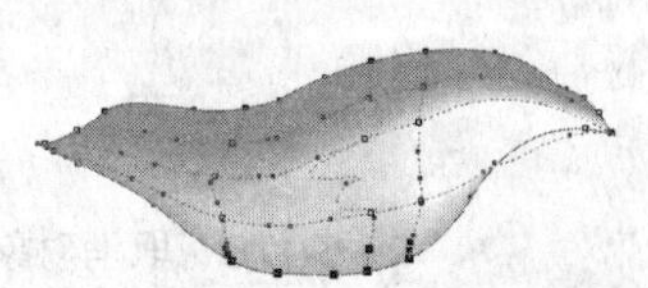

图 5-190 网格的填充效果

41 选择如图 5-191 所示的网格节点，然后使用参数为（C:0、M:12、Y:0、K:0）的颜色为其填充，如图 5-192 所示，得到如图 5-193 所示的填充效果。

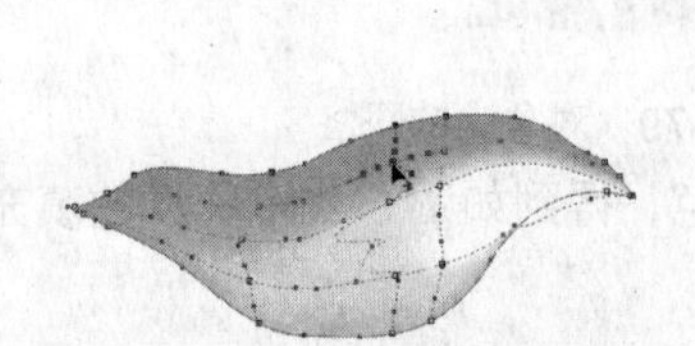

图 5-191 选择的网格节点

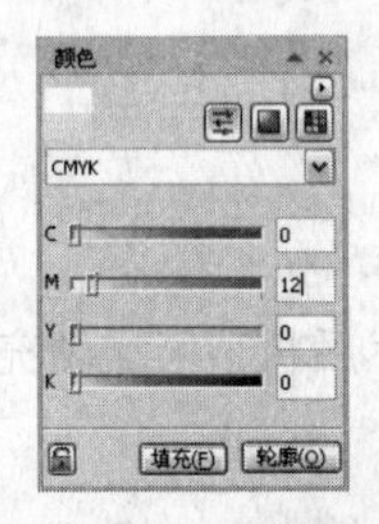

图 5-192 颜色参数设置

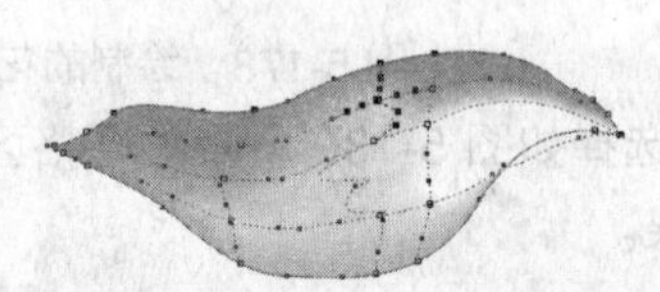

图 5-193 网格的填充效果

42 按住 Shift 键选择如图 5-194 所示的多个网格节点，然后使用参数为（C:0、M:25、Y:6、K:0）的颜色为其填充，如图 5-195 所示，得到如图 5-196 所示的填充效果。

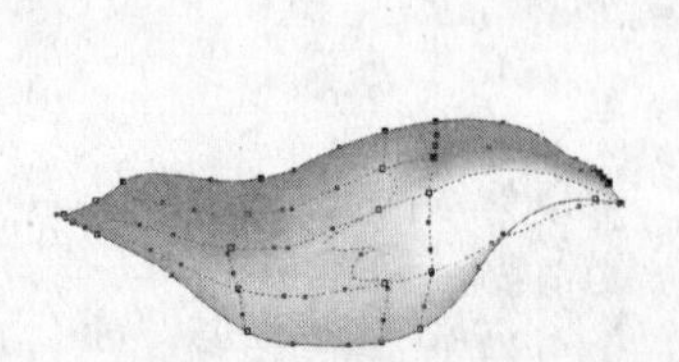

图 5-194 选择的网格节点

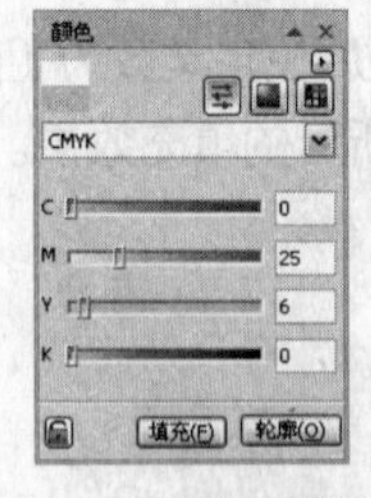

图 5-195 颜色参数设置

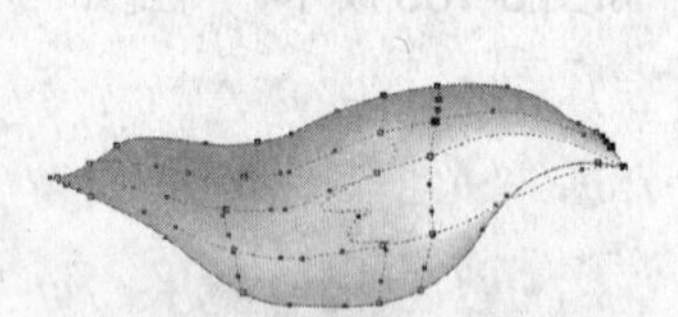

图 5-196 网格的填充效果

43 框选如图 5-197 所示的多个网格节点，然后使用参数为（C:0、M:39、Y:14、K:0）的颜色为其填充，如图 5-198 所示，得到如图 5-199 所示的填充效果。

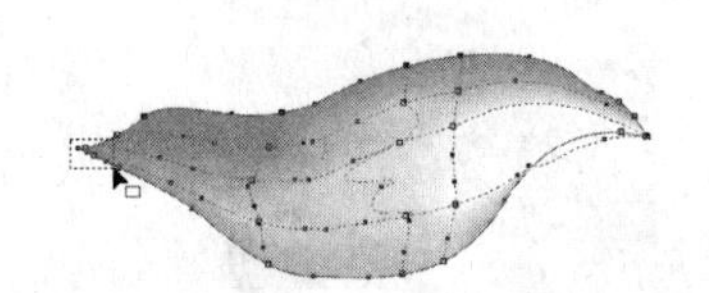

图 5-197 选择的网格节点

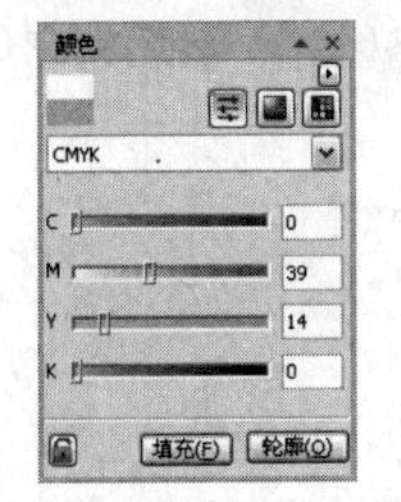

图 5-198 颜色参数设置

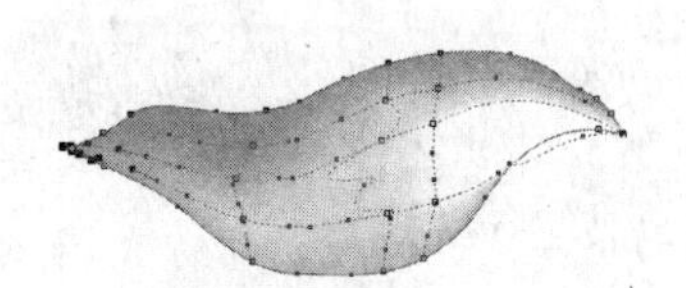

图 5-199 网格的填充效果

44 选择上一步绘制好的花瓣对象，取消其外部轮廓，如图 5-200 所示。

45 在该花瓣对象下方绘制如图 5-201 所示的多个对象，分别为它们填充相应的颜色，并取消外部轮廓，以表现花瓣另一面中的纹理效果。

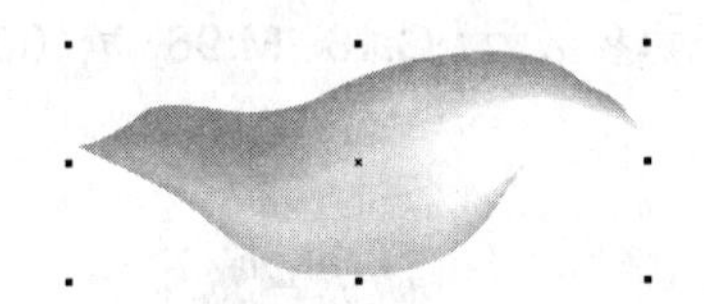

图 5-200 绘制的花瓣效果

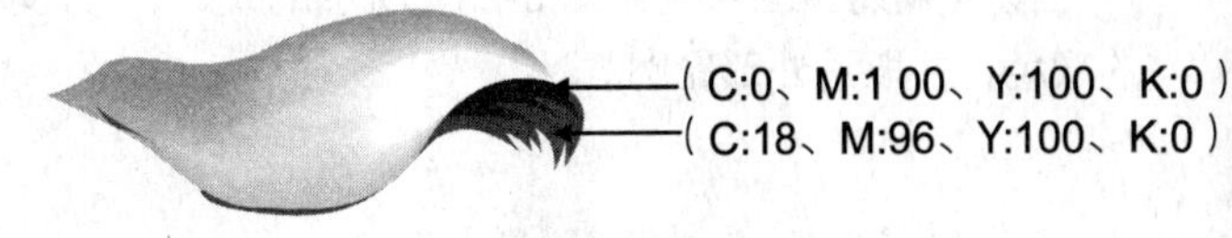

图 5-201 绘制的花瓣另一面的纹路

46 绘制如图 5-202 所示的花瓣顶端处的外形，为其填充参数为（C:0、M:48、Y:14、K:0）的颜色，并取消外部轮廓，然后使用交互式网格填充工具为其创建如图 5-203 所示的网格。

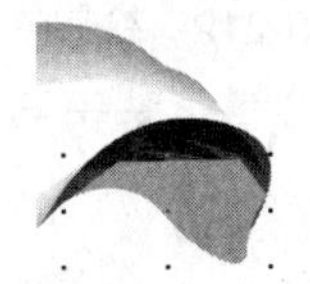

图 5-202 绘制花瓣顶端的外形

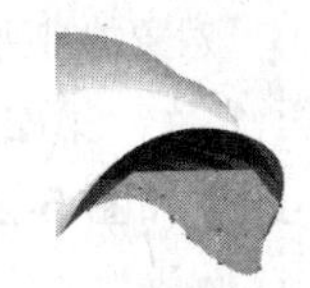

图 5-203 对象中的网格形状

47 框选如图 5-204 所示的多个网格节点，然后将它们填充为白色，得到如图 5-205 所示的填充效果。填充好后，选择该对象，然后按下 Ctrl+PageDown 组合键，将其调整到花瓣对象的下方，如图 5-206 所示。

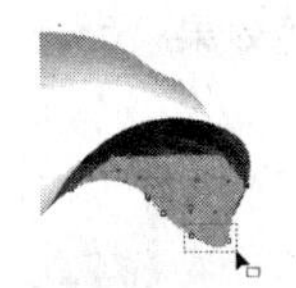

图 5-204 选择的网格节点

图 5-205 填充效果

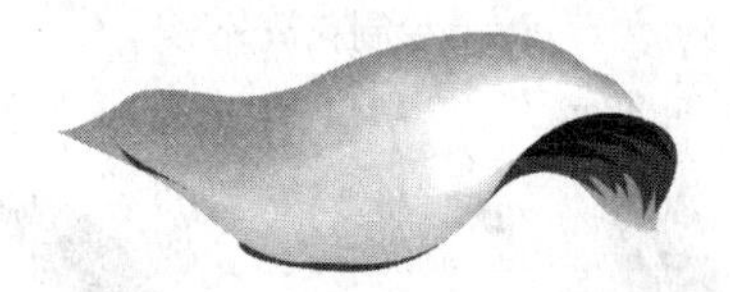

图 5-206 绘制好后的花瓣效果

48 在上一步绘制好的花瓣对象上方，绘制如图 5-207 所示的另一部分花瓣对象，将其填充为参数为（C:0、M:46、Y:10、K:0）的颜色，然后使用交互式网格填充工具为其创建如图 5-208 所示的网格。

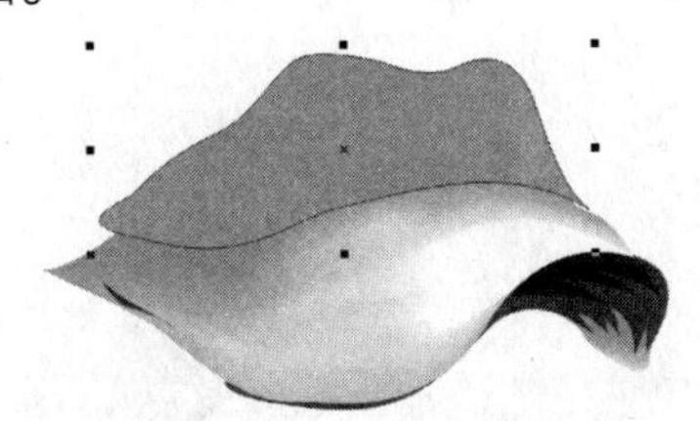

图 5-207 绘制的另一部分花瓣外形

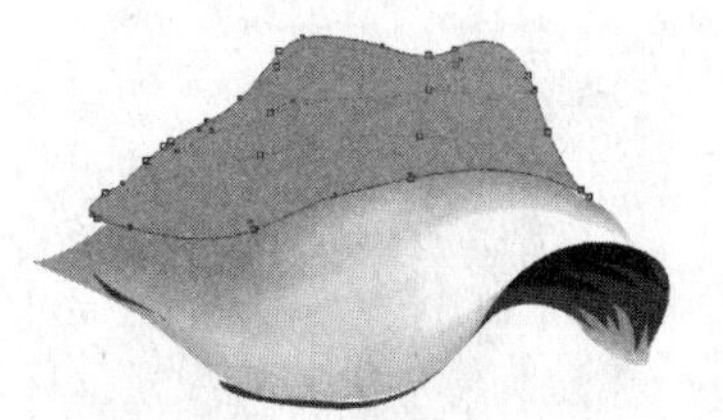

图 5-208 创建的网格

49 同时选择如图 5-209 所示的多个网格区域，然后将它们填充为白色，得到如图 5-210 所示的填充效果。

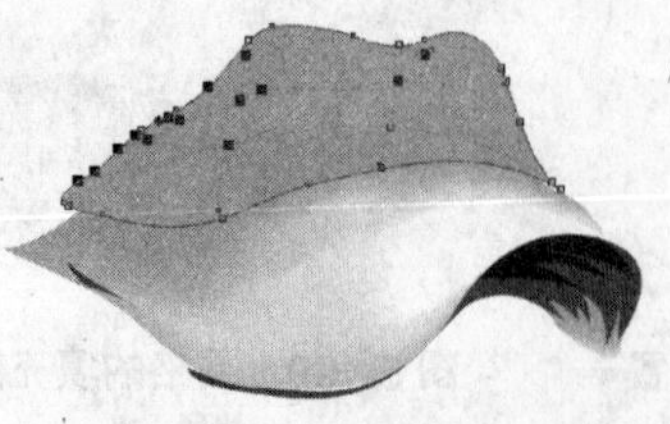
图 5-209　选择的网格区域

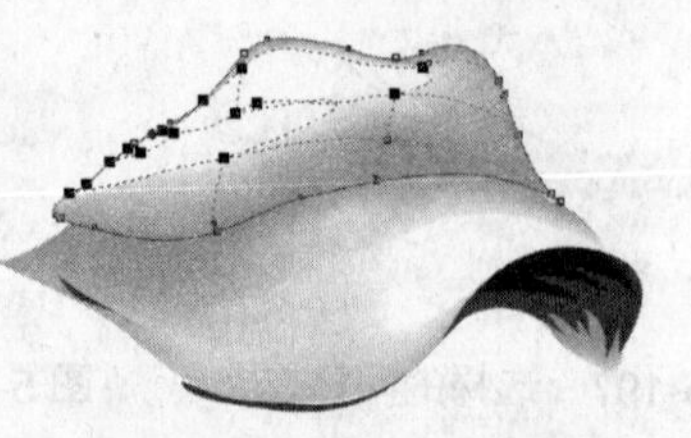
图 5-210　网格的填色效果

50 选择上一步绘制的花瓣对象，取消其外部轮廓，然后按下 Ctrl+PageDown 组合键，将其调整到下一层，如图 5-211 所示。

51 在该花瓣对象上绘制如图 5-212 所示的纹路，将其填充为参数为（C:18、M:96、Y:100、K:8）的颜色，并取消外部轮廓。

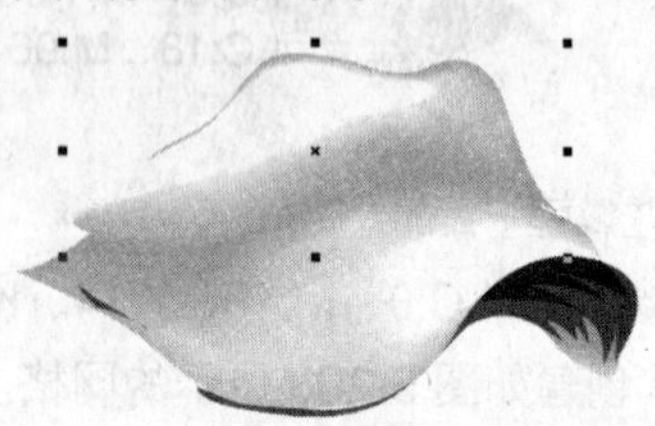
图 5-211　对象的排列顺序

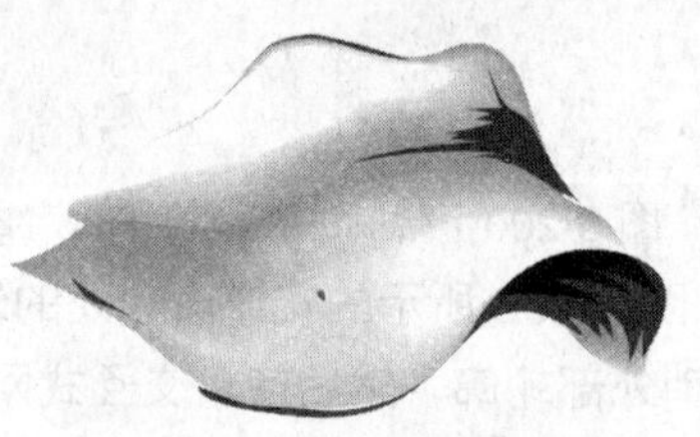
图 5-212　绘制的花瓣纹路

52 按照前面绘制第 1 片、第 2 片和第 3 片花瓣的方法，绘制花朵中其他的花瓣，效果分别如图 5-213、图 5-214 和图 5-215 所示。

绘制花瓣外形

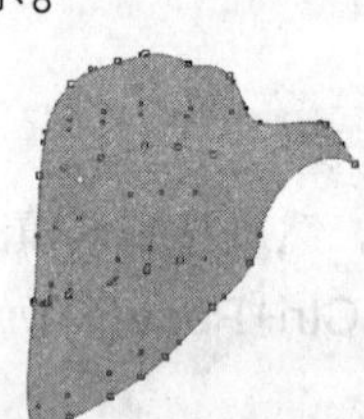
创建的网格

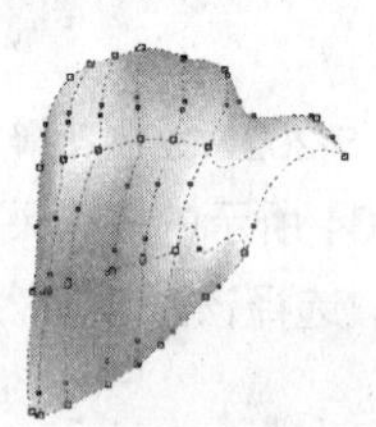
网格填色效果

绘制花瓣中的纹路

绘制翻卷后的另一面纹路

调整对象的排列顺序

完成后的花瓣

图 5-213　第 4 片花瓣效果

绘制花瓣外形

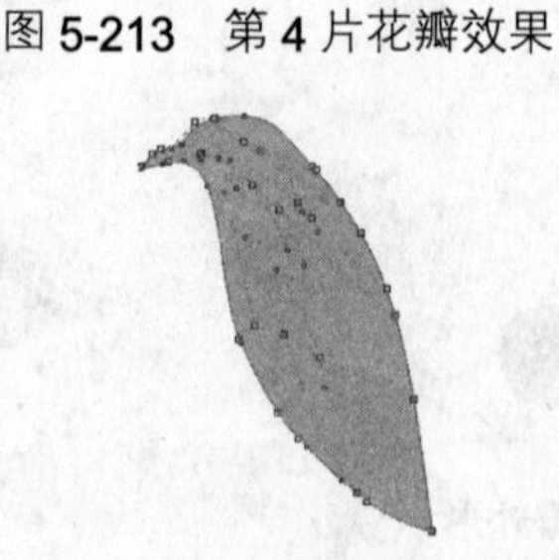
创建的网格

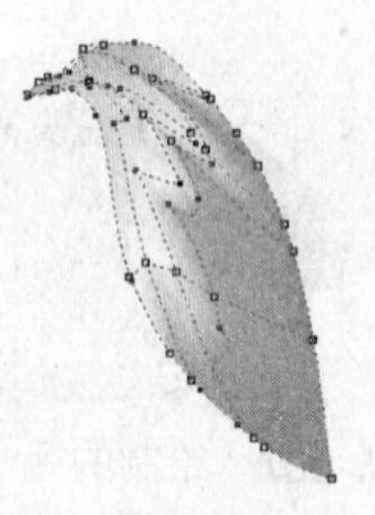
网格填色效果

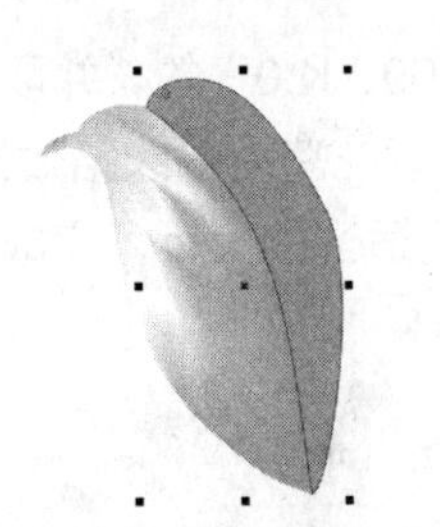

绘制另一部分花瓣外形

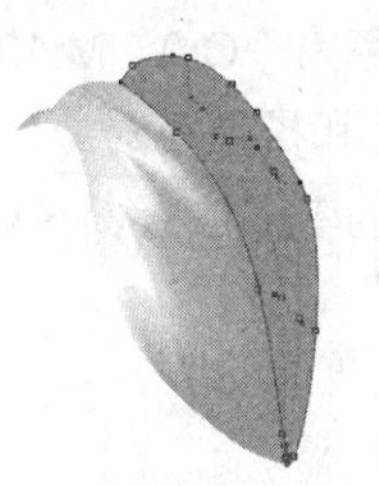

创建的网格

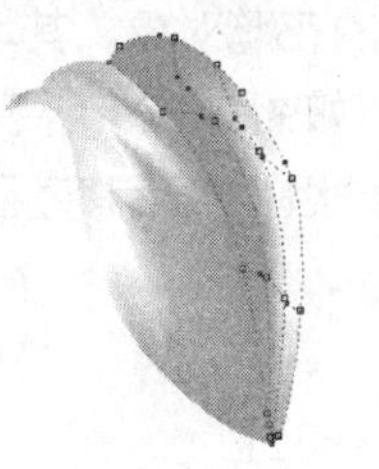

网格填色效果

花瓣中的纹路

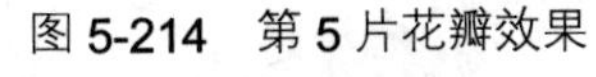

图 5-214　第 5 片花瓣效果

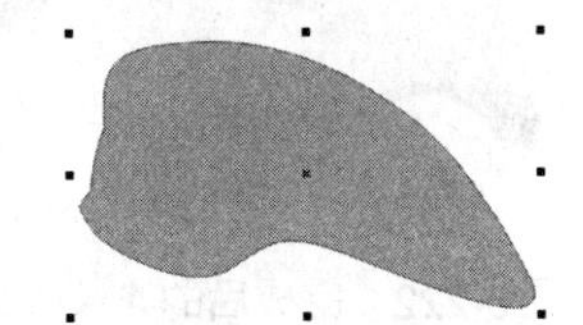

绘制花瓣外形

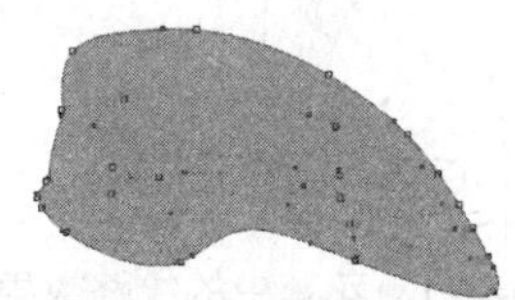

创建的网格

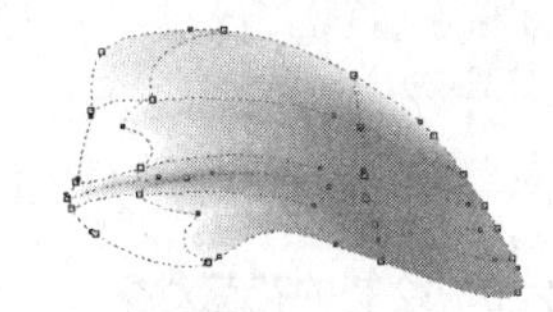

网格填色效果

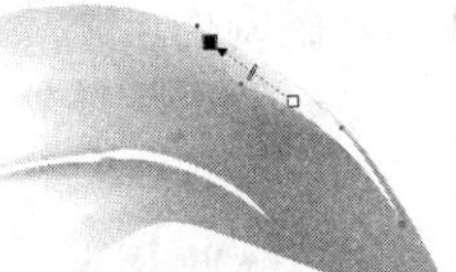

绘制的花瓣纹路及其线性透明效果

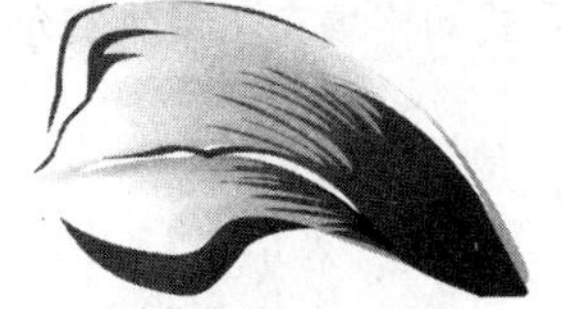

整个花瓣中的纹路效果

图 5-215　第 6 片花瓣效果

53 分别将绘制好的各个花瓣对象群组，然后将它们按照如图 5-216 所示的效果组合排列。

图 5-216　组合后的花瓣效果

54 在花瓣的中心绘制如图 5-217 所示的对象，将其填充为参数为（C:18、M:96、Y:100、K:8）的颜色，并取消外部轮廓，以表现花朵中心的纹路，如图 5-218 所示。

55 在花朵中心部分绘制如图 5-219 所示的多个对象，将他们填充为黑色，并取消外部轮廓，同样用于表现花朵中心的纹路。

图 5-217　绘制的纹路对象

图 5-218　对象的填色效果

图 5-219　花朵中心的纹路效果

56 绘制如图 5-220 所示的花蕊对象，其填充颜色为（C:0、M:13、Y:69、K:0）的，并取消外部轮廓。在花蕊对象上绘制如图 5-221 所示的黑色和橘红色对象，以表现花蕊中的纹路效果。

57 将绘制好的花蕊对象群组，然后移动到花朵的中心位置，并调整到适当的大小，完成花朵的绘制，如图 5-222 所示。

图 5-220　绘制的花蕊对象

图 5-221　花蕊中的纹路效果

图 5-222　完成后的花朵效果

58 绘制如图 5-223 所示的绿叶对象，其填充颜色为（C:32、M:0、Y:100、K:0），并取消外部轮廓，然后使用交互式网格填充工具为其创建如图 5-224 所示的网格。

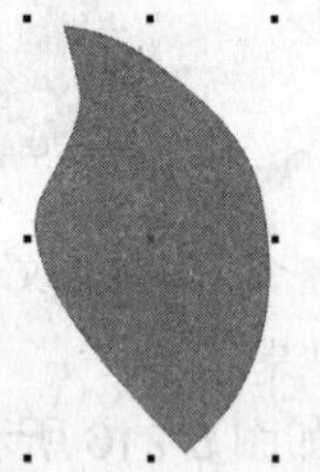

图 5-223　绘制的绿叶对象

图 5-224　对象中的网格

59 同时选择如图 5-225 所示的两个网格节点，然后使用参数为（C:11、M:0、Y:62、K:0）的颜色为其填充，如图 5-226 所示，得到如图 5-227 所示的填充效果。

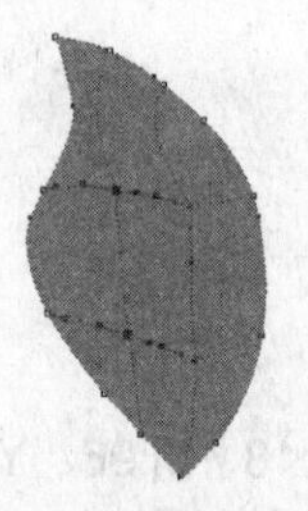

图 5-225　选择网格节点

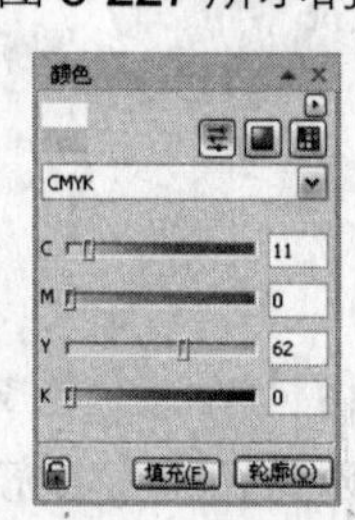

图 5-226　颜色参数设置

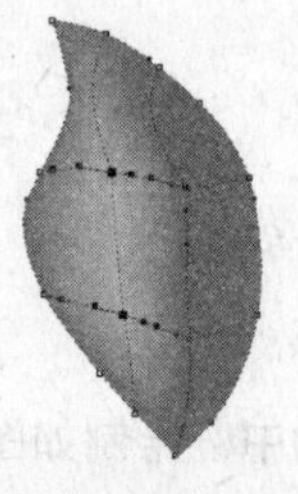

图 5-227　网格的填色效果

60 同时选择如图 5-228 所示的两个网格节点，然后使用参数为（C:51、M:0、Y:100、K:0）的颜色为其填充，如图 5-229 所示，得到如图 5-230 所示的填充效果。

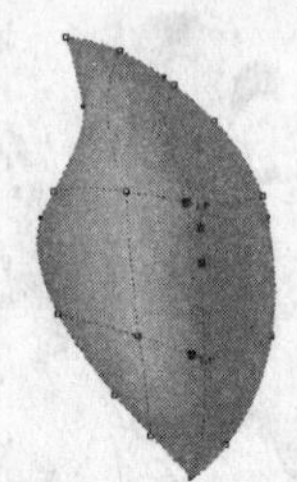

图 5-228　选择网格节点

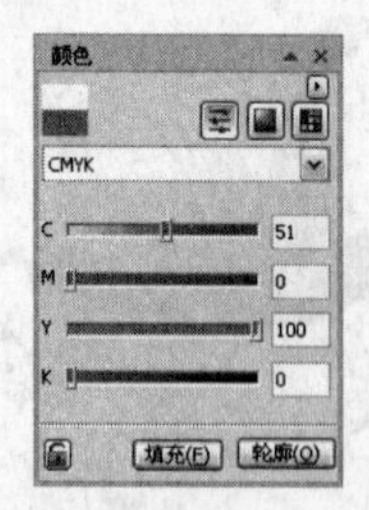

图 5-229　颜色参数设置

图 5-230　网格的填色效果

61 同时选择如图 5-231 所示的两个网格节点，然后使用参数为（C:15、M:0、Y:75、K:0）的颜色为其填充，如图 5-232 所示，得到如图 5-233 所示的填充效果。

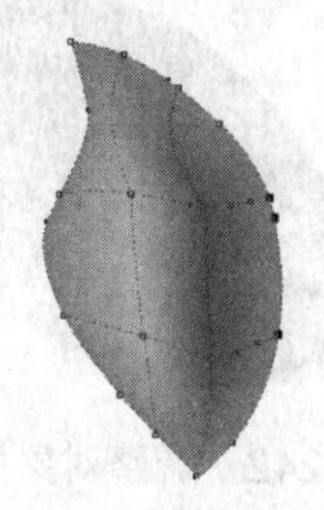

图 5-231　选择网格节点

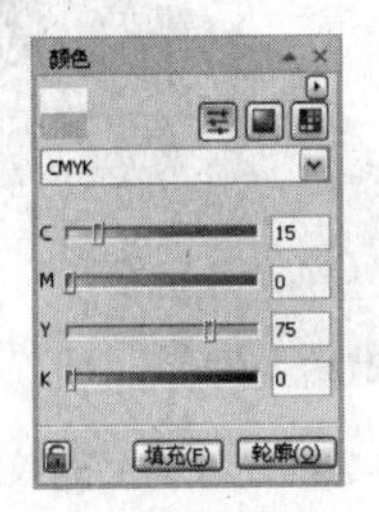

图 5-232　颜色参数设置

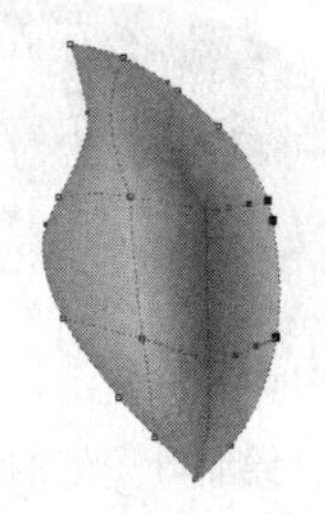

图 5-233　网格的填色效果

62 在绿叶上绘制如图 5-234 所示的茎脉对象，将它们填充为参数为（C:65、M:16、Y:100、K:0）的颜色，并取消外部轮廓。

图 5-234　绘制绿叶的茎脉

63 绘制如图 5-235 所示的另一片叶子对象，其填充颜色为（C:75、M:61、Y:100、K:58），并取消外部轮廓，然后使用交互式网格填充工具为其创建如图 5-236 所示的网格。

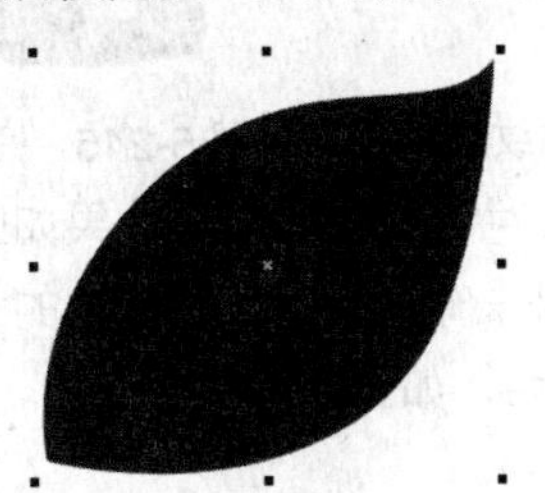

图 5-235　绘制的叶子外形

图 5-236　创建的网格

64 同时选择如图 5-237 所示的两个网格节点，然后使用参数为（C:25、M:0、Y:92、K:0）的颜色为其填充，如图 5-238 所示，得到如图 5-239 所示的填充效果。

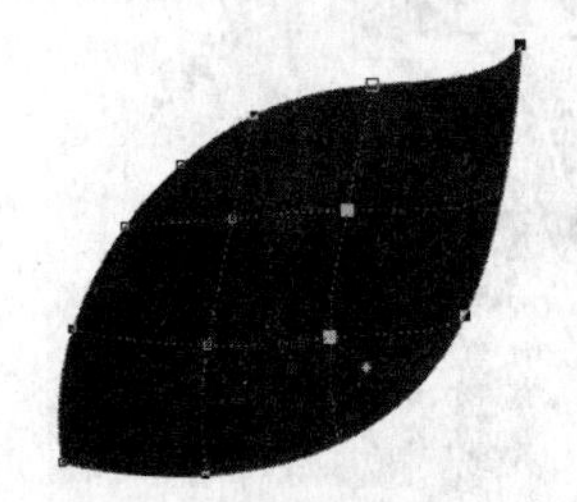

图 5-237　选择网格节点

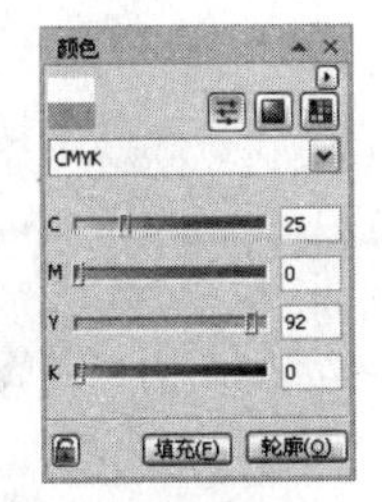

图 5-238　颜色参数设置

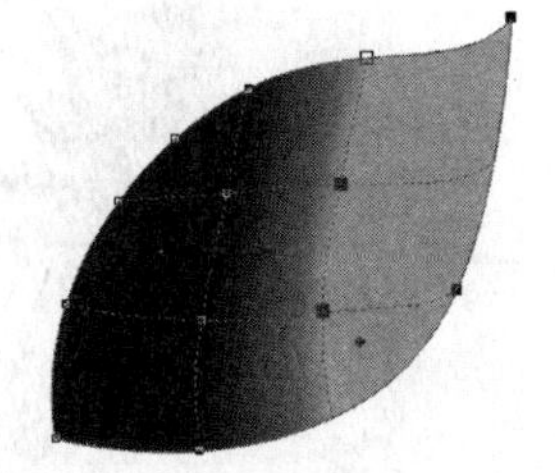

图 5-239　网格的填色效果

65 在上一步绘制的叶子上绘制如图 5-240 所示外形的对象，为其填充从（C:68、M:55、Y:88、K:66）到（C:74、M:42、Y:100、K:10）的线性渐变色，并取消外部轮廓。

66 绘制如图 5-241 所示外形的对象，为其填充从（C:68、M:37、Y:100、K:25）到（C:41、M:0、Y:93、K:0）的线性渐变色，并取消外部轮廓，然后按下 Ctrl+PageDown 组合键，将其调整到下一层，如图 5-242 所示。

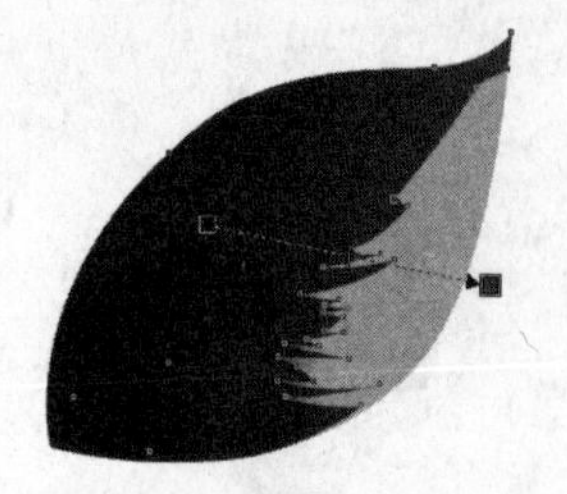

图 5-240　绘制叶子上的纹路

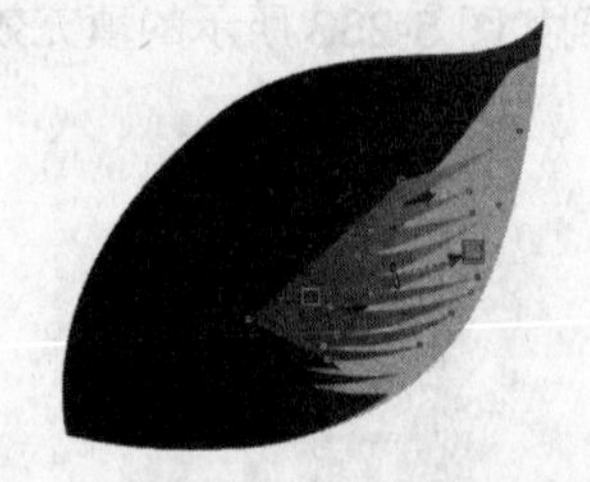

图 5-241　叶子上的纹路

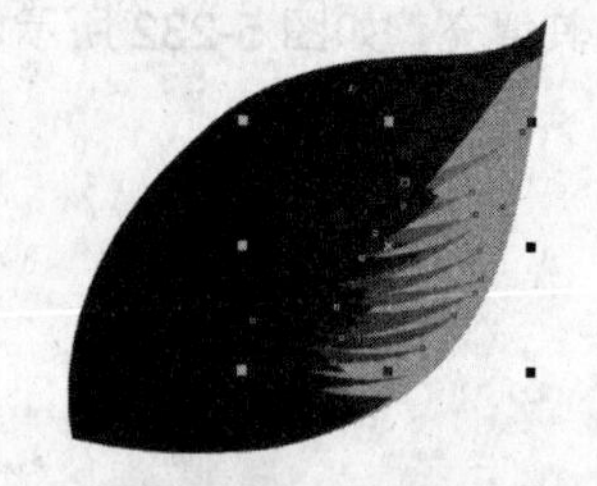

图 5-242　调整对象排列顺序

67 绘制如图 5-243 所示的 3 个纹路对象，按从下到上的顺序，分别将它们填充为（C:69、M:47、Y:100、K:47）、（C:68、M:37、Y:100、K:25）和（C:62、M:26、Y:100、K:8）的颜色，并取消它们的外部轮廓。

68 绘制如图 5-244 所示的纹路对象，将其填充为（C:55、M:9、Y:100、K:0）的颜色，并取消外部轮廓。

69 绘制如图 5-245 所示的茎脉对象，为其填充从（C:40、M:0、Y:100、K:0）到（C:7、M:0、Y:50、K:0）的线性渐变色，并取消外部轮廓，完成绿叶对象的绘制。

图 5-243　绘制的纹路对象

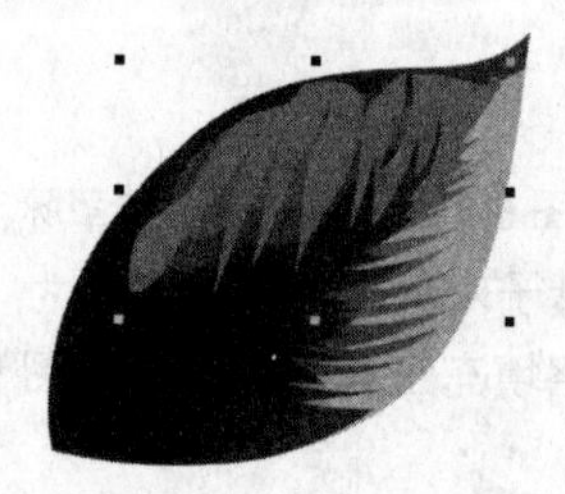

图 5-244　绘制的纹路

图 5-245　完成后的绿叶效果

70 将绘制好的各个绿叶对象群组，然后将它们与花朵对象排列组合，效果如图 5-246 所示。

71 选择花朵和绿叶对象，将它们群组，然后将其复制一份，并调整该对象的大小和角度后，放置在原花朵对象的右边，并进行水平镜像和层次排列后，如图 5-247 所示。

图 5-246　绿叶与花朵的组合效果

图 5-247　复制并调整后的花朵效果

72 选择大的花朵对象，使用交互式阴影工具在该对象底部的中心位置按下鼠标左键，并向上拖动鼠标，如图 5-248 所示，为其创建透视效果的阴影，如图 5-249 所示。

73 在交互式阴影工具属性栏中，如图 5-250 所示修改阴影属性，得到如图 5-251 所示的阴影效果。

图 5-248　鼠标拖动的方向

图 5-249　创建透视效果的阴影

图 5-251　设置属性后的阴影效果

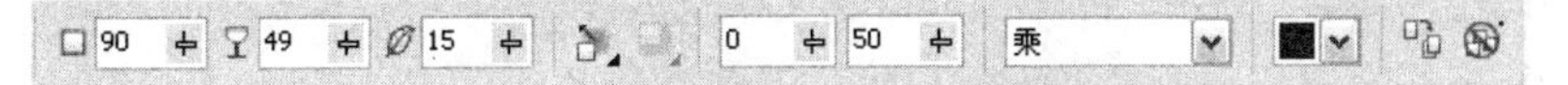

图 5-250　阴影效果的属性设置

74 导入光盘中的“源文件和素材\第 5 章\素材\插画背景.cdr”文件，如图 5-252 所示。将绘制好的花朵对象移动到背景画面上，并调整好大小和位置，完成本实例的制作，如图 5-253 所示。

图 5-252　导入的背景

图 5-253　完成后的插画效果

5.5 疑难解析

本章向读者介绍了在 CorelDRAW X4 中为对象填充均匀色、渐变色、图样、底纹、PostScript 底纹以及网状颜色的方法，下面就读者在学习过程中遇到的疑难问题进行进一步的解析。

1 怎样将自定义的颜色添加到调色板？

将自定义的颜色添加到调色板的操作步骤如下。

1 在 CorelDRAW X4 中执行“工具”→“调色板编辑器”命令，在弹出的“调色板编辑器”对话框中单击“添加颜色”按钮，如图 5-254 所示。

2 在弹出的“选择颜色”对话框中，设置好所需的颜色，然后单击“加到调色板”按钮，如图 5-255 所示，再单击“关闭”按钮，回到“调色板编辑器”对话框，此时可以在调色板列表中查看到新添加的色样，如图 5-256 所示。

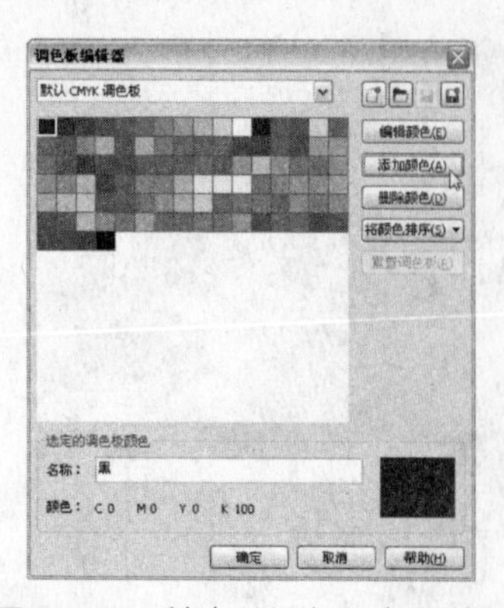

图 5-254　单击"添加颜色"按钮

图 5-255　设置颜色

图 5-256　添加到调色板的色样

3 在调色板列表中单击新添加的色样，然后在下方的"名称"文本框中为该色样命名，如图 5-257 所示，然后单击"确定"按钮，即可完成自定义色样的操作。

4 在调色板中可以查看并应用新添加的色样，如图 5-258 所示。

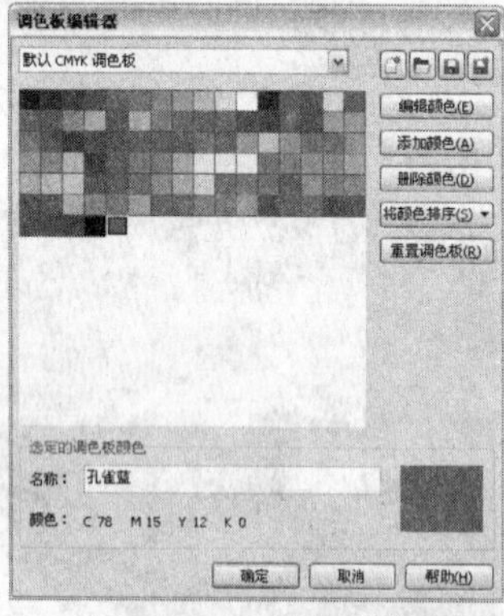

图 5-257　为色样命名

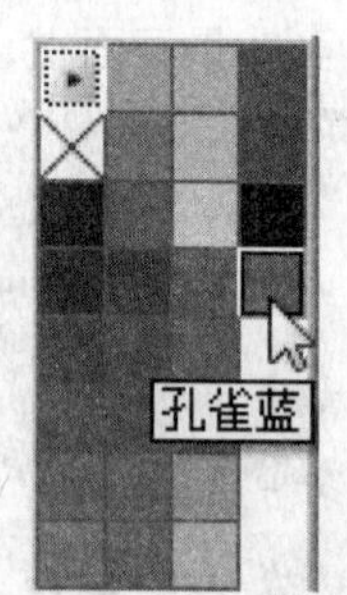

图 5-258　查看新添加的色样

2 怎样填充开放的曲线？

默认状态下，CorelDRAW 只能显示封闭对象的填色效果，要使 CorelDRAW 能同样显示开放式曲线中的填色效果，可通过以下的方法进行操作。

1 执行"工具"→"选项"命令，在弹出的"选项"对话框中展开"文档"→"常规"选项，然后在该对话框中选中"填充开放式曲线"复选框，如图 5-259 所示，再单击"确定"按钮即可。

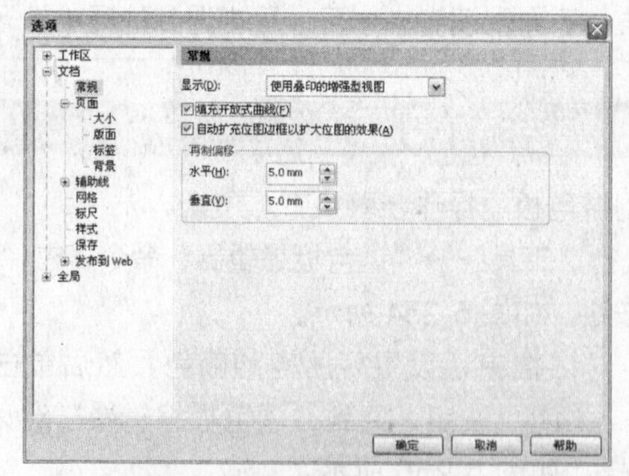

图 5-259　选中"填充开放式曲线"复选框

2 使用贝塞尔工具绘制一段开放式曲线，并为其填充颜色，得到如图 5-260 所示的填色效果。

图 5-260　填充开放式曲线

3 怎样设置默认填充色？

默认状态下，在 CorelDRAW 中绘制的对象只有轮廓，没有填充色。不过用户可以通过以下的操作，为对象设置默认填充色。

1 单击“挑选工具”按钮，在绘图窗口中的空白区域内单击，取消选择所有对象。

2 按下 Shift+F11 键打开“均匀填充”对话框，此时将弹出如图 5-261 所示的“均匀填充”对话框设置。

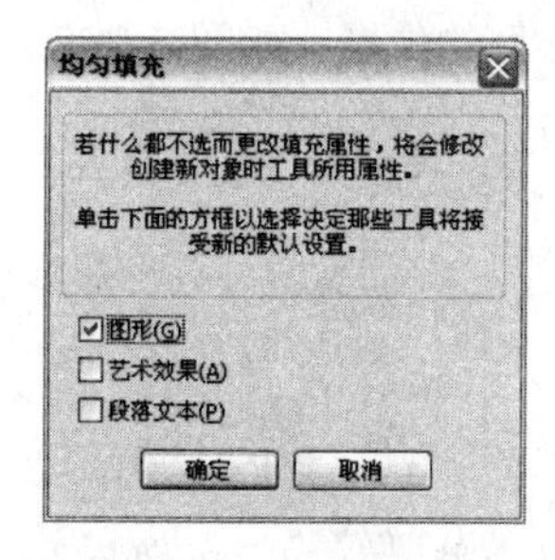

图 5-261　“均匀填充”对话框

- 选中“图形”复选框，可以为绘制的对象填充新设置的默认颜色。
- 选中“艺术效果”复选框，可以为应用的艺术效果填充新设置的默认颜色。
- 选中“段落文本”复选框，可以为创建的段落文本填充新设置的默认颜色。

3 启动需要应用默认颜色的选项，然后单击“确定”按钮，在弹出的“均匀填充”对话框中，设置所需的默认颜色参数，如图 5-262 所示。

4 单击“确定”按钮，关闭“均匀填充”对话框，然后任意绘制一个对象，绘制完成后系统将使用设置好的默认颜色填充该对象，如图 5-263 所示。

图 5-262　设置默认颜色参数

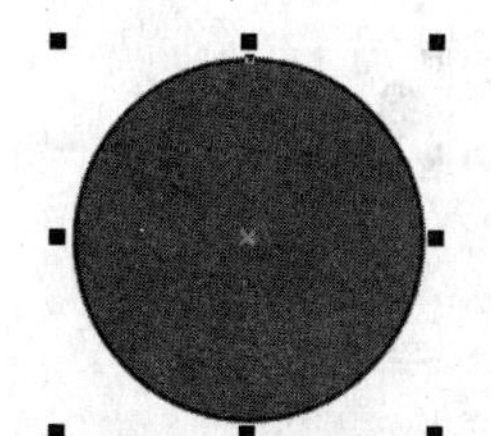

图 5-263　使用默认颜色填充的对象

4 如何使用“对象属性”泊坞窗填充对象？

在 CorelDRAW 中，除了使用调色板、“颜色”泊坞窗和“补充符号”工具填充对象外，还可以使用“对象属性”泊坞窗来为对象填充均匀色、渐变色、图样和底纹效果，具体操作方法如下。

1 选择需要填充的对象，执行“窗口”→“泊坞窗”→“属性”命令，打开“对象属性”泊坞窗，其中默认为“填充”选项卡。

2 在填充选项卡中的颜色列表中选择所需的色样，即可为选定的对象自动填充该颜色。

默认状态下，“对象属性”泊坞窗激活了“锁定”按钮，此时在该泊坞窗中设置的填充属性会自动应用到选定的对象上。单击“锁定”按钮，可以取消该按钮的激活状态，这样在该泊坞窗中设置好填充属性后，需要单击“应用”按钮，才能将设置应用到对象上。

3 在“填充类型”下拉列表框中选择“渐变填充”选项，此时泊坞窗设置如图 5-264 所示。在该泊坞窗中选择渐变填充的类型，然后在“从”颜色选取器中选择渐变的起始颜色，并在“到”颜色选取器中选择渐变的结束颜色，如图 5-265 所示。在“预览窗口”中拖动鼠标或单击，可以调整渐变的角度、边界或渐变中心点的位置，如图 5-266 所示。

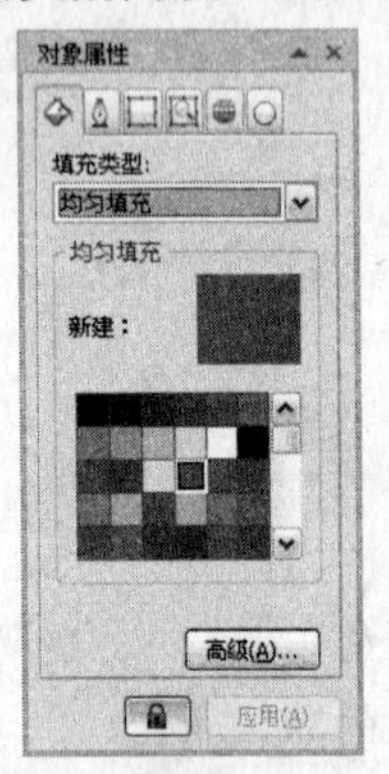

图 5-264 设置“填充类型”

图 5-265 设置颜色

图 5-266 调整“渐变填充”设置

4 在“填充类型”下拉列表框中还可以选择“图样填充”、“PostScript 填充”和“底纹填充”选项，并可以在对应的填充选项中设置所要应用的图样或底纹类型。选择“图样填充”、“PostScript 填充”和“底纹填充”类型后的泊坞窗设置分别如图 5-267、图 5-268、图 5-269 所示。

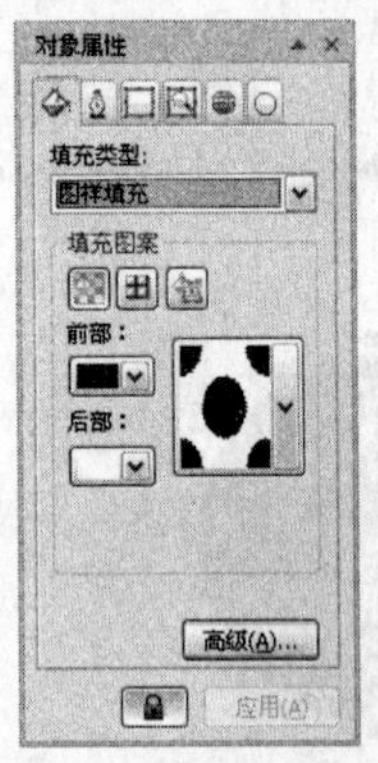

图 5-267 “图样填充”

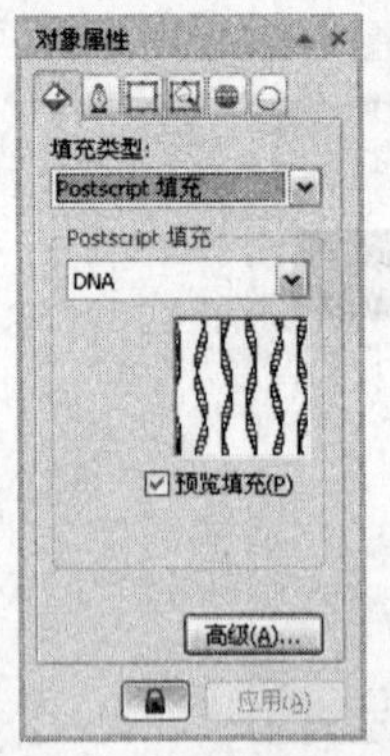

图 5-268 “PostScript 填充”

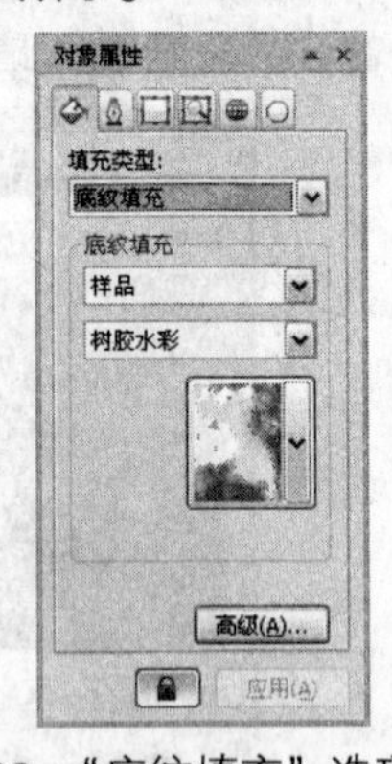

图 5-269 “底纹填充”选项设置

5 单击“对象属性”泊坞窗中的“高级”按钮，在弹出的相应对话框中可以对填充属性进行更为详细的设置，其设置方法与填充工具属性栏中对应的设置方法相似。

6 在“填充类型”下拉列表框中选择“无填充”选项，可取消选定对象中的任何填充效果。

5.6 上机实践

使用前面学习的绘图和填色知识，绘制如图 5-270 所示的田野风景。

图 5-270　田野风景

5.7 巩固与提高

在学习完本章中介绍的填充方法和技巧后，下面通过完成以下的习题，巩固所学的知识。

1. 单项选择题

（1）调色板中默认的颜色模式为（　　）。

A. RGB　　B. CMYK

C. Lab　　D. HSB

（2）打开“均匀填充”对话框的组合键是（　　）。

A. Shift+F11　　B. F11

C. Shift+F12　　D. F12

（3）要自定义网状填充中的颜色，可以在（　　）泊坞窗中完成。

A. 对象属性　　B. 对象管理器

C. 颜色样式　　D. 颜色

2. 多选题

（1）在 CorelDRAW 中可以为对象填充颜色和底纹的方式有（　　）。

A. 均匀填充对话框　　B. 渐变填充对话框

C. 交互式填充工具　　D. “对象属性”泊坞窗

（2）在应用网状填充时，通过添加或删除（　　），可以调整网格。

A. 节点　　B. 网格交点

C. 网格线　　D. 网格颜色

3. 判断题

（1）在“颜色”泊坞窗中，可以使用均匀色和渐变色填充对象。（　　）

（2）在为对象填充渐变色时，最少可以为对象应用两种颜色的渐变色。（　　）

读书笔记

Study

第6章

编辑与处理文本

无论是进行平面设计还是广告创作时，都少不了对文字的应用。虽然通过图形、色彩的修饰和衬托，可以使人领会到画面中所要表达的中心内容，但是这些替代不了文字，在欣赏漂亮画面的同时，还是需通过文字的表达和说明，来更清晰地了解画面的内容。

学习指南

- 为对象填充色彩
- 为对象填充图样和纹理
- 使用交互式填充工具
- 使用交互式网状填充工具

精彩实例效果展示 ▲

6.1 输入文本

CorelDRAW X4 中可以输入两种类型的文本，即美术文本和段落文本。美术文本用于输入少量文字，如文字标题，如图 6-1 所示。段落文本用于输入篇幅较多的文字，如正文，这样方便对文字进行编排，如图 6-2 所示。

图 6-1 美术文本的应用

图 6-2 段落文本的应用

6.1.1 输入美术文本

输入美术文本的操作步骤如下。

1 单击工具箱中的“文本工具”按钮字，或者按下 F8 键，然后在绘图窗口中单击鼠标左键，在出现文字输入光标后，选择一种适合的输入法。

2 输入所需的文字内容，如果要使文字提行，可在输入过程中按下 Enter 键，如图 6-3 所示。

3 输入完所有文字后，将工具切换到挑选工具，完成输入文字的操作，如图 6-4 所示。

CorelDRAW
我的魔法绘画工具

图 6-3 输入文字

CorelDRAW
我的魔法绘画工具

图 6-4 完成文字的输入

4 保持文本的选取状态，此时用户可以通过属性栏修改文本属性，如字体、字体大小、文本的对齐方式或文本方向等，如图 6-5 所示。

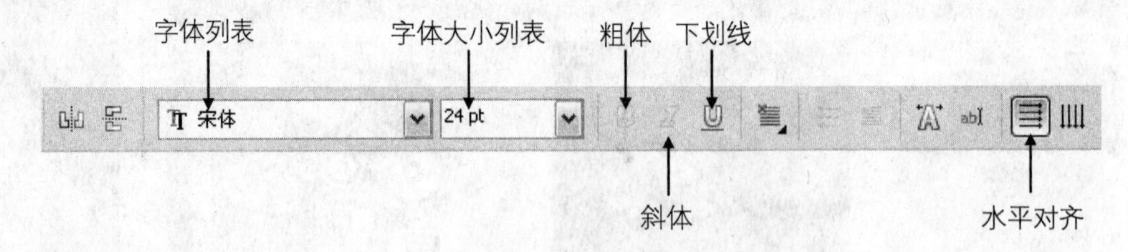

图 6-5 文本属性设置

- 单击“字体列表”三角按钮，在弹出的下拉列表中可以为文本选择适合的字体，在选择字体时，可以预览应用该字体后的文字效果，如图 6-6 所示。字体列表中会显示安装在计算机中的所有字体。

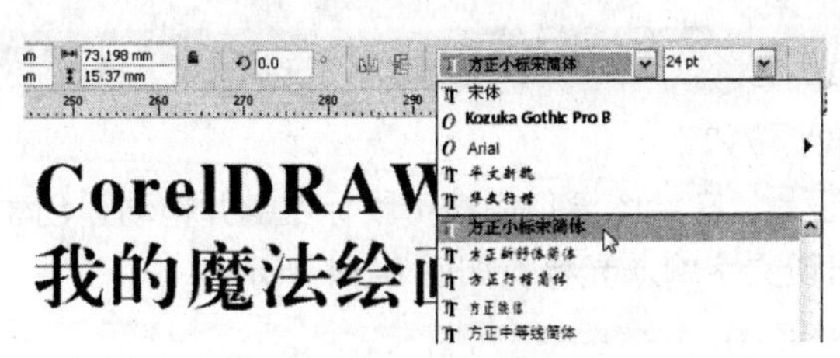

图 6-6　选择字体

- 在“字体大小列表”中，可以选择系统预设的字体大小，或者在该选项数值框中输入所需的字体大小值，然后按下 Enter 键即可。用户也可以按照缩放对象的方法，使用挑选工具拖动文本四周的控制点来调整文字大小，如图 6-7 所示。
- 单击“粗体”和“斜体”按钮，可以将文本设置为粗体和斜体。只有在选择能够设置粗体和斜体的字体时，这两个按钮才可用。单击“下划线”按钮，可以在文本下方设置下划线，如图 6-8 所示。

图 6-7　缩放文本对象

图 6-8　文本下划线效果

- 单击水平对齐按钮，在弹出如图 6-9 所示的下拉列表中，可以选择文本在水平方向上的对齐方式，图 6-10 所示为将文本居中对齐后的效果。

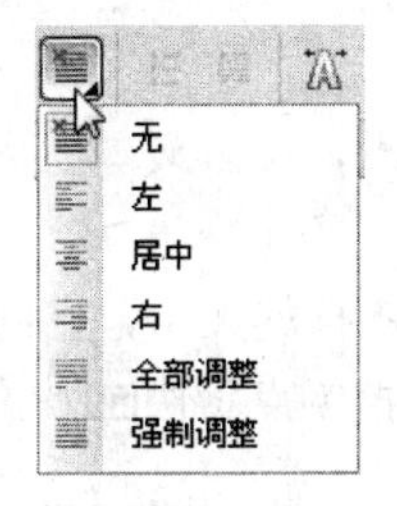

图 6-9　水平对齐下拉列表

图 6-10　文本居中对齐后的效果

- 单击“字符格式化”按钮，可弹出“字符格式化”泊坞窗，在其中也可以设置文本的字体、字体大小和对齐方式等属性，如图 6-11 所示。
- 单击“编辑文本”按钮，在弹出的“编辑文本”对话框中，除了可以设置文本的基本属性外，还可以更改文字内容、对文本进行语法和拼写检查，以及导入外部文本等，如图 6-12 所示。
- 单击按钮，可以将选定的文本由水平方向转换为垂直方向排列，如图 6-13 所示。单击按钮，可以将文本由垂直方向转换为水平方向。

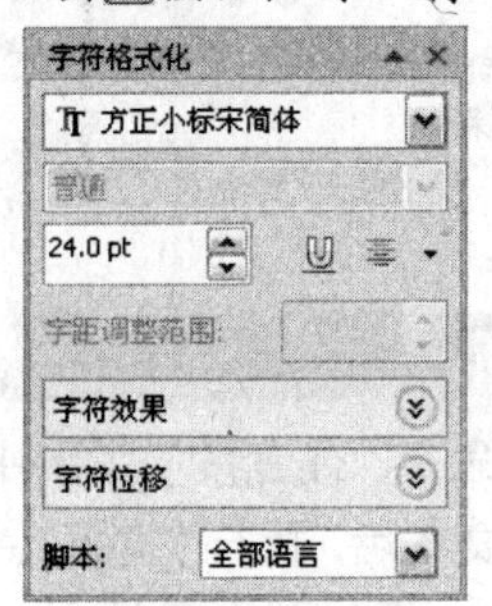

图 6-11　“字符格式化”泊坞窗

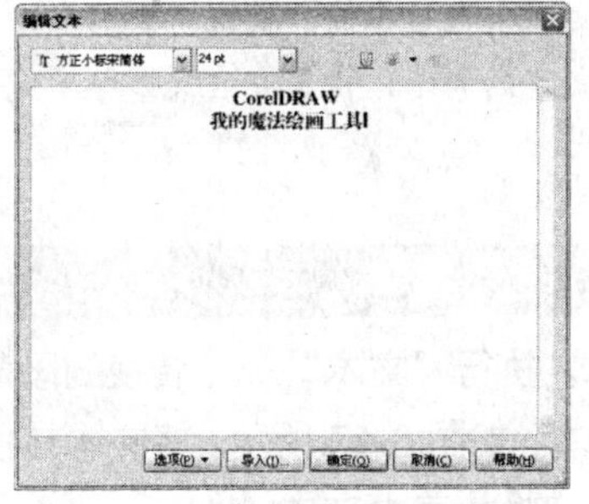

图 6-12　“编辑文本”对话框

图 6-13　文本垂直方向排列

6.1.2 输入段落文本

输入段落文本的操作步骤如下。

1 单击“文本工具”按钮字，在绘图窗口中按下鼠标左键并拖动，创建一个段落文本框，释放鼠标后，在文本框中会出现文字输入光标，如图 6-14 所示。

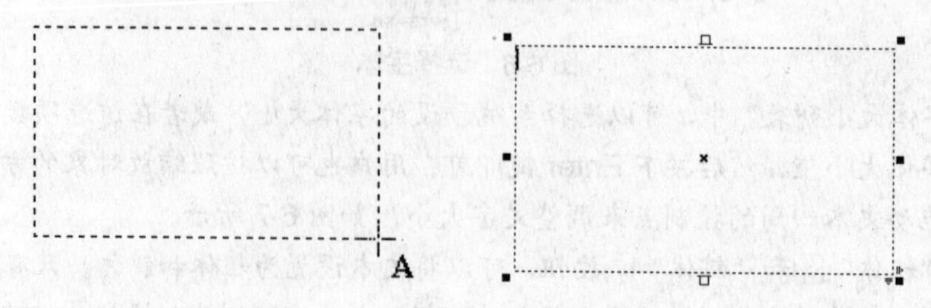

图 6-14 创建的段落文本框

2 选择相应的文本输入法，然后输入所需的文本内容即可，如图 6-15 所示。

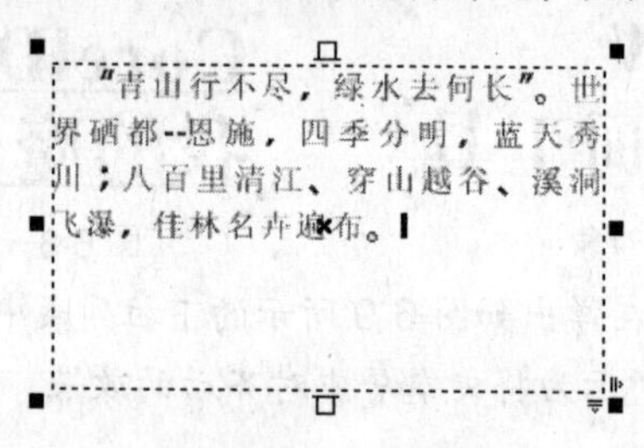

图 6-15 输入文字

3 在输入文本时，如果文本内容超出了文本框所能显示的范围，那么文本框下方居中的控制点将变为▼状态，表示有部分文本未完全显示。

4 要显示所有文本，可拖动文本框四周的控制点，以调整文本框的大小，直到完全显示文本为止，如图 6-16 所示。文本被完全显示后，文本框下方居中的控制点将由▼状态变为□状态。

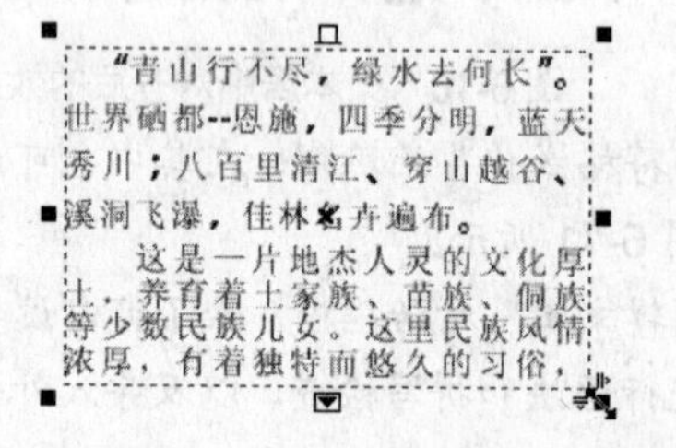

“青山行不尽，绿水去何长”。世界硒
都--恩施，四季分明，蓝天秀川；八百里
清江、穿山越谷、溪洞飞瀑，佳林名卉
遍布。
这是一片地杰人灵的文化厚土，养
育着土家族、苗族、侗族等少数民族儿
女。这里民族风情浓厚，有着独特而悠
久的习俗，有着神秘而动人的故事，更
有着丰富而多彩的民族工艺，其中尤以
刺绣为甚。

图 6-16 调整文本框的大小

小提示

当文本框中有部分文本未被显示时，执行“文本”→“段落文本框”→“文本适合框架”命令，系统会自动调整文字的大小，使文字在文本框中完全显示出来。

6.1.3 转换美术文本与段落文本

选择需要转换的美术文本，执行“文本”→“转换到段落文本”命令，或者按下 Ctrl+F8 组合键，即可将其转换为段落文本，如图 6-17 所示。将文本转换为段落文本后，执行“文本”→“转换到美术字”命令，又可将其转换为美术文本。

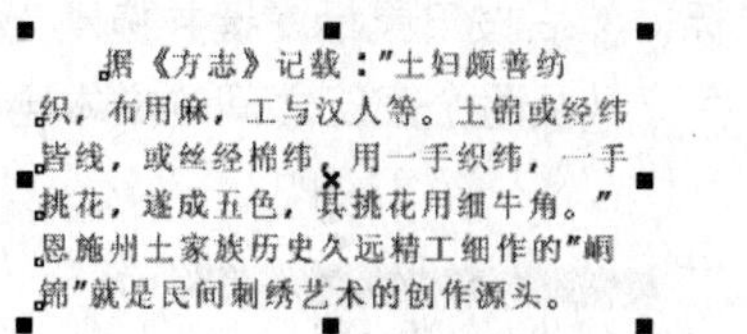

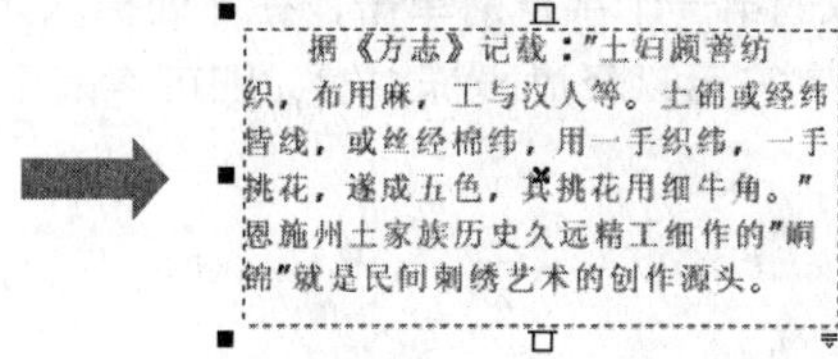

图 6-17　美术文本转换为段落文本

小提示

在将段落文本转换为美术文本之前，如果段落文本框中的文字未显示完全，那么就不能将其转换为美术文本。

6.2　选择文本

在编辑和处理文本时，同样需要先将文本选取，才能进行下一步操作。在选择文本时，用户可以选择文本对象中的所有文本内容，也可以选择文本对象中的部分文字，这取决于编辑文本的需要。

6.2.1　选择全部文本

要选择整个文本对象，只需要使用"挑选工具"按钮单击文本对象即可，这样对文本进行的编辑操作会应用于文本对象中的所有文本。图 6-18 所示是为选取的文本对象添加下划线的效果。

要选择多个文本对象，按住 Shift 键使用挑选工具单击需要选取的文本对象即可。要取消选取其中一个文本对象，可按住 Shift 键使用挑选工具再次单击该文本对象即可。

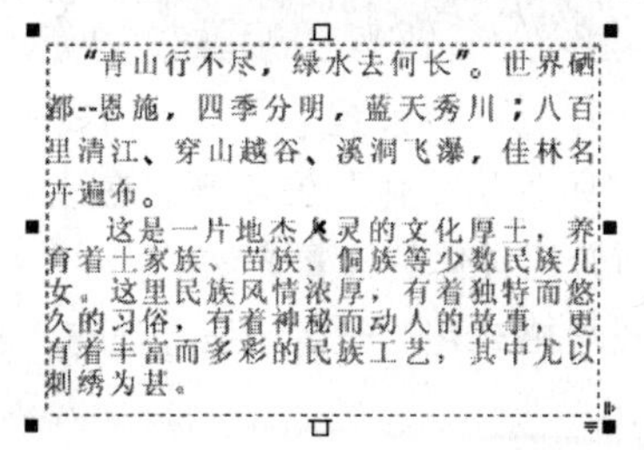

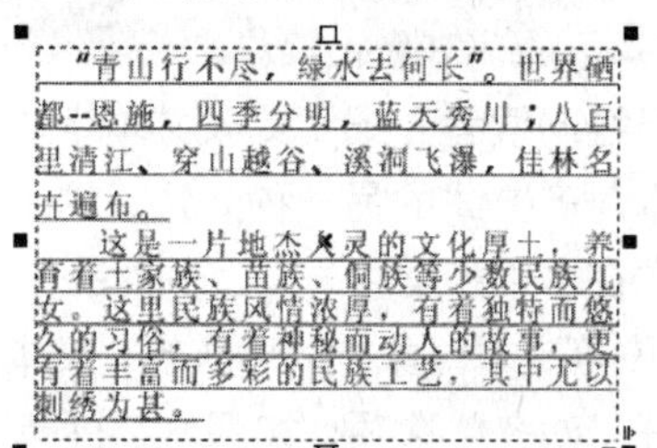

图 6-18　为全部文本添加下划线

使用挑选工具在文本对象上双击，系统会自动切换到文本工具，并在双击文本对象的位置插入文本输入光标，这样用户就可以对文本进行进一步的编辑了。在文本对象中插入文本输入光标后，按下 Ctrl+A 组合键，可以选择文本框中的所有文本内容。

6.2.2　选择部分文本

在编辑文本时，如果需要对部分文本进行着重处理，以起到特别提示的作用时，就需要首先选择需要处理的部分文本。选择同一个文本对象中部分文本的操作步骤如下。

1 单击"文本工具"按钮字，在文本对象上单击，插入文本输入光标，如图 6-19 所示。

2 在需要选取的第一个字符前单击，在此处插入光标，然后按下鼠标左键并拖动光标到需要选择的最后一个字符后，释放鼠标左键，即可将两个字符以及两个字符之间的文本全部选取，如图 6-20 所示。

图 6-19　单击文本

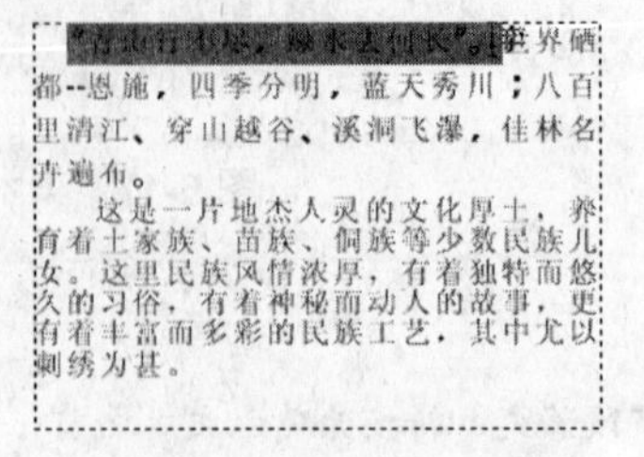

图 6-20　选择部分文本

3 在属性栏中更改选定文本的字体，效果如图 6-21 所示。

图 6-21　更改选定文本的字体

6.3 设置文本格式

在应用文字时，通常都会根据整个版面，对文本的字体、大小、对齐方式、字间距或部分字符的位置进行调整，使文本与图形达到规整、协调的效果。

6.3.1 设置文本的对齐方式

在前面已经向读者介绍了更改文本字体、字体大小，以及设置水平对齐方式的方法。下面介绍设置文本对齐方式的另一种方法，这就是使用“段落格式化”泊坞窗。在该泊坞窗中可以设置段落文本在水平和垂直方向上的对齐方式，下面介绍具体的设置方法。

1 选择一个段落文本对象，然后执行“文本”→“段落格式化”命令，在打开的“段落格式化”泊坞窗中展开“对齐”选项，如图 6-22 所示。

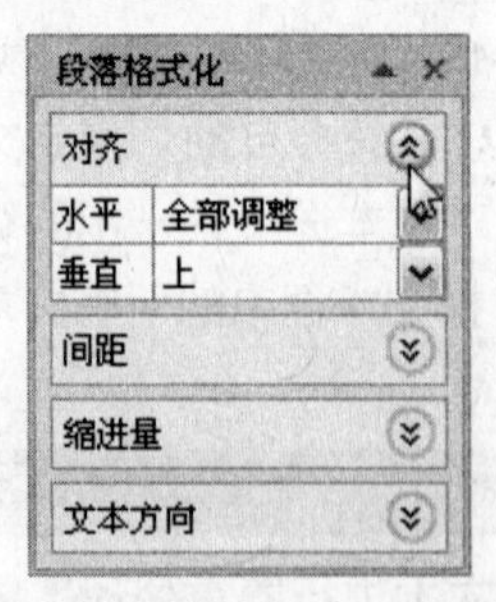

图 6-22　“段落格式化”泊坞窗

2 单击“水平”下三角按钮，弹出如图 6-23 所示的下拉列表框，在其中可以选择文本在水平方向上的对齐方式。图 6-24 所示为选择“无”选项后的对齐效果，图 6-25 和图 6-26 所示为分别选择“全部调整”和“强制调整”后的文本对齐效果。

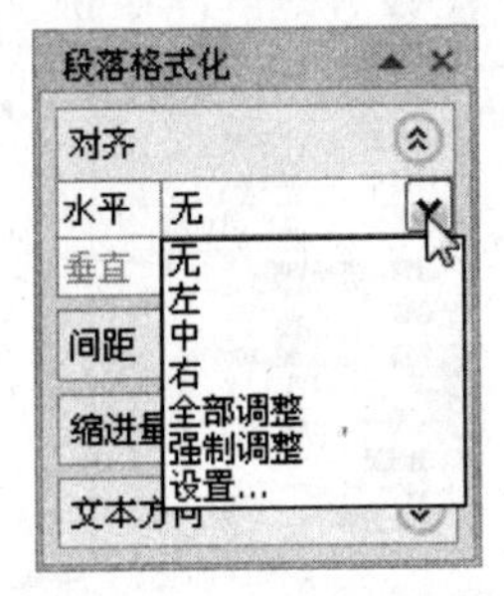

图 6-23 “水平”选项

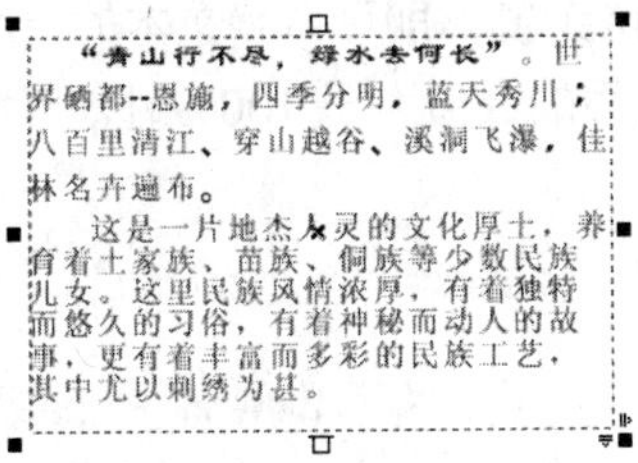

图 6-24 文本无对齐的效果

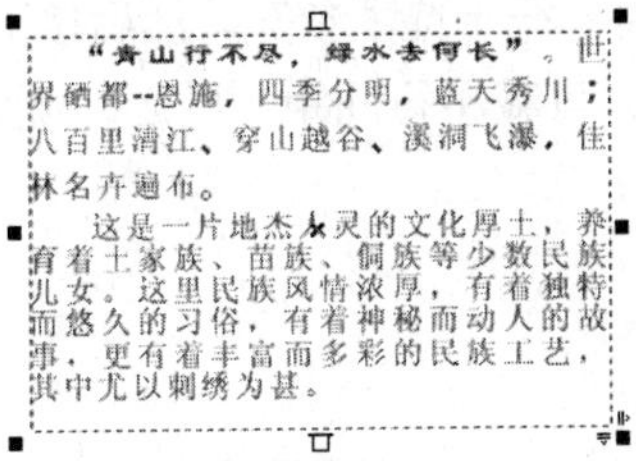

图 6-25 水平全部对齐的效果

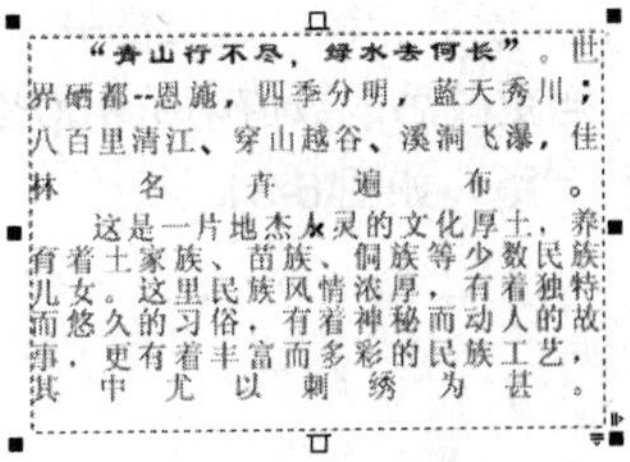

图 6-26 水平强制对齐的效果

3 单击“垂直”下三角按钮，展开如图 6-27 所示的下拉列表，在其中可以选择文本在垂直方向上与段落文本框的对齐方式。图 6-28 所示为选择“中”对齐的效果，图 6-29 所示为选择“全部”对齐后的效果。

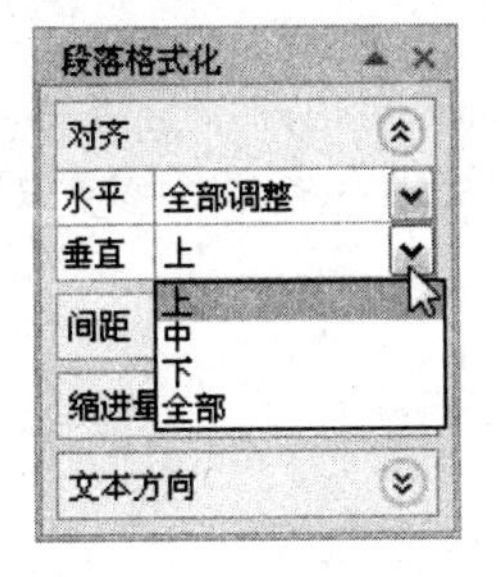

图 6-27 “垂直”对齐选项

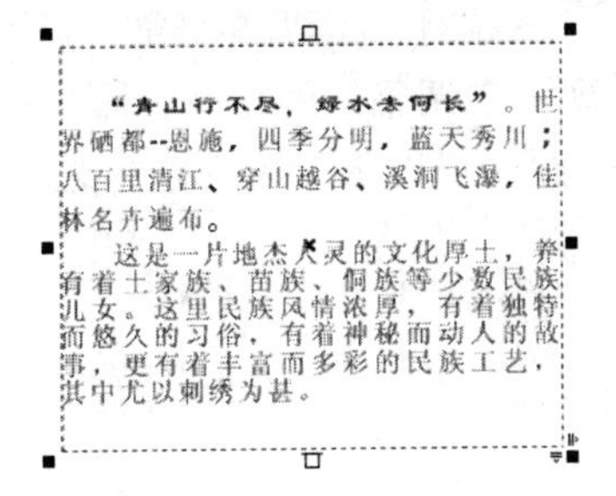
“青山行不尽，绿水去何长”。世界硒都--恩施，四季分明，蓝天秀川；八百里清江、穿山越谷、溪洞飞瀑，佳林名卉遍布。
这是一片地杰人灵的文化厚土，养育着土家族、苗族、侗族等少数民族儿女。这里民族风情浓厚，有着独特而悠久的习俗，有着神秘而动人的故事，更有着丰富而多彩的民族工艺，其中尤以刺绣为甚。

图 6-28 垂直中对齐的效果

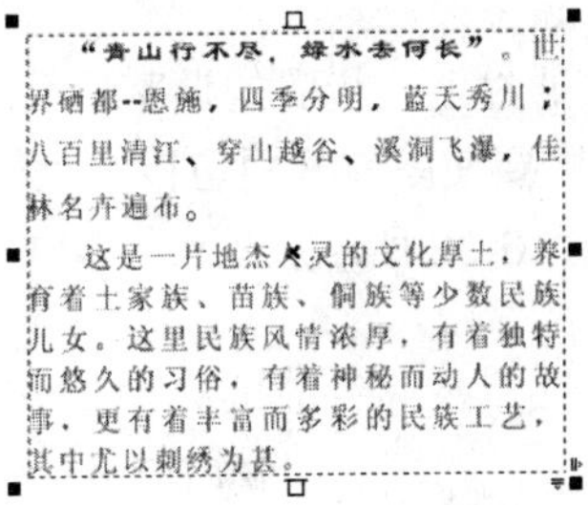

图 6-29 全部对齐的效果

6.3.2 设置字间距

字间距包括字符间距和行间距，在 CorelDRAW 中，可以通过两种方式调整字间距，一种是在“段落格式化”泊坞窗中精确设置间距参数，另一种是使用形状工具手动调整。用户可以根据具体情况，选择使用适合的调整方法。

1. 使用“段落格式化”泊坞窗精确调整

使用“段落格式化”泊坞窗精确调整字间距的具体操作步骤如下。

1 选择需要调整字间距的文本对象，然后执行“文本”→“段落格式化”命令，在弹出的“段落格式化”泊坞窗中展开“间距”选项，如图 6-30 所示。

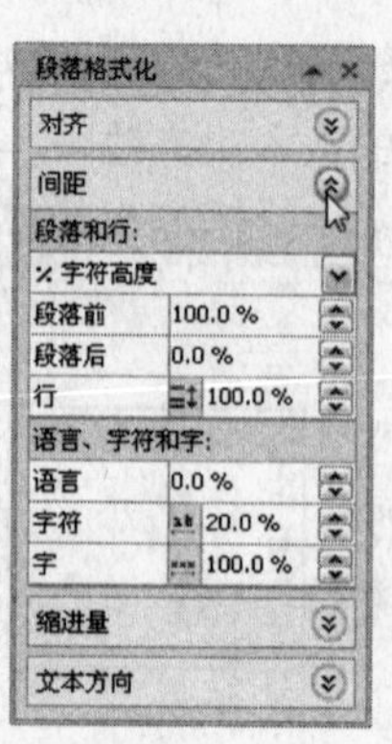

图 6-30　展开“间距”选项

2 在“段落和行”选项栏中，更改“行”选项参数，然后按下 Enter 键，即可调整文本的行间距。当更改后的数值小于 100%时，可减小行间距；反之，当更改后的数值大于 100%时，可增加行间距，如图 6-31 所示。

段落和行:	
% 字符高度	
段落前	100.0 %
段落后	0.0 %
行	150.0 %

图 6-31　行间距的调整

3 通过上一步骤的调整，可以发现，在调整行间距时，段与段之间的间距并没有得到调整。如果要使段前间距与行间距保持一致，可以将“段落前”选项参数更改为行间距参数即可，如图 6-32 所示。

段落和行:	
% 字符高度	
段落前	150.0 %
段落后	0.0 %
行	150.0 %

图 6-32　调整段前间距

4 要调整文本的字符间距，可在“语言”、“字符”和“字”选项栏中，更改“字符”选项参数即可。增加百分比值，可增加字符间距，反之则减小字符间距，如图 6-33 所示。

语言、字符和字:	
语言	0.0 %
字符	90.0 %
字	100.0 %

图 6-33　调整字符间距

2．使用形状工具手动调整

使用形状工具可以更加灵活、直观地调整字间距，用户可以在调整字间距时，即时地预览间距的调整效果。使用形状工具调整字间距的操作步骤如下。

1 选择形状工具，然后使用该工具单击需要调整字间距的文本对象，此时在文本对象下方的左右两端将出现如图 6-34 所示的两个控制点。

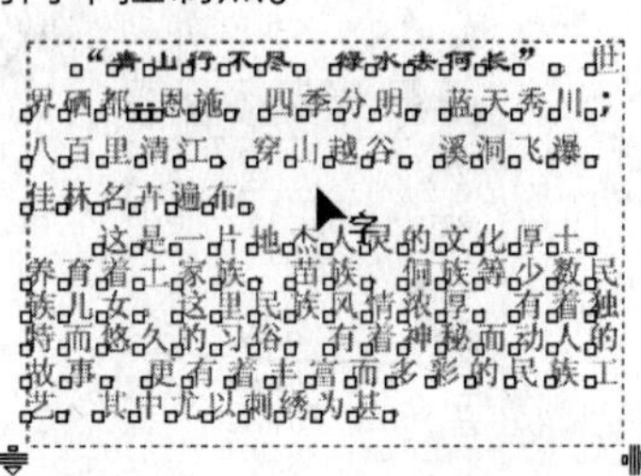

图 6-34　文本对象下方的控制点

2 使用形状工具向右拖动右下角的控制点，可增加字符间距；向左拖动控制点，可减小间距。在调整字符间距的同时，文本框的宽度也会同时被调整，以适合字间距的变化，如图 6-35 所示。

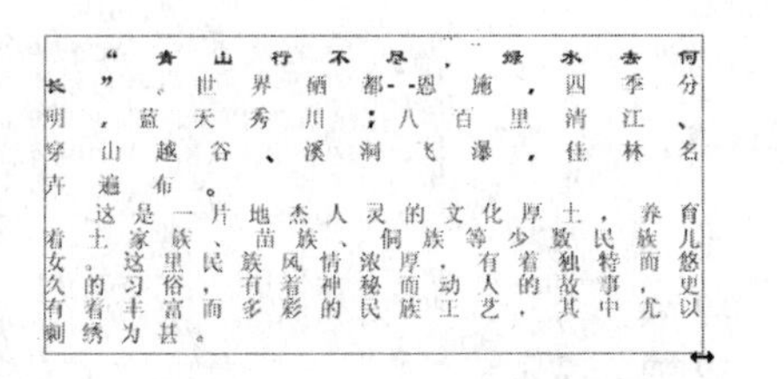

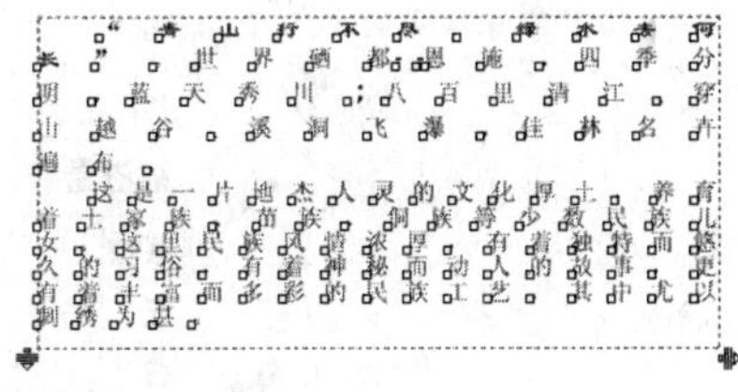

图 6-35　增加字符间距

3 使用形状工具向上拖动文本对象左下角的控制点，可减小文本的行间距；向下拖动控制点，可增加行间距，如图 6-36 所示。

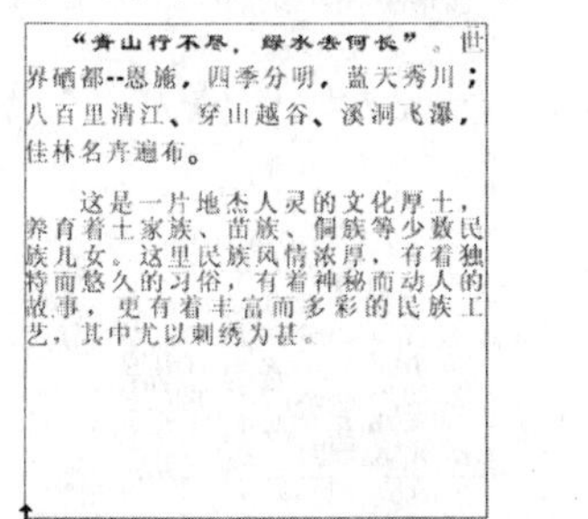

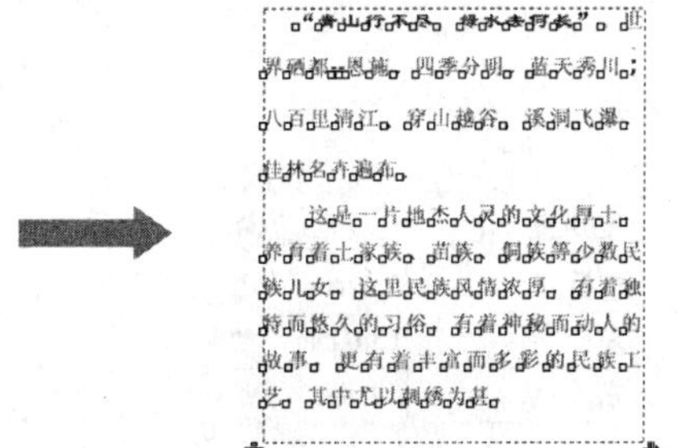

图 6-36　增加文本的行间距

小提示

用户也可以使用“挑选工具”调整段落文本的字间距。使用挑选工具选择段落文本对象后，将光标移动到文本框右下角的或控制点上，当光标显示为状态时，如图 6-37 所示，拖动控制点可以调整文本的字符间距，拖动控制点可以调整文本的行间距。

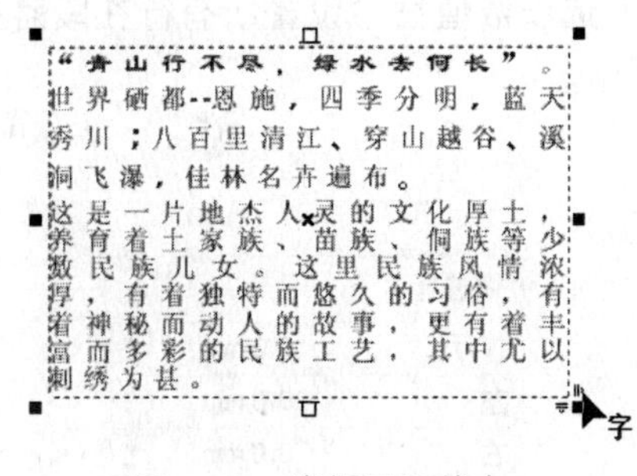

图 6-37　光标显示状态

6.3.3 设置段落文本的缩进量

通过为文本设置段落缩进量，可以调整段落文本与文本框的距离。用户可以设置段落文本的首行缩进量，也可以使整个段落文本框向左或向由缩进。设置段落文本缩进量的操作步骤如下。

1 选择需要设置缩进量的段落文本，然后在打开的“段落格式化”泊坞窗中展开“缩进量”选项，如图 6-38 所示。

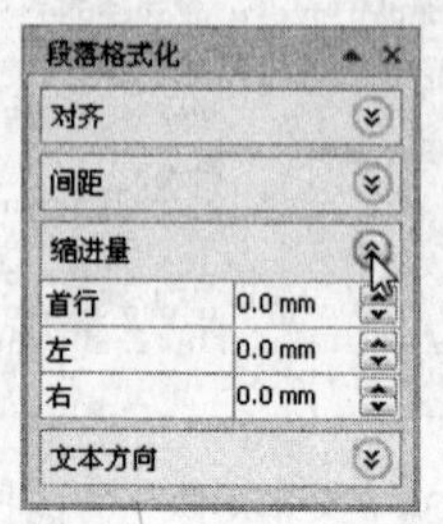

图 6-38 “缩进”选项

2 在“首行”选项数值框中输入段落文本首行缩进的距离，然后按下 Enter 键，效果如图 6-39 所示。

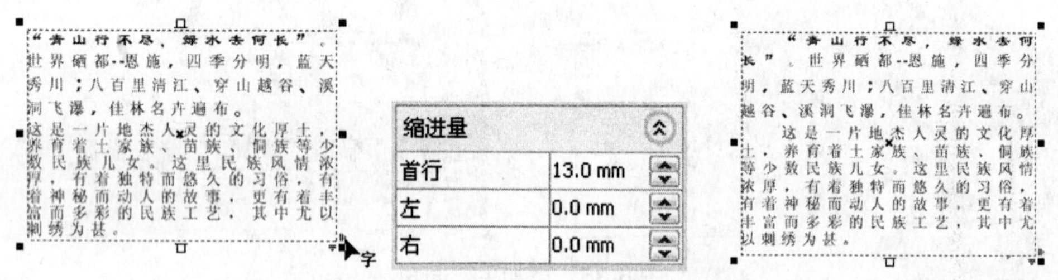

图 6-39 段落文本的首行缩进效果

3 在“左”选项数值框中设置除首行之外所有行在段落文本左侧缩进的量，然后按下 Enter 键，如图 6-40 所示。

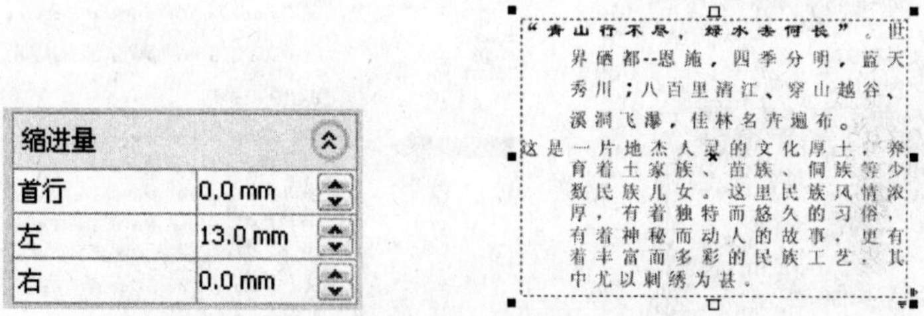

缩进量
首行 0.0 mm
左 13.0 mm
右 0.0 mm

“青山行不尽，绿水去何长”。世界硒都--恩施，四季分明，蓝天秀川；八百里清江、穿山越谷、溪洞飞瀑，佳林名卉遍布。
这是一片地杰人灵的文化厚土，养育着土家族、苗族、侗族等少数民族儿女。这里民族风情浓厚，有着独特而悠久的习俗，有着神秘而动人的故事，更有着丰富而多彩的民族工艺，其中尤以刺绣为甚。

图 6-40 设置文本左缩进的效果

4 在“右”选项数值框中设置所有行在段落文本右侧缩进的量，然后按下 Enter 键，效果如图 6-41 所示。

缩进量
首行 0.0 mm
左 0.0 mm
右 8.0 mm

图 6-41 设置文本右缩进的效果

6.3.4　字符位移

在编辑文本时，用户还可以移动或旋转文本对象中的单个或多个字符。要移动或旋转字符，可以通过“字符格式化”泊坞窗来完成。

1 使用文本工具字在文本对象上单击，将文字输入光标插入到文本中，然后选择需要位移的文本，如图 6-42 所示。

2 单击属性栏中的“字符格式化”按钮，在弹出的“字符格式化”泊坞窗中展开“字符位移”选项，如图 6-43 所示。

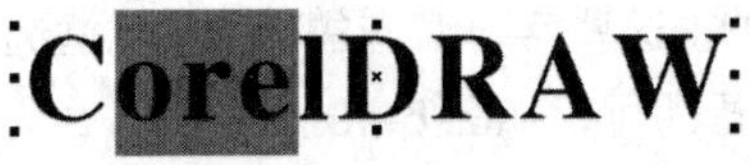

CorelDRAW

图 6-42　选择需要调整的文本

字符格式化
方正小标宋简体
普通
76.612 pt
字距调整范围:
0 %
字符效果
字符位移
角度
0.0 °
水平位移
0 %
垂直位移
0 %
脚本:
全部语言

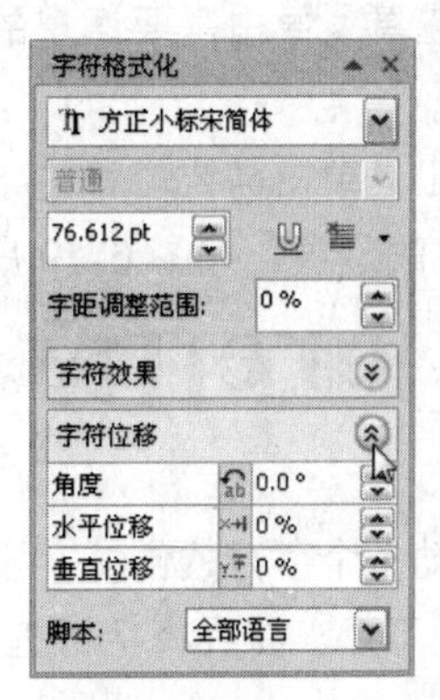

图 6-43　展开“字符位移”选项

3 在“垂直位移”选项数值框中设置字符在垂直方向上位移的距离，然后按下 Enter 键，效果如图 6-44 所示。

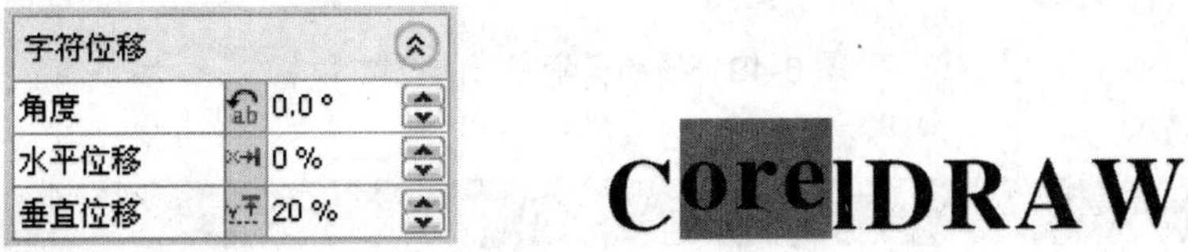

字符位移
角度
0.0 °
水平位移
0 %
垂直位移
20 %
CorelDRAW

图 6-44　字符的垂直位移效果

4 选择需要旋转的字符，然后在“角度”选项数值框中设置字符旋转的角度，再按下 Enter 键，效果如图 6-45 所示。

字符位移
角度
25.0 °
水平位移
0 %
垂直位移
0 %
CorelDRAW

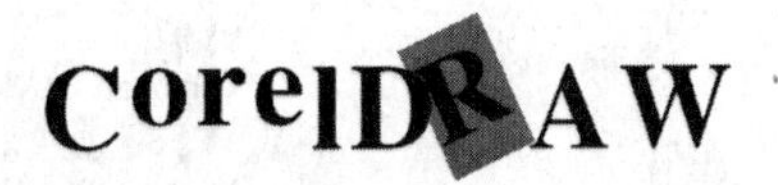

图 6-45　字符的旋转效果

5 选择需要水平位移的字符，然后在“水平位移”选项数值框中设置字符在水平方向上位移的距离，再按下 Enter 键，不同数值的效果分别如图 6-46 和 6-47 所示。

字符位移
角度
0.0 °
水平位移
-30 %
垂直位移
0 %
CorelDRAW

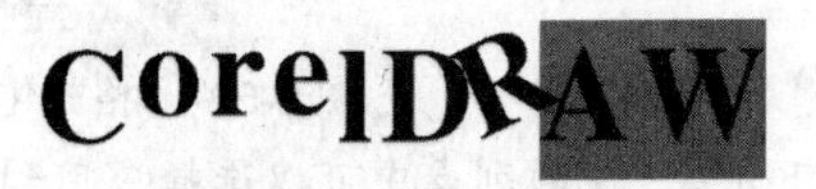

图 6-46　字符的水平位移效果

字符位移	
角度	0.0 °
水平位移	-60 %
垂直位移	0 %

CorelDRAW

图 6-47　字符的水平位移效果

除了在“字符格式化”泊坞窗中为字符设置水平和垂直位移效果外，用户还可以使用形状工具来任意调整单个或多个字符的位置。

1 使用形状工具单击需要调整的文本对象，此时在每个字符的左下角都会出现空心节点，如图 6-48 所示。

2 使用形状工具单击需要位移的字符左下角的节点，该节点将变为实心状态，此时拖动该节点即可移动字符的位置，如图 6-49 所示。

CorelDRAW　CorelDRAW

图 6-48　选取字符节点

3 要同时移动多个字符的位置，可按住 Shift 键单击这些字符对应的节点，或框选连续排列的多个字符对应的节点，然后将字符拖动到指定的位置即可，如图 6-49 所示。

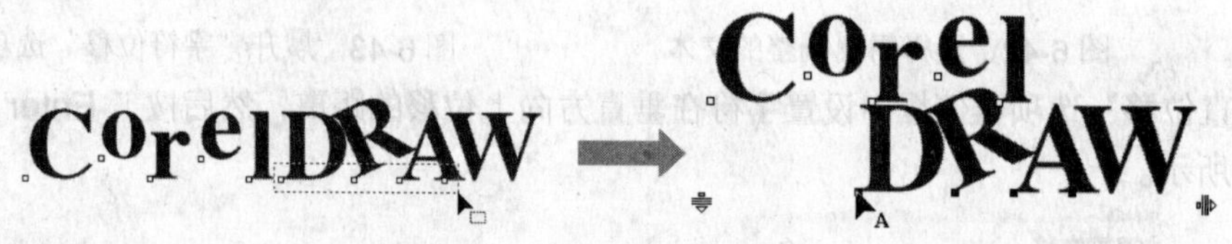

图 6-49　移动多个字符的位置

6.3.5　设置字符效果

字符效果中包括文本的下划线、删除线、上划线、大写和位置效果。执行“文本”→“字符格式化”命令，或单击属性栏中的“字符格式化”按钮，在打开的“字符格式化”泊坞窗中展开“字符效果”选项，通过该选项栏即可进行字符效果的设置，如图 6-50 所示。

图 6-50　“格式化文本”泊坞窗

- 在“下划线”下拉列表中可以选择应用到文本上的下划线效果。系统提供了 6 种预设的下划线样式，如图 6-51 所示，选择其中的“编辑”选项，在弹出的“编辑下划线样式”

对话框中，可以对预设的 6 种下划线样式进行自定义设置，如图 6-52 所示。图 6-53 所示为添加不同下划线后的效果。

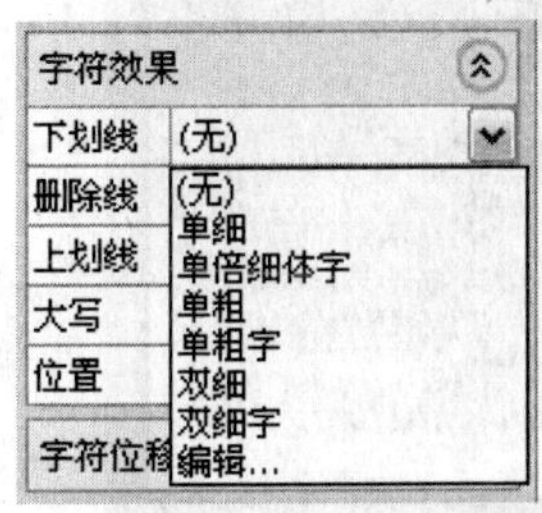

单倍细体字
单粗　字
双细　字

图 6-51　“下划线”选项　图 6-52　“编辑下划线样式”对话框　图 6-53　不同的下划线

- 在“删除线”下拉列表中，可以选择所要应用的删除线效果。添加不同删除线的效果如图 6-54 所示。
- 在“上划线”下拉列表中，可以选择所要应用的上划线效果。添加不同上划线的效果如图 6-55 所示。

单倍细体字　单倍细体字
单粗　字　单粗　字
双细　字　双细　字

图 6-54　“删除线”选项及其效果　图 6-55　上划线效果

- “大写”选项用于将英文调整为大写效果。选择“小写”选项，可以将英文中的所有小写字母调整为小型大写字母，原来的大写字母保持不变，如图 6-56 所示。选择“全部大写”选项，可以将所有英文字母全部变成大写，如图 6-57 所示。

CorelDRAW　CORELDRAW

图 6-56　字母的“小写”效果　图 6-57　字母的“大写”效果

- 在“位置”下拉列表中，可以选择将文本设置为上标或下标效果。该设置常用于输入一些化学元素名称或数学专用名词，如图 6-58 所示。

CO_2　2^3

图 6-58　“位置”的下标和上标效果

6.4　设置段落文本的其他格式

在编排内容较多的段落文本时，可以通过对文本进行分栏、添加制表位或创建链接文本的方法得到所需的版面效果。下面介绍对段落文本分栏、添加制表位和创建链接文本框的方法。

6.4.1　设置分栏

在同一个段落文本中编排大量的文本时，用户可以将一个段落文本按指定的栏数划分，使阅读者能够更轻松地阅读文字内容。对文本进行分栏的方式常应用于报纸、杂志等大量正文内容的编排上。

1 选择需要分栏的段落文本，如图 6-59 所示，然后执行“文本”→“栏”命令，弹出“栏设置”对话框。

2 在“栏数”数值框中设置文本的分栏数，并选中“栏宽相等”复选框，使每个栏的宽度相等，然后单击“预览”按钮，预览文本分栏的效果，如图 6-60 所示。

3 在“宽度”列的数值上单击鼠标左键，在出现的文本编辑框中修改栏的宽度，然后按下 Enter 键，预览到的文本栏如图 6-61 所示。

图 6-59 选择段落文本

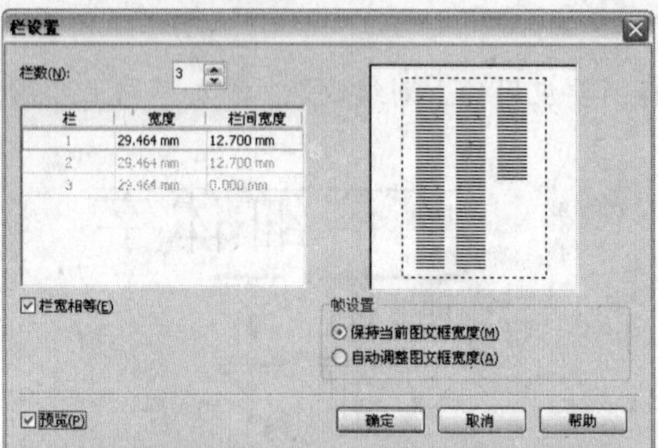

图 6-60 设置分栏参数并预览分栏效果

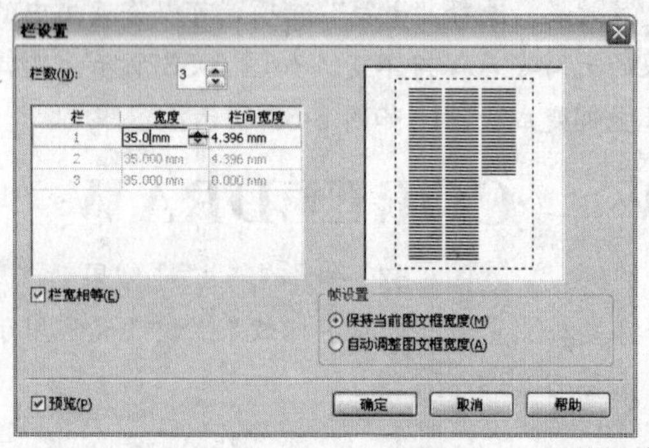

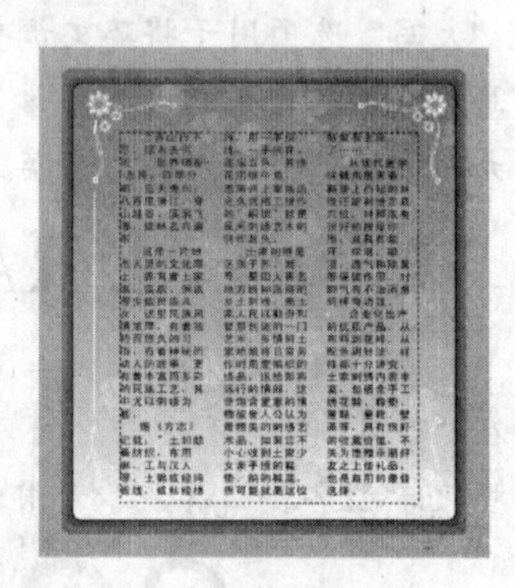

图 6-61 调整栏的宽度

4 在“栏间宽度”列的数值上单击鼠标左键，在出现的文本编辑框中修改栏间距，然后按下 **Enter** 键，预览到的文本栏效果如图 6-62 所示。

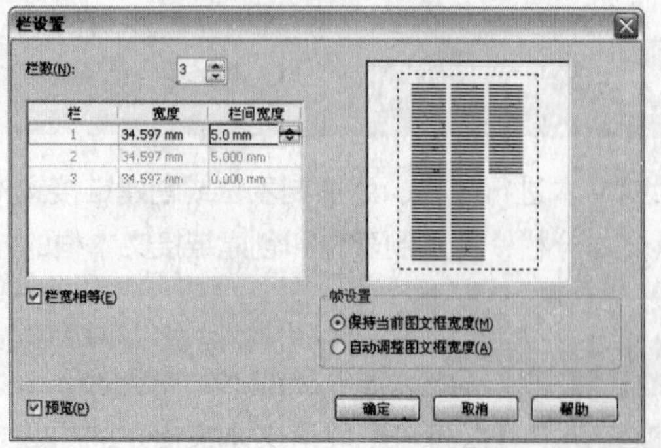

图 6-62 调整栏间距

在“栏设置”对话框中选中“保持当前图文框宽度”复选框，在对文本分栏时将始终保持当前文本框的宽度不变。选中“自动调整图文框宽度”复选框，在分栏过程中，系统将根据分栏后的文本排列效果自动调整文本框的宽度。

5 完成文本栏设置后，单击“确定”按钮，关闭“栏设置”对话框。

6 保持文本对象的选取状态，单击属性栏中的“水平对齐”按钮，从弹出的下拉列表框中选择“全部调整”选项，使每行文本的右边边缘都保持整齐，如图 6-63 所示。

图 6-63　全部调整对齐

要取消文本的分栏设置，可打开“栏设置”对话框，然后将该对话框中的“栏数”参数设置为“1”，再单击“确定”按钮即可。

6.4.2　添加制表位

用户可以在设置缩进量的段落文本中添加制表位，同时可以设置制表位的对齐方式，以及设置带有后缀前导符的制表位，以自动在制表位前加点。在不需要制表位时，可以将其移除。

选择一个段落文本，执行“文本”→“制表位”命令，打开如图 6-64 所示的“制表位设置”对话框，在其中自定义制表位后，单击“确定”按钮，即可在选定的段落文本中添加制表位。

- 要添加制表位，可在“制表位设置”对话框中单击“添加”按钮，并在“制表位”列中新添加的制表位数值框中输入数值，然后单击“确定”按钮即可，如图 6-65 所示。

图 6-64　“制表位设置”对话框

图 6-65　添加的制表位

- 要更改制表位的对齐方式，可单击“对齐”列中对应的一行，然后单击出现的下三角按钮，并从下拉列表框中选择所需的对齐方式即可，如图 6-66 所示。

- 要设置带有后缀前导符的制表位，可单击“前导符”列中对应的一行，然后展开该选项下拉列表框，并从中选择“开”选项即可，如图 6-67 所示。

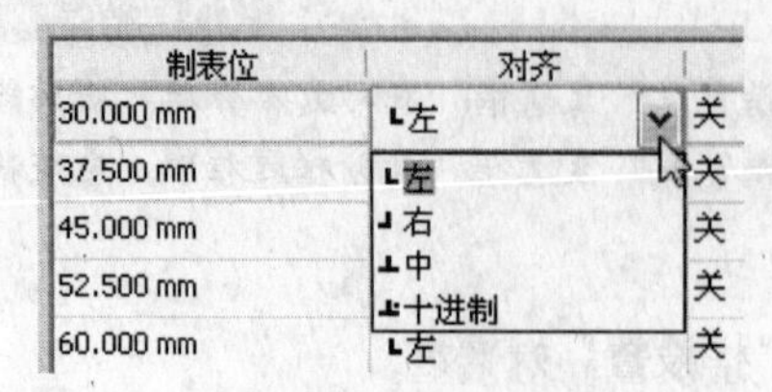

图 6-66　设置对齐方式

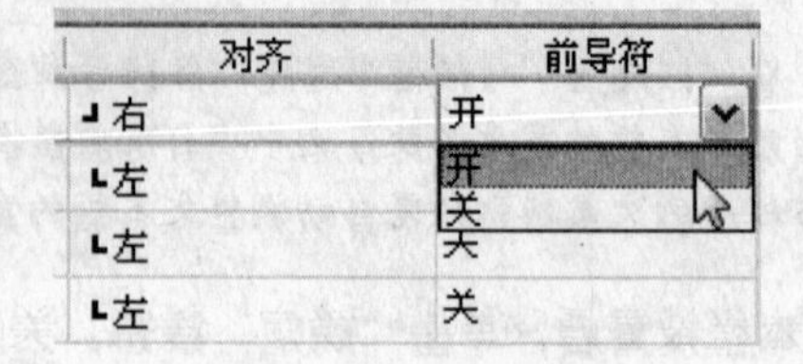

图 6-67　设置前导符

- 要删除制表位，首先在制表位所在行上单击，将其选择，然后单击“移除”按钮即可。
- 在设置前导符后，如果要更改前导符样式，可在“制表位设置”对话框中单击“前导符选项”按钮，打开“前导符设置”对话框，在“字符”下拉列表框中选取所需的字符样式，并在“间距”选项中更改前导符的间距，如图 6-68 所示，然后单击“确定”按钮即可。

图 6-68　“前导符设置”对话框

6.4.3　设置首字下沉

通过设置首字下沉，可以单独设置段落文本中第一个字符的大小，以突出显示文本的起始字符，便于读者阅读，此种方式常用于报刊、杂志等读物中正文内容较多的情况。设置首字下沉的具体操作步骤如下。

1 使用挑选工具选择需要设置首字下沉的段落文本，然后单击属性栏中的“显示/隐藏首字下沉”按钮，即可按系统默认设置为首字应用下沉效果，如图 6-69 所示。

2 用户还可以对首字下沉的字数和间距等参数进行设置。保持段落文本的选择状态，执行“文本”→“首字下沉”命令，在打开的“首字下沉”对话框中选中“使用首字下沉”复选框，如图 6-70 所示。

从现代医学保健角度来看，鞋垫上凸起的丝线还能刺激足底穴位，对脚底有很好的按摩作用，且具有敛汗、保温、吸湿，透气和除臭等保健作用，对脚气有不治而愈的神奇功效。企业化出产的优质产品，从布料到花样，从配色到针法，样样都十分讲究。土家刺绣内容丰富，包括全手工绣花鞋、鞋垫、童鞋、童靴、壁画等，具有很好的收藏价值，不失为馈赠亲朋好友之上佳礼品，也是自用的最佳选择。

图 6-69　段落首字下沉效果

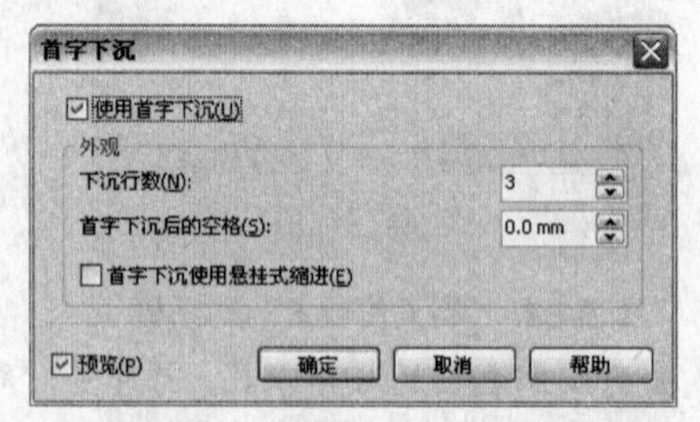

图 6-70　“首字下沉”对话框

3 在“下沉行数”数值框中输入数值，设置首字下沉的行数，并在“首字下沉后的空格”数值框中输入数值，设置首字距下一个字符的距离，然后选中“预览”复选框，预览首字下沉的效果，如图 6- 71 所示。

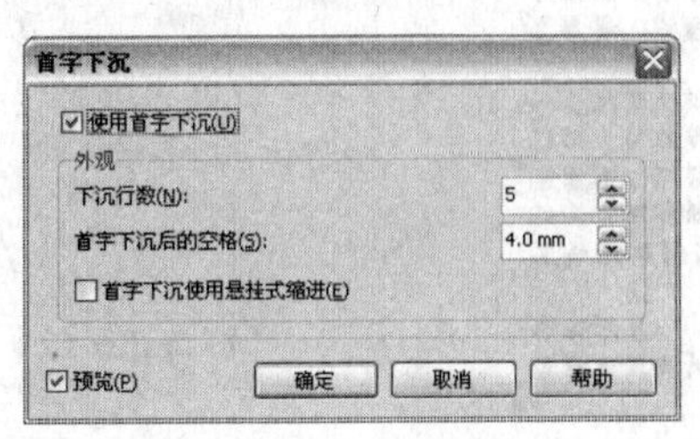

从　现代医学保健角度来看，鞋垫上凸起的丝线还能刺激足底穴位，对脚底有很好的按摩作用，且具有敛汗、保温、吸湿，透气和除臭等保健作用，对脚气有不治而愈的神奇功效。企业化出产的优质产品，从布料到花样，从配色到针法，样样都十分讲究。土家刺绣内容丰富，包括全手工绣花鞋、鞋垫、童鞋、童靴、壁画等，具有很好的收藏价值，不失为馈赠亲朋好友之上佳礼品，也是自用的最佳选择。

图 6-71　下沉参数设置以及效果

4 选中“首字下沉使用悬挂式缩进”复选框，然后单击“确定”按钮，此时首字下沉效果如图 6-72 所示。

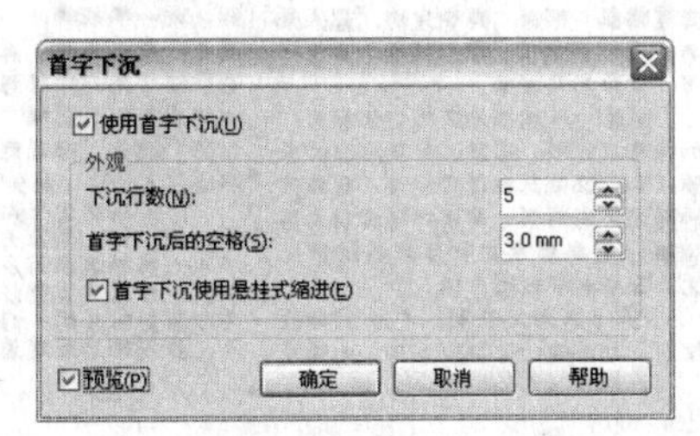

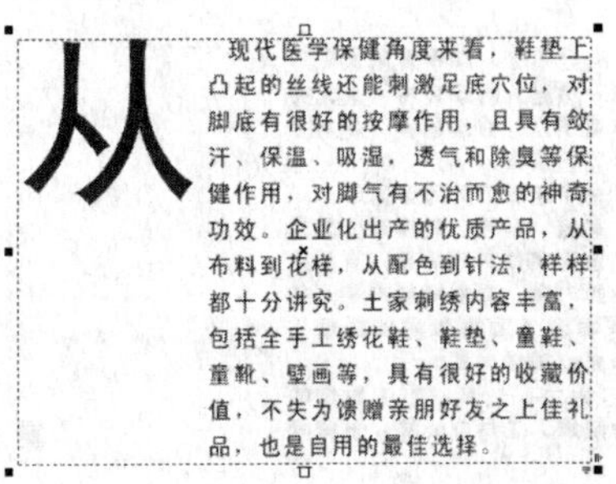

图 6-72　悬挂缩进式首字下沉

小提示

选择设置了首字下沉的段落文本，然后单击属性栏中的“显示/隐藏首字下沉”按钮，或在打开的“首字下沉”对话框中取消选中“使用首字下沉”复选框，即可取消段落文本中的首字下沉效果。

6.4.4　链接段落文本框

除了可以对段落文本进行分栏外，还可以采用链接的方式，将一个段落文本对象中的文本链接到多个不同位置上的文本框中，这样可以随意编排同一个文本对象中部分文本在版面上的位置，而被链接的文本始终保持互联关系。用户可以在同一个页面中创建链接段落文本框，也可以在不同页面中进行链接。

1．多个文本框的链接

在对图文进行混排或进行多页面排版工作时，如果需要编排的文字和图形较多，通常都需要创建链接文本框来编排文字，这样便于调整版面，也便于反复对文本进行修改和调整。

创建链接段落文本框后，当调整其中一个文本框的大小，或是增加文字内容时，超出该文本框的文字将自动跳转到与之链接的下一个文本框，这样，后面被链接的段落文本也会自动进行调整。如果在编排过程时需要删除其中一个链接文本框，那么被删除的文本框中的文字也会自动跳转到下一个文本框中，同理，后面的文字也会相应进行调整。

创建链接段落文本框的操作步骤如下。

1 选择一个段落文本对象，将挑选工具光标移动到文本框下方居中的控制点上，如图 6-73 所示，当光标变为↕形状时单击，此时光标将变为状态。

图 6-73 光标状态

2 在绘图窗口中按下鼠标左键拖出一个段落文本框，如图 6-74 所示，释放鼠标后，原文本框中未被显示的部分文本将自动跳转到新创建的链接文本框中，如图 6-75 所示。

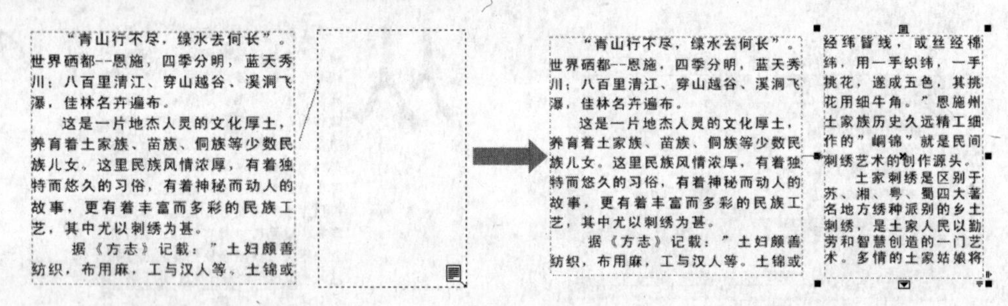

图 6-74 拖拽出段落文本框　　图 6-75 新创建的链接文本框

3 按照同样的操作方法，可以继续创建与之链接的其他段落文本框，被链接的段落文本框之间用一个蓝色箭头链接，如图 6-76 所示。

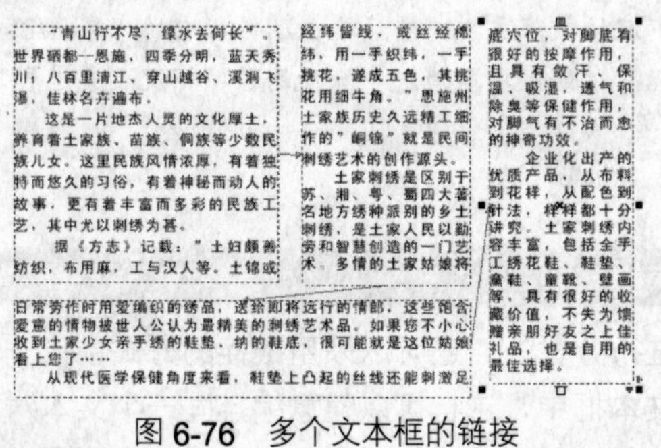

图 6-76 多个文本框的链接

小提示

创建链接段落文本框后，可以单独调整每一个段落文本框的大小。选择需要调整大小的文本框，然后拖动文本框四周的控制点即可进行调整。也可以在选择文本框后，通过属性栏中的“对象大小”选项“调整文本框的宽度和高度。单击“对象大小”选项右边的锁定按钮，使其成为状态后，可以按比例调整段落文本框的宽度和高度。

2. 将文本链接到图形中

除了创建链接的段落文本框外，用户还可以将文本链接到绘制的图形对象中，并在该对象中插入段落文本框，这样链接到图形中的文本将会根据对象外形进行相应的排列。将文本链接到图形对象中的操作步骤如下。

1 选择需要链接的段落文本，将挑选工具光标移动到文本框下方居中的控制点上单击，光标将变为状态。

2 将光标移动到需要链接的图形对象上，当光标变为➡状态时单击，即可将选定的文本框与该图形对象链接，同时原文本框中未被显示的文本将跳转到该图形对象中进行排列，如图 **6-77** 所示。

图 **6-77**　文本与图形对象的链接

3 选择“文本工具”，在链接后的图形对象上单击，将光标插入到文本中，然后单击段落文本下方居中的控制点，再将光标移动到下一个需要链接的图形对象上，当光标变为➡状态后单击该对象，即可创建第二个链接文本框，如图 **6-78** 所示。

图 **6-78**　创建下一个链接文本

4 按照同样的操作方法，创建另一个链接文本框，如图 **6-79** 所示。

5 选择挑选工具，然后选择链接到图形的其中一个段落文本框，并拖动四周的控制点调整段落文本框的大小，此时图形对象也会同时被调整，如图 **6-80** 所示。

图 **6-79**　完成所有链接后的段落文本

图 **6-80**　调整段落文本框的大小

用户除了可以将段落文本链接到闭合对象，还可以将段落文本框链接到开放对象（如线条）。当链接到开放对象时，文本将沿着线条的路径排列。如果文本超出开放或闭合路径，则可以将文本链接到另一个文本框或对象。

3．解除文本链接

创建链接文本后，如果要解除文本的链接，可以选择所有被链接的段落文本，然后执行“文本”→“段落文本框”→“断开链接”命令即可。

如果文本链接的是图形对象，那么可以执行“排列”→“打散路径内的段落文本”命令，将链接到图形对象上的段落文本与图形对象分离，使其成为独立的段落文本，图 6-81 所示是将分离后的段落文本移动后的效果。此时再次执行“排列”→“打散段落文本”命令，也可解除文本之间的链接，如图 6-82 所示。

图 6-81　分离链接到图形对象上的段落文本

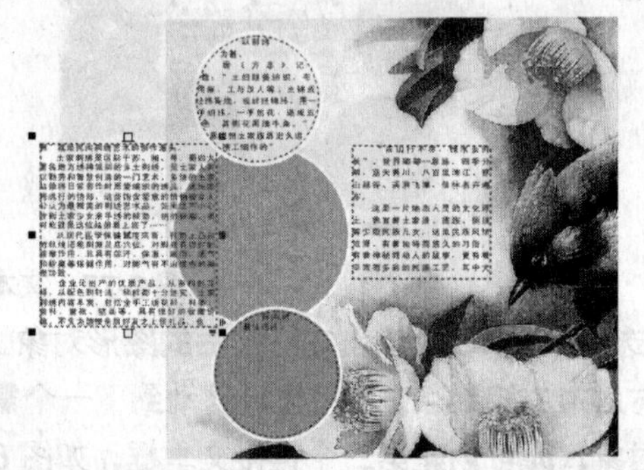
图 6-82　取消段落文本的链接

6.5　书写工具

书写工具用于对文本进行辅助处理，它可以帮助用户检查出拼写和语法上的错误，并进行更正，还可以识别文本中的同义词和语言，并能帮助改进书写样式。

6.5.1　拼写检查

“拼写检查”命令用于检查选定文本中拼错、重复或以不规则大写字母开头的单词。

选择需要进行拼写检查的文本对象，执行“文本”→“书写工具”→“拼写检查”命令，如果选定文本中存在有拼写错误的单词，那么在弹出的“书写工具”对话框中将显示错误的单词，并列出该单词的修改建议，同时文本对象中拼错的单词将被单独选择，如图 6-83 所示。

- 在“替换为”文本框中，将显示系统字典中最接近所选单词的拼写建议。
- 在“替换”文本编辑框中，将显示系统字典中最接近所选单词的所有拼写建议。
- 在“检查”下拉列表框中可以选择所要检查的目标对象，包括“文档”和“选定的文本”。
- 单击“替换”按钮，将弹出如图 6-84 所示的“拼写检查器”对话框，单击其中的“确定”按钮，即可完成拼写检查和更改操作，并关闭“书写工具”对话框。
- 单击“自动替换”按钮，自动替换拼写错误的单词。
- 单击“跳过一次”按钮，可忽略所选单词中的拼写错误。
- 单击“全部跳过”按钮，可以忽略所有单词中的拼写错误。
- 单击“撤销”按钮，撤销上一步操作。
- 单击“关闭”按钮，完成拼写检查操作，并关闭“书写工具”对话框。

Make a grcoter effort

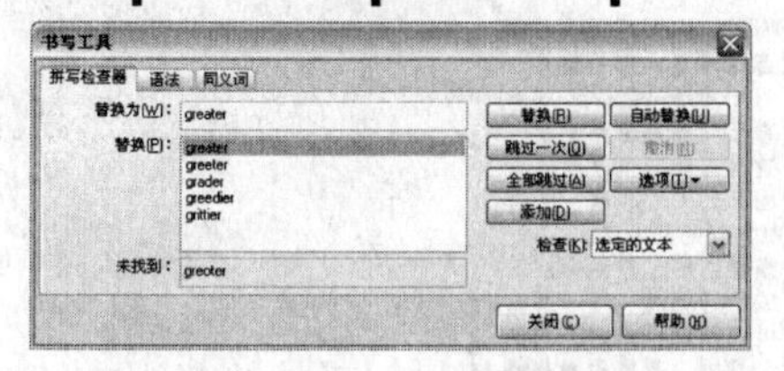

图 6-83　执行“拼写检查”命令

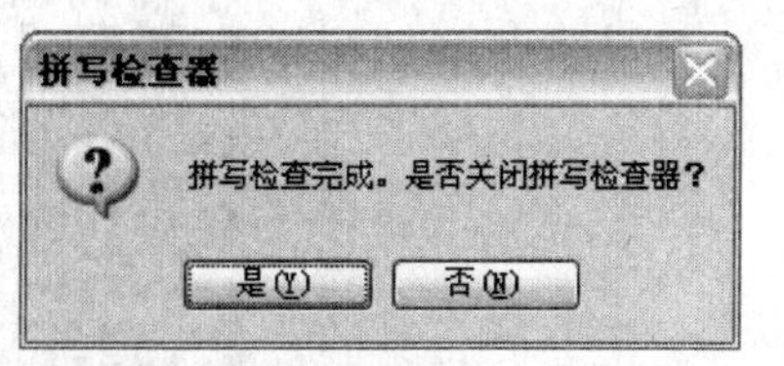

图 6-84　“拼写检查器”对话框

6.5.2　语法检查

“语法检查”命令用于检查整个文档或文档中选定部分文本的语法、拼写和样式错误。

1 选择需要检查的文本对象，执行“文本”→“书写工具”→“语法检查”命令，在打开的“书写工具”对话框，其中将显示有语法错误的单词，同时文本对象中有语法错误的单词将被单独选择，如图 6-85 所示。

beautiful a flowers

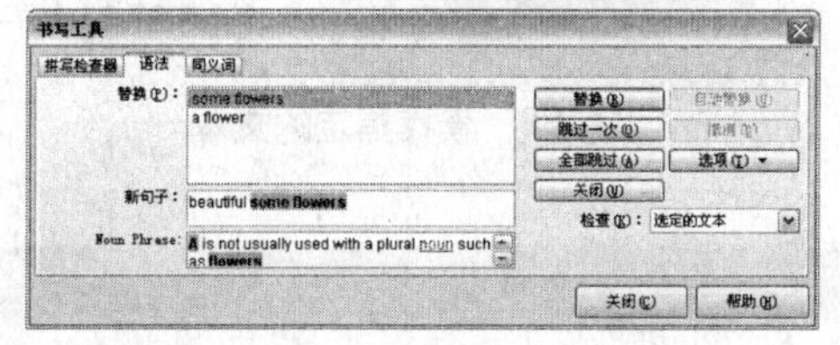

图 6-85　开启“书写工具”对话框

2 在“新句子”文本框中列出了对该语法的修正建议，单击“替换”按钮，在弹出的“语法”对话框中单击“是”按钮，即可完成检查和更改的操作，如图 6-86 所示。

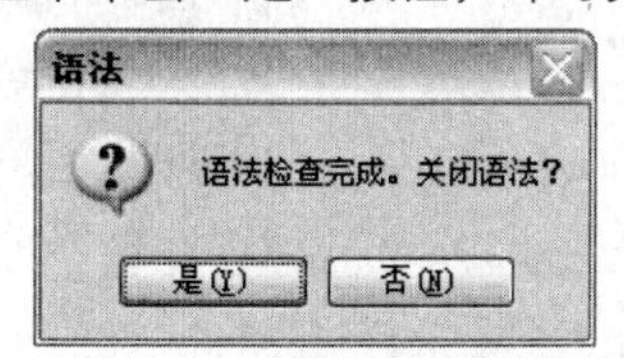

beautiful some flowers

图 6-86　使用新句子替换有语法问题的文本

6.6 │ 查找和替换文本

在编辑内容较多的文本时，如果需要修改文本中某一指定的单词、词汇或文字时，可以通过查找文本命令来快速查找指定的文本，也可以使用“替换文本”命令来查找和替换指定的文本。

6.6.1　查找文本

查找指定文本的操作步骤如下。

1 使用挑选工具选择需要查找的文本对象，如图 6-87 所示，然后执行“编辑”→“查找和替换”→“查找文本”命令。

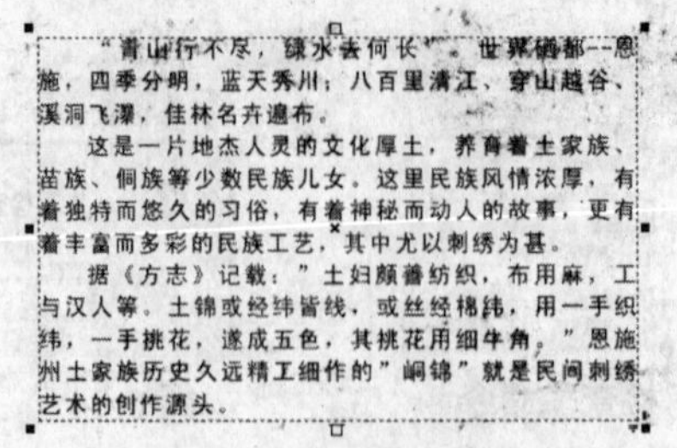

"青山行不尽，绿水去何长"。世界硒都--恩施，四季分明，蓝天秀川；八百里清江、穿山越谷、溪洞飞瀑，佳林名卉遍布。
这是一片地杰人灵的文化厚土，养育着土家族、苗族、侗族等少数民族儿女。这里民族风情浓厚，有着独特而悠久的习俗，有着神秘而动人的故事，更有着丰富而多彩的民族工艺，其中尤以刺绣为甚。
据《方志》记载："土妇颇善纺织，布用麻，工与汉人等。土锦或经纬皆线，或丝经棉纬，用一手织纬，一手挑花，遂成五色，其挑花用细牛角。"恩施州土家族历史久远精工细作的"峒锦"就是民间刺绣艺术的创作源头。

图 6-87　选择对象

2 在弹出的"查找下一个"对话框中，输入需要查找的文本内容，然后单击"查找下一个"按钮，即可查找到选定文本中指定的内容，如图 6-88 所示。

查找下一个
查找(F):
方志
查找下一个(N)
关闭
区分大小写(C)
仅查找整个单词(I)

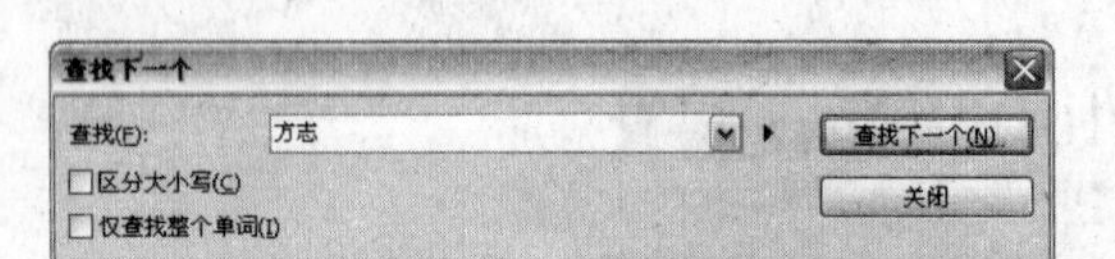

图 6-88　查找指定的文本

6.6.2　替换文本

使用替换文本命令可以将查找到的文本替换为指定的内容，替换文本的操作步骤如下。

1 使用挑选工具选择需要处理的文本对象，如图 6-89 所示，然后执行"编辑"→"查找和替换"→"替换文本"命令。

"青山行不尽，绿水去何长"。世界硒都--恩施，四季分明，蓝天秀川；八百里清江、穿山越谷、溪洞飞瀑，佳林名卉遍布。
这是一篇地杰人灵的文化厚土，养育着土家族、苗族、侗族等少数民族儿女。这里民族风情浓厚，有着独特而悠久的习俗，有着神秘而动人的故事，更有着丰富而多彩的民族工艺，其中尤以刺绣为甚。
据《方志》记载："土妇颇善纺织，布用麻，工与汉人等。土锦或经纬皆线，或丝经棉纬，用一手织纬，一手挑花，遂成五色，其挑花用细牛角。"恩施州土家族历史久远精工细作的"峒锦"就是民间刺绣艺术的创作源头。

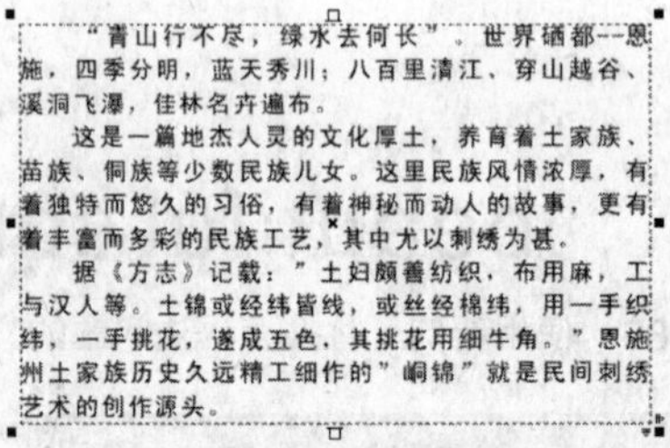

图 6-89　选中文本对象

2 弹出"替换文本"对话框，在"查找"文本框中输入需要查找的文本，并在"替换为"文本框中输入替换后的文本内容，然后单击"全部替换"按钮，即可将查找到的文本替换为指定的文本，如图 6-90 所示。

替换文本
查找(F):
一篇
替换为(R):
一片
区分大小写(C)
仅查找整个单词(I)
查找下一个(N)
替换(E)
全部替换(P)
关闭

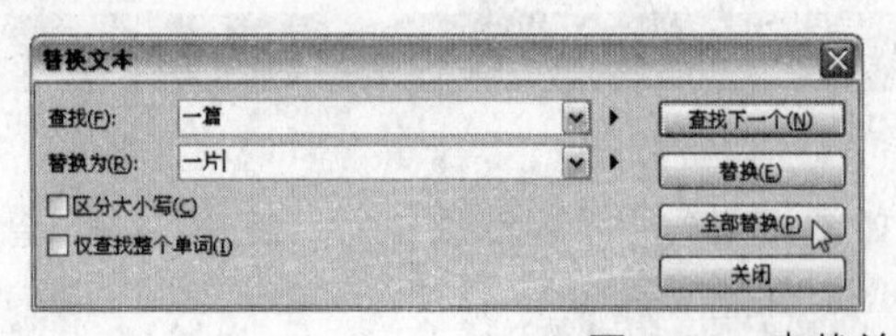

图 6-90　查找并替换后的文本

6.7 图文混排

在进行排版设计的过程中，通常都会遇到在一个版面中同时编排文本和图形的情况，除了使用前面介绍的设置文本格式的方法外，用户还可以使文本沿路径排列，或是使段落文本环绕图形排列。下面就来介绍这两种图文混排方式。

6.7.1 使文本沿路径排列

使文本沿路径排列的方式常应用于一些标志设计，或是版面中的主题文字上，以起到统一版面效果或是突出主题的作用。通过使用此功能，可以使文本沿曲线路径流动，产生生动、活泼的画面效果。图 6-91 所示为标志设计中文本沿路径排列的效果。

图 6-91　使文本沿路径排列功能的应用

使文字沿路径排列的操作步骤如下。

1 单击“贝塞尔工具”按钮，绘制一条曲线路径，如图 6-92 所示。

图 6-92　绘制的曲线路径

2 单击“文本工具”按钮，将光标移动到曲线路径上，当光标变为或形状时单击曲线路径，在出现文本输入光标后输入所需的文本，这时文本即可沿路径排列，如图 6-93 所示。

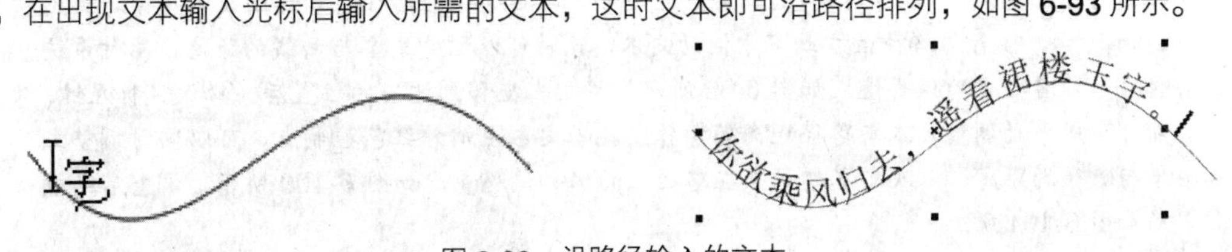

图 6-93　沿路径输入的文本

小提示

用户还可以先使用文本工具输入需要编排的美术文本，然后同时选择文本和曲线对象，再执行“文本→使文本适合路径”命令，也可以使文本沿路径排列，如图 6-94 所示。

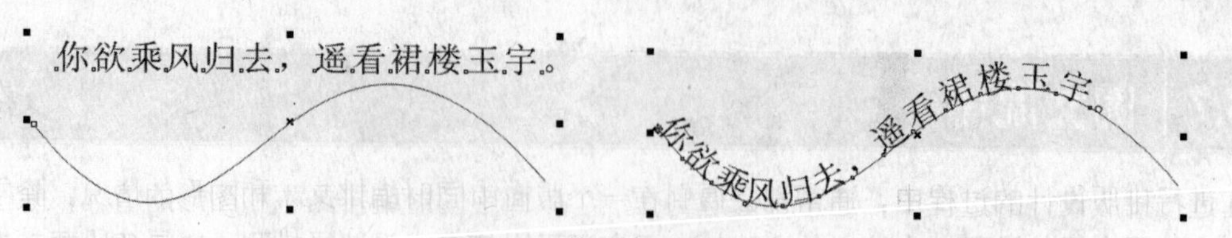

图 6-94 使文本适合路径

3 将工具切换到挑选工具，完成文本的输入。此时属性栏设置如图 6-95 所示，在其中可以修改文本方向、文本与路径的距离、文本在路径上的水平偏移量，以及文本的字体和字体大小等。

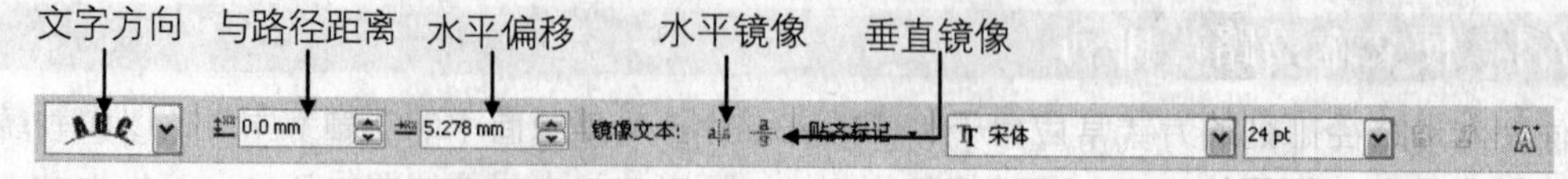

图 6-95 文本沿路径排列的属性栏设置

- 在"文字方向"下拉列表框中，可以选择文本在路径上排列的方向，如图 6-96 所示。

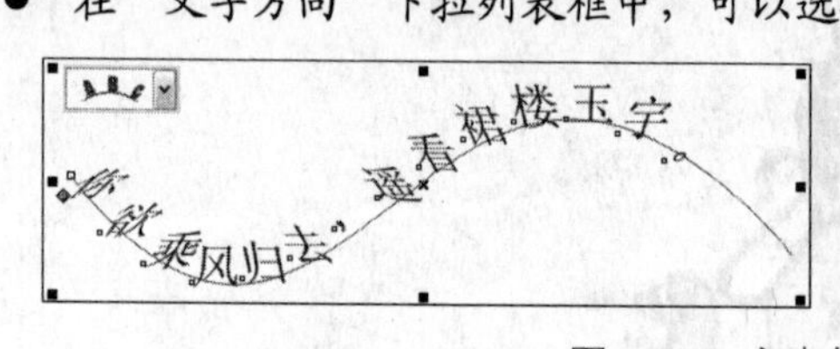

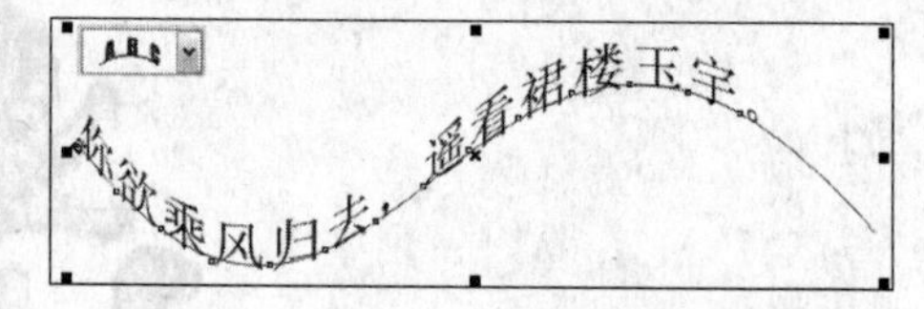

图 6-96 文本的不同排列方向

- 在"与路径距离"数值框中，可以设置文本沿路径排列后与路径之间的距离，如图 6-97 所示。

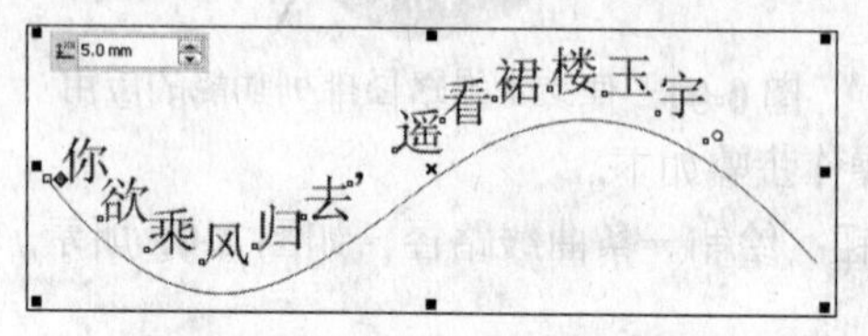

图 6-97 调整文本与路径的距离

小提示

用户也可以手动调整文本与曲线路径的距离。使用挑选工具在文本对象上双击，将光标插入到文本中，然后选择挑选工具，这样可以单独选择沿路径排列后的文本对象，如图 6-98 所示，接着向路径上方或下方拖动文本，此时可以预览文本与曲线的距离，同时系统会显示两者之间的距离值，如图 6-99 所示。将文本拖移到适当的位置后，释放鼠标左键，即可完成手动调整文本与路径距离的操作。拖动文本左端的红色控制点，可以同时调整文本与路径的距离，以及文本起始点在路径上的水平偏移量，如图 6-100 所示。调整后的效果如图 6-101 所示。

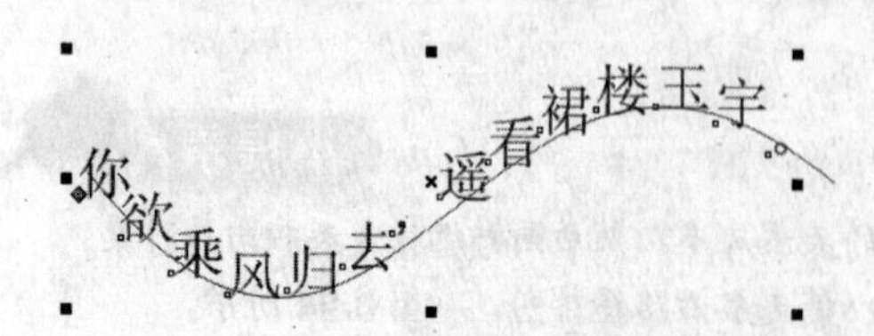

图 6-98 单独选择文本

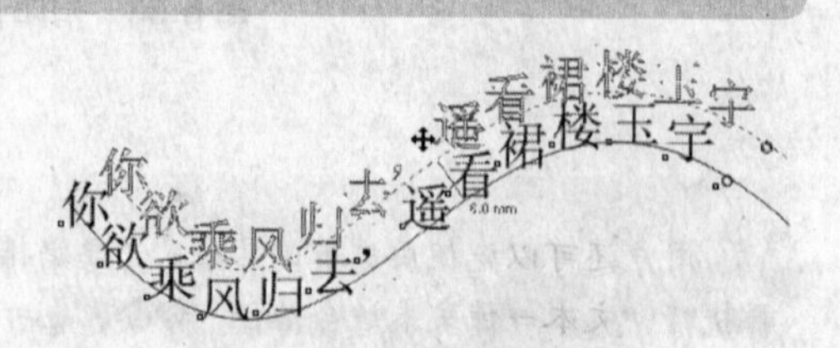

图 6-99 鼠标拖移的状态

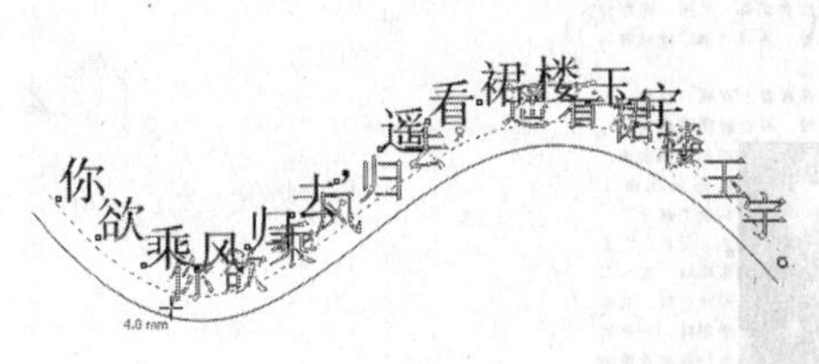

图 6-100　同时调整距离和水平偏移量

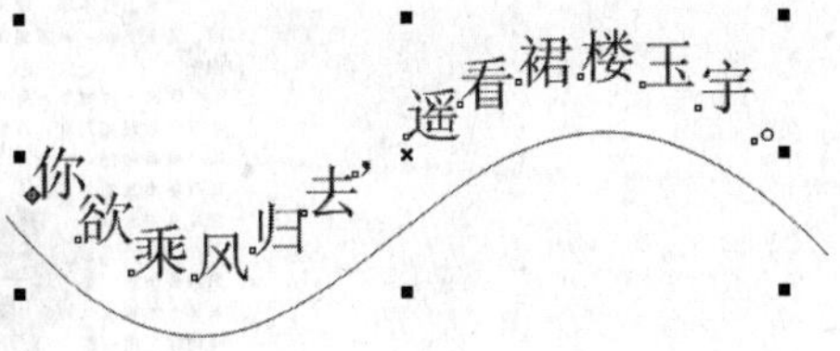

图 6-101　调整后的文本与路径的距离

- “水平偏移”数值框：在 28.709 mm 数值框中，可以设置文本起始点在路径上的偏移量，如图 6-102 所示。

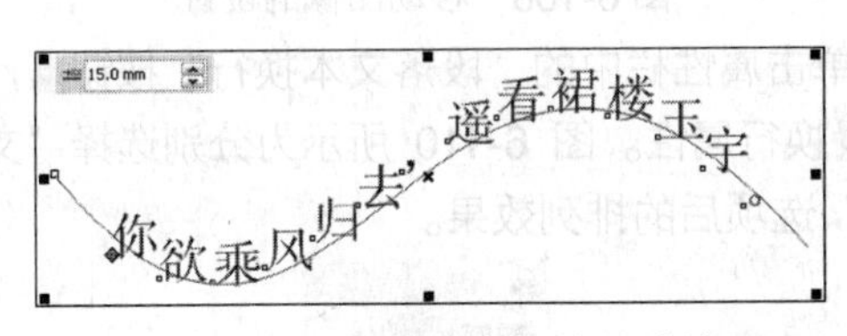

图 6-102　文本在路径上的偏移效果

- 单击“水平镜像”按钮，使文本在曲线路径上水平镜像，如图 6-103 所示。单击“垂直镜像”按钮，使文本在曲线路径上垂直镜像，如图 6-104 所示。

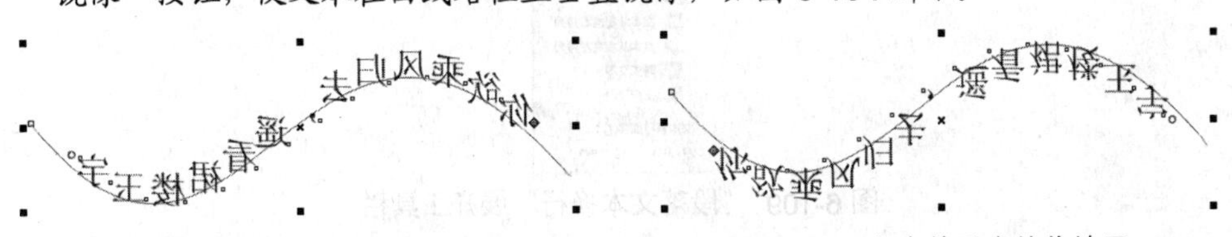

图 6-103　文本的水平镜像效果　　图 6-104　文本的垂直镜像效果

6.7.2　段落文本绕图排列

当绘图窗口中同时存在段落文本和图像时，就可以使段落文本围绕图像进行换行排列，具体操作步骤如下。

1 在绘图窗口中添加一个段落文本，然后按下 Ctrl+I 键，在弹出的“导入”对话框中导入一幅图像，并将该图像移动到段落文本上，如图 6-105 所示。

2 使用挑选工具选择图像，并在图像上单击鼠标右键，从弹出的快捷菜单中选择“段落文本换行”命令，如图 6-106 所示，即可使文本绕图排列，如图 6-107 所示。

图 6-105　需要排列的文本和图像

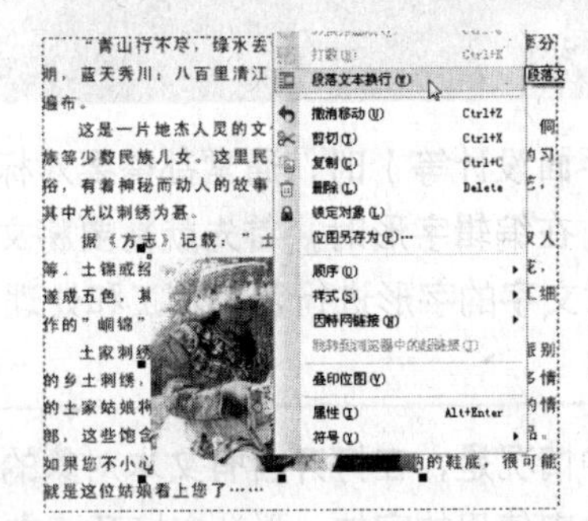

图 6-106　选择命令

图 6-107　文本绕图排列的效果

3 使用挑选工具移动图像，可以调整图像的位置，文本也会做出相应的调整，如图 6-108 所示。

图 6-108　移动图像的位置

4 保持图像的选取状态，单击属性栏中的“段落文本换行”按钮，弹出如图 6-109 所示的展开工具栏，在其中可以设置换行属性。图 6-110 所示为分别选择“文本从左向右排列”、“文本从右向左排列”和“上/下”选项后的排列效果。

图 6-109　“段落文本换行”展开工具栏

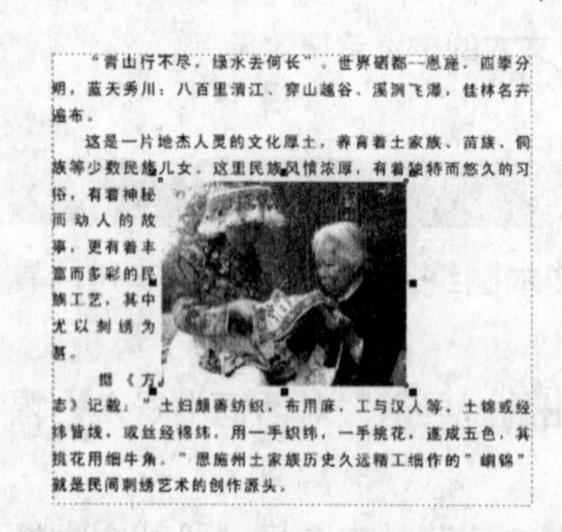

图 6-110　文本绕图排列的不同样式

6.8 文本转换为曲线

在进行设计工作（如标志或平面设计等）时，通常都需要对标志中的文字或平面设计中的主体文字进行字形上的编辑。在编辑字形时，首先就需要将文本转换为曲线，这样就可以按照调整对象形状的方法，对文字的字形进行艺术加工和处理。图 6-111 所示为标志设计中应用的特殊字形效果。

将文本转换为曲线的另一种情况是，在打开含有文本对象的 CorelDRAW 文件时，如果当前所使用的电脑中没有文本对象中使用的字体，那么在打开该文件时，CorelDRAW 会弹出提示对话框，提示用户使用默认字体或自定义的字体替换原文本对象中使用的字体。使用默认字体或自定义的字体打开含有文本对象的 CorelDRAW 文件时，可能会影响该文件中文本的编排效果。因此，为了避免在打开 CorelDRAW 文件时出现缺省字体的情况，用户可以将完成编辑后的所有文本对象都转换为曲线。

要将文本转换为曲线，可在选择文本对象后，执行“排列”→“转换为曲线”命令或按下 Ctrl+Q 组合键即可。

图 6-111　标志中的特殊字形效果

小提示

将文本转换为曲线后，文本就只具有曲线对象的特性，这时用户就不能对其进行文本属性的编辑。因此，在将文本转换为曲线之前，最好先将文本对象备份，以便以后能更改文本。

现场练兵

制作房地产广告

下面将通过制作一个房产项目的开盘广告使读者进一步掌握在 CorelDRAW 中添加文字，并对文字进行编排的方法。如图 6-112 所示。

图 6-112　广告设计效果

制作该实例的操作步骤如下。

1 单击标准工具栏中的“新建”按钮，新建一个图形文件。在属性栏中的“纸张宽度和高度”选项中，将页面大小设置为 450mm×290mm，并单击“横向”按钮，将页面设置为横向，如图 6-113 所示。

2 在“矩形工具”按钮上双击，创建一个与页面相同大小的矩形，然后使用交互式填充工具为矩形填充从（“C:18、M:8:、Y:6、K:0”）到白色的线性渐变效果，如图 6-114 所示。

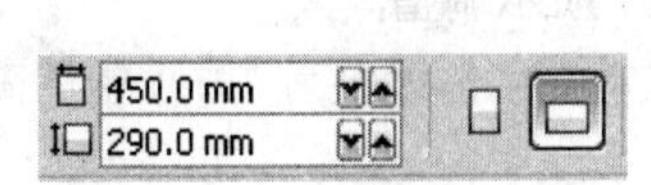

图 6-113　属性栏中的设置

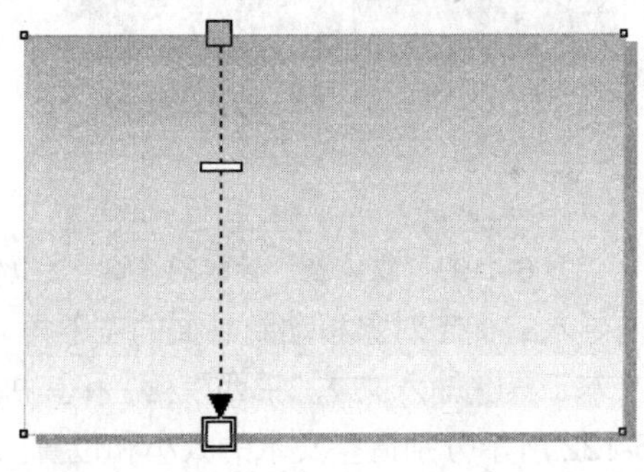

图 6-114　矩形的填色效果

3 导入光盘中的“源文件与素材\第 6 章\素材\标志与图案.cdr”文件，将其中的图案填充为（“C:20、M:0、Y:0、K:20”）的颜色，并调整到适当的大小，然后结合复制和镜像功能，将图案分别排列在矩形内侧的边角处，效果如图 6-115 所示。

4 使用手绘工具在图案之间绘制如图 6-116 所示的 4 条直线，将线条的轮廓色设置为（“C:20、M:0、Y:0、K:20”），并将轮廓宽度设置为 0.6mm。图 6-117 所示为放大显示的边角图案。

图 6-115　矩形边角处的图案

图 6-116　绘制直线

5 导入光盘中的“源文件与素材\第 10 章\素材\‘素材 1’～‘素材 5’.jpg”文件，然后将图像分别如图 6-118 所示排列在矩形中。

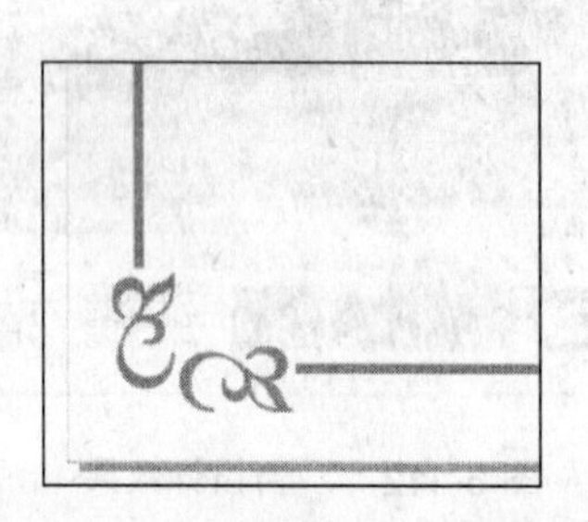

图 6-117　放大显示的边角图案

图 6-118　矩形中的图像效果

6 选择作为主画面的图像，执行“位图”→“艺术笔触”→“立体派”命令，在弹出的“立体派”对话框中，如图 6-119 所示设置选项参数，然后单击“确定”按钮，效果如图 6-120 所示。

图 6-119　“立体派”参数的设置

图 6-120　应用后的图像效果

7 将之前导入的标志对象移动到画面的左下角，并如图 6-121 所示调整其大小。

8 使用文本工具输入文本“锦西院落”和其拼音字母，将文本的字体设置为“方正粗倩简体”，并如图 6-122 所示分别调整文本的大小和位置。

图 6-121　标志图案效果

图 6-122　输入标志中的文字信息

9 在画面中添加所需的文字信息，完成效果如图 6-123 所示。

图 6-123　画面中的文字效果

10 结合使用艺术笔工具下拉工具列表中的书法画笔、贝塞尔工具、轮廓笔设置和文本工具，绘制该楼盘所在的地理位置图，如图 6-124 所示。

11 选择地图中的所有对象，按下 Ctrl+G 组合键群组。将地图对象移动到画面的右下角，完成本实例的制作，如图 6-125 所示。

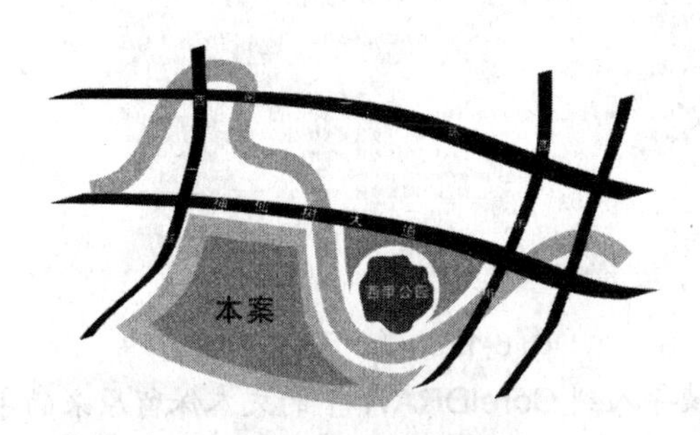

图 6-124　绘制好的地图效果

图 6-125　完成后的画面效果

6.9　疑难解析

本章向读者介绍了在 CorelDRAW X4 中输入、编辑和处理文本的方法，下面就读者在学习过程中遇到的疑难问题进行进一步的解析。

1　怎样贴入和导入外部文本？

用户可以将其他应用程序（如 Word 或写字板）中的文字，导入或贴入到 CorelDRAW 中进行编辑和处理，这样可以节省在 CorelDRAW 中重新输入文字的时间。

1. 贴入文本

下面以导入 Word 中的文本为例，介绍将文字贴入到 CorelDRAW 中的方法。

1 如图 6-126 所示在 Word 中选择需要拷贝的文字，然后按下 Ctrl+C 组合键将其拷贝。

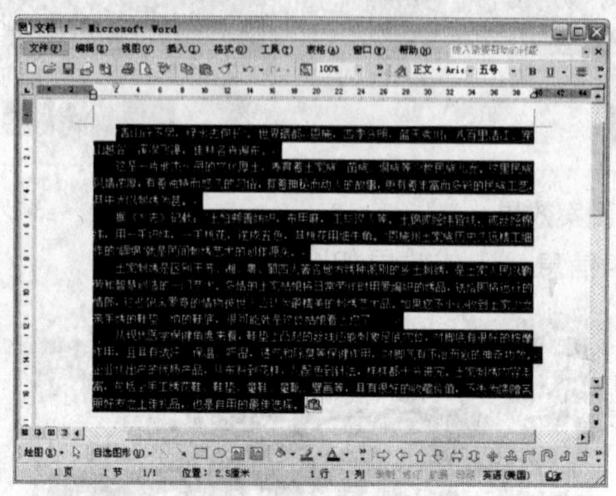

图 6-126　选择需要拷贝的文本

2 切换到 CorelDRAW X4，使用文本工具字在绘图窗口中创建一个段落文本框，然后按下 Ctrl+V 组合键粘贴文字。如果当前导入的文本设置有文本格式，那么系统将弹出如图 6-127 所示的“导入/粘贴文本”对话框。

3 在“导入/粘贴文本”对话框中设置导入文本时是否要保持文本的字体或格式，然后单击“确定”按钮，即可将拷贝的文本粘贴到段落文本框中，如图 6-128 所示。

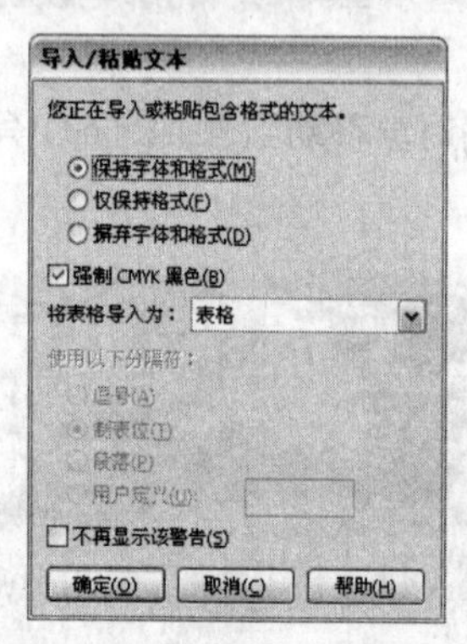

图 6-127　“导入/粘贴文本”对话框

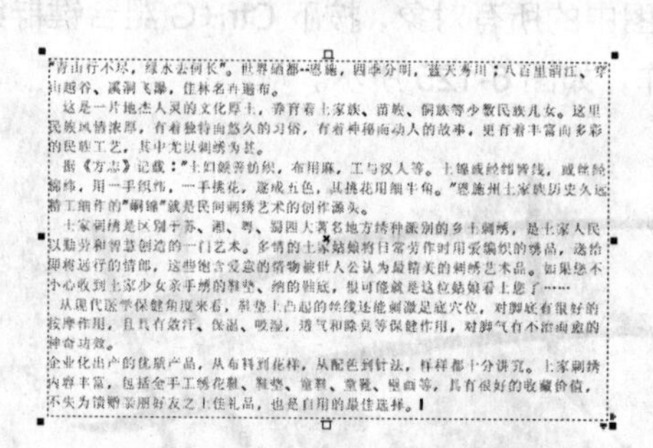

图 6-128　贴入的文本

- 选中“保持字体和格式”单选项，可以使导入到 CorelDRAW 中的文本保留原来的字体、项目符号、栏、粗体与斜体等格式信息。
- 选中“仅保持格式”单选项，可保留除字体以外的其他格式信息。
- 选中“摒弃字体和格式”单选项，导入的文本将采用在 CorelDRAW 中选定的文本对象的属性。如果未选择有文本对象，则采用默认的字体与格式属性。
- 在“将表格导入为”下拉列表框中，可以选择导入表格的方式，包括“表格”和“文本”。选择“文本”选项，下方的“使用以下分隔符”选项将被激活，在其中可以选择使用分隔符的类型。
- 选中“不再显示该警告”复选框，在导入文本时不会弹出“导入/粘贴文本”对话框，系统将按默认设置处理导入的文本。

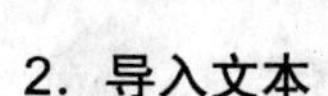

2. 导入文本

在 CorelDRAW 中导入文本的操作方法如下。

1 执行“文件”→“导入”命令，在弹出的“导入”对话框中选择需要导入的文本文件，然后按下“导入”按钮。

2 在弹出的“导入/粘贴文本”对话框中进行设置后，单击“导入”按钮，光标将变为标尺状态，此时在绘图窗口中单击或按下鼠标左键并拖出一个矩形框，然后释放鼠标后，即可将选定文件中的所有文本以段落文本的形式导入到当前绘图窗口中，如图 6-129 所示。

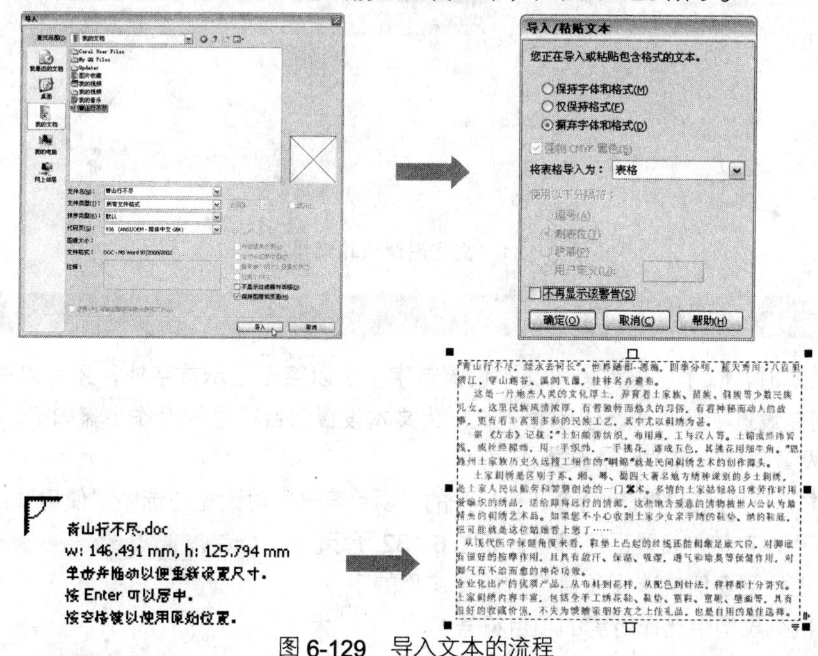

图 6-129　导入文本的流程

2 怎样在对象内输入文本?

在 CorelDRAW X4 中，除了可以在曲线路径上输入文本外，还可以在绘制的对象中输入文本，输入的文本将沿对象形状流动。在对象内输入文本的操作步骤如下。

1 绘制一个任意形状的封闭对象。

2 选择文本工具，将光标移动到对象轮廓的内侧，当光标变为状态时单击，此时在该对象内将出现一个与对象形状一致的段落文本框。

3 在文本框中输入所需的文字即可，如图 6-130 所示。

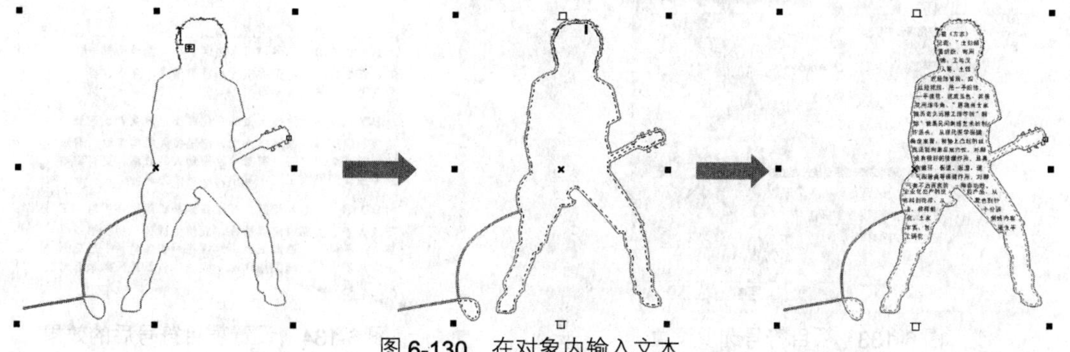

图 6-130　在对象内输入文本

小提示

将文本工具光标移动到对象轮廓的外侧，当光标变为 或 状态时单击，然后输入的文本将沿对象的轮廓排列，如图 6-131 所示。

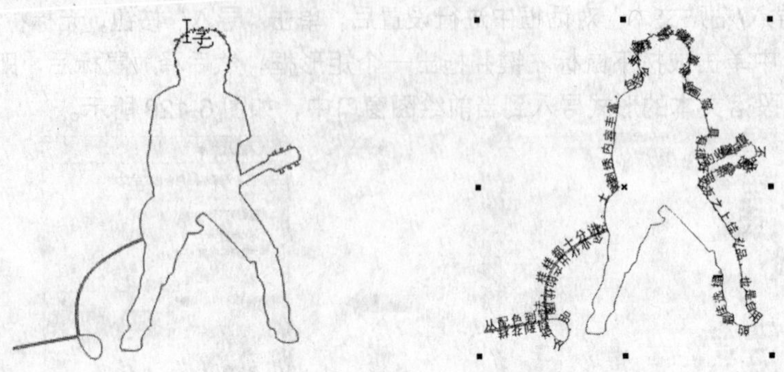

图 6-131　文字沿对象轮廓排列

3　怎样在文本中设置项目符号？

在编辑文本时，除了可以为段落文本设置首字下沉以突出显示首字外，还可以在段落文本的每个段落句首设置项目符号，以引领下文。为文本设置项目符号的操作步骤如下。

1 选择需要设置项目符号的段落文本。

2 执行“文本”→“项目符号”命令，在打开的“项目符号”对话框中选中“使用项目符号”复选框，这样就可以在句首设置项目符号，如图 6-132 所示。

3 在“字体”下拉列表框中选择项目符号所要应用的字体，在“符号”下拉列表框中选择所需的项目符号样式，在“大小”数值框中设置项目符号的字体大小，在“基线偏移”数值框中设置项目符号相对于基线的偏移量。

4 在“文本图文框到项目符号”选项中设置文本框与项目符号之间的距离，在“到文本的项目符号”选项中设置项目符号离后面文本的距离，如图 6-133 所示。

5 选中“预览”按钮，预览文本中设置项目符号后的效果。

6 如果不需要修改符号样式和选项参数，可按下“确定”按钮完成操作，如图 6-134 所示。

图 6-132　“项目符号”对话框

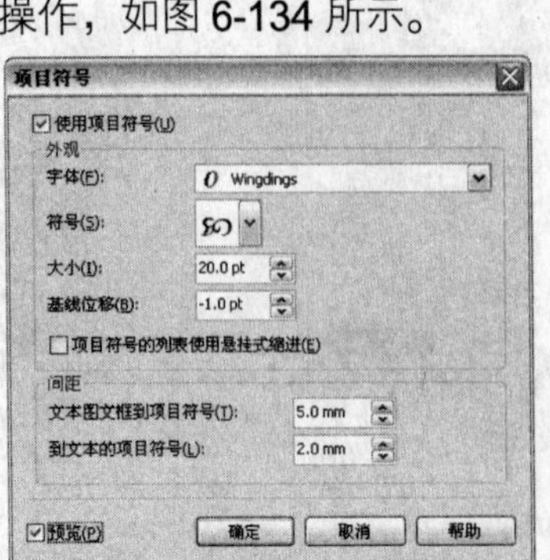

图 6-133　项目符号选项设置

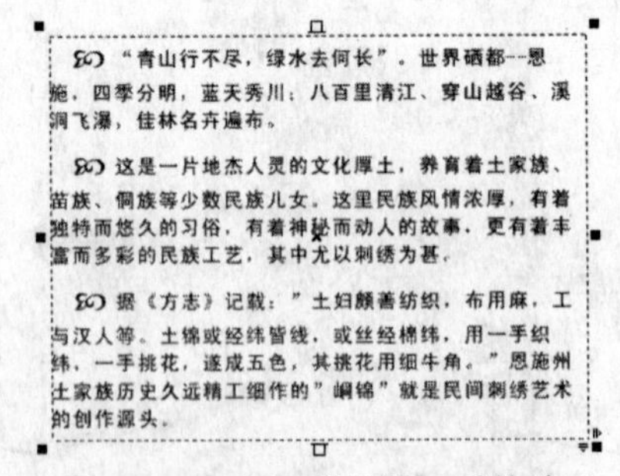

图 6-134　设置项目符号后的效果

4 怎样编辑段落文本框的形状？

系统默认状态下，段落文本框为矩形形状。用户可以使用交互式封套工具绘制文本框的形状，使文本按照指定的形状排列。将此种文本排列方式应用到版面设计中，可以产生独特和富有个性的版面效果。

1 选择一个段落文本，然后在交互式调和工具展开工具栏中选择交互式封套工具，此时段落文本框上将出现控制节点和控制手柄，如图 6-135 所示。

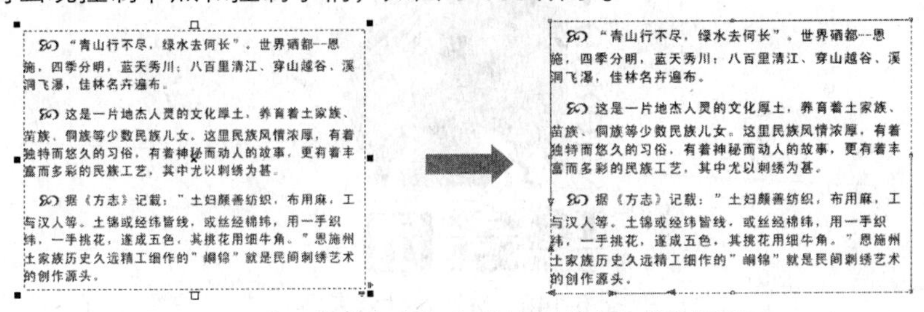

图 6-135　段落文本框上的控制节点和控制手柄

2 使用交互式封套工具移动节点的位置，或拖动节点两端的控制手柄，即可调整文本框的形状，同时文本也会随文本框形状进行流动排列，如图 6-136 所示。

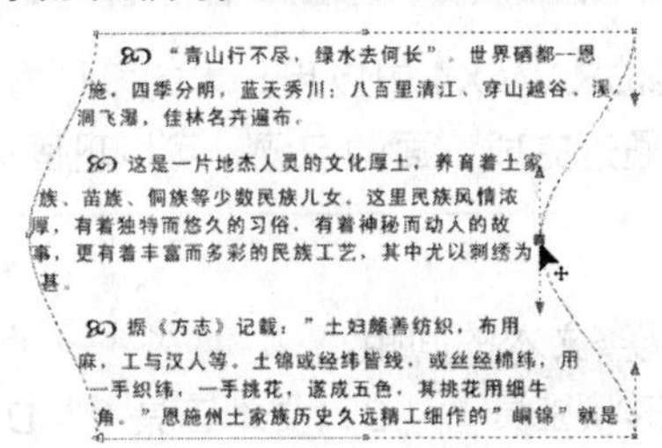

图 6-136　调整文本框形状后的文本排列效果

3 在调整文本框形状时，用户可以通过属性栏增加或删除控制节点、转换曲线或直线、改变节点属性，以及设置封套模式等来编辑需要的文本框形状，如图 6-137 所示。编辑文本框形状的方法与调整曲线形状的方法类似。

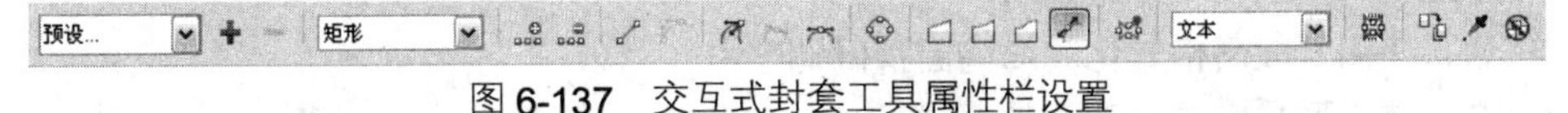

图 6-137　交互式封套工具属性栏设置

5 怎样创建变形文字？

要创建变形文字，也可以使用交互式封套工具来完成，不过需要处理的文本对象必须是美术文本。

选择需要处理的美术文本，然后将工具切换到交互式封套工具，此时文本对象上将出现如图 6-138 所示的控制节点和控制手柄。用户可以按照编辑曲线形状的方法，调整控制框的形状，这样文本也会根据控制框形状进行相应的变形，如图 6-139 所示。

图 6-138　文字上的控制框

图 6-139　变形后的文字效果

6.10 上机实践

按照前面所学的绘图和应用文本的方法，绘制如图 6-140 所示的标志。

图 6-140 标志设计效果

6.11 巩固与提高

本章主要为大家讲解了在 CorelDRAW X4 中应用文本的多种方法和技巧。现在为大家准备了相关的习题进行练习，希望通过完成下面的习题，可以巩固前面学习到的知识。

1. 单项选择题

（1）使用（ ）可以手动调整文本的间距。

A．挑选工具　B．形状工具　C．文本工具　D．贝塞尔工具

（2）使用（ ）命令可以查找并替换文本中指定的内容。

A．查找文本　B．替换文本　C．同义词　D．快速更改

2. 多选题

（1）调整段落文本字间距的方法有（ ）。

A．使用“段落格式化”泊坞窗精确调整

B．使用形状工具手动调整

C．使用“挑选工具”拖动文本框右下角的⊪或⩡控制点

D．使用文本工具

（2）将其他文字处理程序中的文本导入到 CorelDRAW 中的方法有（ ）。

A．使用拷贝和粘贴的方式

B．使用打开的方式

C．使用“导入”命令导入的方式

D．使用导出的方式

3. 判断题

（1）CorelDRAW 中输入的文本包括美术文本和段落文本，美术文本和段落文本之间可以相互转换。（ ）

（2）用户可以为美术文本设置分栏、首字下沉和项目符号效果。（ ）

Study

第7章

为对象应用特殊效果

在 CorelDRAW 中，可以使用交互式工具对矢量图形进行更为高级的编辑，如为对象创建调和效果、轮廓图效果、变形效果、透明效果、阴影效果、立体化效果、阴影效果和封套效果等。另外，还可以通过透视功能为对象创建透视变换效果。本章将为读者介绍为对象应用这些高级效果的方法。

学习指南

- 调和效果
- 轮廓图效果
- 变形效果
- 透明效果
- 封套效果
- 透视效果

精彩实例效果展示 ▲

7.1 调和效果

通过在对象之间创建调和效果，可以使两个或多个对象产生形状和颜色上的混合。当改变调和效果中其中一个对象的颜色或位置后，调和效果也会随之发生改变。调和效果常用于制作对象上的阴影和高光，以表现较真实的立体效果。

7.1.1 创建直线调和效果

在对象之间创建直线调和效果的操作步骤如下。

1 同时选择需要创建调和效果的两个对象，如图 7-1 所示。

图 7-1 绘制两个几何图形

2 选择工具箱中的“交互式调和工具”，在选中的其中一个对象上按下鼠标左键，并向另一个对象拖动鼠标，此时在两个对象之间会出现起始控制柄和结束控制柄，如图 7-2 所示。

3 释放鼠标左键，即可在选定的两个对象之间创建调和效果，如图 7-3 所示。

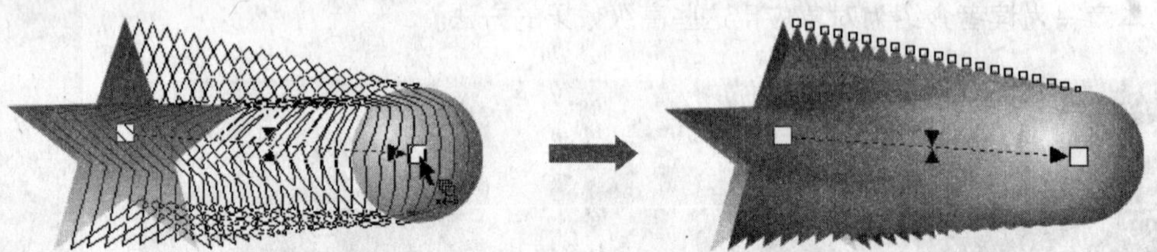

图 7-2 调和控制柄　　图 7-3 创建的调和效果

4 选择挑选工具，然后单独选择用于创建调和效果的其中一个原对象，并移动其位置，此时调和效果会同时发生变化，如图 7-4 所示。当修改原对象的填充色或轮廓色后，调和效果中的颜色混合效果也会发生相应的改变，如图 7-5 所示。

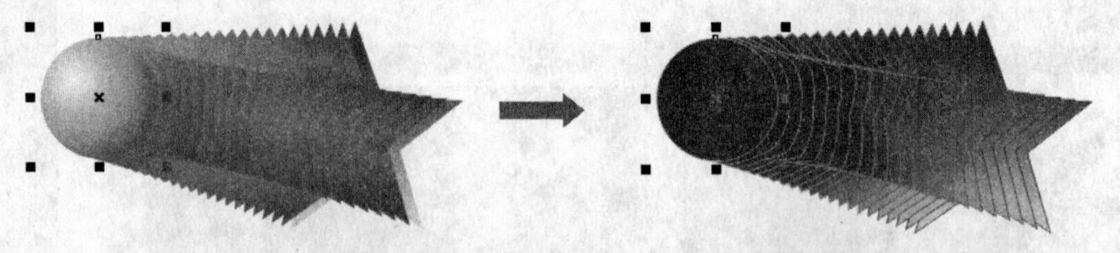

图 7-4 移动原对象位置后的调和效果　　图 7-5 修改原对象颜色后的调和效果

7.1.2 修改调和效果

在为对象创建调和效果后，可以通过交互式调和工具属性栏修改调和效果，如图 7-6 所示。

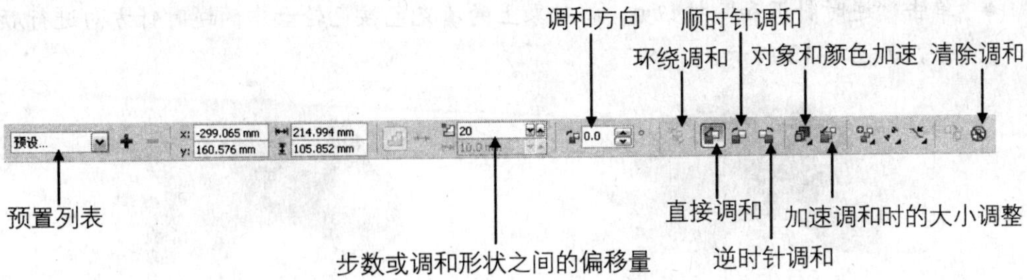

调和方向
顺时针调和
环绕调和
对象和颜色加速
清除调和
预置列表
直接调和
加速调和时的大小调整
步数或调和形状之间的偏移量
逆时针调和

图 7-6　交互式调和工具属性栏设置

● 在“预设列表”下拉列表框 预设... 中，可以选择系统预设的调和效果，如图 7-7 所示。

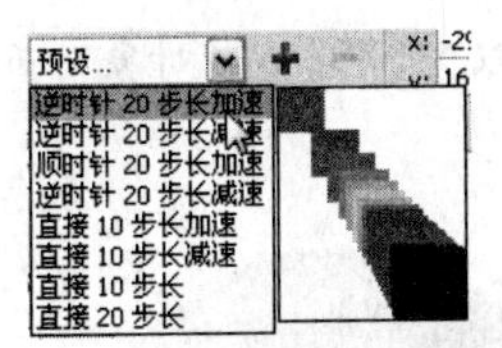

图 7-7　选用预设调和效果

● 在“步长或调和形状之间的偏移量”数值框中，可以设置调和的步长或形状之间的偏移距离。步长值越大，对象的形状和颜色之间混合得越平滑，如图 7-8 所示。

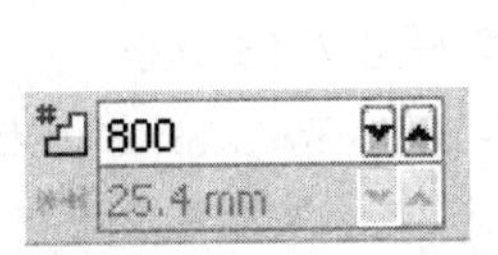

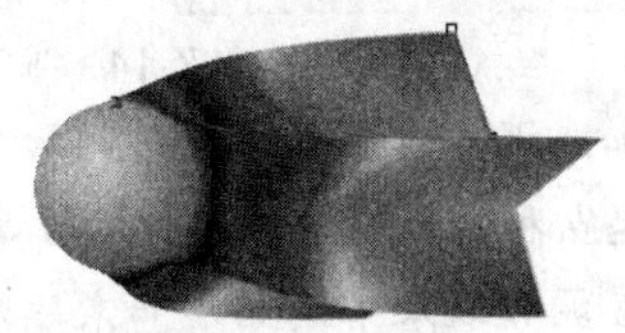

图 7-8　设置步数后的调和效果

● 在“调和方向”数值框中，可以设置调和的角度，如图 7-9 所示。

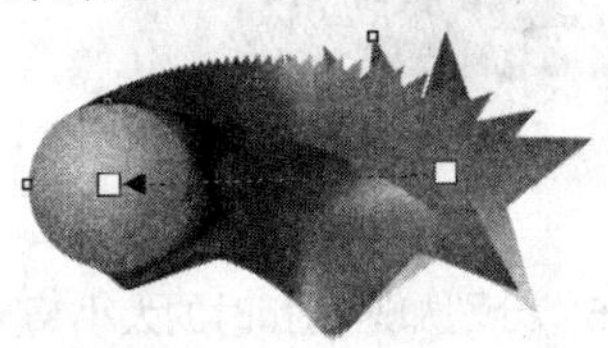
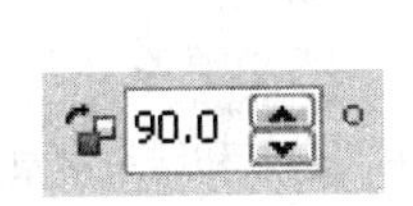

图 7-9　设置调和方向

● 在为对象设置了调和方向后，单击“环绕调和”按钮，可以按调和方向在对象之间产生环绕式的调和效果，如图 7-10 所示。

● 单击“直接调和”按钮，直接在选定对象的填充色之间进行颜色混合，如图 7-11 所示。

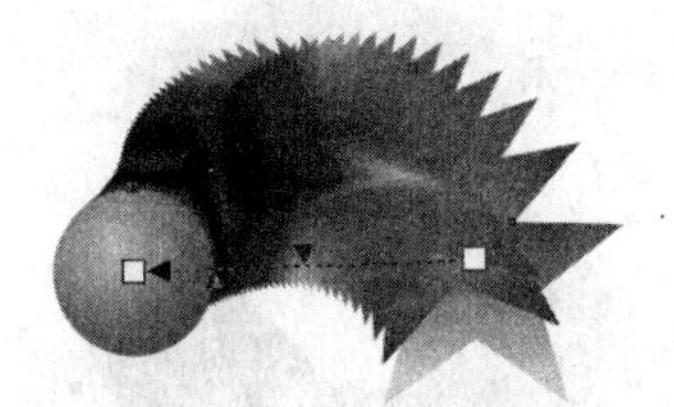
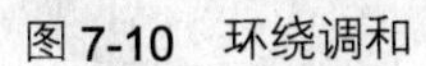

图 7-10　环绕调和

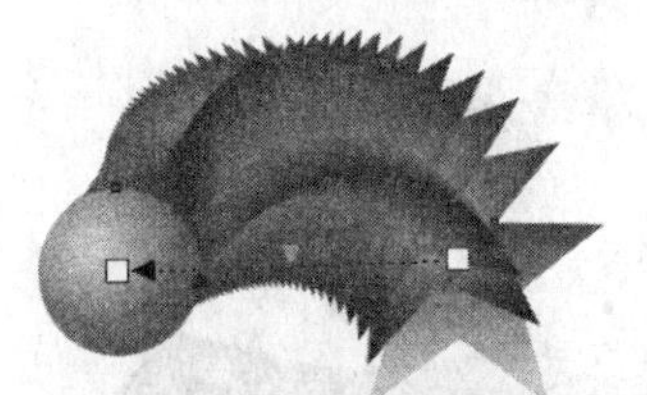

图 7-11　直接调和

● 单击“顺时针调和”按钮，将对象上的填充色按色轮盘中的顺时针方向进行颜色混合，如图 7-12 所示。

- 单击“逆时针调和”按钮，将对象上的填充色按色轮盘中的逆时针方向进行颜色混合，如图 7-13 所示。

图 7-12　顺时针调和

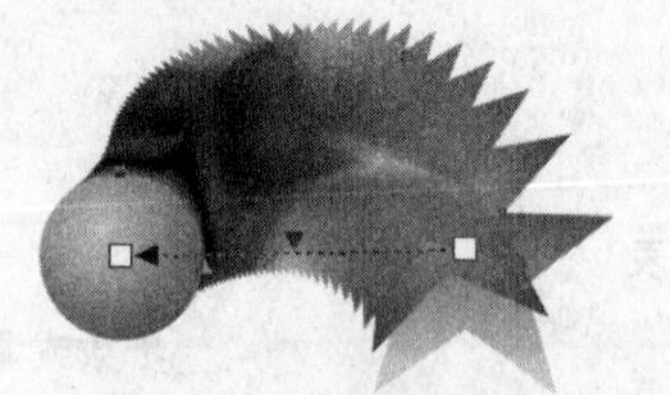

图 7-13　逆时针调和

- 单击“对象和颜色加速”按钮，弹出“加速”面板，分别拖动“对象”和“颜色”滑块，可以调整在混合对象的形状和颜色时的加速效果，如图 7-14 所示。单击选项右边的锁定按钮，当该按钮呈锁定状态时，可以同时调整“对象”和“颜色”的加速效果。

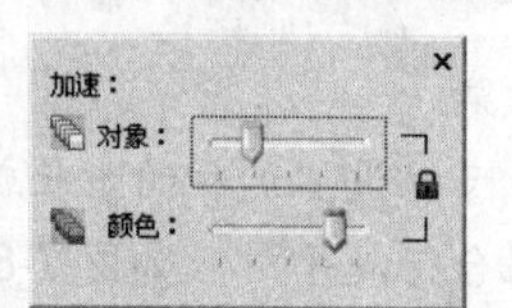

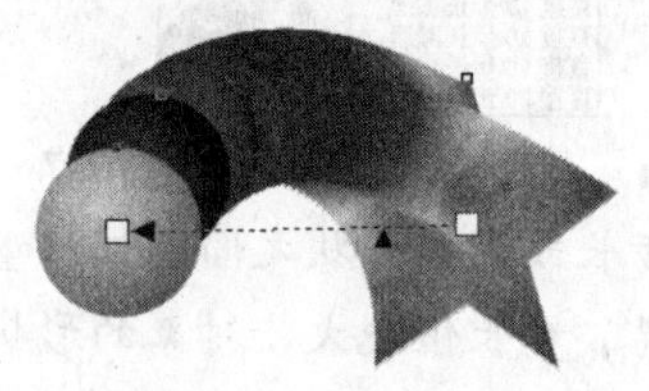

图 7-14　加速选项设置及其效果

- 单击“加速调和时的大小调整”按钮，调和效果如图 7-15 所示。
- 单击“起点和结束对象属性”按钮，展开如图 7-16 所示的展开工具栏，在其中可以重新设置调和效果中的始端和末端对象。

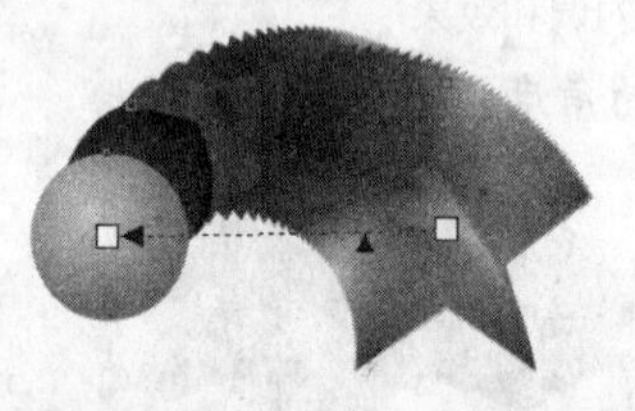

图 7-15　分别加速调和时的大小调整

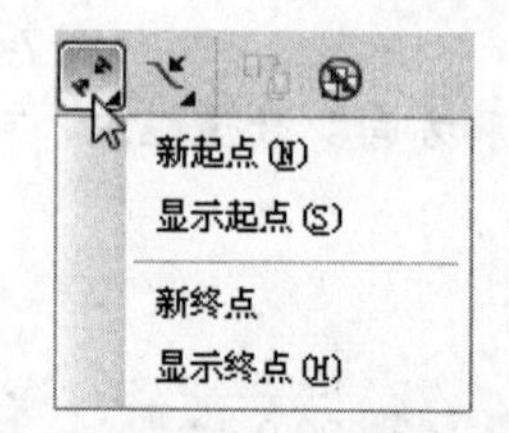

图 7-16　起点和结束对象属性

- 单击“路径属性”按钮，改变调和的路径。
- 当对象中有两个或两个以上的调和对象时，选择其中一个调和对象，然后单击属性栏中的“复制调和属性”按钮，当光标变为➡形状时单击另一个调和对象，即可将另一个对象上的调和属性复制到选定的调和对象上，如图 7-17 所示。

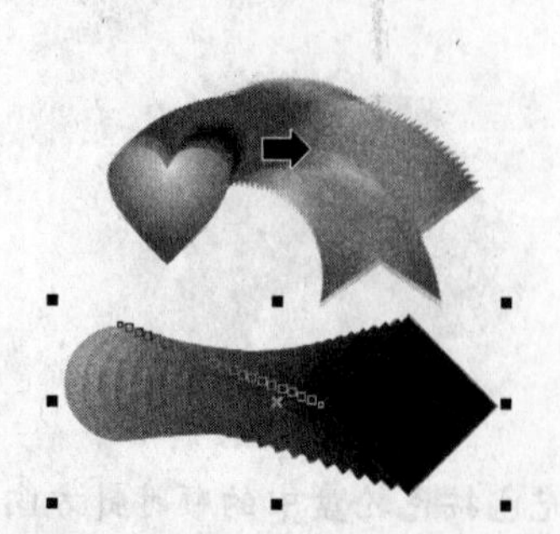

图 7-17　复制调和属性

除了使用交互式调和工具为对象应用调和效果外，还可以通过“调和”泊坞窗来创建和设置调和效果。选择需要创建调和效果的对象，执行“效果”→“调和”命令，在打开的“调和”泊坞窗中，设置调和的步长和旋转角度，然后单击“应用” 按钮，即可在选定的对象之间创建调和效果，如图 7-18 所示。

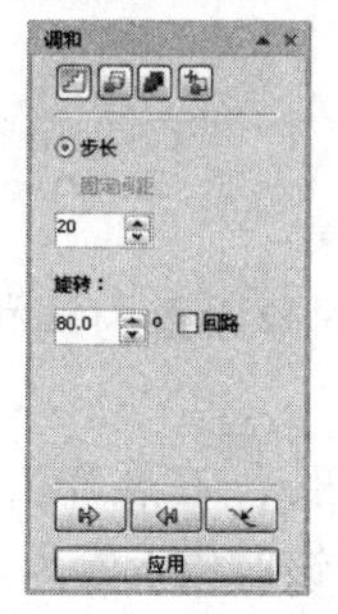

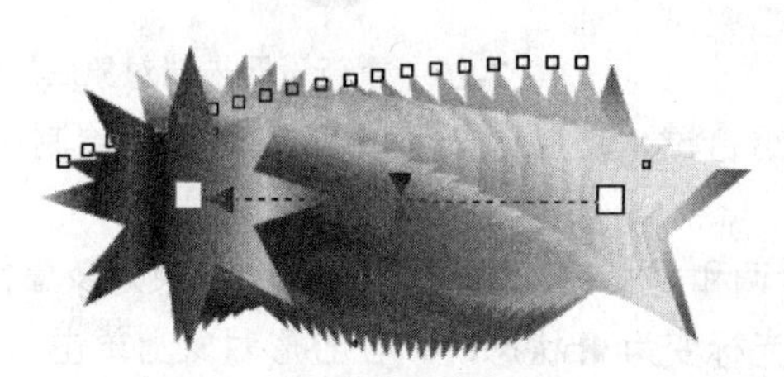

图 7-18　“调和泊坞窗”的设置及其应用效果

在“调和”泊坞窗中同样可以设置调和对象中的加速效果、颜色调和方式、路径调和效果、调和效果中的始端对象和末端对象等参数，其设置方法与交互式调和工具属性栏中对应选项的功能和使用方法相同。

7.1.3　改变调和效果中的始端和末端对象

用户可以随意更换调和效果中的始端或末端对象，具体操作步骤如下。

1 在任意两个对象之间创建调和效果，然后在绘图窗口中绘制一个新的对象，如心形，并为其填充颜色。

2 选择新绘制的对象，按下 Shift+PageDown 组合键，将其调整到最下层，以使其位于调和对象中的末端对象的下层。

要重新设置调和对象中的起端对象，需要将新的起端对象调整到原调和效果中的末端对象的下层，否则不能重新设置调和效果中的新起点，并且系统会弹出如图 7-19 所示的提示对话框。

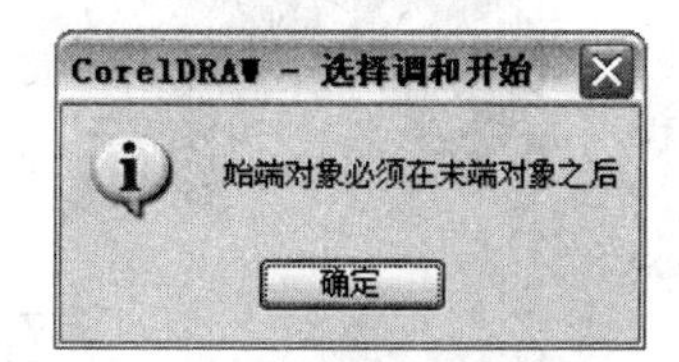

图 7-19　提示对话框

3 选择调和对象，单击“起点和结束对象属性”按钮，在展开工具栏中选择“新起点”命令，当光标变为状态时，在心形对象上单击，即可将该对象设置为调和效果中的始端对象，如图 7-20 所示。

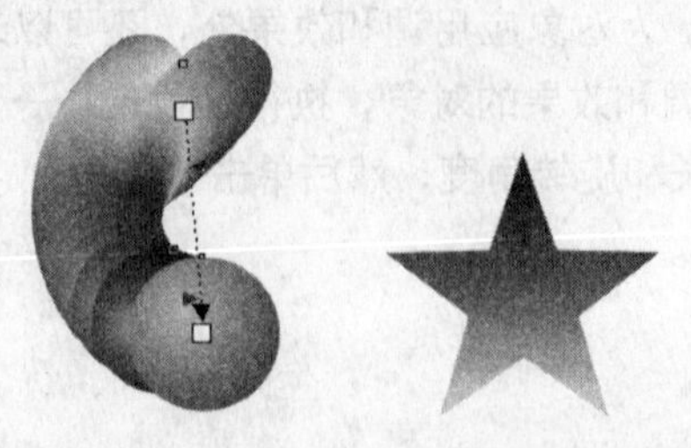

图 7-20 重新设置末端对象后的调和效果

4 按下 Ctrl+Z 组合键，还原上一步操作。下面将绘制的心形对象设置为调和效果中的末端对象。

5 选择还原后的调和对象，然后单击“起点和结束对象属性”按钮，在展开工具栏中选择“新终点”命令，当光标变为◀状态时，在心形对象上单击，即可将该对象设置为调和效果中的末端对象，如图 7-21 所示。

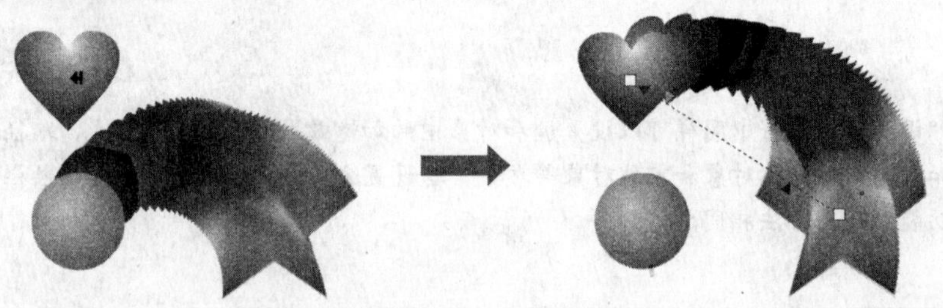

图 7-21 重新设置调和效果中的末端对象

小提示

为对象应用调和效果后，执行“排列”→“顺序”→“反转顺序”命令，可以反转调和效果中调和对象排列的顺序，如图 7-22 所示。

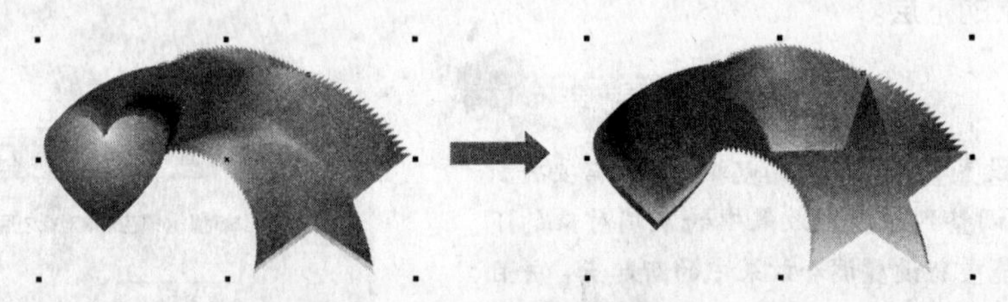

图 7-22 反转调和顺序

7.1.4 拆分调和对象

在为对象应用调和效果后，可以将调和效果中生成的混合对象拆分为单独的对象。选择调和对象，执行“排列”→“打散调和群组”命令或按下 Ctrl+K 组合键，即可拆分调和对象。

拆分后的对象中，除始端对象和末端对象外，其他的对象都为群组状态，用户可以按下 Ctrl+U 组合键，解散对象的群组，然后就可以单独对每个对象进行编辑。图 7-23 所示为将调和对象拆分后，移动其中一个对象的效果。

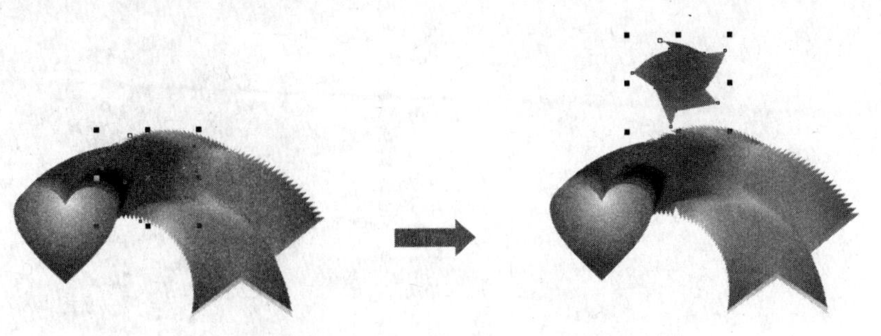

图 7-23　移动拆分后的其中一个对象

7.1.5　清除调和效果

选择应用调和效果的对象，执行“效果”→“清除调和”命令或单击属性栏中的“清除调和”按钮，即可清除调和效果，而只保留始端和末端对象，如图 7-24 所示。

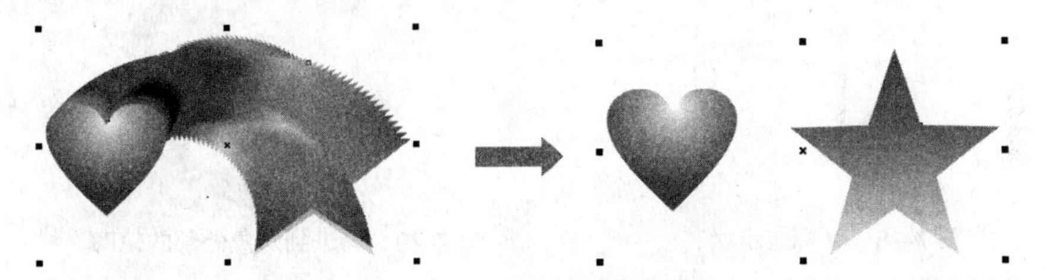

图 7-24　清除调和效果

7.2 轮廓图效果

使用交互式轮廓图工具，可以为对象勾划轮廓线，并通过设置轮廓线的数量和距离，创建一系列渐进到对象内部或外部的轮廓效果。用户可以更改轮廓线与轮廓本身所填充的颜色，可以在轮廓图效果中设置颜色渐变，使其中一种颜色调和到另一种颜色。在为对象创建轮廓图后，可以将轮廓图设置复制到另一对象上。轮廓图效果可以应用于图形和文本对象。

7.2.1 创建轮廓图

为对象创建轮廓图的操作步骤如下。

1 选择需要创建轮廓图的对象，如图 7-25 所示。

2 选择交互式调和工具展开工具栏中的“交互式轮廓图工具”，在选定的对象上按下鼠标左键并向对象中心拖动鼠标，当光标变为如图 7-26 所示状态时释放鼠标，即可创建渐进到对象内部的轮廓效果，如图 7-27 所示。

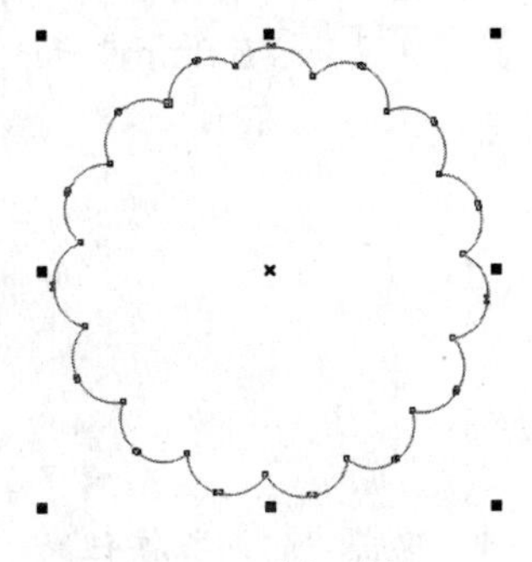

图 7-25　选择对象

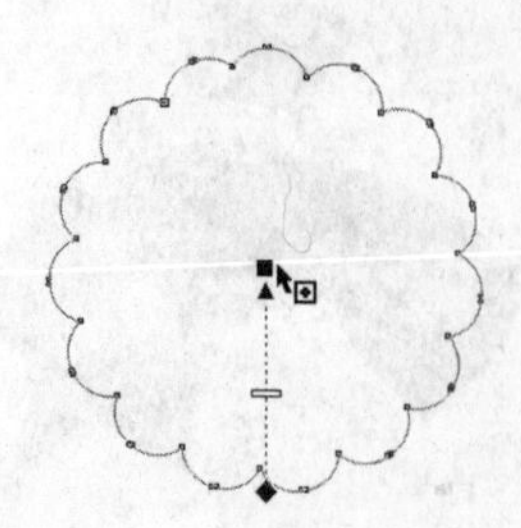

图 7-26　光标显示状态

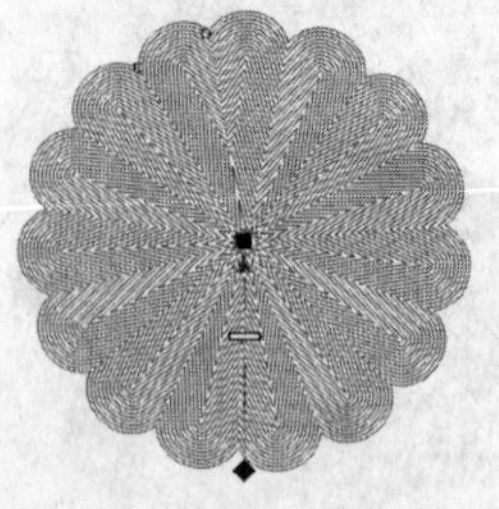

图 7-27　渐进到对象内部的轮廓

3 按下 Ctrl+Z 组合键，还原上一步操作。使用交互式轮廓图工具在对象上按下鼠标左键并向对象外拖动鼠标，当光标变为如图 7-28 所示状态时释放鼠标，可创建渐进到对象外部的轮廓效果，如图 7-29 所示。

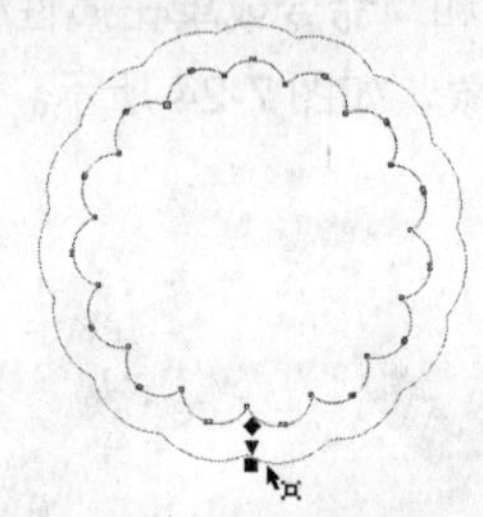

图 7-28　光标显示状态

图 7-29　渐进到对象外部的轮廓

7.2.2 轮廓图属性设置

为对象创建轮廓图后，轮廓图属性栏设置如图 7-30 所示。

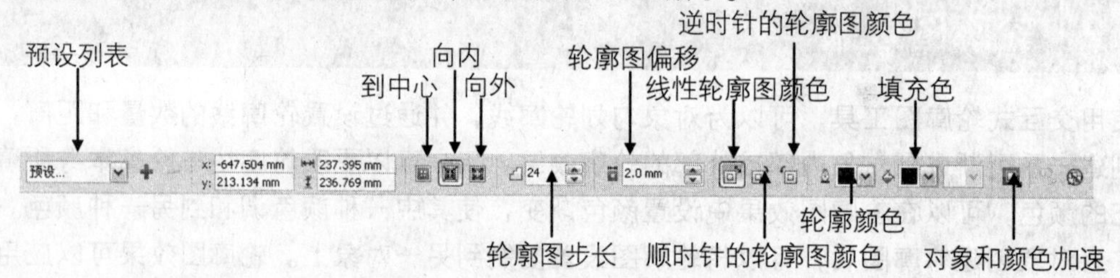

图 7-30　轮廓图工具属性栏

- 在"预设列表"中，可以选择系统预设的轮廓图效果。
- 单击"到中心"按钮，设置为由对象边缘向对象中心渐进的轮廓图。系统根据所设置的轮廓图偏移量，自动创建相应步数的轮廓。图 7-31 所示为分别将轮廓图偏移量设置为"5.0mm"和"1.0mm"后的轮廓图效果。

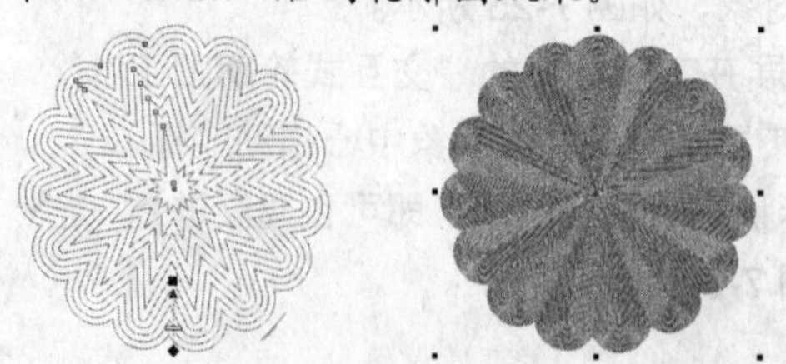

图 7-31　设置不同偏移量后的到中心轮廓图效果

- 单击"向内"按钮，设置为向对象内部渐进的轮廓图。通过在"轮廓图步长"数值框中设置数值，可以设置轮廓渐进的数量。

- 单击“向外”按钮，设置为向对象外部渐进的轮廓图。
- 在“轮廓图步长”选项中，可以设置轮廓渐进的数量。
- 在“轮廓图偏移”选项中，可以设置轮廓间隔的距离。
- 单击“线性轮廓图颜色”按钮，直接在设置的轮廓颜色之间产生混合颜色效果。
- 单击“顺时针的轮廓图颜色”按钮，使用色轮盘中顺时针方向填充轮廓图的颜色。
- 单击“逆时针的轮廓图颜色”按钮，使用色轮盘中逆时针方向填充轮廓图的颜色。
- 在“轮廓颜色”颜色选取器中，可以为轮廓图中创建的最后一个轮廓设置轮廓色，同时轮廓图中的颜色混合效果也会发生变化。图 7-32 所示为将“轮廓颜色”设置为洋红色后的效果。
- 在“填充色”颜色选取器中，可以选择轮廓图中最后一个轮廓图的填充色，同时轮廓图中的颜色混合效果也会随之发生变化。

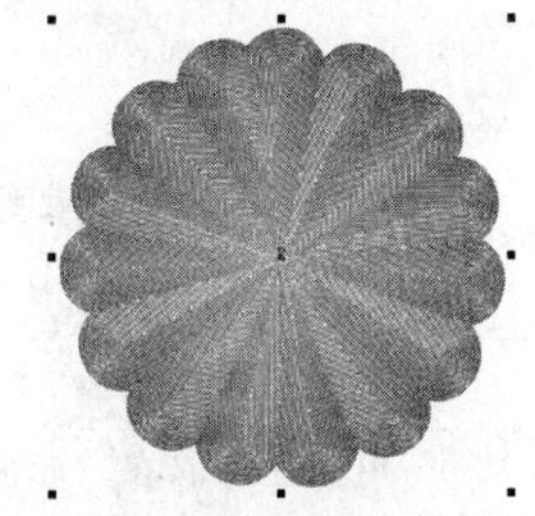

图 7-32　设置轮廓色后的效果

7.2.3 设置轮廓图的颜色

在为对象创建轮廓图后，可以通过轮廓图属性栏和调色板设置轮廓图的颜色。通过设置轮廓图的轮廓色和填充色，可以产生不同混合颜色的轮廓图效果。

1 使用挑选工具选择创建轮廓图的对象，如图 7-33 所示。

2 单击属性栏中的“轮廓色”下三角按钮，在弹出的颜色选取器中选择一个颜色，该颜色将被应用到轮廓图中创建的最后一个轮廓上，如图 7-34 所示。

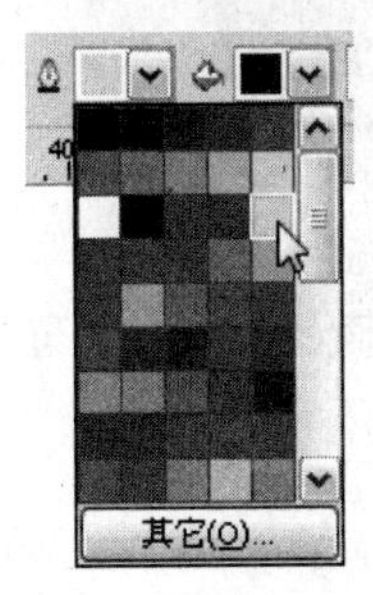

图 7-33　轮廓色列表框

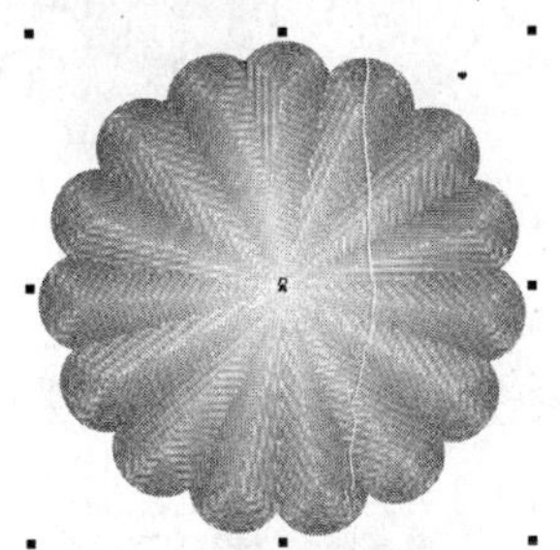

图 7-34　轮廓图效果

3 下面需要为轮廓图中的原始对象设置轮廓色。保持轮廓图对象的选择状态，在调色板中的色样上单击鼠标右键，为原始对象设置新的轮廓色，此时轮廓图效果也会同时发生变化，如图 7-35 所示。

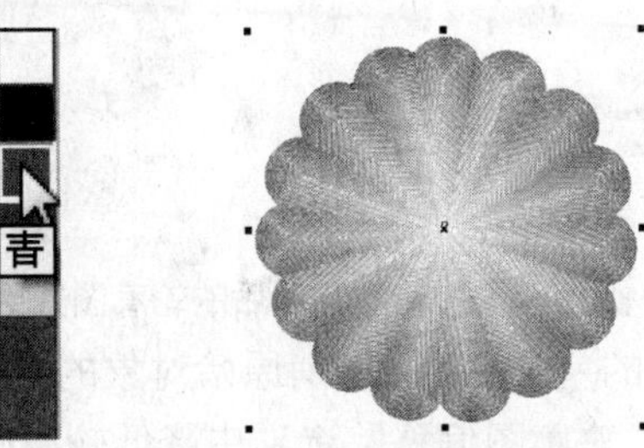

图 7-35　设置原始对象的轮廓色

4 下面需要为轮廓图中的原始对象设置填充色。为了更好地观察设置填充色后的效果，这里适当增加轮廓图的偏移量，如图 7-36 所示。在调色板中所需的色样上单击鼠标左键，即可为原始对象设置填充色，此时的轮廓图效果如图 7-37 所示。

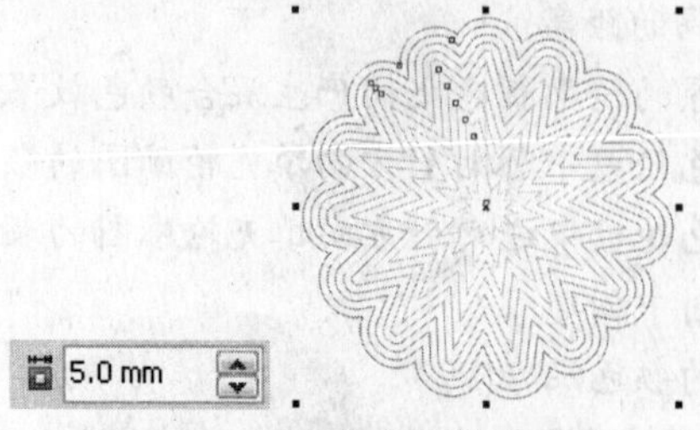

图 7-36　调整轮廓图的偏移量

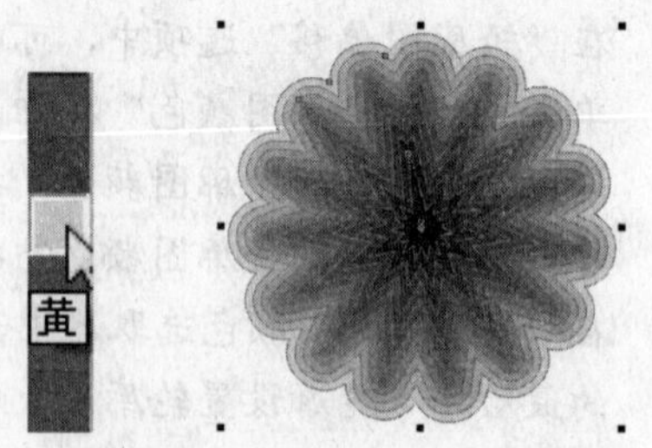

图 7-37　为原始对象填充颜色

用户也可以在“颜色”泊坞窗中设置好所需的颜色，单击“轮廓”按钮，为轮廓图中的原始对象自定义轮廓色；单击“填充”按钮，为原始对象自定义填充色。

5 在属性栏中的“填充色”颜色选取器中，为轮廓图中创建的最后一个轮廓设置填充色，此时的轮廓图效果如图 7-38 所示。

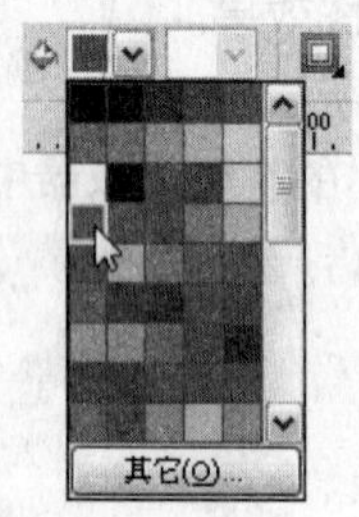

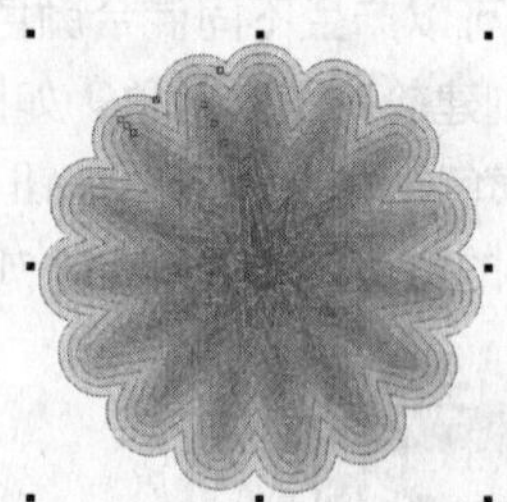

图 7-38　设置最后一个轮廓的填充色

6 按下 F12 键打开“轮廓笔”对话框，在“宽度”选项中为原始对象设置新的轮廓宽度，然后单击“确定”按钮，增加轮廓宽度后的轮廓图效果如图 7-39 所示。

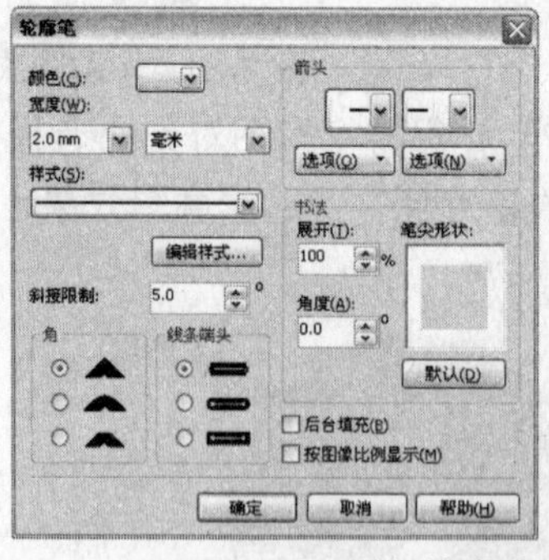

图 7-39　增加轮廓宽度后的轮廓图效果

7 使用鼠标右键单击调色板中的☒图标，可取消原始对象的外部轮廓，此时的轮廓图效果如图 7-40 所示。在属性栏中的“轮廓图偏移”选项中降低轮廓图的偏移量，得到的轮廓图效果如图 7-41 所示。

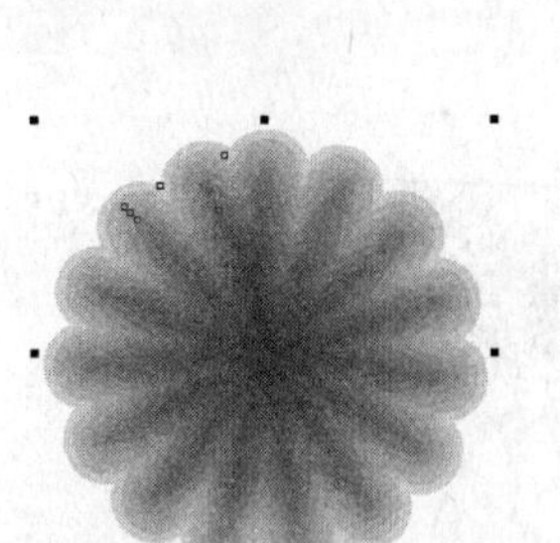
图 7-40 取消轮廓后的效果

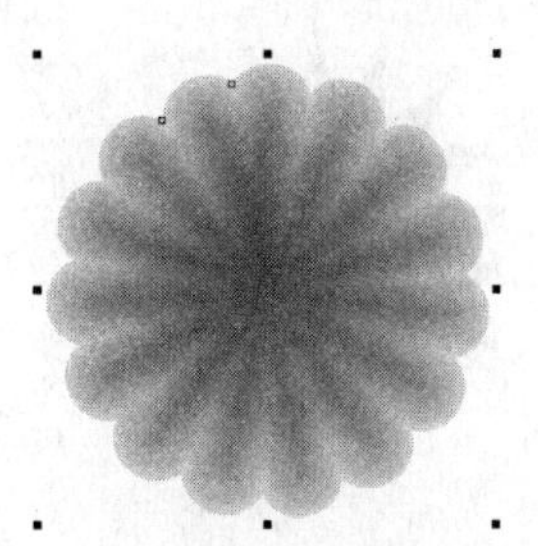
图 7-41 降低轮廓图偏移量后的效果

7.3 变形效果

交互式变形工具，可以为对象创建推拉变形、拉链变形和扭曲变形的效果。变形效果同轮廓图一样，都可以应用于图形和文本对象。

7.3.1 推拉变形

“推拉变形”是通过推拉对象的节点，使对象产生不同的推拉变形效果。使对象产生推拉变形的操作步骤如下。

1 选择需要变形的对象，并为其填充颜色，如图 7-42 所示。

图 7-42 绘制的矩形

2 选择交互式调和工具展开工具栏中的“交互式变形工具”按钮，在属性栏中单击“推拉变形”按钮，属性栏设置如图 7-43 所示。

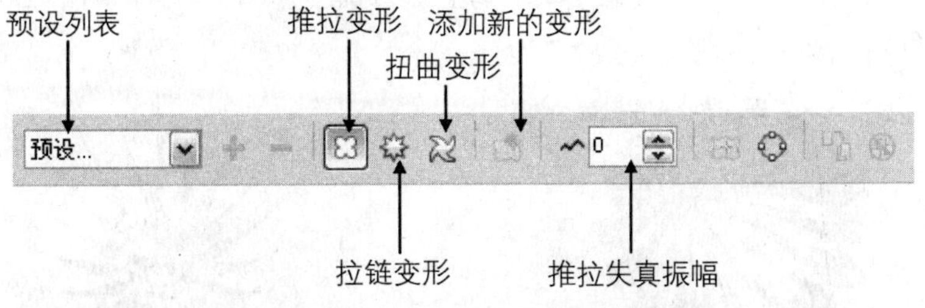

图 7-43 交互式变形工具的属性栏设置

3 在对象上按下鼠标左键并向对象外拖动鼠标，可以使对象产生向外发散的推拉变形效果，此时属性栏中的“失真振幅”选项参数为正值，如图 7-44 所示。

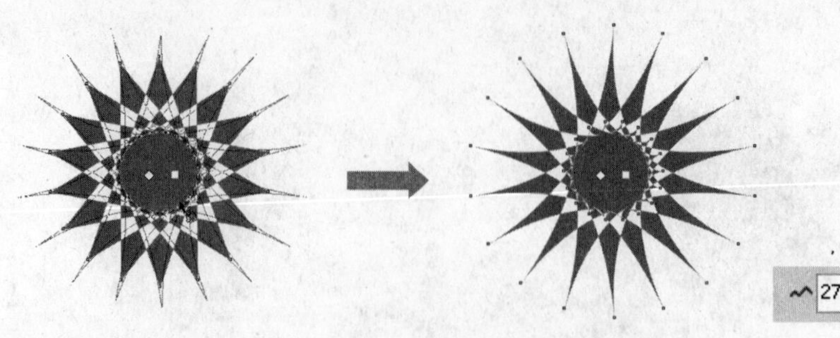

图 7-44　向外发散的推拉变形效果

4 在对象上按下鼠标左键并向对象内部拖动鼠标，可以使对象产生向内收缩的推拉变形效果，此时属性栏中的“失真振幅”选项参数为负值，如图 7-45 所示。

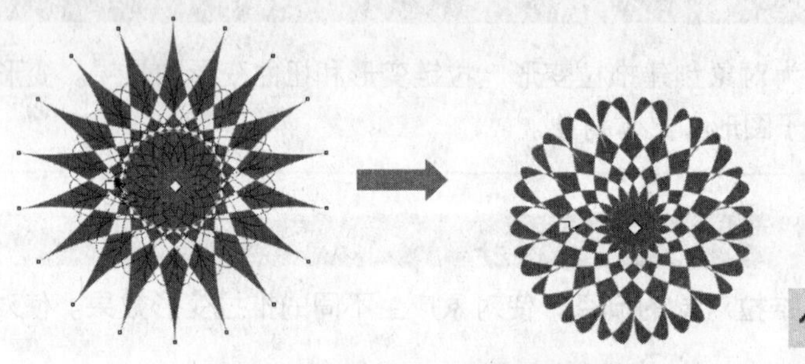

图 7-45　向内收缩的推拉变形效果

5 为对象创建变形效果后，在对象上将出现变形控制手柄。拖动箭头一端的方形控制点，可调整变形的失真振幅，如图 7-46 所示。拖动另一端的菱形控制点，可调整对象变形的中心点位置和角度，如图 7-47 所示。

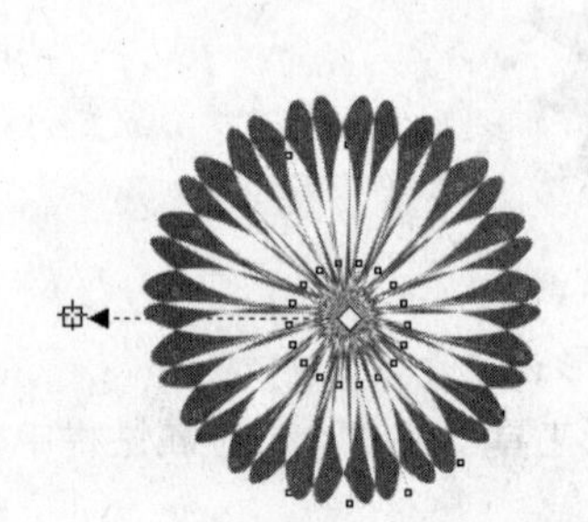

图 7-46　调整失真振幅

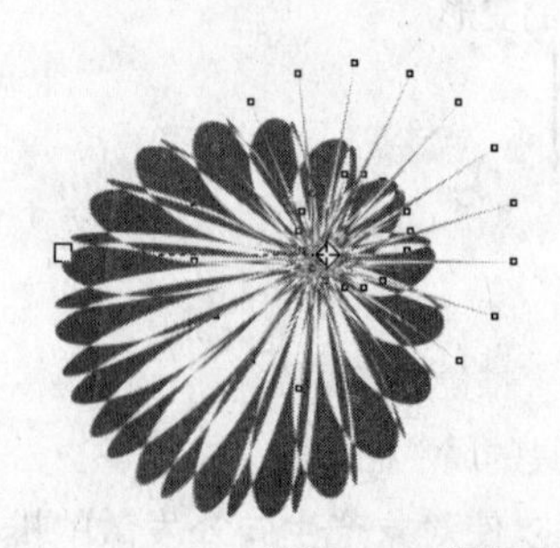

图 7-47　调整变形的中心点位置和角度

6 在改变变形的中心点位置和角度后，单击属性栏中的“中心变形”按钮，可以从对象中心产生变形效果，如图 7-48 所示。

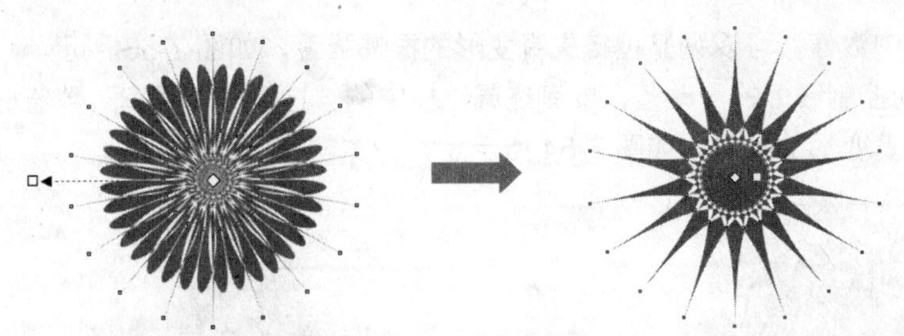

图 7-48　中心变形效果

7 单击属性栏中的“添加新的变形”按钮，然后在已变形的对象上按下鼠标左键并拖动鼠标，可在变形对象的基础上创建新的变形效果，如图 7-49 所示。

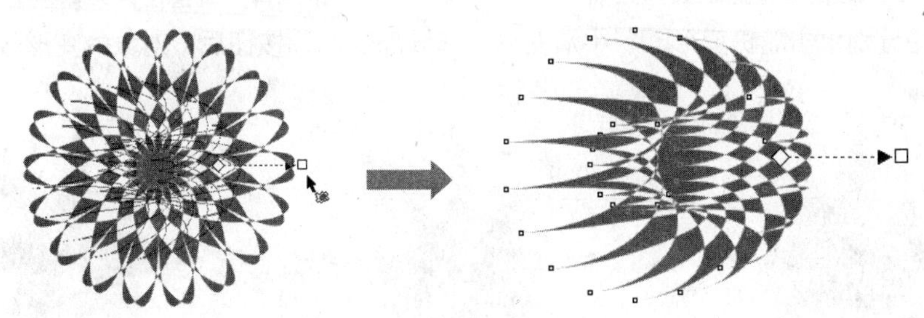

图 7-49　新的变形效果

7.3.2　拉链变形

“拉链变形”是通过拖拉对象，在对象的内侧和外侧产生一系列的节点，从而使对象的轮廓产生锯齿状的变形效果。使对象产生拉链变形的操作步骤如下。

1 选择需要变形的对象，如图 7-50 所示。

2 选择交互式变形工具，并在属性栏中单击“拉链变形”按钮，然后在对象上按下鼠标左键并拖动鼠标，即可使对象产生拉链变形效果，如图 7-51 所示。此时属性栏设置如图 7-52 所示。

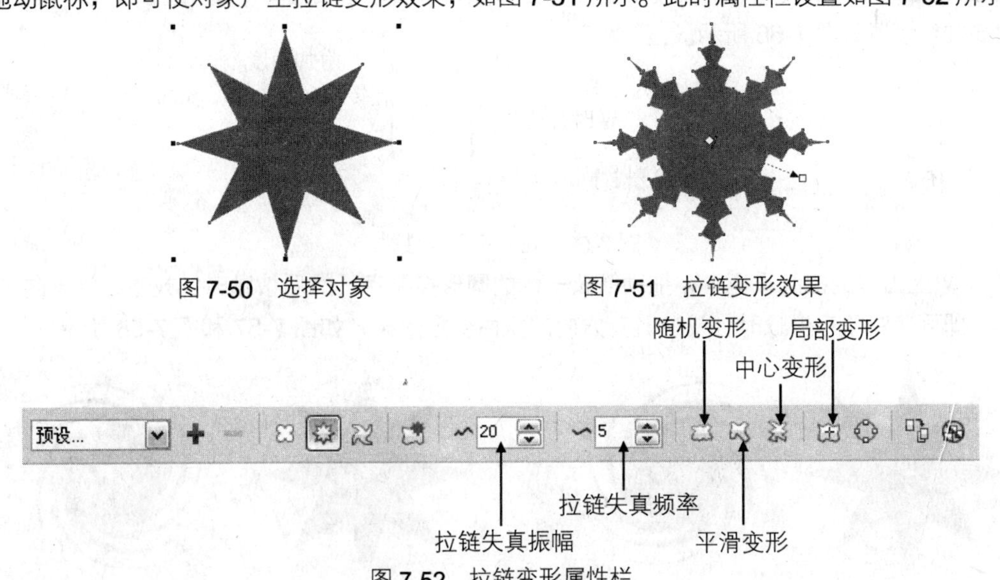

图 7-50　选择对象　　图 7-51　拉链变形效果

图 7-52　拉链变形属性栏

3 在对象上产生的变形控制手柄中，拖动箭头一端的方形控制点，或者在属性栏中的“拉链失真振幅”数值框中数值，可以调整拉链失真变形的振幅强度，如图 7-53 所示。

4 在对象上拖动控制线上的滑动条，或者在属性栏中的“拉链失真频率”数值框中输入数值，可以调整拉链失真变形的频率，如图 7-54 所示。

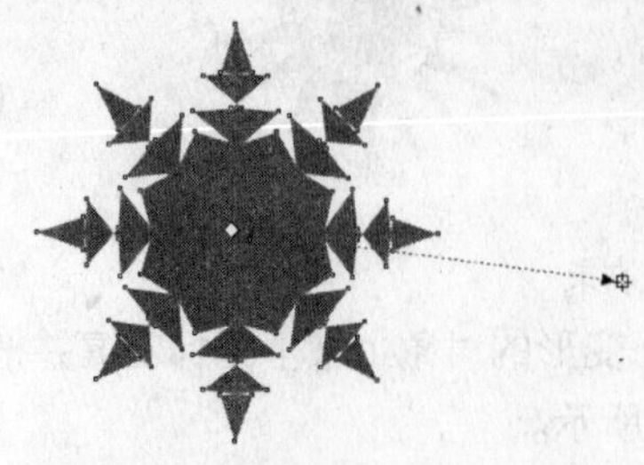

图 7-53　调整拉链失真振幅

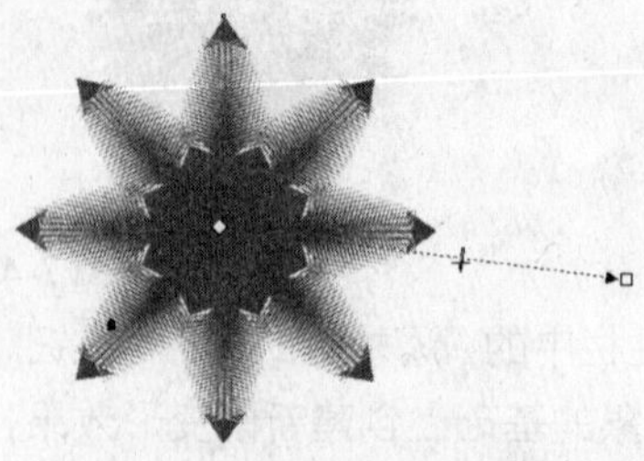

图 7-54　调整拉链失真频率

5 在属性栏中分别单击随机变形、平滑变形和局部变形按钮后，对象的变形效果如图 7-55 所示。

图 7-55　随机变形、平滑变形和局部变形效果

7.3.3　扭曲变形

“扭曲变形”是通过拖拉节点，使对象围绕自身旋转，形成螺旋状的变形效果。使对象产生扭曲变形的操作步骤如下。

1 使用交互式变形工具在需要变形的对象上单击，然后单击属性栏中的“扭曲变形”按钮，此时属性栏设置如图 7-56 所示。

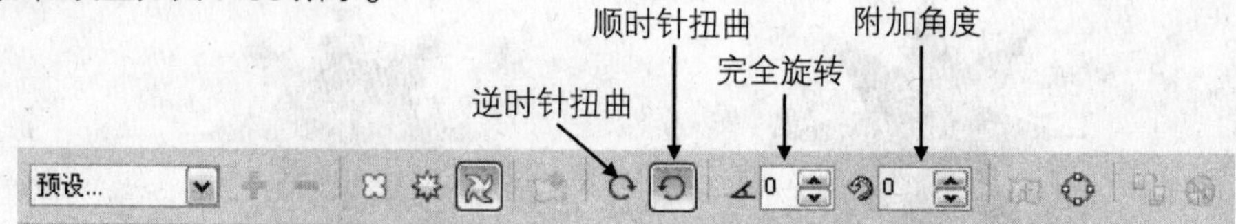

图 7-56　扭曲变形属性栏

2 在对象上出现的控制手柄中，拖动箭头一端的圆形控制点，然后按顺时针或逆时针方向拖动鼠标，即可使对象产生顺时针或逆时针方向的扭曲变形效果，如图 7-57 和图 7-58 所示。

图 7-57　顺时针扭曲变形效果

图 7-58　逆时针扭曲变形效果

为对象应用扭曲变形效果后，单击属性栏中的“顺时针旋转”按钮或“逆时针旋转”按钮，可以使对象在顺时针扭曲变形效果和逆时针扭曲变形效果之间切换。

3 在属性栏中的在“附加角度”数值框中输入数值，可以设置对象扭曲变形的角度值。该值越大，对象产生扭曲变形的效果越明显，图 7-59 和图 7-60 所示为分别将该值设置为 100 和 300 后的扭曲变形效果。用户也可以通过拖动控制手柄中的圆形控制点来随意设置附加角度值，如图 7-61 所示。

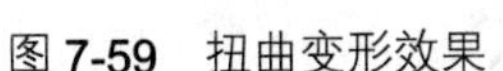

图 7-59　扭曲变形效果

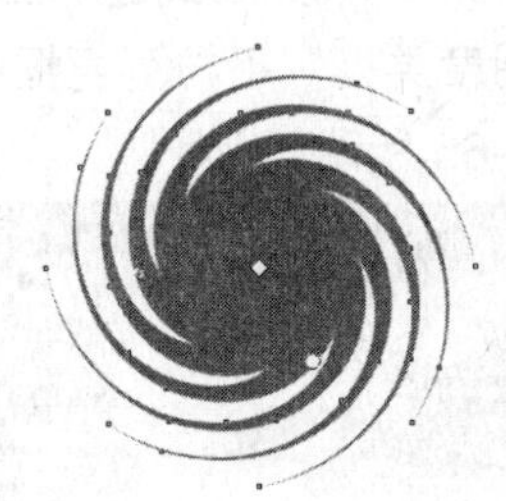

图 7-60　扭曲变形效果

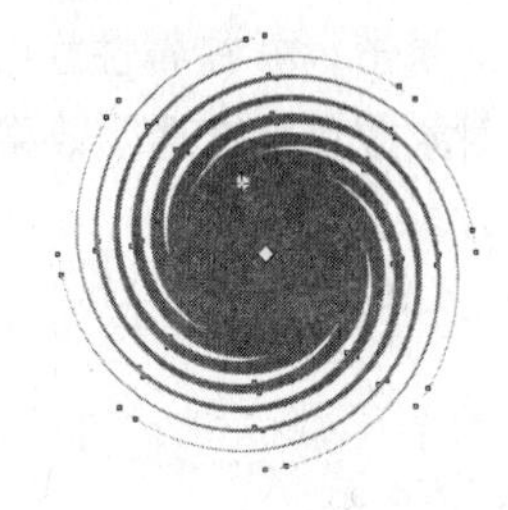

图 7-61　手动调整附加角度值

4 在“完全旋转”数值框中输入数值，可以设置扭曲变形的完全旋转值。图 7-62 所示为将该值设置为 9 后的扭曲变形效果。

5 如果不需要为对象应用变形效果时，可以使用交互式变形工具单击属性栏中的“清除变形”按钮，即可清除变形效果，使对象还原为应用变形效果前的状态，如图 7-63 所示。

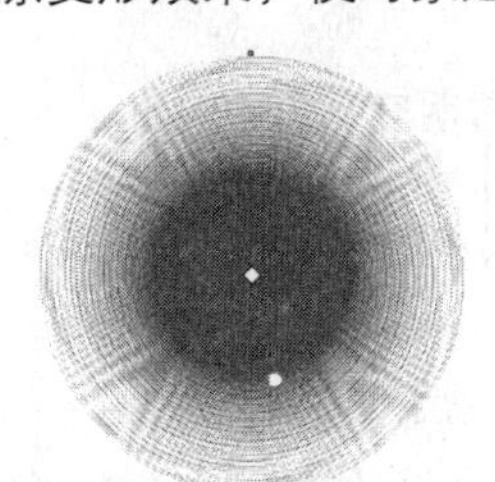

图 7-62　完全旋转效果

图 7-63　清除变形效果后的对象

7.4　透明效果

为对象应用透明效果后，可以透过该对象显示位于下层的部分对象。用户可以为对象应用标准、渐变、图样和底纹等不同类型的透明效果，同时可以控制对象透明的程度。

默认状态下，CorelDRAW 会同时为对象中的填充和轮廓应用所有透明度，不过用户也可以将透明效果只应用于对象的填充或轮廓上。透明效果可以应用于矢量图、位图和文本对象。

7.4.1　标准透明效果

标准透明效果可以使对象中各个部位都产生相同的透明度，为对象应用标准透明效果的操作步骤如下。

1 单击标准工具栏中的“导入”按钮，导入 2 张位图，然后使它们重叠排列，如图 7-64 所示。

图 7-64　导入的位图和重叠排列效果

2 单击交互式调和工具展开工具栏中的“交互式透明工具”，然后在需要应用透明效果的对象上单击，并在属性栏中的“透明度类型”下拉列表框中选中“标准”选项，即可按默认设置为对象应用标准透明效果，如图 7-65 所示。

图 7-65　标准透明效果

为对象应用标准透明效果后，可以在属性栏中调整透明的程度和透明目标等，如图 7-66 所示。

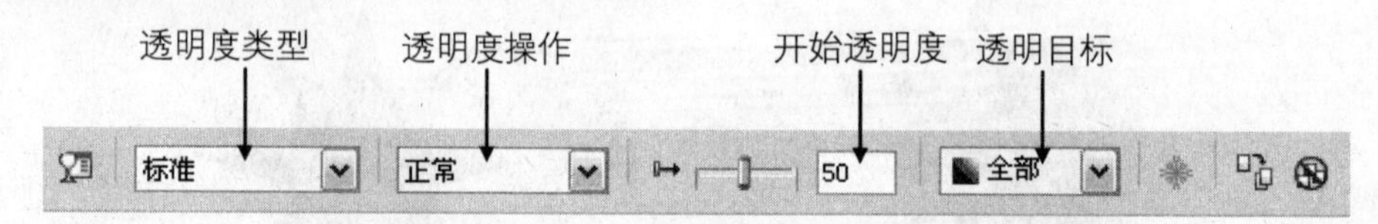

图 7-66　“标准”类型属性设置

- 在“透明度类型”下拉列表框中，可以选择所要应用的透明度类型，保留标准、渐变、图样和底纹等。
- 在“透明度操作”下拉列表框中，可以设置透明对象与下层对象在叠加时的颜色混合模式。图 7-67 所示为分别将“透明度操作”设置为“差异”和“亮度”后，对象上产生的不同透明效果。

图 7-67　设置不同透明度操作后的图像透明效果

- 拖动“开始透明度”滑块，或者在数值框中输入数值，可以设置对象透明的程度。该值越大，图像越透明。图 7-68 所示为将“开始透明度”值分别设置为“20”和“80”后对象的透明效果。

图 7-68 设置不同开始透明度后的效果

- 在“透明度目标”下拉列表框中，可以设置为对象应用透明效果的目标，包括“填充”、“轮廓”和“全部”选项，如图 7-69 所示。CorelDRAW 默认为选择“全部”选项，这时可以为对象中的填充和轮廓同时应用透明效果。选择“填充”选项，只为对象中的填充色应用透明效果。选择“轮廓”选项，只为对象的轮廓应用透明效果。图 7-70 所示为原对象，图 7-71 所示为对象中的填充色应用标准透明后的效果，图 7-72 所示为对象轮廓应用标准透明后的效果。

图 7-69 “透明度目标”选项

图 7-70 原对象

图 7-71 填充色的透明效果

图 7-72 轮廓的透明效果

7.4.2 渐变透明效果

渐变透明效果中包括“线性”、“射线”、“圆锥”和“方角” 4 个选项。为对象应用渐变透明效果的操作步骤如下。

1 选择交互式透明工具，然后单击需要应用渐变透明效果的对象，并在属性栏中的“透明度类型”下拉列表框中选择“线性”选项，此时按默认设置创建的线性透明效果如图 7-73 所示。

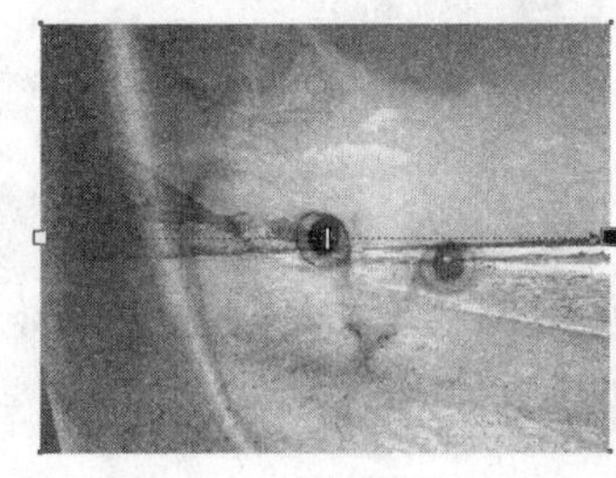

图 7-73 线性透明效果

使用“交互式透明工具”在需要创建透明效果的对象上按下鼠标左键并拖动，释放鼠标后，也可创建线性透明效果。

2 拖动对象上出现的渐变透明控制线两端的控制点，以改变其位置，或者使用属性栏中的“渐变透明角度和边界”调整渐变效果，如图 7-74 所示。

3 拖动控制线上的滑动条，可以调整渐变透明效果在对象上过渡的位置，如图 7-75 所示。

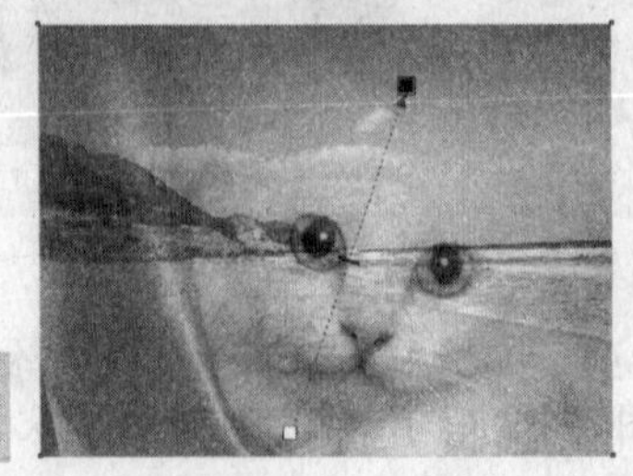

图 7-74 调整渐变透明的角度和边界

图 7-75 调整渐变透明过渡的位置

4 在属性栏中的“透明中心点”数值框中修改当前值，可以改变渐变透明控制线中箭头一端控制点处的透明程度，如图 7-76 所示。该值越大，此端的图像越透明。当该值为 100 时，此端的图像为完全透明。

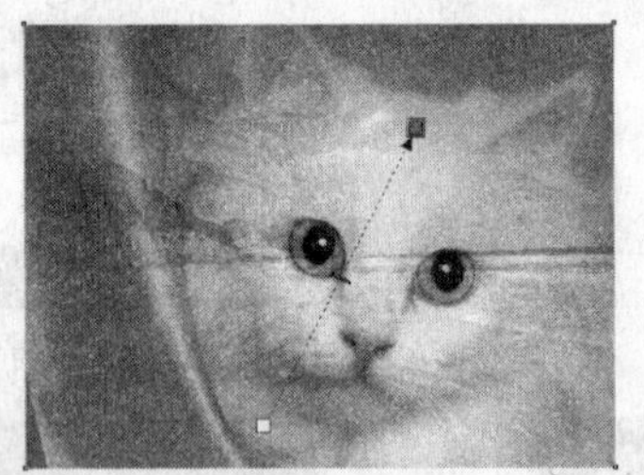

图 7-76 修改“透明中心点”参数后的透明效果

5 单击属性栏中的“编辑透明度”按钮，弹出如图 7-77 所示的“渐变透明度”对话框，在其中可以设置渐变透明效果，其设置方法与在“渐变填充”对话框中设置渐变色的方法相似。在“渐变透明度”对话框中可以设置由各种不同颜色组成的渐变色，然后单击“确定”按钮，这样设置好的渐变色将会自动转换为具有相同亮度级别的灰色渐变色，以控制各个颜色节点处的透明程度，如图 7-78 所示。

图 7-77 渐变透明参数设置

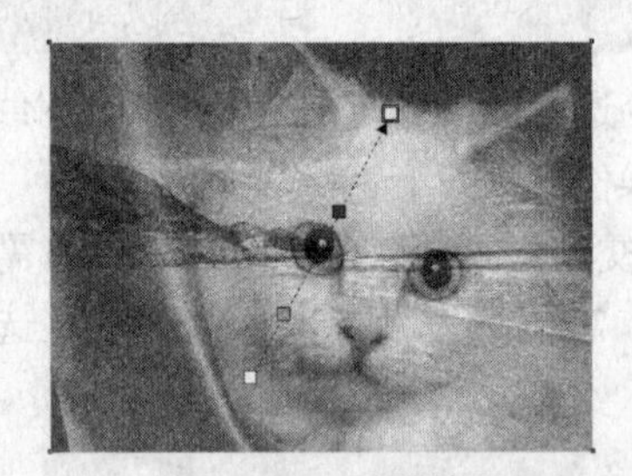

图 7-78 透明效果

小提示

填充颜色节点的颜色越接近黑色，此处的图像越透明。当使用黑色填充颜色节点时，此处的图像为完全透明；使用白色填充颜色节点时，此处的图像为完全不透明。

6 在渐变透明控制线上的其中一个颜色节点上单击，将其选取，然后在属性栏中的“透明中心点”选项中，可以修改该颜色节点的透明程度，如图 7-79 所示。

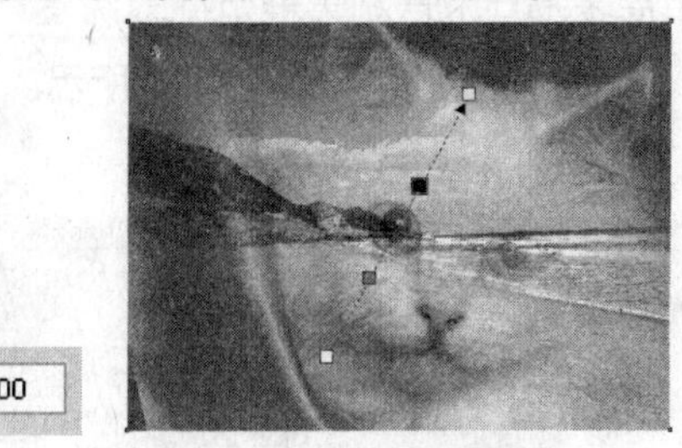

图 7-79　修改颜色节点处的透明程度

7 要在渐变透明控制线上添加新的颜色节点，可将调色板中的颜色拖动到控制线上，当光标变为↖■状态时释放鼠标，即可在该位置上添加一个颜色节点，如图 7-80 所示。新添加的颜色节点的透明程度取决于填充该颜色节点的颜色亮度，如图 7-81 所示。

图 7-80　添加新的颜色节点

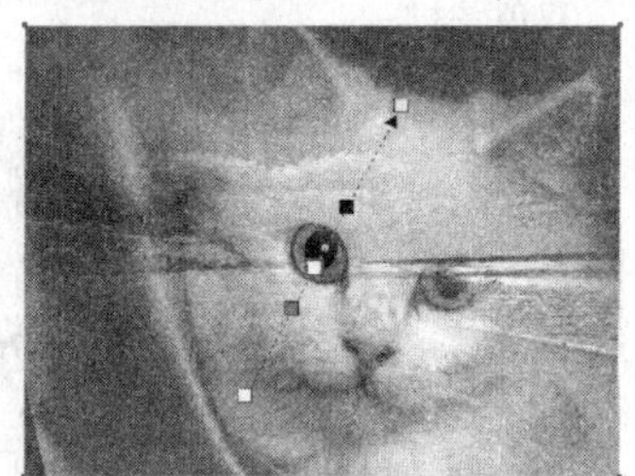

图 7-81　添加效果

8 拖动颜色节点，可调整颜色节点在控制线上的位置，同时透明效果也会随之发生改变，如图 7-82 所示。

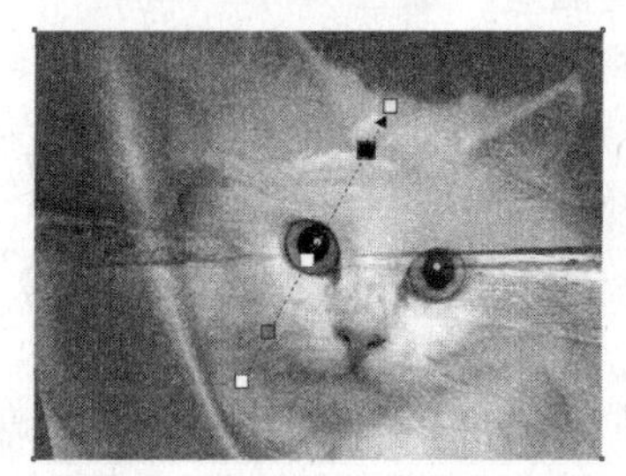

图 7-82　拖动透明控制点

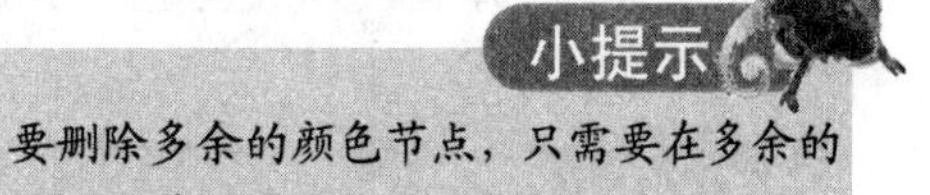

小提示

要删除多余的颜色节点，只需要在多余的颜色节点上单击鼠标右键，即可将其删除。

9 在属性栏中的“透明度类型”下拉列表框中分别选择“射线”、“圆锥”和“方角”选项后的对象透明效果如图 7-83 所示。设置其他类型渐变透明效果的方法与线性透明效果相似，这里就不再重复介绍了。

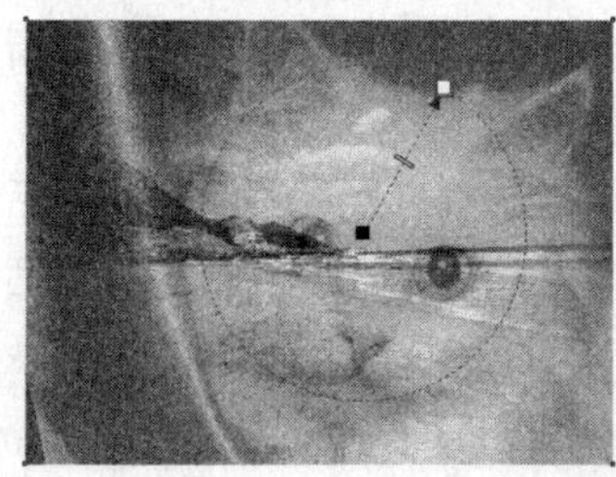
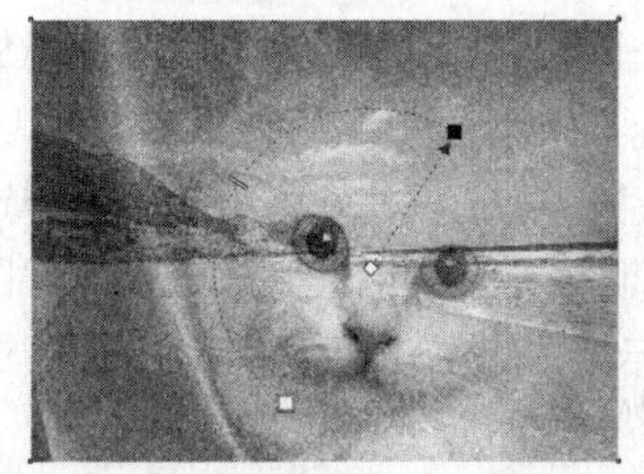
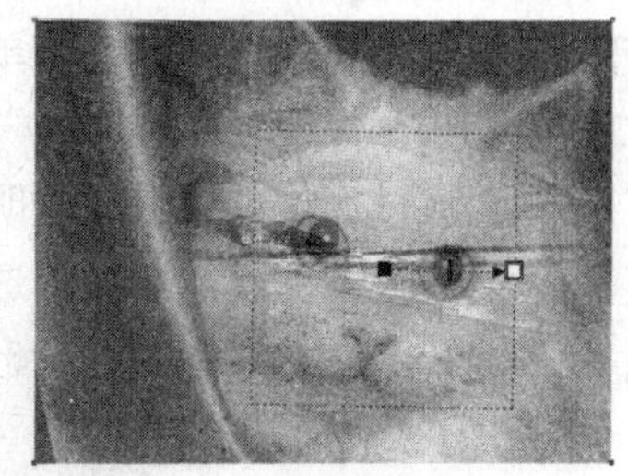

图 7-83　“射线”、“圆锥”和“方角”透明效果

7.4.3 图样和底纹透明效果

在属性栏中的“透明度类型”下拉列表框中分别选择“双色图样”、“全色图样”、“位图图样”和“底纹”类型后，对象的透明效果如图 **7-84** 所示。各种图样透明效果的属性栏设置如图 **7-85** 所示。

双色图样

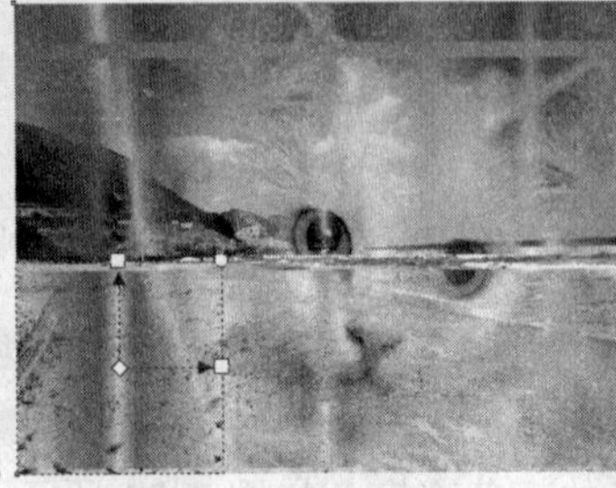

全色图样

位图图样

底纹图样

图 **7-84** 不同类型的透明效果

第一种透明度挑选器 开始透明度 结束透明度

图 **7-85** 不同类型透明效果的属性栏设置

在图样和底纹透明效果属性栏中，可以选择应用到透明效果中的图样或底纹样式。通过调整“开始透明度”选项参数，可以调整图样的透明程度。通过调整“结束透明度”选项参数，可以调整原图像的透明程度。单击按钮，可以将透明图块镜像。单击按钮，可抓取绘图窗口中的部分图像来创建新的图样。

单击属性栏中的“编辑透明度”按钮，在弹出的“图样透明度”或“底纹透明度”对话框中，可以设置图样或底纹的透明效果，其设置方法分别与“图样填充”和“底纹填充”对话框相似，如图 **7-86**、图 **7-87** 所示。

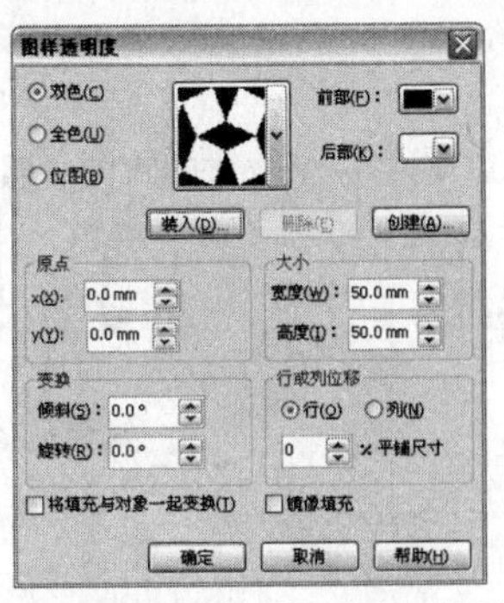

图 7-86 “图样透明度”对话框

图 7-87 “底纹透明度”对话框

7.5 交互式立体化效果

使用交互式立体化工具，可以为对象创建立体模型，使对象具有三维效果。CorelDRAW 还可以将立体化效果应用于群组中的对象。

7.5.1 创建交互式立体化效果

为对象创建立体化效果的操作步骤如下。

1 选择需要创建立体化效果的对象，如图 7-88 所示。

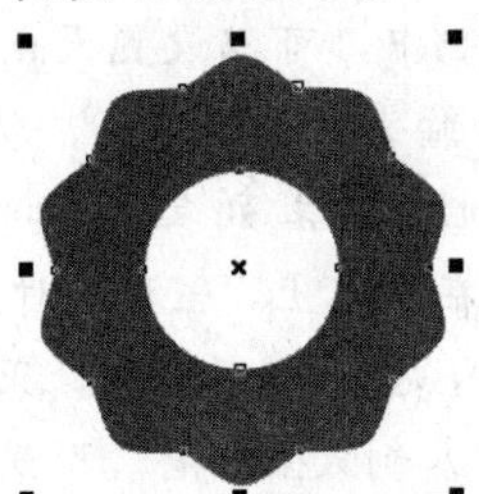

图 7-88 绘制并填充心形

2 选择交互式调和工具下的“交互式立体化工具”，在选定的对象上按下鼠标左键并拖动，即可为对象创建立体化效果，如图 7-89 所示。

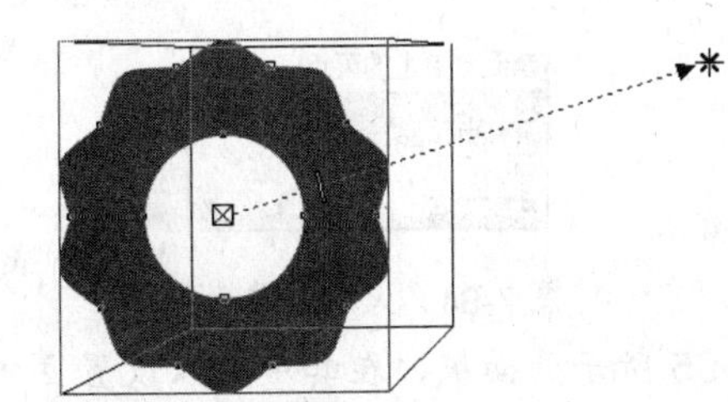

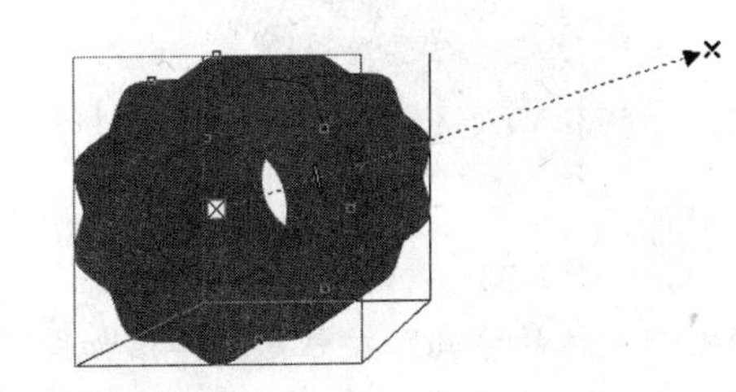

图 7-89 创建立体化效果

7.5.2 立体化效果的属性栏设置

为对象创建立体化效果后，可以通过属性栏设置“立体化类型”、“深度”、“灭点位置”、“立体方向”、“颜色”、“斜角”和“照明效果”等参数，如图 7-90 所示。

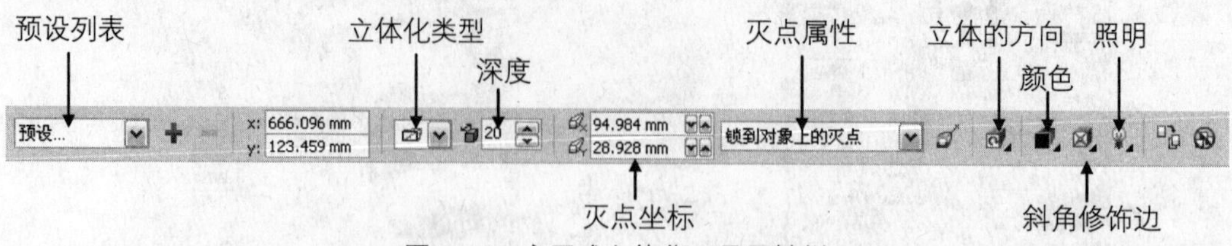

图 7-90　交互式立体化工具属性栏

- 在“预设列表”下拉列表框中，可以选择预设的立体化效果。
- 单击“立体化类型”下三角按钮，在展开工具栏中可以选择立体化效果的类型，如图 7-91 所示。图 7-92 所示为选择▱类型后的立体化效果。

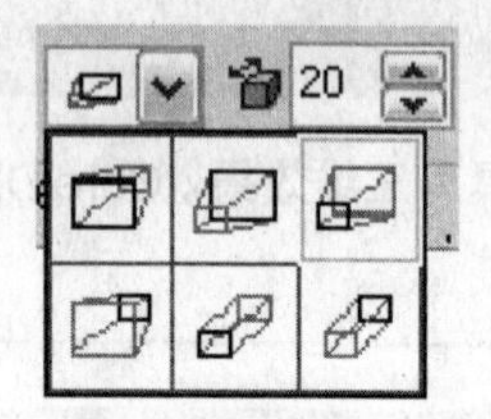

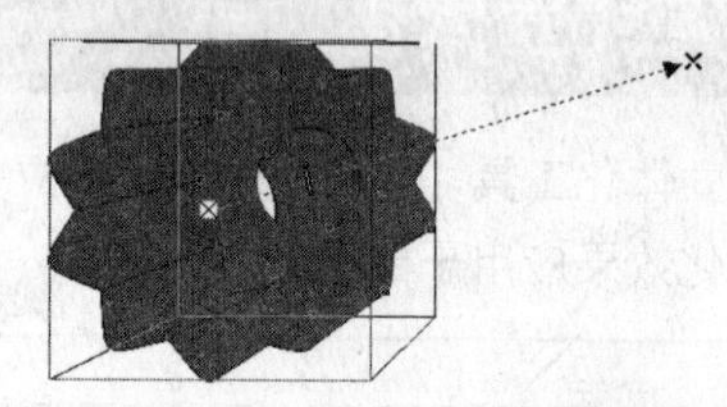

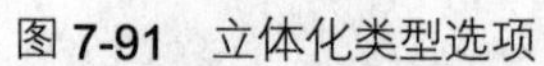

图 7-91　立体化类型选项　　图 7-92　更改立体化类型后的效果

- 在“深度”数值框 20 中，可以设置立体化效果的纵深度。该值越高，立体化效果中的纵深度越深，如图 7-93 所示。
- 在“灭点坐标”数值框 137.233 mm 42.304 mm 中，可以设置灭点的坐标位置。在为对象创建立体化效果时，出现在对象上并使用箭头指示的✕点，就是灭点。
- 在如图 7-94 所示的“灭点属性”下拉列表框 锁到对象上的灭点 中，选择“灭点锁定到对象”选项，可以将灭点锁定在对象上，当移动对象时，灭点和立体效果也随之移动；选择“灭点锁定到页面”选项，当移动对象时，灭点的位置将保持不变，而对象的立体化效果将随之改变；选择“复制灭点，自...”选项，光标会改变状态，此时可以将立体化对象的灭点复制到另一个立体化对象上。选择“共享灭点”选项，然后单击其他的立体化对象，可使多个对象共享同一个灭点。

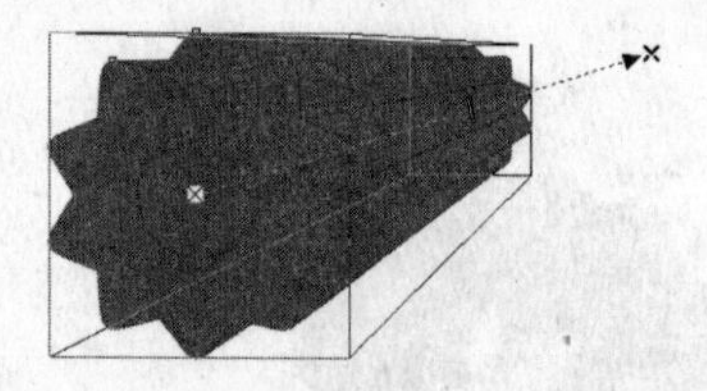

图 7-93　设置立体化深度

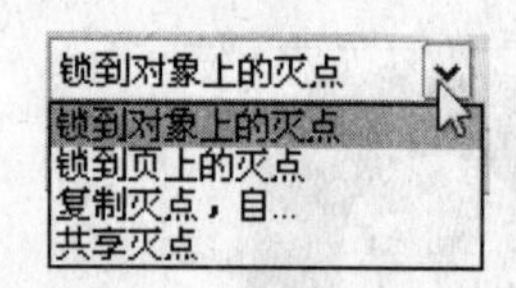

图 7-94　灭点属性选项

- 单击“立体的方向”按钮，弹出如图 7-95 所示的面板，在其中可以设置立体化效果的角度。在该面板中以浮雕效果显示的圆形上拖移鼠标，可创建不同方向的立体化效果，如图 7-96 所示。单击面板中的按钮，该面板显示为如图 7-97 所示设置，在其中可以显示立体化对象的方向，用户也可以在各选项中设置旋转值来调整立体化效果。

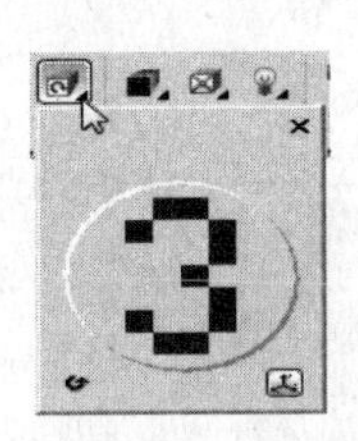

图 7-95 “立体的方向”面板设置

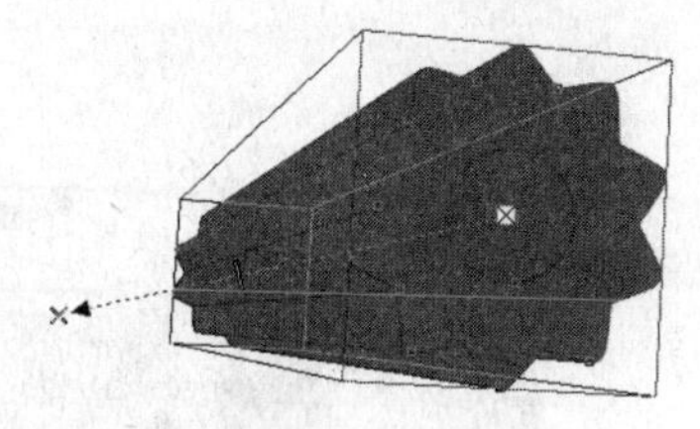

图 7-96 调整立体化的方向

图 7-97 所应用的旋转值

- 单击“颜色”按钮，在弹出的面板中可以设置立体化效果的颜色。该面板中提供了 3 个颜色按钮，单击各按钮后显示的面板设置如图 7-98 所示。单击“使用对象填充”按钮后，可以采用覆盖的方式填充立体化对象。在“使用纯色”选项设置中，单击“使用”下三角按钮，在弹出的颜色选取器中可以选择应用到立体化效果中的颜色，而对象本身的颜色不会改变，如图 7-99 所示。在“使用递减的颜色”选项设置中，可以为立体化效果设置渐变色，图 7-100 所示为将立体化效果设置为从黄色到红色渐变的效果。

“使用对象填充”选项

“使用纯色”选项

“使用递减的颜色”选项

图 7-98 颜色属性设置

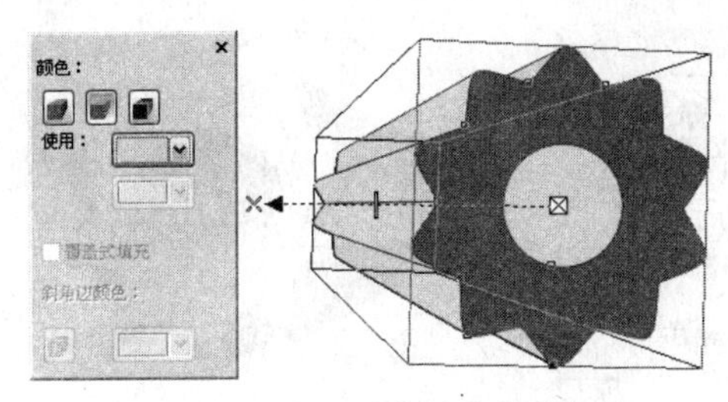

图 7-99 使用纯色填充的效果

图 7-100 使用渐变色填充的效果

- 单击“斜角修饰边”按钮，在弹出的面板中选中“使用斜角修饰边”复选框，在立体化效果中添加斜角修饰边后的效果如图 7-101 所示。在“斜角修饰边深度”选项中，可以设置斜角修饰边的深度，图 7-102 所示为将该值设置为 5 后的立体化效果。在“斜角修饰边角度”选项中可以设置斜角修饰边的角度，图 7-103 所示为将该值设置为 60 后的立体化效果。

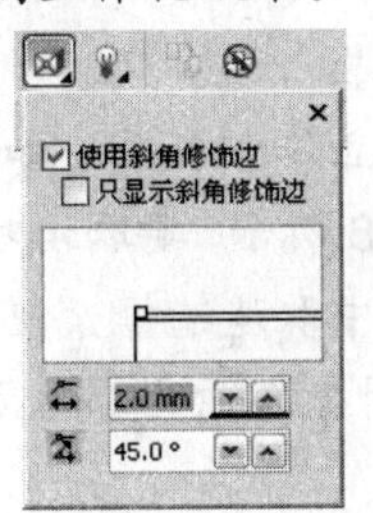

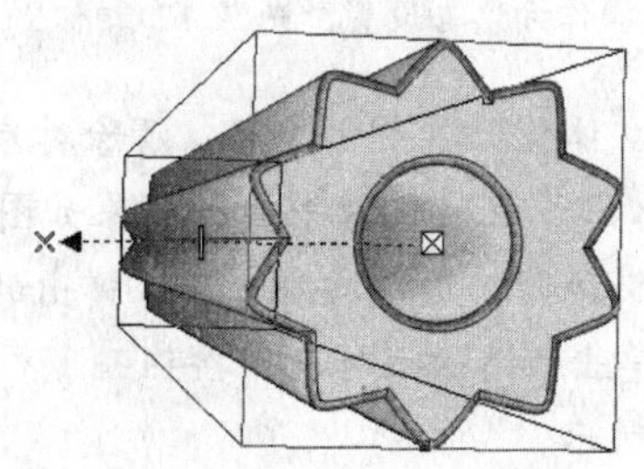

图 7-101 “斜角修饰边”面板设置以及立体化效果

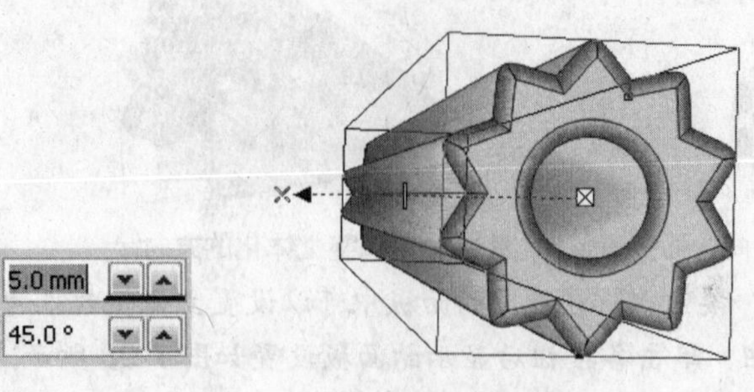

图 7-102　调整斜角修饰边的深度

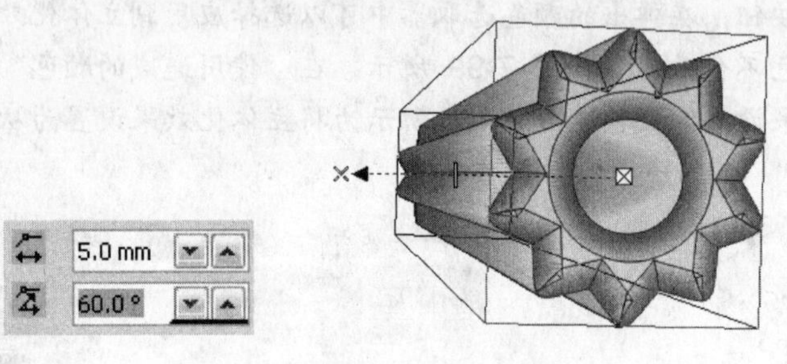

图 7-103　调整斜角修饰边的角度

- 单击“照明”按钮，弹出如图 7-104 所示的照明设置面板，在其中可以调整立体化对象中的灯光效果。单击“光源 1”按钮，在预览窗口中的球体上将添加一个光源 1 序号，在球体上拖动该序号，可以调整光源的位置和方向，如图 7-105 所示。此时立体化对象中的照明效果如图 7-105 所示。

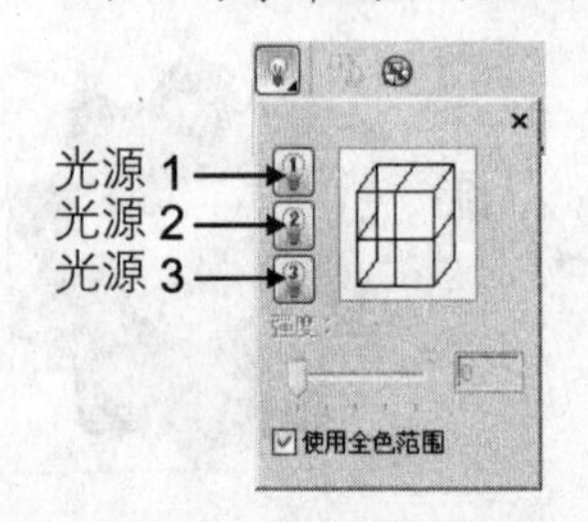

图 7-104　照明设置

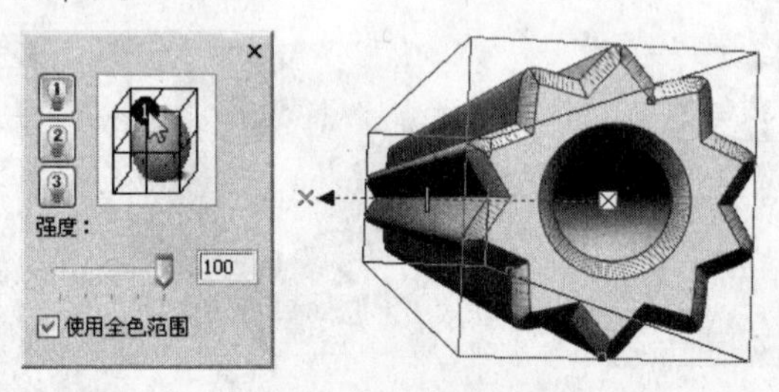

图 7-105　选择光源 1 时的立体化效果

小提示

要取消立体化对象中的照明效果，只需要单击光源对应的“光源 1”、“光源 2”或“光源 3”按钮即可，如图 7-104 所示。用户还可以在立体化效果中添加“光源 2”和“光源 3”，设置其他光源的操作方法与设置“光源 1”相似。

- 单击“清除立体化”按钮，可以清除对象中的立体化效果。如果对象中使用了斜角修饰边，那么清除立体化效果后的对象如图 7-106 所示。要取消对象中的斜角修饰边，需要单击“斜角修饰边”按钮，从弹出的面板中取消选择“使用斜角修饰边”复选框，然后再单击“清除立体化”按钮，才能将对象还原为应用立体化效果前的状态，如图 7-107 所示。

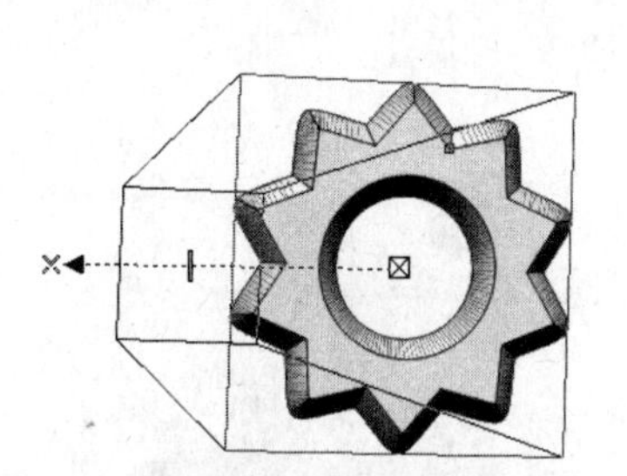

图 7-106　清除立体化效果后的对象

图 7-107　还原为对象后的效果

7.6 交互式阴影效果

使用交互式阴影工具，可以模拟光从平面、右、左、下和上 5 个不同的透视点照射在对象上产生的阴影效果。 CorelDRAW 可以为大多数对象或群组对象添加阴影，其中包括美术字、段落文本和位图等。

7.6.1 创建交互式阴影效果

为对象创建阴影效果的操作步骤如下。

1 选择需要创建阴影的对象，如图 7-108 所示。

图 7-108　选取将创建阴影效果的对象

2 选择交互式调和工具展开工具栏中的“交互式阴影工具”，在选定对象的中心位置按住鼠标左键，然后拖动光标到适当的位置，释放鼠标后，即可创建出与对象相同形状的阴影，如图 7-109 所示。

图 7-109　创建与对象相同形状的阴影

3 按下 Ctrl+Z 组合键还原上一步操作，然后使用交互式阴影工具在对象的边线上按下鼠标左键并拖动鼠标，可创建具有透视效果的阴影，如图 7-110 所示。

图 7-110　创建具有透视效果的阴影

7.6.2　调整阴影

为对象创建阴影后，可以通过交互式阴影工具属性栏调整阴影的偏移量、角度、不透明度、羽化程度、羽化方向和阴影颜色等。“交互式阴影工具”属性栏设置如图 7-111 所示。

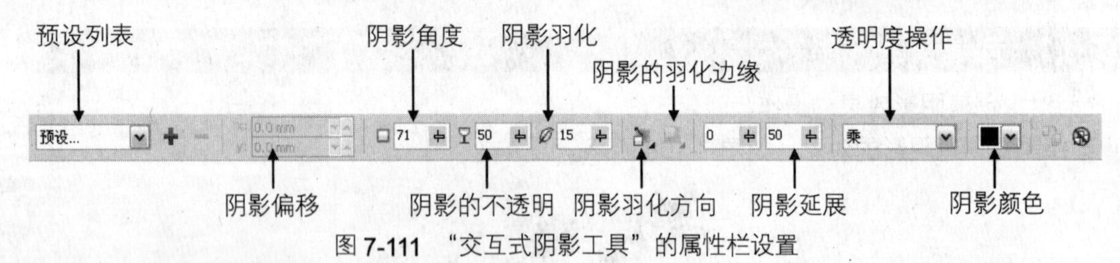

图 7-111　“交互式阴影工具”的属性栏设置

- 在“预设列表”中，可以选择系统预设的阴影效果。
- 在创建与对象相同形状的阴影后，通过“阴影偏移”选项，可以设置阴影偏离对象的距离。该值为正时，阴影向右向上或偏移，如图 7-112 所示。该值为负时，阴影向左或向下偏移，如图 7-113 所示。

图 7-112　“阴影偏移”值为正时的阴影　　图 7-113　“阴影偏移”值为负时的阴影

拖动阴影控制手柄上位于箭头一端的控制点，可以任意调整阴影的偏移量，如图 7-114 所示。

图 7-114　手动调整阴影的偏移量

- 在创建透视的阴影效果后，通过“阴影角度”选项，可以设置透视阴影的角度，如图 7-115 所示。用户也可以拖动阴影控制手柄上位于箭头一端的控制点，调整透视阴影的角度，如图 7-116 所示。

图 7-115　阴影偏移效果

图 7-116　调整阴影的透视角度

- 在“阴影的不透明”数值框中，可以设置阴影的不透明程度。该值越大，阴影越不透明，阴影颜色越深。反之，阴影越透明，阴影颜色越浅。图 7-117 所示为将该值分别设置为 20 和 80 后的阴影效果。

图 7-117　不同阴影透明度的效果

- 在“阴影羽化”数值框中，可以设置阴影的羽化程度。该值越大，阴影边缘越柔和，图 7-118 所示为将该值分别设置为 5 和 25 后的阴影效果。

图 7-118　设置不同阴影羽化值后的效果

- 单击“阴影羽化方向”按钮，弹出如图 7-119 所示的“羽化方向”面板，在其中可以设置阴影羽化的方向。选择不同的羽化方向后，对象的阴影效果如图 7-120 所示。

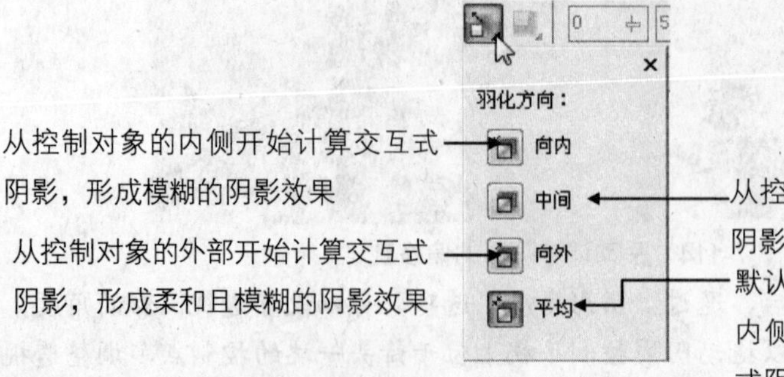

图 7-119　阴影羽化方向

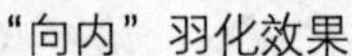

“向内”羽化效果　“中间”羽化效果　“向外”羽化效果　“平均”羽化效果

图 7-120　不同羽化方向的阴影效果

- 单击最左边“阴影颜色”下三角按钮，从弹出的颜色选取器中可以修改阴影的颜色，如图 7-121 所示。

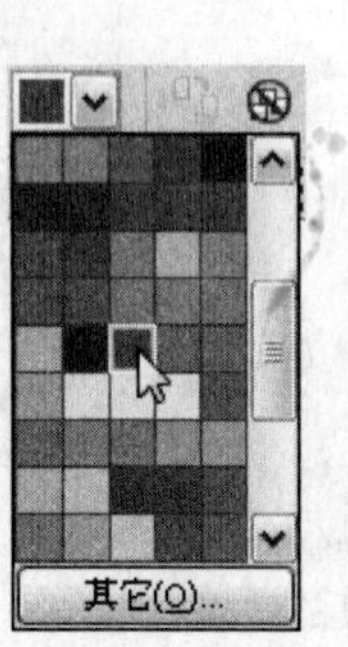

图 7-121　修改阴影的颜色

7.6.3　分离阴影

为对象创建阴影效果后，可以将对象和阴影分离，使其成为两个独立的对象，分离后的对象和阴影仍保持分离前的状态不变。

使用挑选工具单击创建的阴影，将该对象连同阴影一起选取，然后执行“排列”→“打散阴影群组”命令或按下 Ctrl+K 组合键，即可将对象和阴影分离。图 7-122 所示为移动阴影位置后的效果。

图 7-122　分离后的阴影和图形效果

7.7 封套效果

通过为对象应用封套效果，可以为对象造形。封套由多个节点组成，通过添加或定位封套的节点，以及调整封套控制线为直线或曲线，可以改变对象的形状。用户除了随意编辑封套的形状外，还可以使用预设的封套样式。封套可应用于线条、单一对象、群组对象、美术字和段落文本。

7.7.1 创建交互式封套效果

使用封套为对象造形的操作步骤如下。

1 选择需要应用封套效果的对象，如图 7-123 所示。

2 选择交互式调和工具展开工具栏中的交互式封套工具，在选定的对象上将出现如图 7-124 所示的封套控制框。

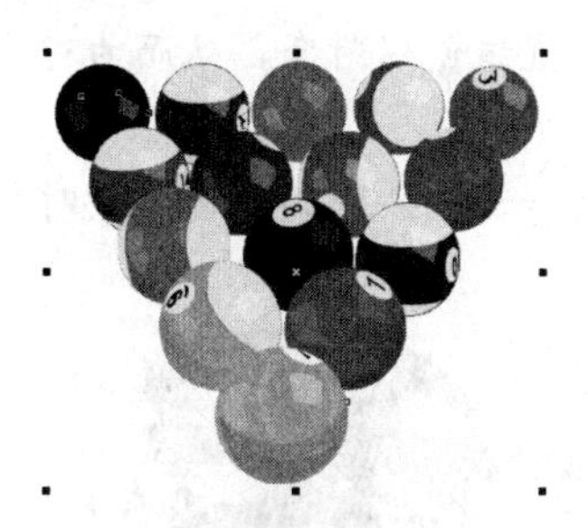

图 7-123　选择的对象

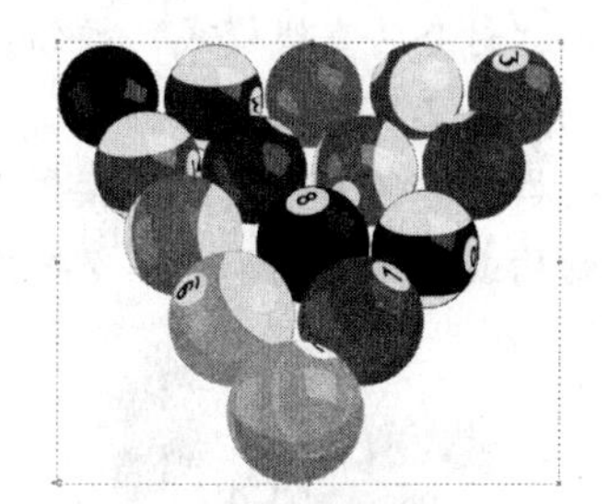

图 7-124　对象上出现的封套控制框

3 使用交互式封套工具拖移控制框上的控制节点，即可编辑封套，从而使对象产生变形，如图 7-125 所示。

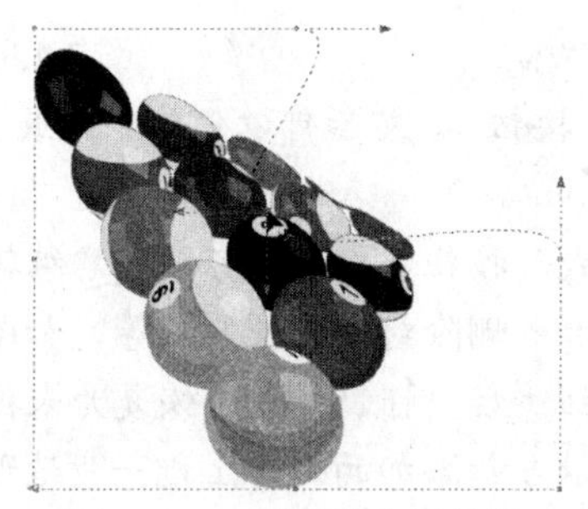

图 7-125　对象的变形效果

4 按下 Ctrl+Z 组合键取消对封套的编辑。执行“窗口”→“泊坞窗”→“封套”命令，在打开的“封套”泊坞窗中单击“添加预设”按钮，然后在下面的预设封套下拉列表框中选择一种封套，再单击“应用”按钮，即可为选定的对象应用指定的预设封套效果，如图 7-126 所示。

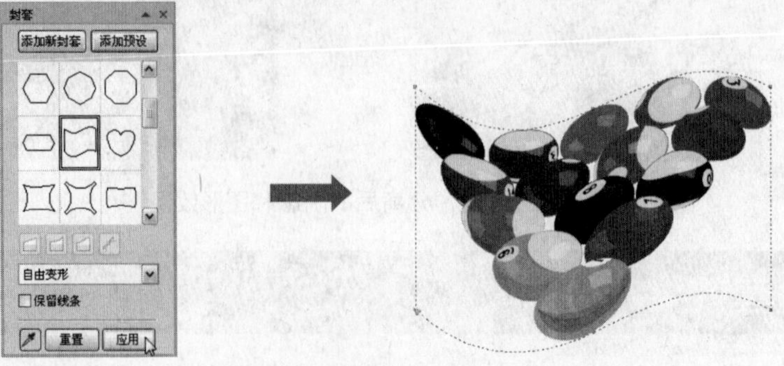

图 7-126 应用预设封套

7.7.2 编辑封套效果

为对象添加封套效果后，可以通过属性栏编辑封套的形状，从而为对象造形。交互式封套工具属性栏的设置如图 7-127 所示。

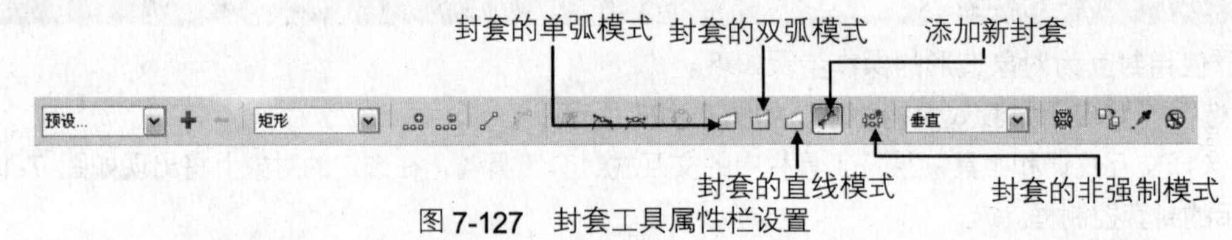

图 7-127 封套工具属性栏设置

- 单击“封套的直线模式”按钮，然后可以基于直线创建封套，从而为对象添加透视点，如图 7-128 所示。
- 单击“封套的单弧模式”按钮，然后可以创建一边带弧形的封套，使对象外形呈凹面结构或凸面结构，如图 7-129 所示。

图 7-128 封套的直线模式

图 7-129 封套的单弧模式

- 单击“封套的双弧模式”按钮，然后可以创建一边或多边呈 S 形的封套，如图 7-130 所示。
- 单击“封套的非强制模式”按钮，然后可以任意编辑封套形状，更改封套边线的类型和节点类型，还可增加或删除封套的控制点等，如图 7-131 所示。
- 单击“添加新封套”按钮后，可以使封套恢复为未被编辑时的状态，而对象仍保持变形后的效果，这样可以在新添加的封套上进一步造形对象，如图 7-132 所示。

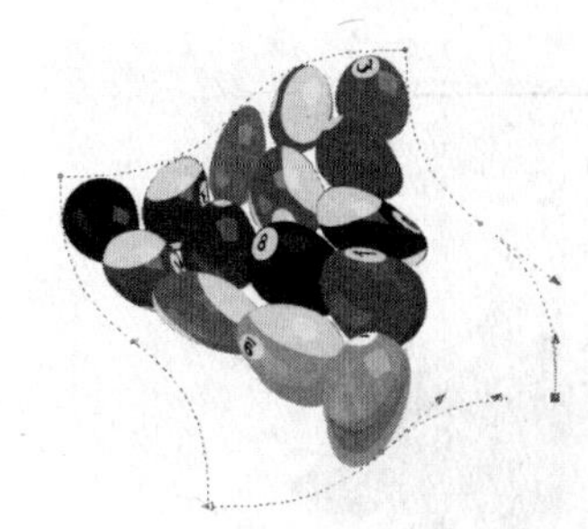

图 7-130　封套的双弧模式

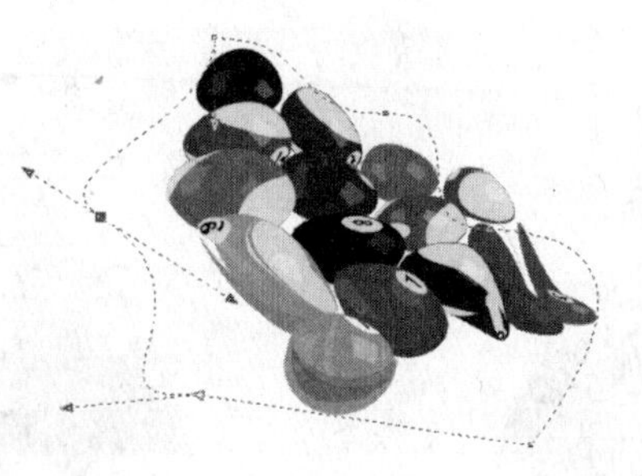

图 7-131　封套的非强制模式

图 7-132　添加新封套

在“非强制模式”下编辑封套时的编辑方法类似于使用形状工具编辑曲线形状。在封套控制线上添加或删除节点的方法如下。

- 要在控制线上添加节点，可在封套控制线上需要添加节点的位置上双击鼠标左键，或者在需要添加节点的位置上单击，然后按下小键盘中的+键，也可以单击属性栏中的“添加节点”按钮。
- 要删除控制线上多余的节点，可直接在需要删除的节点上双击，或者选择需要删除的节点，然后按下 Delete 键，也可以单击属性栏上的“删除节点”按钮。

7.8 透视效果

在 CorelDRAW X4 中，通过为对象添加透视并编辑透视角度，可以使对象产生单点透视或两点透视的效果。用户可以为单一对象或群组对象添加透视效果，也可以为应用轮廓图、调和、立体模型的对象添加透视效果，但不能为段落文本、位图或符号添加透视效果。

1 选择需要添加透视效果的对象，如图 7-133 所示。

2 执行“效果”→“添加透视”命令，在选定的对象上会覆盖一层红色网格，同时在网格的边角处会出现黑色控制点，如图 7-134 所示。

图 7-133　选择对象

图 7-134　执行添加透视点命令后的效果

3 拖动边角处的黑色控制点，即可为对象添加相应的透视效果，如图 7-135 所示。在添加透视效果后，会出现对应的透视消失点，拖动消失点，可以调整透视效果，如图 7-136 所示。

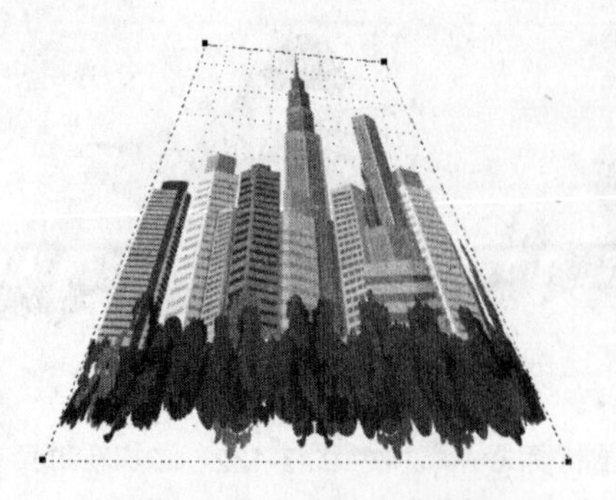

图 7-135　对象的透视效果

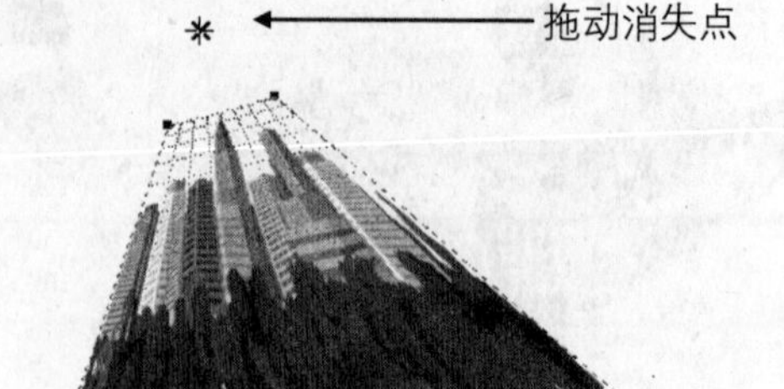

图 7-136　拖动消失点调整透视效果

小提示

按住 Ctrl 键拖动透视控制点，可以强制控制点沿水平或垂直轴移动，从而产生单点透视效果。按住 Shift+C 组合键拖动对象上的透视控制点，可以将相对的节点沿相反的方向移动相同的距离。

4 要清除对象上的透视效果，可在选择添加透视效果的对象后，执行“效果→清除透视点”命令即可。

现场练兵

“海底世界”插画绘制

下面将通过绘制一个海底世界的场景插画，如图 7-137 所示，使读者综合掌握为对象造形、填充颜色和将交互式工具应用到对象造型中的方法。

图 7-137　“海底世界”插画效果

制作该实例的具体操作步骤如下。

1 单击标准工具栏中的“新建”按钮，新建一个图形文件，在属性栏中的“纸张宽度和高度”数值框中，将页面大小设置为 270mm×134mm，然后按下 Enter 键确认，如图 7-138 所示。

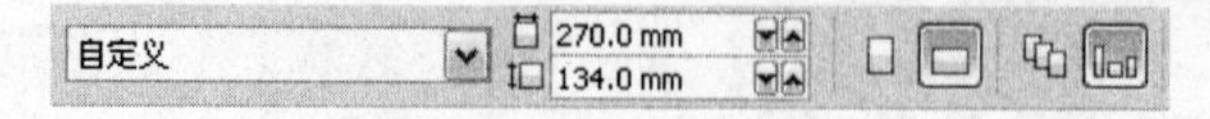

图 7-138　页面大小设置

2 在矩形工具上双击，创建一个与页面等大且重叠在页面上的矩形，如图 7-139 所示。

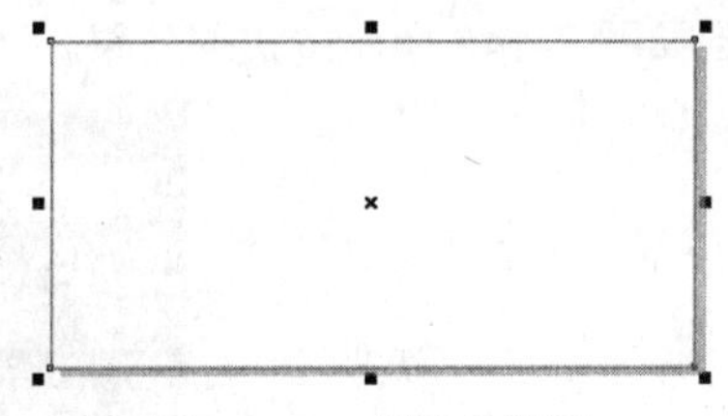

图 7-139　创建的矩形

3 在“填充”工具按钮上单击，从展开工具栏中选择“渐变填充”类型，如图 7-140 所示，然后在弹出的“渐变填充”对话框中，将渐变色设置为 0%处为（C:93、M:60、Y:22、K:9）、7%处为（C:92、M:44、Y:11、K:5）、26%处（C:91、M:28、Y:0、K:0）、61%处（C:70、M:14、Y:1、K:0）、98%和 100%处（C:49、M:0、Y:3、K:0），并如图 7-141 所示设置其他渐变参数。设置好后，单击“确定”按钮，得到如图 7-142 所示的填充效果，以表现海底的背景色调效果。

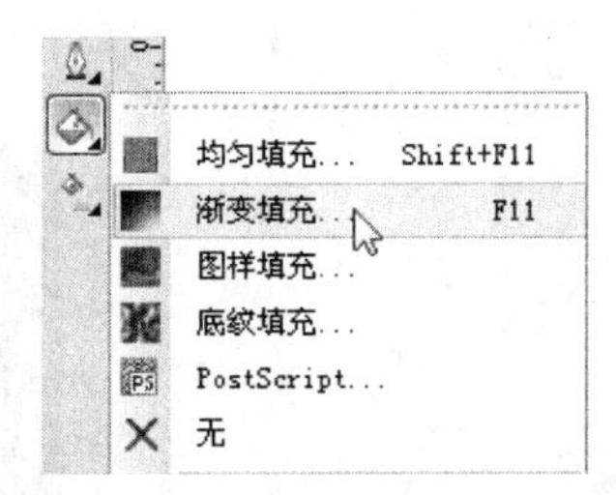

图 7-140　选择“渐变填充”类型

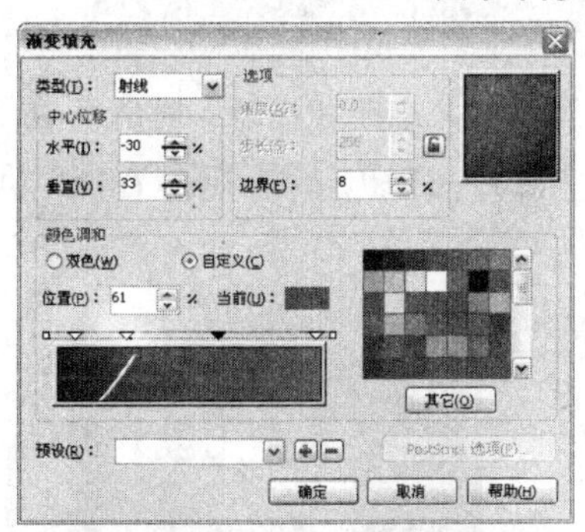

图 7-141　渐变颜色的参数设置

图 7-142　矩形的填充效果

4 使用鼠标右键单击调色板中的☒图标，取消矩形对象的外部轮廓，然后选择椭圆形工具，在背景左上角绘制如图 7-143 所示的圆形，将其填充为白色，作为海底看到的太阳效果。

5 使用挑选工具选择圆形，然后按下小键盘中的+键将其复制，再按住 Shift 键拖动圆形四角处的控制点，将复制的圆形按中心放大到如图 7-144 所示的大小。

图 7-143　绘制太阳

图 7-144　放大复制的圆形

6 在交互式调和工具按钮上按住鼠标左键拖动一下，从展开工具栏中选择交互式透明工具，然后在属性栏中的“透明度类型”下拉列表框中选择“标准”选项，并设置“开始透明度”参数为 50，如图 7-145 所示，得到如图 7-146 所示的透明效果。

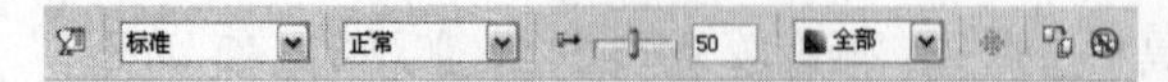

图 7-145 透明参数设置

图 7-146 圆形的透明效果

7 保持圆形对象的选择，执行“位图”→“转换为位图”命令，在弹出的“转换为位图”对话框中设置选项参数如图 7-147 所示，单击“确定”按钮，将选定的圆形转换为位图，如图 7-148 所示。

图 7-147 设置转换为位图选项

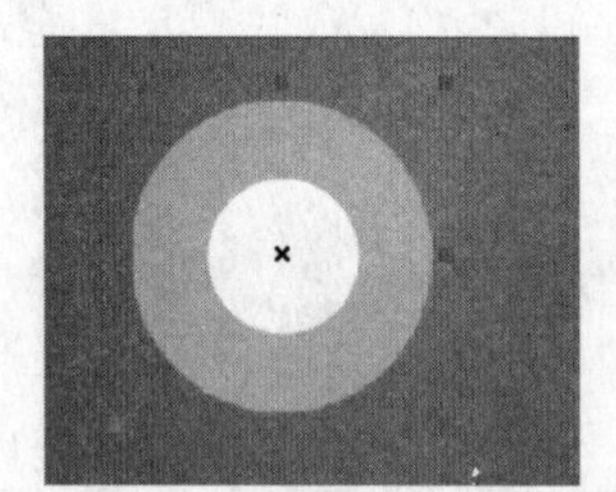
图 7-148 转换后的位图

8 执行“位图”→“模糊”→“高斯式模糊”命令，在弹出的“高斯式模糊”对话框中，将“半径”值设置为 10.0 像素，如图 7-149 所示，然后单击“确定”按钮，得到如图 7-150 所示的模糊效果，以此表现太阳的光晕。

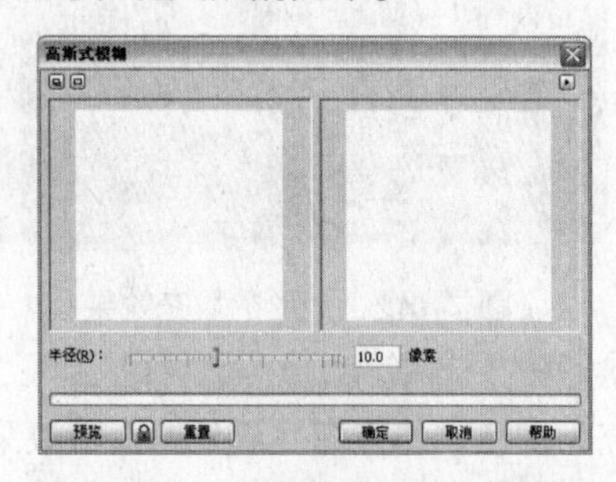

图 7-149 “高斯式模糊”对话框设置

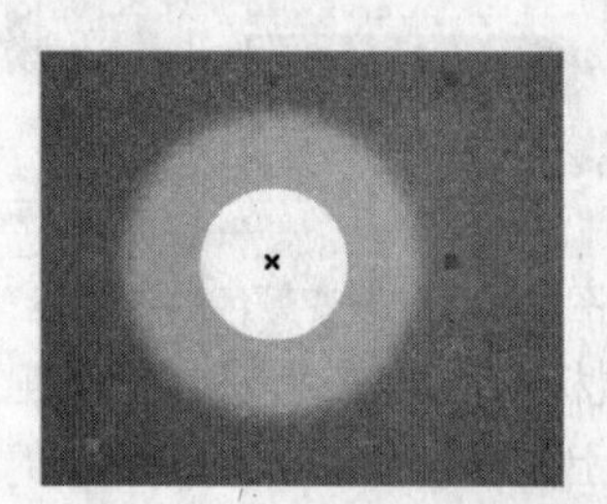
图 7-150 对象的模糊效果

9 使用挑选工具将模糊后的圆形对象向右下角移动一定的位置，完成海底色调和太阳效果的绘制，如图 7-151 所示。

10 选择工具箱中的贝塞尔工具，然后如图 7-152 所示绘制珊瑚的外形（用户可以根据自己的想象，绘制随意的珊瑚外形）。将绘制的珊瑚对象移动到背景画面中，并将其复制两份，然后如图 7-153 所示调整各个珊瑚对象的角度、大小和位置。

图 7-151 绘制的海底色调和太阳效果

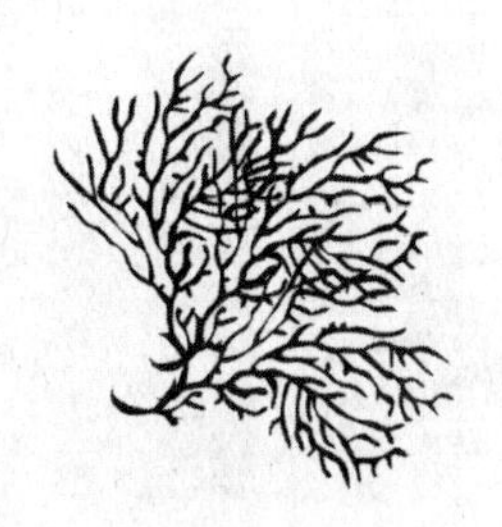

图 7-152　绘制的珊瑚外形

图 7-153　背景中的珊瑚对象排列效果

11 选择排列在最左边的珊瑚对象，然后按下 F11 键打开“渐变填充”对话框，在其中设置渐变色为 0%处（C:2、M:24、Y:6、K:0）、15%处（C:1、M:12、Y:3、K:0）、46%处为白色、66%处（C:1、M:16、Y:4、K:0）、87%处为（C:2、M:33、Y:7、K:0）、100%处为（C:14、M:47、Y:12、K:2），并如图 7-154 所示设置其他参数，设置好后，单击“确定”按钮，得到如图 7-155 所示的填充效果。

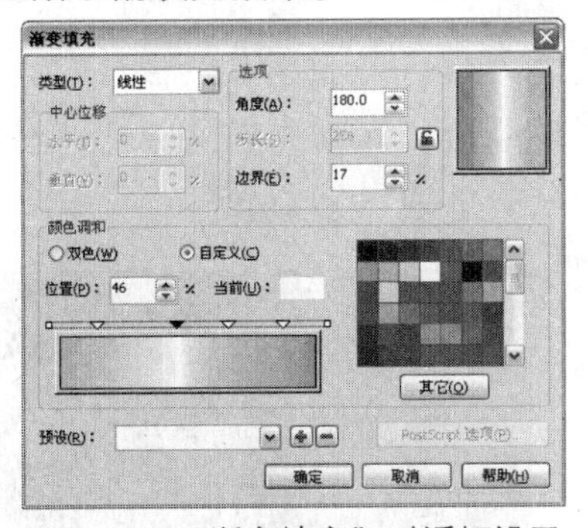

图 7-154　“渐变填充”对话框设置

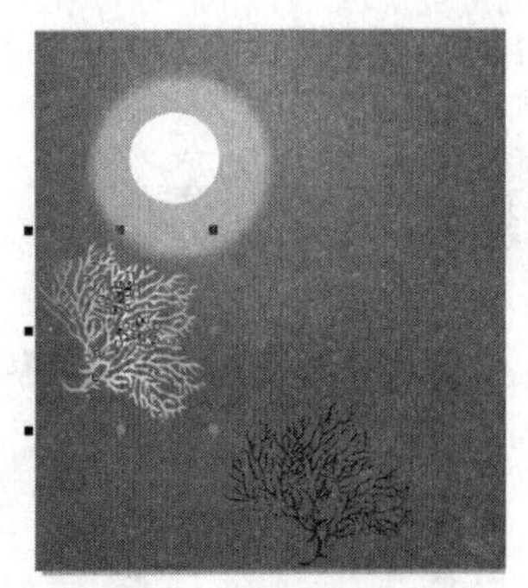

图 7-155　对象的填充效果

12 选择居中的珊瑚对象，然后执行“编辑”→“复制属性自”命令，在弹出的“复制属性”对话框中如图 7-156 所示设置选项，然后单击“确定”按钮，当显示为箭头状态时，单击上一步填充的珊瑚对象，如图 7-157 所示，即可将该对象上的填充和轮廓属性复制到选定的对象上，如图 7-158 所示。

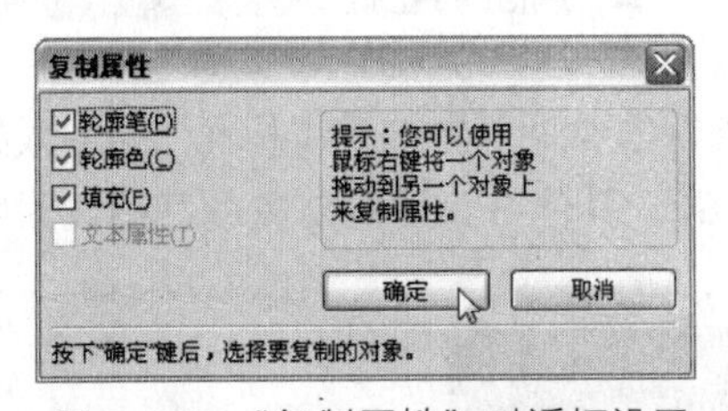

图 7-156　“复制属性”对话框设置

图 7-157　单击目标对象

13 按下 F11 键打开“渐变填充”对话框，在其中将“边界”参数修改为 7，然后单击“确定”按钮，修改后的填色效果如图 7-159 所示。

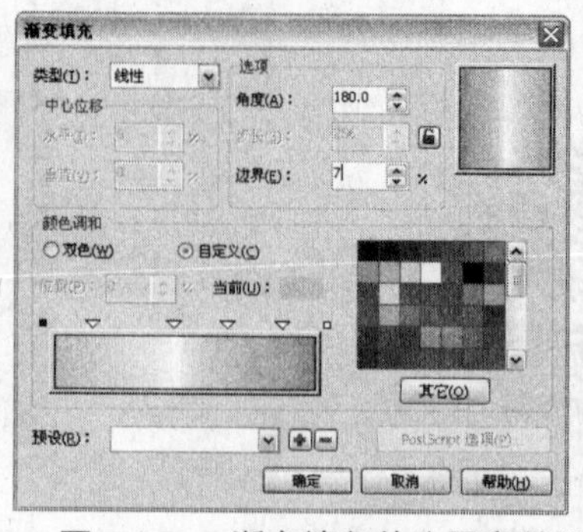

图 7-158　复制属性后的对象填充效果　　图 7-159　渐变填色的边界参数设置及修改后的填色效果

14 选择最右边的珊瑚对象，然后按下 F11 键打开“渐变填充”对话框，在其中设置渐变色为 0%处（C:2、M:24、Y:6、K:0）、15%处（C:1、M:12、Y:3、K:0）、46%处（白色）、60%处（C:1、M:16、Y:4、K:0）、74%处（C:2、M:33、Y:7、K:0）、95%和 100%处（C:60、M:65、Y:18、K:6），其他参数设置如图 7-160 所示。设置好后，单击“确定”按钮，填充效果如图 7-161 所示。

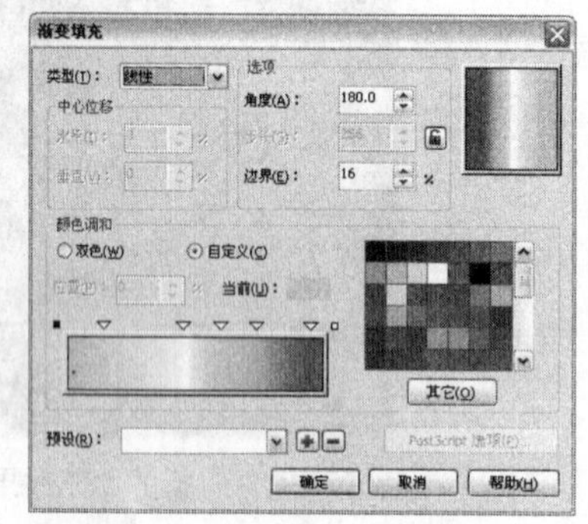

图 7-160　“渐变填充”对话框设置　　图 7-161　对象的填充效果

15 使用贝塞尔工具绘制如图 7-162 所示的珊瑚对象，然后将其复制 3 份，并如图 7-163 所示将它们排列在背景画面中。

图 7-162　绘制的珊瑚对象　　图 7-163　对象的排列效果

16 按照“7.4.1”小节中步骤 2 的方法，为上一步绘制的珊瑚对象应用“标准”透明效果，并将排列在最右边的珊瑚对象的“开始透明度”设置为 60，其他 3 个珊瑚对象的开始透明度设置为 77，完成效果如图 7-164 所示。

图 7-164　对象的透明效果

17 按照如图 7-165 所示的绘制顺序和对象外形，使用贝塞尔工具绘制海底中的礁石图案，然后为对象均匀填充颜色，按下 Shift+F11 并使用 “均匀填充” 对话框，为各个对象填充相应的颜色，并取消各个对象的外部轮廓。

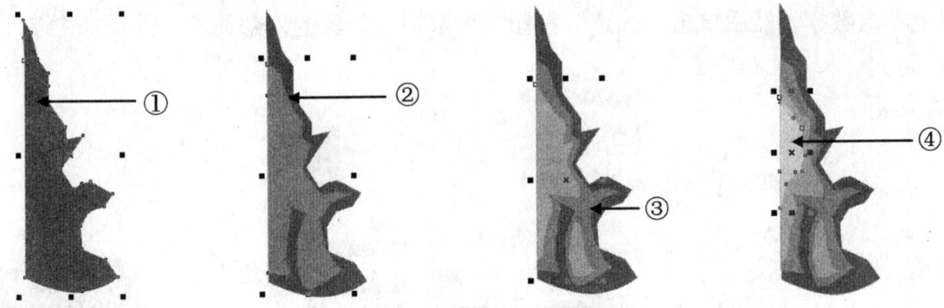

图 7-165　绘制的礁石图样

①（C:67、M:26、Y:53、K:0）　②（C:41、M:18、Y:27、K:0）
③（C:27、M:11、Y:18、K:0）　④（C:12、M:5、Y:8、K:0）

18 全选刚绘制完成的所有礁石图案，并按下 Ctrl+G 组合键将它们群组，然后将礁石图案移动到背景画面的左端。同时选择礁石图案和背景矩形，按下 L 键将礁石图案对齐到矩形的左端，如图 7-166 所示。

图 7-166　礁石图案在背景中的位置

19 按照如图 7-167 所示的绘制顺序和对象外形，使用贝塞尔工具绘制海底中的海带图案，然后为对象均匀填充颜色，按下 Shift+F11 并使用“均匀填充”对话框，为各个对象填充相应的颜色，然后取消各个对象的外部轮廓。

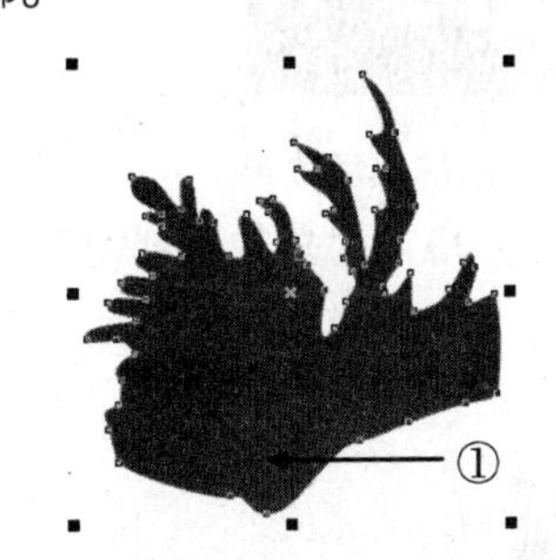

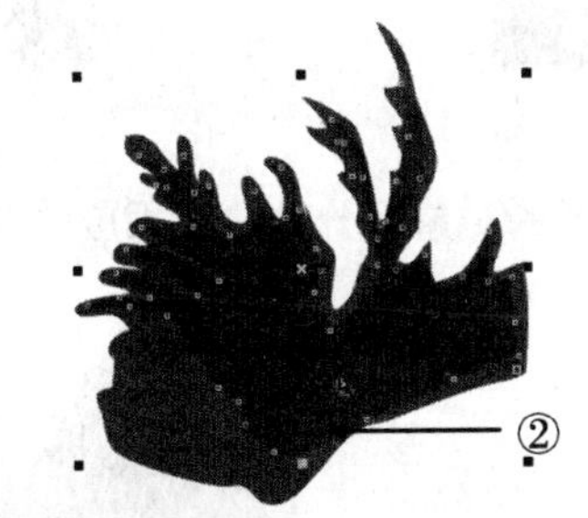

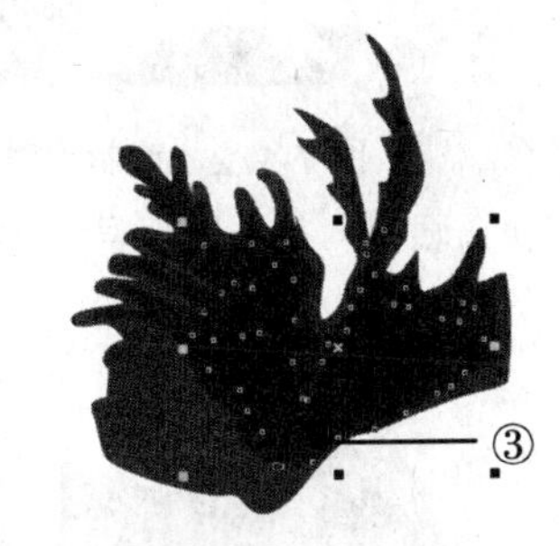

图 7-167　绘制的海带图案

①（C:90、M:45、Y:47、K:5）　②（C:97、M:74、Y:46、K:15）　③（C:98、M:89、Y:47、K:17）

20 将绘制的海带图案群组，然后将其复制一份，并如图 7-168 所示进行排列。

图 7-168　复制并排列后的海带图案

21 使用贝塞尔工具绘制如图 7-169 所示的礁石外形轮廓，按下 F11 键打开“渐变填充”对话框，在其中设置渐变色为 0%处和 2%处（C:98、M:94、Y:40、K:45）、51%处（C:96、M:83、Y:35、K:33）、100%处（C:93、M:71、Y:31、K:20），并如图 7-170 所示单击“其他”按钮，设置以上参数数据，然后单击“确定”按钮，再取消该对象的外部轮廓，效果如图 7-171 所示。

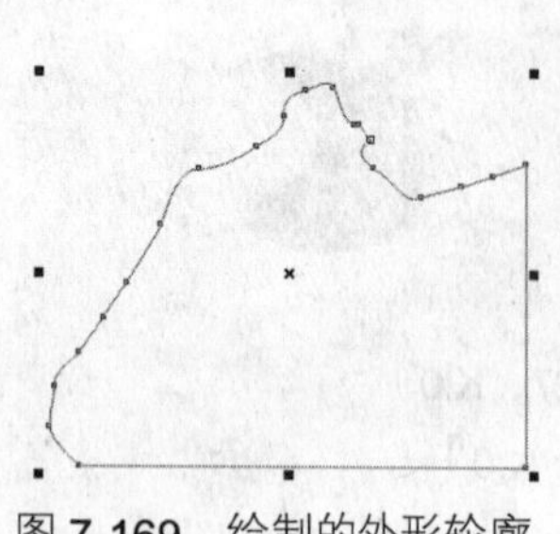

图 7-169　绘制的外形轮廓

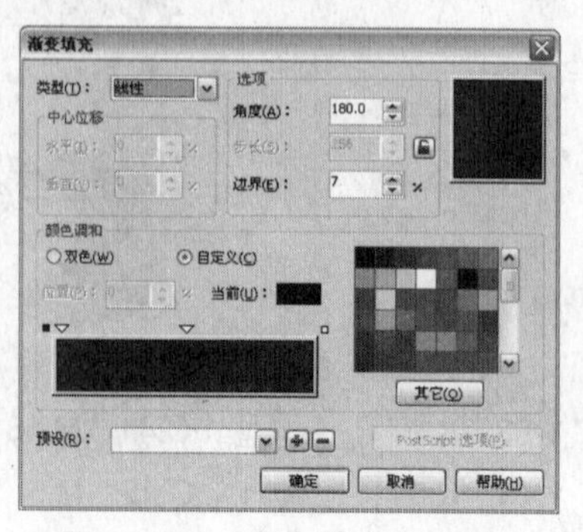

图 7-170　“渐变填充”对话框

图 7-171　对象的填充效果

22 使用贝塞尔工具在礁石外形上绘制如图 7-172 所示的对象，为其填充（C:96、M:84、Y:30、K:4）的颜色，并取消对象的外部轮廓，如图 7-173 所示。

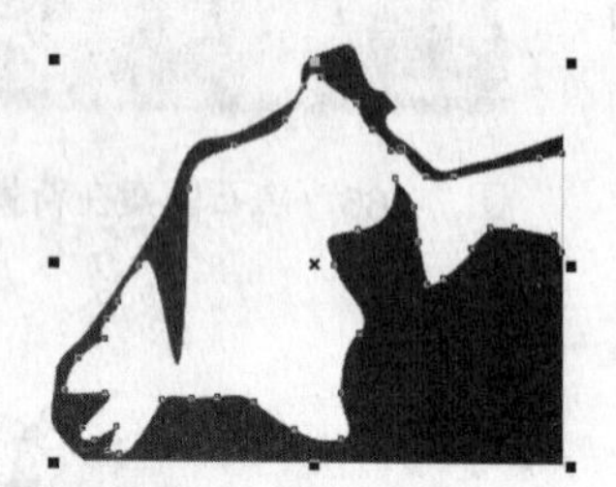

图 7-172　绘制的对象外形

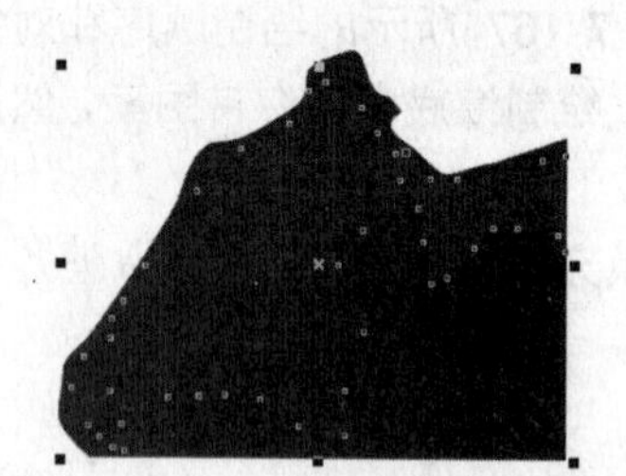

图 7-173　对象的填色效果

23 继续在礁石对象上绘制其他外形的对象，分别填充相应的颜色，并取消对象的外部轮廓，如图 7-174 所示。

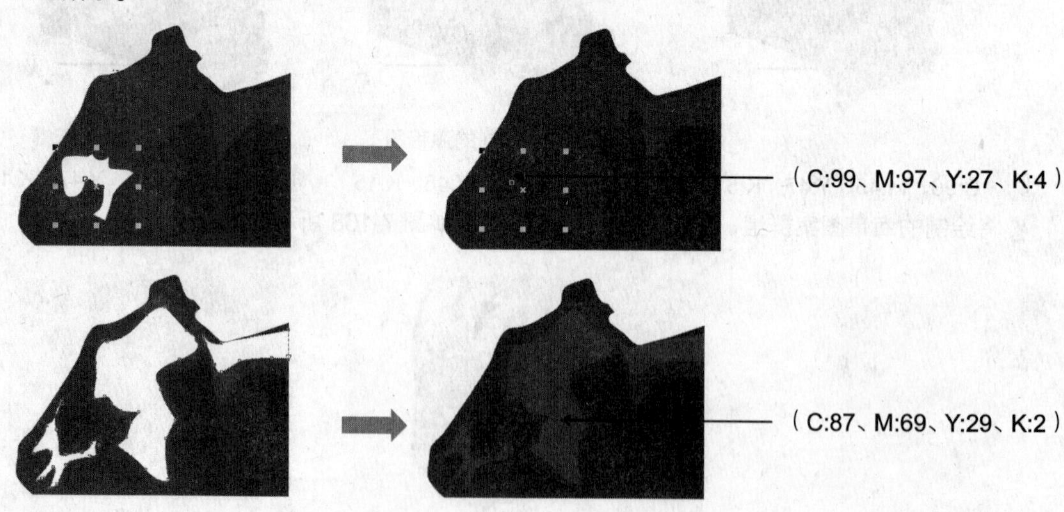

图 7-174　绘制礁石对象

24 将绘制完成的礁石对象复制一份作为备份，以便在后面的绘制过程中使用。

25 使用贝塞尔工具绘制如图 7-175 所示的外形轮廓，为其填充线性渐变色，设置渐变色为 0% 和 2%处（C:98、M:94、Y:40、K:45）、51%处（C:97、M:87、Y:36、K:35）、100%处（C:96、M:80、Y:33、K:25），其他参数设置如图 7-176 所示。单击“其他”按钮，设置以上参数数据，填充好后，取消该对象的外部轮廓，效果如图 7-177 所示。

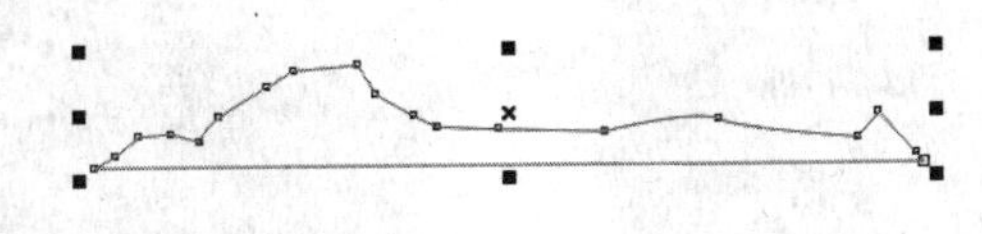

图 7-175　绘制的外形轮廓

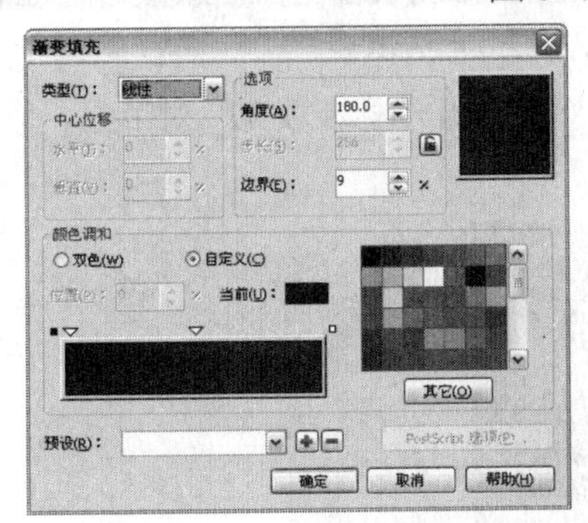

图 7-176　渐变参数设置

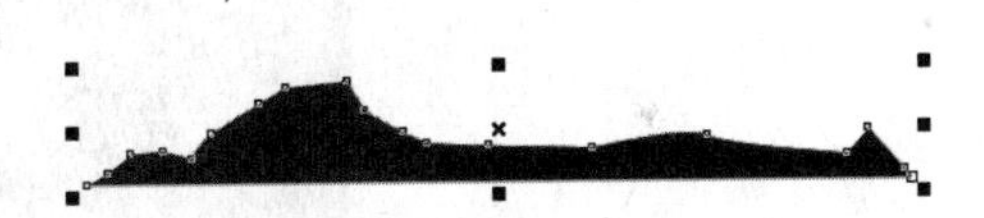

图 7-177　对象的填色效果

26 使用贝塞尔工具在上一步绘制的对象上绘制如图 7-178 所示的外形，然后按绘制的先后顺序，分别为它们填充（C:96、M:84、Y:30、K:4）和（C:87、M:69、Y:29、K:2）的颜色，并取消对象的外部轮廓。

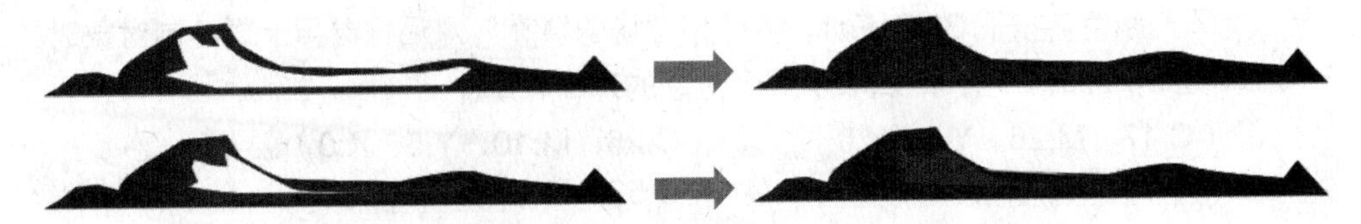

图 7-178　对象的刻画效果

27 将本小节步骤 11～步骤 16 中绘制的对象按图 7-179 所示进行组合和排列，并将组合后的所有对象群组，然后将其移动到背景画面的右端，再调整到适当的大小，如图 7-180 所示。

图 7-179　对象的组合和排列效果　　图 7-180　组合对象在背景中的效果

28 选择前面备份的礁石图案，单击属性栏中的水平镜像按钮，将其水平镜像，然后移动到背景画面的左端，并调整到适当的大小，如图 7-181 所示。

图 7-181　备份的礁石图案在背景画面中的效果

29 按住 Ctrl 键单击礁石对象中位于最下层的图形对象，然后打开“标准填充”对话框，修改其颜色为（C:99、M:97、Y:27、K:4），如图 7-182 所示。

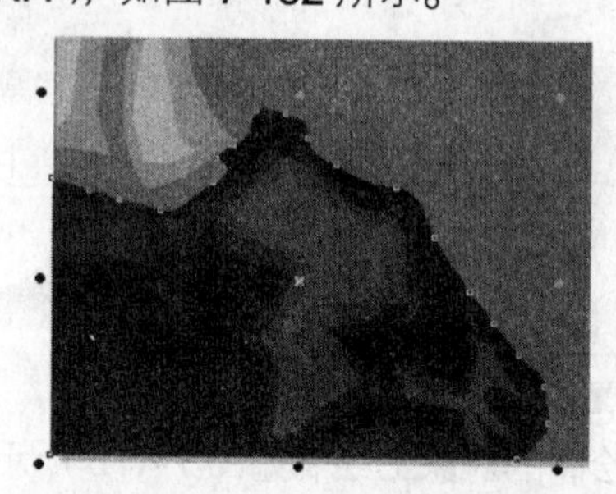

图 7-182　修改颜色后的礁石效果

30 按照如图 7-183 所示的绘制顺序和对象外形，使用贝塞尔工具绘制海底中的海螺图案，然后为对象均匀填充颜色，按下 Shift+F11，并使用“均匀填充”对话框参照上面绘制对象时的方法为各个对象填充相应的颜色，然后取消各个对象的外部轮廓。

①（C:17、M:26、Y:2、K:0）　②（C:25、M:10、Y:5、K:0）
③（C:33、M:12、Y:3、K:0）　④（C:52、M:16、Y:2、K:0）

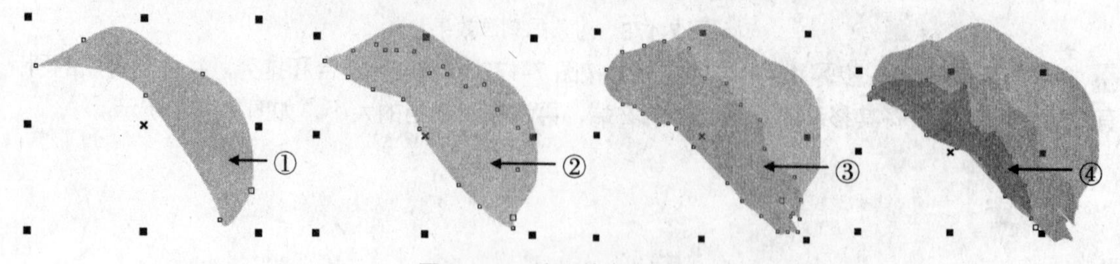

图 7-183　绘制的海螺图案

31 将绘制的海螺图案群组，然后移动到背景中的礁石对象上，调整到适当的大小，如图 7-184

所示。将海螺图案复制 3 份，然后将复制的对象按图 7-185 所示进行排列。

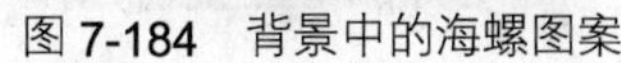

图 7-184　背景中的海螺图案

图 7-185　复制的海螺对象的排列效果

32 使用贝塞尔工具绘制如图 7-186 所示外形的对象，并为其填充（C:38、M:2、Y:8、K:0）的颜色然后取消其外部轮廓。

33 使用椭圆形工具在上一步绘制的对象上绘制一个圆形，将其填充为（C:26、M:4、Y:9、K:0）的颜色并取消其外部轮廓，然后按照图 7-187 所示的效果，将该圆形复制并进行相应的排列。

图 7-186　对象的外形

图 7-187　圆形的排列效果

34 选择一个上一步绘制的圆形，将其复制一份，并修改其填充色为（C:7、M:3、Y:3、K:0），然后参照图 7-188 所示的效果调整其大小，并将其复制后进行相应的排列。

图 7-188　复制的圆形的排列效果

35 将上一步绘制完成的对象群组，然后移动到背景画面的底端，并如图 7-189 所示调整其大小。保持该群组对象的选择，连续按下 Ctrl+PageDown 组合键，将其调整到礁石对象的下方，如图 7-190 所示。

图 7-189　对象在背景中的效果

图 7-190　对象的排列顺序

36 对调整排列顺序后的对象进行复制，并将复制的对象水平镜像后进行排列，如图 7-191 所示。

37 使用贝塞尔工具绘制如图 7-192 所示的植物外形，并为其填充（C:3、M:98、Y:78、K:0）

的颜色，然后取消其外部轮廓。

图 7-191 复制对象的排列效果

图 7-192 绘制的植物外形

38 选择手绘工具展开工具栏中的艺术笔工具，并在属性栏中单击“预设”按钮，然后分别如图 7-193 所示选择相应的画笔笔触。

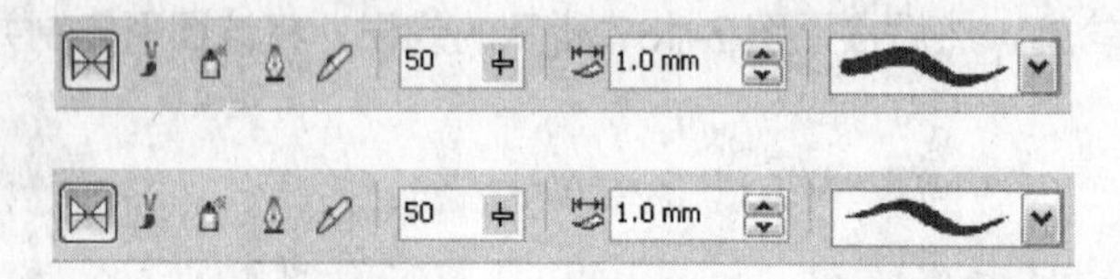

图 7-193 艺术笔工具属性设置

39 分别使用设置好的艺术笔工具绘制植物中伸展的枝叶外形，分别为它们填充相应的颜色，并取消各个对象的外部轮廓，如图 7-194 所示。将绘制好的枝叶对象群组，然后移动到植物外形上，再如图 7-195 所示调整其大小。

图 7-194 绘制的枝叶外形

图 7-195 植物外形上的枝叶效果

40 将绘制好的植物对象群组，并将其复制一份，然后分别将它们移动到背景画面中，再按图 7-196 所示调整对象的大小和位置。

图 7-196 植物对象在背景中的效果

41 按照如图 7-197 所示的绘制顺序和对象外形，使用贝塞尔工具绘制另一种植物图案，然后为对象均匀填充颜色，按下 Shift+F11 组合键，并使用“均匀填充”对话框，为各个对象填充相应的颜色，然后取消各个对象的外部轮廓。

图 7-197　植物对象的绘制

①（C:57、M:75、Y:91、K:11）　②（C:63、M:95、Y:94、K:25）　③（C:73、M:88、Y:86、K:48）

42 将上一步绘制的植物对象群组。选择艺术笔工具，在属性栏中单击“压力”按钮，如图 7-198 所示。并设置相应的艺术笔工具宽度，然后在上一步绘制的植物对象上，按下鼠标左键稍微拖动鼠标绘制植物上的亮点。将绘制的亮点填充为白色，并分别为它们设置不同程度的“标准”透明效果，完成后的效果如图 7-199 所示。

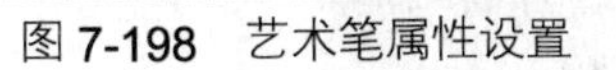

图 7-198　艺术笔属性设置

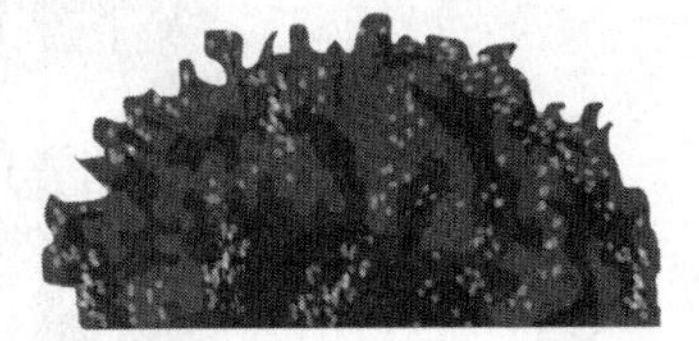

图 7-199　绘制的植物上的亮点

43 将绘制好的植物对象群组，并将其复制一份，然后分别将它们移动到背景画面的底端，如图 7-200 所示进行排列。

图 7-200　植物对象在背景中的效果

44 按照如图 7-201 所示的绘制顺序和对象外形，使用贝塞尔工具绘制海藻图案，然后为对象均匀填充颜色，按下 Shift+F11 组合键，并使用“均匀填充”对话框，为各个对象填充相应的颜色，然后取消各个对象的外部轮廓。

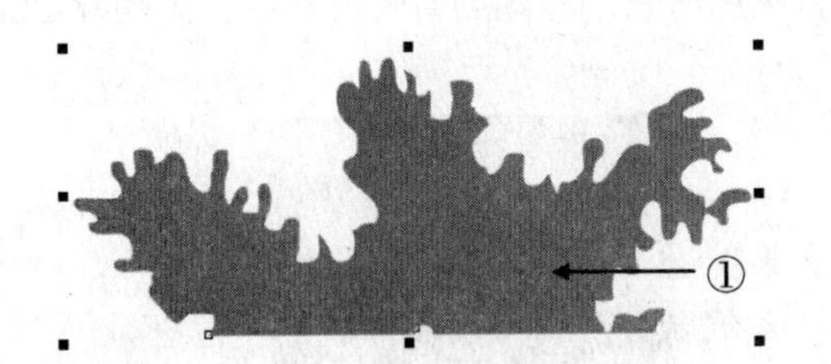

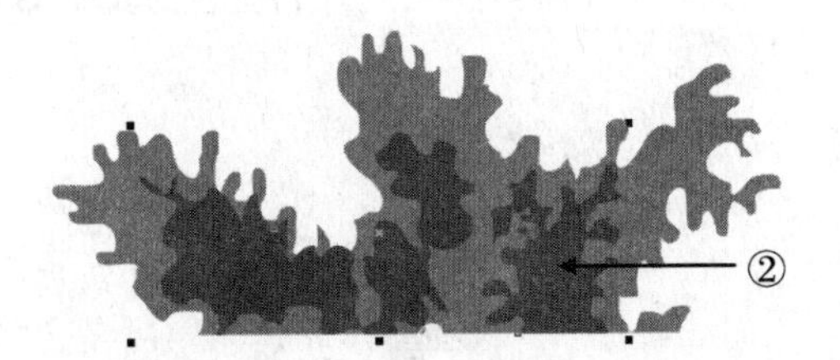

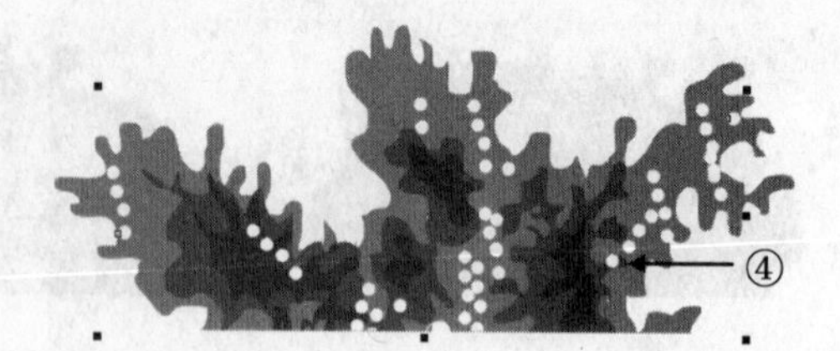

图 7-201　绘制的海藻对象

① （C:51、M:15、Y:100、K:0）　② （C:82、M:29、Y:100、K:2）

③ （C:91、M:47、Y:97、K:18）　④ 白色

45 将绘制好的海藻对象群组，并将其复制两份，然后将它们移动到背景画面中，如图 7-202 所示进行排列。

图 7-202　背景画面中的海藻对象

46 在画面的右端绘制如图 7-203 所示的一个矩形，同时选择矩形和此处的海藻对象，然后单击属性栏中的“修剪”按钮，将多出画面外的部分海藻图形修剪掉，完成海底植物和礁石的绘制，效果如图 7-204 所示。

图 7-203　绘制用于修剪的矩形

图 7-204　完成后的海底植物和礁石效果

47 使用贝塞尔工具绘制如图 7-205 所示的鱼外形，为其填充颜色（C:90、M:52、Y:3、K:0）并取消其外部轮廓。将绘制好的鱼对象复制 3 份，然后将它们移动到背景画面中，如图 7-206 所示进行排列。

图 7-205　绘制的鱼外形

图 7-206　鱼对象在背景中的排列效果

48 使用贝塞尔工具绘制如图 7-207 所示的另一种外形的鱼，为其填充（C:99、M:98、Y:24、

K:2）的颜色，并取消其外部轮廓，然后为该对象应用“开始透明度”为 80 的“标准”透明效果，如图 7-208 所示。

图 7-207　另一条鱼的外形

图 7-208　透明效果

49 按照如图 7-209 所示的效果，将上一步绘制好的鱼对象复制多份，然后进行相应的排列。

图 7-209　鱼对象在背景中的排列效果

50 绘制如图 7-210 所示的两种不同状态的鱼对象，然后将它们移动到背景画面中，并如图 7-211 所示进行排列。

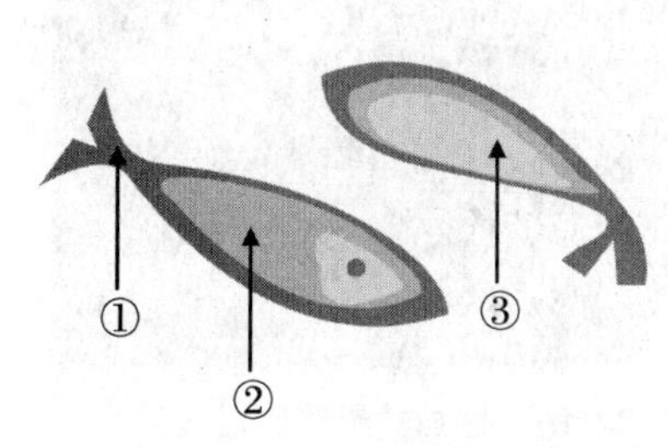

图 7-210　绘制的鱼的外形

图 7-211　排列背景中的鱼对象

①（C:66、M:4、Y:17、K:0）　②（C:29、M:2、Y:12、K:0）　③（C:11、M:2、Y:6、K:0）

51 按照如图 7-212 所示的绘制顺序和对象外形，分别使用贝塞尔工具和椭圆形工具绘制热带鱼对象，并为各个对象填充相应的颜色，然后取消各个对象的外部轮廓。

① 黄色　② 白色　③ 黄色　④ 灰色之间的径向渐变效果　⑤ 黑色　⑥ 50%黑

⑦ 70%黑　⑧ 开始透明度为 85 的标准透明效果　⑨（C:6、M:16、Y:96、K:0）

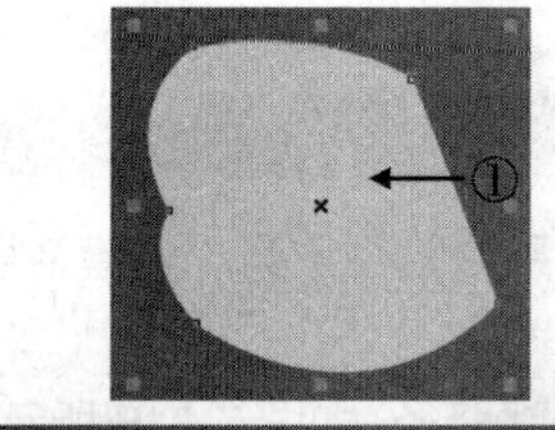

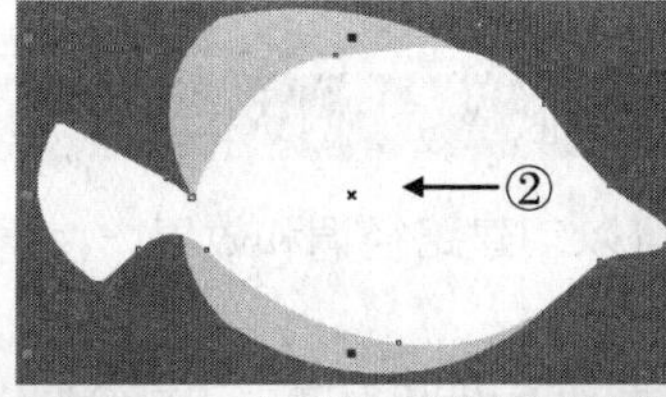

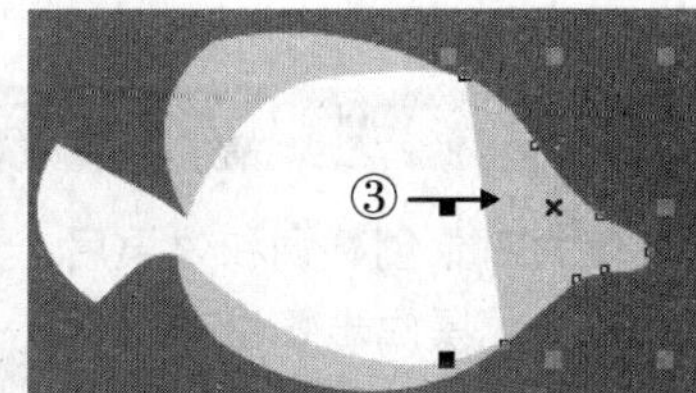

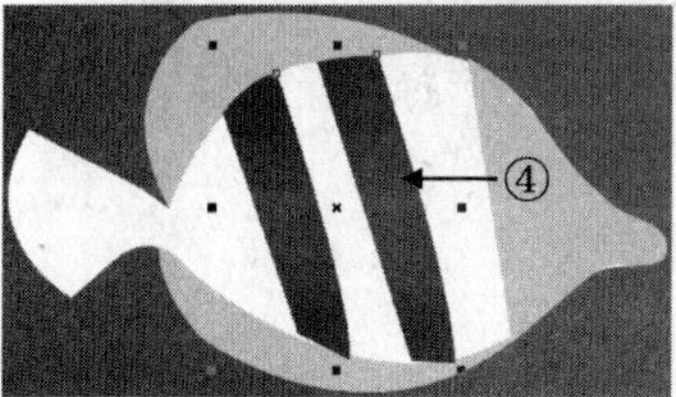

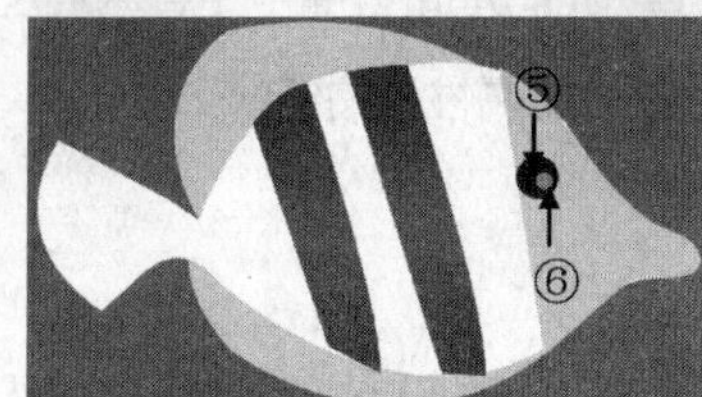

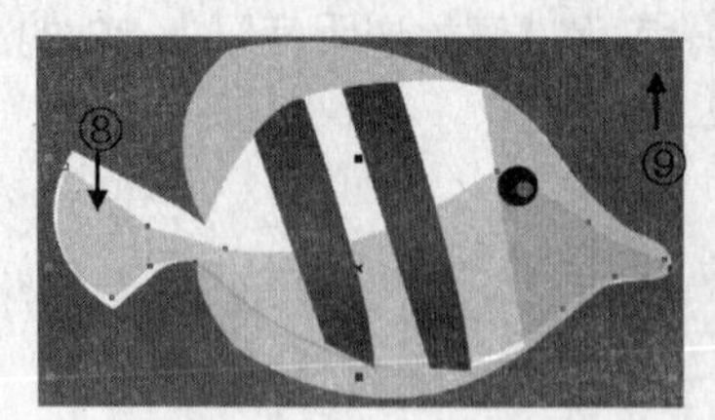

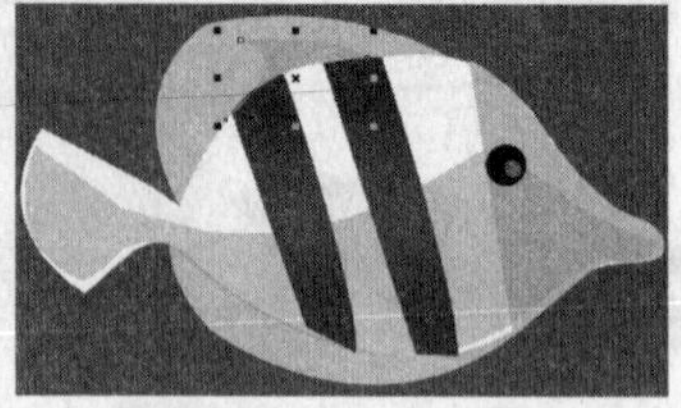

图 7-212　热带鱼的绘制

52 将绘制的热带鱼对象群组，并复制 3 份，然后移动到背景画面中，如图 7-213 所示调整它们的大小和位置。

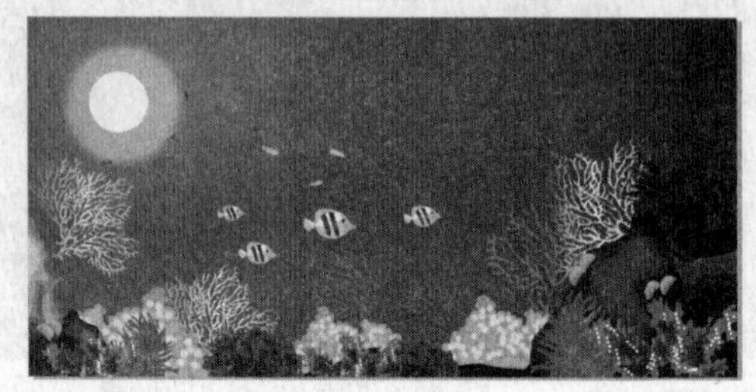

图 7-213　背景画面中的热带鱼效果

53 选择左上角的热带鱼，按下 Ctrl+U 组合键解散群组，然后为当中的各个对象应用相应程度的标准透明效果，使该对象产生远景的效果，如图 7-214 所示，完成后的整个插画效果如图 7-215 所示。

图 7-214　热带鱼的远景效果

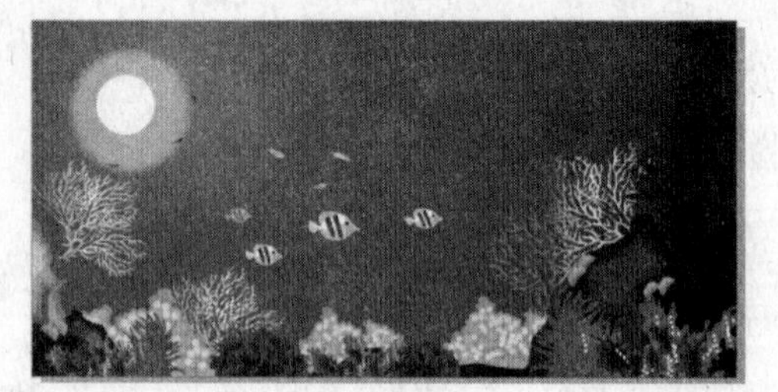

图 7-215　插画的最终完成效果

7.9 疑难解析

通过本章的学习，读者可以在 CorelDRAW 中为对象应用调和、轮廓图、变形、透明、立体化、阴影、封套、透视和透镜等特殊效果，下面就读者在应用过程中遇到的疑难问题进行进一步的解析。

1 怎样创建路径调和效果？

在为对象创建调和效果后，还可以创建路径调和效果，使调和效果沿路径排列。创建路径调和效果的操作步骤如下。

1 在任意两个对象之间创建调和效果，然后使用贝塞尔工具绘制一条曲线路径，如图 7-216 所示。

2 选择调和对象，单击属性栏中的“路径属性”按钮，在展开工具栏中选择“新路径”命令，如图 7-217 所示。

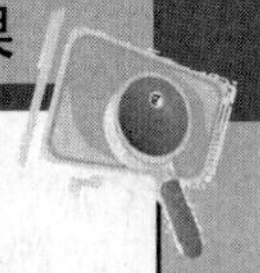

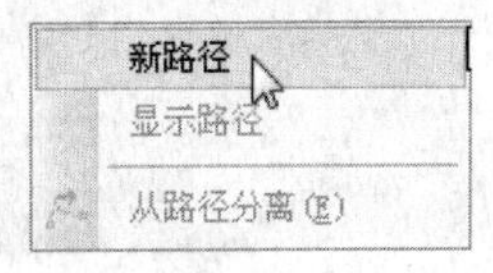

图 7-216　创建调和对象并绘制曲线路径　　图 7-217　选择“新路径”命令

3 当光标变为形状时单击绘制好的曲线路径，如图 7-218 所示，即可创建路径调和效果，如图 7-219 所示。

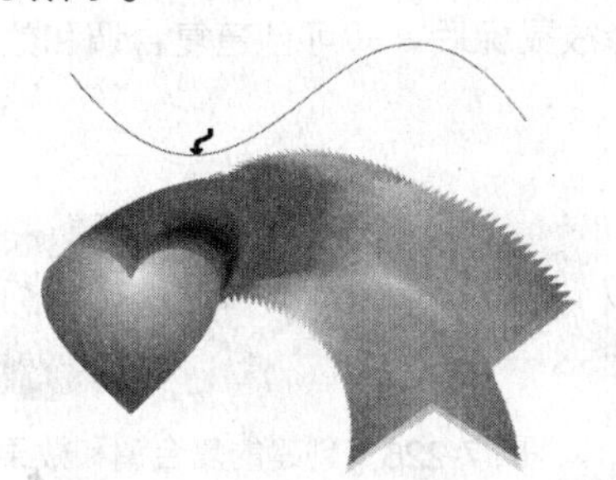

图 7-218　指定曲线路径　　图 7-219　创建的路径调和效果

2 怎样创建复合调和效果？

在两个对象之间创建调和效果后，还可以与其他的对象再次创建调和效果，形成复合调和。创建复合调和效果的操作步骤如下。

1 在绘图窗口中绘制 3 个用于创建复合调和效果的对象，并为它们填充不同的颜色，如图 7-220 所示。

图 7-220　绘制的对象

2 选择心形和五角星形，使用交互式调和工具在这两个对象之间创建调和效果，如图 7-221 所示。单击属性栏中的“顺时针调和”按钮，调整调和对象的颜色，如图 7-222 所示。

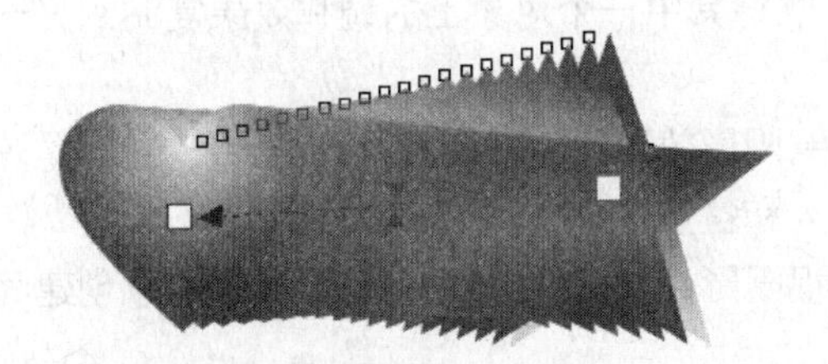

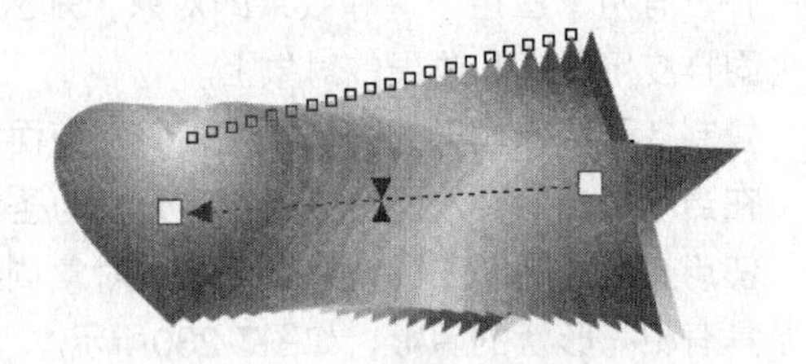

图 7-221　创建的调和效果　　图 7-222　使用顺时针调和颜色

3 按下空格键切换到挑选工具，然后单击绘图窗口中的空白区域，取消所有对象的选取。

4 使用挑选工具单击调和对象中作为末端对象的五角星形，单独将其选取，如图 7-223 所示，然后按下 Shift 键同时选择矩形对象，如图 7-224 所示。

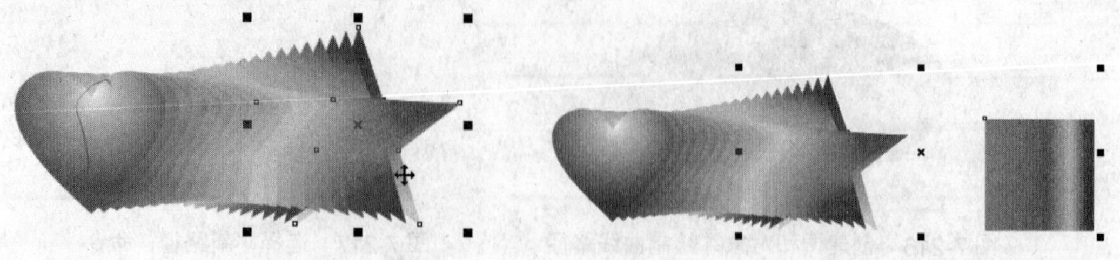

图 7-223　单独选择末端对象　　图 7-224　选择要应用调和效果的对象

5 选择交互式调和工具，将光标移动到选定的其中一个对象上，当光标变为状态时，按下鼠标左键并向另一个对象拖动鼠标，如图 7-225 所示。释放鼠标后，即可创建复合调和效果，如图 7-226 所示。

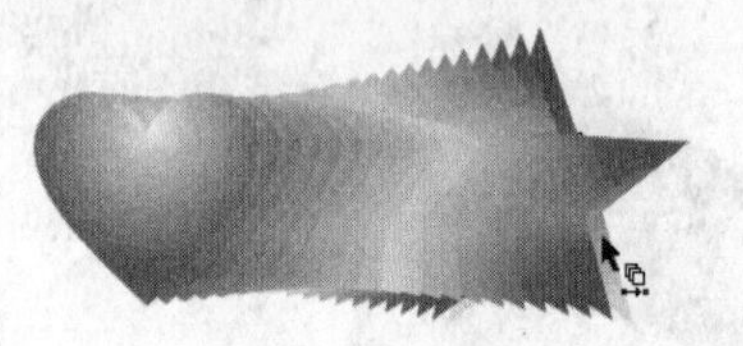

图 7-225　选定对象上的光标状态显示

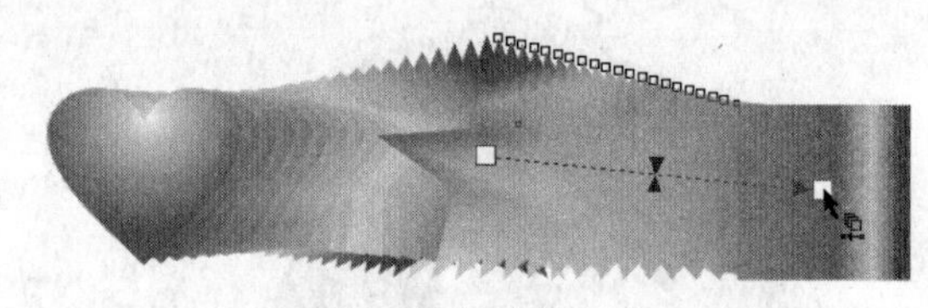

图 7-226　创建的复合调和效果

6 按照同样的操作方法，可以继续与其他对象创建复合调和效果。

创建复合调和效果后，使用挑选工具在调和对象上单击，会选择整个复合调和对象，如图 7-227 所示。如果只需要选择其中一个调和对象，可按住 Ctrl 键的同时单击需要选择的调和对象即可，如图 7-228 所示。

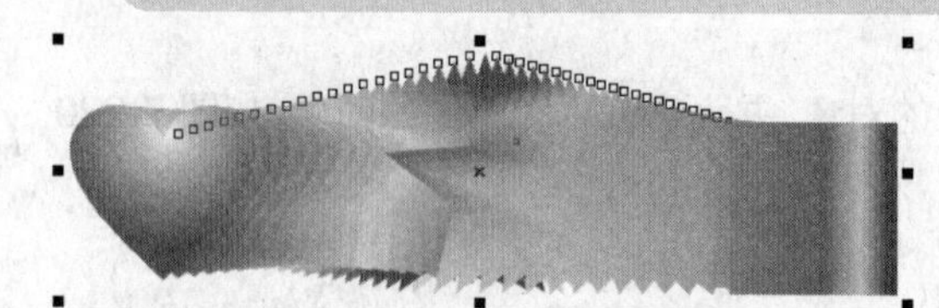

图 7-227　选择整个复合调和对象

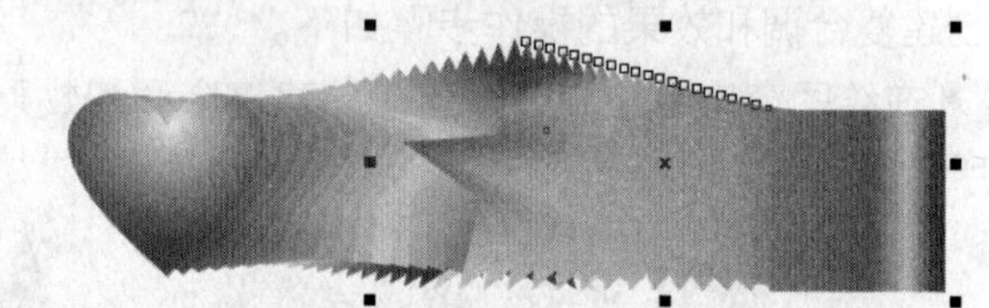

图 7-228　选择其中一个调和对象

3 怎样将特殊效果属性复制到其他对象上？

在为对象创建调和、轮廓图、变形、透明、立体化、阴影、封套、透视和透镜效果后，都可以将这些效果复制到当前绘图窗口中应用了同一类型效果的其他对象上。例如，当前绘图窗口中存在有两个应用了调和效果的对象，那么就可以将其中一个对象上的调和效果复制到另一个也同样应用了调和效果的对象上。

复制各种特殊效果的操作方法相同，下面以复制阴影效果为例，介绍具体的操作方法。

在当前文档中导入两个矢量图，分别为圣诞老人和盆景图。

使用交互式阴影工具为圣诞老人对象创建透视阴影，如图7-229所示，为盆景对象创建同对象具有相同形状的阴影，如图7-230所示。

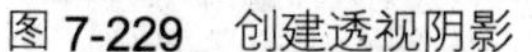

图 7-229　创建透视阴影

图 7-230　创建与对象具有相同形状的阴影

下面需要将圣诞老人对象上的阴影复制到盆景对象上。使用挑选工具选择盆景对象，然后执行“效果”→“复制效果”→“阴影自”命令，当光标变为粗箭头形状时，单击圣诞老人对象中创建的阴影，如图 7-231 所示，即可将指定的阴影属性复制到选定的对象上，如图 7-232 所示。

图 7-231　指定用于复制属性的阴影

图 7-232　复制到选定对象中的阴影效果

要复制使用交互式工具为对象创建的调和、轮廓图、变形、透明、阴影和封套效果时，还可以切换到所使用的交互式工具，然后单击属性栏中的复制效果属性按钮，当光标变为粗箭头状态时，单击用于复制效果属性的对象，也可将指定对象中的效果属性复制到选定的对象上。

4 怎样应用透镜功能？

透镜用于更改透镜下方位于透镜区域内的对象外观，而对象本身的属性不会被改变。透镜可以应用于任何矢量对象，如椭圆形、矩形、多边形和所有闭合曲线，还可以应用于美术字和位图，以更改它们的外观。

对矢量对象应用透镜时，透镜会具有矢量图的特性。对位图应用透镜时，透镜也会变为位图。为对象应用透镜后，还可以将透镜效果复制到其他的对象上，以提高工作效率。

图 7-233　导入图形

导入一张矢量图，如图 7-233 所示，并在此图上绘制一个需要应用透明效果的对象（如圆形、矩形或其他闭合曲线等），然后将该对象选取，如图 7-234 所示。执行“窗口”→“泊坞窗”→“透镜”命令或按下 Alt+F3 组合键，打开如图 7-235 所示的“透镜”泊坞窗，在透镜效果下拉列表中可以选择所需的透镜效果，如图 7-236 所示。

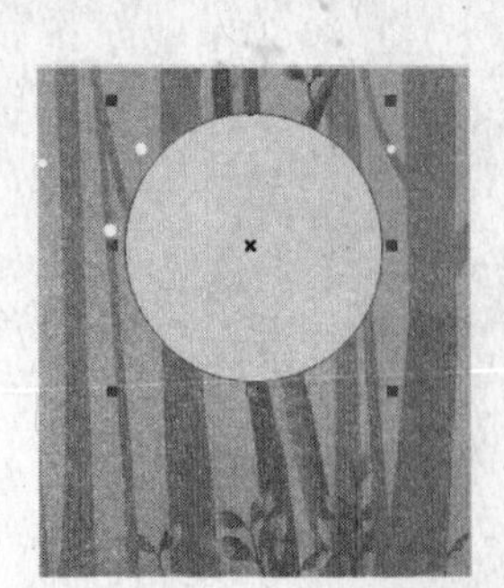

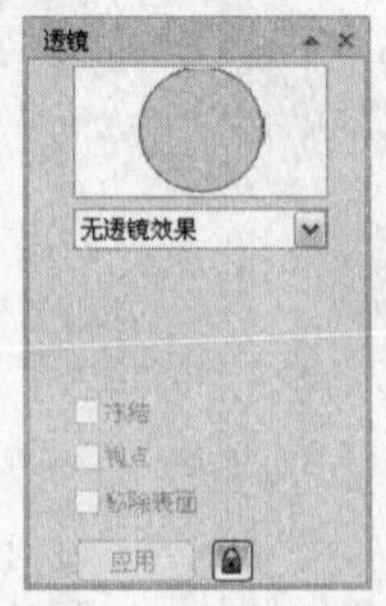

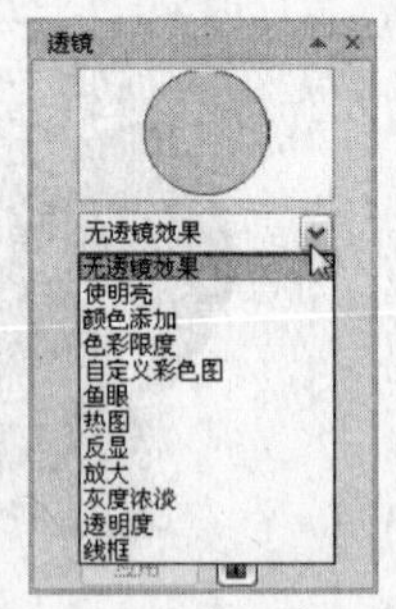

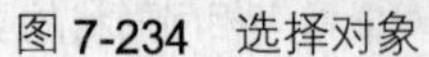

图 7-234　选择对象　　　图 7-235　“透镜”泊坞窗　　　图 7-236　透镜效果选项

在为对象应用不同的透镜效果时，都可以启用“冻结”、“视点”和“移除表面”选项，这三个选项的功能说明如下。

- 选中“冻结”复选框，可以将透镜下方的其他对象所产生的效果添加为透镜的一部分，这样就不会因为移动透镜或对象而改变原来的透镜效果。
- 选中“视点”复选框，在不移动透镜的情况下，将只显示透镜下方的一部分对象。
- 选中“移除表面”复选框，透镜效果只显示该对象与其他对象重合的区域，而被透镜覆盖的区域都不可见。

在透镜效果下拉列表框中，系统提供了 11 种不同类型的透镜效果，各种透镜效果的功能说明如下。

- 无透镜效果：不应用透镜效果。
- 使明亮：通过设置亮度或暗度的比率，使对象区域变亮和变暗，如图 7-237 所示。

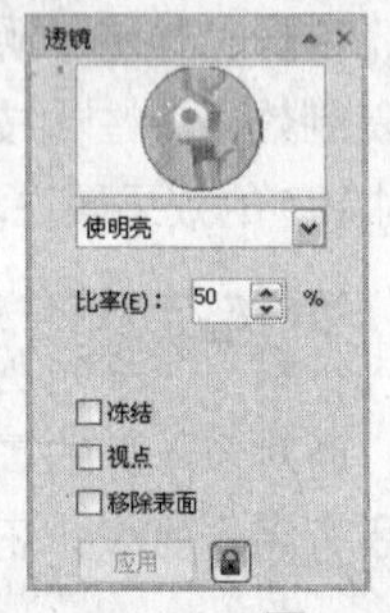

图 7-237　“使明亮”透镜效果

- 颜色添加：模拟加色光线模型，使透镜下的对象颜色与透镜颜色相加，产生光线混合的颜色，如图 7-238 所示。单击“颜色”下三角按钮，在颜色选取器中可以选择透镜的颜色。

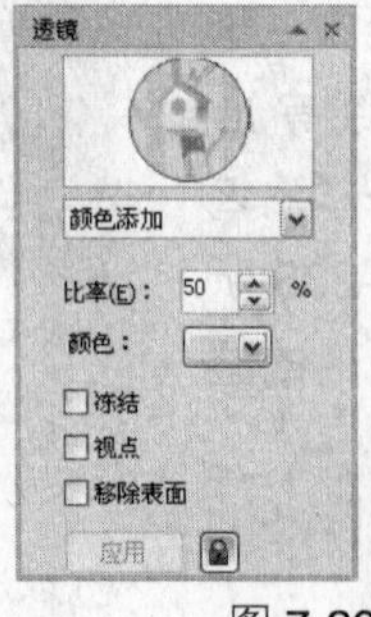

图 7-238　“颜色添加”透镜效果

- 色彩限度：使用黑色和透镜颜色查看对象区域。例如，如果在对象上放置黄色的透镜，那么在透镜区域中，将过滤掉除了黄色和黑色以外的所有颜色，如图 7-239 所示。

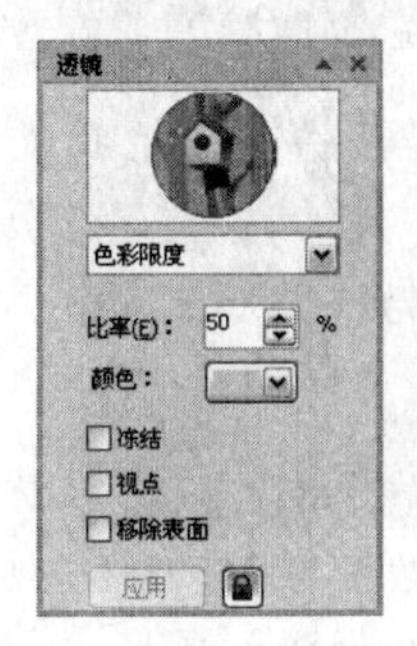

图 7-239　“色彩限度”透镜效果

- 自定义彩色图：允许将透镜下方对象区域的所有颜色改为介于指定的两种颜色之间的一种颜色，如图 7-240 所示。用户可以设置两种颜色的渐变色，渐变在色谱中的路径可以是直线、向前或反转的。

图 7-240　“自定义彩色图”透镜效果

- 鱼眼：根据指定的比率来放大或缩小透镜下方的对象，使对象产生凸起或凹陷的变形效果。当比率为正值时，对象产生凸起的变形效果，如图 7-241 所示。当比率为负值时，对象产生凹陷的变形效果，如图 7-242 所示。

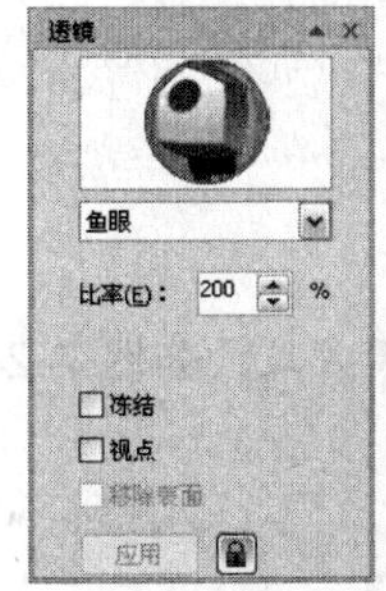

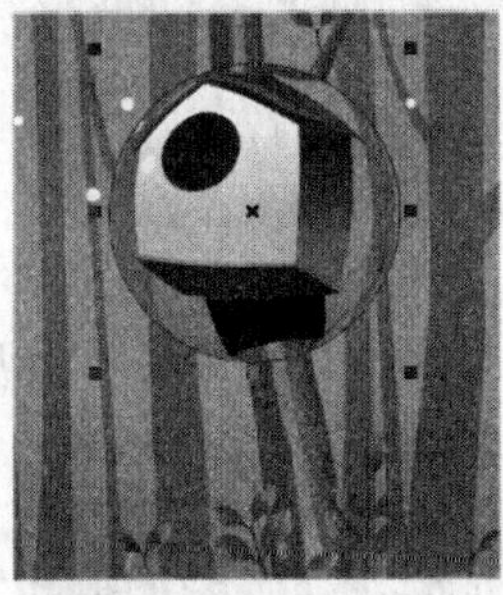

图 7-241　数值为正值时的效果

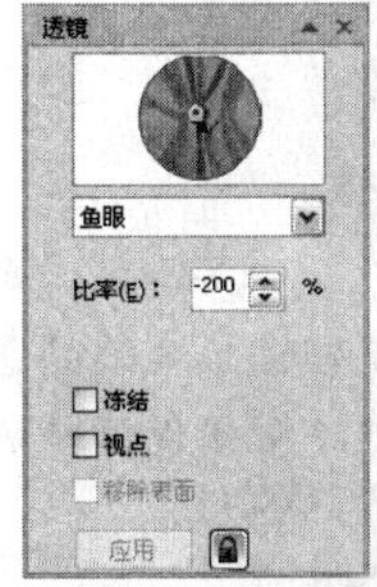

图 7-242　数值为负值时的效果

- 热图：通过模仿在透镜下方的对象区域颜色的冷暖度等级来创建红外图像的效果，如图 7-243 所示。

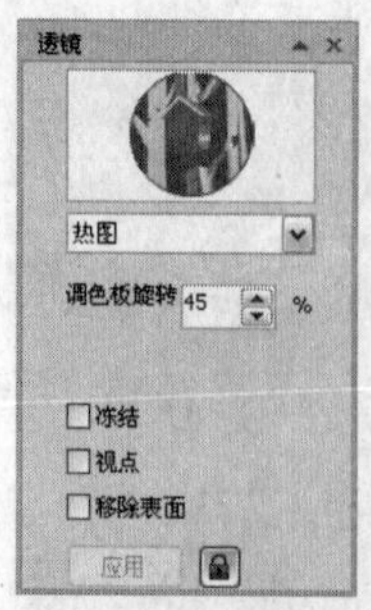

图 7-243 “热图”透镜效果

- 反显：将透镜下方的颜色变为对应的 CMYK 模式下的互补色，如图 7-244 所示（互补色是色轮上互为相对的颜色）。

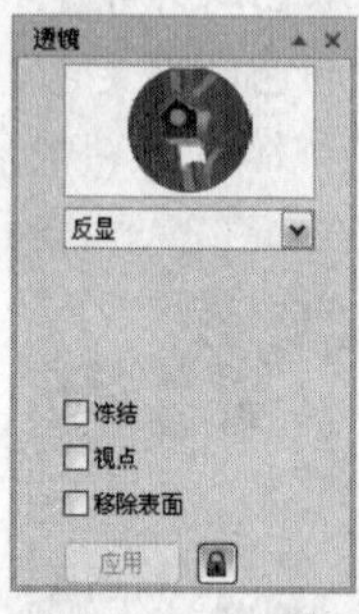

图 7-244 “反显”透镜效果

- 放大：按指定数量放大对象上的某个区域，放大透镜取代原始对象的填充，使对象看起来是透明的，如图 7-245 所示。

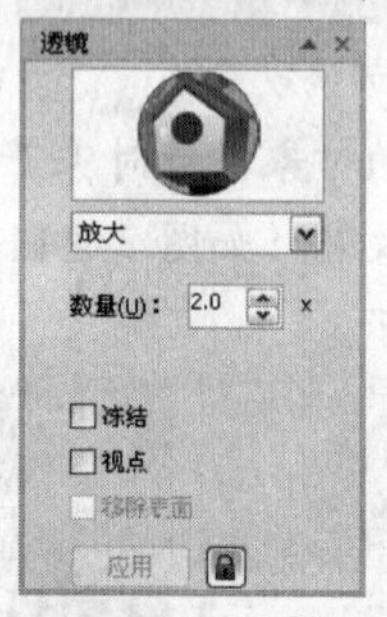

图 7-245 “放大”透镜效果

- 灰度浓淡：将透镜下方对象区域的颜色转变为与其等值的单色调效果，如图 7-246 所示。该透镜效果对于创建深褐色调特别有效。

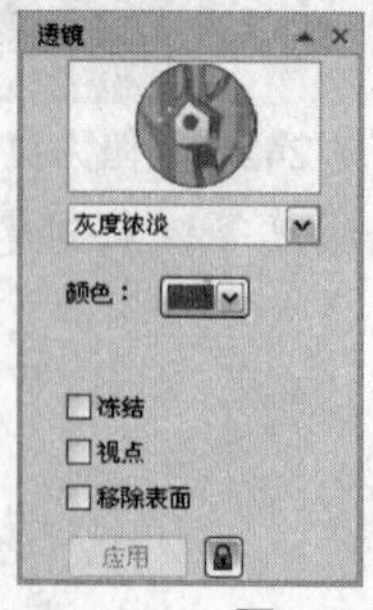

图 7-246 “灰度浓淡”透镜效果

- 透明度：使对象产生着色胶片或彩色玻璃的效果，如图 7-247 所示。

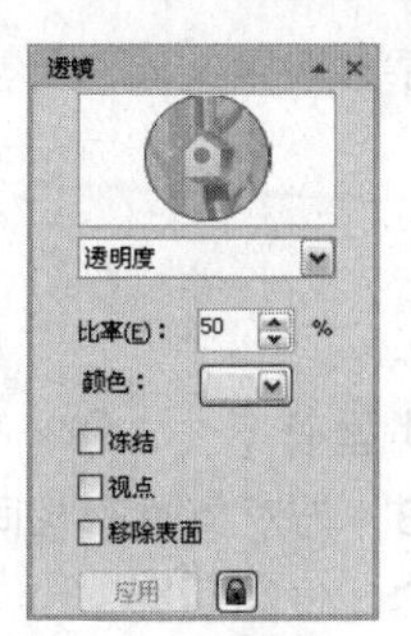

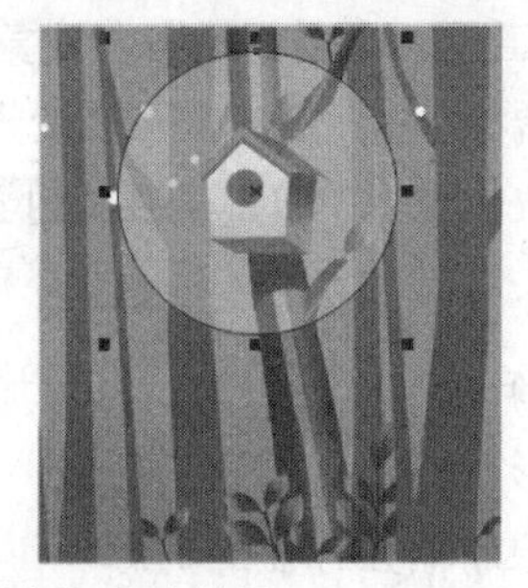

图 7-247　“透明度”透镜效果

● 线框：用所选的轮廓或填充色显示透镜下方的对象区域。图 7-248 所示为将轮廓色设置为绿色，填充色设置为黄色后产生的透镜效果。

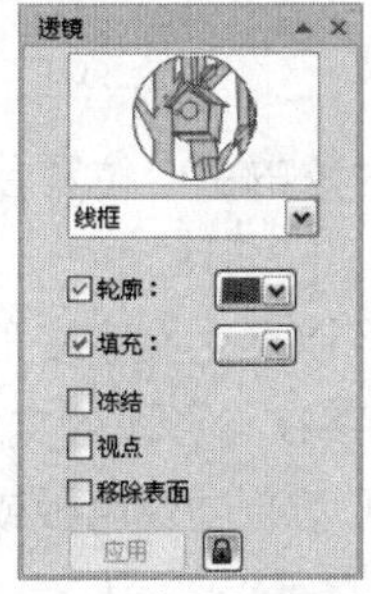

图 7-248　“线框”透镜效果

7.10 | 上机实践

结合矩形工具、椭圆形工具和修剪等命令，并运用本章所学的创建调和效果、透明效果和阴影效果的方法，制作如图 7-249 所示的水晶效果按钮。

图 7-249　水晶效果按钮

7.11 | 巩固与提高

本章主要讲解了在 CorelDRAW X4 中为对象添加各种特殊效果的方法。下面通过一些练习来巩固本章所学的知识。

1．单项选择题

（1）将应用调和效果的对象拆分后，除始端对象和末端对象外，其他的对象都为（　　）状态。

A．锁定　　B．结合　　C．群组　　D．焊接

（2）使用交互式变形工具中的（　　）变形，可以使对象轮廓产生锯齿状的变形效果。

A．推拉　　B．拉链　　C．扭曲　　D．封套

（3）使用（　）工具，可以为线条、对象、美术字和段落文本造形。

A．交互式调和　　B．交互式变形

C．交互式立体化　　D．交互式封套

2．多选题

（1）使用交互式阴影工具可以为对象添加的阴影类型有（　）和（　）。

A．透视阴影　　B．与对象具有相同形状的阴影

C．脱离对象而单独存在的阴影　　D．位图阴影

（2）使用交互式立体化工具，可以在立体化效果中添加（　）。

A．光源　　B．由两种颜色组成的渐变色

C．斜角修饰边　　D．预设立体化效果

3．判断题

（1）为对象添加阴影时，从选定对象的中心位置创建的阴影为透视阴影，从对象边线上创建的阴影为具有与对象相同形状的阴影。（　）

（2）为美术字应用封套效果时，可以产生文字变形的效果。为段落文本应用封套效果时，可以制作出异形段落文本框，从而使文字在异形段落文本框中排列。（　）

（3）将对象和阴影分离后，用户可以通过调色板或“颜色”泊坞窗，为阴影填充所需的颜色。（　）

Study

第8章

图层和样式

CorelDRAW 中的图层用于对各图层中的对象进行管理，如调整在不同图层上的对象的堆叠次序；样式是属性的集合，通过样式，可以为不同的对象应用样式中保存的属性设置，使对象具有相同的属性，用户也可以将选定对象中的属性保存为样式。

学习指南

- 使用图层
- 图形和文本样式
- 颜色样式

精彩实例效果展示 ▲

8.1 使用图层

在 CorelDRAW 中，通过绘制不同的对象，并通过将对象按一定的叠放顺序排列，可以得到最终的绘图效果。用户可以在同一个图层上绘制对象，有时为了更好地控制对象的叠放顺序，会在不同的图层上绘制对象。当文件中存在有多个图层时，就可以使用“对象管理器”泊坞窗来管理图层以及图层上的对象。

8.1.1 认识“对象管理器”泊坞窗

系统默认状态下，每个新创建的文件都由默认页面（页面 1）和主页面构成。执行“窗口”→“泊坞窗”→“对象管理器”命令，即可打开“对象管理器”泊坞窗，如图 8-1 所示。

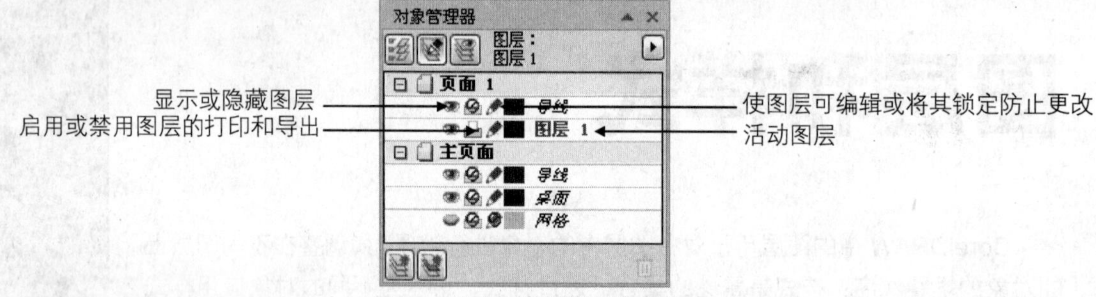

图 8-1 “对象管理器”泊坞窗

- 默认页面（页面 1）中包含“导线”图层和“图层 1”。“导线”图层用于存储页面上特定的辅助线。“图层 1”是默认的局部图层，在没有新建或选择其他图层时，在绘图窗口中绘制的对象都将位于该图层上。
- “主页面”中包含应用于当前文档中的所有页面信息。默认状态下，主页面中包含了“导线”图层、“桌面”图层和“网格”图层。“导线”图层中包含了当前文档中所有页面上的辅助线。“桌面”图层中包含了位于绘图页面以外的所有对象。“网格”图层中包含了当前文档中所有页面上的网格，该图层始终位于底层。
- 单击“对象管理器”泊坞窗中的“显示或隐藏”图标，可以隐藏或显示对应的图层。在隐藏图层后，图标将变为状态，单击图标，可以显示对应的图层。
- 单击“启用还是禁用打印和导出”图标，可以禁用或启用图层的打印和导出。当图标变为状态时，表示已被禁用，这样可防止该图层中的内容被打印或导出到绘图中和在全屏预览中显示。单击图标，又可启用图层的打印和导出状态。
- 单击“锁定或解除锁定”图标，当图标变为状态时，表示图层处于锁定状态；单击图标，可解除图层的锁定。
- 单击“新建图层”按钮，可新建一个图层，新建的图层位于默认页面（页面 1）中。新建图层后，在出现的文字编辑框中可以修改图层的名称，如图 8-2 所示。
- 单击“新建主图层”按钮，可新建一个主图层，新建的主图层位于“主页面”中。
- 选择需要删除的图层或主图层，然后单击“删除”按钮，即可删除选定的图层。

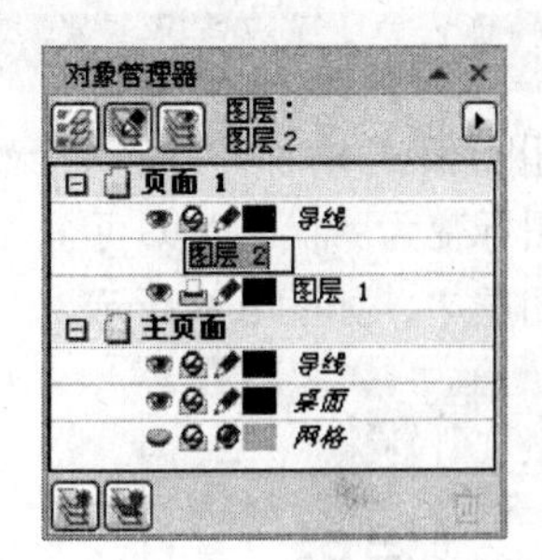

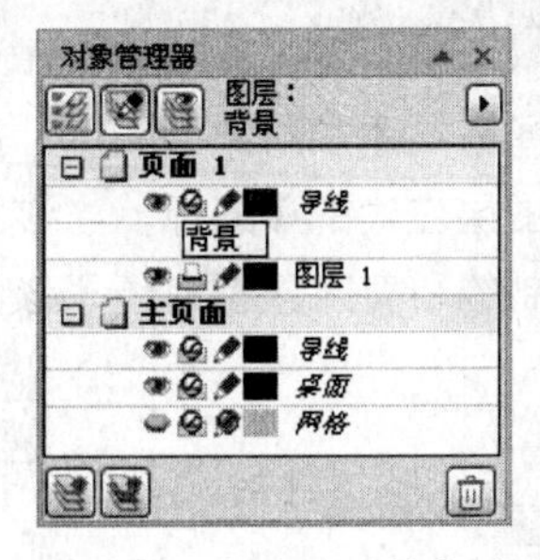

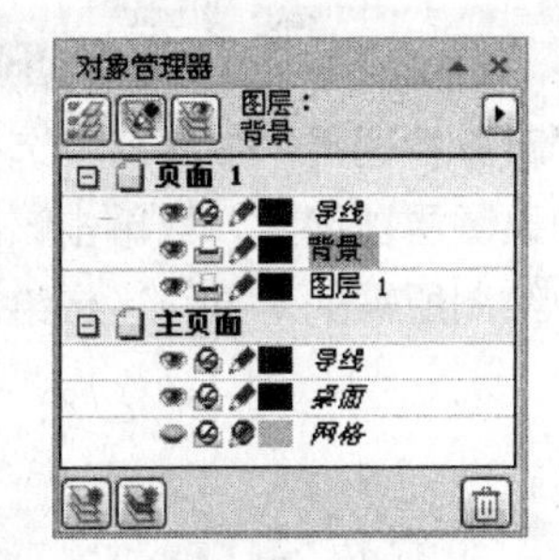

图 8-2 修改图层的名称

小提示

默认页面（页面 1）、导线图层、桌面图层和网格图层都不能被复制或删除。在删除图层后，位于该图层中的所有对象都将被删除。如果用户只要求删除图层，而保留该图层上的对象，可以先将该图层中的所有对象移动到其他的图层中，然后再删除该图层。

单击“对象管理器”泊坞窗右上角的▶按钮，弹出如图 8-3 所示的快捷菜单，各菜单命令的功能如下。

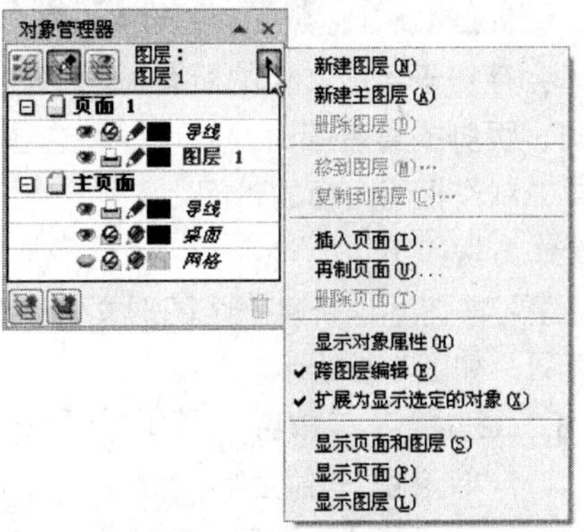

图 8-3 “对象管理器”泊坞窗的弹出式菜单

- 选择“新建图层”命令，可新建一个图层。
- 选择“新建主图层”命令，可新建一个主图层。
- 选择“删除图层”命令，可删除选定的图层或主图层。
- 选取需要移动的对象，然后选择“移到图层”命令，再单击目标图层，可以将选定的对象移动到目标图层中。
- 选取需要复制的对象，然后选择“复制到图层”命令，再单击目标图层，可以将选定的对象复制到目标图层中。
- 选择“显示对象属性”命令，可显示对象的详细信息。
- 选择“跨图层编辑”命令，当该命令前显示有勾选标记时，可允许编辑所有的图层。取消该命令前的勾选标记时，则只允许编辑选定的活动图层。
- 选择“扩展为显示选定的对象”命令，可显示选定的对象。
- 选择“显示页面和图层”命令，可使“对象管理器”泊坞窗同时显示出页面和图层。
- 选择“显示页面”命令，“对象管理器”泊坞窗中只显示页面。
- 选择“显示图层”命令，“对象管理器”泊坞窗中只显示图层。

8.1.2 在图层中添加对象

在“对象管理器”泊坞窗中选择需要添加对象的图层，如图 8-4 所示，并确定该图层未被锁定（如果图层被锁定，可单击该图层左边的图标，当该图标变为状态时即可），然后在绘图窗口中绘制所需的对象，这样绘制的所有对象都将位于该图层中，如图 8-5 所示。

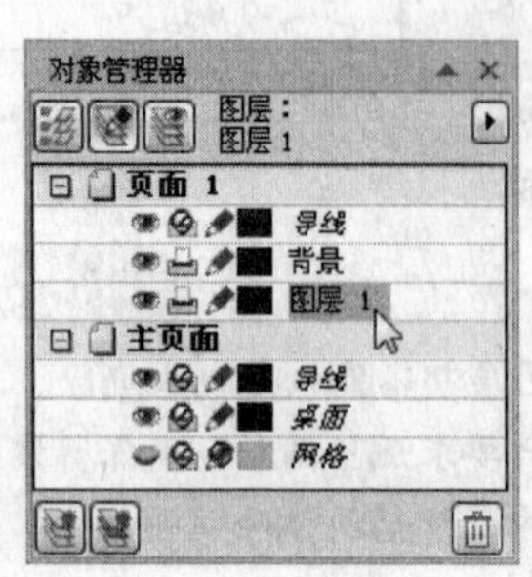

图 8-4 选取图层

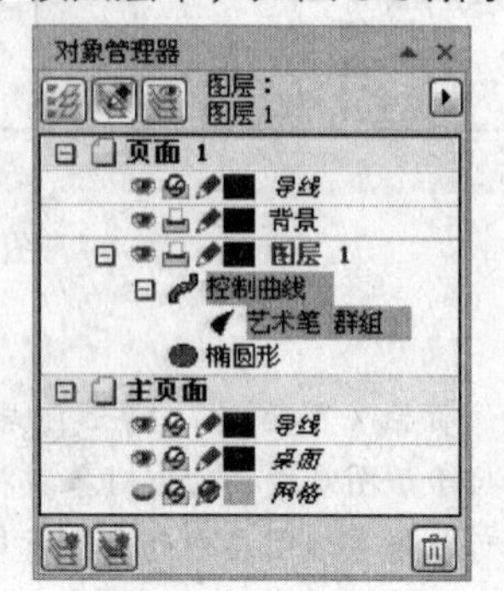

图 8-5 在图层中添加的对象

8.1.3 在主图层中添加对象

在主图层中添加的对象，会存在于当前文档的所有页面中。在编辑多页面的文档时，例如要为每个页面制作相同的页眉、页脚或背景图时，就可以将这些内容添加到主图层中，以避免重复操作，省去了在每个页面中制作相同内容的时间。

在主图层中添加对象的操作方法如下。

1 单击标准工具栏中的“新建”按钮，新建一个图形文件，然后单击页面标签栏中的按钮，为该文件插入一个新的页面，如图 8-6 所示。

2 / 2 页 1 页 2

图 8-6 当前文件中的页面

2 在“对象管理器”泊坞窗中，单击“新建主图层”按钮，新建一个主图层，图层命名为“图层 2”，如图 8-7 所示。

3 单击标准工具栏中的“导入”按钮，导入一个背景素材，如图 8-8 所示，该素材对象将被添加到新建的主图层“图层 2”中，如图 8-9 所示。

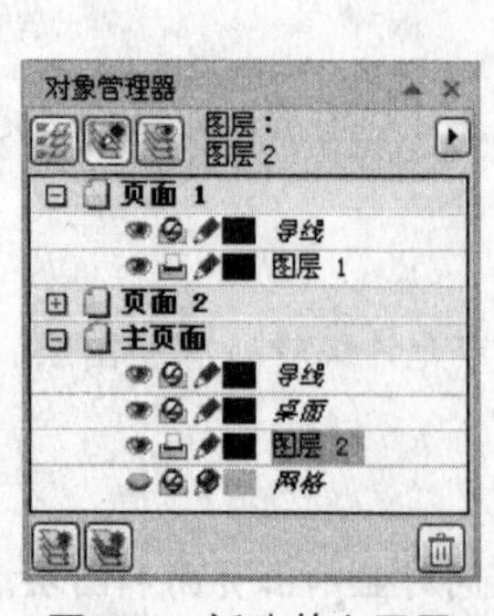

图 8-7 新建的主图层

图 8-8 导入的页面背景图像

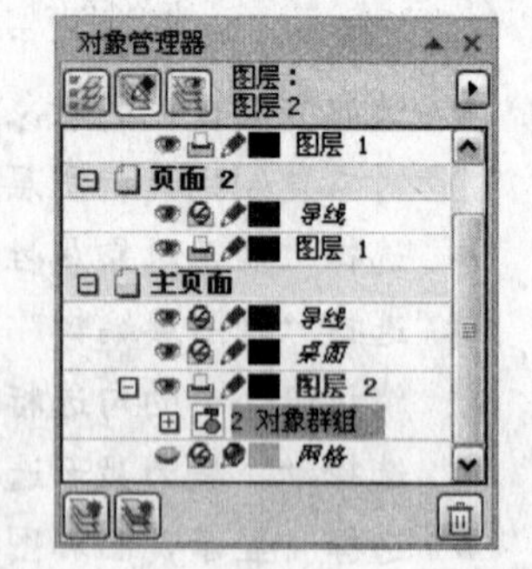

图 8-9 将图像添加到主图层中

4 将素材对象移动到绘图页面上，然后执行“视图”→“页面排序器视图”命令，查看当主图层中添加对象后的页面效果，如图 8-10 所示。

图 8-10 文档中的页面效果

8.2 图形和文本样式

样式其实就是一个可以控制对象外观属性的集合，它包括图形样式、文本样式和颜色样式。如果要为不同的对象设置相同的属性，如相同的填充色和轮廓色等，就可以将该对象中的外观属性创建为样式，然后将该样式应用到不同的对象即可。必要时还可以修改样式中的外观属性设置，当样式修改后，所有应用该样式的对象都将更新为新样式中的外观效果。

文本样式与图形样式不同，文本样式中除了包含填充和轮廓属性外，还包括了文本的字体和字体大小等属性。通过文本样式，可以更改默认美术字和段落文本的属性，还可以为不同的文本对象设置相同的文本格式。

8.2.1 创建并应用图形和文本样式

在 CorelDRAW 中，可以将选定的对象或文本中的外观属性创建为图形或文本样式，也可以新建图形或文本样式，通过不同方式创建的样式都可以被保存下来。

下面以创建和应用文本样式为例，介绍创建并应用新的图形或文本样式的方法。

1 选择需要将其外观属性创建为样式的文本对象，如图 8-11 所示。

2 在选定的对象上单击鼠标右键，从弹出的快捷选单中选择“样式”→“保存样式属性”命令。

3 在弹出的“保存样式为”对话框中为该样式命名，并选中“文本”、“填充”和“轮廓”复选框，以设置需要保存的外观属性内容，如图 8-12 所示。

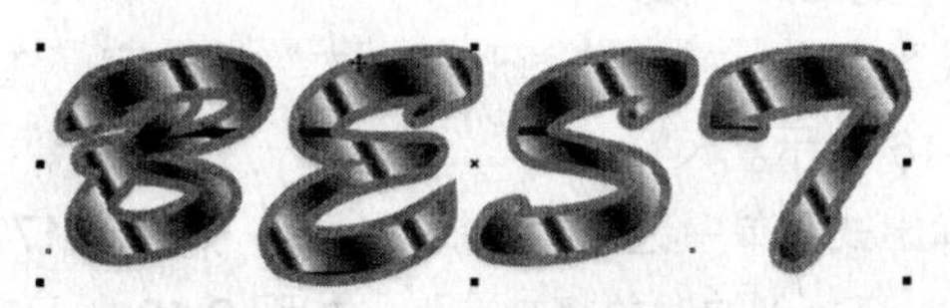

图 8-11 选择文本对象

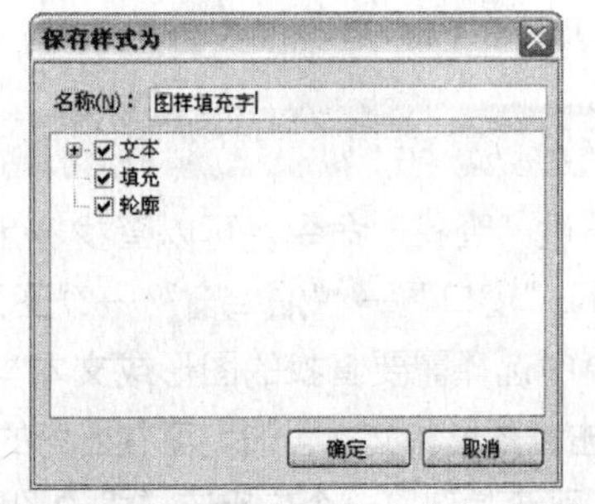

图 8-12 设置“保存样式为”对话框

4 单击“确定”按钮，即可将该文本对象中的文本、填充和轮廓属性创建为一个新的文本样式。

5 在创建文本样式后，如果需要将该样式应用到其他的文本对象上，可以选择其他的文本对象，

然后在选定的文本上单击鼠标右键，从弹出的快捷菜单中选择“样式”→“应用”命令，并在展开的下一级子菜单中选择上一步保存的文本样式即可，如图 8-13 所示。

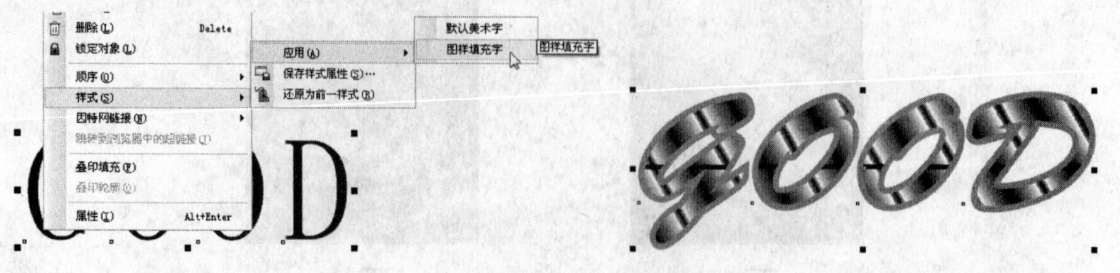

图 8-13　应用文本样式

小提示

要应用图形或文本样式，还可在选择需要应用该样式的对象后，在“图形和文本”泊坞窗中直接双击所需的图形或文本样式即可，如图 8-14 所示。

图 8-14　双击所要应用的图形或文本样式

如果需要创建的是图形样式，那么在创建样式时，将弹出如图 8-15 所示的“保存样式为”对话框，在其中为样式命名并选中所要保存为样式的属性内容，然后单击“确定”按钮即可。

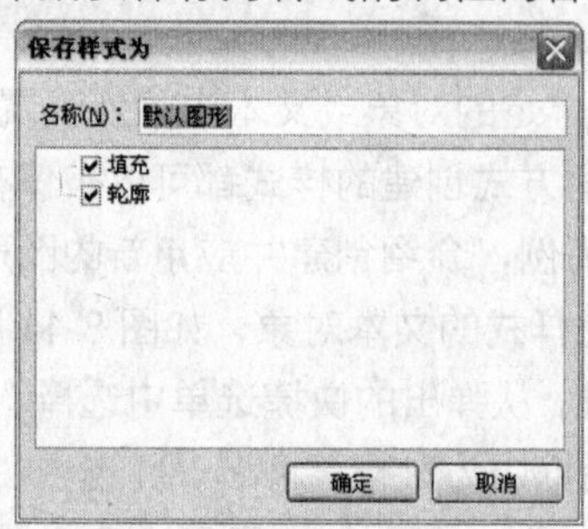

图 8-15　创建图形样式

8.2.2　查找图形和文本样式

通过“查找”命令，可以查找应用到当前文件中的图形和文本样式。

1 执行“窗口”→“泊坞窗”→“图形和文本样式”命令，打开“图形和文本”泊坞窗，在该泊坞窗中选择需要查找的图形或文本样式，如图 8-16 所示。

2 单击“图形和文本”泊坞窗右上角的▸按钮，从弹出式菜单中选择“查找”命令，如图 8-17 所示，即可查找到第一个应用该样式的图形或文本对象，查找到的对象将被选取，如图 8-18 所示。

3 如果当前绘图窗口中还有其他对象应用了该样式，则“查找”命令将变为“查找下一个”命令，选择该命令，可以查找下一个应用该样式的对象。

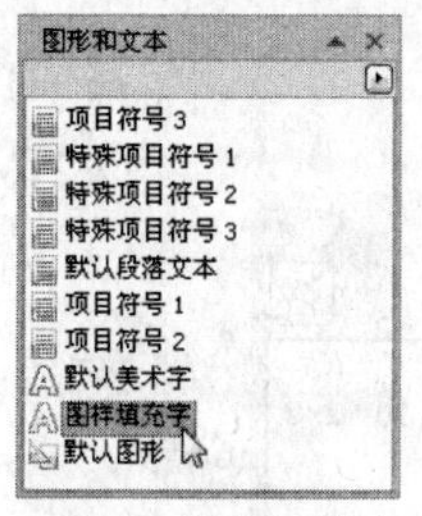

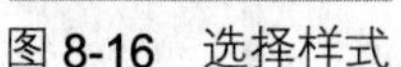
图 8-16　选择样式

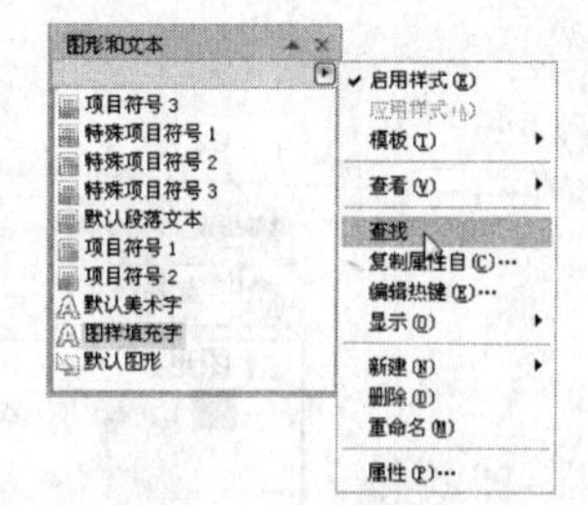

图 8-17　执行“查找”命令

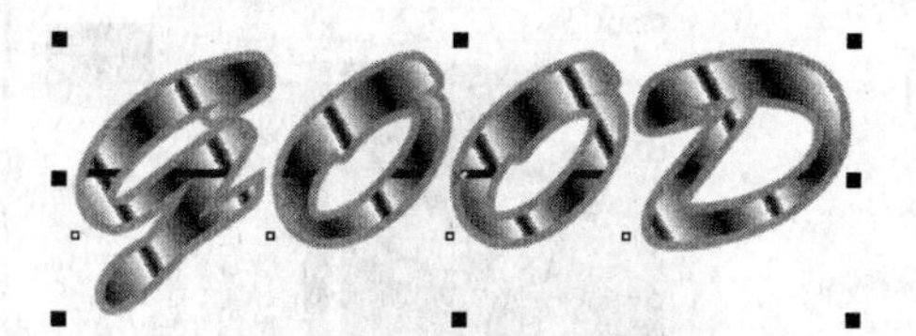

图 8-18　查找到的对象

8.2.3　删除图形和文本样式

在“图形和文本”泊坞窗中选择需要删除的图形或文本样式，然后在“图形和文本”泊坞窗的弹出式菜单中选择“删除”命令，或者按下 Delete 键，即可删除选定的图形或文本样式。

8.3　颜色样式

颜色样式是指所保存并应用于绘图中的颜色设置。由于 CorelDRAW 提供了无数种颜色，因此使用颜色样式可以方便用户准确快捷地应用所需的颜色。

CorelDRAW 具有从选定对象中自动创建颜色样式的功能。例如，可以导入图像，然后从图像中自动创建颜色样式。从对象创建颜色样式时，颜色样式会自动应用于该对象。当更改颜色样式后，该对象的颜色也会更新。

颜色样式的另一个强大功能就是可以根据它来创建单个阴影或一系列阴影。原始颜色样式称为“父”颜色，阴影称为“子”颜色。

在使用“自动创建颜色样式“功能时，可以选择要创建多少种父颜色。例如，在将所有颜色都转换为颜色样式之后，就可以使用一种父颜色来控制另一种颜色的所有对象。创建子颜色时，从颜色匹配系统中添加的颜色都将被转换为父颜色的颜色模型，以便能够将它们自动归入相应的父颜色组中。

选择一个有填充色和轮廓色的对象，执行“窗口”→“泊坞窗”→“颜色样式”命令，打开“颜色样式”泊坞窗，在该泊坞窗中将显示从选定对象中自定创建的颜色样式，如图 8-19 所示。

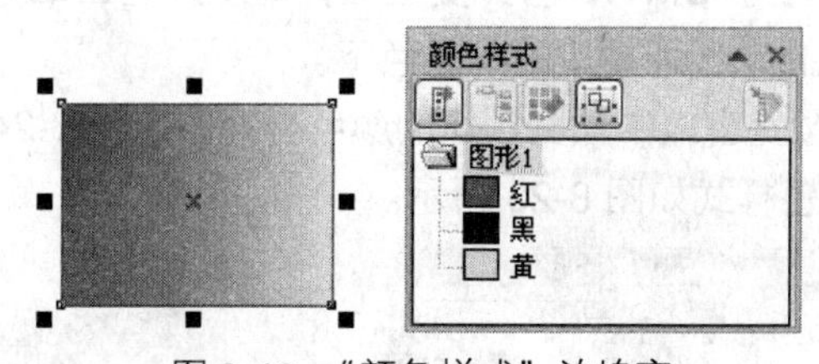

图 8-19　“颜色样式”泊坞窗

8.3.1　新建颜色样式

在“颜色样式”泊坞窗中单击“新建颜色样式”按钮，弹出“新建颜色样式”对话框，在其中设置好所需的颜色模式和颜色参数值，如图 8-20 所示，然后单击“确定”按钮，即可新建颜色样式，新建的颜色样式将被添加到“颜色样式”泊坞窗中，如图 8-21 所示。

图 8-20　设置颜色参数

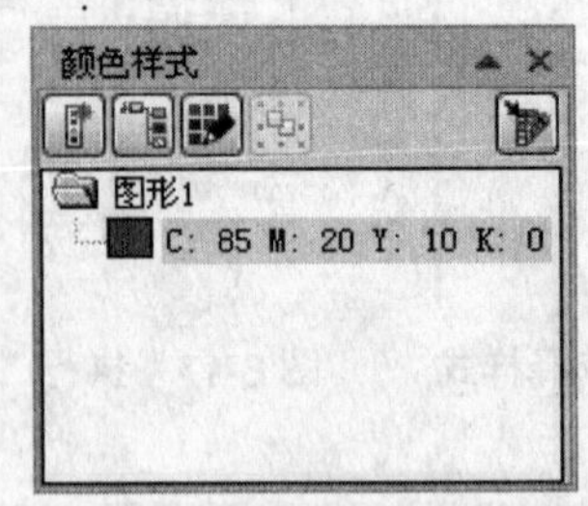

图 8-21　新建的颜色样式

8.3.2　从对象创建颜色样式

从选定对象上创建颜色样式的操作方法如下。

1 选择用于创建颜色样式的对象，并为其填充所需的填充色和轮廓色，如图 8-22 所示。

2 在“颜色样式”泊坞窗中，单击“自动创建颜色样式”按钮，弹出如图 8-23 所示的“自动创建颜色样式”对话框。

图 8-22　选择的对象

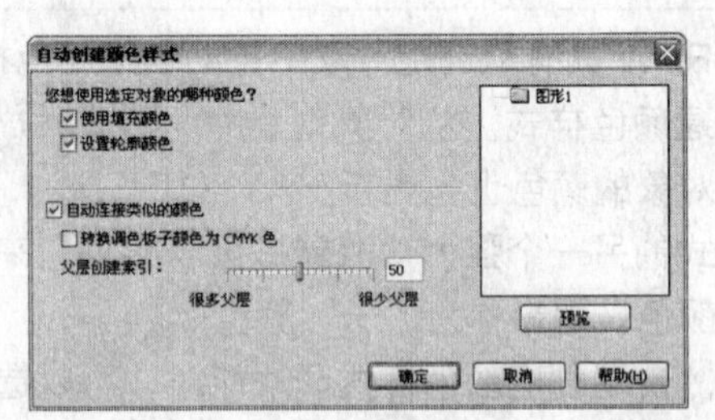

图 8-23　“自动创建颜色样式”对话框

3 在该对话框中选中“使用填充颜色”和“设置轮廓颜色”复选框，以指定在选定对象中使用的颜色。

4 选中“自动连接类似的颜色”复选框，然后拖动“父层创建索引”滑块，以设置创建的父颜色数量。

5 选中“转换调色板子颜色为 CMYK 色”复选框，将从颜色匹配系统中添加的颜色转换为 CMYK 色，以便将这些颜色自动归入相应的父颜色下。

6 单击“预览”按钮，在预览窗口中预览创建的颜色样式，如图 8-24 所示。完成设置后，单击“确定”按钮，创建的颜色样式如图 8-25 所示。

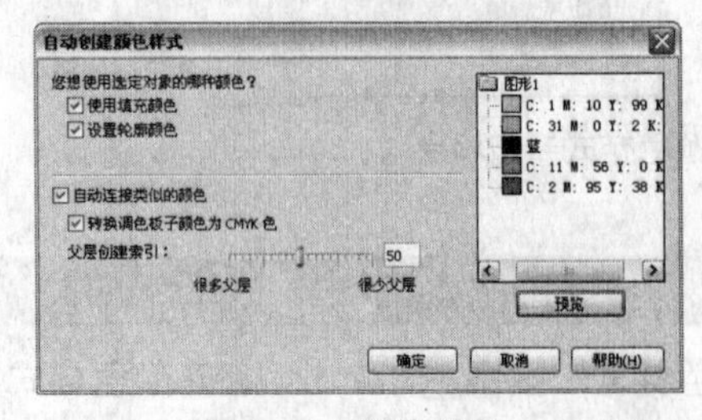

图 8-24　预览颜色

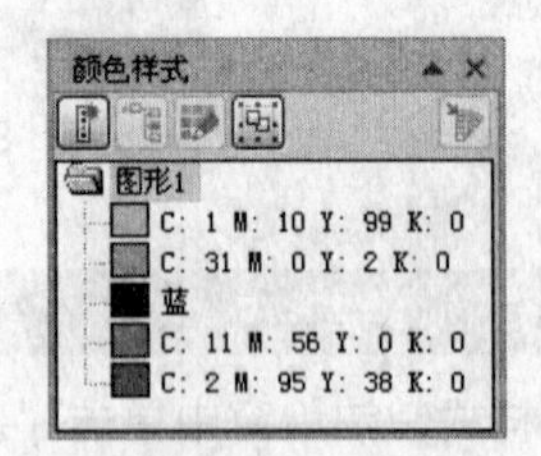

图 8-25　创建的颜色样式

8.3.3　编辑颜色样式

CorelDRAW 可以对创建的父颜色与子颜色进行编辑。当更改父颜色后，该父颜色中的所有子颜色的色度、饱和度和亮度都会根据父颜色的改变而自动更新。例如，将父颜色改为红色，那么该父颜色中的所有子颜色都将更新为黄色阴影。但是，当更改子颜色后，父颜色不会受到影响。

编辑父颜色和子颜色的操作方法相似，具体操作步骤如下。

1 在“颜色样式”泊坞窗中选择要编辑的父颜色，如图 8-26 所示。

2 单击该泊坞窗中的“编辑颜色样式”按钮，在弹出的“编辑颜色样式”对话框中设置新的颜色，如图 8-27 所示。

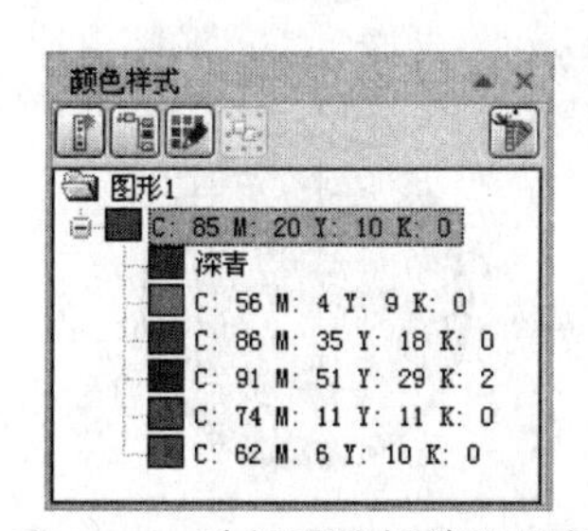

图 8-26　选择要编辑的父颜色

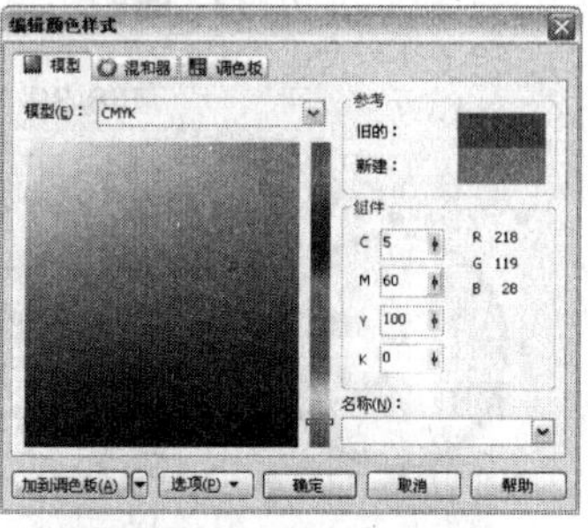

图 8-27　设置新的颜色

3 单击“确定”按钮，完成颜色的设置，此时在“颜色样式”泊坞窗中将显示编辑后的颜色样式，如图 8-28 所示。可以看到，在编辑父颜色后，该父颜色中的所有子颜色都被自动更新。

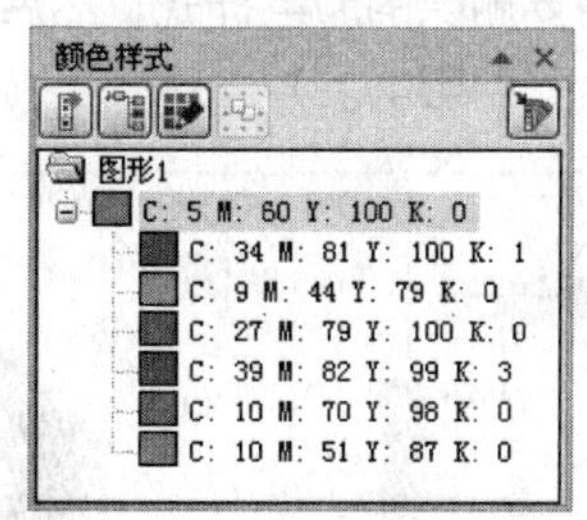

图 8-28　编辑后的父颜色

4 在“颜色样式”泊坞窗中选择需要编辑的子颜色，如图 8-29 所示。

5 单击“编辑颜色样式”按钮，在弹出的“编辑子颜色”对话框中，调整子颜色的饱和度和亮度，如图 8-30 所示，然后单击“确定”按钮，完成编辑后的子颜色如图 8-31 所示父颜色不受影响。

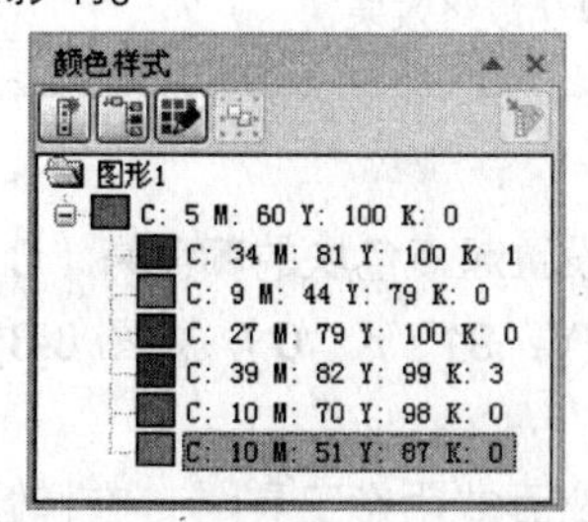

图 8-29　选择要编辑的子颜色

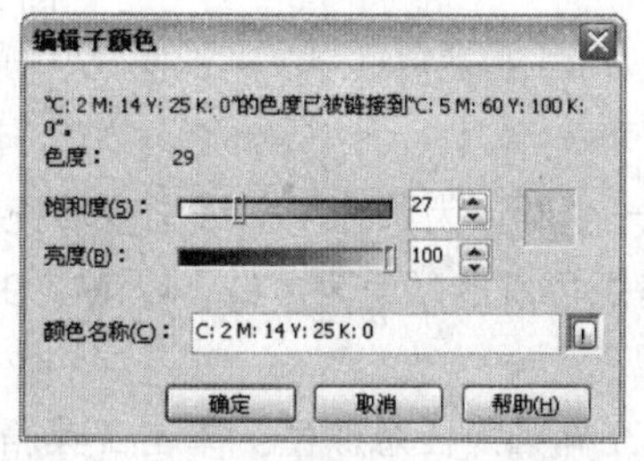

图 8-30　调整子颜色的饱和度和亮度

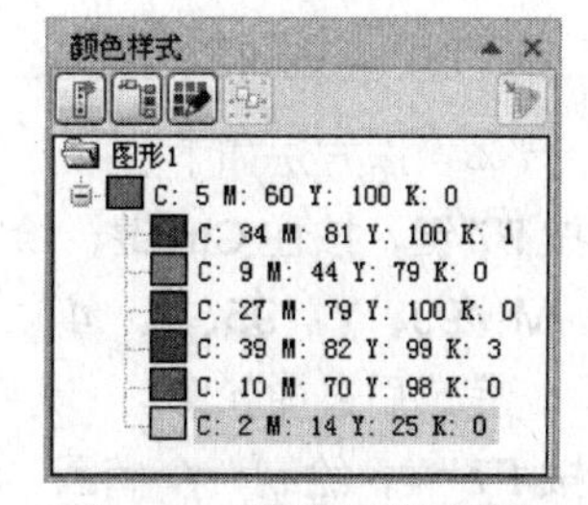

图 8-31　编辑后的子颜色

8.3.4 应用颜色样式

将颜色样式应用到对象上的操作非常简单，只需要在“颜色样式”泊坞窗中选择所需的颜色样式，然后将该颜色样式拖至对象上，当光标显示为状态时，释放鼠标，即可填充对象，如图 8-32 所示。将颜色样式拖至对象的轮廓上，当光标显示为状态时，释放鼠标，即可填充对象的轮廓，如图 8-33 所示。

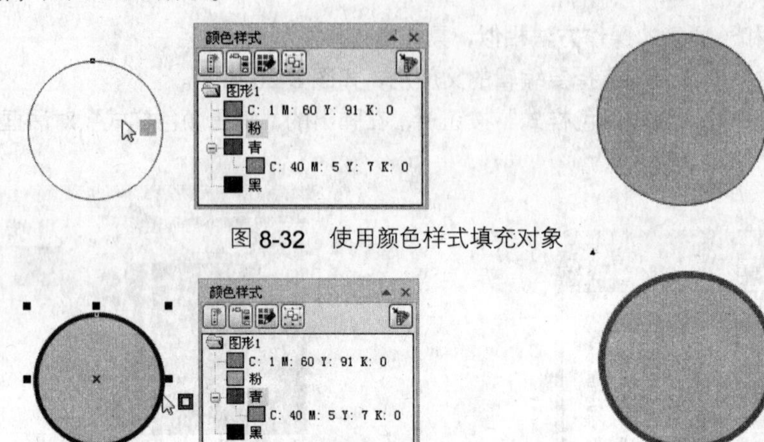

图 8-32 使用颜色样式填充对象

图 8-33 将颜色样式应用于轮廓

8.3.5 删除颜色样式

在“颜色样式”泊坞窗中选择需要删除的颜色样式，然后按下 Delete 键即可。在删除颜色样式后，应用该颜色样式的对象不会受到影响。

图 8-34 最终效果

具体操作方法如下。

1 按 F7 键，按住 Ctrl 键，绘制一个圆。为圆应用射线渐变填充，设置起点色块的颜色为（C：40、M：99、Y：95、K：4），终点色块的颜色为（C：4、M：96、Y：91、K：0），如图 8-35 所示，完成后去掉轮廓。

2 按 F7 键，绘制一个椭圆，填充椭圆为任意颜色。单击工具箱中交互式阴影工具，在椭圆上向外拖动鼠标，为其应用阴影效果。在属性栏中设置阴影的不透明度为 85，羽化值为 30，阴影颜色为红色，如图 8-36 所示。

3 选中椭圆及其阴影，执行“排列”→“打散阴影群组”命令，将椭圆和阴影拆分。删除椭圆，将阴影放到如图 8-37 所示的位置。

图 8-35　绘制圆并填充渐变色

图 8-36　应用阴影效果

4 单击工具箱中交互式透明工具，在属性栏的“透明度类型”框中选择“线性”，分别拖动起点和终点色块到如图 8-38 所示的位置。

5 单击工具箱中钢笔工具，结合形状工具，绘制如图 8-39 所示的 3 个图形。

图 8-37　拆分并放置阴影

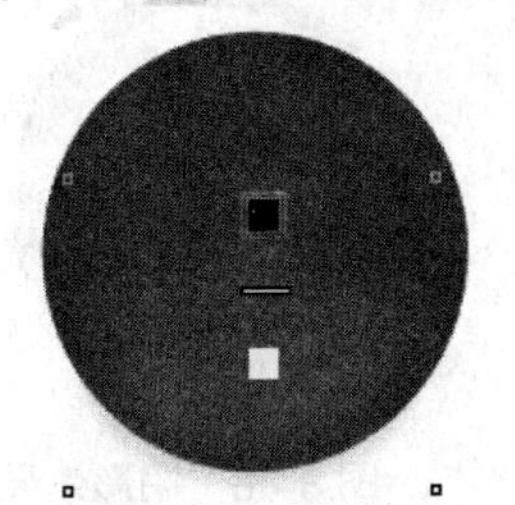

图 8-38　应用透明效果

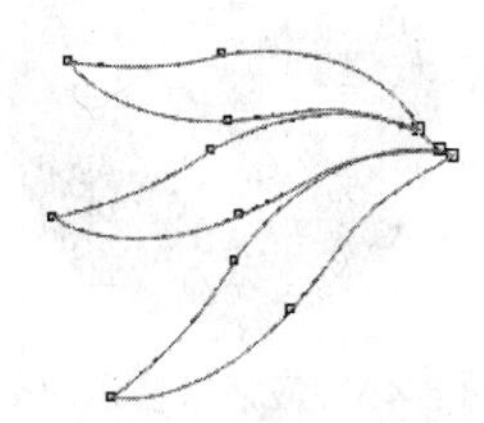

图 8-39　绘制图形

6 为第一个图形应用线性渐变填充，设置起点色块的颜色为白色，终点色块的颜色为（C：1、M：56、Y：38、K：0），如图 8-40 所示。

7 复制第一个图形的渐变填充色到第二个图形上，调整色块的起始位置如图 8-41 所示。再复制第一个图形的渐变填充色到第三个图形上，调整色块的起始位置如图 8-42 所示。

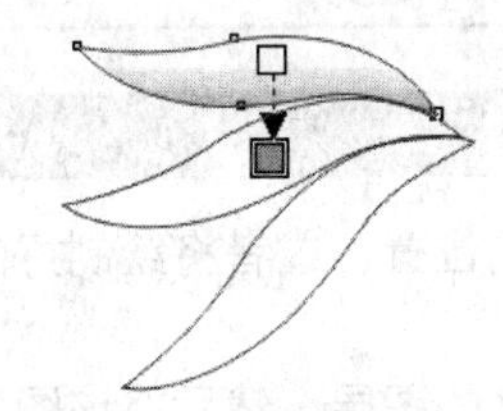

图 8-40　填充渐变色

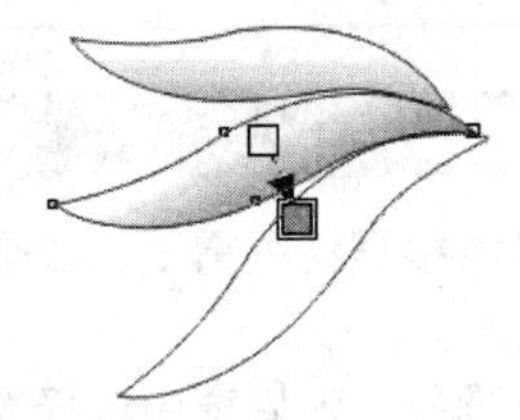

图 8-41　复制渐变效果并调整

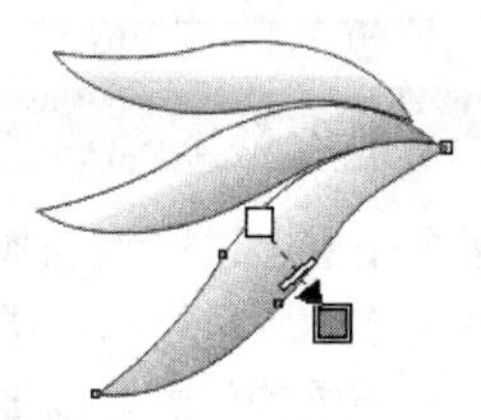

图 8-42　复制渐变效果并调整

8 选中 3 个图形，去掉它们的轮廓，将它们群组后放到如图 8-43 所示的位置。单击工具箱中交互式阴影工具，在群组对象上向外拖动鼠标，为其应用阴影效果。在属性栏中设置阴影的不透明度为 100，羽化值为 15，阴影颜色为（C：40、M：98、Y：99、K：4），如图 8-43 所示。

9 按 F7 键，绘制一个椭圆，填充椭圆为白色，去掉轮廓，如图 8-44 所示。单击工具箱中的“交互式透明工具”按钮，在属性栏的透明度类型中选择“线性”，分别拖动起点和终点色块到图 8-45 所示的位置。

图 8-43　放置图形

图 8-44　绘制椭圆并填充颜色

10 单击工具箱中交互式阴影工具，在最外面的圆上向外拖动鼠标，为其应用阴影效果，如图 8-46 所示。在属性栏中设置阴影的不透明度为 50，羽化值为 8，阴影颜色为黑色，如图 8-46 所示。这样，玻璃按钮就制作完成了，如图 8-47 所示。

图 8-45　应用线性透明效果

图 8-46　阴影效果

图 8-47　最终的玻璃按钮

8.4 疑难解析

本章向读者介绍了 CorelDRAW 中图层和样式的功能，以及应用图层和样式的方法，下面就读者在学习过程中遇到的疑难问题进行进一步的解析。

1 怎样在图层中移动和复制对象？

在多个图层上进行绘图操作时，经常要根据绘图需要，改变图层的位置，或者将绘制好的对象移动或复制到另外的图层中。

要改变图层的位置，需要在“对象管理器”泊坞窗中选择需要移动的图层，然后将该图层拖至所需的位置即可，如图 8-48 所示。

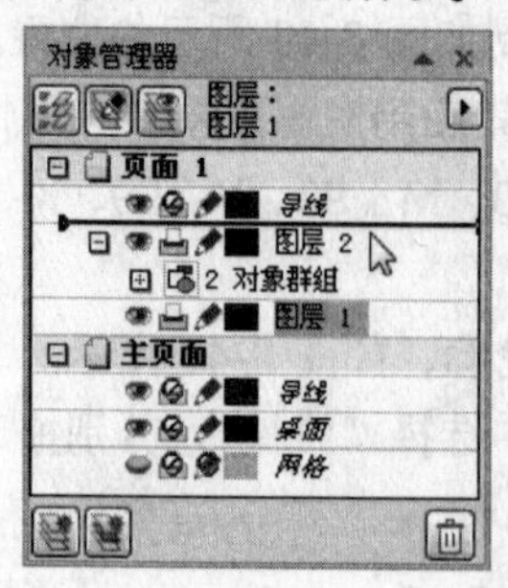

图 8-48　移动图层的位置

要将对象由当前所在的图层移动到另一个图层，需要在“对象管理器”泊坞窗中选择需要移动的对象，如图 8-49 所示，然后将该对象拖至新的图层，当光标显示为➜▮状态时释放鼠标，即可将该对象移动到指定的图层，如图 8-50 所示。

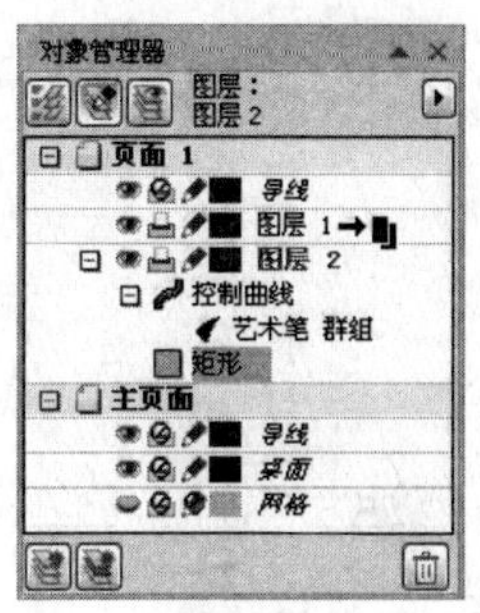

图 8-49　选择要移动的对象

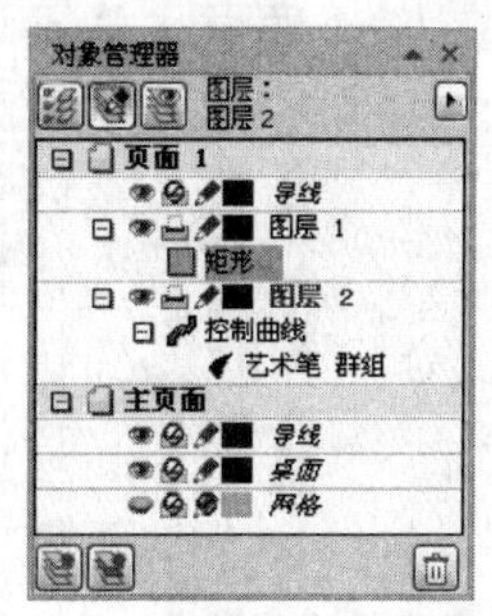

图 8-50　将对象移动到其他图层后

用户也可以在选择对象后，按下 Ctrl+Home 或 Ctrl+End 组合键，将对象移动到上一个或下一个图层。

要将对象复制到指定的图层，可在“对象管理器”泊坞窗中选择需要复制的对象，按下 Ctrl+C 组合键将其拷贝，然后到指定的目标图层，再按下 Ctrl+V 组合键将其粘贴到该图层中即可。用户也可以在选择需要复制的对象后，单击“对象管理器”泊坞窗右上角的▸按钮，从弹出式菜单中选择“复制到图层”命令，然后将光标指向一个目标图层，当光标变为➜▮状态时释放鼠标，即可将选定的对象复制到指定的图层，如图 8-51 所示。

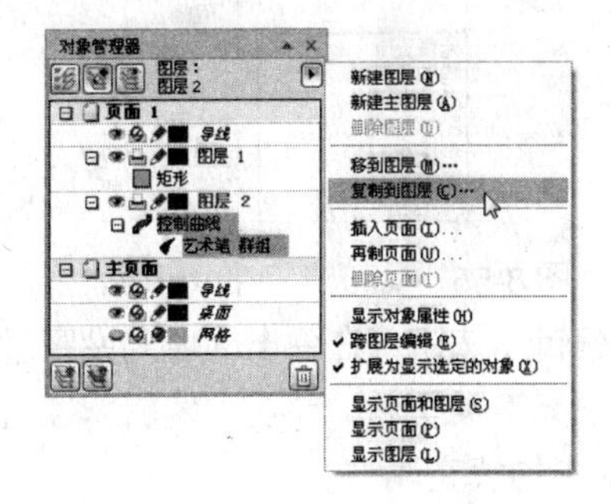

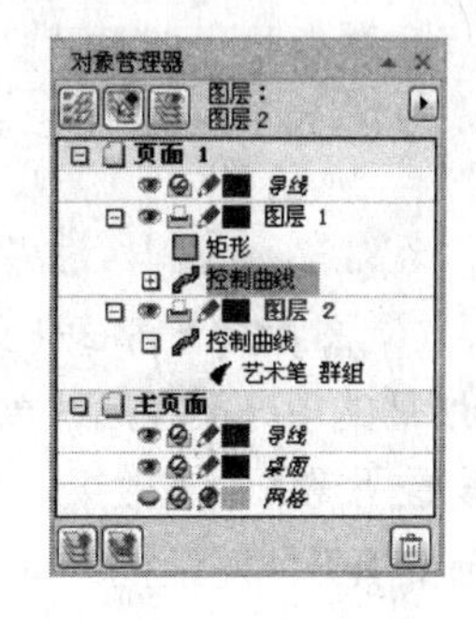

图 8-51　将对象复制到指定的图层

2　怎样编辑图形和文本样式？

用户可以对已保存的图形或文本样式的外观属性进行修改，以满足不同的绘图需要。编辑图形和文本样式的操作方法相似，下面以编辑文本样式为例，介绍具体的编辑方法。

1 在“图形和文本”泊坞窗中，选择需要编辑的文本样式，如图 8-52 所示。

2 单击“图形和文本”泊坞窗右上角的▸按钮，从弹出式菜单中选择“属性”命令，弹出如图 8-53 所示的“选项”对话框。

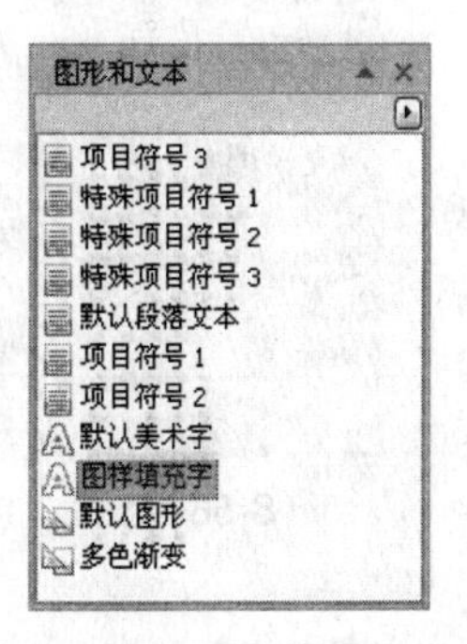

图 8-52　选择要编辑的样式

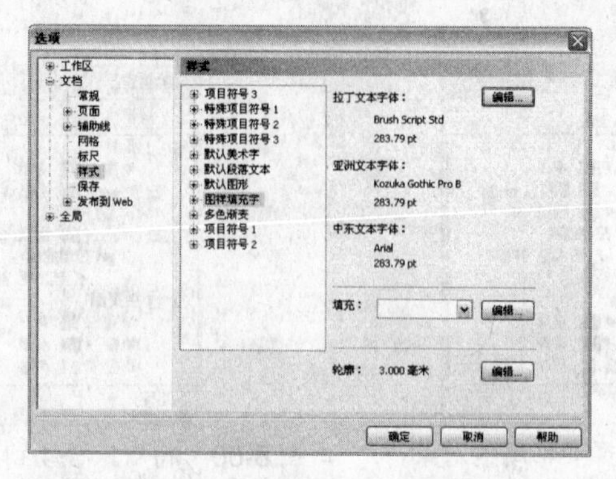

图 8-53 “选项”对话框

3 要修改文本属性和格式，可单击“拉丁文本字体”选项右边的“编辑”按钮，弹出如图 8-54 所示的“格式化文本”对话框，在其中可以修改文本的字符属性、段落格式、文本栏和段落文本效果等属性。

4 要修改文本样式中的填充和轮廓属性，可在“填充”下拉列表框中选择所需的填充类型，包括均匀填充、渐变填充、图样填充和底纹填充等，如图 8-55 所示。

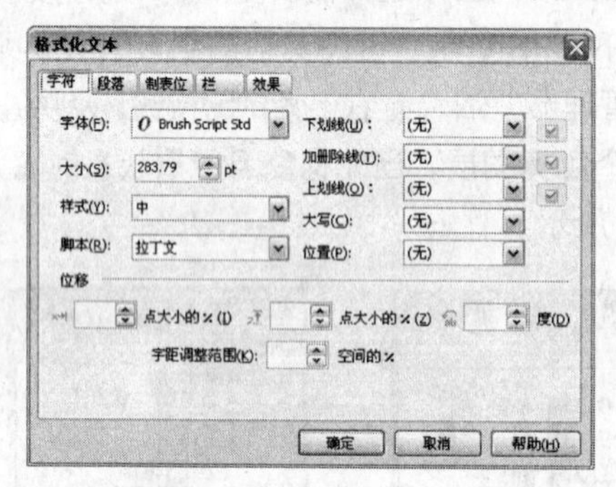

图 8-54 “格式化文本”对话框

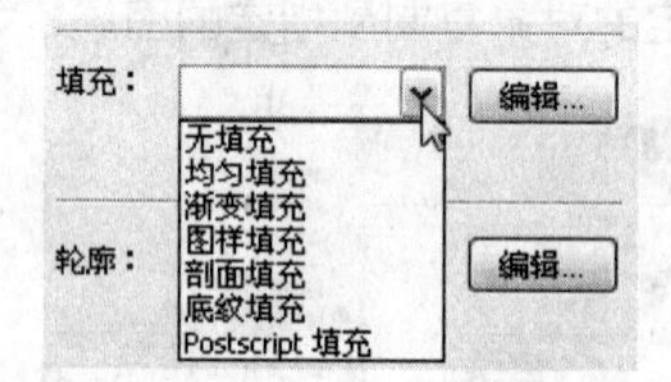

图 8-55 “填充”下拉列表框

5 选择所需的填充类型后，单击“填充”选项右边的“编辑”按钮，在弹出的填充设置对话框中可以设置所需的填充效果。如图 8-56 所示选择“渐变填充”类型后，单击“编辑”按钮，弹出的“渐变填充”对话框设置，在其中即可修改文本样式中的填充属性。

6 要修改文本样式中的轮廓属性，可在“选项”对话框中，单击“轮廓”选项右边的“编辑”按钮，在弹出的“轮廓笔”对话框中即可进行修改，如图 8-57 所示。

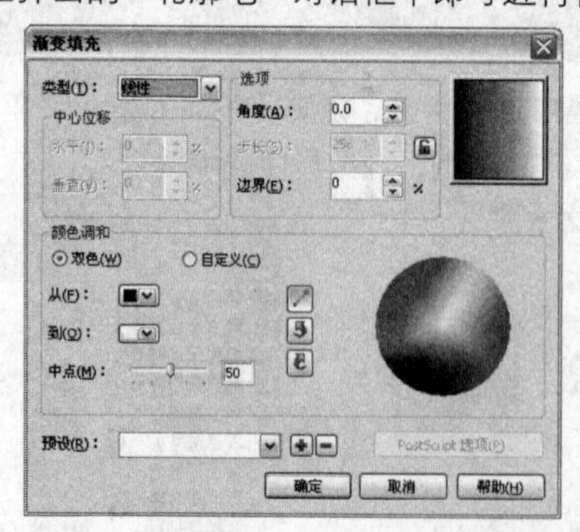

图 8-56 设置“渐变填充”对话框

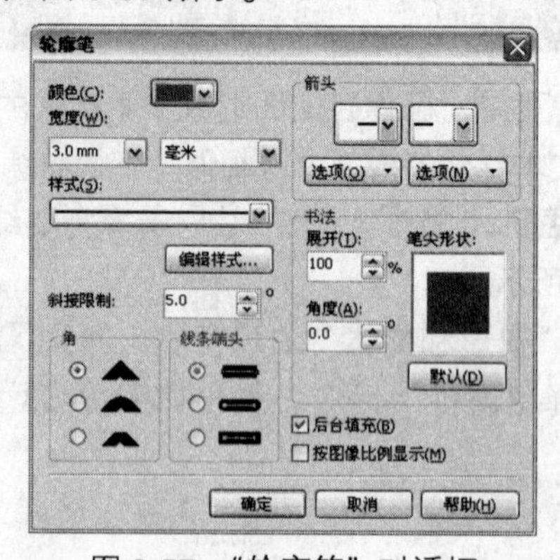

图 8-57 “轮廓笔”对话框

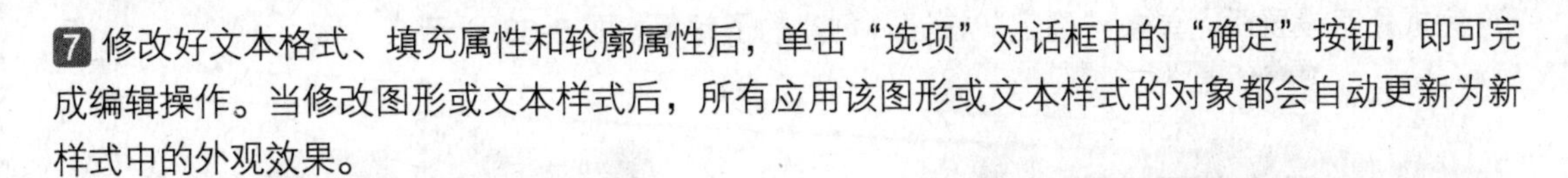

7 修改好文本格式、填充属性和轮廓属性后，单击“选项”对话框中的“确定”按钮，即可完成编辑操作。当修改图形或文本样式后，所有应用该图形或文本样式的对象都会自动更新为新样式中的外观效果。

3 怎样创建子颜色？

创建一个子颜色和多个子颜色的操作步骤分别如下。

1 在“颜色样式”泊坞窗中，选择要链接子颜色的颜色样式，然后单击“新建子颜色”按钮，弹出如图 8-58 所示的“创建新的子颜色”对话框。

2 分别拖动“饱和度”和“亮度”滑块，在选定的颜色样式基础上调整子颜色的饱和度和亮度，然后在“颜色名称”选项中为该颜色命名，如图 8-59 所示。

3 单击“确定”按钮，创建的子颜色如图 8-60 所示。

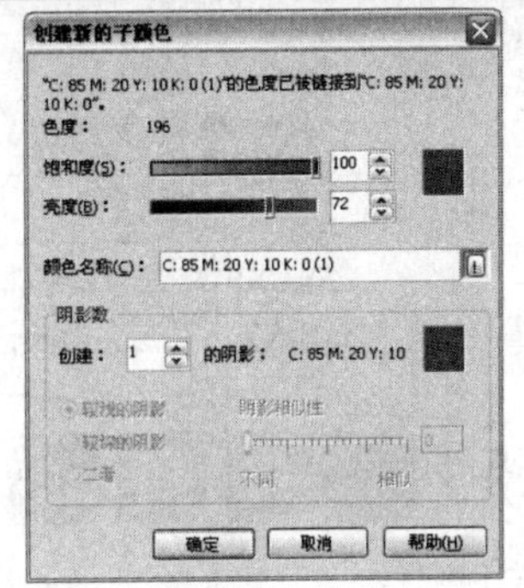

图 8-58　“创建新的子颜色”对话框

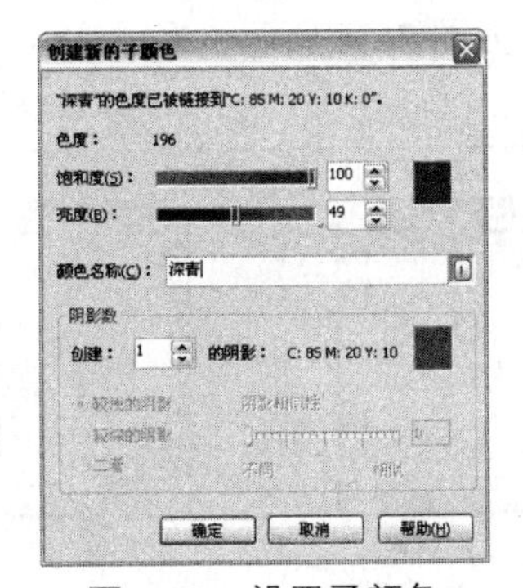

图 8-59　设置子颜色

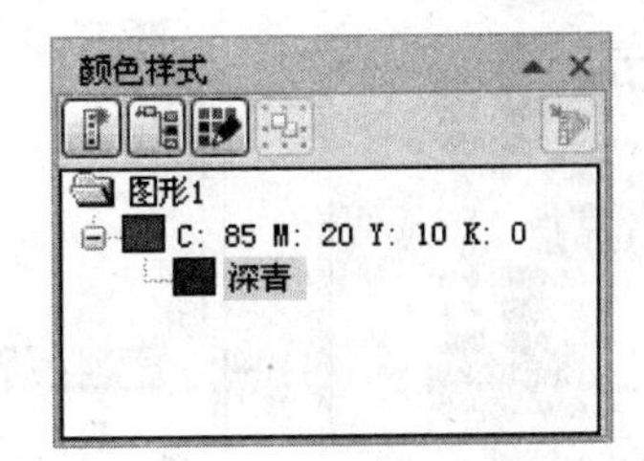

图 8-60　创建的子颜色

4 如果要创建多个子颜色，可在“颜色样式”泊坞窗中，选择要链接子颜色的颜色样式，然后单击“新建子颜色”按钮，弹出“创建新的子颜色”对话框。

5 在“阴影数”选项栏的“创建”数值框中输入所要创建的子颜色数量，当该选项值大于 1 时，该选项栏中的其他选项将被激活，如图 8-61 所示。

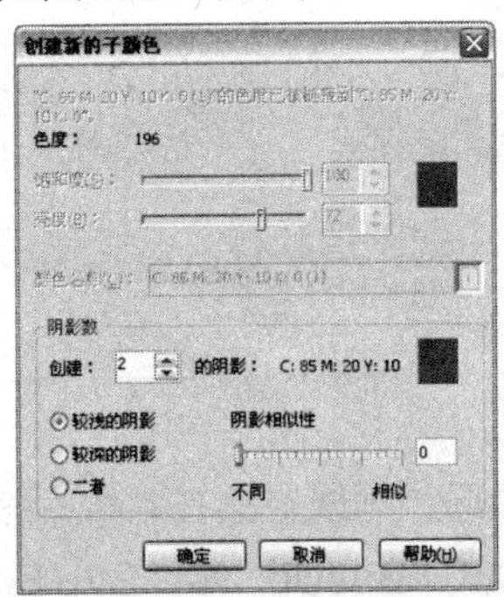

图 8-61　激活后的“阴影数”选项栏

6 选中“较浅的阴影”单选按钮，可创建比父颜色浅的子颜色；选中“较深的阴影”单选按钮，可创建比父颜色较深的子颜色；选中“二者”单选按钮，可创建同等数量的较深或较浅的子颜色。

7 在“阴影相似性”选项中，向左拖动滑块可以创建差异较大的阴影。向右拖动滑块可以创建极其相似的阴影，如图 8-62 所示。

8 完成所有设置后，单击“确定”按钮，创建的子颜色如图 8-63 所示。

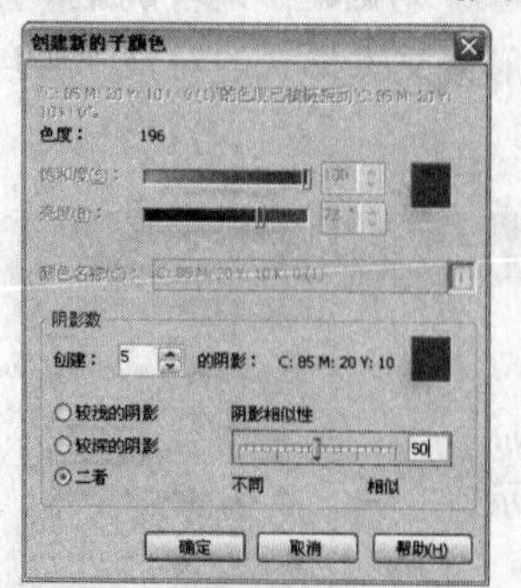

图 8-62 完成后的子颜色设置

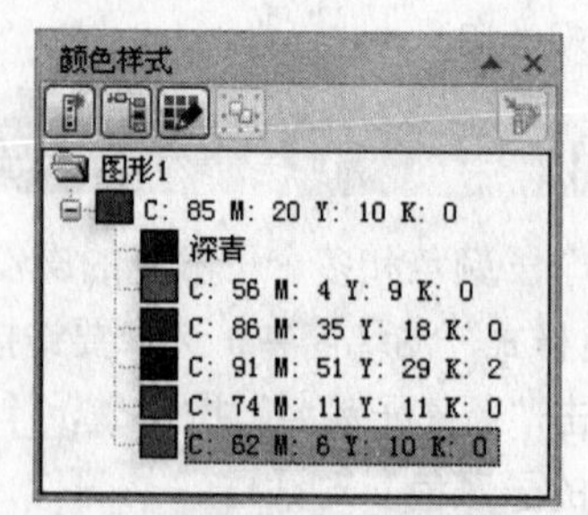

图 8-63 创建的多个数量的子颜色

8.5 上机实践

（1）新建一个图形文件，在该文件中插入两个新的页面，然后在“对象管理器”泊坞窗中新建一个主图层，再在绘图页面上添加一个背景对象，如图 8-64 所示，最后使用“页面排序器视图”命令查看每个页面的效果，如图 8-65 所示。

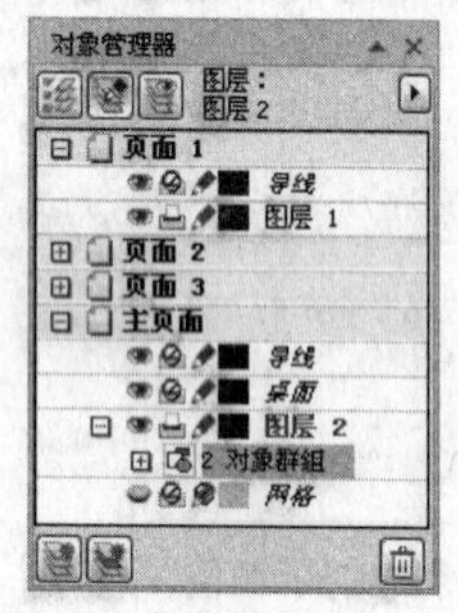

图 8-64 在主图层中添加对象

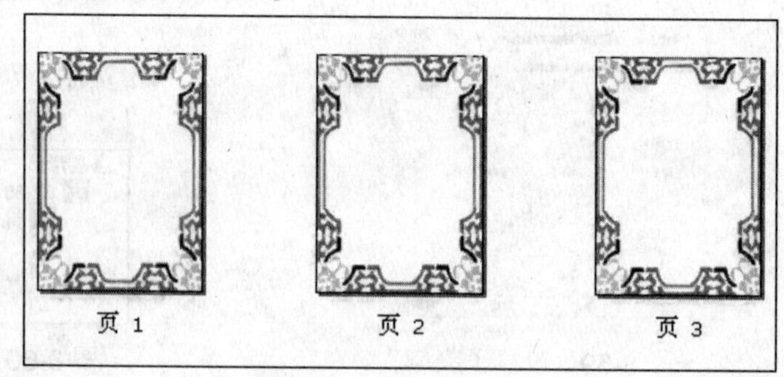

图 8-65 所有绘图页面的效果

（2）使用文本工具创建一个美术文本，为其设置相应的字体、字体大小和颜色，并为其添加相应颜色的轮廓，然后将该文本中的外观属性保存为文本样式，再将该样式应用到其他的文本上，以体会在绘图时应用样式所带来的便捷性。

8.6 巩固与提高

本章主要介绍了 CorelDRAW X4 中的图层和样式及其使用方法。希望用户通过完成下面的习题巩固前面学习到的知识。

1．单项选择题

（1）要将对象移动到上一个图层，可以在选择对象后按下（　　）组合键。

A．Ctrl+Home　　B．Ctrl+PageUp　　C．Ctrl+End　　D．Shift+PageUp

（2）将对象创建在（　　）上，可以使当前文档中的每个绘图页面上都能添加该对象。

A．默认页面　　B．主页面　　C．主图层　　D．桌面图层

（3）图形样式中包括填充和（　　）属性。

A．文本　　B．轮廓　　C．图层　　D．效果

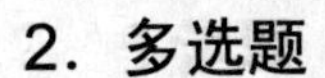

2. 多选题

（1）CorelDRAW 中不能被删除的图层和页面包括（　　）。

A．默认页面　　B．导线图层　　C．桌面图层　　D．网格图层

（2）CorelDRAW 中的样式包括（　　）。

A．图形样式　　B．文本样式　　C．轮廓样式　　D．颜色样式

3. 判断题

（1）在“对象管理器”泊坞窗中不能删除被锁定的图层。（　　）

（2）CorelDRAW 可以对创建的父颜色与子颜色进行编辑。当更改父颜色后，该父颜色中的所有子颜色的色度、饱和度和亮度都会根据父颜色的改变而自动更新。同时，当更改子颜色后，父颜色也会随着发生改变。（　　）

（3）用户可以修改图形和文本样式中的外观属性设置，当修改样式后，所有应用该样式的对象都将更新为新样式中的外观效果。（　　）

读书笔记

第9章

位图的编辑处理

在进行绘画创作和平面设计工作时，通常都会将矢量图和位图结合使用。因为矢量图和位图各有其优缺点，因此，在设计中结合使用矢量图和位图，可以使画面更加丰富。CorelDRAW X4 拥有丰富的位图处理功能，在 CorelDRAW X4 中可以调整位图的色调、更改位图颜色模式，以及将位图和矢量图互相转换。

学习指南

- 导入位图
- 位图的简单调整
- 矢量图转换为位图
- 调整位图的颜色和色调
- 调整位图的色彩效果
- 校正位图的色斑效果

精彩实例效果展示 ▲

9.1 导入位图

CorelDRAW 不能打开任何格式的位图，但可以通过导入功能将其导入到当前文件中，具体操作步骤如下。

1 执行“文件”→ “导入”命令，或者单击标准工具栏中的“导入”按钮，也可以按下 Ctrl+I 组合键，打开“导入”对话框，如图 9-1 所示。

2 选中预览窗口下方的“预览”复选框，这样在选择需要导入的图像文件后，可以在预览窗口中显示该图像的缩览图。

3 在“查找范围”下拉列表框中查找到图像文件所在的位置，然后在文件列表框中选择需要导入的图像文件，如图 9-2 所示。

4 单击“导入”按钮，光标将变为标尺状态，并在光标右下方显示将要导入的图像文件的名称、尺寸大小，以及下一步操作提示，如图 9-3 所示。

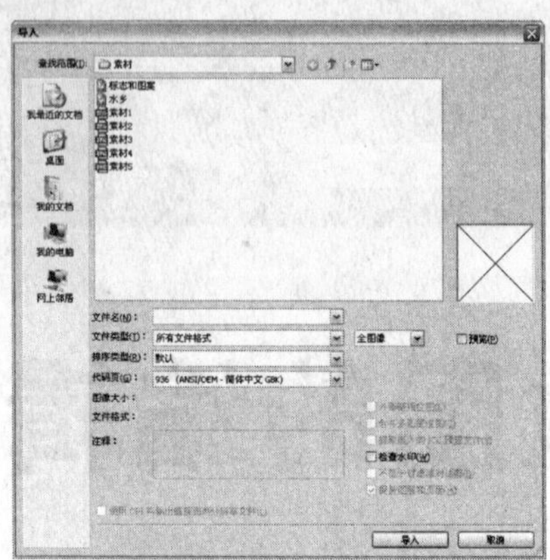

图 9-1 “导入”对话框

图 9-2 选择需要导入的文件

素材3.jpg
w: 361.244 mm, h: 270.933 mm
单击并拖动以便重新设置尺寸。
按 Enter 可以居中。
Press Spacebar to use original position.

图 9-3 导入文件时的提示信息

5 在绘图窗口中单击，可以按原始图像大小导入位图；在导入时按下 Enter 键，可以使导入的位图与页面居中对齐；在导入时按住鼠标左键并拖出一个红色的选取框，如图 9-4 所示，松开鼠标后，将按虚线框的大小导入位图，如图 9-5 所示。

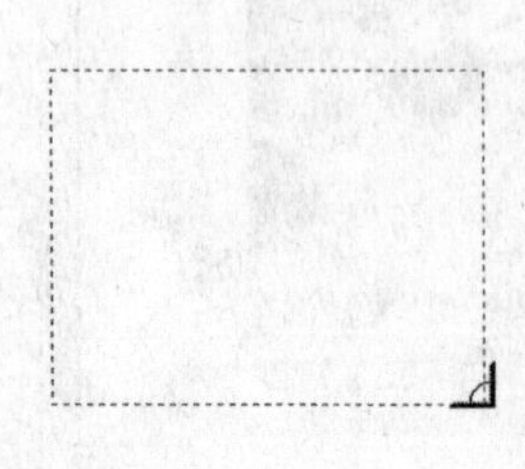

图 9-4 拖动鼠标

图 9-5 导入位图

在“导入”对话框中，各个复选框选项的功能如下。

- 选中“外部链接位图”复选框，可以从外部链接位图，而不是将它嵌入到 CorelDRAW 文件中。
- 选中“合并多图层位图”复选框，在导入包含有多个图层的位图时，可以自动合并该位图中的图层。
- 选中“提取嵌入的 ICC 预置文件”复选框，可以将嵌入的国际颜色委员会（ICC）预置文件保存到安装 应用程序路径下的颜色文件夹中。
- 选中“检查水印”复选框，可以检查水印的图像及其包含的任何信息（如版权）。
- 选中“不显示过滤器对话框”复选框，不用打开对话框就可以使用过滤器的默认设置。
- 选中“保持图层和页面”复选框，在导入文件时可以保留图层和页面。取消选中该复选框，则导入的位图中的所有图层都将被合并到单个图层中。

9.2 位图的简单调整

在 CorelDRAW X4 中导入位图后，用户可以根据绘图的需要，对位图进行裁剪、重新取样和进一步的编辑。

9.2.1 裁剪位图

CorelDRAW 可以将位图中不需要的部分裁剪，以调整画面的构图或只保留所需要的部分。裁剪位图的方式有以下 3 种，下面分别进行介绍。

1. 在导入位图时裁剪

在导入位图时裁剪图像的操作步骤如下。

1 单击标准工具栏中的“导入”按钮，弹出“导入”对话框，在其中选择需要导入的位图，并在如图 9-6 所示的下拉列表框中选择“裁剪”选项。

2 单击“导入”按钮，弹出如图 9-7 所示的“裁剪图像”对话框。

图 9-6　选择“裁剪”选项

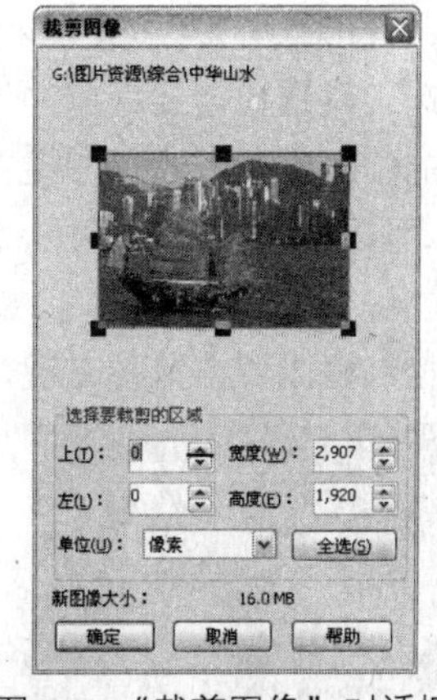

图 9-7　“裁剪图像”对话框

3 在预览窗口中的图像四周将出现裁剪控制框。拖动控制框上的控制点，可以调整裁剪的范围，如图 9-8 所示。在控制框内按下鼠标左键并拖动，可以调整控制框的位置，如图 9-9 所示。位于控制框内的图像将被保留并导入到 CorelDRAW 文件中，控制框外的图像将被裁剪掉。

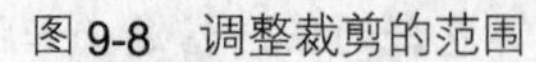

图 9-8 调整裁剪的范围　　图 9-9 移动控制框的位置

4 除了手动调整控制框的大小外，还可以在“选择要裁剪的区域”选项栏中设置控制框的大小，以精确控制所要导入的图像范围。在“新图像大小”选项中，将显示裁剪后的图像大小。

- “上”选项用于设置控制框离图像顶部边缘的距离。
- “左”选项用于设置控制框离图像左边边缘的距离。
- “宽度”选项用于设置控制框的宽度。
- “高度”选项用于设置控制框的高度。
- 单击“全选”按钮，控制框将框选全部的图像范围。

5 设置好裁剪区域后，单击“确定”按钮，即可导入控制框以内的图像，如图 9-10 所示。

图 9-10 导入裁剪后的图像

2. 使用裁剪工具

在导入位图后，还可以使用裁剪工具来裁剪位图。

1 使用挑选工具选择需要裁剪的位图，然后将工具切换到裁剪工具。

2 在选定的位图上按下鼠标左键并拖动，创建一个裁剪控制框，如图 9-11 所示。拖动控制框上的控制点，可以调整裁剪的范围，如图 9-12 所示。在控制框内按下鼠标左键并拖动，可以移动控制框的位置。

3 在裁剪控制框内双击鼠标左键，即可裁剪掉位于控制框以外的所有图像，如图 9-13 所示。

图 9-11 创建裁剪控制框

图 9-12 调整裁剪范围

图 9-13 裁剪后的图像

在使用裁剪工具裁剪对象时，如果当前绘图窗口中存在有多个对象，那么在裁剪时未选择需要裁剪的对象时，使用裁剪工具将裁剪掉位于控制框以外的所有对象。因此，只需要裁剪绘图窗口中的某一个对象时，需要先将该对象选取。

3. 使用形状工具

使用形状工具可以将位图边缘裁剪为各种形状，其裁剪方法与编辑曲线形状的方法相同。使用形状工具单击需要裁剪的图像，此时在图像的边角上将出现如图 9-14 所示的控制线和控制节点，通过移动节点位置和调整控制线的形状，即可按控制线形状裁剪位置，如图 9-15 所示。

图 9-14 位图四周出现的控制框

图 9-15 调整位图边缘形状后的效果

小提示

需要注意的是，使用形状工具只是改变图像边缘的形状，它并不能将图像中未被显示的区域删除掉。而使用裁剪工具则可以裁剪掉位于控制框以外的图像区域。

9.2.2 重新取样位图

对位图重新取样时，可以重新设置图像像素，以更改图像和分辨率。通常情况下，当放大分辨率不高的图像时，可能会丢失图像的细节。在这种情况下，可以通过重新取样，增加图像的像素，以保留原图像更多的细节。

1 单击标准工具栏中的“导入”按钮，在弹出的“导入”对话框中选择需要导入的图像，并在“全图像”下拉列表中选择“重新取样”选项，如图 9-16 所示，然后单击“导入”按钮，弹出如图 9-17 所示的“重新取样图像”对话框。

图 9-16 “导入”对话框

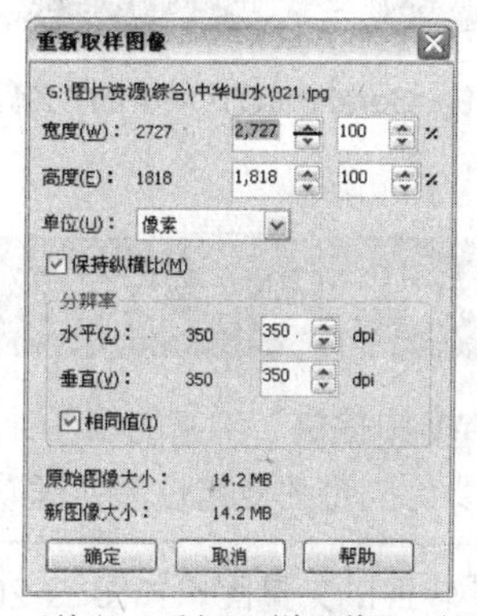

图 9-17 弹出“重新取样图像”对话框

2 在该对话框中可以更改图像的尺寸宽度和高度，重新设置图像的分辨率，以及消除调整图像大小后产生的锯齿等。

3 设置好图像的尺寸和分辨率等参数后，单击“确定”按钮，即可完成重新取样图像的操作。

4 如果要对导入到 CorelDRAW 中的图像进行重新取样，可通过以下的操作步骤来完成。

5 选择绘图窗口中的图像，然后执行“位图”→“重新取样”命令，或单击属性栏上的“重新取样位图”按钮，弹出如图 9-18 所示的“重新取样”对话框。

图 9-18 “重新取样”对话框

6 在“图像大小”选项栏中设置图像的宽度和高度，并在“分辨率”选项栏中设置图像的分辨率大小，然后选择适合的测量单位。

7 选中“光滑处理”复选框，对图像中的曲线外观进行光滑处理。选中“保持纵横比”复选框，则在设置图像大小时，原始图像中的宽度和高度比例不变。

8 设置好图像大小和分辨率后，单击“确定”按钮，完成重新取样位图的操作。

9.2.3 编辑位图

利用 CorelDRAW X4 中提供的图像编辑程序——Corel PHOTO-PAINT X4，可以完成对位图的进一步编辑。

选择一个图像，然后执行“位图”→“编辑位图”命令，或单击属性栏上的“编辑位图”按钮 编辑位图(E)...，即可启动 Corel PHOTO-PAINT X4，并且选定的图像将会显示在 Corel PHOTO-PAINT 的图像窗口中，如图 9-19 所示。

图 9-19 Corel PHOTO-PAINT X4 工作窗口

要详细了解在 Corel PHOTO-PAINT X4 中编辑图像的方法，可在 Corel PHOTO-PAINT X4 中执行“帮助”→“帮助主题”命令，然后通过帮助功能查看 Corel PHOTO-PAINT X4 的用法。

9.3 矢量图转换为位图

CorelDRAW 中提供了丰富的位图处理功能，但这些功能不能应用于矢量图，如位图的特殊效果等。要为矢量图应用位图处理功能，可以先将矢量图转换为位图。

1 选择需要转换的矢量图，如图 9-20 所示，然后执行“位图”→“转换为位图”命令，弹出如图 9-21 所示的“转换为位图”对话框。

图 9-20　选中转换的对象

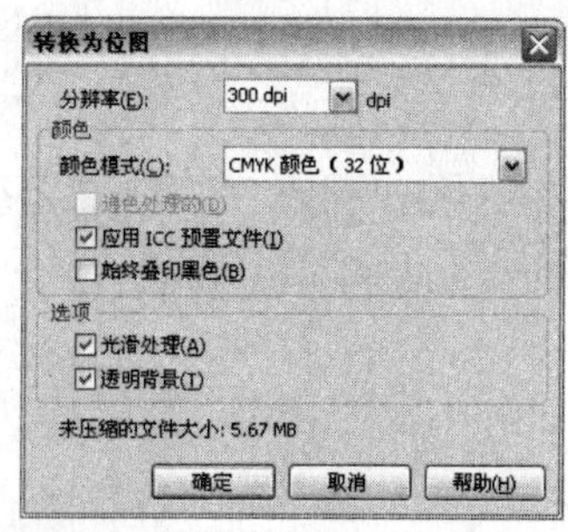

图 9-21　“转换为位图”对话框

2 在“分辨率”选项中设置适当的分辨率大小，然后在对话框底部会显示该分辨率下未被压缩的文件大小。用户可参考此处显示的文件大小来设置适当的分辨率，以免分辨率设置得过高，浪费资源。

3 在“颜色模式”下拉列表框中选择适合的颜色模式。如果当前文件要用于印刷，就必须选择“CMYK 颜色（32 位）”模式。

4 选中“光滑处理”复选框，对转换后的位图边缘进行光滑处理。选中“透明背景”复选框，将保留矢量图中的透明效果。

5 设置好所有选项后，单击“确定”按钮，即可将选定的矢量图转换为位图，如图 9-22 所示。矢量图转换为位图后，当放大图像到一定的显示比例后，就可以看到图像中的像素块，如图 9-23 所示。

图 9-22　转换为位图的矢量图

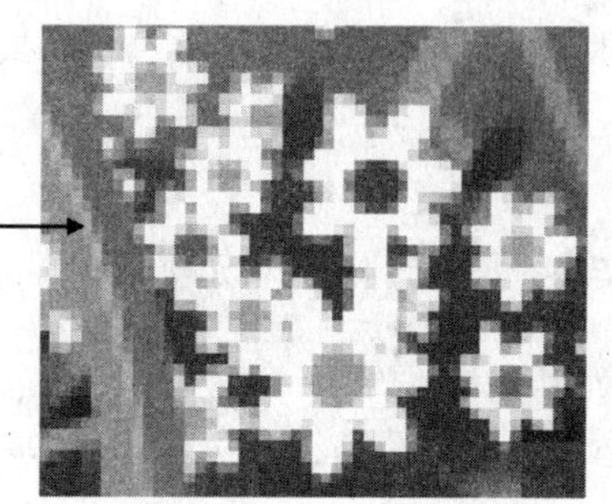

图 9-23　放大显示效果

9.4 调整位图的颜色和色调

CorelDRAW 可以对位图中存在的色彩和色调问题进行有效的校正，包括色调偏亮或偏暗、颜色失真、缺乏对比度和色彩不够饱和等问题。通过调整图像的色彩，可以提高图像的质量，恢复图像中因过暗或过亮而丢失的细节。

9.4.1 高反差

“高反差”命令用于调整位图中输出颜色的浓度，该命令通过重新分配最暗区域到最亮区域颜色的浓淡程度，来调整图像中的阴影、中间色调和高光，同时不会丢失高光区域和阴影区域中的图像细节。用户也可以通过定义色调范围的起点和终点，使图像在整个色调范围内重新分布像素值。

选择需要调整的图像，执行“效果”→“调整”→“高反差”命令，弹出如图 9-24 所示的“高反差”对话框。

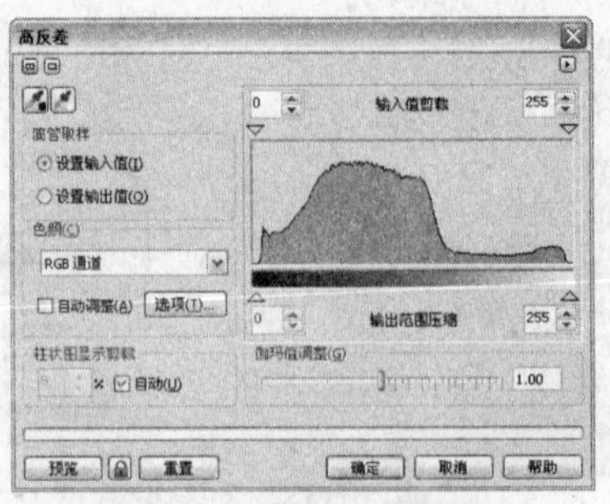

图 9-24 “高反差”对话框

● 单击按钮，然后在原始图像中的阴影区域内单击，对阴影颜色进行取样，如图 9-25 所示。单击按钮，在原始图像中的高光区域内单击，对高光颜色进行取样，如图 9-26 所示。这样便于在指定的最暗和最亮区域中重新分配颜色的浓淡。在执行最暗区域和最亮区域后，单击“浏览”按钮，可以预览调整后的图像色调效果，如图 9-27 所示。

图 9-25 取样图像中最暗的颜色

图 9-26 取样图像中最亮的颜色

图 9-27 调整后的图像色调

在取样图像中最暗和最亮的颜色时，如果取样准确，则图像色调就会得到很好的校正。反之，效果可能不太明显。

● 单击“高反差”对话框左上方的“显示预览窗口”按钮，可以使对话框切换为双窗口模式，如图 9-28 所示。在此种显示模式下，左边的窗口用于显示原始图像，右边的窗口用于显示调整后的图像。

● 单击“隐藏预览窗口”按钮，对话框中只显示一个预览窗口，该窗口用于显示调整后的图像效果，如图 9-29 所示。

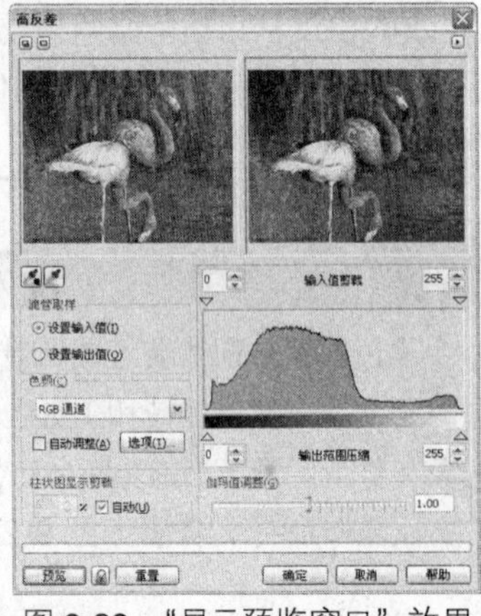

图 9-28 “显示预览窗口”效果

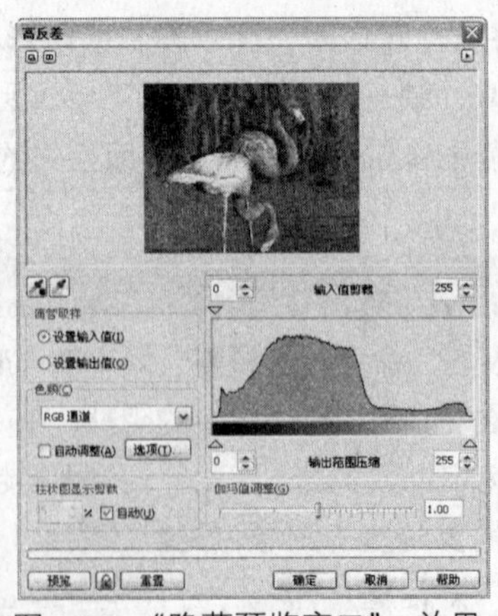

图 9-29 “隐藏预览窗口” 效果

- 选中“设置输入值”单选项，然后设置最小值和最大值，以定义颜色重新分布的范围。
- 选中“设置输出值”单选项，可以在“输出范围压缩”选项中设置最小值和最大值。
- 选中“自动调整”复选框，在色阶范围内自动分布像素值。
- 单击“选项”按钮，弹出如图 9-30 所示的“自动调整范围”对话框，在其中可以设置自动调整的色阶范围。
- 单击“重置”按钮，将对话框恢复为系统默认设置。

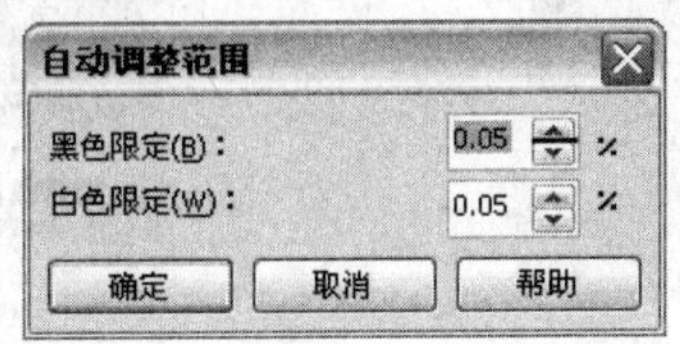

图 9-30 “自动调整范围”对话框

9.4.2 局部平衡

“局部平衡”命令可以提高图像中边缘轮廓处的颜色对比度，更好地显示高光区域和阴影区域中的图像细节。

1 选择需要调整的图像，执行“效果”→“调整”→“局部平衡”命令，打开如图 9-31 所示的“局部平衡”对话框。

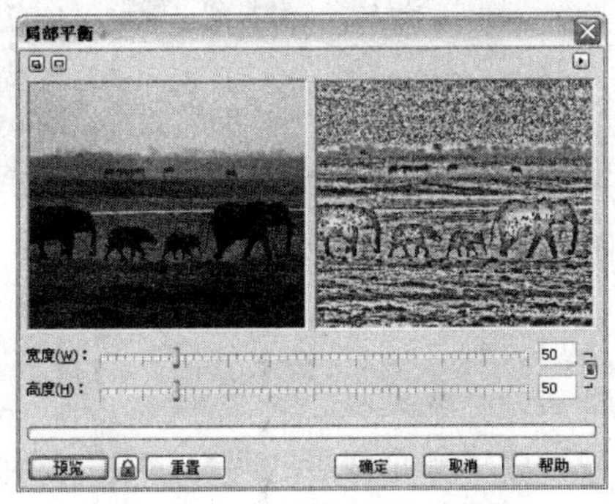

图 9-31 “局部平衡”对话框

2 单击“宽度”和“高度”选项右边的锁定按钮，可以锁定“宽度”和“高度”值，这样调整其中一个选项值时，另一个选项值也会保持相同的参数。如果要单独调整“宽度”和“高度”值，可以单击按钮，将其解锁。

3 分别拖动“宽度”和“高度”滑块，设置像素局部区域的宽度和高度值，然后单击“确定”按钮即可。

9.4.3 取样/目标平衡

“取样/目标平衡”命令是通过取样图像中的色样，包括阴影色调、中间色调和高光色调，然后将目标颜色应用于每个色样，以调整位图的颜色。

1 选择需要调整的图像，执行“效果”→“调整”→“取样/目标平衡”命令，弹出如图 9-32 所示的“取样/目标平衡”对话框。

2 在“通道”下拉列表框中，选择需要调整的颜色通道。

3 选择该对话框中的工具，在原始图像上单击阴影颜色，对阴影颜色进行取样。选择工具，单击原始图像中的中间色调，对中间色调进行取样。选择[icon]，单击原始图像中的高光颜色，对高光颜色进行取样，此时的对话框设置如图 9-33 所示。

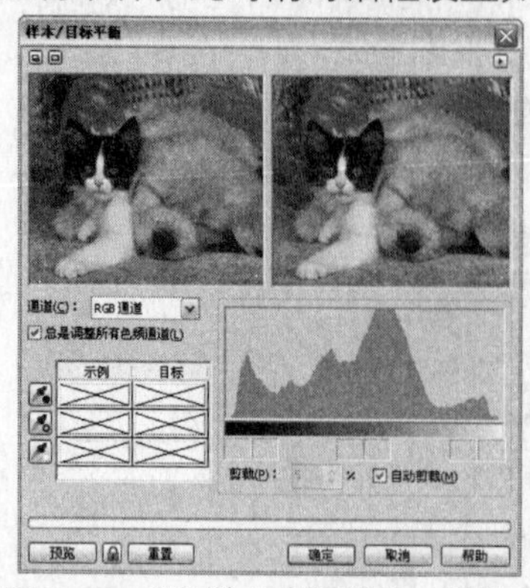

图 9-32 “取样/目标平衡”对话框

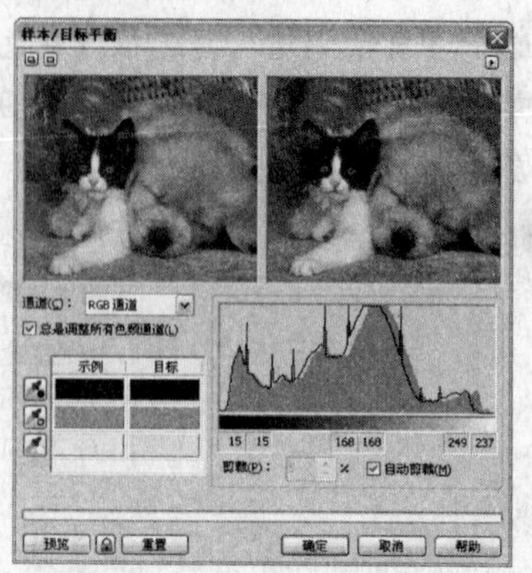

图 9-33 取样颜色后的对话框设置

4 单击“预览”按钮，预览调整后的图像色调，如图 9-34 所示。得到满意的效果后，单击“确定”按钮，完成调整操作。

图 9-34 原始图像和调整色调后的图像

9.4.4 调合曲线

“调合曲线”命令用于改变图像中单个像素的阴影、中间调和高光值，以精确地调整图像的局部颜色。

1 选择需要调整的图像，执行“效果”→“调整”→“调合曲线”命令，弹出如图 9-35 所示的“调合曲线”对话框。

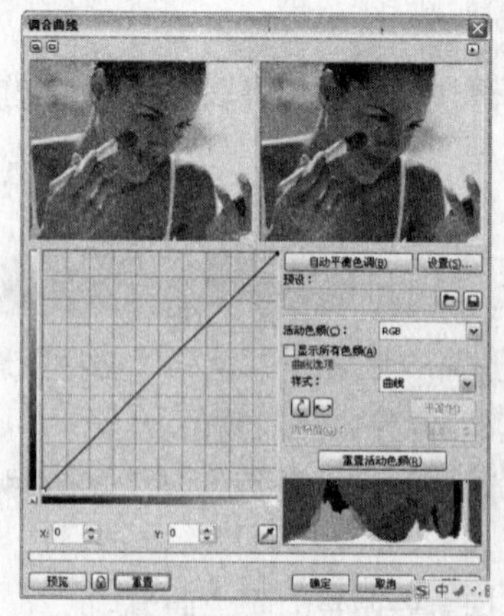

图 9-35 “调合曲线”对话框

2 在曲线调节器上单击，可以在单击处添加一个节点。向左上角拖动该节点，可以使图像变亮，如图 9-36 所示。向右下角拖动节点，可以使图像变暗。如果调整后的曲线呈“S”形，那么可以使图像中亮的部分越亮，暗的部分越暗，从而增强图像的对比度，如图 9-37 所示。

3 单击“预览”按钮，预览调整后的色调效果。单击“确定”按钮，完成调整操作。

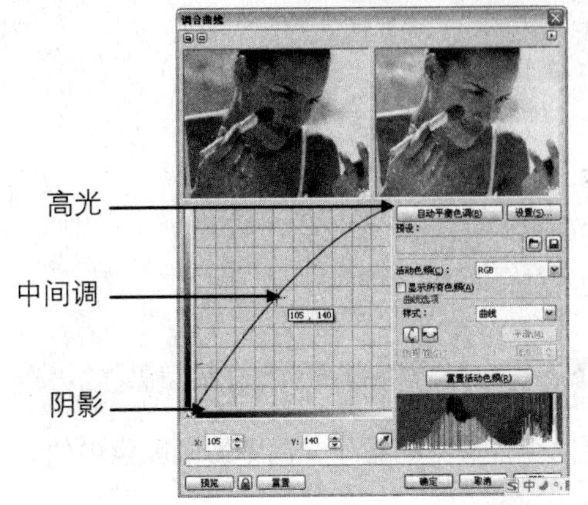

图 9-36　“调和曲线”对话框的设置

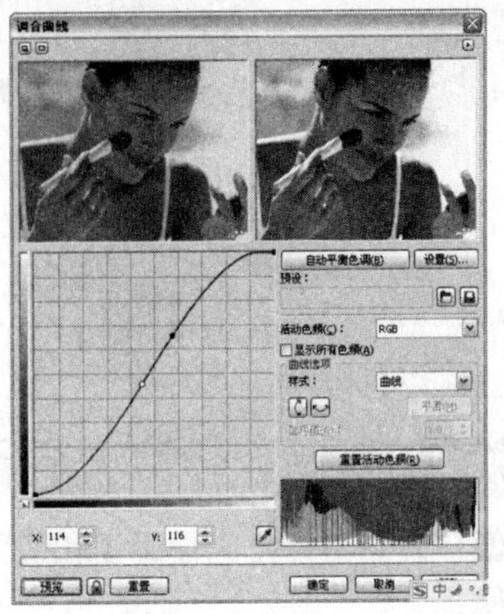

图 9-37　“S”形曲线的调整效果

9.4.5　亮度/对比度/强度

“亮度/对比度/强度”命令用于调整矢量图和位图中所有颜色的亮度，以及高光与阴影色调的对比度。

选择需要调整的矢量图或位图，执行“效果”→“调整”→“亮度/对比度/强度”命令，在弹出的“亮度/对比度/强度”对话框中设置亮度、对比度和强度值，然后单击“预览”按钮，预览调整后的效果，如图 9-38 所示。如果不需要再调整色调，单击“确定”按钮即可。

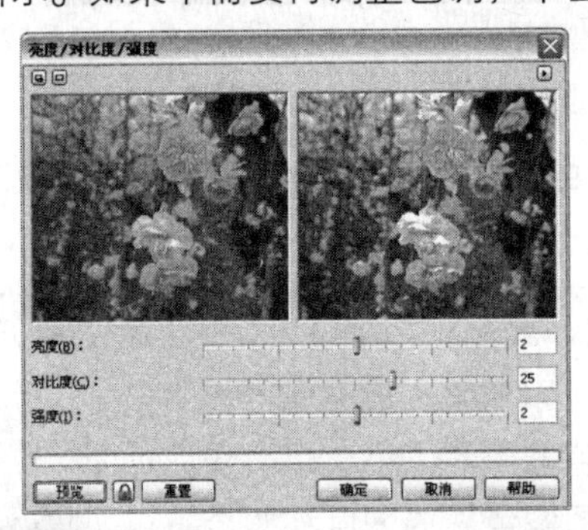

图 9-38　“亮度/对比度/强度”对话框设置

9.4.6　颜色平衡

“颜色平衡”命令用于将矢量图和位图中的青色或红色、品红或绿色、黄色或蓝色添加到位图中，以平衡图像颜色，校正该图像中色彩失真的问题。

选择需要调整的矢量图或位图，执行“效果”→“调整”→“颜色平衡”命令，弹出“颜色平衡”对话框，在其中的“范围”选项栏中选择所要调整的颜色范围，然后在“色频通道”选项栏中设置所要添加颜色的量，再单击“预览”按钮，预览调整后的效果，如图 9-39 所示。最后单击“确定”按钮，完成操作。

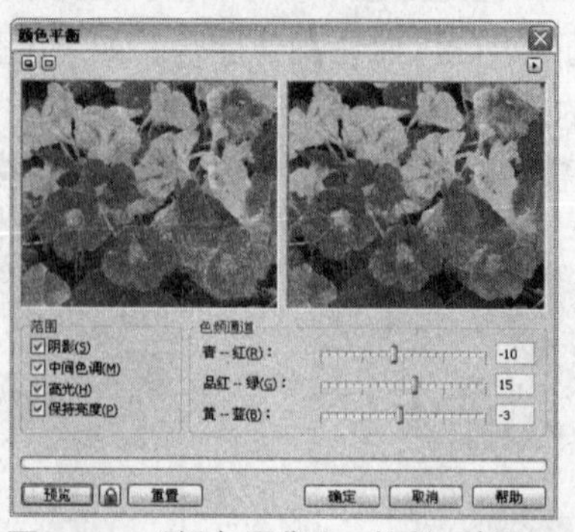

图 9-39 “颜色平衡”对话框的设置

9.4.7 伽玛值

“伽玛值”命令用于强化矢量图和位图中较低对比度区域中的细节，而不影响图像中的阴影或高光区域。

选择需要调整的矢量图或位图，执行“效果”→“调整”→“伽玛值”命令，在弹出的“伽玛值”对话框中设置应用伽玛值效果的程度，然后单击“预览”按钮，预览调整后的图像色调，如图 9-40 所示。再单击“确定”按钮，完成操作。

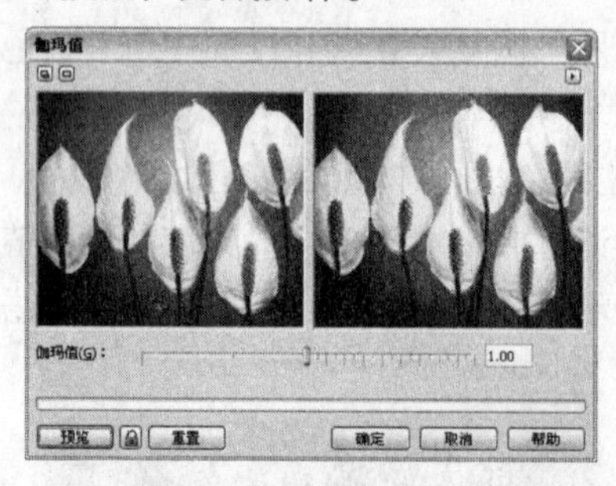

图 9-40 设置“伽玛值”对话框完成效果

9.4.8 色度/饱和度/亮度

“色度/饱和度/亮度”命令可以调整矢量图和位图中的色频通道，并更改颜色在色谱中的位置，以改变图像的色相，同时还可以调整图像色彩的浓度和整个色调的亮度。

选择需要调整的矢量图或位图，执行“效果”→“调整”→“色度/饱和度/亮度”命令，在弹出的“色度/饱和度/亮度”对话框中设置颜色的色度、饱和度和亮度值，然后单击“预览”按钮，预览调整后的图像颜色，如图 9-41 所示。再单击“确定”按钮，完成调整操作。

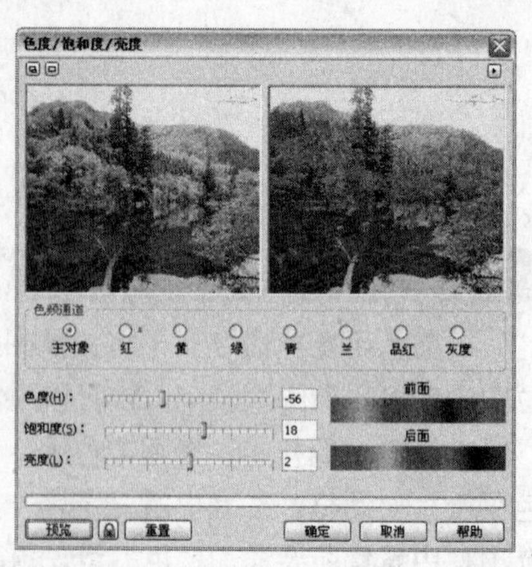

图 9-41 “色度/饱和度/亮度”对话框

9.4.9　所选颜色

“所选颜色”命令允许用户通过改变图像中的红、黄、绿、青、蓝或品红色谱中的青、品红、黄和黑的百分比含量，以改变指定的颜色。例如，降低绿色色谱中的青色百分比，可使整个绿色调偏黄。

1 选择需要调整的图像，执行“效果”→“调整”→“所选颜色”命令，弹出“所选颜色”对话框。

2 在“颜色谱”选项栏中选择需要调整的色谱，然后在“调整”选项栏中调整该色谱中青、品红、黄和黑的百分比含量。

3 单击“预览”按钮，预览调整后的颜色效果，如图 9-42 所示。

4 单击“确定”按钮，完成调整操作。

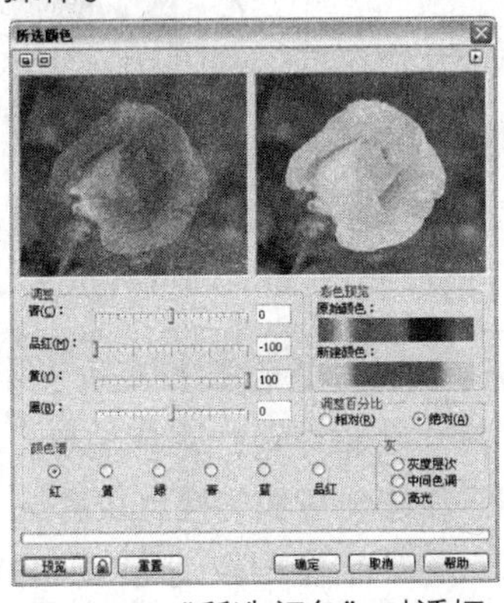

图 9-42　“所选颜色”对话框

9.4.10　替换颜色

CorelDRAW X4 允许用户使用一种指定的颜色来替换位图中另一种颜色，还可以为指定的颜色设置色度、饱和度和亮度。

1 选择需要调整的位图，执行“效果”→“调整”→“替换颜色”命令，打开如图 9-43 所示的“替换颜色”对话框。

2 单击“原颜色”选项右边的按钮，然后在原始图像上单击，选择需要更改的颜色。单击“新建颜色”选项右边的下三角按钮，在颜色选取器中设置一个新的颜色，如图 9-44 所示，该颜色将替换位图中选中的颜色。

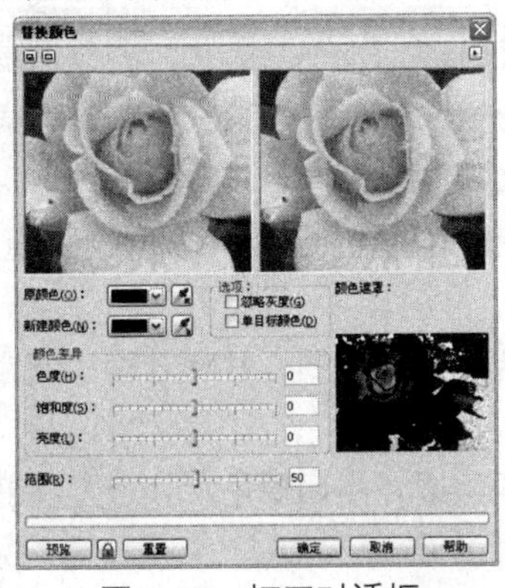

图 9-43　打开对话框

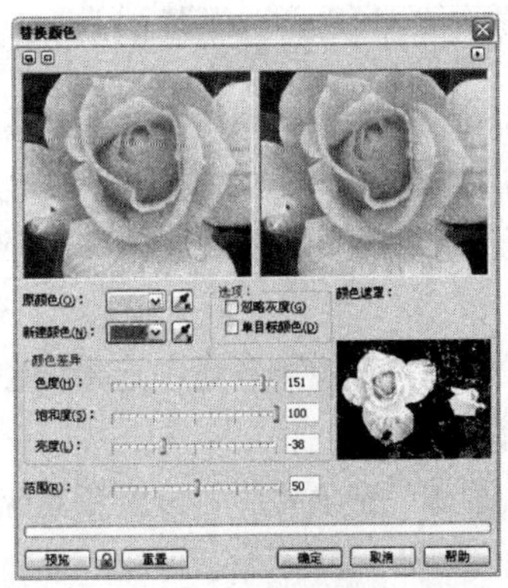

图 9-44　设置“替换颜色”对话框

3 在“颜色差异”选项栏中，设置新颜色的色度、饱和度和亮度，然后单击“预览”按钮，预

览替换指定颜色后的效果，如图 9-45 所示。

4 单击“确定”按钮，完成替换颜色的操作。

图 9-45　预览替换颜色后的效果

9.4.11　取消饱和

“取消饱和”命令用于取消位图中各种颜色的彩色信息，将每种颜色转换为与之具有相同亮度级别的灰度。因此，该命令用于将彩色图像转换为灰度图，但不会更改图像的颜色模式。

选择需要调整的图像，执行“效果→调整→取消饱和”命令，即可将其转换为灰度图，如图 9-46 所示。

图 9-46　取消饱和前后的图像对比

9.4.12　通道混合器

“通道混合器”命令用于混合色频通道，达到平衡位图颜色的效果。例如，如果位图颜色太蓝，可以调整 RGB 位图中的蓝色通道以提高图像质量。

1 选择需要调整的位图，执行“效果”→“调整”→“通道混合器”命令，弹出“通道混合器”对话框。

2 在“色彩模型”下拉列表框中选择调整图像时所使用的色彩模式，并在“输出通道”中选择所要调整的颜色通道。

3 在“输入通道”选项栏中，设置指定通道中各颜色的组成，然后单击“预览”按钮，预览调整后的效果，如图 9-47 所示。

4 设置完成后，单击“确定”按钮，完成调整操作。

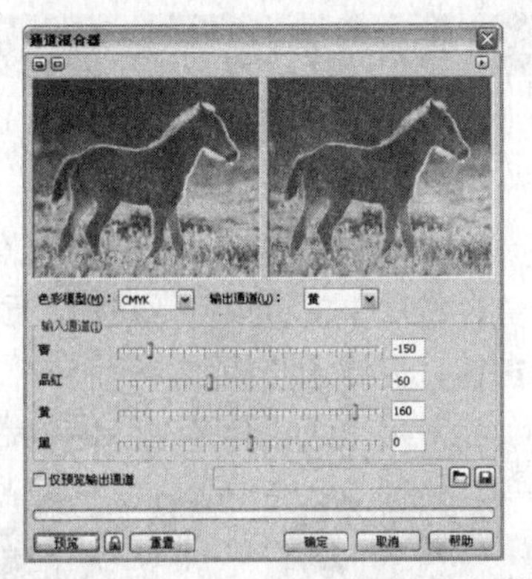

图 9-47　设置“通道混合器”对话框

9.5　调整位图的色彩效果

除了单独调整图像的颜色和色调外，CorelDRAW X4 还允许用户同时调整图像的颜色和色调，以使图像产生各种特殊的效果。

9.5.1　去交错

“去交错”命令用于从扫描或隔行显示的图像中删除线条。选择需要处理的图像，执行“效果”→“变换”→“去交错”命令，弹出“去交错”对话框，在其中选择扫描行的方式和替换方法，如图 9-48 所示，然后单击“确定”按钮即可。

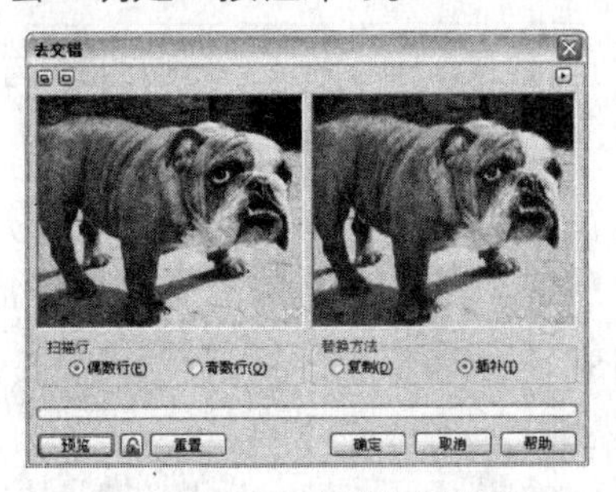

图 9-48　“去交错”对话框

9.5.2　反显

“反显”命令用于反转图像中的颜色，制作出摄影负片的效果。选择需要处理的图像，执行“效果”→“变换”→“反显”命令，得到如图 9-49 所示的效果。

图 9-49　图像的“反显”效果

9.5.3 极色化

“极色化”命令通过将图像中颜色相近的范围转换为纯色块，以减少图像的细节，使图像简单化。

选择需要调整的位图，执行“效果”→“调整”→“极色化”命令，在打开的“极色化”对话框中设置图像中的颜色层次值，然后单击“预览”按钮，预览调整后的效果，如图 9-50 所示。完成设置后，单击“确定”按钮，完成调整操作。

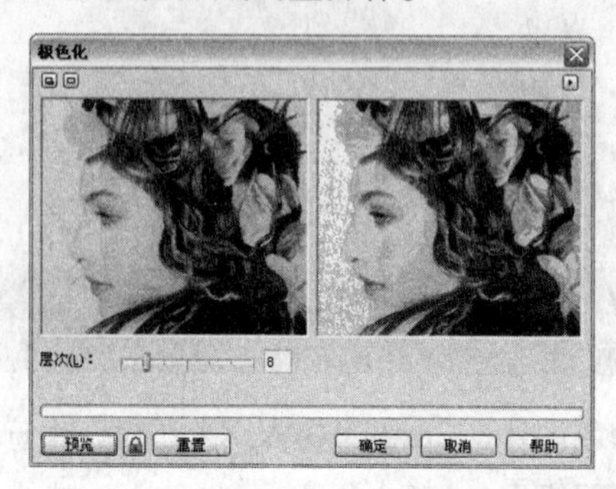

图 9-50 “极色化”效果

9.6 校正位图色斑效果

“校正”命令是通过更改图像中的相异像素来减少杂色，不过在减少杂色的同时，也可能会丢失图像细节，使图像变模糊。

选择需要调整的位图，执行“效果”→“校正”→“尘埃与刮痕”命令，在弹出的“蒙尘与刮痕”对话框中，设置调整图像的阈值和半径值，如图 9-51 所示，然后单击“确定”按钮即可。

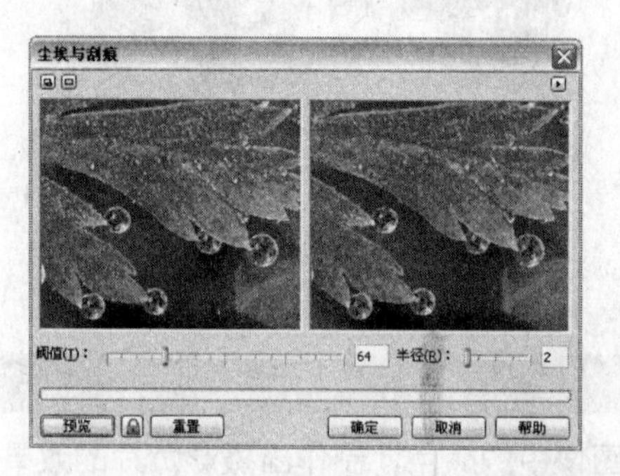

图 9-51 “尘埃与刮痕”对话框设置

9.7 更改位图的颜色模式

颜色模式是指图像在显示与打印输出时定义颜色的方式。常用的颜色模式包括 CMYK、RGB、灰度、HSB 和 Lab 等。下面介绍不同色彩模式的特点，以及在 CorelDRAW 中转换图像的颜色模式的方法。

9.7.1　黑白模式

黑白模式下的图像，只使用黑色和白色来表现图像层次，不过此种模式中的图像具有清楚的线条和轮廓，因此适用于表现艺术线条和一些简单的图形。

1 选择需要转换颜色模式的图像，执行“位图”→“模式”→“黑白”命令，弹出如图 9-52 所示的“转换为 1 位”对话框。

图 9-52　“转换为 1 位”对话框

2 在“转换方法”下拉列表框中，选择将位图由彩色转换为黑白的处理方法。选择不同的转换方法，其对话框设置和得到的黑白效果也各不相同。图 9-53 所示为分别选择“线条图”和“Jarvis”转换方法后的对话框设置和效果。

3 设置好各选项参数，然后单击“确定”按钮，即可完成转换操作。

图 9-53　“线条图”和“Jarvis“下的效果

在每次转换图像的颜色模式时，都可能会丢失颜色信息。因此，在转换颜色模式之前，应该先保存原图像，再将其转换为不同的颜色模式。

9.7.2　灰度模式

灰度模式与黑白模式不同，灰度模式是使用亮度（L）来定义颜色，颜色值的定义范围为 0 到 255，因此它采用不能亮度的灰度来表现图像的细节和层次。应用灰度模式后，将取消图像中的彩色信息，该模式可应用于灰度印刷。

选择需要转换颜色模式的图像，执行“位图”→“模式”→“灰度”命令，即可将选定的

图像转换为灰度，如图 9-54 所示。

图 9-54 对象转换为灰度模式效果

9.7.3 双色模式

CorelDRAW X4 可以将图像转换单色调、双色调、三色调或四色调的双色模式，用户可以使用任意 1 到 4 种颜色来构建图像中的整体色调，使图像呈现单一的色调效果。

执行“位图”→“模式”→“双色”命令，弹出如图 9-55 所示的“双色调”对话框，在该对话框的“类型”下拉列表框中，可选择双色模式的色调组成类型。

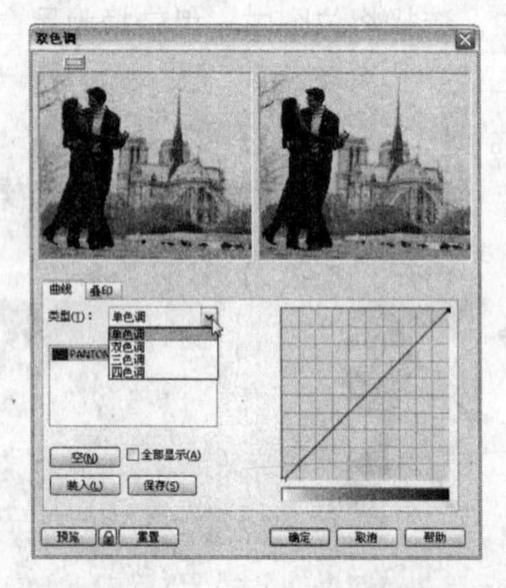

图 9-55 “双色调”对话框

在“双色调”对话框的“曲线”选项卡中，可以设置图像的整体色调颜色，还可以调整图像的亮度。

- 在选择所要应用的双色调类型后，在下方的颜色列表中，将显示相应数量的色样。在色样上双击鼠标左键，在弹出的“选择颜色”对话框中可以选择应用到图像中的色调颜色，如图 9-56 所示。

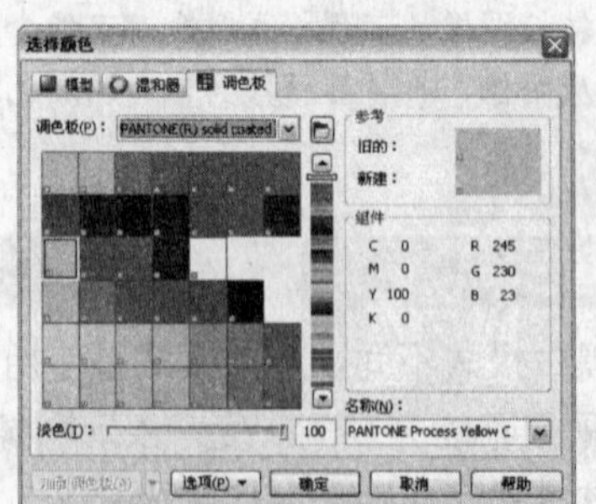

图 9-56 设置色调颜色

- 在颜色列表中选择一种颜色，在曲线编辑器中可以看到该颜色的色调曲线。在曲线上单击，可添加一个节点，拖动该节点可以调整选定颜色应用到图像上的颜色百分比，如图 9-57 所示。单击“空”按钮，可以删除曲线上添加的节点，使曲线回到默认状态。

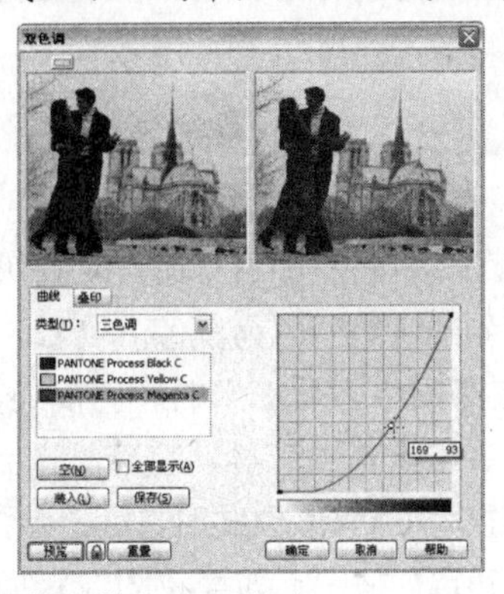

图 9-57　调整颜色应用到图像上的颜色百分比

- 在颜色列表中选择黑色样，然后在曲线编辑器中通过调整曲线形状，可以加深或减淡图像的色调。
- 选中“全部显示”复选框，显示当前色调类型中所有的色调曲线。
- 单击“装入”按钮，在弹出的“加载双色调文件”对话框中，可选择系统预设的双色调样本。
- 单击“保存”按钮，保存当前的双色调设置。

9.7.4　RGB 模式

RGB 模式中的 R、G、B 分别代表红色、绿色和蓝色，由这三种色彩叠加，可形成变化万千的色彩。RGB 模式中，各原色的取值范围为 0～255 之间。当 R、G、B 值为 0 时，得到的最终颜色为黑色。当 R、G、B 值为 255 时，得到的最终颜色为白色。RGB 模式非常广泛地应用于实际生活中，如电视、网络、幻灯和多媒体等领域。

选择需要转换颜色模式的位图，执行“位图”→“模式”→“RGB 颜色”命令，即可将图像转换为 RGB 模式。图 9-58 所示为 RGB 和 CMYK 颜色模式下显示的不同图像效果。

图 9-58　RGB 和 CMYK 颜色模式下显示的图像

9.7.5　Lab 模式

Lab 颜色模式在理论上包括了人眼所能观察到的所有色彩，它所能表现的色彩范围比其他任何色彩模式更为广泛。该颜色模式能产生与各种设备（如监视器、印刷机、扫描仪、打印机等）匹配的颜色，还可以作为中间色实现各种设备颜色之间的转换。

在将 RGB 模式转换为 CMYK 模式时，由于 RGB 包含的颜色数量比 CMYK 更多，因此为了保留更多的颜色信息，最好先将图像转换为 Lab 模式，再将其转换为 CMYK 颜色模式。

9.7.6 CMYK 模式

CMYK 颜色模式中的 C、M、Y、K，分别代表青色、品红、黄色和黑色，各种颜色的取值范围为 0%～100%之间。将不同百分比含量的四色混合，能够产生不同的颜色。当 C、M、Y、K 值均为 100 时，得到的最终颜色为黑色。当 C、M、Y、K 值均为 0 时，得到的最终颜色为白色。

CMYK 是在印刷中必须使用的颜色模式。在印刷之前，需要在输出中心将制作好的文件制作为青、品红、黄和黑 4 张菲林，将菲林送到印刷厂，就可以进行印刷了。

在将图像转换为 CMYK 模式时，系统会弹出如图 9-59 所示的“将位图转换为 CMYK 格式”对话框，单击“确定”按钮，即可将图像转换为 CMYK 模式。

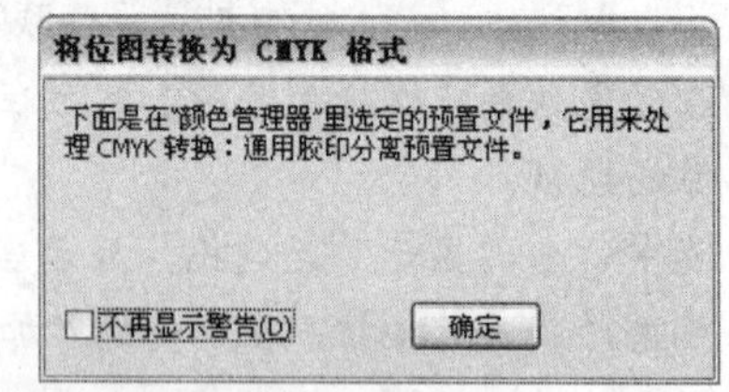

图 9-59　转换为 CMYK 模式时弹出的提示对话框

将图像由 RGB 模式转换为 CMYK 模式时，由于 RGB 模式的颜色空间比 CMYK 大，因此在转换后，图像中的高光部分可能会变暗，这是因为丢失了部分颜色信息的结果。这时即使再将图像由 CMYK 模式转换到 RGB 模式，也无法恢复图像中丢失的颜色信息。

现场练兵

制作图像特效

下面将通过制作一个特殊效果的图像，如图 9-60 所示，使读者掌握调整位图颜色、“变换”图像、更改图像颜色模式和为图像制作框架的方法。

图 9-60　原图像和处理后的图像效果

绘制该实例的具体操作方法如下。

1. 单击标准工具栏中的“导入”按钮，导入光盘中的“源文件与素材\第 9 章\素材\情侣.jpg”文件，然后选择该图像，如图 9-61 所示。
2. 执行“效果”→“调整”→“取消饱和”命令，将该图像转换为灰度图，如图 9-62 所示。

图 9-61、选择的图像

图 9-62　取消饱和后的图像

3 执行“效果”→“调整”→“极色化”命令，在打开的“极色化”对话框中，将“层次”参数设置为 8，如图 9-63 所示，然后单击“确定”按钮。

4 执行“位图”→“模式”→“双色”命令，弹出“双色调”对话框，在“类型”下拉列表框中选择“双色调”选项，然后在颜色列表中的黄色样上双击，在弹出的“选择颜色”对话框中选择如图 9-64 所示的色样，再单击“确定”按钮，回到“双色调”对话框。

图 9-63　设置“极色化”参数

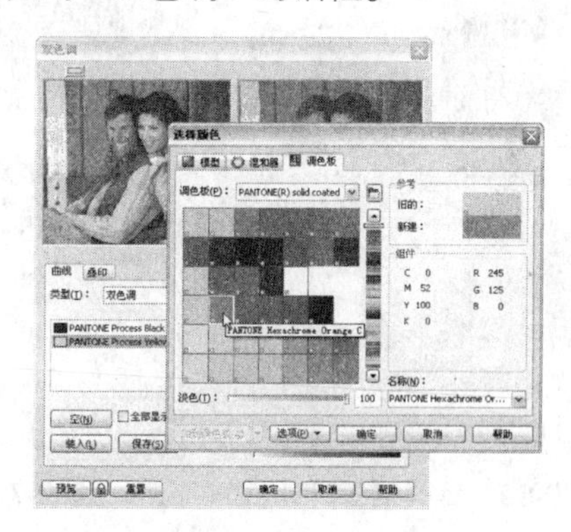

图 9-64　选择色样

5 在曲线编辑器中，向右下方拖动曲线，降低该颜色应用到图像中的百分比含量，如图 9-65 所示，然后单击“确定”按钮，调整后的图像效果如图 9-66 所示。

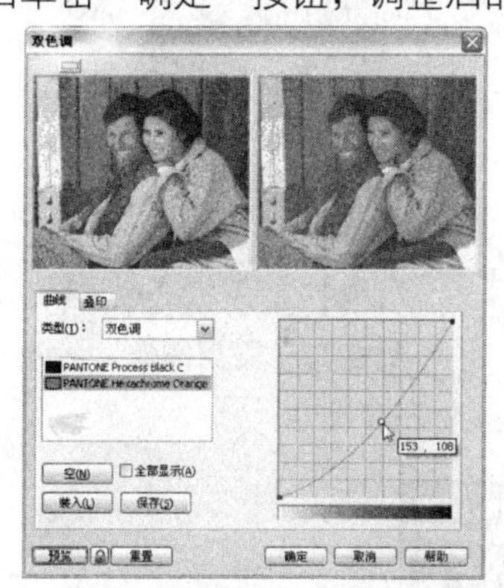

图 9-65　“双色调”对话框的设置

图 9-66　调整后的图像效果

6 执行“位图”→“模式”→“RGB 颜色”命令，将该图像转换为 RGB 模式，如图 9-67 所示。

7 执行“效果”→“调整”→“亮度/对比度/强度”命令，在弹出的“亮度/对比度/强度”对话框中设置亮度、对比度和强度值，如图 9-68 所示，然后单击“确定”按钮。

图 9-67　转换为 RGB 模式后的效果

图 9-68　调整色调后的图像效果

8 执行“位图”→“创造性”→“框架”命令，弹出“框架”对话框，在框架样式下拉列表框中选择如图 9-69 所示的框架。切换到“修改”选项卡，如图 9-70 所示设置选项参数，然后单击按钮，并在原始图像上如图 9-71 所示的位置单击，设置框架的中心位置。

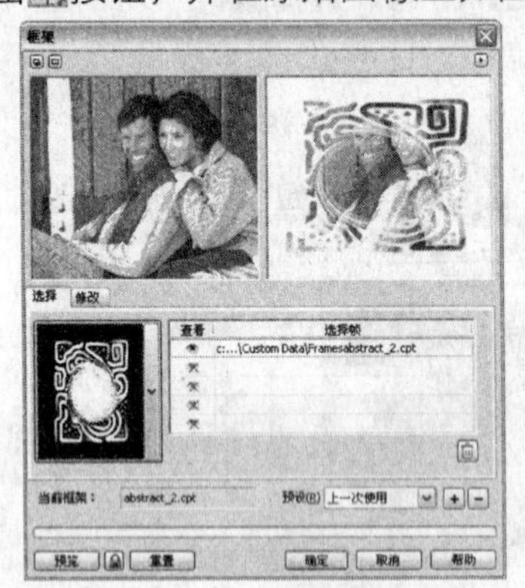

图 9-69　选择框架样式

图 9-70　设置选项参数

图 9-71　设置框架的中心位置

9 单击“确定”按钮，得到如图 9-72 所示的框架效果。

10 选择该图像，然后使用裁剪工具将图像裁剪为如图 9-73 所示的效果。

图 9-72　为图像应用框架后的效果

图 9-73　裁剪图像

11 最后为图像添加一个如图 9-74 所示的相框，完成本实例的制作。

图 9-74　为图像添加相框

9.8 跟踪位图

在 CorelDRAW X4 中可以将矢量图转换为位图，也可以将位图转换为矢量图。通过将位图转换为矢量图，可以为用户节省一些工作时间，如需要将位图中的艺术字、标志或线条图案描摹为矢量图时，可以先将位图转换为矢量图，然后在转换后的矢量图基础上进行进一步的加工，就可节省绘制所有部分的时间。下面就介绍将位图转换为矢量图的方法。

9.8.1 快速描摹

“快速描摹”命令可以将选定的位图直接转换为矢量图，而不需要设置描摹参数。

选择需要描摹的位图，执行“位图”→“快速描摹”命令或单击属性栏中的“描摹位图”按钮，从展开工具栏中选择“快速描摹”命令即可，如图 9-75 所示。

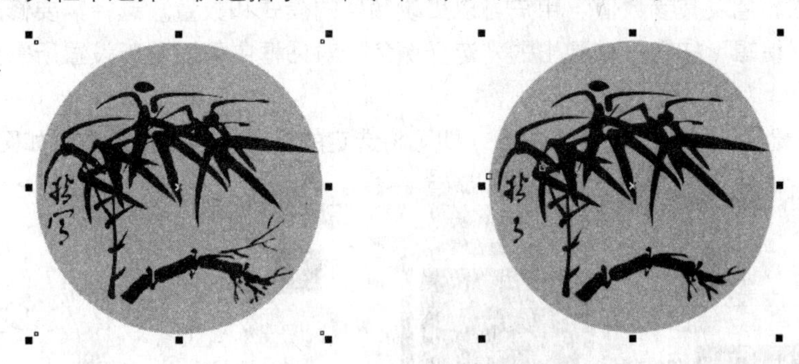

图 9-75　位图的快速描摹效果

9.8.2 中心线描摹

中心线描摹又称为“笔触描摹”，它使用未填充的封闭曲线和开放曲线（如笔触）来描摹位图。在描摹线条图纸或钢笔画等类型的位图时，可使用该描摹命令。

在“中心线描摹”命令中包括两种描摹方式，分别是“技术图解”和“线条画”。“技术图解”采用很细很淡的线条描摹黑白图解，“线条画”采用很粗、很突出的线条描摹黑白草图。用户可根据所要描摹的图像类型，选择适合的描摹命令。

1 选择需要描摹的位图，执行“位图”→“中心线描摹”命令，在展开的下一级子菜单中选择所需的描摹方式，这里选择“线条画”命令，弹出如图 9-76 所示的“Power TRACE”控件窗口。

2 在窗口左上角的“预览”下拉列表框中，可以选择预览图像的方式。选择“之前和之后”选项，在窗口中分别显示原始图像和描摹后的矢量图效果；选择“较大预览”选项，只显示描摹后的矢量图效果；选择“线框叠加”选项，显示原始图像与描摹后得到的矢量图相叠加的效果，其中红色线框图为描摹后的矢量图，如图 9-77 所示。

3 在“设置”选项卡中，设置保留原始图像的细节量，对线条图进行平滑处理的程度，以及线条边角拐角的平滑度等。

4 单击“选项”按钮，弹出对话框，选中“删除原始图像”复选框，在描摹位图后删除原始图像。选中“移除背景”复选框，将只描摹位图中有颜色像素的区域。

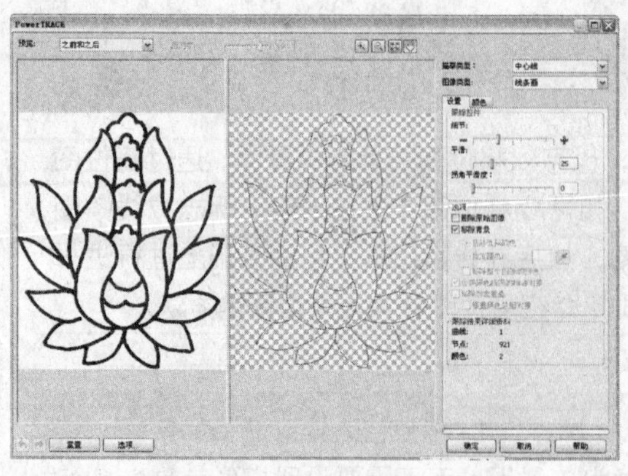

图 9-76 “Power TRACE”控件窗口

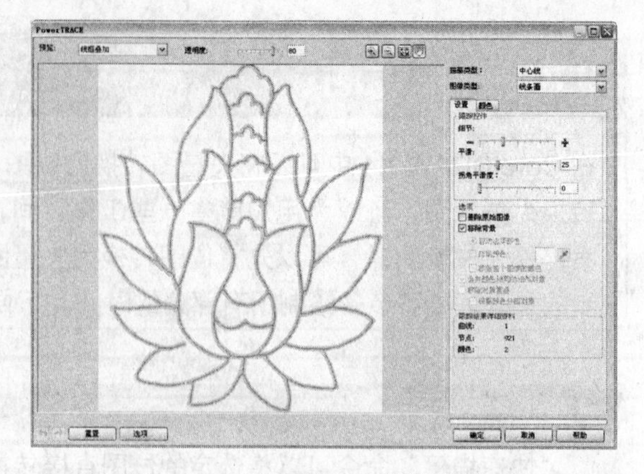

图 9-77 “线框叠加”的预览效果

5 单击“颜色”选项卡，切换到该选项卡设置，如图 9-78 所示。在该选项卡中陈列了最终矢量图中所包含的颜色及其参数值，用户可以更改颜色的模式和数量。选择需要修改的颜色，然后单击下方的“编辑”按钮，在弹出的“选择颜色”对话框中可以重新设置所需要的颜色，如图 9-79 所示。

6 完成所有设置后，单击“确定”按钮，即可将选定的位图转换为矢量图，如图 9-80 所示。

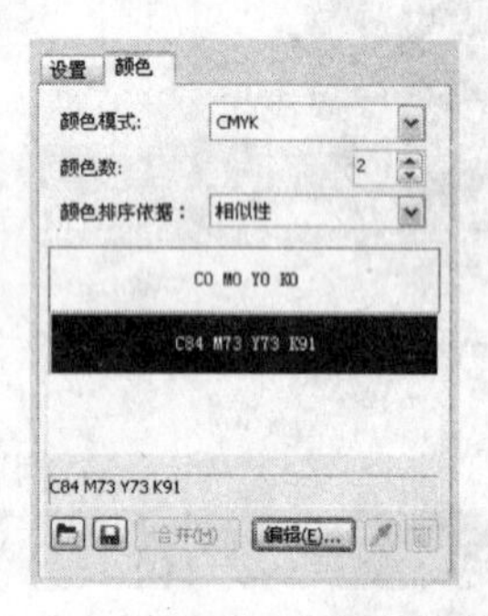

图 9-78 “颜色”选项卡设置

图 9-79 “选择颜色”对话框

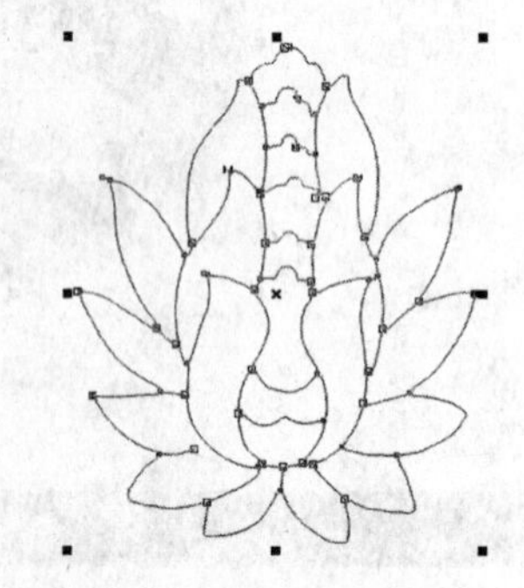

图 9-80 转换后的矢量图

9.8.3 轮廓描摹

轮廓描摹又称为“填充描摹”，它使用没有外部轮廓的对象来描摹位图。“轮廓描摹”命令中提供了 6 种描摹方式，分别适用于描摹线条画、徽标、详细徽标、剪贴画、低质量和高质量图像。

- 线条画：该命令用于描摹黑白草图和图解，如图 9-81 所示。
- 徽标：该命令用于描摹细节和颜色都较少的简单徽标，如图 9-82 所示。
- 详细徽标：该命令用于描摹构造较复杂、颜色较多的徽标，如图 9-83 所示。

图 9-81 线条画

图 9-82 徽标

图 9-83 详细徽标

- 剪贴画：该命令用于描摹细节量和颜色数各不相同的现成图形，如图 9-84 所示。
- 低质量图像：描摹细节不足（或包括要忽略的精细细节）的图像，如图 9-85 所示。
- 高质量图像：描摹高质量、超精细的图像，如图 9-86 所示。

图 9-84　剪贴画　　图 9-85　低质量图像　　图 9-86　高质量图像

选择需要描摹的位图，执行“位图”→“轮廓描摹”命令，在展开的下一级子菜单中选择所需的描摹方式，弹出“Power TRACE”控件窗口，在其中调整好描摹效果，如图 9-87 所示，然后单击“确定”按钮即可。

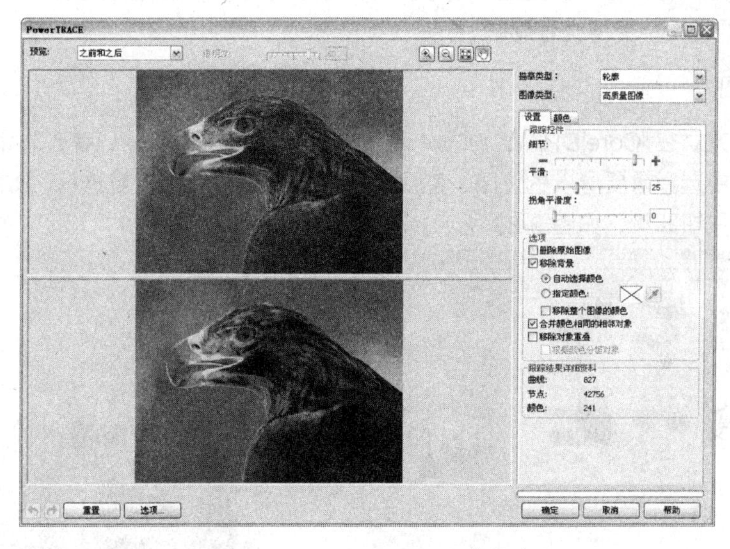

图 9-87　“Power TRACE”控件窗口

- 细节：调整描摹结果中保留的颜色等原始细节量。
- 平滑：调整描摹结果中的节点数，以控制描摹后产生的曲线与原图像中对应的线条的相近程度。
- 拐角平滑度：控制描摹结果中拐角处的节点数，以控制拐角处的线条与原图像中对应的线条的相近程度。
- 选中“删除原始图像”复选框，在生成描摹结果后删除原始位图图像。
- 选中“移除背景”复选框，在描摹图像时清除图像的背景。选择“指定颜色”单选项，然后指定一种颜色，系统即可清除指定颜色所在的背景区域。
- 跟踪结果详细资料：该选项栏用于显示描摹结果中的曲线、节点和颜色信息。
- 在“颜色”标签中可以设置描摹结果中的颜色模式和颜色数量。

9.9 疑难解析

本章介绍了在 CorelDRAW X4 中导入位图和对位图进行各种编辑处理的方法，下面就用户在操作过程中遇到的一些疑难问题进行进一步的解析。

1 怎样链接和嵌入位图?

CorelDRAW 还可以将指定的位图以链接或嵌入的方式插入到当前文件中，但是链接和嵌入方式有所不同。

以链接的方式导入的位图，始终会与该位图的源文件保持链接关系，例如，当修改源文件中的图像效果后，链接到 CorelDRAW 中的位图也会受到影响。因此，链接到 CorelDRAW 中的位图不能在 CorelDRAW 中修改，用户只能在创建源文件的应用程序中才能对其修改。

嵌入到 CorelDRAW 中的位图与源文件之间始终保持相互独立的关系，因此嵌入到 CorelDRAW 中的位图不受源文件影响。

1. 链接位图

要以链接的方式在 CorelDRAW 中插入位图，可执行“文件”→“导入”命令，在弹出的“导入”对话框中选择需要导入的位图，然后选中“外部链接位图”复选框，如图 9-88 所示，再单击“导入”按钮即可，如图 9-89 所示。

图 9-88 选择位图

图 9-89 链接的图像

如果要修改链接到 CorelDRAW 中的图像，就必须在创建该图像源文件的应用程序中进行（常用的图像处理软件为 Photoshop）。在修改源文件后，在 CorelDRAW 中执行“位图”→“自链接更新”命令，即可更新在 CorelDRAW 中与该源文件链接的图像。如果用户要中断图像与源文件之间的链接关系，可在选择链接的图像后，执行“位图”→“中断链接”命令即可。中断链接后，用户就可以在 CorelDRAW 中对该图像进行处理。

2．嵌入位图

在 CorelDRAW 中嵌入位图的操作步骤如下。

1 在 CorelDRAW 中执行“编辑”→“插入新对象”命令，在弹出的“插入新对象”对话框中选中“由文件创建”单选按钮，此时对话框设置如图 9-90 所示。

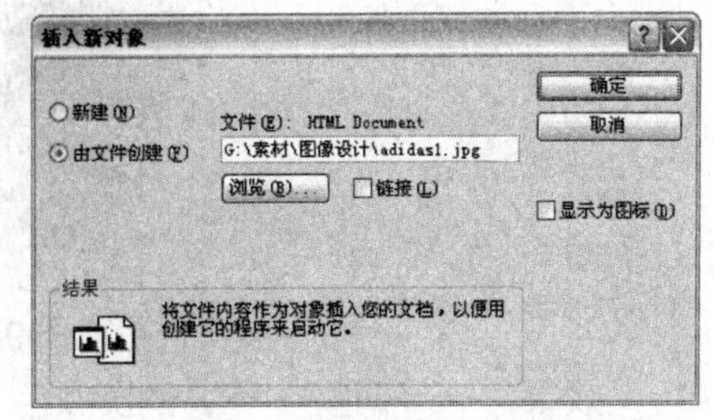

图 9-90　“插入新对象”对话框

2 单击“浏览”按钮，在弹出的“浏览”对话框中选择需要嵌入到 CorelDRAW 中的图像，如图 9-91 所示，然后单击“打开”按钮，回到“插入新对象”对话框。

3 在“插入新对象”对话框中选中“链接”复选框，如图 9-92 所示，然后单击“确定”按钮，即可将指定的图像嵌入到 CorelDRAW 的当前文件中。嵌入后的图像只会显示该图像文件的名称，如图 9-93 所示。

图 9-91　选择需要嵌入的文件

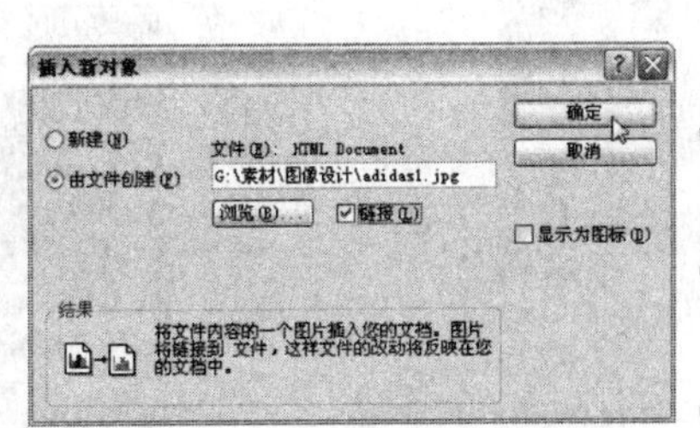

图 9-92　选中“链接”复选框

Adidas1.jpg

图 9-93　嵌入的图像文件

4 在嵌入的图像上双击，将弹出如图 9-94 所示的“包装程序”对话框，单击其中的“打开”按钮，即可在看图软件中预览该图像效果，如图 9-95 所示。

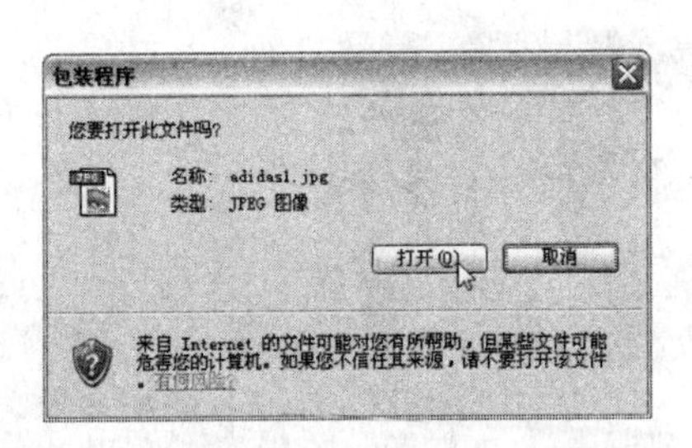

图 9-94　“包装程序”对话框

图 9-95　打开的图像效果

2　怎样改变人物衣服的颜色？

使用 CorelDRAW 中的“颜色替换”命令，就可以使用新的颜色来替换图像中选定的颜色。

1 单击标准工具栏中的“导入”按钮，导入光盘中的“源文件与素材\第 9 章\素材\素材 1.jpg”文件，然后选择该图像，如图 9-96 所示。

图 9-96 选择图像

2 执行“效果”→“调整”→“替换颜色”命令，在打开的“替换颜色”对话框中，单击“原颜色”选项右边的按钮，然后在原始图像上单击人物的衣服，指定需要替换的颜色，如图 9-97 所示。

3 单击“新建颜色”选项右边的下三角按钮，从颜色选取器中选择一种新的颜色，以使用该颜色替换指定的原颜色，如图 9-98 所示。

图 9-97 选择需要替换的颜色

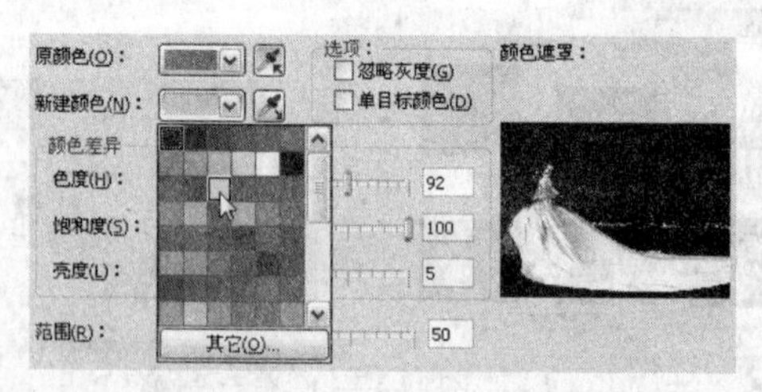

图 9-98 选择用于替换的颜色

4 单击“预览”按钮，预览替换衣服颜色后的效果，如图 9-99 所示。

5 用户还可以根据自己的喜好，设置其他的颜色来替换原来衣服的颜色。设置好后，单击“确定”按钮，完成替换衣服颜色的操作。

图 9-99 预览替换颜色后的效果

3 怎样使色调过暗的图像亮起来？

如果图像中的色调太暗，会影响图像细节的显示，降低图像质量。在这种情况下，用户可以使用“调合曲线”命令来调整图像的阴影、中间掉和高光色调，提高图像质量。

1 单击标准工具栏中的“导入”按钮，导入光盘中的“源文件与素材\第 9 章\素材\素材 2.jpg”文件，然后选择该图像，如图 9-100 所示。

2 执行“效果”→“调整”→“调合曲线”命令，弹出如图 9-101 所示的“调合曲线”对话框。

图 9-100　选择的图像

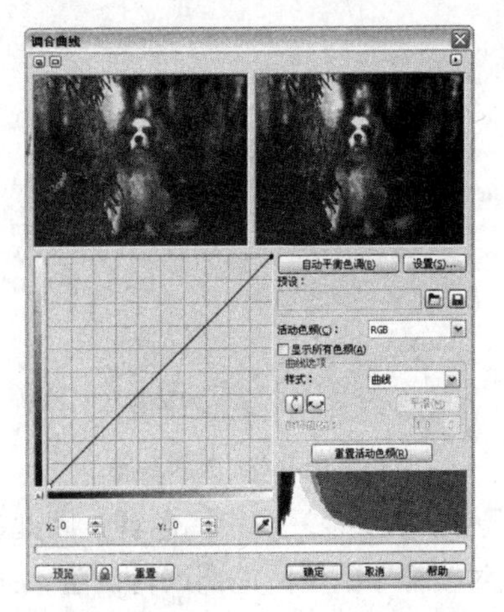

图 9-101　“调合曲线”对话框

3 在对话框中的曲线上单击，在单击处添加一个控制节点，然后向左上角拖动该节点，即可使图像中的色调变亮，如图 9-102 所示。

4 如果觉得调亮后的图像有些缺少对比度，可在曲线上刚添加的节点下方单击，再为曲线添加一个节点，然后向右下角适当拖动该节点即可，如图 9-103 所示。

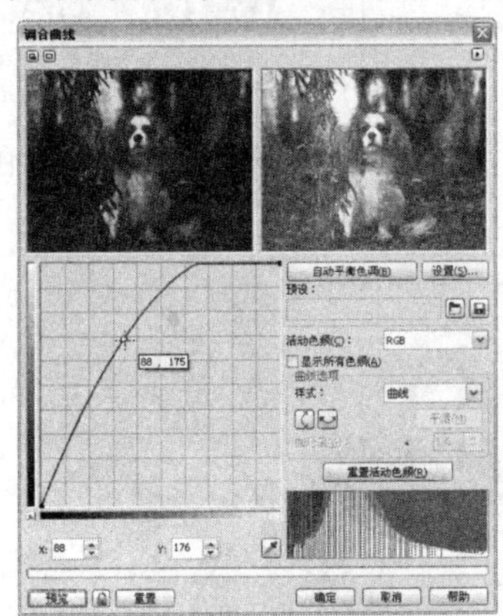

图 9-102　调亮图像的整体色调

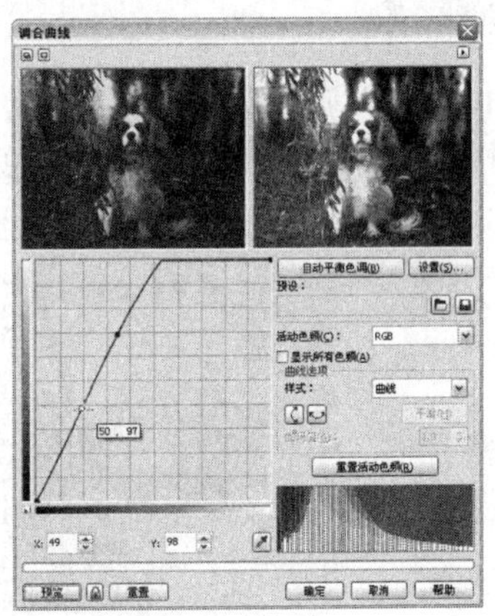

图 9-103　适当增加图像的对比度

5 得到满意的色调效果后，单击“确定”按钮，即可完成调整操作。

4　怎样调整颜色失真的图像?

由于外界拍摄环境的影响，可能会使图像中的颜色偏离实物的真实颜色。这种情况下，可以使用“颜色平衡”命令来加以调整。

1 单击标准工具栏中的“导入”按钮，导入光盘中的“源文件与素材\第 9 章\素材\素材 3.jpg”文件，然后选择该图像，如图 9-104 所示。由于拍摄原因，使这张图像中的桔子由橘红色变为了柠檬黄的颜色，下面就使用“颜色平衡”命令使其恢复正常的颜色。

2 执行“效果”→“调整”→“颜色平衡”命令，弹出如图 9-105 所示的“颜色平衡”对话框。

图 9-104　选择的图像

图 9-105　“颜色平衡”对话框

3 由于桔子的颜色属于中间色调，因此在“范围”选项栏中取消选中“阴影”和“高光”复选框，只对图像中的中间色调进行调整，如图 9-106 所示。

4 在“色频通道”选项栏中，分别拖动各选项滑块到如图 9-107 所示的位置，以减少图像中的青色含量，而增加红色含量。

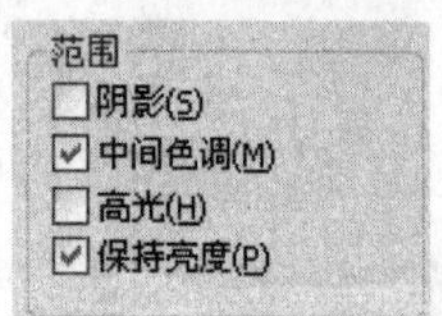

图 9-106　设置调整范围

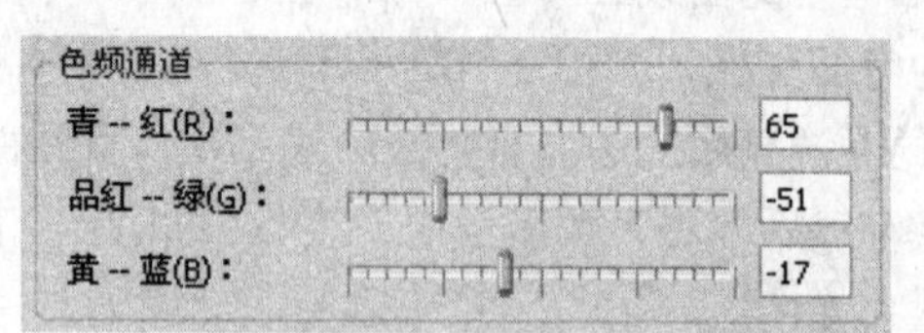

图 9-107　调整颜色含量

5 单击“预览”按钮，预览调整前后的色调对比效果，如图 9-108 所示。得到满意的色调后，单击“确定”按钮，即可完成调整操作。

图 9-108　预览调整前后的色调对比效果

5 怎样遮罩位图的颜色？

在 CorelDRAW 中，用户可以指定位图中的某种颜色，然后对该种颜色所在的区域进行遮罩，使这部分区域成为透明。对位图颜色进行遮罩的操作步骤如下。

1 选择需要遮罩颜色的图像，如图 9-109 所示。下面通过遮罩图像中的背景颜色，以取消花朵以外的背景。

2 执行“位图”→“位图颜色遮罩”命令，弹出如图 9-110 所示的“位图颜色遮罩”泊坞窗，在该对话框中选中“隐藏颜色”单选按钮，然后在颜色列表框中选择一个色彩项，如图 9-111 所示。

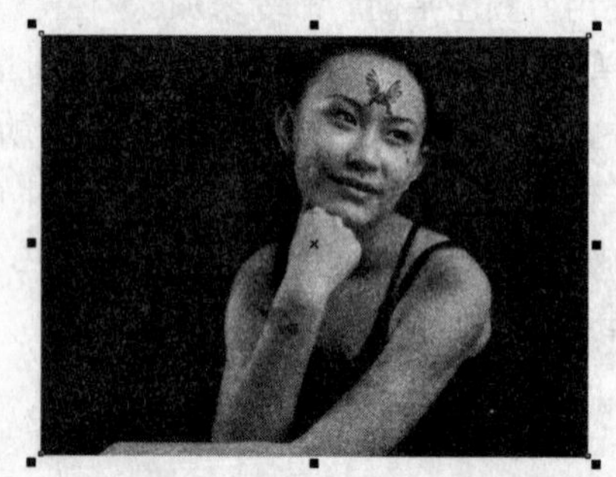

图 9-109　导入图像并选择位于上层的对象

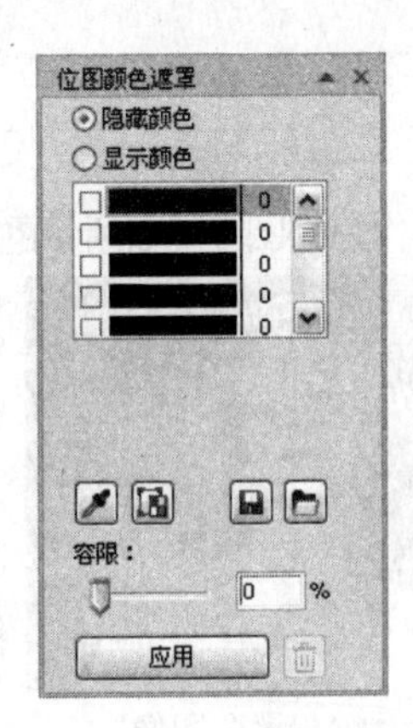

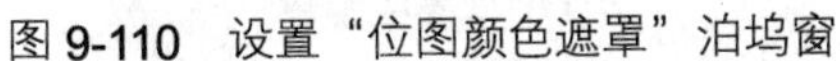
图 9-110　设置“位图颜色遮罩”泊坞窗

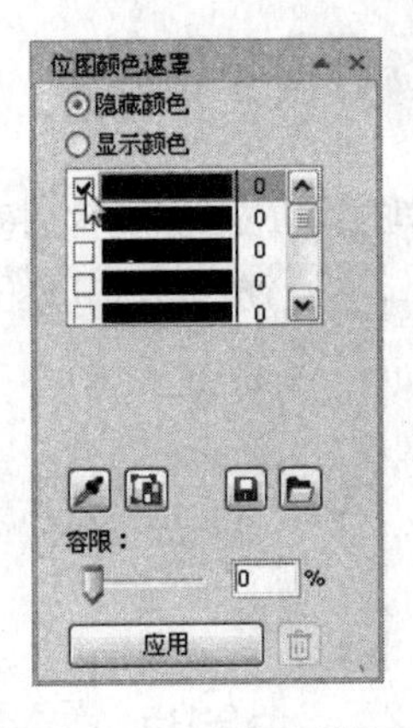

图 9-111　选择色彩项

3 单击“颜色选择”按钮，然后移动光标在图像中需要隐藏的颜色上单击，这时取样的颜色将显示在选中的色彩项中，该颜色就是将要被隐藏的颜色，如图 9-112 所示。

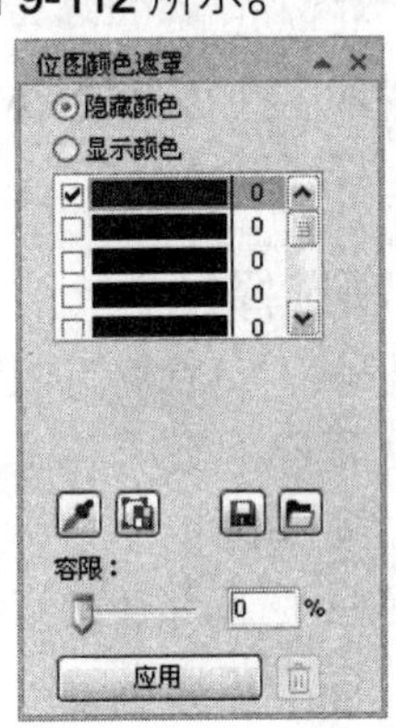

图 9-112　选择需要隐藏的颜色

4 拖动“容限”滑块，设置选定颜色的颜色容限，如图 9-113 所示，然后单击“应用”按钮，即可将位于所选颜色范围内的颜色全部隐藏，如图 9-114 所示。

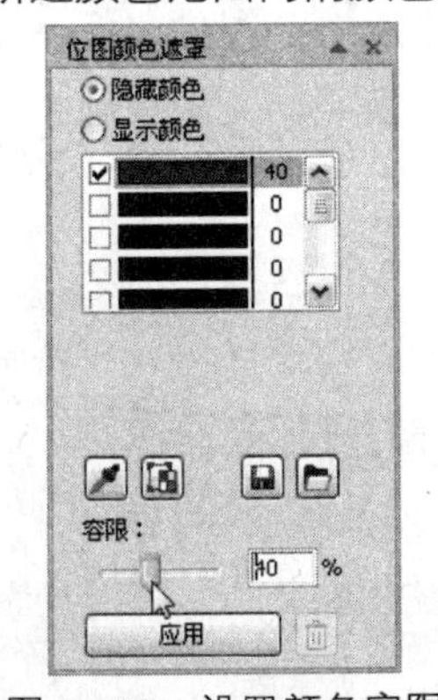

图 9-113　设置颜色容限

图 9-114　隐藏颜色后的效果

将“位图颜色遮罩”泊坞窗中的“容限”值设置得越高，图像中被隐藏的颜色范围也就越广。

9.10 上机实践

用本章所学的编辑位图的方法，将如图 9-115 所示的图像制作为如图 9-116 所示的黑白图像效果。

图 9-115　彩色图像

图 9-116　黑白图像

9.11 巩固与提高

本章主要讲解了在 CorelDRAW X4 中导入位图、对位图进行简单编辑、调整位图颜色和更改位图颜色模式等操作方法。下面希望用户通过一些练习来巩固前面学习到的知识。

1. 单项选择题

（1）使用（　）命令可以增加或降低图像颜色的饱和度。

A．局部平衡　　B．调和曲线

C．取消饱和　　D．色度/饱和度/亮度

（2）在电视、网络、幻灯和多媒体等领域使用的颜色模式为（　）。

A．CMYK 模式　　B．RGB 模式

C．双色模式　　D．Lab 模式

（3）导入位图的组合键是（　）。

A．Ctrl+N　　B．Ctrl+O

C．Ctrl+I　　D．Ctrl+J

2. 多选题

（1）裁剪位图的方法有（　）。

A．在导入位图时裁剪　　B．使用裁剪工具

C．使用形状工具　　D．使用变换命令

（2）“中心线描摹”是使用（　）和（　）来描摹位图，“轮廓描摹”是使用（　）来描摹位图。

A．开放曲线（如笔触）　　B．未填充的封闭曲线

C．有轮廓的对象　　D．没有外部轮廓的对象

3. 判断题

（1）在 CorelDRAW X4 中，可以将位图转换为矢量图，也可以将矢量图转换为位图。（　）

（2）通过“所选颜色”命令，可以使用一种指定的颜色来替换位图中另一种颜色，还可以为指定的颜色设置色度、饱和度和亮度。（　）

（3）使用“位图颜色遮罩”命令，可以指定位图中的某种颜色，然后对该种颜色所在的区域进行遮罩，使这部分区域成为透明。（　）

Study

第10章

位图特殊效果的应用

在 CorelDRAW X4 中处理位图时，可以为位图应用多种特殊效果，如三维效果、艺术笔触效果、模糊效果、创造性效果、轮廓图效果和扭曲效果等。通过为位图应用特殊效果，可以丰富画面，增强图像的艺术表现力。

学习指南

- 三维效果
- 艺术笔触
- 模糊
- 相机
- 颜色变换
- 轮廓图

精彩实例效果展示 ▲

10.1 三维效果

“三维效果”是一个效果组，其中包括“三维旋转”、“柱面”、“浮雕”、“卷页”、“透视”、“挤远/挤近”和“球面”7 种效果，用于使位图产生纵深感。

10.1.1 三维旋转

“三维旋转”命令可以使图像产生立体的画面旋转效果。选择需要应用特殊效果的图像，执行“位图”→“三维效果”→“三维旋转”命令，在弹出的“三维旋转”对话框中，设置图像在垂直或水平上旋转的角度，并选中“最适合”复选框，使经过变形后的位图适应于图框，如图 10-1 所示，然后单击“确定”按钮即可。

小提示

在所有效果对话框的左上角，都有 2 个按钮。单击□按钮，可使对话框显示为双窗口模式；单击□按钮，可显示为单窗口模式。在对话框中的预览窗口中拖移光标，可以平移视图；单击鼠标左键，可以放大视图；单击鼠标右键，可以缩小视图。在设置选项参数后，单击“预览”按钮，可以事先预览应用效果后的图像。单击“重置”按钮，可以使对话框中的所有选项返回到默认设置状态。

10.1.2 柱面

“柱面”可以使图像产生缠绕在柱面内侧或外侧的变形效果。选择需要应用特殊效果的图像，执行“位图”→“三维效果”→“柱面”命令，打开如图 10-2 所示的“柱面”对话框，在其中设置好“水平”、“垂直”和“百分比”值后，单击“确定”按钮即可。

图 10-1 “三维旋转”对话框

图 10-2 “柱面”对话框

- “水平”和“垂直”选项用于设置图像沿水平或垂直柱面产生缠绕的效果。
- “百分比”选项用于设置柱面凹凸的程度。

10.1.3 浮雕

“浮雕”命令用于使图像产生具有深度感的浮雕效果。选择需要应用特殊效果的图像，执行“位图”→“三维效果”→“浮雕”命令，弹出如图 10-3 所示的“浮雕”对话框，在其中设置好各项参数后，单击“确定”按钮即可。

- “深度”选项用于设置浮雕效果中凸起区域的深度。
- “层次”选项用于设置浮雕效果的背景颜色总量。
- “方向”选项用于设置浮雕效果采光的角度。
- “浮雕色”选项栏用于将创建浮雕所使用的颜色设置为原始颜色、灰色、黑色或其他颜色。

10.1.4　卷页

“卷页”可以使图像产生翻卷页的立体效果。选择需要应用特殊效果的图像，执行“位图”→“三维效果”→“卷页”命令，弹出如图 10-4 所示的“卷页”对话框，在其中设置好各项参数后，按下“确定”按钮即可。

图 10-3　“浮雕”对话框

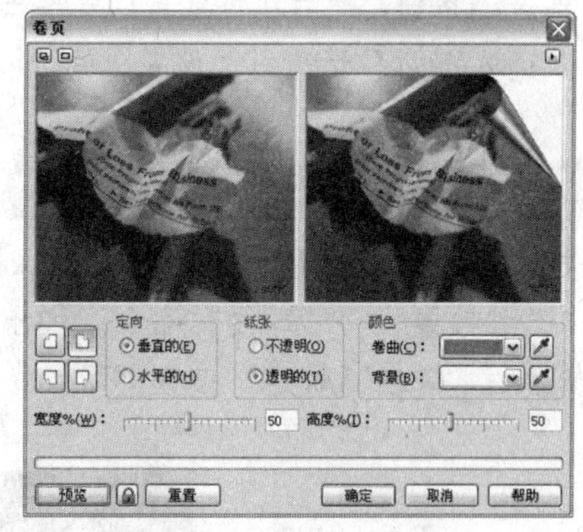

图 10-4　“卷页”对话框

- 单击□、□、□或□按钮，可以设置卷页所在的位置。
- “定向”选项栏用于设置卷页的方向，包括“垂直”或“水平”方向。
- 在“纸张”选项栏中，可以设置卷页为透明或是不透明状态。
- 在“颜色”选项栏中，可以设置卷页的背景颜色和卷曲处产生的阴影颜色。
- “宽度”和“高度”选项用于设置页面卷起部分的宽度和高度。

10.1.5　透视

“透视”命令可以使图像产生三维透视的效果。选择需要应用特殊效果的图像，执行“位图”→“三维效果”→“透视”命令，弹出如图 10-5 所示的“透视”对话框，在其中设置好透视角度和透视类型，然后单击“确定”按钮即可。

- 在对话框左下角的调节框中，拖动四角处的节点，可以指定图像产生透视效果的角度。
- 在“类型”选项中，可以选择应用到图像中的透视类型。选中“透视”单选按钮，可使图像产生透视效果。选择“切变”单选按钮，可使图像产生倾斜效果。

10.1.6　挤远/挤近

“挤远/挤近”用于使图像产生相对于某个点弯曲的挤远或挤近效果。选择需要应用特殊效果的图像，执行“位图”→“三维效果”→“挤远/挤近”命令，弹出如图 10-6 所示的“挤远/

挤近”对话框，在其中设置好各项参数后，单击“确定”按钮即可。

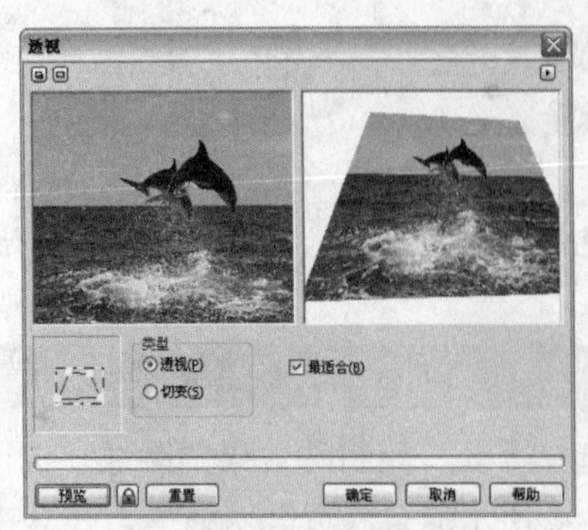

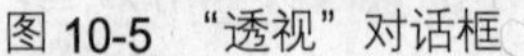
图 10-5 “透视”对话框

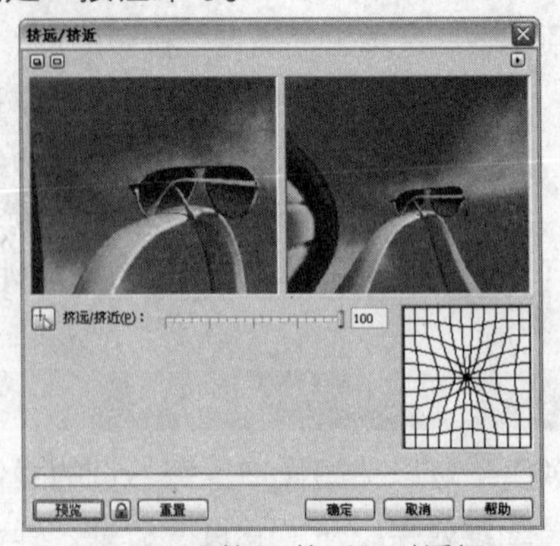

图 10-6 “挤远/挤近”对话框

- 单击按钮，然后在预览窗口中单击，可将变形中心点设置在单击处的位置。
- “挤远/挤近”选项用于设置图像挤远或挤近变形的程度。

10.1.7 球面

“球面”命令用于使图像产生凹凸的球面效果。选择需要应用特殊效果的图像，执行“位图”→“三维效果”→“球面”命令，弹出如图 10-7 所示的“球面”对话框，在其中设置好各项参数后，单击“确定”按钮即可。

图 10-7 “球面”对话框

- 在“优化”选项栏中可以选择处理图像使对图像进行优化的标准。选择“速度”单选项，以低分辨率处理图像结果。选择“质量”单选项，以高分辨率处理图像结果。
- “百分比”选项用于设置柱面凹凸的程度。

10.2 艺术笔触

通过“艺术笔触”效果组，可以模拟手工绘画技巧，使图像产生炭笔画、蜡笔画、立体派、印象派、彩色蜡笔画、水彩画和钢笔画等手绘效果。

10.2.1 炭笔画

“炭笔画”命令可以使位图产生炭笔绘画的效果。选择需要应用特殊效果的图像，执行“位图”→“艺术笔触”→“炭笔画”命令，弹出如图 10-8 所示的“炭笔画”对话框，在其中设置

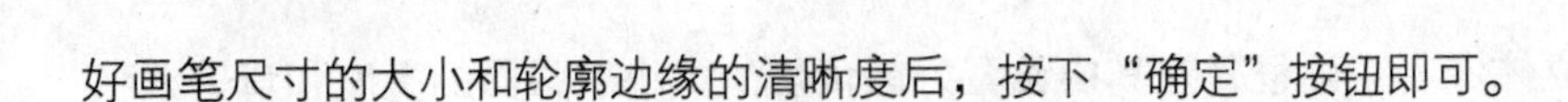

好画笔尺寸的大小和轮廓边缘的清晰度后，按下“确定”按钮即可。

10.2.2　单色蜡笔画

“单色蜡笔画”可以使图像产生粉笔绘画的效果。选择需要应用特殊效果的图像，执行“位图”→“艺术笔触”→“单色蜡笔画”命令，弹出如图 10-9 所示的“单色蜡笔画”对话框，在其中设置好各项参数后，单击“确定”按钮即可。

图 10-8　“炭笔画”对话框

图 10-9　“单色蜡笔画”对话框

- 在“单色”选项栏中，可以选择单色蜡笔画中的整体色调，也可以同时启动多个颜色复选框，形成混合色调。
- “纸张颜色”选项用于设置背景纸张的颜色。
- “压力”和“底纹”选项用于设置笔触的强度。

10.2.3　蜡笔画

“蜡笔画”命令可以使图像产生蜡笔绘画的效果。选择需要应用特殊效果的图像，执行“位图”→“艺术笔触”→“蜡笔画”命令，弹出如图 10-10 所示的“蜡笔画”对话框，在其中设置好各项参数后，单击“确定”按钮即可。

图 10-10　“蜡笔画”对话框

- “大小”选项用于设置应用于蜡笔画的背景颜色总量。
- “轮廓”选项用于设置轮廓的大小强度。

10.2.4　立体派

“立体派”命令可以组合图像中相同颜色的像素，形成颜色块，从而产生立体派风格的绘画效果。选择需要应用特殊效果的图像，执行“位图”→“艺术笔触”→“立体派”命令，弹

出如图 10-11 所示的“立体派”对话框，在其中设置好颜色块的大小、画面的亮度和背景纸张的颜色后，单击“确定”按钮即可。

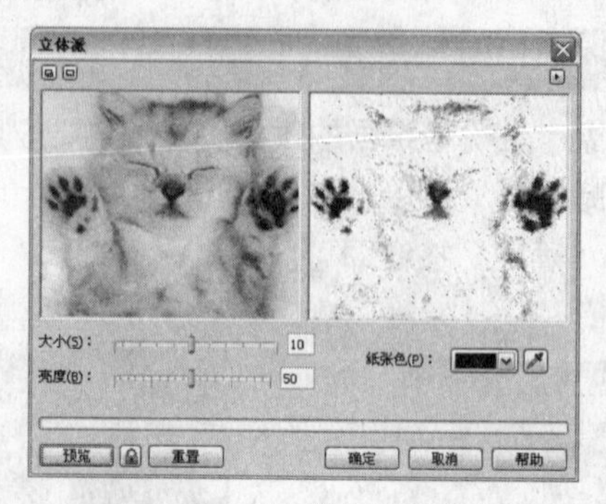

图 10-11 “立体派”对话框

10.2.5 印象派

“印象派”命令可以使图像产生使用印象派风格的绘画效果。选择需要应用特殊效果的图像，执行“位图”→“艺术笔触”→“印象派”命令，弹出如图 10-12 所示的“印象派”对话框，在其中设置好各项参数后，单击“确定”按钮即可。

- 在“样式”选项栏中，可以设置构成画面的元素，包括“笔触”和“色块”样式。
- 在“技术”选项栏中，可以通过调整画笔笔触、着色程度和画面的亮度，获得最佳的画面效果。

10.2.6 调色刀

“调色刀”命令可以使图像产生调色刀绘画的效果。选择需要应用特殊效果的图像，执行“位图”→“艺术笔触”→“调色刀”命令，弹出如图 10-13 所示的“调色刀”对话框，在其中设置好各项参数后，单击“确定”按钮即可。

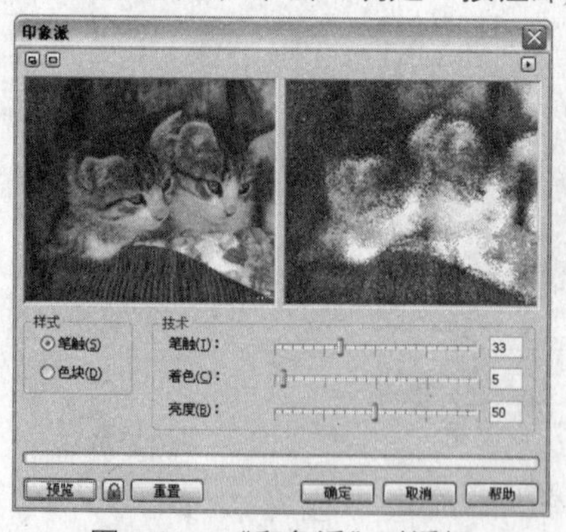

图 10-12 “印象派”对话框

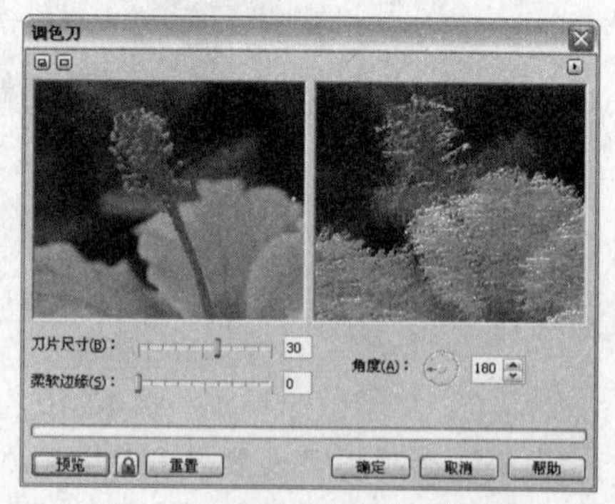

图 10-13 “调色刀”对话框

10.2.7 彩色蜡笔画

“彩色蜡笔画”命令可以使图像产生使用彩色蜡笔绘画的效果。选择需要应用特殊效果的图像，执行“位图”→“艺术笔触”→“彩色蜡笔画”命令，弹出如图 10-14 所示的“彩色蜡笔画”对话框，在其中设置好彩色蜡笔的类型、笔触大小和图像中的色度变化范围后，单击“确定”按钮即可。

10.2.8　钢笔画

“钢笔画”命令可以使图像产生钢笔绘画的效果。选择需要应用特殊效果的图像，执行“位图”→“艺术笔触”→“钢笔画”命令，弹出如图 10-15 所示的“钢笔画”对话框，在其中设置好各项参数后，单击“确定”按钮即可。

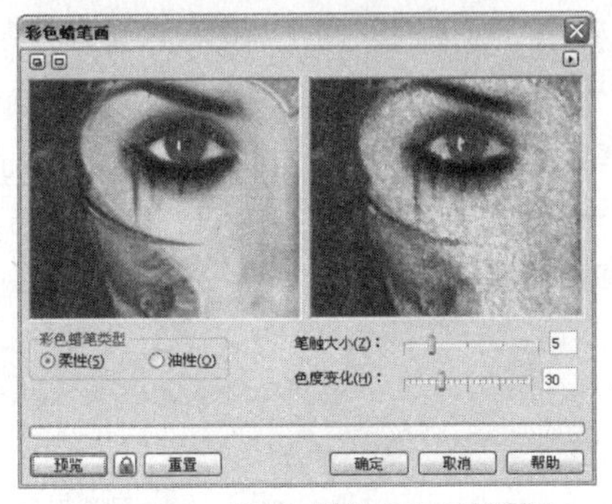

图 10-14　“彩色蜡笔画”对话框

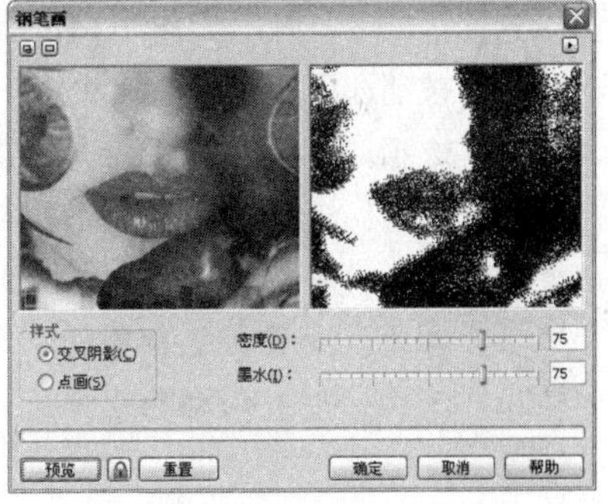

图 10-15　“钢笔画”对话框

- 在“样式”选项栏中，可以选择绘画的样式，包括“交叉阴影”和“点画”选项。
- “密度”选项用于设置笔触的密度。
- “墨水”选项用于设置画面颜色的深浅。

10.2.9　点彩派

“点彩派”命令可以使图像产生由大量颜色点组成的画面效果。选择需要应用特殊效果的图像，执行“位图”→“艺术笔触”→“点彩派”命令，弹出如图 10-16 所示的“点彩派”对话框，在其中设置颜色点大小和画面的亮度后，单击“确定”按钮即可。

10.2.10　木版画

“木版画”命令可以在图像中的彩色和黑白色之间产生鲜明的对照点，形成木版画风格。选择需要应用特殊效果的图像，执行“位图”→“艺术笔触”→“木版画”命令，弹出如图 10-17 所示的“木版画”对话框，在其中设置好各项参数后，单击“确定”按钮即可。

图 10-16　“点彩派”对话框

图 10-17　“木板画”对话框

- 选中“颜色”单选项，可以将图像制作为彩色木版画效果。选中“白色”单选项，可以将图像制作为黑白木版画效果。
- “密度”选项用于设置所生成的对照点的密度。“大小”选项用于设置对照点的大小。

10.2.11 素描

“素描”命令可以使图像产生素描的效果。选择需要应用特殊效果的图像，执行“位图”→“艺术笔触”→“素描”命令，弹出如图 10-18 所示的“素描”对话框，在该对话框中设置好各项参数后，单击“确定”按钮即可。

- “碳色”选项：选择该选项后，图像可制作成黑白素描效果。
- “颜色”选项：选择该选项后，图像可制作成彩色素描效果。
- “样式”滑块：可以设置从粗糙到精细的画面效果。
- “笔芯”滑块：设置铅笔颜色的深浅。
- “轮廓”滑块：设置轮廓的清晰度。

10.2.12 水彩画

“水彩画”命令可以使图像产生水彩画的效果。选择需要应用特殊效果的图像，执行“位图”→“艺术笔触”→“水彩画”命令，弹出如图 10-19 所示的“水彩画”对话框，在其中设置好各项参数后，单击“确定”按钮即可。

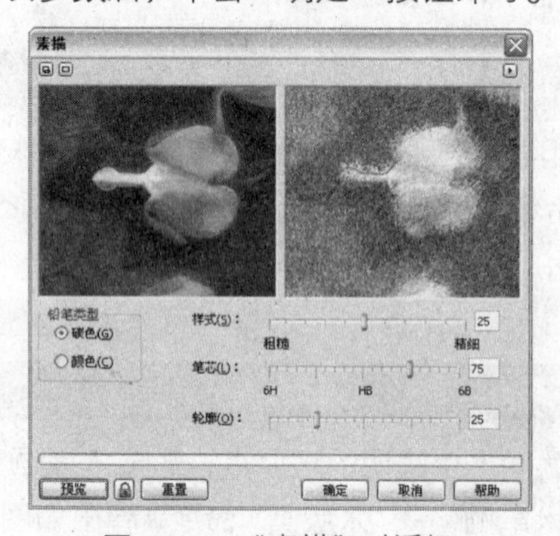

图 10-18 “素描”对话框

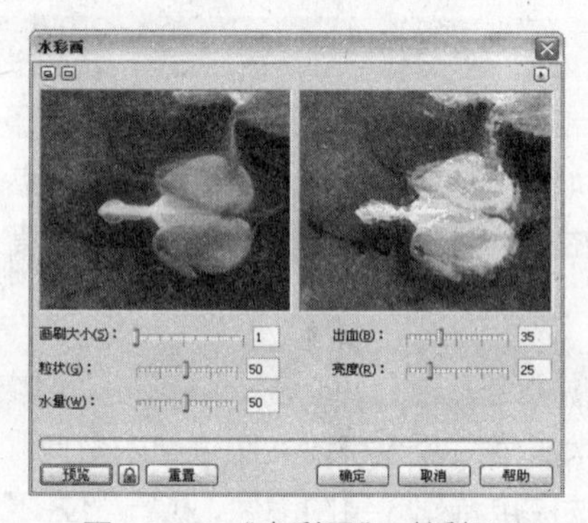

图 10-19 “水彩画”对话框

- “画刷大小”选项用于设置笔刷的大小。
- “粒状”选项用于设置纸张底纹的粗糙程度。
- “水量”选项用于设置笔刷中的水分值。
- “出血”选项用于设置笔刷的速度值。
- “亮度”选项用于设置画面的亮度。

10.2.13 水印画

“水印画”命令可以使图像产生水印绘画的效果。选择需要应用特殊效果的图像，执行“位图”→“艺术笔触”→“水印画”命令，弹出如图 10-20 所示的“水印画”对话框，在其中设置好各项参数后，单击“确定”按钮即可。

10.2.14　波纹纸画

“波纹纸画”命令可以使图像产生在带有纹理的画纸上绘画的效果。选择需要应用特殊效果的图像，执行“位图”→“艺术笔触”→“波纹纸画”命令，弹出如图 10-21 所示的“波纹纸画”对话框，在其中设置好各项参数后，单击“确定”按钮即可。

图 10-20　设置“水印画”对话框

图 10-21　设置“波纹纸画”对话框

- 选中“颜色”单选项，可以将图像制作为彩色波纹纸画的效果。选中“白色”单选项，可以将图像制作为黑白波纹纸画的效果。
- “笔刷压力”选项用于设置绘画时笔刷的压力强度。

10.3　模糊

通过“模糊”滤镜组，可以使图像模糊，以模拟移动、杂色或渐变的效果。该效果组中包括“定向平滑”、“高斯式模糊”、“锯齿状模糊”、“低通滤波器”、“动态模糊”、“放射式模糊”、“平滑”、“柔和”和“缩放”9 种效果。

10.3.1　定向平滑

“定向模糊”命令可以使图像产生轻微的模糊效果，以柔和图像的边缘。选择需要应用特殊效果的图像，执行“位图”→“模糊”→“定向平滑”命令，弹出如图 10-22 所示的“定向平滑”对话框，在其中设置好平滑图像的百分比值，然后单击“确定”按钮即可。

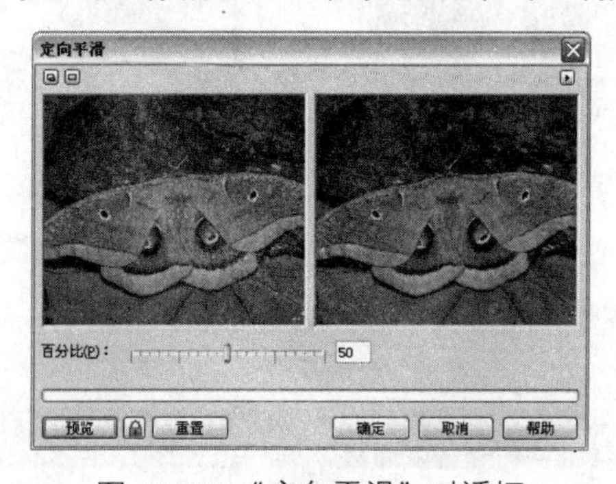

图 10-22　“定向平滑”对话框

10.3.2 高斯式模糊

“高斯式模糊”命令可以按照高斯分布变化来模糊图像。选择需要应用特殊效果的图像，执行“位图”→“模糊”→“高斯式模糊”命令，弹出如图 10-23 所示的“高斯式模糊”对话框，在其中设置好高斯模糊的半径值，然后按下“确定”按钮即可。

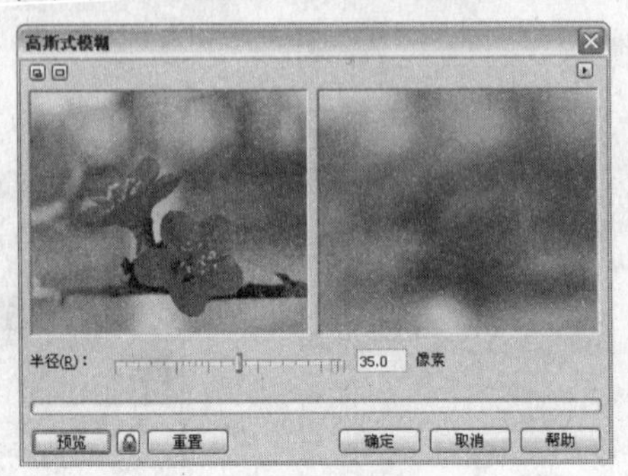

图 10-23 “高斯式模糊”对话框

10.3.3 锯齿状模糊

“锯齿状模糊”命令可以在相邻颜色的一定范围内使图像产生锯齿状波动的模糊效果。选择需要应用特殊效果的图像，执行“位图”→“模糊”→“锯齿状模糊”命令，弹出如图 10-24 所示的“锯齿状模糊”对话框，在其中对相邻颜色范围的宽度和高度进行设置后，单击“确定”按钮即可。

10.3.4 低通滤波器

“低通滤波器”命令可以使图像降低相邻像素间的对比度，以柔和图像。选择需要应用特殊效果的图像，执行“位图”→“模糊”→“低通滤波器”命令，弹出如图 10-25 所示的“低通滤波器”对话框，在其中设置好各项参数后，单击“确定”按钮即可。

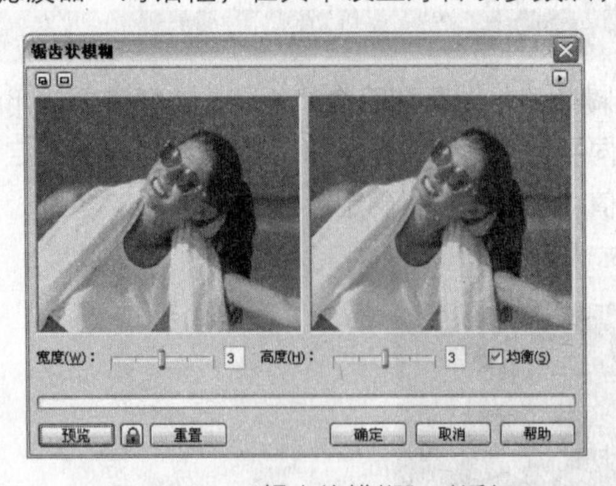

图 10-24 “锯齿状模糊”对话框

图 10-25 “低通滤波器”对话框

10.3.5 动态模糊

“动态模糊”命令可以使图像按指定的方向产生类似镜头抖动时的动态模糊效果。选择需要应用特殊效果的图像，执行“位图”→“模糊”→“动态模糊”命令，弹出如图 10-26 所示的“动态模糊”对话框，在其中设置好各项参数后，单击“确定”按钮即可。

10.3.6 放射式模糊

“放射式模糊”命令可以使位图图像产生从指定的圆心处产生同心旋转的模糊效果。选择需要应用特殊效果的图像，执行“位图”→“模糊”→“放射式模糊”命令，弹出如图 10-27 所示的“放射式模糊”对话框，在其中设置好“数量”值后，按下“确定”按钮即可。

图 10-26 “动态模糊”对话框

图 10-27 “放射式模糊”对话框

- 单击按钮，然后在原图像预览框中单击，可以将单击处设置为放射状模糊的中心位置。
- “数量”选项用于设置图像被模糊的程度。

10.3.7 平滑

“平滑”命令用于减小图像中相邻像素的色调差别，以平滑画面效果。选择需要应用特殊效果的图像，执行“位图”→“模糊”→“平滑”命令，弹出如图 10-28 所示的“平滑”对话框，在其中设置好平滑图像的百分比，然后单击“确定”按钮即可。

10.3.8 柔和

“柔和”命令是通过对图像进行轻微的模糊处理，以柔和图像。选择需要应用特殊效果的图像，执行“位图”→“模糊”→“柔和”命令，弹出如图 10-29 所示的“柔和”对话框，在其中设置好柔和图像的百分比值，然后单击“确定”按钮即可。

图 10-28 “平滑”对话框

图 10-29 “柔和”对话框

10.3.9 缩放

“缩放”命令可以将图像中的某个点作为中心，使图像产生向外扩散的爆炸冲击效果。选择需要应用特殊效果的图像，执行“位图”→“模糊”→“缩放”命令，弹出如图 10-30 所示的“缩放”对话框，在其中设置好缩放的数量后，单击“确定”按钮即可。

单击“缩放”对话框中的按钮，然后在原图像预览框中单击，可以将单击处设置为缩放状模糊的中心位置。

10.4 相机

“相机”命令是通过模仿照相机原理，使图像产生由扩散透镜产生的效果。

选择需要应用特殊效果的图像，执行“位图”→“相机”→“扩散”命令，弹出如图 10-31 所示的“扩散”对话框，在其中调整好图像扩散的程度后，单击“确定”按钮即可。

图 10-30 “缩放”对话框

图 10-31 “相机”对话框

10.5 颜色变换

“颜色转换”命令是通过减少或替换颜色来创建摄影幻觉效果，该效果组中包含“位平面”、“半色调”、“梦幻色调”和“曝光”效果。

10.5.1 位平面

“位平面”命令可以将图像中的颜色以红、绿、蓝 3 种色块，以平面的形式显示出来，产生特殊的效果。选择需要应用特殊效果的图像，执行“位图”→“颜色转换”→“位平面”命令，弹出如图 10-32 所示的“位平面”对话框，在其中设置好各项参数，然后单击“确定”按钮即可。

- “红”、“绿”、“蓝”选项，用于设置红、绿、蓝 3 种颜色在色块平面中的比例。
- 选中“应用于所有位面”复选框，3 种颜色以等量显示。反之 3 种颜色将按不同的量显示。

10.5.2 半色调

“半色调”命令可以使图像产生彩色网板的效果。选择需要应用特殊效果的图像，执行“位图”→“颜色转换”→“半色调”命令，弹出如图 10-33 所示的“半色调”对话框，在其中设置好各项参数，然后单击“确定”按钮即可。

图 10-32　“位平面”对话框

图 10-33　“半色调”对话框

- 分别拖动“青”、“品红”、“黄”滑块，可设置青、品红、黄 3 种颜色在色块平面中的比例。
- “最大点半径”滑块：设置构成半色调图像中最大点的半径，数值越大，半径越大。

10.5.3　梦幻色调

“梦幻色调”命令可以使图像产生明快、鲜艳的色彩，以产生一种高对比度的幻觉效果。

选择需要应用特殊效果的图像，执行“位图”→“颜色转换”→“梦幻色调”命令，弹出如图 10-34 所示的“梦幻色调”对话框，在其中设置梦幻色调的强度，然后单击“确定”按钮即可。

“梦幻色调”对话框中的“层次”选项参数越大，图像中参与转换的颜色数量越多，效果变化就越强烈。

10.5.4　曝光

“曝光”命令可以使图像产生照片底片似的效果。选择需要应用特殊效果的图像，执行“位图”→“颜色变换”→“曝光”命令，弹出如图 10-35 所示的“曝光”对话框，在其中调整好图像的曝光度后，单击“确定”按钮即可。

图 10-34　“梦幻色调”对话框

图 10-35　“曝光”对话框

10.6 轮廓图

通过“轮廓图”效果，可以突出显示和增强图像的边缘。该效果组中包括“边缘检测”、“查找边缘”和“描摹轮廓”3 种效果。

10.6.1 边缘检测

“边缘检测”命令可以查找图像中的边缘并勾画出轮廓。图像中的色彩对比度越高，得到的边缘检测效果越明显。选择需要应用特殊效果的图像，执行“位图”→“轮廓图”→“边缘检测”命令，弹出如图 10-36 所示的“边缘检测”对话框，在其中设置好各选项，然后单击“确定”按钮即可。

- 在“背景色”选项组中，可将背景颜色设为“白色”、“黑色”或“其他”颜色。选中“其他”单选项时，可在颜色列表框中选择一种颜色，也可使用“吸管工具”在预览窗口中选取图像中的颜色作为背景色。
- 拖动“灵敏度”滑块，可调整探测的灵敏性。

10.6.2 查找边缘

“查找边缘”命令可以彻底显示图像中的边缘轮廓。选择需要应用特殊效果的图像，执行“位图”→“轮廓图”→“查找边缘”命令，弹出如图 10-37 所示的“查找边缘”对话框，在其中设置好各选项后，单击“确定”按钮即可。

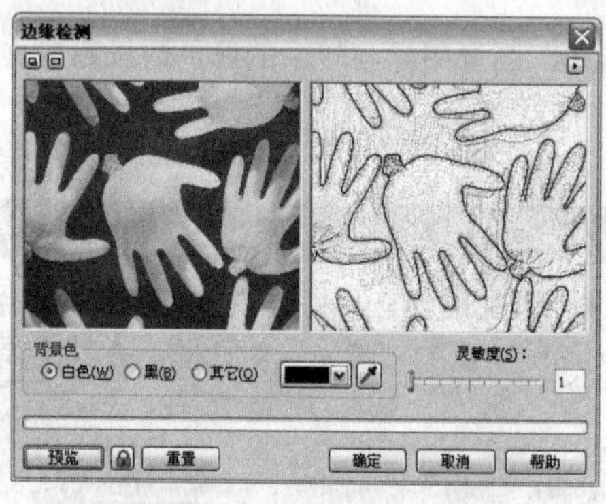

图 10-36 “边缘检测”对话框

图 10-37 “查找边缘”对话框

- “边缘类型”选项组：可以选择“软”或“纯色”的边缘类型。
- “层次”滑块：可以拖动滑块以调整边缘的强度。

10.6.3 描摹轮廓

“描摹轮廓”命令用于勾勒图像边缘，位于边缘以外的大部分区域将被白色填充。选择需要应用特殊效果的图像，执行“位图”→“轮廓图”→“描摹轮廓”命令，弹出如图 10-38 所示的“描摹轮廓”对话框，在其中设置好跟踪边缘的强度，并指定勾勒边缘的类型后，单击“确定”按钮即可。

10.7 创造性

通过“创造性”效果，可以为图像应用各种底纹和形状效果。该效果组中包括“工艺”、“晶体化”、“织物”、“框架”、“玻璃砖”、“儿童游戏”、“马赛克”、“粒子”、“散开”、“茶色玻璃”、“彩色玻璃”、“虚光”、“旋涡”和“天气”共 14 种效果。

10.7.1 工艺

“工艺”命令可以使图像产生工艺元素拼接的画面效果。选择需要应用特殊效果的图像，执行“位图”→“创造性”→“工艺”命令，弹出如图 10-39 所示的“工艺”对话框，在其中设置好各项参数后，单击“确定”按钮即可。

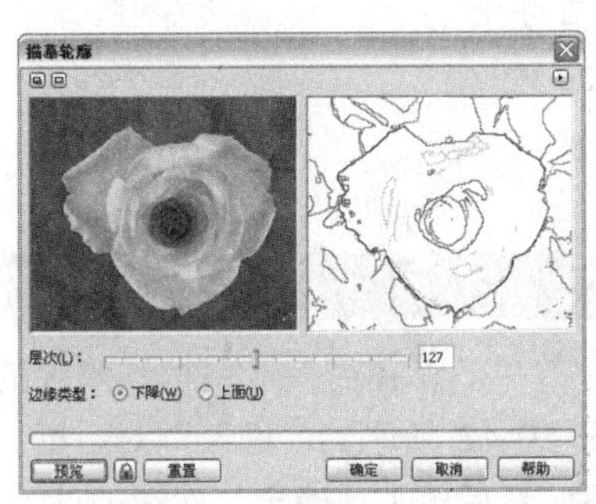

图 10-38 “描摹轮廓”对话框

图 10-39 “工艺”对话框

- 在“样式”下拉列表框中，可以选择用于拼接的工艺元素类型，包括“拼图板”、“齿轮”、“弹珠”、“糖果”、“瓷砖”或“筹码”样式。
- “大小”选项用于设置工艺元素的尺寸大小。
- “完成”选项用于设置图像被工艺元素覆盖的百分比。
- “亮度”选项用于设置图像中的光照亮度。
- 拨动“旋转”拨盘，可以设置图像中的光照角度。

10.7.2 晶体化

“晶体化”命令可以使图像产生块状晶体组合的效果。选择需要应用特殊效果的图像，执行“位图”→“创造性”→“晶体化”命令，弹出如图 10-40 所示的“晶体化”对话框，在其中设置好晶体的大小后，单击“确定”按钮即可。

10.7.3 织物

“织物”命令可以使图像产生类似于编织物的效果。选择需要应用特殊效果的图像，执行“位图”→“创造性”→“织物”命令，弹出如图 10-41 所示的“织物”对话框，在其中设置好各项参数后，单击“确定”按钮即可。

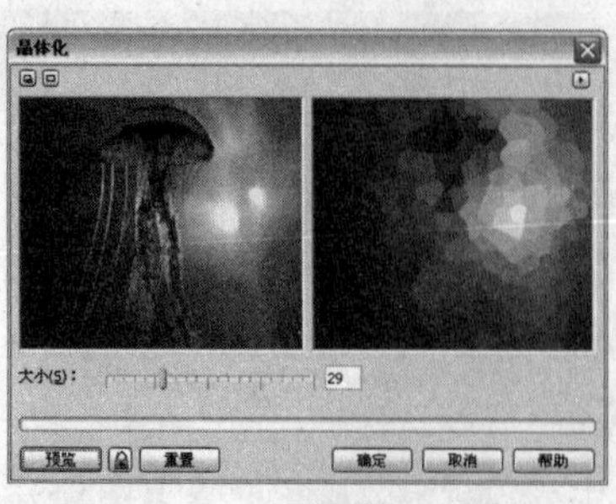

图 10-40 “晶体化”对话框

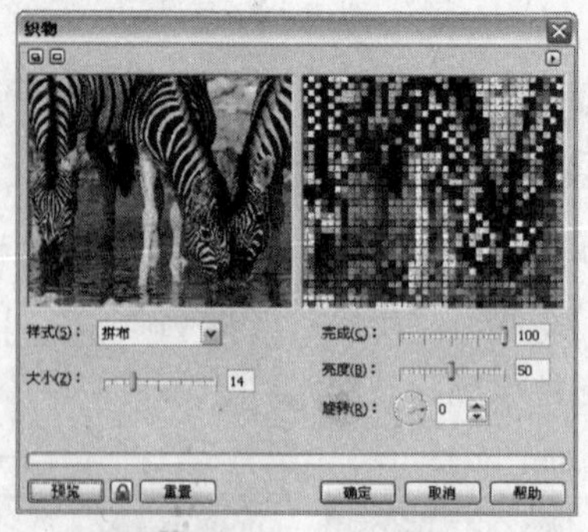

图 10-41 “织物”对话框

- 在“样式”下拉列表框中，可以选择用于拼接的工艺元素类型，包括“刺绣”、“地毯钩织”、“拼布”、“珠帘”、“丝带”和“拼纸”样式。
- “大小”选项用于设置拼接元素的尺寸大小。
- “完成”选项用于设置图像被拼接元素覆盖的百分比。
- “亮度”选项用于设置图像中的光照亮度。
- 拨动“旋转”拨盘，可以设置图像中的光照角度。

10.7.4 框架

“框架”命令可以为图像添加多种样式的艺术框架效果。选择需要应用特殊效果的图像，执行“位图”→“创造性”→“框架”命令，弹出如图 10-42 所示的“框架”对话框，在其中选择适合的框架样式，并根据需要对框架样式进行修改，然后单击“确定”按钮即可。

- 在“选择”选项卡中，可以选择所需的框架样式。
- 在“修改”选项卡中，可以对选择的框架样式进行修改，如图 10-43 所示。

图 10-42 “框架”对话框

图 10-43 “修改”选项卡设置

10.7.5 玻璃砖

“玻璃砖”命令可以使图像产生透过玻璃砖看到的图像效果。选择需要应用特殊效果的图像，执行“位图”→“创造性”→“玻璃砖”命令，弹出如图 10-44 所示的“玻璃砖”对话框，在其中设置好玻璃砖的宽度和高度后，单击“确定”按钮即可。

10.7.6　儿童游戏

“儿童游戏”命令可以使图像产生圆点图案、积木图案、手指绘图和数字绘画的效果。选择需要应用特殊效果的图像，执行“位图”→“创造性”→“儿童游戏”命令，弹出如图 10-45 所示的“儿童游戏”对话框。该对话框设置与“工艺”效果相似，在该对话框中设置好各项参数后，单击“确定”按钮即可。

10.7.7　马赛克

“马赛克”命令可以使图像产生类似马赛克拼贴的效果。选择需要应用特殊效果的图像，执行“位图”→“创造性”→“马赛克”命令，弹出如图 10-46 所示的“马赛克”对话框，在其中设置好用于拼贴的马赛克大小、画面中的背景色，并选中“虚光”复选框后，单击“确定”按钮即可。

图 10-44　“玻璃砖”对话框

图 10-45　“儿童游戏”对话框

10.7.8　粒子

“粒子”命令可以在图像上添加星星或气泡的效果。选择需要应用特殊效果的图像，执行“位图”→“创造性”→“粒子”命令，弹出如图 10-47 所示的“粒子”对话框，在其中设置好粒子的样式和分布状况后，单击“确定”按钮即可。

图 10-46　“马赛克”对话框

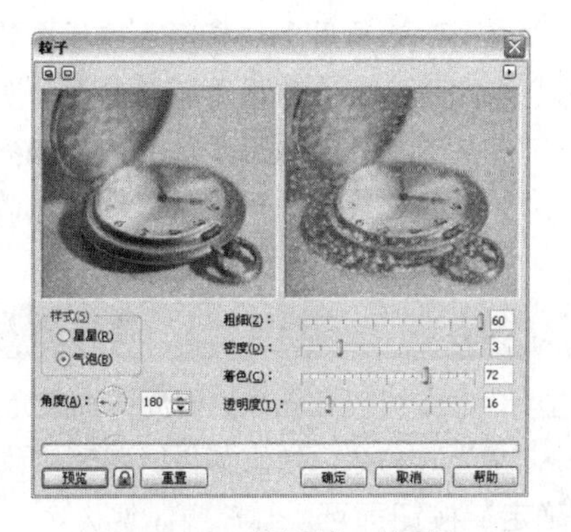

图 10-47　“粒子”对话框

10.7.9 散开

"散开"命令可以使图像产生由颜色点喷绘出的效果。选择需要应用特殊效果的图像，执行"位图"→"创造性"→"散开"命令，弹出如图 10-48 所示的"散开"对话框，在其中设置好水平和垂直方向上颜色点散开的程度，然后单击"确定"按钮即可。

10.7.10 茶色玻璃

"茶色玻璃"命令可以使图像产生类似透过茶色玻璃或其他颜色玻璃看到的画面效果。选择需要应用特殊效果的图像，执行"位图"→"创造性"→"茶色玻璃"命令，弹出如图 10-49 所示的"茶色玻璃"对话框，在其中设置好各项参数后，单击"确定"按钮即可。

图 10-48 "散开"对话框

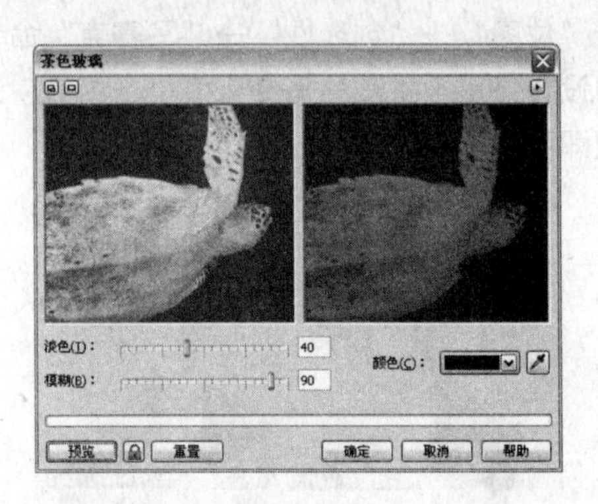

图 10-49 "茶色玻璃"对话框

- "淡色"选项用于设置玻璃的颜色深度。
- "模糊"选项用于设置画面的模糊程度。
- "颜色"选项用于设置玻璃的颜色。

10.7.11 彩色玻璃

"彩色玻璃"命令可以使图像产生彩色玻璃的效果。选择需要应用特殊效果的图像，执行"位图"→"创造性"→"彩色玻璃"命令，弹出如图 10-50 所示的"彩色玻璃"对话框，在其中设置好各项参数后，单击"确定"按钮即可。

- "大小"选项用于调整彩色玻璃块的大小。
- "光源强度"选项用于调整画面的明暗程度。
- "焊接宽度"选项用于设置彩色玻璃块焊接处的缝隙宽度。
- "焊接颜色"选项用于设置焊接处的颜色。

10.7.12 虚光

"虚光"命令可以在图像的四周添加虚光。选择需要应用特殊效果的图像，执行"位图"→"创造性"→"虚光"命令，弹出如图 10-51 所示的"虚光"对话框，在其中设置好各项参数后，单击"确定"按钮即可。

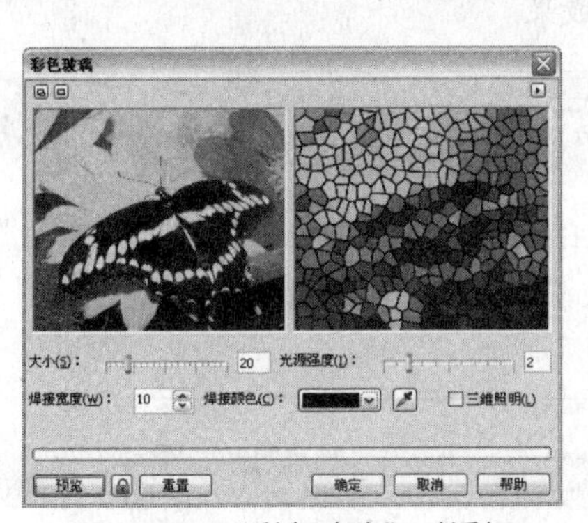

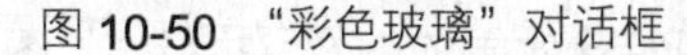
图 10-50　“彩色玻璃”对话框

图 10-51　“虚光”对话框

- 在“颜色”选项栏中，可以设置添加到图像周围的虚光颜色。
- 在“形状”选项栏中，可以设置虚光的形状，包括“椭圆”、“圆形”、“矩形”和“正方形”。
- 在“偏移”选项栏中，可以设置虚光的偏移距离和强度。

10.7.13　旋涡

“旋涡”命令可以使图像产生旋涡状的变形效果。选择需要应用特殊效果的图像，执行“位图”→“创造性”→“旋涡”命令，弹出如图 10-52 所示的“旋涡”对话框，在其中设置好各项参数后，单击“确定”按钮即可。

- 在“样式”下拉列表框中，可以选择应用于图像的旋涡样式。
- “大小”选项用于调整旋涡的强弱程度。
- “内部方向”和“外部方向”选项，用于设置旋涡向内或向外旋转的方向。

10.7.14　天气

“天气”命令可以在图像中产生雨、雪或雾的天气效果。选择需要应用特殊效果的图像，执行“位图”→“创造性”→“天气”命令，弹出如图 10-53 所示的“天气”对话框，在其中设置好各项参数后，单击“确定”按钮即可。

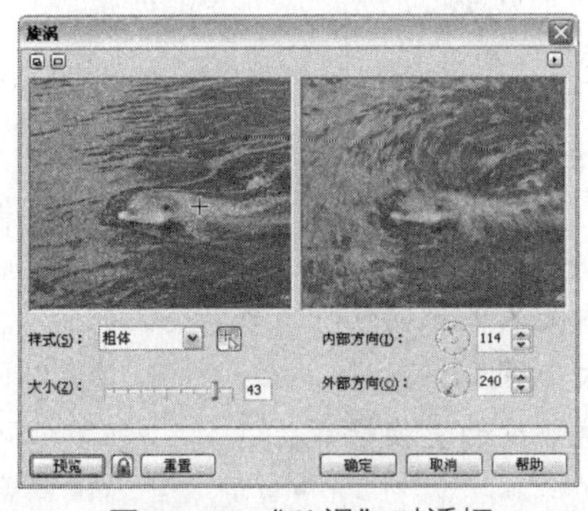

图 10-52　“旋涡”对话框

图 10-53　“天气”对话框

- 在“预报”选项栏中，可以选择图像中的天气类型。
- “浓度”选项用于设置天气效果中雪、雨或雾的大小程度。
- “大小”选项用于设置雨点、雪花或雾团的大小。

● 单击“随机化”按钮，按随机方式应用天气效果。

10.8 扭曲

通过“扭曲”效果，可以使图像表面产生不同方式的变形。该效果组中包括“块状”、“置换”、“偏移”、“像素”、“龟纹”、“旋涡”、“平铺”、“湿笔画”、“涡流”和“风吹效果”共10种效果。

10.8.1 块状

“块状”命令可以将图像分裂为块状。选择需要应用特殊效果的图像，执行“位图”→“扭曲”→“块状”命令，弹出如图10-54所示的“块状”对话框，在其中设置好各项参数后，单击“确定”按钮即可。

- 在“未定义区域”下拉列表框中，可以选择将图像分裂后产生的块状样式。
- “块宽度”和“块高度”选项用于设置图像效果中块的大小。
- “最大偏移”选项用于设置块状的偏移距离。

10.8.2 置换

“置换”命令可以使图像被预置的波浪、星形或方格等图案置换出来，产生特殊的变形效果。选择需要应用特殊效果的图像，执行“位图”→“扭曲”→“置换”命令，弹出如图10-55所示的“置换”对话框，在其中设置好各项参数后，单击“确定”按钮即可。

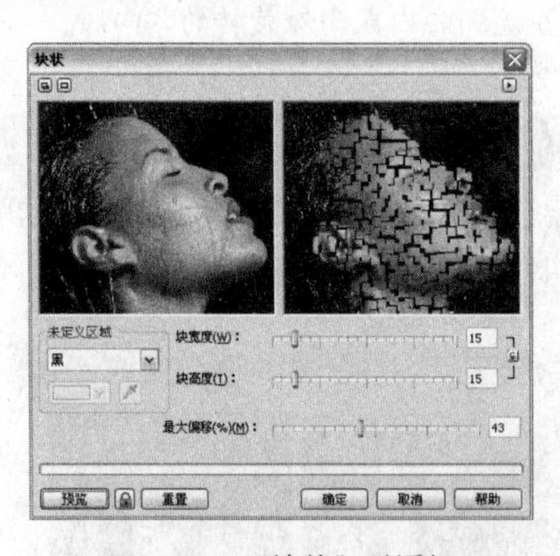

图10-54 “块状”对话框

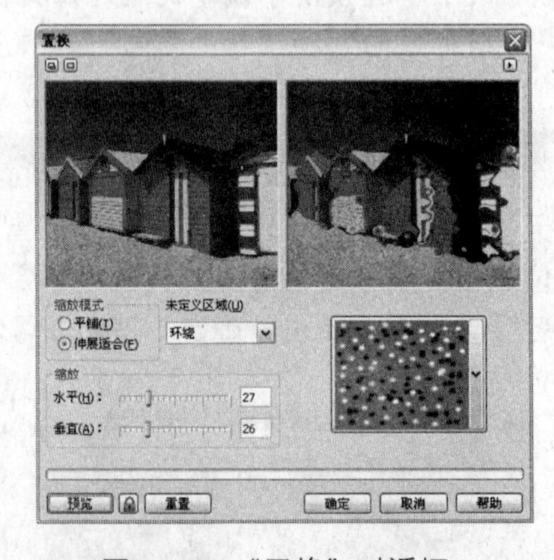

图10-55 “置换”对话框

- 在“缩放模式”选项栏中，可以选择所需的缩放模式。
- 在“未定义区域”下拉列表框中，可以选择未定义区域的处理方式。
- 在“缩放”选项栏中，可以调整置换图案的大小密度。
- 在“置换样式”下拉列表框中，可以选择系统预设的置换样式。

10.8.3 偏移

“偏移”命令可以使图像产生画面位置偏移的效果。选择需要应用特殊效果的图像，执行

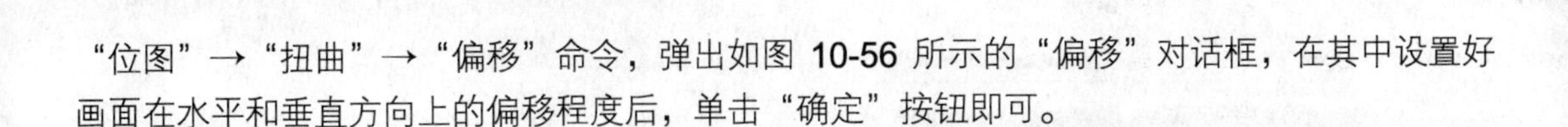

“位图”→“扭曲”→“偏移”命令，弹出如图 10-56 所示的“偏移”对话框，在其中设置好画面在水平和垂直方向上的偏移程度后，单击“确定”按钮即可。

10.8.4　像素

“像素”命令可以使图像产生像素化的效果，用户可以将像素化模式设置为正方形、矩形或射线。选择需要应用特殊效果的图像，执行“位图”→“扭曲”→“像素”命令，弹出如图 10-57 所示的“像素”对话框，在其中设置好各项参数后，单击“确定”按钮即可。

- 在“像素化模式”选项栏中，可以选择“正方形”、“矩形”或“射线”模式。
- 在“调整”选项栏中，可以通过设置“宽度”、“高度”和“不透明度”选项，对像素化效果进行调整。

图 10-56　“偏移”对话框

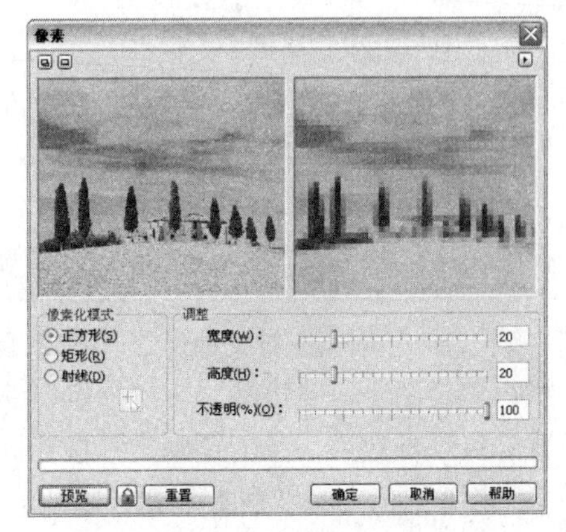

图 10-57　“像素”对话框

10.8.5　龟纹

“龟纹”命令可以混合图像中的像素颜色，使图像产生波浪形的变形效果。选择需要应用特殊效果的图像，执行“位图”→“扭曲”→“龟纹”命令，弹出如图 10-58 所示的“龟纹”对话框，在其中设置好各项参数后，单击“确定”按钮即可。

- 在“主波纹”选项栏中，可以调整纵向波动的周期及振幅。
- 在“优化”选项栏中，可以选择是否对图像进行优化处理。
- 选中“垂直波纹”复选框，可以为图像添加垂直的波纹。“振幅”选项用于调整垂直波纹的振动幅度。
- 选中“扭曲龟纹”复选框，可以扭曲图像中的波纹，形成干扰波的效果。
- 拨动“角度”拨盘，可以调整波纹的角度。

10.8.6 漩涡

“旋涡”命令可以在图像中产生顺时针或逆时针方向的旋涡效果。选择需要应用特殊效果的图像，执行“位图”→“扭曲”→“旋涡”命令，打开如图 10-59 所示的“旋涡”对话框，在该对话框中设置好各项参数后，单击“确定”按钮即可。

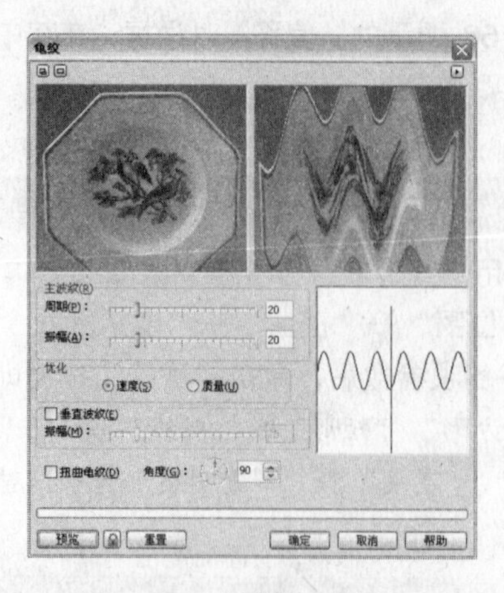

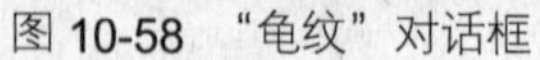
图 10-58 “龟纹”对话框

图 10-59 “旋涡”对话框

- 在“定向”选项栏中，可以选择漩涡旋转的方向。
- 在“角”选项栏中，可以通过“整体旋转”和“附加度”选项调整漩涡效果。

10.8.7 平铺

“平铺”命令可以在图像中产生由原图像平铺而成的画面效果。选择需要应用特殊效果的图像，执行“位图”→“扭曲”→“平铺”命令，打开如图 10-60 所示的“平铺”对话框，在其中设置好各项参数后，单击“确定”按钮即可。

- “水平平铺”和“垂直平铺”选项，分别用于设置水平和垂直方向上的图像平铺量。
- “重叠”选项用于设置图像平铺时重叠的范围。

10.8.8 湿笔画

“湿笔画”命令可以使图像产生使用湿笔绘画后，油彩往下流的画面浸染效果。选择需要应用特殊效果的图像，执行“位图”→“扭曲”→“湿画笔”命令，打开如图 10-61 所示的“湿画笔”对话框，在其中设置好各项参数后，单击“确定”按钮即可。

图 10-60 “平铺”对话框

图 10-61 “湿画笔”对话框

- “润湿”选项用于设置图像中的油滴数目。该值为正时，油滴从上往下流；该值为负时，油滴从下往上流。
- “百分比”选项用于设置油滴的大小。

10.8.9　涡流

“涡流”命令可以使图像产生随机的条纹流动效果。选择需要应用特殊效果的图像，执行“位图”→“扭曲”→“涡流”命令，弹出如图 10-62 所示的“涡流”对话框，在该对话框中设置好各项参数后，单击“确定”按钮即可。

- “间距”选项用于设置涡流之间的间距。
- “搽拭长度”选项用于设置涡流搽拭的长度。
- “扭曲”选项用于设置涡流扭曲的程度。
- “条纹细节”选项用于设置条纹细节的丰富程度。
- 在“样式”下拉列表框中，可以设置漩涡的样式。

10.8.10　风吹效果

“风吹效果”命令可以使图像中的像素产生被风吹走的效果。选择需要应用特殊效果的图像，执行“位图”→“扭曲”→“风吹效果”命令，弹出如图 10-63 所示的“风吹效果”对话框，在该对话框中设置好各项参数后，单击“确定”按钮即可。

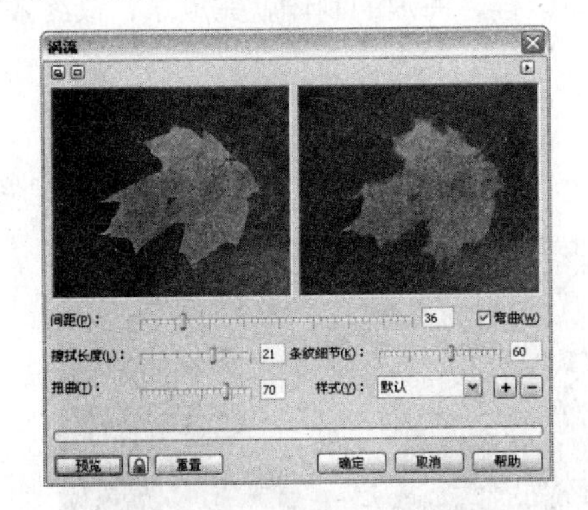

图 10-62 “涡流”对话框

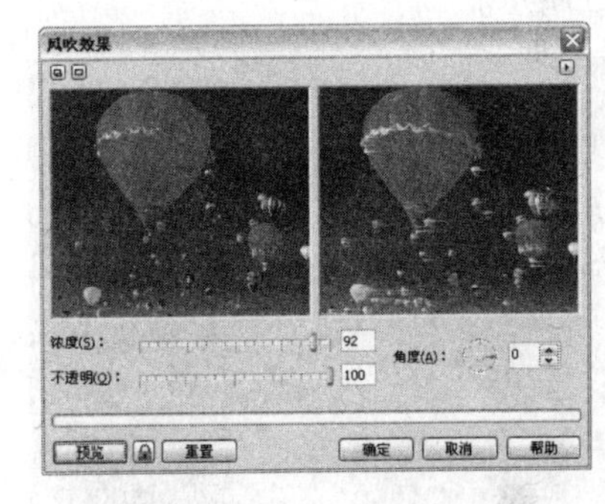

图 10-63 “风吹效果”对话框

- “浓度”选项用于设置风的强度。
- “不透明”选项用于设置产生位移的图像像素的透明程度。
- “角度”选项用于设置风吹的方向。

海浪效果

本例将使用“龟纹滤镜”、“形状工具”等调整位图形状，完成后的效果如图 10-64 所示。

图 10-64　最终效果

具体操作方法如下。

1 执行“文件”→“导入”命令或按 Ctrl+I 组合键，导入本书配套光盘中“大海.jpg”文件。打开光盘中的“源文件与素材\第 10 章\素材\大海.jpg”，如图 10-65 所示。按小键盘上+键，复制图片。

2 选中图片，执行“位图”→“扭曲”→“龟纹”命令，打开“龟纹”对话框，参数设置如图 10-66 所示。单击“确定”按钮，得到如图 10-67 所示的效果。

图 10-65　大海素材

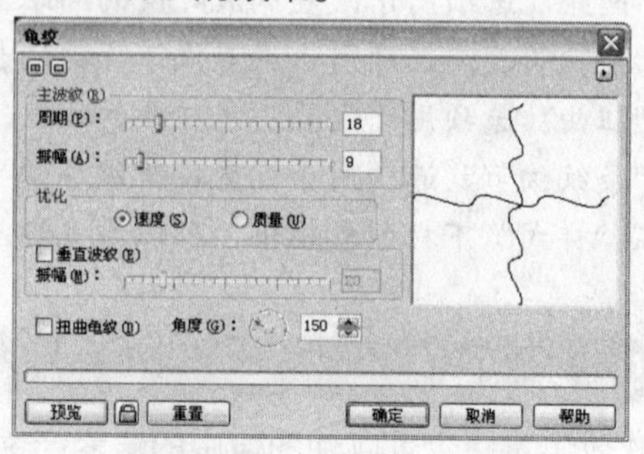

图 10-66　“龟纹”对话框

3 将复制的图片放在扭曲的图片的上面，使两图片完全重合。选中复制的图片，按 F10 键，在图片上添加节点，调整图像形状如图 10-68 所示。这样，海浪的制作就完成了，最终效果如图 10-69 所示。

图 10-67　龟纹效果

图 10-68　调整图像形状

图 10-69　最终效果

小提示

利用形状工具可以像调节曲线形状一样调节位图形状，其方法也和曲线调节方法相同。

10.9　杂点

通过“杂点”效果，可以修改图像的粒度。该效果组中包括“添加杂点”、“最大值”、“中值”、“最小”、“去除龟纹”和“去除杂点”共 6 种效果。

10.9.1　添加杂点

“添加杂点”命令可以在图像中添加杂点，使图像产生粗糙的效果。选择需要应用特殊效果的图像，执行“位图”→“杂点”→“添加杂点”命令，弹出如图 10-70 所示的“添加杂点”对话框，在其中设置好各项参数后，单击“确定”按钮即可。

- 在“杂点类型”选项栏中，可以设置所要添加的杂点类型。
- “层次”选项用于调整图像中受杂点影响的颜色和亮度变化的范围。
- “密度”选项用于调整图像中杂点的密度。
- 在“颜色模式”选项栏中，可以设置杂点的颜色模式。

10.9.2　最大值

“最大值”命令可以在图像中添加非常明显的杂点。选择需要应用特殊效果的图像，执行“位图”→“杂点”→“最大值”命令，弹出如图 10-71 所示的“最大值”对话框，在其中设置好各项参数后，单击“确定”按钮即可。

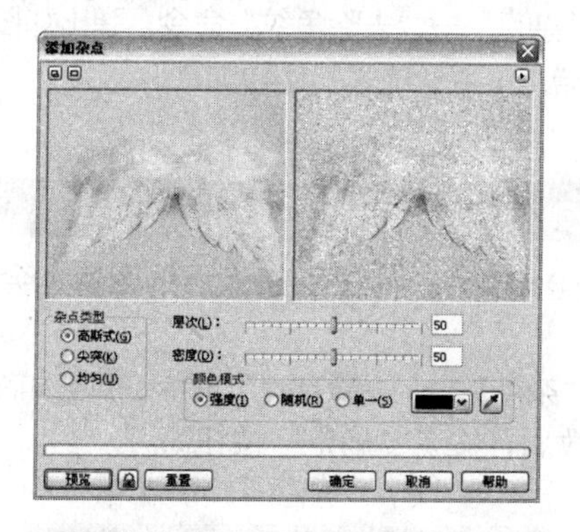

图 10-70　“添加杂点”对话框

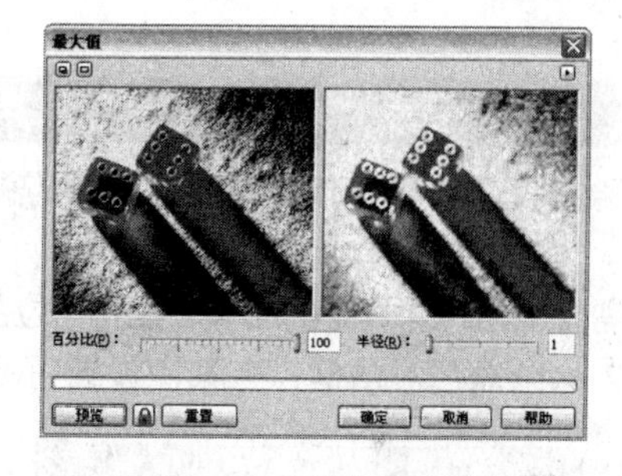

图 10-71　“最大值”对话框

- “百分比”选项用于设置最大值效果应用到图像中的程度。
- “半径”选项用于调整应用最大值效果时发生变化的像素数量。

10.9.3　中值

“中值”命令可以在图像中添加较明显的杂点。选择需要应用特殊效果的图像，执行“位图”→“杂点”→“中值”命令，弹出如图 10-72 所示的“中值”对话框，在其中设置“半径”参数后，单击“确定”按钮即可。

10.9.4　最小

“最小”命令可以在图像中添加块状的杂点。选择需要应用特殊效果的图像，执行“位图”→“杂点”→“最小”命令，弹出如图 10-73 所示的“最小”对话框，在其中设置“最小”效果的变化程度和块状大小后，单击“确定”按钮即可。

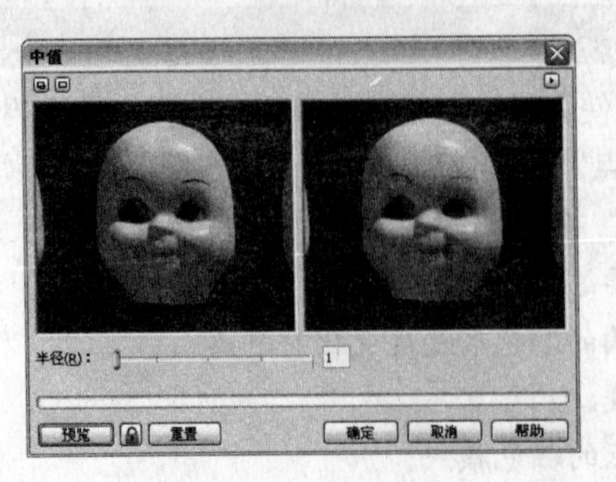

图 10-72 “中值”对话框

图 10-73 “最小”对话框

10.9.5 去除龟纹

“去除龟纹”命令可以去除图像中的龟纹杂点，降低画面的粗糙程度，但同时会使图像相应变得模糊。

选择需要应用特殊效果的图像，执行“位图”→“杂点”→“去除龟纹”命令，弹出如图 10-74 所示的“去除龟纹”对话框，在其中设置好各项参数后，单击“确定”按钮即可。

10.9.6 去除杂点

“去除杂点”命令可以去除如扫描图像中的灰尘和杂点，但去除杂点后的图像也会相应地变得模糊。

选择需要应用特殊效果的图像，执行“位图”→“杂点”→“去除杂点”命令，弹出如图 10-75 所示的“去除杂点”对话框，在其中设置好各项参数后，按下“确定”按钮即可。

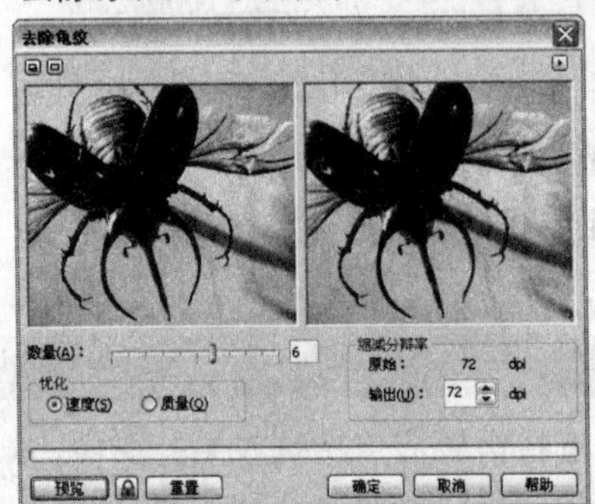

图 10-74 “去除龟纹”对话框

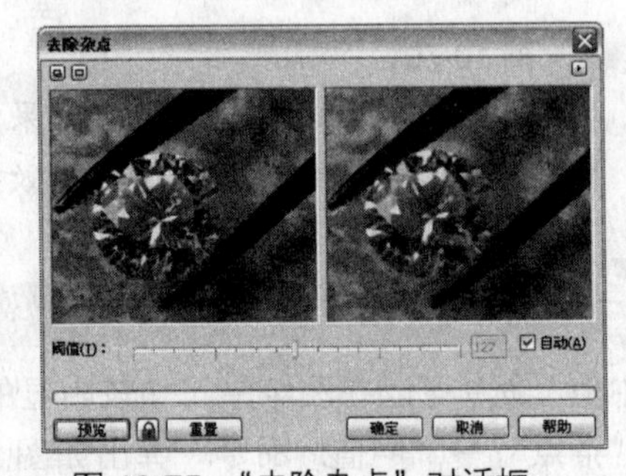

图 10-75 “去除杂点”对话框

- “阈值”选项用于设置去除杂点的数量范围。
- 选中“自动”复选框，可自动设置去除杂点的数量。

10.10 鲜明化

通过“鲜明化”效果，可以添加图像的鲜明化程度，以突出和强化图像中的边缘。该效果组中包括“适应非鲜明化”、“定向柔化”、“高通滤波器”、“鲜明化”和“非鲜明化遮罩” 5 种效果。

10.10.1　适应非鲜明化

“适应非鲜明化”命令可以增强图像中边缘轮廓的颜色锐度，使图像边缘更加清晰。选择需要应用特殊效果的图像，执行“位图”→“鲜明化”→“适应非鲜明化”命令，弹出如图 10-76 所示的“适应非鲜明化”对话框，在其中设置好图像边缘的锐化程度后，单击“确定”按钮即可。

图 10-76　“适应非鲜明化”对话框

10.10.2　定向柔化

“定向柔化”命令可以增强图像中相邻颜色的对比度，使图像更加鲜明。选择需要应用特殊效果的图像，执行“位图”→“鲜明化”→定向柔化”命令，弹出如图 10-77 所示的“定向柔化”对话框，在其中设置好各项参数后，单击“确定”按钮即可。

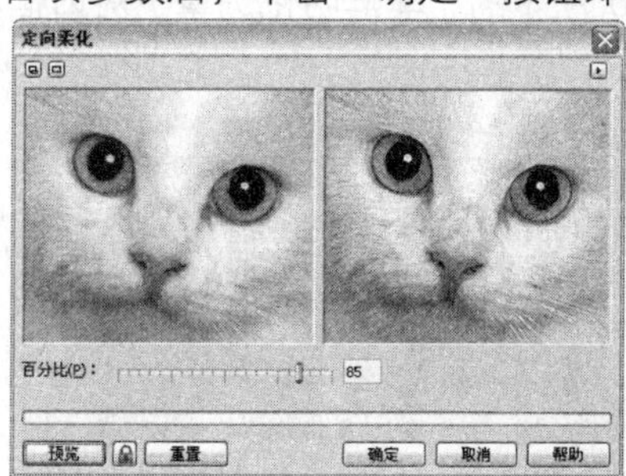

图 10-77　“定向柔化”对话框

10.10.3　高通滤波器

“高通滤波器”命令可以非常清晰地突出图像中的边缘轮廓。选择需要应用特殊效果的图像，执行“位图”→ “鲜明化”→ “高通滤波器”命令，弹出如图 10-78 所示的“高通滤波器”对话框，在其中设置好各项参数后，单击“确定”按钮即可。

- “百分比”选项用于设置应用高频通行效果的程度。
- “半径”选项用于设置图像中参与转换的颜色范围。

10.10.4　鲜明化

“鲜明化”命令同样通过增强图像中相邻像素的色度、亮度和对比度，以增强图像的锐度，使图像更加鲜明。选择需要应用特殊效果的图像，执行“位图”→“鲜明化”→“鲜明化”命令，弹出如图 10-79 所示的“鲜明化”对话框，在其中设置好各项参数后，单击“确

定”按钮即可。

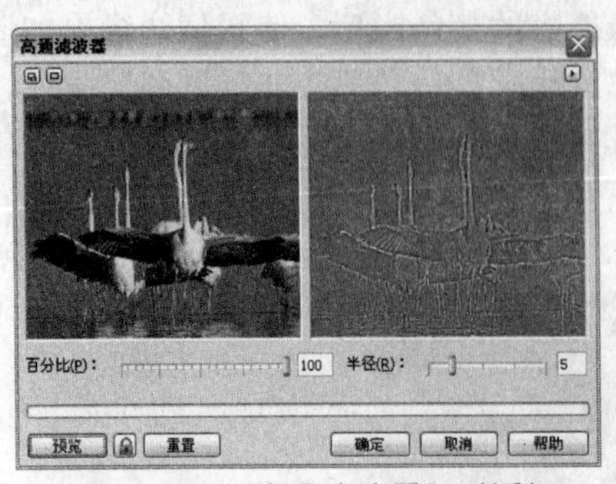

图 10-78 “高通滤波器”对话框

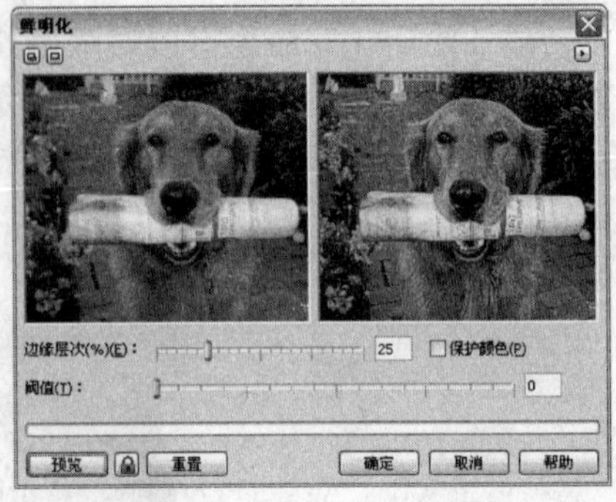

图 10-79 “鲜明化”对话框

- “边缘层次”选项用于设置边缘层次的丰富程度。
- “阈值”选项用于设置鲜明化效果的临界值，取值范围为 0～255，该值越小，效果越明显，反之则不明显。

10.10.5 非鲜明化遮罩

“非鲜明化遮罩”命令可以增强图像的边缘，对图像中模糊的区域进行调焦处理，以产生有针对性的锐化效果。选择需要应用特殊效果的图像，执行“位图”→“鲜明化”→“非鲜明化遮罩”命令，弹出如图 10-80 所示的“非鲜明化遮罩”对话框，在其中设置好各项参数后，单击“确定”按钮即可。

图 10-80 “非鲜明化遮罩”对话框

- “百分比”选项用于调整在图像中应用非鲜明化遮罩效果的程度，其取值范围为 1～500。
- “半径”选项用于调整图像中参与转换的颜色范围。
- “阈值”选项用于设置非鲜明化遮罩效果的临界值，其取值范围为 0～255。该值越小，效果越明显，反之则不明显。

10.11 疑难解析

本章介绍了在 CorelDRAW X4 中为位图应用特殊效果的方法，同时对每一个效果命令进行了详细的介绍，下面就一些疑难问题进行进一步的解析。

1 怎样删除滤镜效果？

在为图像应用特殊效果时，如果得到的效果不太满意，可以执行“编辑”→“撤销”命令，或按下 Ctrl+Z 组合键，将其还原到应用特殊效果前的状态。

默认状态下，系统可撤销 20 步内对矢量对象所做的操作，同时可撤销 2 步以内的特殊效果操作。如果用户要更改系统的撤销级别，可执行“工具”→“选项”命令，在弹出的“选项”对话框中，展开“工作区\常规”选项，然后在该对话框中的“撤销级别”选项栏中更改对应的设置即可，如图 10-81 所示。

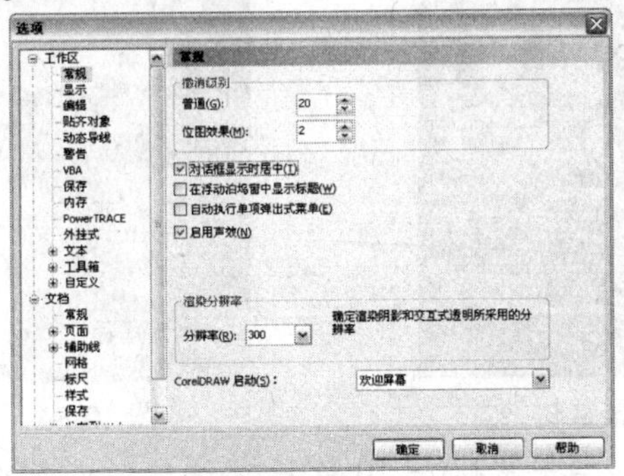

图 10-81　“选项”对话框

在还原图像后，如果未对图像进行新的编辑处理，可以执行“编辑”→“重做”命令，或按下 Shift+Ctrl+Z 组合键，将图像恢复到应用特殊效果后的状态。

2　怎样为矢量图形应用特殊效果？

CorelDRAW X4 中的特殊效果只能应用于位图图像，用户如果要为矢量图形应用特殊效果，就需要在选择矢量对象后，执行“位图”→“转换为位图”命令，在弹出的“转换为位图”对话框中设置转换后的位图分辨率和颜色模式等选项，然后单击“确定”按钮，将其转换为位图，再为其应用所需的特殊效果即可，如图 10-82 所示。

选择的矢量图

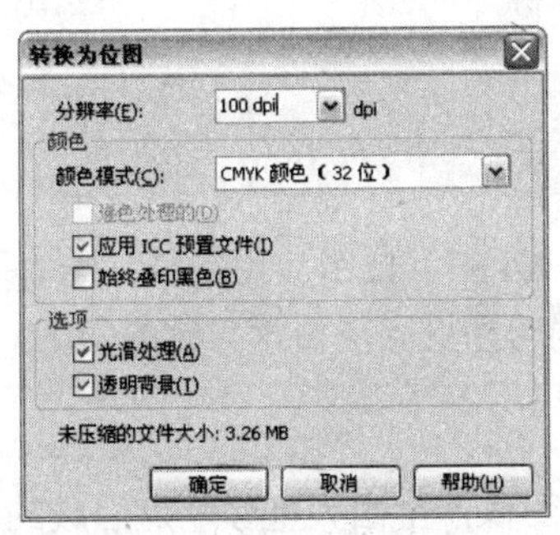

矢量图转换为位图设置

为位图应用的特殊效果

图 10-82　为矢量图应用特殊效果

3　怎样为文本对象应用特殊效果？

与为矢量图形应用特殊效果的方法相同，在为文本对象应用特殊效果之前，需要首先执行“位图”→“转换为位图”命令，将文本转换为位图，然后再按照为位图应用特殊效果的方法，为转换为位图后的文本应用所需的特殊效果即可。

10.12 上机实践

（1）导入光盘中的“源文件与素材\第 10 章\素材\风景.jpg”文件，如图 10-83 所示，然后将其制作为如图 10-84 所示的水彩画效果。

图 10-83　风景素材

图 10-84　水彩画效果

（2）导入光盘中的“源文件与素材\第 10 章\素材\斑马.jpg”文件，如图 10-85 所示，然后为该图像制作下雪的场景效果，如图 10-86 所示。

图 10-85　斑马图片素材

图 10-86　添加雪花的效果

10.13 巩固与提高

本章主要介绍了在 CorelDRAW X4 中为位图应用各种特殊效果的方法。现在准备了相关的习题，希望读者通过完成下面的习题巩固前面学习到的知识。

1．单项选择题

（1）使用（　　）命令可以使图像产生由大量颜色点组成的画面效果。

A．水彩画　　B．水印画　　C．蜡笔画　　D．点彩派

（2）使用（　　）命令可以使图像产生使用湿笔绘画后，油彩往下流的画面浸染效果。

A．湿笔画　　B．涡流　　C．风吹效果　　D．偏移

（3）要为矢量图形应用特殊效果，需要先将矢量图转换为（　　）。

A．轮廓　　B．轮廓图　　C．位图　　D．无轮廓的对象

2．多选题

（1）在设置效果参数时，单击对话框中的（　　）按钮，可以将选项参数恢复为系统默认

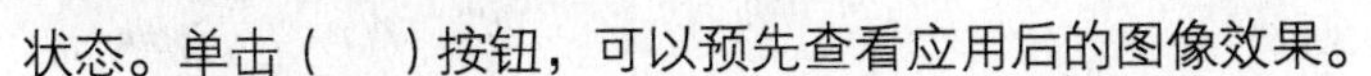

状态。单击（　）按钮，可以预先查看应用后的图像效果。

A．确定　　B．重置　　C．帮助　　D．预览

（2）在对话框中设置效果参数时，在预览窗口中单击（　），可以放大视图；单击（　），可以缩小视图；（　），可以平移视图。

A．鼠标右键　　B．鼠标左键

C．按下鼠标左键拖移　　D．鼠标右键和左键

3．判断题

（1）要为文本对象应用特殊效果，需要先执行“位图”→“转换为位图”命令，将文本转换为位图，然后再按照为位图应用特殊效果的方法，为转换为位图后的文本应用所需的特殊效果即可。（　）

（2）默认状态下，系统可撤销 30 步内对矢量对象所做的操作，同时可撤销 2 步以内对位图应用特殊效果的操作。（　）

（3）“动态模糊”命令可以使图像按指定的方向产生类似镜头抖动时的动态模糊效果。（　）

读书笔记

第 11 章

管理与打印文件

在学习完 CorelDRAW X4 中所有的绘图功能后，本章将介绍在 CorelDRAW 中导入外部文件或将 CorelDRAW 文件导入为其他格式文件，以及在 CorelDRAW 中打印文件的方法。通过本章的学习，希望读者能初步了解对 CorelDRAW 文件进行管理和后期输出的一些相关知识和操作方法，以便读者在实际工作中能更好地把握。

学习指南

- 在 CorelDRAW X4 中管理文件
- 打印文件

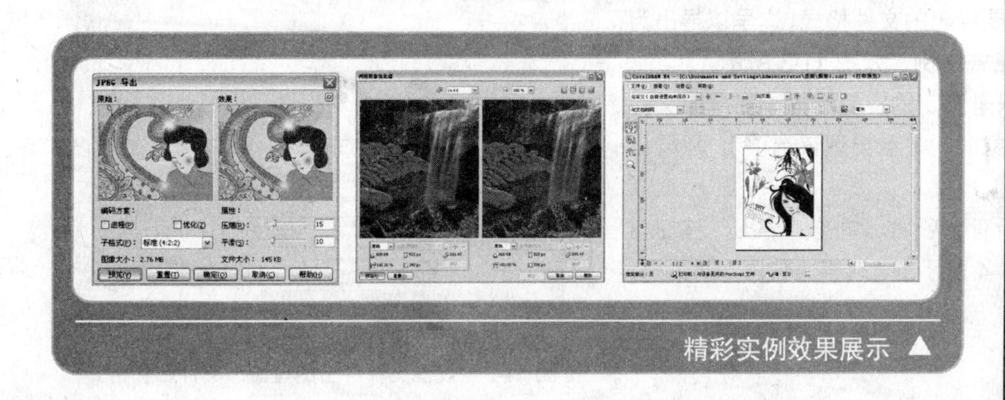

精彩实例效果展示 ▲

11.1 在 CorelDRAW X4 中管理文件

CorelDRAW 具有很强的兼容性，它可以将多种格式的文本或图像文件导入到 CorelDRAW 文件中进行进一步的编辑，同时也可以将 CorelDRAW 文件导出为其他指定的格式，以便于被其他应用程序导入或打开使用。

11.1.1 导入与导出文件

在前面“9.1 导入位图”一节中，已经向读者介绍了在 CorelDRAW 中导入位图的方法，读者可以参考其中介绍的方法，将其他格式的文件导入到 CorelDRAW 的当前文件中。

要将 CorelDRAW 文件导出为其他格式的文件，可通过以下的操作步骤来完成。

1 在 CorelDRAW 中打开需要导出的文件，并选择需要导出的对象，如图 11-1 所示（如果未选择有对象，那么 CorelDRAW 将导出当前文件中的所有内容）。

2 执行“文件”→“导出”命令，或者单击标准工具栏中的“导出”按钮，弹出如图 11-2 所示的“导出”对话框。

图 11-1 选择需要导出的对象

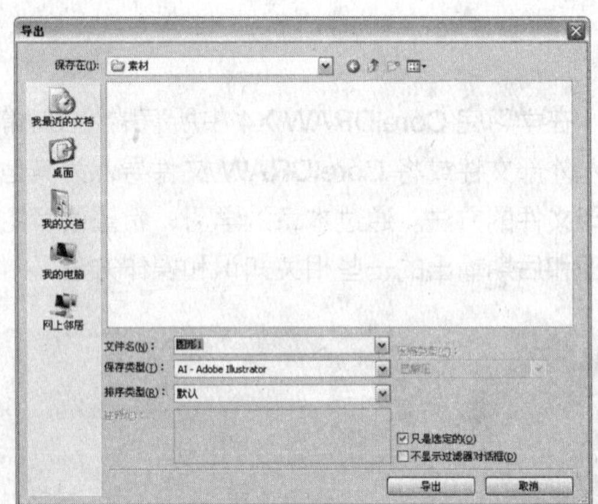

图 11-2 “导出”对话框

3 在“保存在”下拉列表框中选择文件导出后保存的位置，在“文件名”文本框中输入文件导出后的名称，并在“保存类型”下拉列表框中选择需要导出的文件格式，这里以导出为“JPGE”格式为例，如图 11-3 所示。

4 选中“只是选定的”复选框（在导出文件前选择有对象时，才会出现该选项），只导出选定的对象。

5 设置好所有选项后，单击“导出”按钮，打开如图 11-4 所示的“转换为位图”对话框。

图 11-3 设置文件导出的位置、文件名和格式

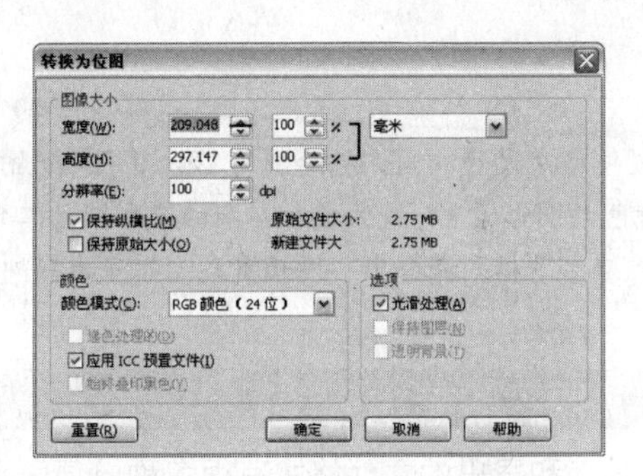

图 11-4　“转换为位图”对话框

- 在“宽度”和“高度”数值框中，可以设置图像的尺寸。在右边的“百分比”数值框中，可以按照原对象大小的百分比来调整导出后的图像大小。
- 在“分辨率”数值框中，可以根据实际应用的需要设置图像的分辨率大小。
- 选中“递色处理的”复选框，可以模拟数量比可用颜色更多的颜色。此选项可用于使用 256 色或更少颜色的图像。
- 选中“始终叠印黑色”复选框，在打印图像时，通过叠印黑色可以避免黑色对象与下面的对象之间产生偏差。
- 选中“应用 ICC 预置文件”复选框，应用国际颜色委员会 ICC 预置文件，使设备与色彩空间的颜色标准化。
- 选中“光滑处理”复选框，对导出的图像进行光滑处理，以消除图像边缘的锯齿。
- 选中“保持图层”复选框，在导出的图像中保持原 CorelDRAW 文件中的图层设置。由于 JPGE 文件中只能有一个背景图层，所以该选项不可用。
- 选中“透明背景”复选框，保持原 CorelDRAW 文件中的透明设置，并将对象以外的背景设置为透明。该选项对于 JPGE 格式不可用。

6 在“转换为位图”对话框中设置导出后的图像大小、分辨率和颜色模式等参数，然后单击“确定”按钮，将弹出如图 11-5 所示的“JPGE 导出”对话框。

7 在“JPGE 导出”对话框中，拖动“压缩”滑块，可以设置对 JPGE 文件进行压缩的级别。压缩值越高，压缩程度越大，最终生成的 JPGE 文件就越小，但图像质量受影响的程度就越大，如图 11-6 所示。

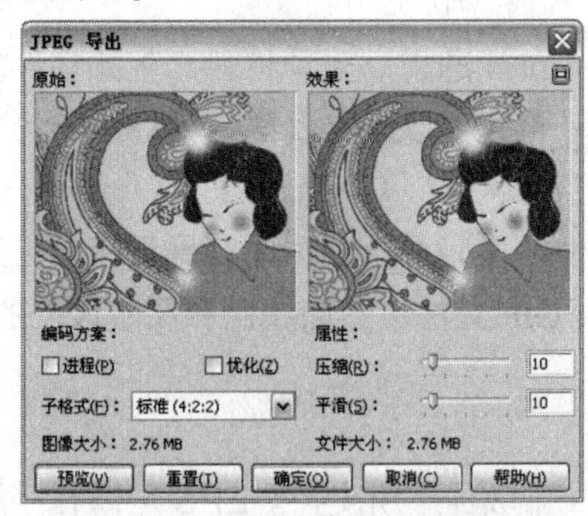

图 11-5　“JPGE 导出”对话框

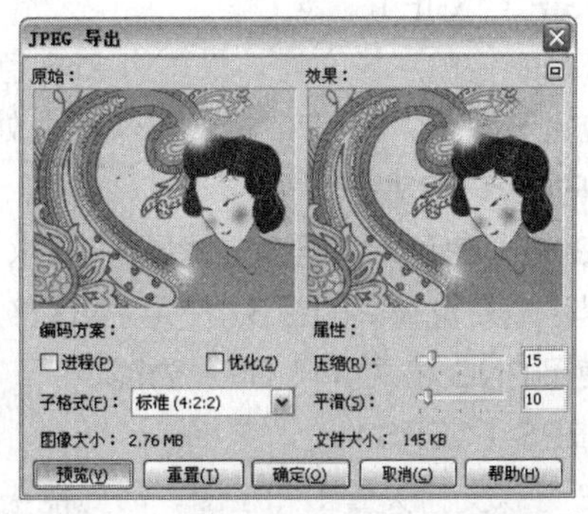

图 11-6　调整 JPGE 文件的压缩级别

拖动“平滑”滑块，可以设置对 JPGE 文件进行平滑处理的程度。完成设置后，单击“预览”按，可以在“效果”预览窗口中预览最终的图像效果。“原始”预览窗口用于显示原图像效果。

设置好 JPGE 导出选项后，单击“确定”按钮，即可将 CorelDRAW 文件导出为指定的格式。

小提示

和支持导入使用的文件格式大致相同。将绘制的 CorelDRAW 图形应用到其他编辑软件中，可以为其提供富有特色的图形素材，成为进行复杂的图形设计工作中的有力辅助。在“导出”对话框中的“保存类型”下拉列表框中，可查看到支持导出的所有文件格式。

11.1.2 与 CorelDRAW 兼容的文件格式

CorelDRAW X4 支持的导入和导出的文件格式有很多种，便于用户在实际工作中更好地应用不同类型的素材资源，丰富创作效果。

在“导入”对话框中的“文件类型”或“导出”对话框中的“保存类型”下拉列表框中，可以查看与 CorelDRAW 兼容的文件格式。下面介绍一些常用文件格式的特点和应用范围。

- PSD（*.PSD）

PSD 是 Photoshop 中保存文件的默认格式，此种格式可以保存图像中的层和通道等许多信息。正是由于 PSD 包含的图像数据信息较多，因此比使用其他图像格式保存的文件都大，但使用此种格式保存的图像，便于用户对该图像进行修改。

- BMP（*.BMP）

BMP 是微软件公司软件专用的格式，也是最通用的图像文件格式之一。它支持 RGB、索引、灰度和位图颜色模式，但不支持 Alpha 通道。

- TIFF（*.TIF）

TIFF 格式是一种无损压缩格式，可以在许多图像软件和计算机平台之间交换图像数据，因此应用非常广泛。此种格式支持含有 Alpha 通道的 CMYK、RGB 和灰度图像，同时支持不含 Alpha 通道的 Lab、索引和位图颜色模式的图像。另外，它还支持 LZW 压缩。

- JPEG（*.JPG）

JPEG 是一种有损压缩格式，生成的文件较小，它支持真彩色，也是常用的一种图像格式。此种格式支持 CMYK、RGB 和灰度颜色模式，但不支持 Alpha 通道。

在将文件保存为 JPEG 格式时，可以设置压缩级别。压缩越大，图像文件就越小，图像质量相对就越差。

- GIF（*.GIF）

GIF 是 8 位的图像文件，最多为 256 色，不支持 Alpha 通道。此种格式产生的文件较小，因此常应用于网络。与 JPG 格式的不同之处在于，GIF 格式可以保存动画效果。

- PNG（*.PNG）

PNG 格式使用无损压缩方式压缩文件，支持 24 位图像，产生的透明背景没有锯齿边缘，因此可以生成质量较好的图像。使用 PNG 格式可以弥补 GIF 文件中图像颜色和质量较差的缺点，因此常使用 PNG 格式替代 GIF 格式。

- EPS（*.EPS）

EPS 可以支持矢量图和位图，因此能被大多数页面排版程序所支持。EPS 可以在排版软件中以低分辨率预览，高分辨率打印输出，这样可以提高电脑运算的速度，节省工作时间。EPS 不支持 Alpha 通道，但可以支持裁切路径。

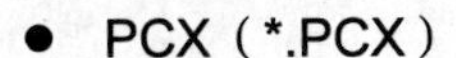

- PCX（*.PCX）

PCX 格式支持 1～24Bits 的图像，并且该格式还支持 RGB、索引、灰度和位图颜色模式，但不支持 Alpha 通道。PCX 格式可以用 RLE 的压缩方式保存文件。

- PDF（*.PDF）

PDF 格式是 Adobe 公司开发的用于 Windows、MAC OS、UNX 和 DOS 系统的一种电子出版软件的文档格式，适用于不同平台。使用该格式不需要排版或图像软件即可获得图文混排的版面，这是由于该格式可以存储文件中的多页信息，其中包含图形和文件的查找和导航功能。该格式还是网络下载中经常使用的文件格式，因为它可以支持超文本链接。

- AI（*. AI）

AI 格式是由 Adobe 公司出品的 Adobe Illustrator 软件生成的一种矢量文件格式，它与 Adobe 公司出品的 Adobe Photoshop、Adobe Indesign 等图像处理和绘图软件都能很好地兼容。

11.1.3　将文件发布到 Web

将文档元素设置为与 Web 兼容、选择需要的设置并进行印前检查后，可以将 CorelDRAW 文件和对象成功地发布为 HTML，然后就可以在 HTML 编写软件中使用生成的 HTML 代码和图像来创建 Web 站点或页面。

1. 创建 HTML 文本

HTML 文件专门用于在 Web 浏览器上显示使用，它实际就是纯文本文件，用户可以使用任何文本编辑器（如 SimpleText 和 TextEdit）来创建。

要将对象或文档发布到 Web，可执行“文件”→“发布到 Web”→“HTML”命令，弹出如图 11-7 所示的“发布到 Web”对话框。

- 在“常规”选项卡中，包含 HTML 排版方式、图像文件夹、FTP 站点和导出范围等选项。用户也可以选择、添加和移除预设。
- 在“细节”选项卡中，包含生成的 HTML 文件的细节，用户可以在该选项卡中更改页面名称和文件名称，如图 11-8 所示。

图 11-7　“发布到 Web”对话框

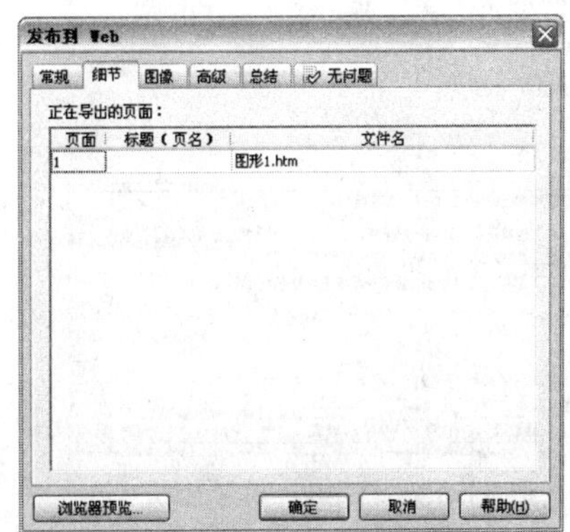

图 11-8　“细节”选项卡

- 在“图像”选项卡中，列出了当前所有 HTML 导出的图像，用户可以将单个对象设置为 JPEG、GIF 或 PNG 格式，如图 11-9 所示。单击“选项”按钮，在弹出的“选项”对话框中可以选择每种图像类型的预设，如图 11-10 所示。

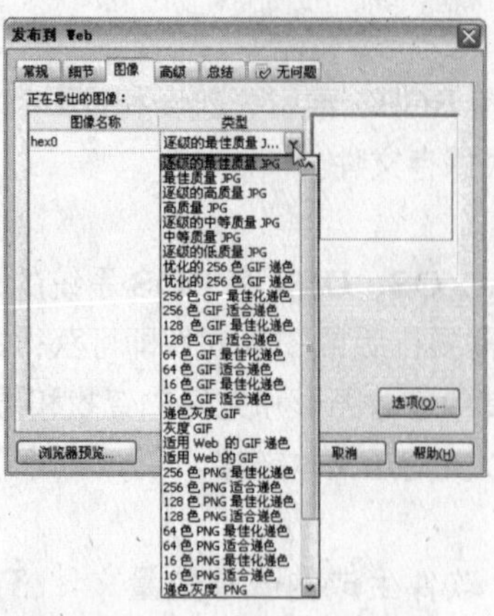

图 11-9　为图像设置格式

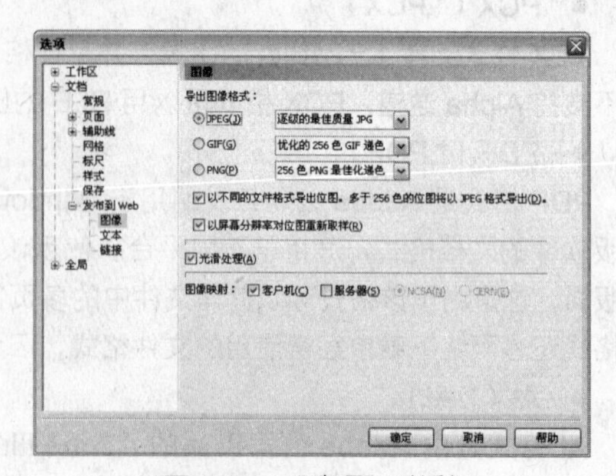

图 11-10　“选项”对话框

● 在“高级”选项卡中，可以启用生成翻转和层叠样式表的 JavaScript，以及保持与外部文件的链接等，如图 11-11 所示。

● 在“总结”选项卡中，会根据不同的下载速度显示文件统计信息，如图 11-12 所示。

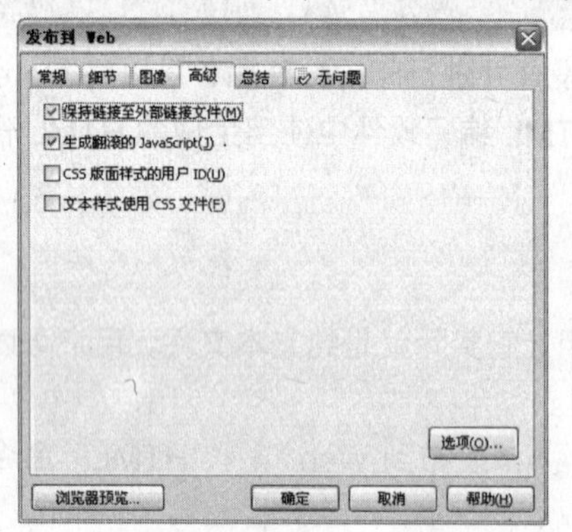

图 11-11　“高级”选项卡

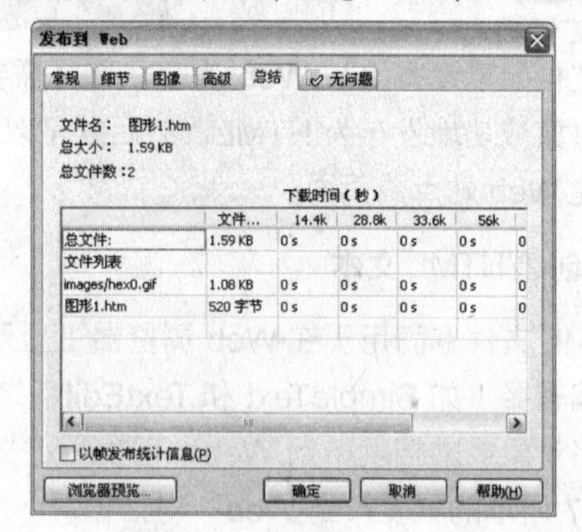

图 11-12　“总结”选项卡

● 在“问题”选项卡中，将显示当前文件潜在的问题，包括解释、建议和提示内容，如图 11-13 所示。

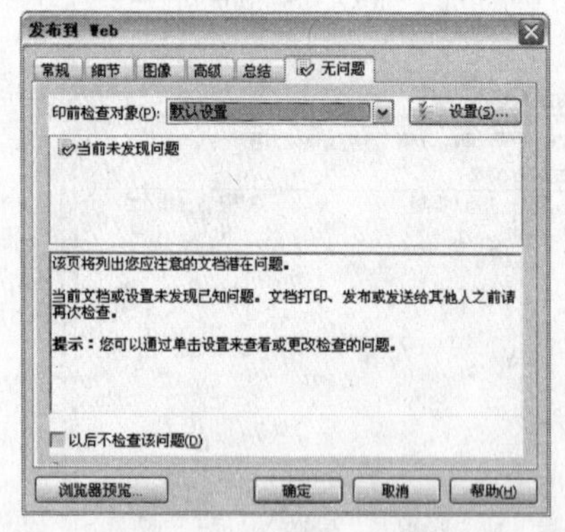

图 11-13　“问题”选项卡

小提示

如果有些用户使用的 CorelDRAW X4 不支持 HTML 格式的文件，那可能是因为在安装 CorelDRAW X4 的过程中选择了默认设置进行了安装。要使 CorelDRAW X4 支持 HTML 文件，那只有重新安装 CorelDRAW 。

要创建 HTML 文本，可通过“导入”命令来完成。

1 执行“文件“→”导入”命令，弹出“导入”对话框，在“文件类型”下拉列表框中选择“HTM-Hyper Text Markup Language”格式，并在文件列表框中选择一个 HTML 文件，然后单击“导入”按钮。

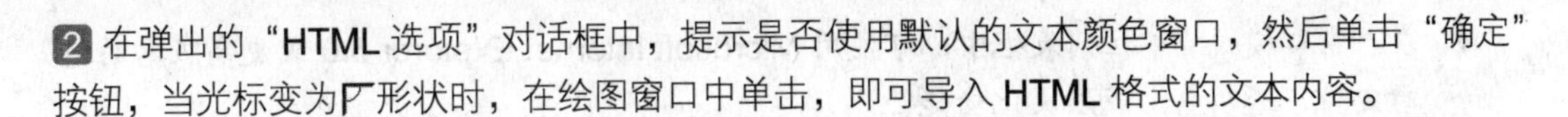

2 在弹出的“HTML 选项”对话框中，提示是否使用默认的文本颜色窗口，然后单击“确定”按钮，当光标变为形状时，在绘图窗口中单击，即可导入 HTML 格式的文本内容。

在 CorelDRAW 中导入 HTML 文本后，可以按照编辑普通文本的方法，修改 HTML 文本的内容，设置 HTML 文本的字体、字体大小和对齐方式等文本属性。

2. 嵌入 HTML 的 Flash

将 Macromedia Flash 文件发布到 Web 的操作方法如下。

1 执行“文件”→“发布到 Web”→“嵌入 HTML 的 Flash”命令，在弹出的“导出”对话框中，设置文件导出后保存的位置，并为文件命名，如图 11-14 所示，然后单击“导出”按钮。

图 11-14 “导出”对话框

2 弹出如图 11-15 所示的“Flash 导出”对话框，切换到“HTML”选项卡，如图 11-16 所示。在该选项卡中设置“Flash HTML 模板”、“图像大小”等选项后，单击“确定”按钮，即可将 Flash 导出。

图 11-15 “Flash 导出”对话框

图 11-16 “HTML”选项卡设置

在“Flash 导出”对话框的“HTML”选项卡中，部分选项的功能说明如下。

- 选中“启动时暂停”复选框，可以暂停电影，直到开始播放为止。
- 选中“回路”复选框，到达最后一帧时重复播放。
- 选中“显示菜单”复选框，右键单击电影时显示上下文菜单。
- 在“质量”下拉列表框中，指定将图像光滑处理的级别。

- 在“窗口模式”下拉列表框中，可使用 Microsoft Internet Explorer 5.0 或更高版本的绝对定位、透明电影或层次化功能。
- 在“HTML 对齐”下拉列表框中，可选择电影在浏览器窗口中的位置。
- 在“缩放”下拉列表框中，可选择电影在“宽度”和“高度”框里设置的边界框内的放置。

3．Web 图像优化程序

使用“Web 图像优化程序”，可以在将文件输出为 HTML 格式之前，对 HTML 中的图像进行优化处理，以减小文件的大小，提高图像在网络传输中的速度。

执行“文件”→“发布到 Web”→“Web 图像优化程序”命令，弹出如图 11-17 所示的“网络图像优化器”对话框。

图 11-17 “网络图像优化器”对话框

- 在 14.4K 下拉列表框中，可选择 Modem 的传输速度。
- 在 100% 下拉列表框中，可选择图像在预览窗口中显示的比例。
- 分别单击这 4 个按钮，可设置不同的预览的方式。
- 在 原始 下拉列表框中，可选择图像输出的格式。
- 单击“预览”按钮，在预览窗口中查看图像优化后的效果。单击“确定”按钮，按指定设置优化图像，并在弹出的“将网络图像保存至硬盘”对话框中，指定图像被优化后保存的位置和文件名。

11.2 打印文件

如果电脑正确连接了打印机，就可以直接在 CorelDRAW 中执行打印任务了。在打印文件前，为了达到理想的打印效果，还需要进行打印设置，如打印范围、纸张大小、打印版面、黑白还是彩色打印等。用户还可以通过预览打印效果，查看打印中存在的问题等。

11.2.1 打印设置

执行“文件”→“打印”命令，在弹出的“打印”对话框中包括“常规”、“版面”、“分色”、“印前”、“PostScript”、“其它”和“问题”选项卡，如图 11-18 所示。通过这些选项，可以设置打印页面的布局和打印机类型。

图 11-18　“常规”选项卡

1．“常规”设置

在“打印”对话框的“常规”选项卡中，可以设置打印文件的范围、打印份数、打印样式和纸张类型等。该选项卡中各选项的功能说明如下。

- 在“名称”下拉列表框中，可以选择与本台计算机连接的打印机。
- 单击“属性”按钮，弹出如图 11-19 所示的对话框设置，在“纸张”选项栏中可以设置用于打印的纸张类型，或者通过“宽度”和“高度”选项，可以自定义纸张大小。在“旋转”选项栏中，可以设置当前打印文件的方向。

图 11-19　属性设置

小提示

在打印文件时，需要根据打印机所能支持的打印范围来调整绘图页面和文件的大小。通常打印机支持的最大打印范围为“A3”纸张，如果绘图页面中的文件超过所定义的纸张大小，那么可能会使打印出的文件不完整。所以用户需要将文件调整到所定义的纸张大小范围内，同时需要将文件置于绘图页面上，这样才能顺利且完整地打印所需要的文件。

- 在“打印范围”选项栏中选中“当前文档”单选按钮，可打印当前文档中的所有页面。
- 选中“文档”单选按钮，可以在下方的文件列表框中选择所要打印的文档，在 CorelDRAW 中打开的所有文档都会出现在该文件列表框中，如图 11-20 所示。
- 选中“当前页”单选按钮，只打印当前绘图页面。
- 如果在执行打印任务前选择有对象，那么“选定内容”单选按钮将被激活，选中该选项，将只打印当前选取的对象。

- 如果当前文档中存在有多个页面，那么“页”单选项将被激活。选中该选项，可以打印当前文档中的所有页面，用户还可以指定需要打印的是奇数页或是偶数页，如图 11-21 所示。

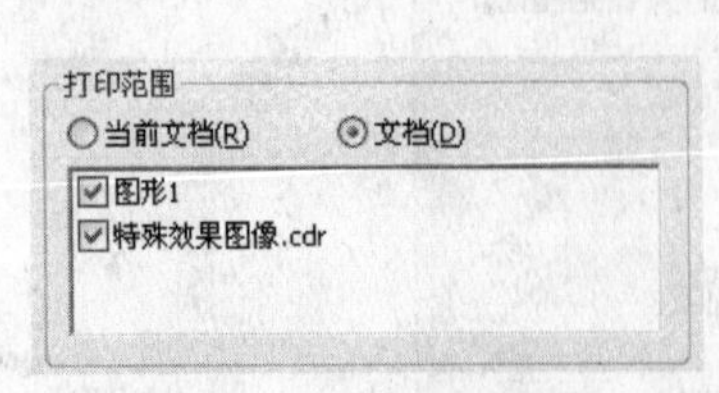

图 11-20　选择需要打印的文档

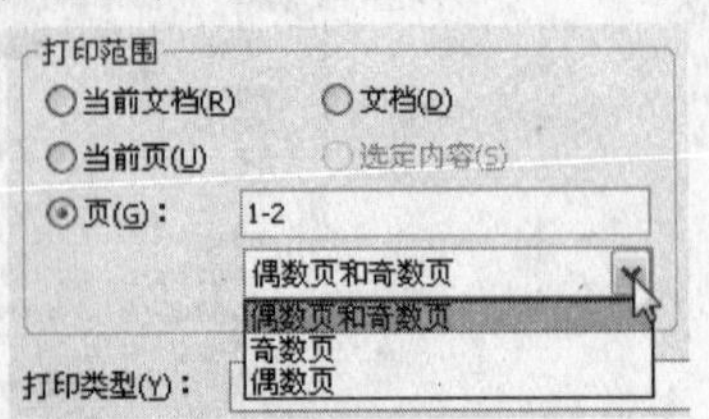

图 11-21　指定需要打印的页面

- 在“份数”数值框中，可以设置文件被打印的份数。
- 在“打印类型”下拉列表框中，可以选择打印的类型。
- 在设置好打印选项后，单击“另存为”按钮，可以保存当前的打印设置，以便执行其他打印任务时可以直接调出使用。

2.“版面”设置

在“打印”对话框中单击“版面”标签，切换到该选项卡，如图 11-22 所示。

- 在“图像位置和大小”选项栏中选中“与文档相同”单选项，可以按照对象在绘图页面中的位置来打印对象。
- 选中“调整到页面大小”单选项，可以将绘图尺寸快速调整到输出设备所能打印的最大范围。
- 选中“将图像重定位到”单选项，然后在右边的下拉列表框中可以选择图像在打印页面的位置。

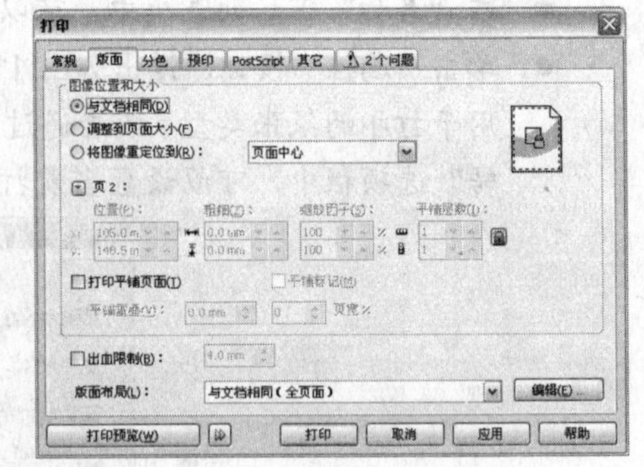

图 11-22　“版面”选项卡

- 选中“打印平铺页面”复选框，以纸张大小为单位，将图像分割为若干块后打印。用户可以在预览窗口中查看平铺效果。
- 选中“出血限制”复选框，然后可以在右边的数值框中设置出血范围。

3.“分色”设置

在“打印”对话框中单击“分色”标签，切换到该选项卡，在其中选中“打印分色”复选框，该选项卡中的其他选项将被激活，这时允许用户按照颜色分色进行打印，如图 11-23 所示。

- 选中“六色度图版”复选框，可以使用六色度图版进行打印。六色度图版是指在 CMYK 四色模式的基础上再加入橙色和绿色，它能产生更广泛的颜色区域，创造出更逼真的色彩。此选项只有部分打印机才能支持。
- 选中“使用高级设置”复选框，可以重新设置半色调网屏和彩色陷印值等。

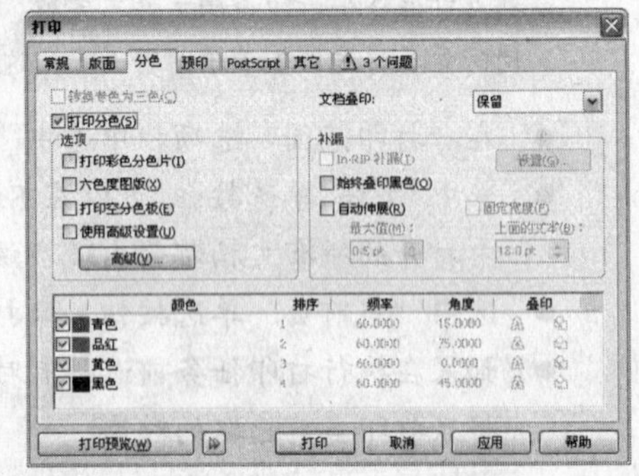

图 11-23　“分色”选项卡

- 选中“文档叠印”复选框，可以保留文档中的叠印设置。
- 选中“始终叠印黑色”复选框，可以使任何含95%以上的黑色对象与下面的对象叠印在一起。
- 选中“自动伸展”复选框，为对象指定与其填充色相同的轮廓，然后使轮廓叠印在对象的下面。
- 选中“固定宽度”复选框，固定宽度的自动扩展。

4. “预印”设置

在“打印”对话框中单击“预印”标签，切换到该选项卡，在其中可以设置纸张/胶片、文件信息、裁剪/折叠标记、注册标记以及调校栏等选项，如图 11-24 所示。

- 在“纸张/胶片设置”选项栏中，选中“反显”复选框，可以打印负片图像。选中“镜像”复选框，可以打印镜像后的图像。
- 在“文件信息”选项栏中选中“打印文件信息”复选框，可以在页面底部打印出文件名、打印日期和时间等信息。
- 选中“打印页码”复选框，可以打印页码。
- 选中“在页面内的位置”复选框，可以在页面内打印文件信息。
- 在“裁剪/折叠标记”选项栏中，选中“裁剪/折叠标记”复选框，可以使裁切线标记印在输出的胶片上，作为装订厂装订的参照依据。

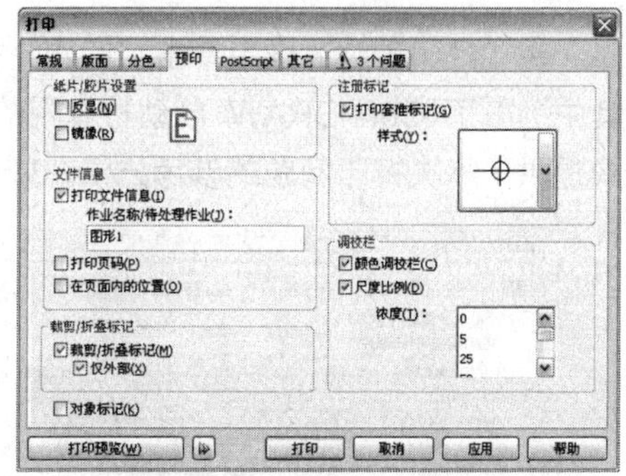

图 11-24 “预印”选项卡

- 选中“仅外部”复选框，可以在同一纸张上打印多个面，并且将其分割为各个单张。
- 选中“对象标记”复选框，将打印标记置于对象的边框，而不是页面的边框。
- 在“注册标记”选项栏中，选中“打印套准标记”复选框，在页面上打印套准标记。在“样式”下拉列表框中，可以选择套准标记的样式。
- 在“调校栏”选项栏中，选中“颜色调校栏”复选框，可以在作品旁边打印包含 6 种基本颜色的色条，用于质量较高的打印输出。
- 选中“尺度比例”复选框，可以在每个分色版上打印一个不同灰度深浅的条，它允许使用密度计工具检查输出内容的精确性、质量程度和一致性。用户还可以在下面的“浓度”列表框中选择颜色的浓度值。

5. “PostScript”设置

在“打印”对话框中单击“PostScript”标签，切换到该选项卡，如图 11-25 所示。

- 在“兼容性”选项栏的下拉列表框中，选择“等级 1”选项，在输出时使用透镜效果的图形对象或者其他合成对象。选择“等级 2”或“PostScript 3”选项，可使打印设备减少打印的错误，提高打印速度。

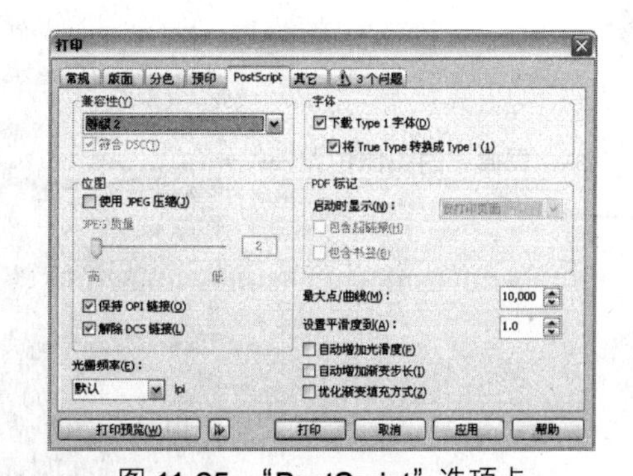

图 11-25 “PostScript”选项卡

- 在预设情况下，选中“下载 Type1 字体”复选框，打印驱动程序会自动下载 Type1 字体至输出设备。取消选中“下载 Type1 字体”复选框，字体会以图形的方式打印。

● 在“PDF 标记”选项栏中，可以选择打印超级链接和书签。

6.“其它”设置

在“打印”对话框中单击“其它”标签，切换到该选项卡，在其中可以设置一些打印的杂项，如图 11-26 所示。

● 选中“应用 ICC 预置文件”复选框，可以分离预置文件。
● 在“位图缩减取样”选项栏中，选中“彩色”复选框，可以为客户提供优质的彩色输出胶片。选中“灰度”复选框，可输出灰度胶片。选中“单色”复选框，可输出单色胶片。

7.“问题”设置

在“打印”对话框中单击“问题”标签（问题个数取决于实际情况），切换到该选项卡，在其中列出了 CorelDRAW 自动检查到的绘图页面中存在的打印冲突或打印错误等信息，并为用户提供了解决打印问题的参考方法，如图 11-27 所示。

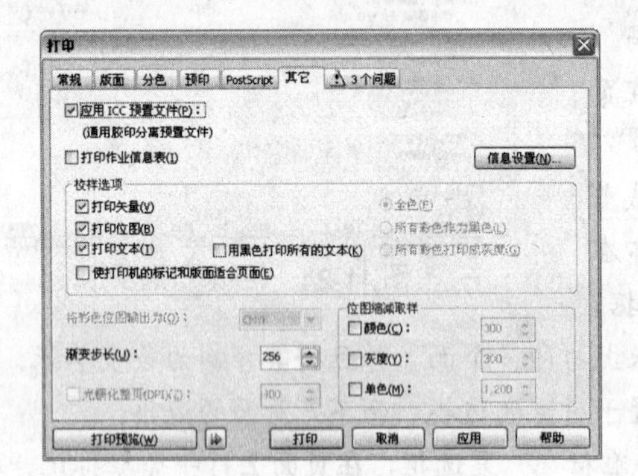

图 11-26 “其它”选项卡

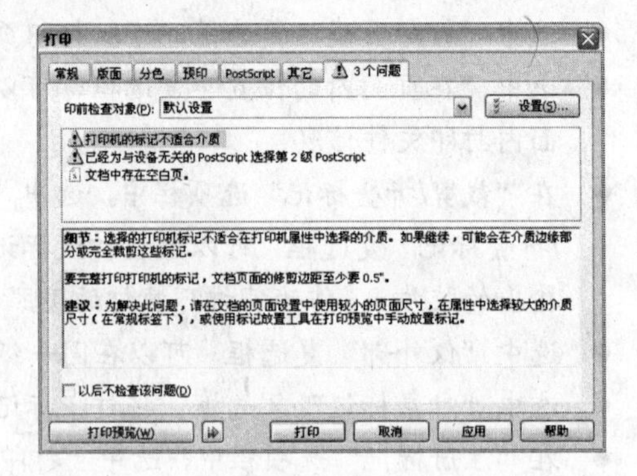

图 11-27 “3 个问题”选项卡

11.2.2 打印预览

在设置好打印选项后，使用“打印预览”命令，可以预先查看文件在打印时的状态。单击“打印”对话框中的“打印预览”按钮，或者执行“文件”→“打印预览”命令，即可进入打印预览窗口，如图 11-28 所示。

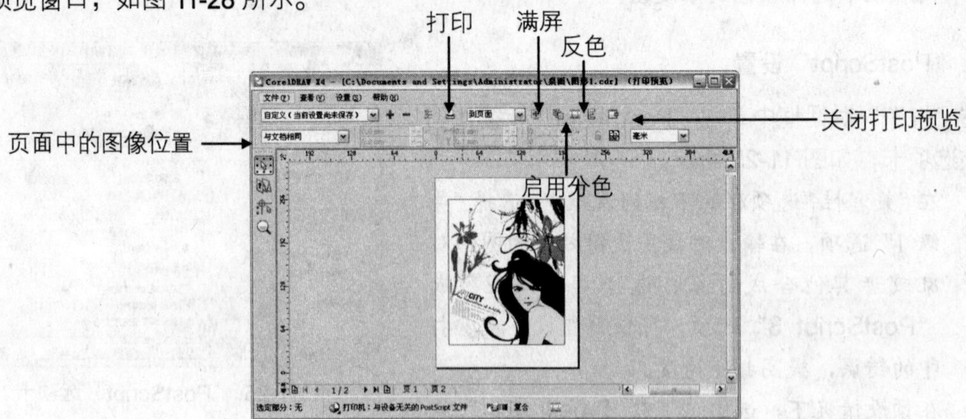

图 11-28 打印预览窗口

小提示

在进入打印预览窗口时，如果当前文档中的绘图页面方向与打印机的纸张方向不一致，那么系统会弹出如图 11-29 所示的提示对话框，单击“是”按钮，可自动调整打印机的纸张方向，使其与绘图页面方向保持一致，然后就可以进入“打印预览”窗口。

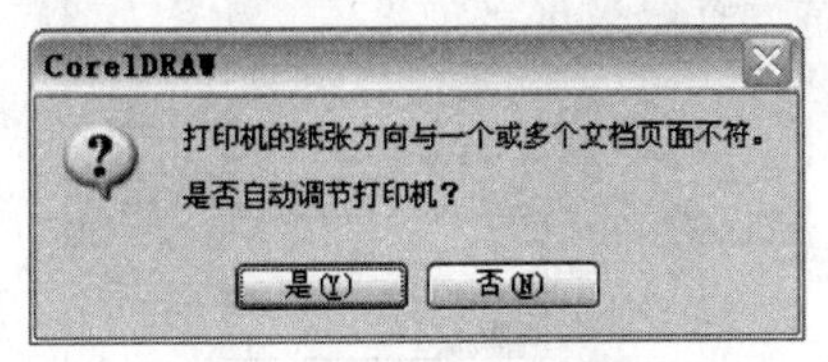

图 11-29　提示对话框

- 在“页面中的图像位置”下拉列表框 与文档相同 中，可以选择图像在纸张上的位置。
- 选择“挑选工具”，在预览窗口中的图像上按下鼠标左键并拖动，可移动图像在纸张上的位置。在图像上单击，然后拖动对象四周的控制点，可调整图像在纸张上的大小。
- 选择“缩放工具”，然后可以调整视图的缩放比例，其使用方法与 CorelDRAW 中的缩放工具相似。使用缩放工具在预览窗口中单击鼠标左键，可放大视图。按下鼠标左键并拖动，可放大显示选框范围内的图像。按下 Shift 键并单击鼠标左键，可缩小视图。还可以结合该工具属性栏调整视图的显示比例，如图 11-30 所示。单击该工具属性栏中的“缩放”按钮，在弹出的“缩放”对话框中，也可以调整视图的缩放比例和显示方式，如图 11-31 所示。

图 11-30　缩放工具属性栏设置

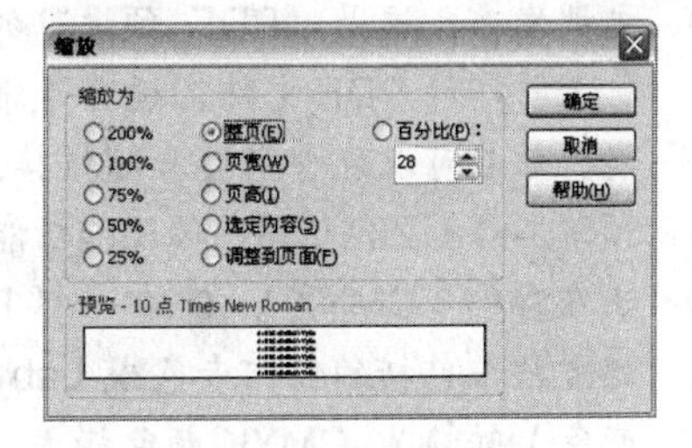

图 11-31　“缩放”对话框

- 在预览好打印效果后，单击预览窗口工具栏中的“打印”按钮，即可开始打印文件。

11.3 疑难解析

本章介绍了在 CorelDRAW X4 中管理和打印文件的方法，下面就一些应用过程中遇到的疑难问题进行进一步的解析。

1 怎样将文件发布至 PDF？

在 CorelDRAW 中，可以直接打开或导入 PDF 格式的文件。在导入 PDF 文件时，文件将被作为组合对象导入，并且用户还可以选择导入整个 PDF 文件，或者只导入文件或多个页面中的部分页面。

1 执行“文件”→“发布至 PDF”命令，在打开的“发布至 PDF”对话框中，设置好保存文件的位置和文件名，然后单击对话框底部的“PDF 预设”下三角按钮，从弹出的下拉列表框中选择所需的 PDF 预设类型，如图 11-32 所示。各预设类型的功能说明如下。

图 11-32　选择 PDF 预设类型

- PDF/X-1a：启用 ZIP 位图图像压缩，将所有对象转换为 CMYK 颜色模式，并嵌入分色打印机预置文件，同时保留专色选项。该选项包含用于预印的基本设置，是广告发布的标准格式。
- PDF/X-3：是 PDF/X-1a 的超集，它允许 PDF 文件中同时存在 CMYK 数据和非 CMYK 数据（如 Lab 或“灰度”）。
- Web：可创建用于联机查看的 PDF 文件(即通过电子邮件分发或在 Web 上发布的 PDF 文件)。 该选项可启用 JPEG 位图图像压缩、文本压缩功能，并且包含超链接。
- 编辑：可创建发送到打印机或数字复印机的高质量 PDF 文件。此选项启用 LZW 压缩功能，嵌入字体并包含超链接、书签及缩略图。显示的 PDF 文件中包含所有字体、最高分辨率的所有图像以及超链接，以便以后可以继续编辑此文件。
- 文档发布：这是“PDF 预设”的默认选项，它用于创建可以在激光打印机或桌面打印机上打印的 PDF 文件，适合于常规的文档传送。该选项可启用 JPEG 位图图像压缩功能，并且可以包含书签和超链接。
- 预印：启用 ZIP 位图图像压缩功能，嵌入字体并保留专为高端质量打印设计的专色选项。
- 正在存档（CMYK）：创建一个 PDF/A-1b 文件，该文件适用于存档。该选项将保留原始文档中包括的任何专色或 Lab 色，但是会将所有其他的颜色（例如灰度颜色或 RGB 颜色）转换为 CMYK 颜色模式。
- 正在存档（RGB）：与“正在存档（CMYK）”相似，将创建一个 PDF/A-1b 文件，并且可保存任何专色和 Lab 色，但所有其他颜色将转换为 RGB 颜色模式。

2 在“发布至 PDF”对话框中单击“设置”按钮，在弹出的“发布至 PDF”对话框中，可以对“常规”、“对象”、“文档”和“预印”等相关选项进行设置，如图 11-33 所示。

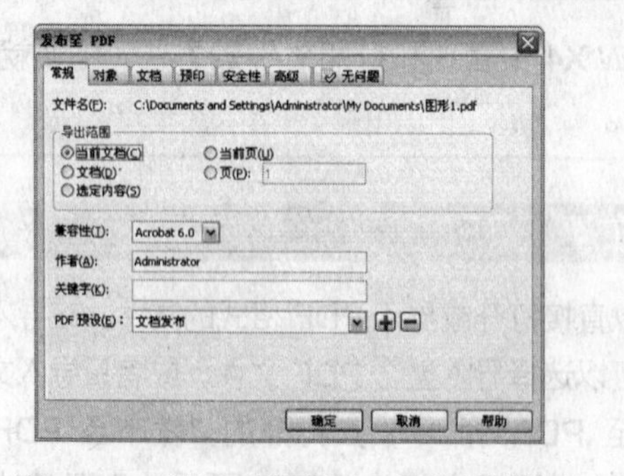

图 11-33　设置“发布至 PDF”对话框

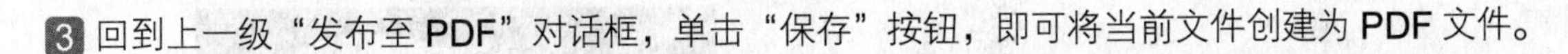

3 回到上一级“发布至 PDF”对话框，单击“保存”按钮，即可将当前文件创建为 PDF 文件。

2 怎样为彩色输出中心做准备？

通过“配备‘彩色输出中心’向导”，可以指导用户完成将文件发送到彩色输出中心。该向导可简化如创建 PostScript 和 PDF 文件、收集输出图像所需的不同部分，以及将原始图像、嵌入图像文件和字体复制到用户定义的位置等许多过程。

将完成的文件送到输出中心前，可以将绘图打印出来，这样彩色输出中心可以将文件直接发送到输出设备。如果用户不能确定应该选择哪些设置，可以向彩色输出中心咨询。

1 执行“文件”→“为彩色输出中心做准备”命令，在弹出的“配备‘彩色输出中心’向导”对话框中，选择“收集与该文档关联的所有文件”或“选择一个由彩色输出中心提供的预置文件”单选项，然后单击“下一步”按钮，如图 11-34 所示。

2 在弹出的对话框中选中“生成 PDF 文件”复选框，然后单击“下一步”按钮，如图 11-35 所示。

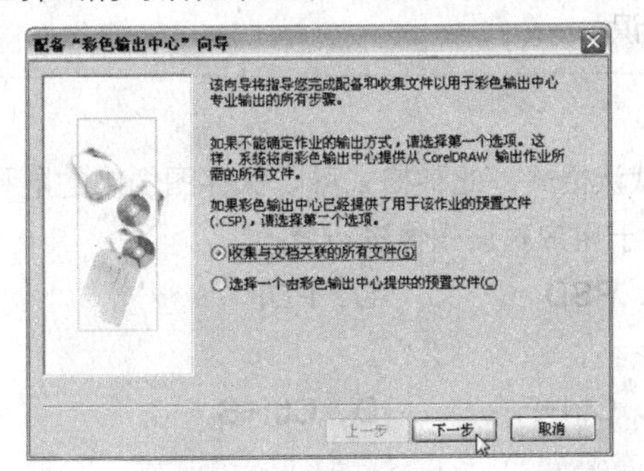

图 11-34 “配备‘彩色输出中心’向导”对话框

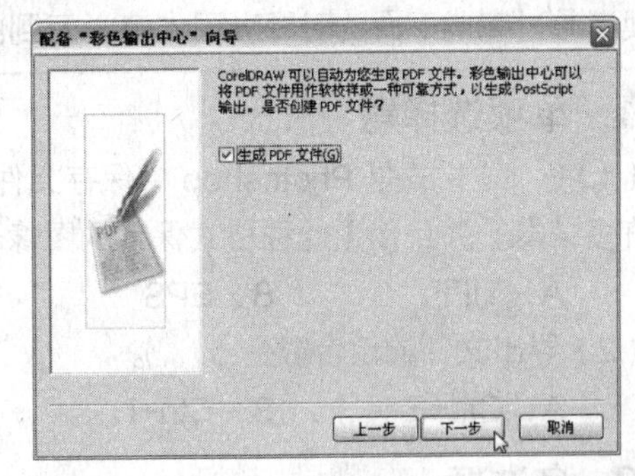

图 11-35 “配备‘色彩输出中心’向导”对话框

3 弹出如图 11-36 所示的对话框，单击“浏览”按钮，在打开的“浏览文件夹”对话框中，选择输出中心的文件夹，然后单击“下一步”按钮，此时系统开始处理文件。

4 完成对文件的处理后，将弹出如图 11-37 所示的对话框，单击“完成”按钮，即可完成操作。

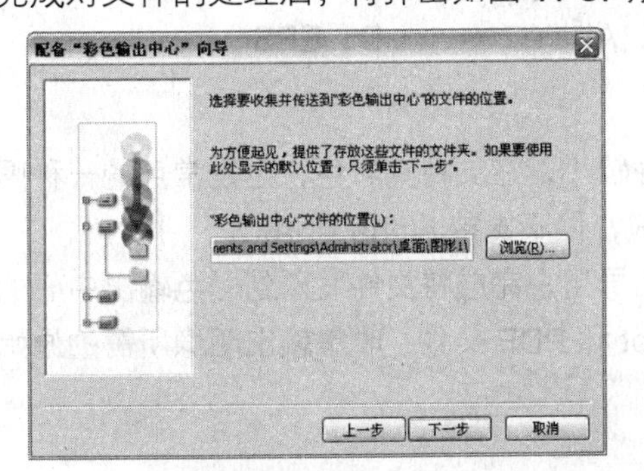

图 11-36 “配备‘色彩输出中心’向导”对话框

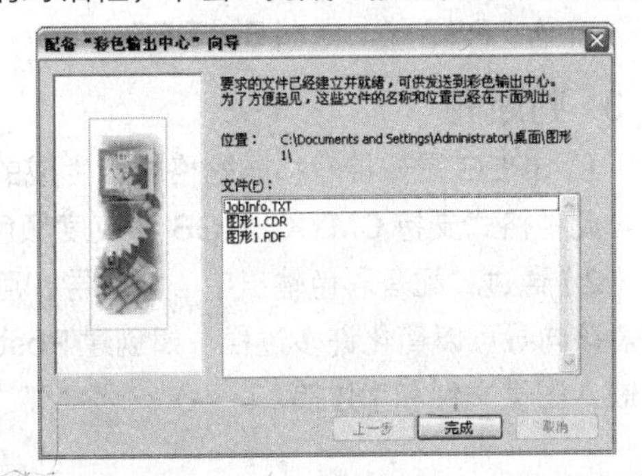

图 11-37 “配备‘色彩输出中心’向导”对话框

11.4 上机实践

（1）打开光盘中的“源文件与素材\第 11 章\素材\素材 1.cdr”文件，如图 11-38 所示。选择该素材中的楼宇对象，然后将选定的对象单独导出为 TIFF 格式的文件。

（2）打开光盘中的“源文件与素材\第 11 章\素材\素材 2.cdr”文件，如图 11-39 所示，然后使用 A4 纸张将其打印出来。

图 11-38 “素材 1”文件

图 11-39 “素材 2”文件

11.5 巩固与提高

本章主要讲解了在 CorelDRAW X4 中管理和打印文件的方法。下面准备了相关的习题，希望读者通过完成下面的习题巩固本章学习到的知识。

1. 单项选择题

（1）（　）格式是 Photoshop 中保存文件的默认格式，此种格式可以保存图像中的层和通道等许多信息，并且使用此种格式保存的图像，便于用户对该图像进行修改。

A. TIFF　　B. EPS　　C. PSD　　D. PDF

（2）导出文件的组合键是（　）。

A. Ctrl+E　　B. Ctrl+I　　C. Ctrl+F　　D. Ctrl+S

2. 多选题

（1）下面列出的几个选项中，属于打印设置选项的是（　）。

A. 常规　　B. 版面　　C. 预印　　D. 分色

（2）在 CorelDRAW 中可以导入导出的格式有（　）。

A. PSD　　B. TIFF　　C. AI　　D. EPS

3. 判断题

（1）JPEG 是一种有损压缩格式，生成的文件较小，它支持真彩色，也是常用的一种图像格式。此种格式支持 CMYK、RGB 和灰度颜色模式，但不支持 Alpha 通道。（　）

（2）通过“配备彩色输出中心”向导，可以指导用户完成将文件发送到彩色输出中心的全过程。该向导可以简化许多过程，如创建 PostScript 和 PDF 文件、收集输出图像所需的原始图像、嵌入图像文件和字体等。（　）

Study

第12章

综合实例

通过对前面基础章节的学习，相信读者已经掌握了 CorelDRAW X4 的基本操作技能和使用技巧。本章主要从商业实战的角度出发，安排了 6 个不同的典型应用案例，将 CorelDRAW X4 的典型功能应用到实际工作和生活中，将软件的使用与实际设计工作相结合，进一步提高读者的实战应用水平。

学习指南

- 绘制插画
- 绘制圣诞贺卡
- DM 单设计
- 灯箱广告设计
- 包装设计
- VI 设计

精彩实例效果展示 ▲

12.1 绘制插画

本例将制作效果如图 12-1 所示的插画。本实例中帅气的女孩形象与唯美的修饰背景组合，形成了一幅集装饰性与艺术性一体的唯美画面。画面中的各个部分缺一不可，写实风格的人物造型因为有了唯美装饰图形的衬托，使整个画面相得益彰。

图 12-1　完成后的唯美造型效果

12.1.1　绘制帅气女孩

1 使用贝塞尔工具绘制女孩的脸部和颈部外形，将脸部外形填充为（C:0、M:18、Y:28、K:0）的颜色，颈部外形填充为（C:0、M:30、Y:41、K:0）的颜色，并取消它们的外部轮廓，如图 12-2 所示。

2 绘制女孩的内层衣服和身体外形，将内层衣服填充为“白色”，身体外形填充与脸部外形相同的颜色，并取消它们的外部轮廓，如图 12-3 所示。

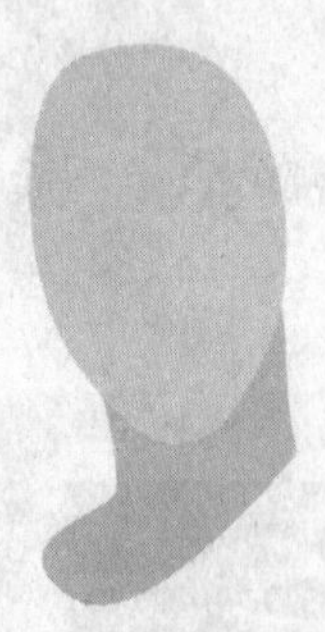

图 12-2　绘制脸部和颈部外形

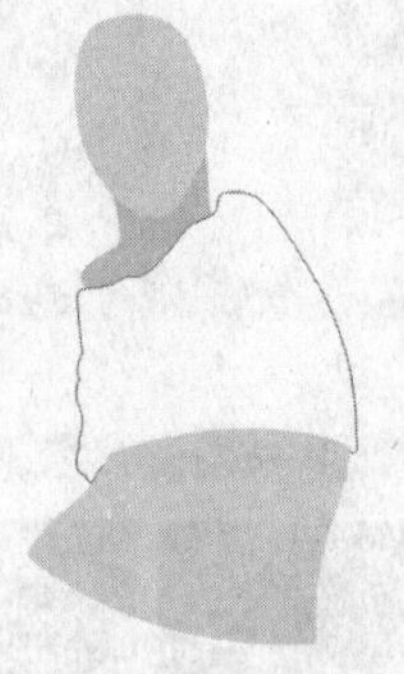

图 12-3　绘制内层衣服和身体外形

3 绘制如图 12-4 所示的上衣对象，分别为它们填充相应的颜色，并取消外部轮廓。绘制女孩的手部对象，将它们填充与脸部外形相同的颜色，并取消外部轮廓，如图 12-5 所示。

①（C:20、M:100、Y:100、K:0）　②（C:35、M:100、Y:100、K:0）

③（C:22、M:100、Y:100、K:0）　④（C:26、M:100、Y:100、K:0）

⑤（C:31、M:100、Y:100、K:0）

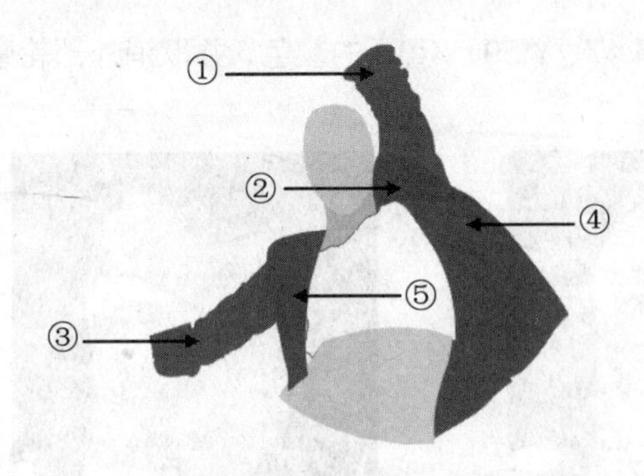

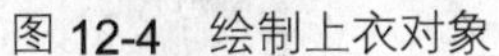

图 12-4　绘制上衣对象

图 12-5　绘制手部对象

4 绘制女孩的短裤和腿部对象，将裤腰部分填充为（C:12、M:9、Y:7、K:0）的颜色，裤身部分填充为（C:0、M:15、Y:0、K:0）的颜色，腿部对象填充与脸部外形相同的颜色，并取消它们的外部轮廓，如图 12-6 所示。

5 结合使用贝塞尔工具和艺术笔工具中的“预设”笔触，绘制如图 12-7 所示的头发对象，将它们填充为黑色，并取消外部轮廓。

6 将绘制好的头发对象移动到女孩的头部，并调整到适当的大小，如图 12-8 所示。

图 12-6　绘制短裤和腿部对象

图 12-7　绘制头发对象

图 12-8　女孩的整体外形效果

7 结合使用贝塞尔工具和椭圆形工具绘制如图 12-9 所示的左眼对象，然后将左眼移动到女孩脸部的适当位置，并调整到适当的大小，再取消“白色”眼球对象的外部轮廓，如图 12-10 所示。

8 将左眼复制到右眼的位置，并将其水平镜像，然后调整到适当的角度，再使用形状工具将其调整到如图 12-11 所示的形状，作为女孩的右眼。

（C:67、M:96、Y:61、K:37）

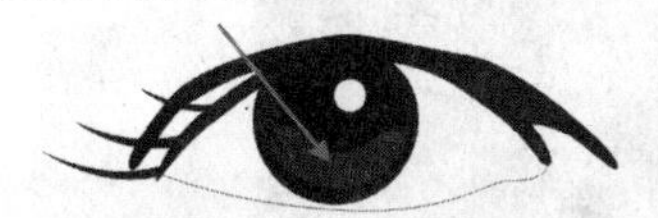

图 12-9　绘制的左眼

图 12-10　脸上的左眼效果

图 12-11　女孩的右眼效果

9 绘制女孩的眉毛对象，将它们填充为（C:48、M:85、Y:100、K:19）的颜色，并取消外部轮廓，如图 12-12 所示。

10 绘制脸部两侧的阴影对象，将它们填充为（C:0、M:30、Y:41、K:0）的颜色，并取消外部轮廓，如图 12-13 所示。

11 绘制脸部左侧的阴影对象，将其填充为（C:5、M:47、Y:59、K:0）的颜色，并取消外部轮廓，如图 12-14 所示。

图 12-12 绘制眉毛

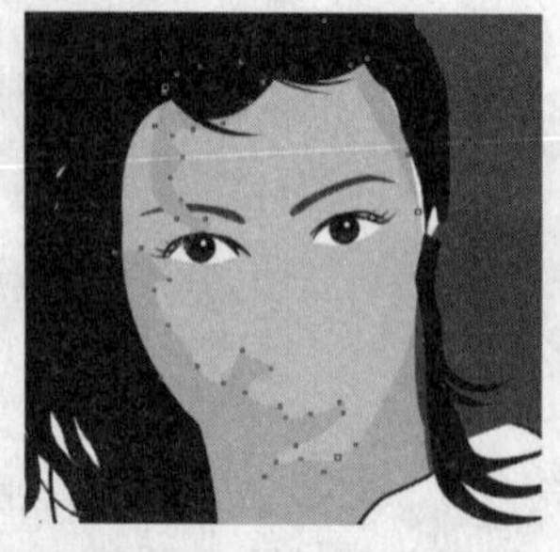

图 12-13 绘制脸部两侧的阴影

图 12-14 绘制脸部左侧的阴影

12 绘制鼻子和嘴巴处的部分阴影对象，将它们填充为（C:9、M:51、Y:65、K:0）的颜色，并取消它们的外部轮廓，如图 12-15 所示。

13 绘制鼻子处的部分阴影对象，将它们填充为（C:0、M:30、Y:44、K:0）的颜色，并取消外部轮廓，如图 12-16 所示。

14 绘制眼睛处的部分阴影对象，将左眼处的阴影对象填充为（C:9、M:51、Y:65、K:0）的颜色，右眼处的阴影对象填充为（C:5、M:47、Y:59、K:0）的颜色，并取消它们的外部轮廓，如图 12-17 所示。

图 12-15 绘制鼻子和嘴巴处阴影

图 12-16 绘制鼻子处阴影

图 12-17 绘制眼睛处阴影

15 继续绘制眼睛处的部分阴影对象，将它们填充为（C:13、M:64、Y:77、K:0）的颜色，并取消外部轮廓，如图 12-18 所示。

16 选择如图 12-19 所示的脸部阴影对象，将它们调整到其他阴影对象的上方。

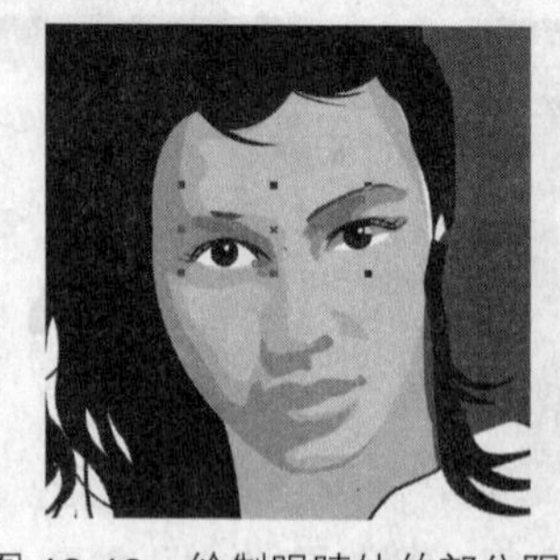

图 12-18 绘制眼睛处的部分阴影

图 12-19 调整阴影的排列顺序

17 绘制右眼处的阴影对象，将它们填充为（C:0、M:30、Y:44、K:0）的颜色，并取消外部轮廓，如图 12-20 所示。

18 选择右眼处如图 12-21 所示的阴影对象，将它们调整到其他阴影对象的上方。

选择眼睛和眉毛对象，将它们调整到最上层，如图 12-22 所示。

图 12-20　绘制右眼处的其他阴影　　图 12-21　调整阴影对象的排列顺序　　图 12-22　调整眼睛和眉毛

19 绘制左眼和右眼睫毛处的阴影，将它们填充为（C:18、M:59、Y:70、K:0）的颜色，并取消外部轮廓，如图 12-23 所示。将睫毛和眼珠对象调整到刚绘制的阴影对象的上方，如图 12-24 所示。

20 在右眼的眼袋处绘制如图 12-25 所示的阴影对象，为其填充（C:2、M:40、Y:56、K:0）的颜色，并取消外部轮廓。

图 12-23　绘制睫毛处的阴影　　图 12-24　调整眉毛与眼珠到上层　　图 12-25　绘制右眼眼袋处阴影

21 绘制鼻子下方的部分阴影，分别将它们填充为（C:18、M:59、Y:70、K:0）和（C:26、M:69、Y:82、K:0）的颜色，并取消外部轮廓，如图 12-26 所示。

22 继续绘制鼻子处的阴影对象，将鼻孔处的阴影对象填充为（C:41、M:82、Y:100、K:6）的颜色，鼻孔之间的阴影对象填充为（C:26、M:69、Y:82、K:0）的颜色，鼻子右边的阴影对象填充为（C:9、M:51、Y:65、K:0）的颜色，并取消它们的外部轮廓，如图 12-27 所示。

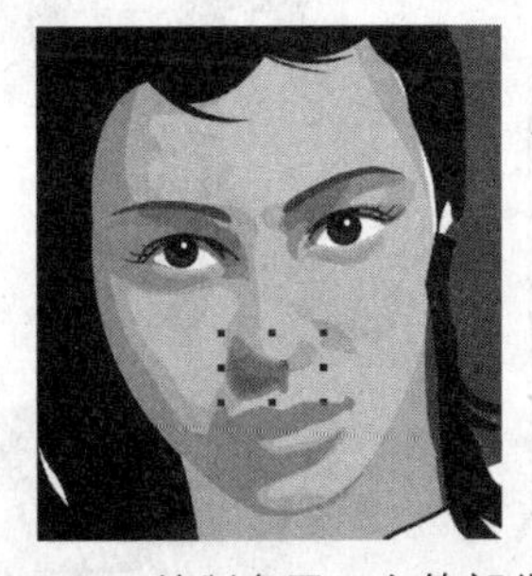

图 12-26　绘制鼻子下方的部分阴影　　图 12-27　绘制鼻子处的其他阴影

23 绘制如图 12-28 所示的嘴唇外形，为其填充（C:14、M:78、Y:78、K:0）的颜色，并取消外部轮廓。绘制嘴唇上的阴影和亮部对象，将阴影对象填充为（C:49、M:96、Y:100、K:25）的颜色，亮部对象填充为（C:0、M:66、Y:66、K:0）的颜色，并取消它们的外部轮廓，如图 12-29 所示。

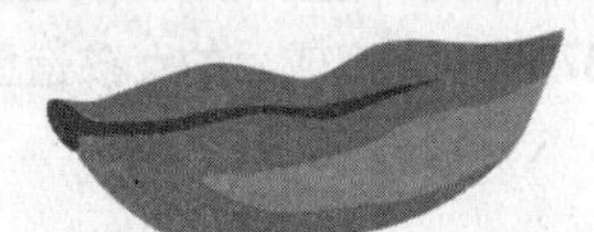

图 12-28　绘制嘴唇对象　　图 12-29　绘制嘴唇上的阴影和亮部对象

24 继续绘制嘴唇上的阴影对象，将它们填充为（C:23、M:89、Y:100、K:0）的颜色，并取消外部轮廓，如图 12-30 所示。

25 绘制嘴唇上的高光对象，将其填充为（C:0、M:34、Y:33、K:0）的颜色，并取消外部轮廓，如图 12-31 所示。

26 将绘制好的嘴巴对象群组，然后移动到女孩脸部的适当位置，并调整到适当的大小，如图 12-32 所示。

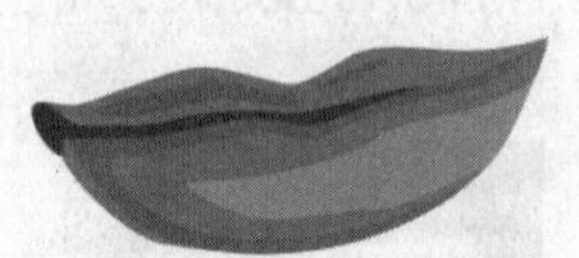

图 12-30　绘制嘴唇上的阴影　　图 12-31　绘制嘴唇上的高光　　图 12-32　嘴巴效果

27 绘制嘴角和下巴处的阴影对象，将嘴角处的阴影对象填充为（C:4、M:43、Y:53、K:0）的颜色，下巴处的阴影对象填充为（C:18、M:59、Y:70、K:0）的颜色，并取消它们的外部轮廓，如图 12-33 所示。

28 绘制脸上的高光对象，将它们填充为（C:0、M:13、Y:18、K:0）的颜色，并取消外部轮廓，如图 12-34 所示。

29 按照绘制脸部细节的方法，对女孩其他部位的细节进行刻画，完成效果如图 12-35 所示（在绘图过程中如有不清楚的地方，可以打开源文件进行参考）。

图 12-33　绘制嘴角和下巴处阴影　图 12-34　绘制脸上的高光　图 12-35　绘制完成的女孩造型

30 导入光盘中的“源文件与素材\第 12 章\素材\MP4.cdr”文件，如图 12-36 所示。将 MP4 对象群组，并移动到女孩造型上适当的位置，然后调整耳塞与耳朵、头发对象的上下排列顺序，效果如图 12-37 所示，完成后的女孩造型如图 12-38 所示。

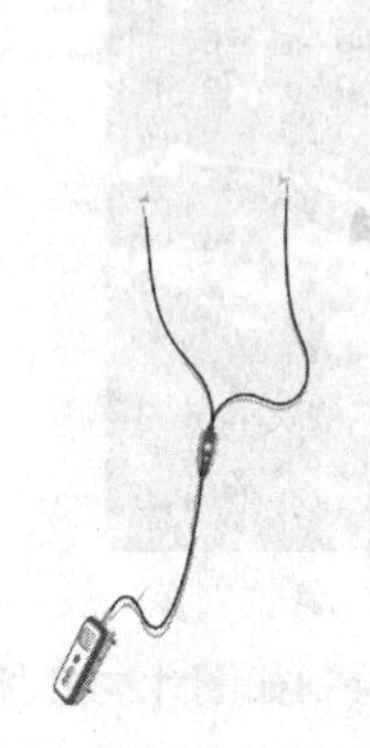

图 12-36　导入的 MP4 图案　　图 12-37　耳塞对象的排列顺序　　图 12-38　完成后的女孩造型

12.1.2　绘制唯美修饰背景

1 绘制如图 12-39 所示的矩形，然后为其填充“射线”渐变，0%处的颜色为（C:71、M:75、Y:78、K:100）、28%处的颜色为（C:100、M:88、Y:0、K:59）、68%与 100%处的颜色为（C:0、M:83、Y:24、K:0），并取消其外部轮廓。

2 结合使用椭圆形工具、矩形工具和修剪功能，绘制如图 12-40 所示的弧形对象，分别将弧形对象填充为（C:47、M:0、Y:0、K:0）、（C:44、M:0、Y:100、K:0）和（C:16、M:100、Y:0、K:0）3 种颜色，并取消它们的外部轮廓。

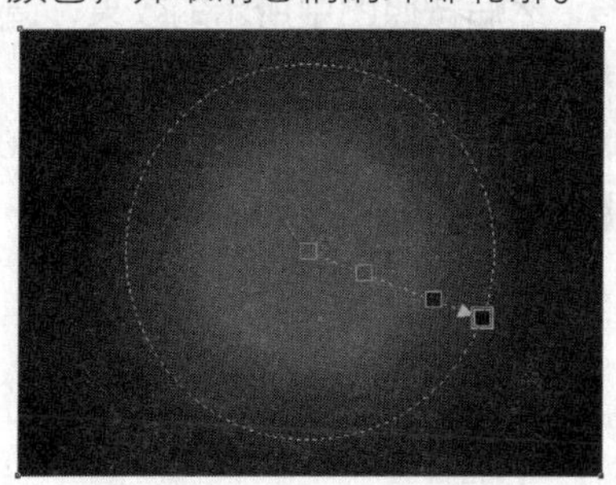

图 12-39　绘制的矩形

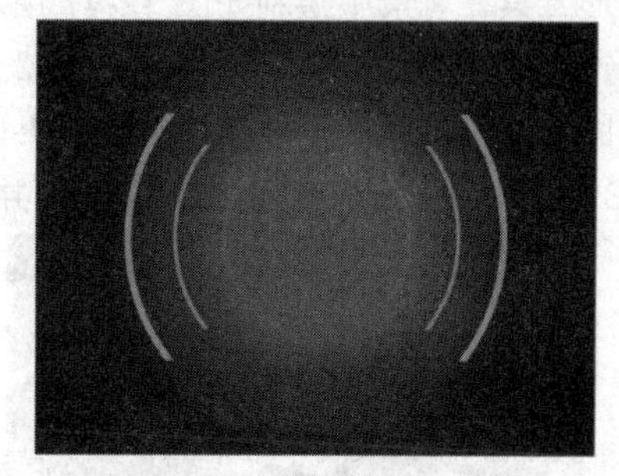

图 12-40　绘制的弧形对象

3 在矩形上绘制如图 12-41 所示的白色修饰对象，读者可以根据自己的想象随意绘制不规则对象的形状。绘制完成后，取消它们的外部轮廓。

4 绘制如图 12-42 所示的浅绿色修饰对象，（颜色在右侧的调色板中选取）并取消对象的外部轮廓。

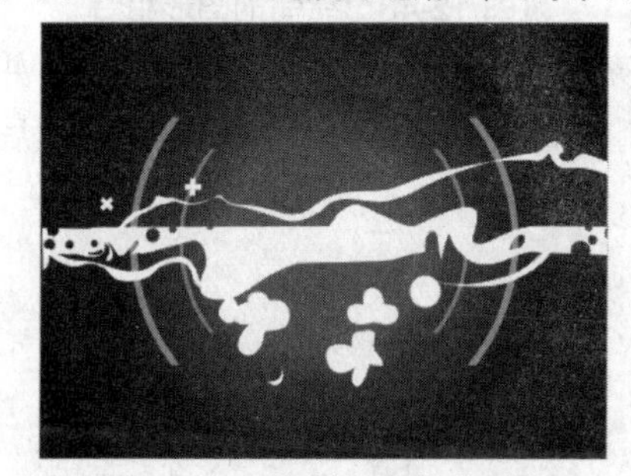

图 12-41　绘制白色修饰对象

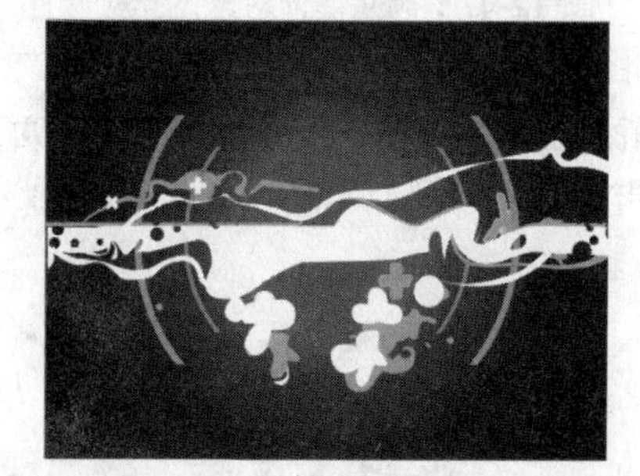

图 12-42　绘制浅绿色修饰对象

5 绘制如图 12-43 所示的浅蓝色修饰对象，并取消它们的外部轮廓。绘制如图 12-44 所示的洋红色修饰对象，并取消它们的外部轮廓。

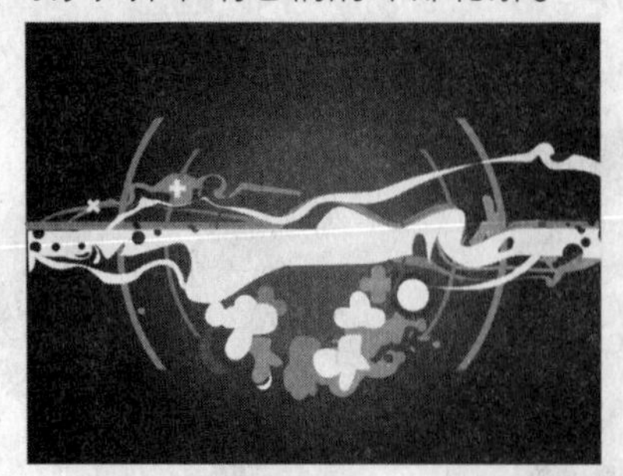

图 12-43　绘制浅蓝色修饰对象

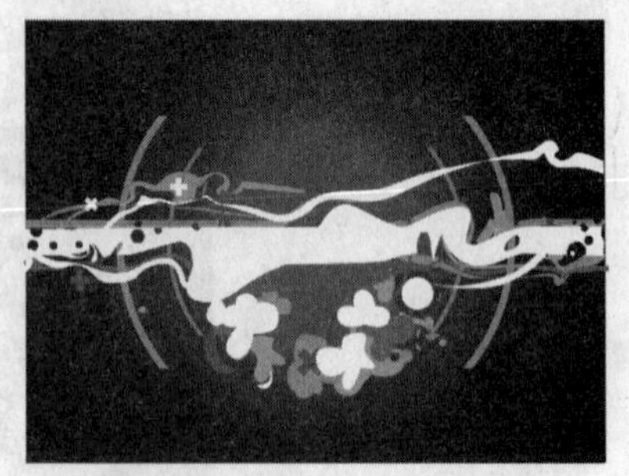

图 12-44　绘制洋红色修饰对象

6 绘制如图 12-45 所示的“紫色”修饰对象，并取消它们的外部轮廓。绘制如图 12-46 所示的“黑色”修饰对象，并取消它们的外部轮廓。

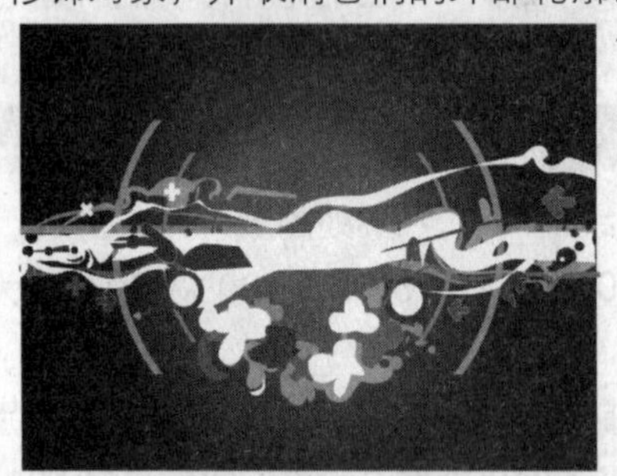

图 12-45　绘制紫色修饰对象

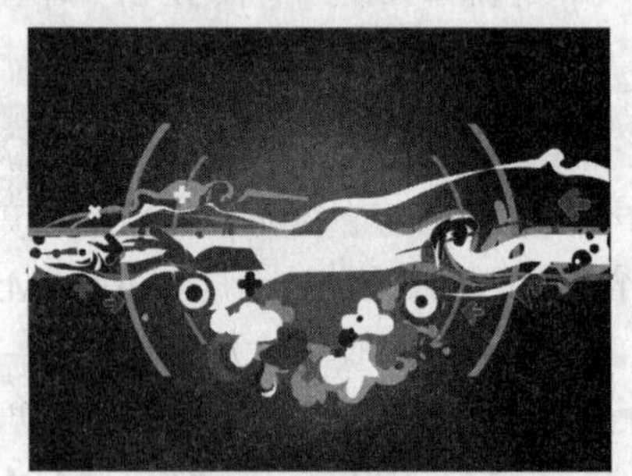

图 12-46　绘制黑色修饰对象

7 使用星形工具在背景中绘制如图 12-47 所示的星形，然后按照图中所示的效果，调整不同颜色修饰对象的上下排列顺序。

8 绘制如图 12-48 所示的蓝色（C:100、M:16、Y:0、K:0）、绿色（C:87、M:0、Y:100、K:0）和黄色（C:0、M:22、Y:100、K:0）对象，并将它们群组。

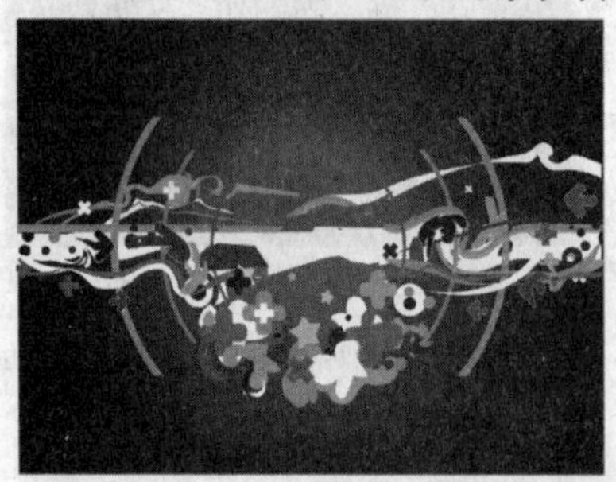

图 12-47　调整修饰对象的排列顺序

图 12-48　绘制的图形组合

9 绘制如图 12-49 所示的花朵对象，将花瓣对象填充为白色，花蕊对象填充为黑色，并保留对象的外部轮廓。将绘制好的花朵对象复制，并将复制的对象如图 12-50 所示排列，然后将所有花朵对象群组。

图 12-49　绘制的花朵对象

图 12-50　花朵对象的排列组合效果

10 将前两步绘制的对象移动到背景画面中，并如图 12-51 所示分别调整它们的大小和位置。

11 将绘制好的女孩造型移动到背景画面中，并如图 12-52 所示调整其大小和位置，然后将女孩短裤下方的部分修饰对象调整到最上层，完成效果如图 12-53 所示。

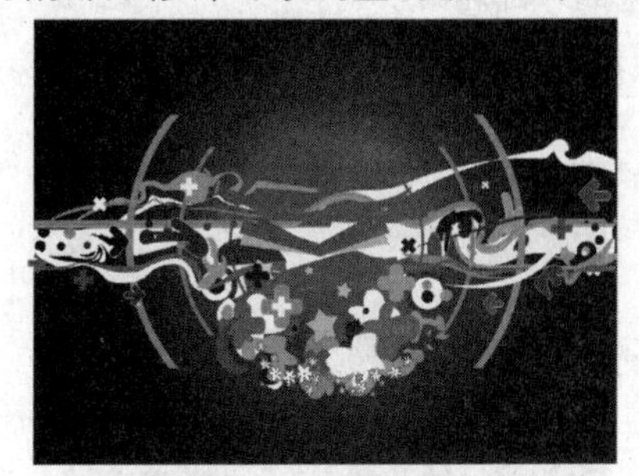

图 12-51　完成后的背景画面

图 12-52　女孩造型在背景中的大小和位置

12 导入光盘中的“源文件与素材\第 9 章\素材\墨点.cdr”文件，将墨点对象填充为“白色”，并将其复制，然后如图 12-54 所示点缀在背景画面中，以丰富背景画面，完成本实例的制作。

图 12-53　调整部分修饰对象到最上层

图 12-54　背景中的墨点排列效果

12.2　绘制圣诞贺卡

本例将制作效果如图 12-55 所示的圣诞节的贺卡。本贺卡中包括了非常具有节日气氛的圣诞花环、雪堆和圣诞礼物，还有类似于飘落着的雪花的点点星光。

图 12-55　圣诞节日贺卡效果

12.2.1 绘制贺卡背景

1 绘制如图 12-56 所示的矩形，为其填充"射线"渐变，其中 0%处的颜色为（C:0、M:100、Y:100、K:37）、80%与 100%处为红色，并取消对象的外部轮廓。

2 在背景矩形上绘制如图 12-57 所示的对象，其填充颜色为（C:0、M:15、Y:0、K:0），并取消外部轮廓，然后为其应用"开始透明度"为 22 的"标准"透明效果。

图 12-56 绘制的背景矩形

图 12-57 绘制的对象一

3 绘制如图 12-58 所示的对象，其填充颜色为（C:0、M:100、Y:100、K:16），并取消外部轮廓，然后为其应用"开始透明度"为 14 的"标准"透明效果。

4 绘制如图 12-59 所示的对象，其填充颜色为（C:0、M:37、Y:12、K:0），并取消外部轮廓，然后为其应用"开始透明度"为 72 的"标准"透明效果。

图 12-58 绘制的对象二

图 12-59 绘制的对象三

5 绘制如图 12-60 所示的圆形，将其填充为白色，并取消外部轮廓，然后为其应用如图 12-61 所示的射线透明效果。

6 在圆形上绘制如图 12-62 所示的 8 角星形，将星形的锐度设置为 90，然后为其应用"开始透明度"为 30 的"标准"透明效果，完成其中一种星光对象的绘制。

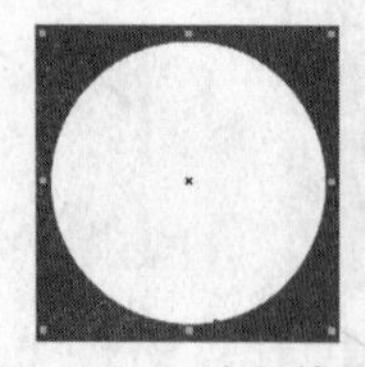
图 12-60 绘制的圆形

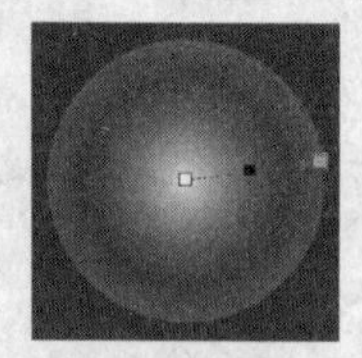
图 12-61 圆形的透明效果

图 12-62 绘制的星形

7 复制上一步绘制的星光对象，将其中的圆形填充"射线"渐变，其中 0%处的颜色为洋红、38%与 100%处的颜色为白色，如图 12-63 所示，然后为其应用如图 12-64 所示的射线透明效果。

图 12-63 修改圆形的填充色

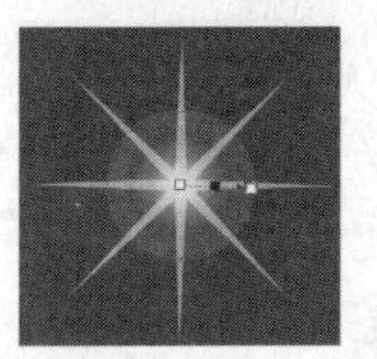

图 12-64 修改圆形的透明效果

8 分别群组星光对象，然后使用交互式阴影工具为它们应用如图 12-65 所示的阴影效果，将阴影颜色设置为白色，阴影的“不透明度”为 50，阴影“羽化”度为 52。

9 将绘制好的星光对象复制，并排列在背景画面中，效果如图 12-66 所示。

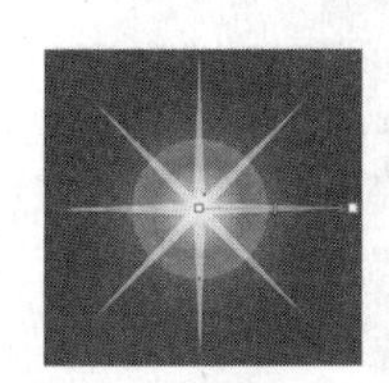

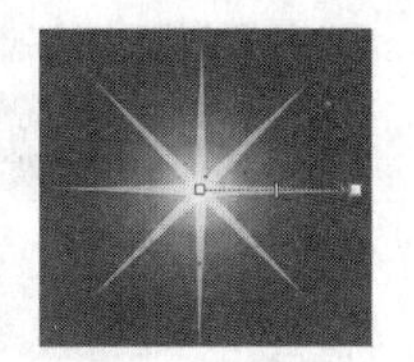

图 12-65 星光对象上的阴影效果

图 12-66 背景中的星光效果

10 使用绘图工具绘制曲线轮廓，并将轮廓转换为对象，再使用形状工具调整对象形状的方法，绘制如图 12-67 所示的曲线型对象，将它们填充为红色，并应用“开始透明度”为 56 的“标准”透明效果。

11 将绘制好的曲线型对象移动到背景画面的右下角，并调整到适当的大小，如图 12-68 所示。

图 12-67 绘制的曲线型对象

图 12-68 背景画面中的对象效果

12.2.2 绘制贺卡主体物

1 绘制如图 12-69 所示的对象，为其填充“线性”渐变色，其中 0%处的颜色为（C:0、M:100、Y:100、K:25）、84%红色、100%处的颜色为白色的，并取消其外部轮廓。

2 绘制如图 12-70 所示的对象，为其填充从（C:8、M:0、Y:0、K:12）到白色的线性渐变色，并取消其外部轮廓。

3 绘制雪堆上的其他对象，并为它们填充相应的线性渐变色，注意调整渐变的边界和角度，效果如图 12-71 所示。

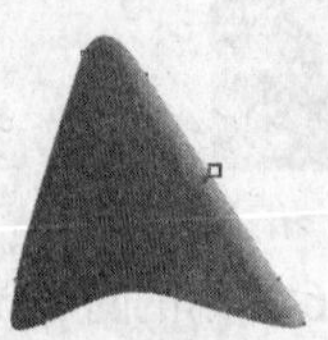
图 12-69　绘制并填色后的对象一

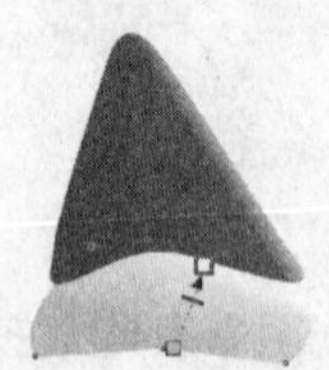
图 12-70　绘制并填色后的对象二

图 12-71　绘制的雪堆效果

4 分别绘制如图 12-72 所示的 2 个对象，为它们填充与步骤 2 中所绘制对象相同的线性渐变色，并注意调整渐变的边界和角度。将这 2 个对象分别移动到雪堆上，并如图 12-73 所示调整其大小和位置。

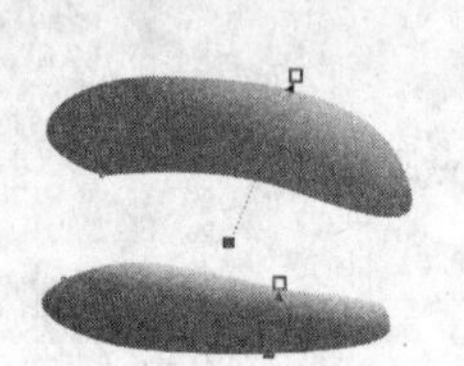
图 12-72　绘制的对象

图 12-73　添加对象后的雪堆效果

5 绘制如图 12-74 所示的五边星形，将星形的锐度设置为 30。

6 选择该星形，按下 Ctrl+Q 组合键，将其转换为曲线，然后使用形状工具同时选择所有的节点，单击属性栏中的“转换直线为曲线”按钮，将星形的所有边线转换为曲线。选择星形顶点上的所有节点，按下 Delete 键将它们删除，得到如图 12-75 所示的星形效果。

7 将编辑后的星形填充为从红色到（C:0、M:20、Y:0、K:0）的线性渐变色，如图 12-76 所示。

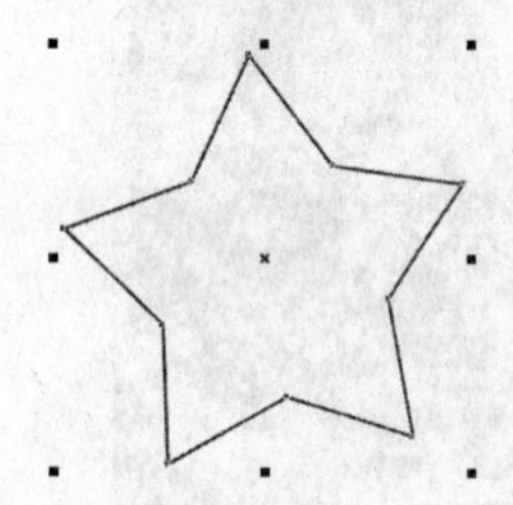
图 12-74　绘制的星形

图 12-75　编辑后的星形效果

图 12-76　星形的填色效果

8 将星形移动到雪堆的顶部，并调整到适当的大小，然后将星形的轮廓色设置为白色，并设置适当的轮廓宽度，如图 12-77 所示。

9 将绘制好的雪堆对象群组，然后移动到背景画面的右端，调整到适当的大小后如图 12-78 所示。

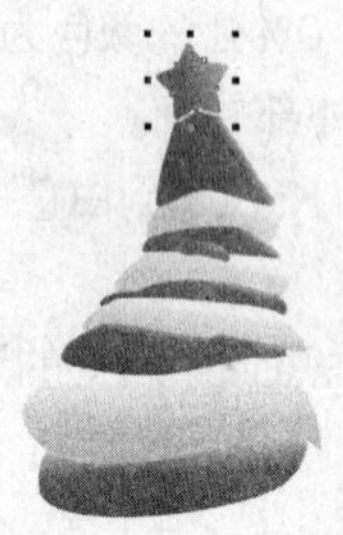
图 12-77　绘制完成的雪堆效果

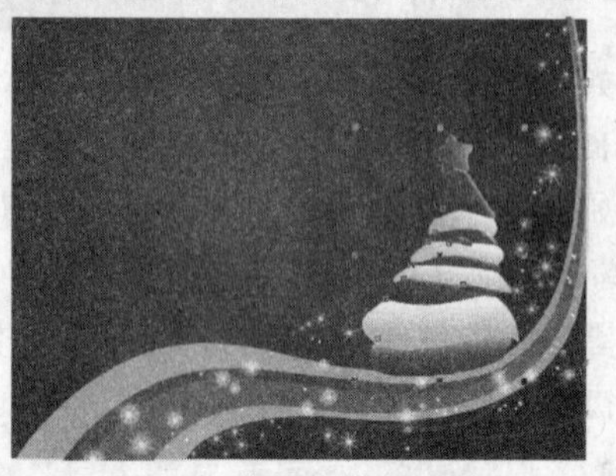
图 12-78　背景中的雪堆效果

10 绘制礼品盒的左右两个侧面，为它们填充从红色到（C:33、M:93、Y:96、K:24）的线性渐变色，并调整好渐变的角度，然后取消它们的外部轮廓，如图 12-79 所示。

11 绘制盒盖中的左右两个侧面，为它们填充从（C:1、M:96、Y:91、K:0）到（C:20、M:98、Y:93、K:6）的线性渐变色，并注意调整渐变的角度，然后取消它们的外部轮廓，如图 12-80 所示。

12 绘制礼品盒的盖面，为其填充从（C:8、M:0、Y:0、K:12）到（C:8、M:0、Y:0、K:12）的线性渐变色，并取消其外部轮廓，如图 12-81 所示。

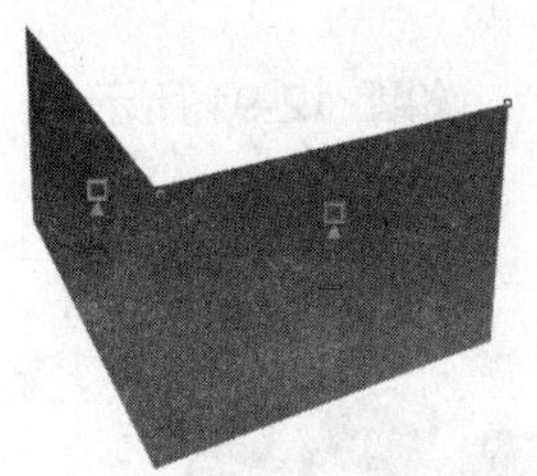

图 12-79　绘制礼品盒的左右侧面

图 12-80　绘制盒盖的左右侧面

图 12-81　绘制盒子的盖面

13 在盒盖的边缘轮廓处绘制如图 12-82 所示的对象，将其填充为白色，并为其应用“开始透明度”为 70 的“标准”透明效果，然后取消其外部轮廓，以表现盒子边缘处的反光效果，如图 12-83 所示。

14 在礼品盒上绘制如图 12-84 所示的星形，将星形的颜色填充为白色，并为它们应用“开始透明度”为 20 的“标准”透明效果。

图 12-82　绘制边缘反光对象

图 12-83　边缘处的反光效果

图 12-84　礼品盒中的星形效果

15 在礼品盒上绘制如图 12-85 所示的彩带对象，为其填充线性渐变色，0%、7%、28%和 100%处的颜色为（C:95、M:29、Y:71、K:15）、17%处的颜色为（C:89、M:0、Y:40、K:0），并取消其外部轮廓，以表现彩带上的明暗层次。

16 在彩带上绘制如图 12-86 所示的装饰线条对象，为其填充线性渐变色，其中 0%处（C:27、M:5、Y:11、K:0）、48%处为白色、100%处的颜色为（C:21、M:7、Y:9、K:0）的，并取消它们的外部轮廓。使用同样的方法，绘制礼品盒上另一条彩带效果，如图 12-87 所示。

图 12-85　绘制彩带对象

图 12-86　绘制彩带上的装饰线条

图 12-87　绘制另一条彩带

17 绘制如图 12-88 所示的蝴蝶结外形，其填充色与上一步绘制的彩带对象中的填充色相同。将蝴蝶结对象群组，然后移动到礼品盒的盖面上，调整到适当的大小，效果如图 12-89 所示。

图 12-88　绘制的蝴蝶结对象

18 绘制如图 12-90 所示的对象，为它们填充与彩带对象相同的线性渐变色，并注意调整各个对象上渐变色的角度和边界。

19 绘制彩带上的装饰线条，填充与彩带中装饰线条相同的线性渐变色，如图 12-91 所示。

图 12-89　盖面上的蝴蝶结效果

图 12-90　绘制彩带对象

图 12-91　绘制彩带上的装饰线条

20 在上一步绘制的彩带上绘制如图 12-92 所示的多个对象，按从左向右的顺序，将第 3 和第 4 个对象填充为 0%处的颜色为（C:93、M:45、Y:76、K:54）、54%处的颜色为（C:93、M:20、Y:67、K:7）、100%处的颜色为（C:52、M:33、Y:44、K:85）的线性渐变色，其他对象填充为 0%与 100%处为黑色、54%处为（C:93、M:20、Y:67、K:7）的线性渐变色，以表现彩带打结后的效果。

21 将上一步绘制好的彩带对象移动到礼品盒的盖面，并调整到适当的大小，完成后的彩带效果如图 12-93 所示。

图 12-92　绘制彩带打结的效果

图 12-93　礼品盒盖面上的彩带效果

22 按照绘制礼品盒的相同方法，绘制其他的礼品盒效果，如图 12-94 所示。将绘制好的礼品盒对象分别群组，然后放置在雪堆的底部，效果如图 12-95 所示。

图 12-94　其他礼品盒效果

图 12-95　背景中的礼品盒效果

23 导入光盘中的“源文件与素材\第 9 章\素材\花环.cdr”文件，如图 12-96 所示。将花环移动到背景画面中，调整到适当的大小，如图 12-97 所示。

图 12-96　导入的花环对象

图 12-97　背景中的花环效果

24 选择雪堆对象，使用交互式阴影工具为其应用如图 12-98 所示的阴影效果，将阴影颜色设置为（C:0、M:40、Y:0、K:0），“不透明度”设为 85，“羽化”度设为 41。

25 选择背景矩形上的所有对象，将它们群组，然后精确剪裁到背景矩形中，完成本实例的制作，效果如图 12-99 所示。

图 12-98　雪堆的阴影效果

图 12-99　完成后的圣诞贺卡效果

12.3　DM 单设计

本例将制作效果如图 12-100 所示的游戏学院设计的招生 DM 单广告。整体画面以橘红色调为主，通过暖色调的衬托，体现招生正在如火如荼的进行；主体图像采用游戏中的人物角色，贴切并能表现学院的本质。

图 12-100　DM 设计效果

12.3.1 绘制 DM 背景

1 单击标准工具栏中的新建按钮，新建一个图形文件，然后在属性栏中将页面大小设置为 210mm×285mm，如图 12-101 所示。

2 双击矩形工具，创建一个与绘图页面等大的矩形，然后将矩形填充为“橘红色”，并取消其外部轮廓，如图 12-102 所示。

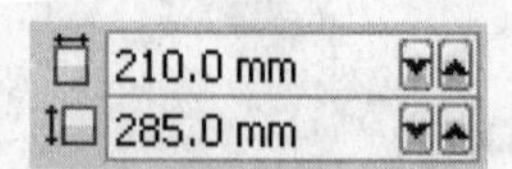

图 12-101 设置绘图页面大小

3 复制矩形，并将复制的矩形填充为黑色，然后按下 Ctrl+Q 快捷键，将矩形转换为曲线，再使用形状工具将矩形调整为如图 12-103 所示的形状。

4 复制调整后的黑色对象，并将复制的对象填充为黄色，然后使用形状工具将其调整为如图 12-104 所示的形状。

图 12-102 创建矩形

图 12-103 制作的黑色对象

图 12-104 制作的黄色对象

5 使用椭圆形工具绘制一个圆形，如图 12-105 所示，然后使用交互式填充工具为其应用如图 12-106 所示的射线渐变色，其中 0%处的颜色为（C:0、M:80、Y:100、K:0）、57%处的颜色为橘红色、80%（C:0、M:30、Y:100、K:0）、100%处的颜色为白色，使其产生球体效果。

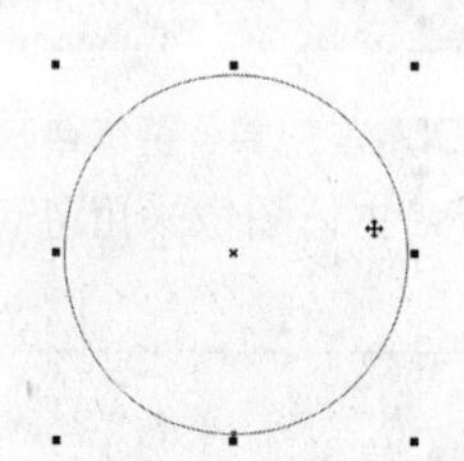
图 12-105 绘制圆形

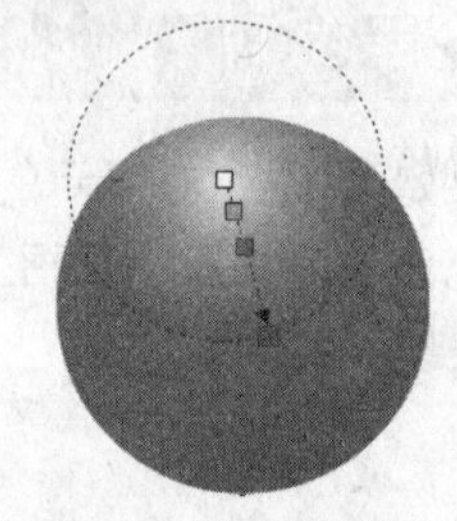
图 12-106 圆形的填色效果

6 使用贝塞尔工具在圆形上绘制如图 12-107 所示的两个对象，将它们分别填充为（C:50、M:100、Y:100、K:50）的颜色，并取消外部轮廓，然后使用交互式透明工具分别为它们应用如图 12-108 所示的线性透明效果。

图 12-107 在圆形上绘制的对象

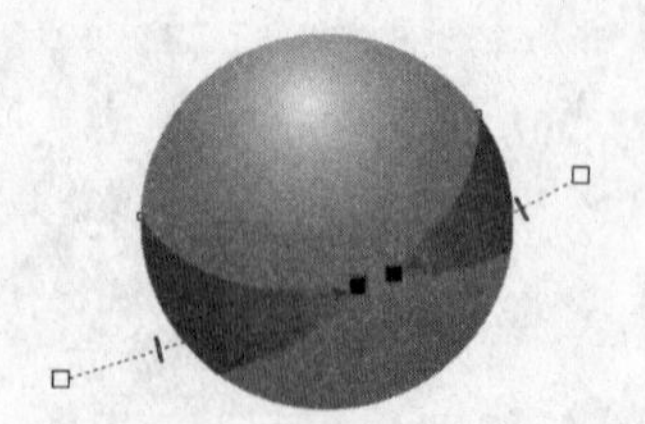
图 12-108 对象的透明效果

7 同时选择上一步绘制的对象，执行“位图”→“转换为位图”命令，在弹出的“转换为位图”

对话框中设置选项参数，如图 12-109 所示然后单击“确定”按钮，将选定的对象转换为位图，如图 12-110 所示。

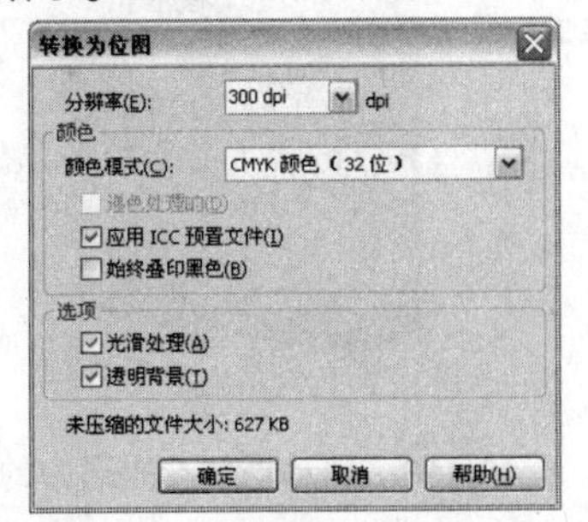

图 12-109 “转换为位图”对话框设置

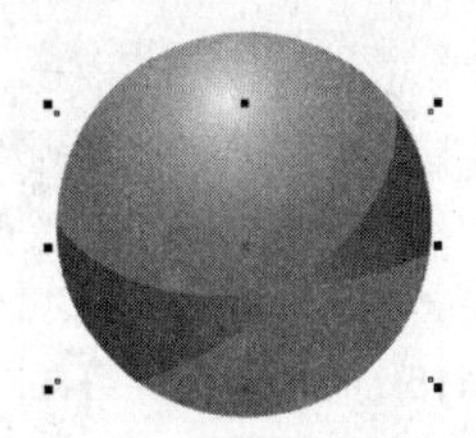

图 12-110 转换后得到的位图

8 执行“位图”→“模糊”→“高斯式模糊”命令，在弹出的“高斯式模糊”对话框中，将“半径”值设置为 12 像素，如图 12-111 所示，然后单击“确定”按钮，完成对球体阴影的制作，如图 12-112 所示。

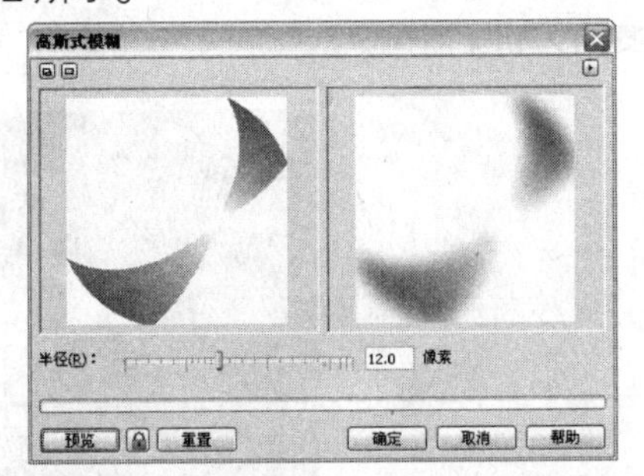

图 12-111 “高斯式模糊”对话框设置

图 12-112 模糊效果

9 使用形状工具将多出球体的部分阴影裁剪掉，完成效果如图 12-113 所示。

10 同时选择球体和球体上的阴影对象，按下 Ctrl+G 组合键将它们群组，然后复制群组后的对象，并如图 12-114 所示进行排列组合。

图 12-113 裁剪多余的阴影对象

图 12-114 球体的组合效果

11 将组合后的球体对象群组，并调整到适当的大小，然后执行“效果”→“图框精确剪裁”→“放置在容器中”命令，当出现粗箭头光标后单击背景中的矩形对象，将其精确剪裁到矩形内部，如图 12-115 所示。

12 按下 Ctrl 键单击矩形对象，进入矩形内部，然后将球体移动到矩形的右下角位置，再按住 Ctrl 键单击绘图窗口中的空白区域，完成对容器内容的编辑，效果如图 12-116 所示。

图 12-115　将球体精确剪裁到矩形中　　图 12-116　移动球体在矩形中的位置

13 使用椭圆形工具绘制如图 12-117 所示的圆形，将圆形轮廓设置为黄色，并设置适当的轮廓宽度。复制该圆形，并按住 Shift 键将复制的圆形沿对象中心缩小到一定的大小，以制作如图 12-118 所示的同心圆形。

14 将绘制好的同心圆形群组，然后为它们应用“开始透明度”为 80 的“标准”透明效果，再将它们精确剪裁到背景矩形的内部，完成效果如图 12-119 所示。

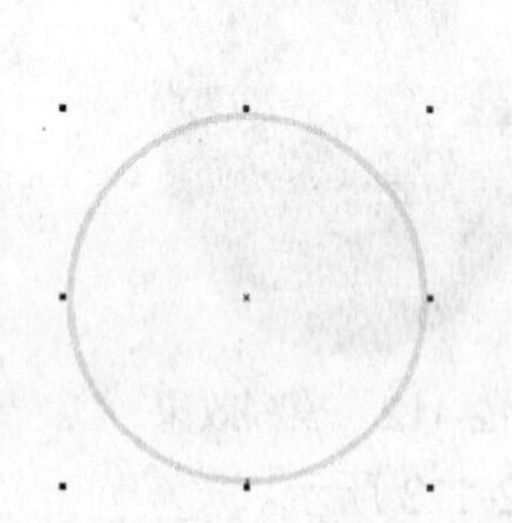

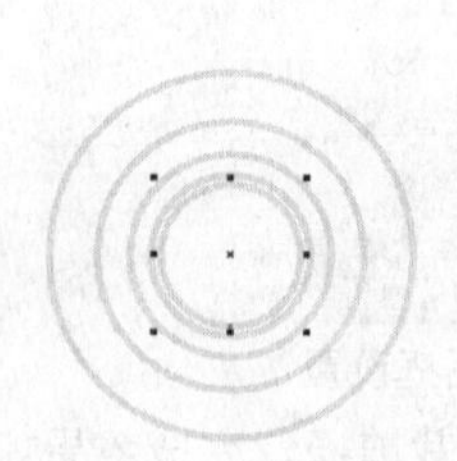

图 12-117　绘制的圆形　图 12-118　绘制同心圆　图 12-119　精确剪裁后的同心圆

15 选择手绘工具，然后按住 Ctrl 键的同时在背景矩形上绘制如图 12-120 所示的多条水平直线，将线条设置为（C:2、M:100、Y:100、K:50）的轮廓色，并将轮廓宽度设置为 0.2mm，以制作背景上的线条底纹。

图 12-120　绘制的线条底纹

小提示

要将线条与背景矩形的左端对齐，可同时选择线条与矩形对象，然后按下 L 键即可。要将线条与背景矩形的右端对齐，可同时选择线条与矩形对象，然后按下 R 键即可。

16 使用多边形工具绘制如图 12-121 所示的三角形，切换到挑选工具，并在对象上单击，调出旋转手柄，然后按住 Ctrl 键将该对象顺时针旋转到如图 12-122 所示的角度。

17 选择该三角形，然后采用复制和再制的方法制作如图 12-123 所示的三角形组合对象。

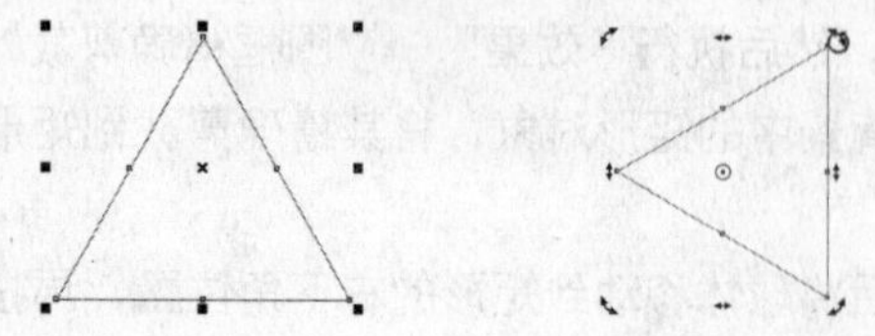

图 12-121　绘制的三角形　图 12-122　旋转三角形　图 12-123　组合三角形

18 将上一步绘制的三角形组合对象群组，将它们填充为白色，然后应用“开始透明度”为 50 的“标准”透明效果。将制作好的三角形对象移动到背景矩形上如图 12-124 所示的位置，并调整到适当的大小，作为背景中的部分底纹。

19 使用贝塞尔工具绘制如图 12-125 所示的 3 个对象，将它们填充为深黄色，如图 12-126 所示。

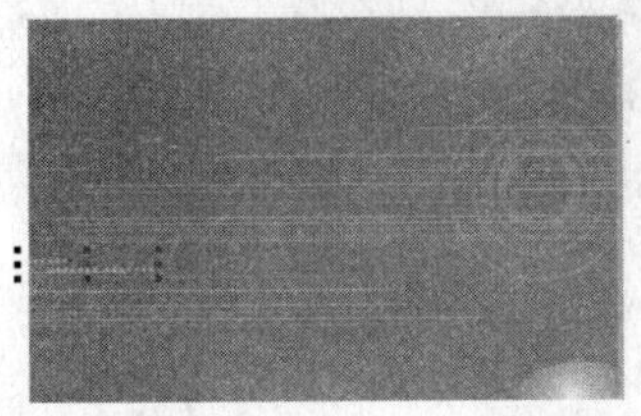

图 12-124　背景中的三角形底纹效果

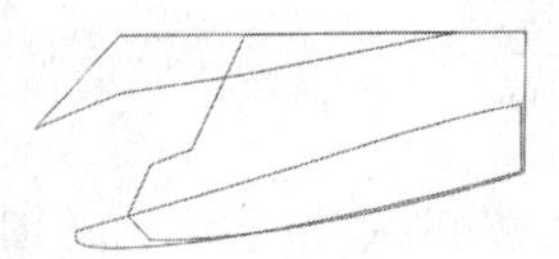

图 12-125　绘制的对象

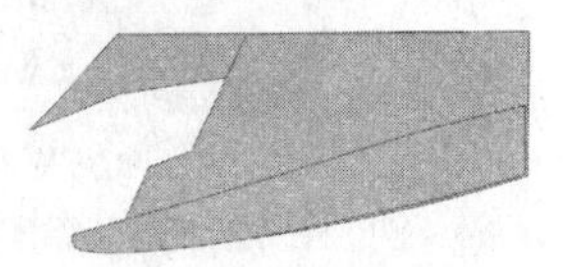

图 12-126　对象的填色效果

20 选择位于下方的两个对象，分别为它们应用“开始透明度”为 85 和 80 的“标准”透明效果，如图 12-127 所示。选择位于上方的对象，为其应用如图 12-128 所示的“线性”透明效果。

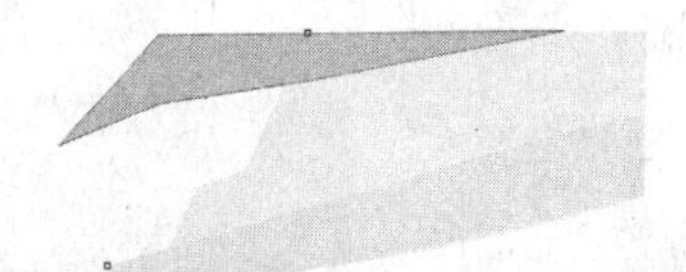

图 12-127　对象的标准透明效果

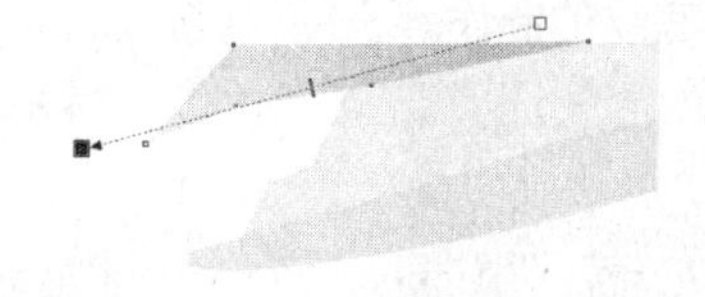

图 12-128　对象的线性透明效果

21 继续绘制如图 12-129 所示的多个对象，同样将它们填充为深黄色，然后分别为它们应用如图 12-130 所示的“标准”透明效果和“线性”透明效果。

图 12-129　绘制的多个对象

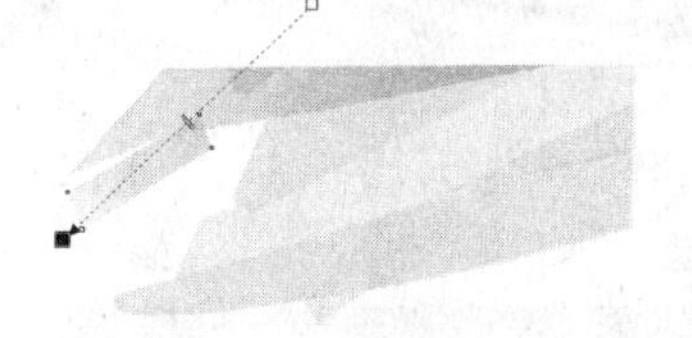

图 12-130　对象的透明效果

22 复制位于下方的一个对象，然后为复制的对象应用如图 12-131 所示的“线性”透明效果，完成透明底纹的制作。

23 将绘制好的透明底纹对象群组，然后移动到背景矩形的右上角，并调整到适当的大小。同时选择透明底纹和矩形对象，然后分别按下 T 键和 R 键，将它们顶端和右端对齐，如图 12-132 所示。

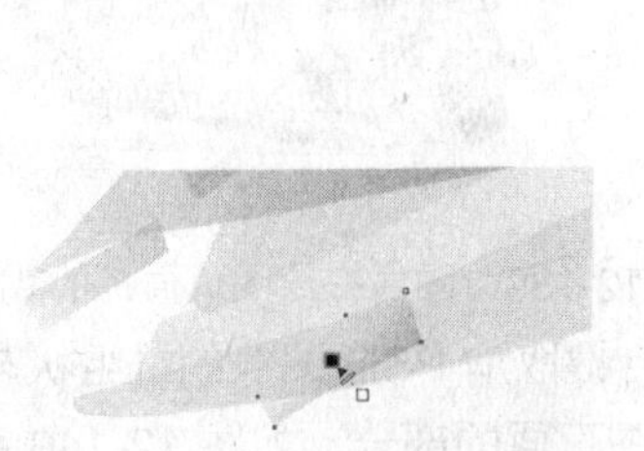

图 12-131　绘制好的透明底纹

图 12-132　矩形中的透明底纹效果

24 在背景画面中绘制如图 12-133 所示的对象，将其填充为深黄色，并取消外部轮廓，然后为

其应用“开始透明度”为 85 的“标准”透明效果，如图 12-134 所示。

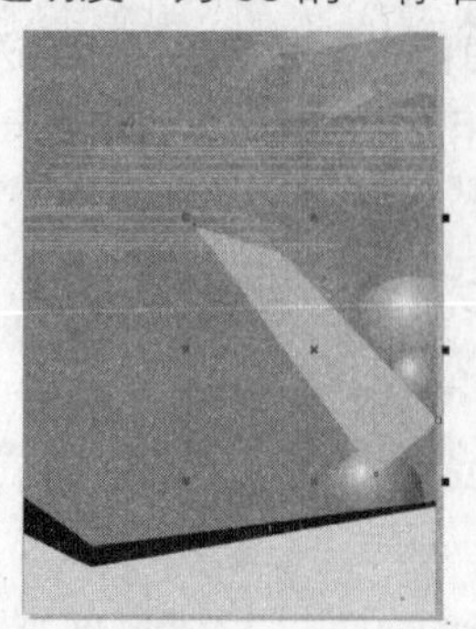

图 12-133　绘制的对象

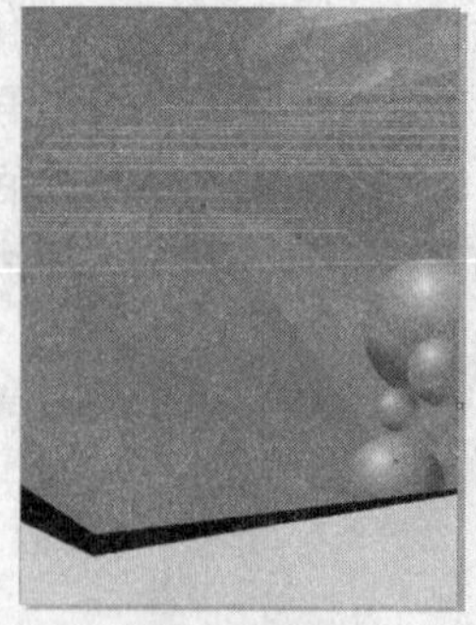

图 12-134　对象的透明效果

25 使用贝塞尔工具绘制如图 12-135 所示的对象，同样将其填充为深黄色，并取消外部轮廓，然后为其应用如图 12-136 所示的线性透明效果。

26 在背景画面中继续绘制如图 12-137 所示的对象，将它们填充为深黄色，并取消外部轮廓，完成对背景底纹的制作。

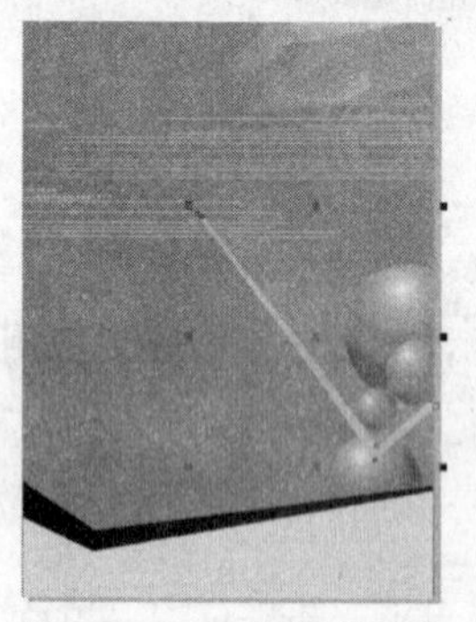

图 12-135　绘制的对象

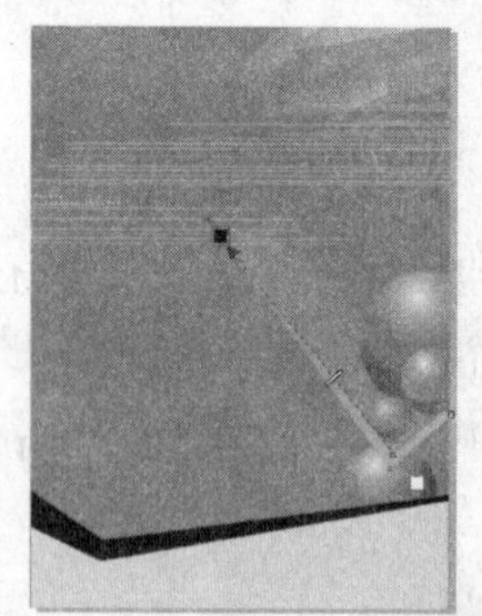

图 12-136　对象的线性透明效果

图 12-137　完成后的底纹效果

12.3.2　添加 DM 主体内容

1 导入光盘中的“源文件与素材\第 12 章\素材\图像素材.psd”文件，如图 12-138 所示，然后将其移动到绘图页面上，并如图 12-139 所示调整其大小和位置。

图 12-138　导入的图像素材

图 12-139　图像在绘图页面上的效果

2 选择绘图页面上的图像素材，然后按下 Ctrl+U 组合键取消 PSD 图像的群组状态。选择形状工具，在罗盘上单击，然后裁剪掉该图像下方超出绘图页面的部分，如图 12-140 所示。

3 选择交互式阴影工具，为罗盘图像添加如图 12-141 所示的阴影效果。

图 12-140 裁剪后的罗盘图像

图 12-141 罗盘上添加的阴影

4 导入光盘中的“源文件与素材\第 12 章\素材\文字.cdr”文件，然后将其移动到背景画面的左上角，并调整到适当的大小，如图 12-142 所示。

5 使用右键单击调色板中的“白”色样，为文字添加外部轮廓，然后按下 F12 键，在打开的“轮廓笔”对话框中设置适当的轮廓宽度，并选中“后台填充”复选框，完成后的文字轮廓效果如图 12-143 所示。

图 12-142 添加的文字

图 12-143 文字的轮廓效果

6 使用文本工具输入文字“游戏学院就业班热招”，将字体设置为“方正超粗黑简体”，并调整文字到如图 12-144 所示的大小和位置。

7 单独选择“热招”字符，然后单击调色板中的“洋红”色样，修改其颜色为“洋红”，如图 12-145 所示。

8 切换到挑选工具选择整个文本，按下小键盘上+键将其复制，并将复制的文本填充为白色，然后按下 Ctrl+PageDown 组合键，将该文本调整到下一层，再按下键盘中的方向键，将其移动到如图 12-146 所示的位置，作为文字的投影，以突出显示文本。

图 12-144 输入的文本

图 12-145 单击调整部分字符的颜色

图 12-146 添加的投影效果

9 分别输入如图 12-147 和图 12-148 所示的文字内容，将字体设置为“方正大黑简体”，然后为文字填充适当的颜色，并添加不同颜色的外部轮廓，以突出显示文字。

图 12-147 添加的文字内容

图 12-148 添加的文字内容

10 使用贝塞尔工具绘制如图 12-149 所示的爆炸形对象，将该对象填充为黑色。复制该对象，将复制的对象填充为白色，然后移动到如图 12-150 所示的位置，再取消该对象的外部轮廓。

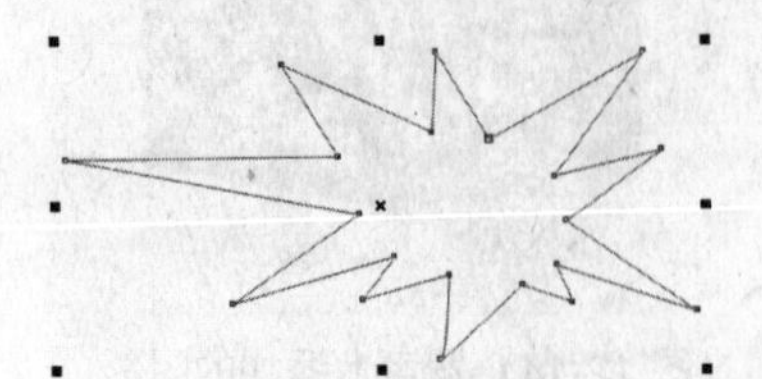
图 12-149 绘制的爆炸形对象

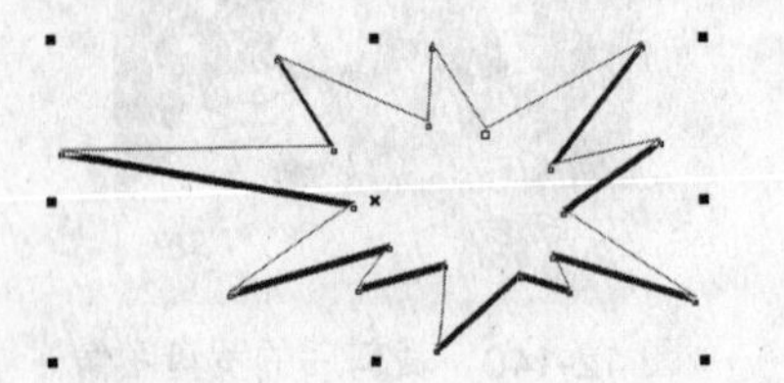
图 12-150 复制的对象

11 将上一步绘制的爆炸形对象群组，然后移动到画面中如图 12-151 所示的位置，并调整到适当的大小。按下 Ctrl+PageDown 组合键，将该对象调整到文字的下方，如图 12-152 所示。

图 12-151 爆炸形对象在画面中的位置

图 12-152 调整对象的排列顺序

12 使用贝塞尔工具和星形工具绘制如图 12-153 所示的箭头和星形对象，将箭头对象填充为“酒绿”，星形对象填充为红色，并为它们添加适当宽度的白色轮廓，然后如图 12-154 所示排列在文字的左端，以起到指引文字的作用。

图 12-153 绘制的箭头和星形对象

图 12-154 对象在文字左端的排列效果

13 在画面的右上角绘制如图 12-155 所示的矩形，将其填充为白色，并取消外部轮廓。输入文本“游戏学院成都校区”，将字体设置为“方正大黑简体”，并调整到适当的大小，然后将文字移动到白色矩形上，如图 12-156 所示。

图 12-155 绘制的矩形

图 12-156 矩形上的文字效果

14 单击“艺术笔工具”属性栏中的“笔刷”工具，并在属性栏的“笔触列表”中选择笔触，然后绘制地图中的道路，效果如图 12-157 所示。使用文本工具在地图上添加路名和校名，并使用星形工具在学校所在地绘制一个红色星形，以重点标注学校所在地。

15 将绘制好的地图对象群组，然后移动到画面的右下角，并在地图下方绘制一个白色的圆角矩形，如图 12-158 所示。

图 12-157　绘制好的地图效果

图 12-158　地图在画面中的效果

16 输入如图 12-159 所示的文字信息，将“咨询热线”一行字的字体设置为“方正大黑简体”，文字颜色为红色；其余字体设置为“黑体”，文字颜色为黑色。

17 将添加的文字移动到地图的左侧，并调整到如图 12-160 所示的大小。

18 导入光盘中的“源文件与素材\第 12 章\素材\神鸟.psd ”文件，将其调整到适当的大小后，移动到如图 12-161 所示的位置，完成本实例的制作。

地址：成都市一环路四段100号8层
咨询热线：0288888888 66666666
咨询QQ：1234567 7654321
网址：http://www.gamecollege.com

图 12-159　输入的文字信息

图 12-160　文字在画面中的效果

图 12-161　完成后的 DM 效果

12.4 灯箱广告设计

本例将制作效果如图 12-162 所示的灯箱广告。该广告是一个咖啡吧举办的城市音乐派对活动所设计的灯箱宣传广告。咖啡吧举办这次活动的目的，是为了吸引更多年轻的时尚追随者们在此消费，以增加客源，提高营业额。画面中的主体色调以绿色为主，通过深绿色和酒绿色的对比，营造一种神秘、时尚的活动氛围。画面中通过 3 个透明立方体的点缀，增强了画面的层次感，同时也使整个画面看上去更加现代。

图 12-162　灯箱广告设计效果

12.4.1 绘制背景画面

1 单击标准工具栏中的新建按钮，新建一个图形文件，然后在属性栏中将绘图页面大小设置为 230mm×160mm，如图 12-163 所示。

2 双击“矩形工具”按钮，创建一个与绘图页面等大的矩形，然后将矩形填充为（C:50、M:5、Y:100、K:0）的颜色，并取消其外部轮廓，如图 12-164 所示。

230.0 mm
160.0 mm

图 12-163 设置绘图页面的大小

3 复制该矩形，并将复制的矩形填充为（C:83、M:55、Y:100、K:62）的颜色，然后使用交互式透明工具为其应用如图 12-165 所示的线性透明效果。

4 复制应用透明效果的矩形，然后将该对象上的透明效果修改为如图 12-166 所示的效果。

图 12-164 创建与页面等大的矩形

图 12-165 线性渐变效果

图 12-166 线性渐变效果

5 使用贝塞尔工具绘制如图 12-167 所示的对象，将该对象填充为（C:83、M:55、Y:100、K:32）的颜色，并取消外部轮廓。

6 绘制如图 12-168 所示的对象，将其填充为（C:35、M:0、Y:100、K:0）的颜色，并取消其外部轮廓。

7 绘制如图 12-169 所示的对象，将其填充为（C:83、M:55、Y:100、K:32）的颜色，并取消外部轮廓。

图 12-167 绘制对象

图 12-168 绘制对象

图 12-169 绘制对象

8 使用贝塞尔工具绘制如图 12-170 所示的对象，将其填充为（C:75、M:40、Y:100、K:9）的颜色，并取消外部轮廓，然后为该对象应用“开始透明度”为 20 的“标准”透明效果，如图 12-171 所示，再将其调整到如图 12-172 所示顺序排列。

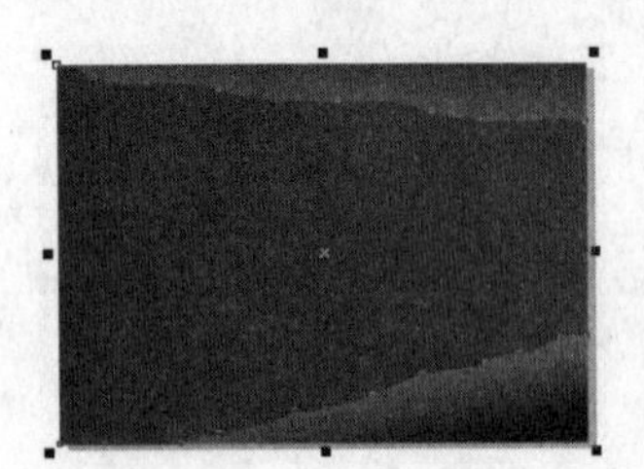
图 12-170 绘制的对象

图 12-171 对象的透明效果

图 12-172 调整对象的排列顺序

9 绘制如图 12-173 所示的对象，将其填充为（C:0、M:50、Y:100、K:0）的颜色，然后将轮廓色设置为（C:0、M:80、Y:100、K:0），并设置适当的轮廓宽度，如图 12-174 所示。

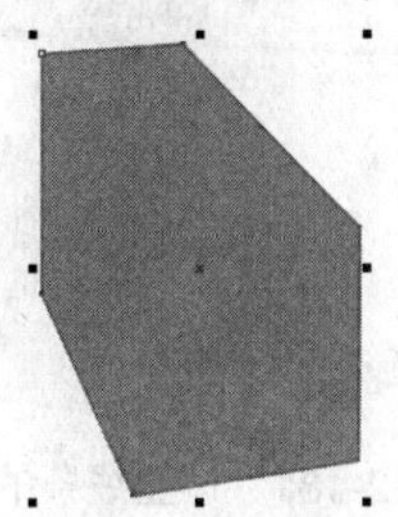

图 12-173　绘制的对象

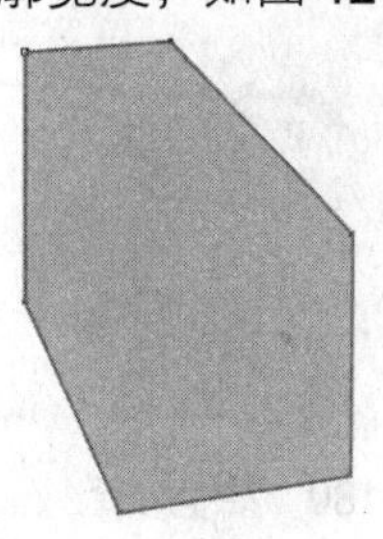

图 12-174　对象的透明效果

10 使用交互式透明工具为该对象应用“开始透明度”为 50 的“标准”透明效果，并在属性栏中的“透明度目标”下拉列表框中选择“填充”选项，只对填充部分应用透明效果，如图 12-175 所示。

图 12-175　透明属性设置

11 绘制如图 12-176 所示的对象，将其填充为（C:0、M:50、Y:100、K:0）的颜色，并为其应用“开始透明度”为 50 的“标准”透明效果，如图 12-177 所示。

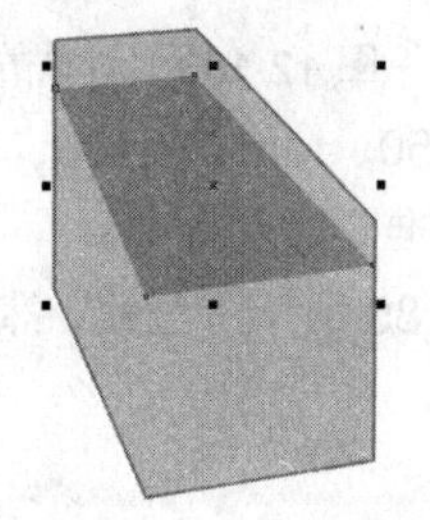

图 12-176　绘制的对象

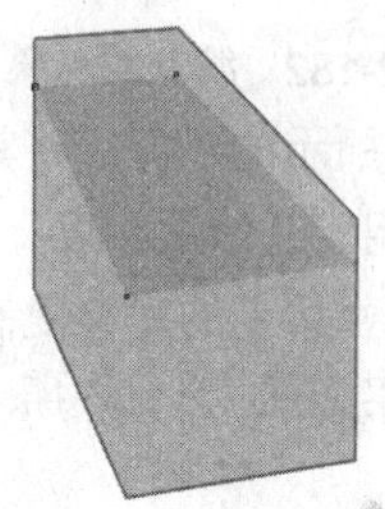

图 12-177　对象的透明效果

12 按住 Ctrl 键将上一步绘制的对象复制到如图 12-178 所示的位置，然后连续按下 Ctrl+D 组合键，再制该对象，效果如图 12-179 所示。

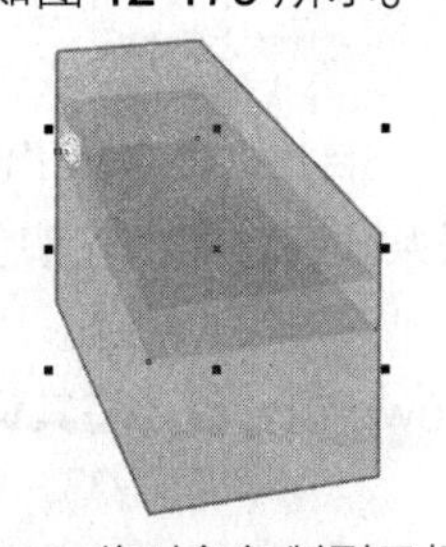

图 12-178　将对象复制到目标位置

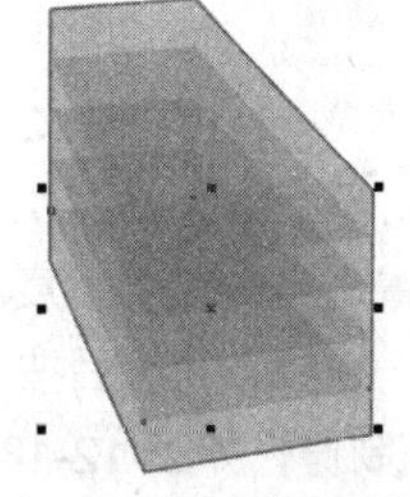

图 12-179　对象的再制效果

13 在绘制的透明对象上绘制如图 12-180 所示的线条，将线条的轮廓色设置为（C:0、M:80、Y:100、K:0），并设置适当的轮廓宽度。

14 单独选择位于底端的一根线条，然后按下 Ctrl+PageDown 组合键，将其调整到透明对象的下方，完成透明立方体的制作，如图 12-181 所示。

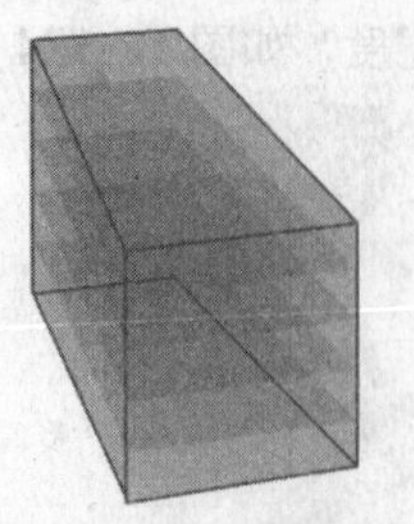
图 12-180　绘制线条

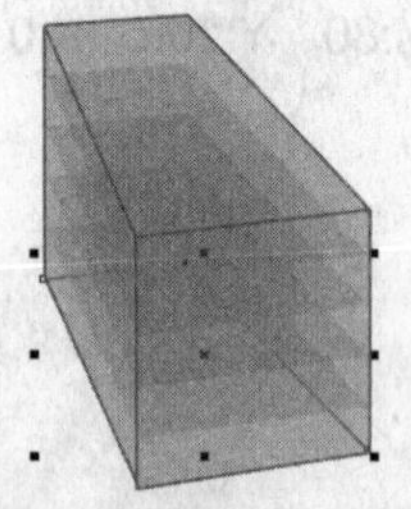
图 12-181　调整线条的排列顺序

15 绘制如图 12-182 所示的对象，将其填充为（C:50、M:8、Y:100、K:0）的颜色，然后将轮廓色设置为（C:40、M:0、Y:100、K:0），并设置适当的轮廓宽度。

16 使用交互式透明工具为上一步绘制的对象应用“开始透明度”为 55 的“标准”透明效果，并设置“透明度目标”为“填充”，得到的图形效果如图 12-183 所示。

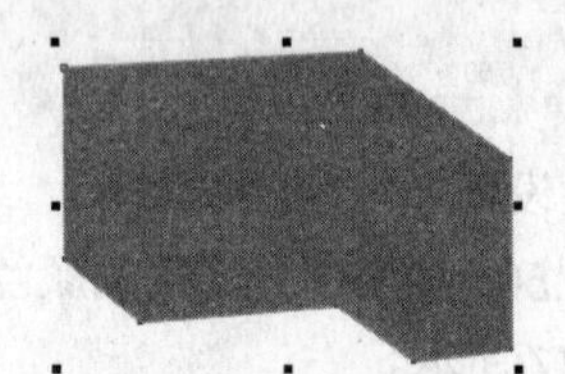
图 12-182　绘制的对象

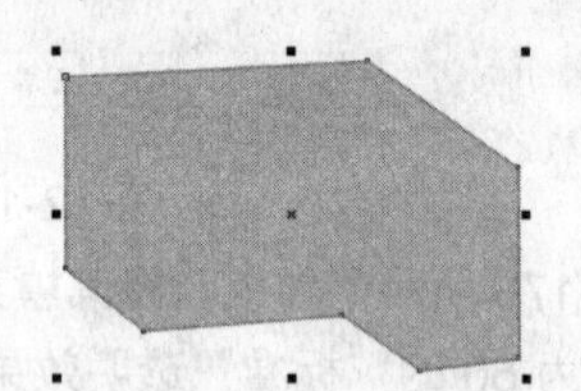
图 12-183　对象的透明效果

17 绘制如图 12-184 所示的对象，将其填充为（C:50、M:8、Y:100、K:0）的颜色，并取消外部轮廓，然后为其应用“开始透明度”为 55 的“标准”透明效果。

18 按住 Ctrl 键将上一步绘制的对象复制到如图 12-185 所示的位置，然后连续按下 Ctrl+D 组合键，再制该对象，效果如图 12-186 所示。

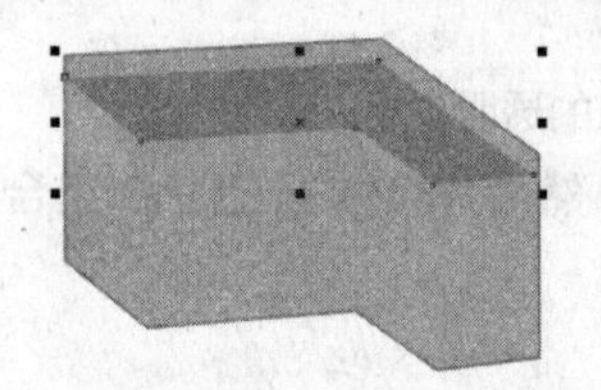
图 12-184　绘制的对象

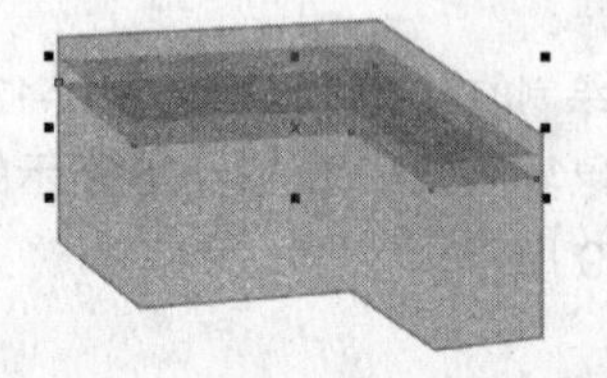
图 12-185　将对象复制到目标位置

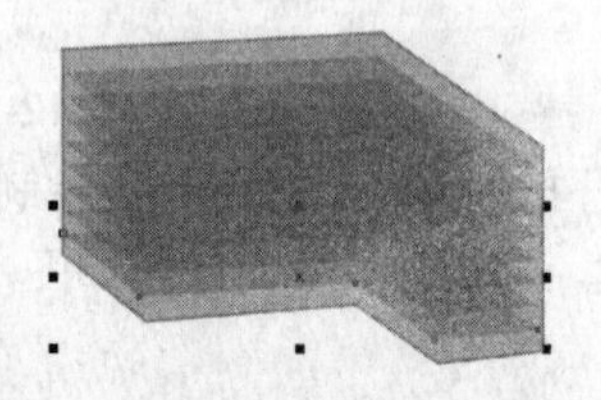
图 12-186　对象的再制效果

19 在绘制好的透明对象上绘制如图 12-187 所示的线条，将线条的轮廓色设置为（C:40、M:0、Y:100、K:0），并设置适当的轮廓宽度。

20 选择位于底端的一根线条，然后按下 Ctrl+PageDown 组合键，将其调整到透明对象的下方，完成此透明立方体的制作，如图 12-188 所示。

21 绘制如图 12-189 所示的对象，将其填充为（C:50、M:8、Y:100、K:0）的颜色，然后将轮廓色设置为（C:40、M:0、Y:100、K:0），并设置适当的轮廓宽度。

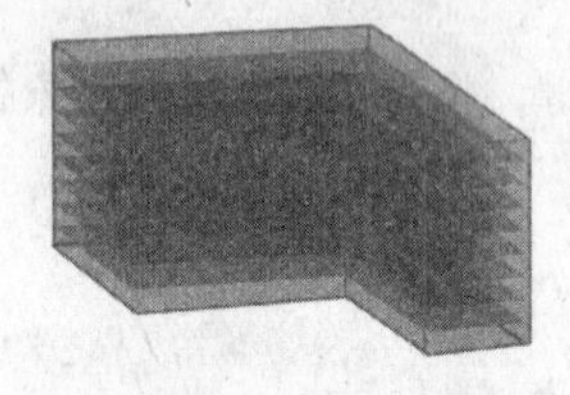
图 12-187　绘制的线条

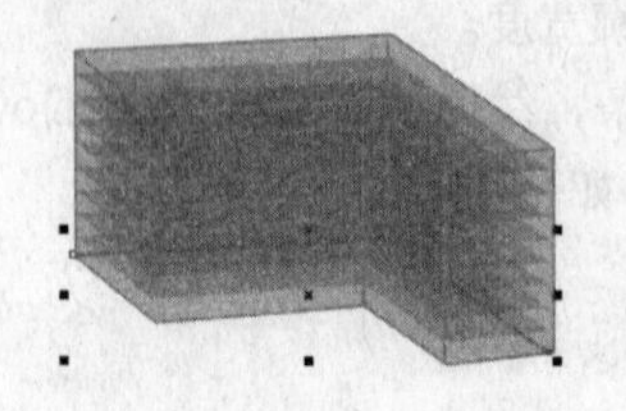
图 12-188　调整线条的排列顺序

图 12-189　绘制的对象

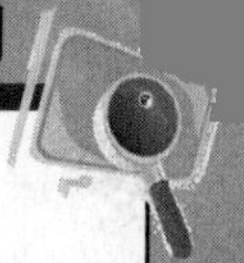

22 使用交互式透明工具为该对象应用“开始透明度”为 50 的“标准”透明效果，并设置“透明度目标”为“填充”，效果如图 12-190 所示。

23 绘制如图 12-191 所示的对象，将其填充为（C:50、M:8、Y:100、K:0）的颜色，并取消外部轮廓，然后为其应用“开始透明度”为 50 的“标准”透明效果。

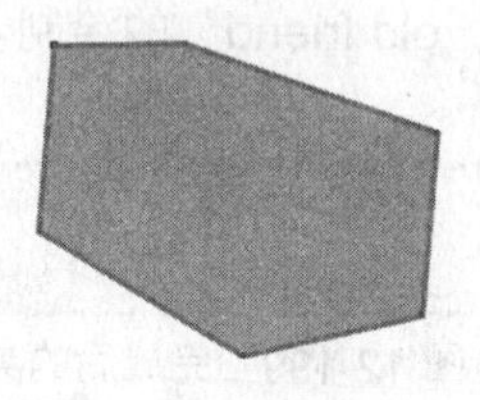

图 12-190　对象的透明效果

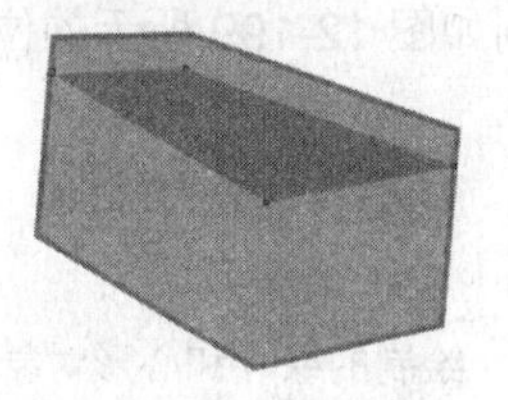

图 12-191　绘制的对象

24 将上一步绘制的对象复制到如图 12-192 所示的位置，然后连续按下 Ctrl+D 组合键，再制该对象，效果如图 12-193 所示。

25 在绘制好的透明对象上绘制如图 12-194 所示的线条，将线条的轮廓色设置为（C:40、M:0、Y:100、K:0），并设置适当的轮廓宽度，完成另一个透明立方体的制作。

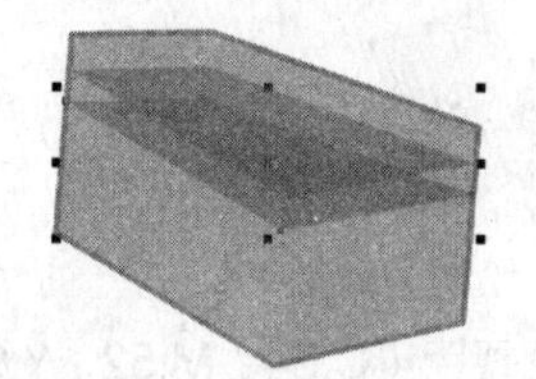

图 12-192　将对象复制到指定位置

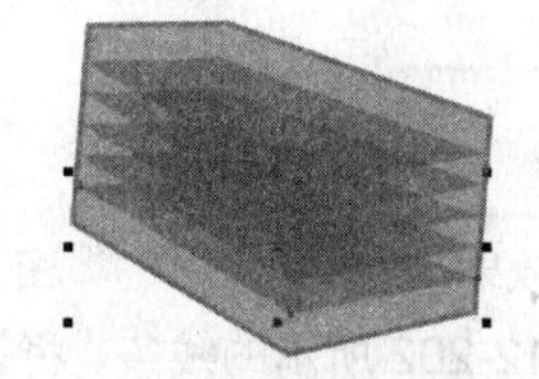

图 12-193　对象的再制效果

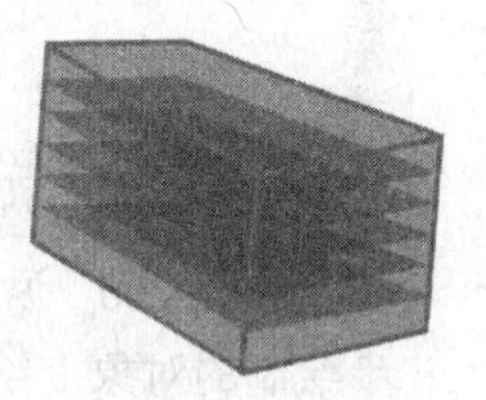

图 12-194　另一个透明立方体效果

26 分别将绘制好的 3 个透明立方体对象群组，然后分别移动到背景画面中相应的位置，并调整到适当的大小，如图 12-195 所示。

图 12-195　背景画面中的透明立方体

12.4.2　添加主体内容

1 结合使用矩形工具和形状工具，绘制如图 12-196 所示的圆角矩形，将其填充为（C:5、M:0、Y:50、K:0）的颜色，然后将轮廓色设置为（C:50、M:0、Y:100、K:0），并设置适当的轮廓宽度。

2 使用艺术笔工具中的“预设”工具，并在属性栏中选择笔触，然后在圆角矩形上绘制如图 12-197 所示的英文字形，再将绘制好的字形填充为（C:54、M:52、Y:96、K:10）的颜色。

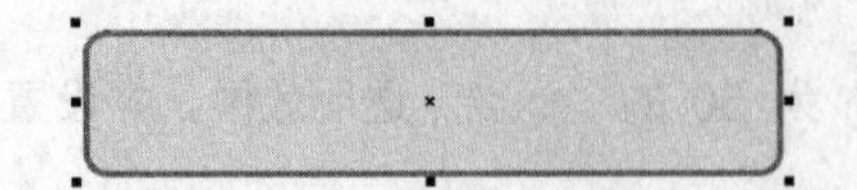

图 12-196　绘制圆角矩形

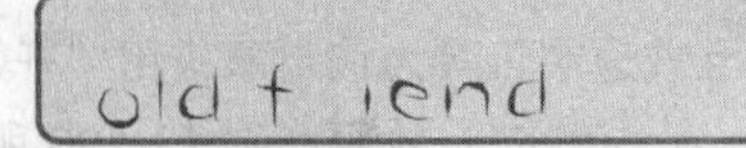

图 12-197　绘制的英文字形

3 使用贝塞尔工具绘制如图 12-198 所示的绿叶和心形对象，然后将绘制好的对象调整到适当的大小，并移动到如图 12-199 所示的位置，完成对英文“old friend”的绘制。

图 12-198　绘制的绿叶和心形对象

图 12-199　完成后的英文字形

4 输入文本“cafe”，将字体设置为“Arial”，文字颜色为（C:54、M:52、Y:96、K:10），将文字旋转一定的角度后，移动到圆角矩形的左上角，如图 12-200 所示。

5 使用贝塞尔工具绘制如图 12-201 所示的两个类似矩形的对象，为它们填充（C:30、M:0、Y:100、K:0）的颜色，然后设置轮廓色为（C:54、M:52、Y:96、K:10），并设置适当的轮廓宽度。

图 12-200　添加的文字效果

图 12-201　绘制的对象

6 在上一步绘制的对象上绘制如图 12-202 所示的线条，将轮廓色设置为（C:54、M:52、Y:96、K:10），并设置适当的轮廓宽度，完成咖啡杯外形的绘制。

7 结合使用椭圆形工具和贝塞尔工具在咖啡杯上绘制如图 12-203 所示的笑脸图案，将图案填充为（C:0、M:80、Y:100、K:0），完成咖啡吧标志图案的绘制。

图 12-202　绘制的咖啡杯外形

图 12-203　完成后的咖啡吧标志

8 将咖啡吧标志对象群组，然后移动到圆角矩形的右端，并调整到适当的大小，如图 12-204 所示。将圆角矩形上的文字和标志对象复制一份到绘图窗口中的空白区域，留作备份。

9 将圆角矩形以及圆角矩形上的所有对象群组，然后将群组后的对象移动到广告画面中，并调整到适当的大小，如图 12-205 所示。

10 使用挑选工具在圆角矩形上单击，调出旋转手柄，然后将光标移动到右边居中的控制手柄上，向上拖动鼠标，将对象倾斜到如图 12-206 所示的角度。

图 12-204　圆角矩形上的文字和标志效果

图 12-205　广告画面中的圆角矩形对象

⑪ 在广告画面中添加所需的文字内容，并设置适当的字体、字体大小和颜色，然后将文字按相同的角度倾斜，完成效果如图 12-207 所示。

图 12-206 对象的倾斜效果

图 12-207 画面中的文字效果

⑫ 将备份的标志图案和文字组合如图 12-208 所示，并将组合的对象群组，然后移动到广告画面的右下角。

⑬ 在画面右下角的标志下方输入咖啡吧名称，并在文字两端绘制两个三角形，如图 12-209 所示。这样，整个灯箱广告就制作完成了，如图 12-210 所示。

图 12-208 咖啡吧标志

图 12-209 标志下方的文字效果

图 12-210 完成的效果

12.5 包装设计

本例是为“老实人”南瓜子设计的包装效果图，效果如图 12-211、图 12-212 所示。包装整体以淡黄色调为主，以切合南瓜子的本来颜色，并通过与南瓜叶图案中的绿色和人物头像中的红色对比，使整幅画面色彩鲜明，整个版面清爽简洁。

图 12-211 包装正面和背面展开图

图 12-212 包装立体效果图

12.5.1 包装正面展开图设计

1 单击标准工具栏中的新建按钮，新建一个图形文件，并将绘图页面设置为横向。

2 按照如图 12-213 所示的长宽比例绘制一个矩形，将其填充为（C:0、M:0、Y:35、K:0），并取消外部轮廓，作为包装平面展开图中的底色。

3 绘制如图 12-214 所示的叶片对象，将其填充为绿色，并设置适当的轮廓宽度。在叶片对象上绘制如图 12-215 所示的叶脉轮廓，并设置与叶片轮廓相同的轮廓宽度。

图 12-213 绘制的矩形

图 12-214 绘制叶片对象

图 12-215 绘制叶脉

4 将上一步绘制好的叶片对象复制两份，分别将其中一片叶子填充为（C:5、M:0、Y:100、K:0），另一个叶子填充为（C:0、M:0、Y:35、K:0），如图 12-216 所示。

图 12-216 复制并修改颜色后的叶子效果

5 将绘制好的 3 片叶子分别群组，然后如图 12-217 所示进行复制并组合排列。使用贝塞尔工具在叶子处绘制如图 12-218 所示的线条，并设置适当的轮廓宽度，以表现蔓藤效果。

6 将绘制好的叶子和蔓藤对象群组，然后精确剪裁到矩形对象中，并调整对象在矩形中的大小和位置，完成效果如图 12-219 所示。

图 12-217 叶子的排列组合效果

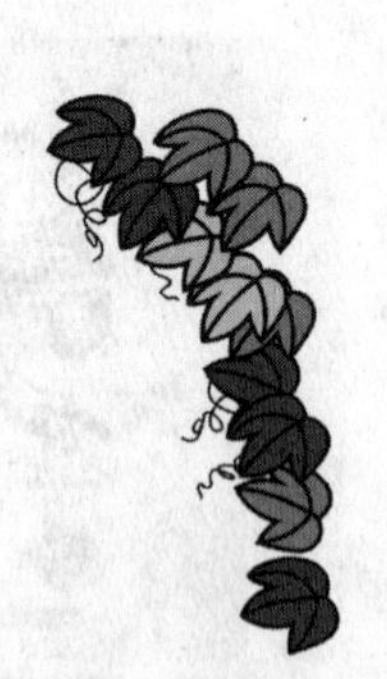

图 12-218 绘制叶子处的蔓藤

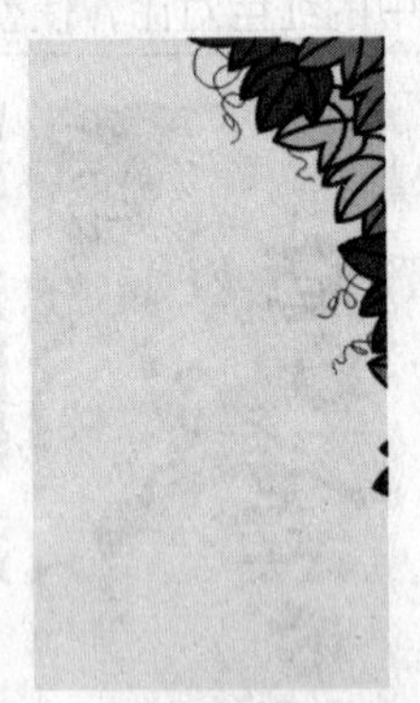

图 12-219 对象的精确剪裁效果

7 导入光盘中的“源文件与素材\第 12 章\素材目录下的老实人图案.cdr”文件和“标准文字.psd”文件，如图 12-220 所示。

8 选择标准文字，单击属性栏中的描摹位图(T)按钮，然后选择“轮廓描摹”→“高质量图像”命令，在弹出的对话框中单击“确定”按钮，将标准文字由位图转换为矢量图，如图 12-221 所示。

图 12-220　导入的素材

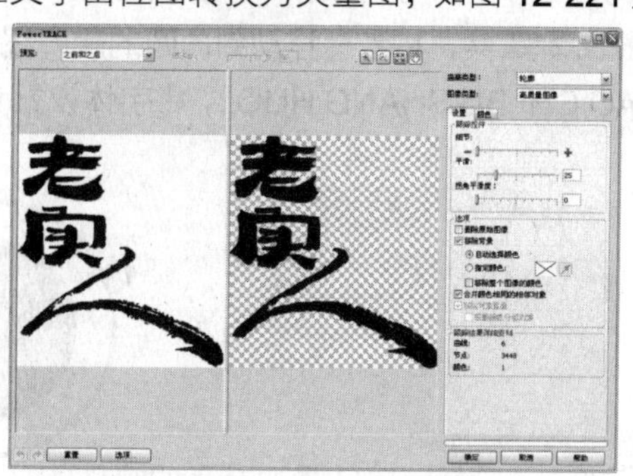

图 12-221　将位图转换为矢量图

9 选择转换为矢量图后的标准文字，将其与“老实人”图案进行如图 12-222 所示的组合，然后将组合后的对象移动到背景矩形上，如图 12-223 所示。

图 12-222　组合主体图案和文字

图 12-223　包装上的主体图像和文字

10 分别输入如图 12-224 所示的文字，将英文字体设置为“Times New Roman”，“地方特产◎新派风味”设置为“方正粗倩简体”，“南瓜子”设置为“华文中宋”，“净含量：500 克”设置为“黑体”，并分别设置文本的字体大小。

11 将添加的文本对象群组，然后移动到包装正面展开图中，并调整到适当的大小，如图 12-225 所示。

LAOSHIREN
NANGUAZI 南瓜子
地方特产◎新派风味
净含量:500克

图 12-224　输入的文本内容

图 12-225　包装平面展开图中添加的文本效果

文本中的“◎”符号可以在软键盘中的特殊符号中查找并输入。

12 绘制如图 12-226 所示的两个同心圆，将外圆的轮廓色设置为红色，并设置适当的轮廓宽度。将内圆填充为红色，并取消外部轮廓，如图 12-227 所示。

13 选择文本工具，将光标移动到内圆的轮廓线上，当光标变为I字状态时单击，然后输入拼音字母“HAO CHI BU SHANG HUO”，将字体设置为“宋体”，并设置适当的字体大小，如图 12-228 所示。

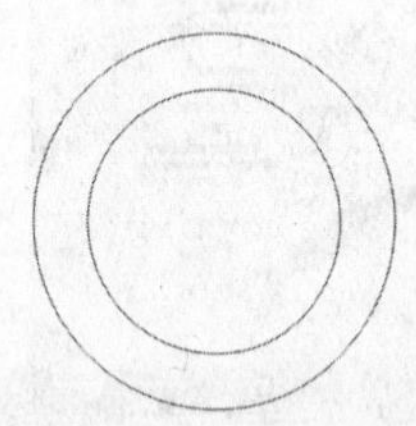

图 12-226 绘制的同心圆

图 12-227 圆形的填充效果

图 12-228 沿路径输入的文本

14 选择绕路径编排的文本对象，在属性栏中的 0.0 mm 数值框中，设置参数为 1.2mm，然后按下 Enter 键，设置文本与路径的距离，如图 12-229 所示。

15 使用手绘工具绘制如图 12-230 所示的字形，并使用形状工具调整线条轮廓，使线条趋于平滑，然后为线条设置适当的轮廓宽度。

图 12-229 调整文本与路径的距离

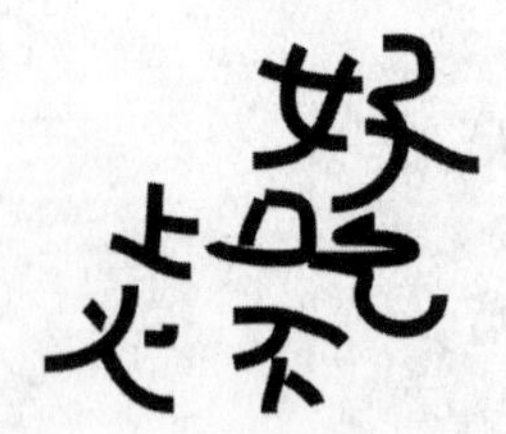

图 12-230 绘制的字形

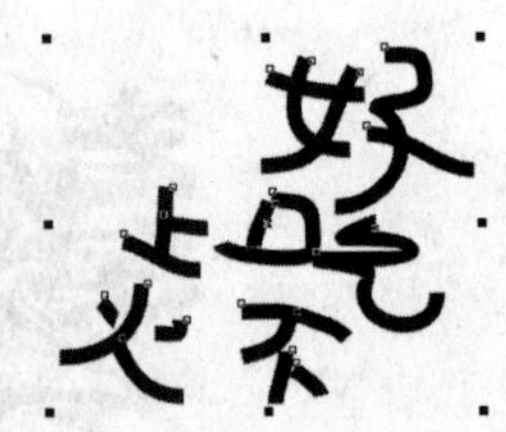

图 12-231 将轮廓转换为对象

16 选择字形中的所有线条（注意不能将对象群组），然后执行“排列”→“将轮廓转换为对象”命令，将字形中的所有线条转换为对象，如图 12-231 所示。

17 将转换为对象的字形填充为白色，然后为它们添加红色轮廓，并设置适当的轮廓宽度。将制作好的字形移动到同心圆上，并调整到适当的大小和位置，如图 12-232、图 12-233 所示。

18 将同心圆以及当中的文字对象群组，然后移动到包装正面展开图中，并调整到适当的大小和位置后如图 12-234 所示。

图 12-232 为字形添加轮廓

图 12-233 组合字形与同心圆

图 12-234 对象在包装中的效果

19 在包装正面展开图的底部绘制一个椭圆形，将其填充为白色，并取消外部轮廓，以表示此处为无颜色的透明状态，如图 12-235 所示。这样，当包装袋中装上实物后，就可以透过此处看到当中的实物。

20 使用文本工具输入文字“新时尚”和“新口味”，将字体设置为“方正小标宋简体”，并如图 12-236 所示进行排列。

21 使用贝塞尔工具在文字上方绘制如图 12-237 所示的对象，将其填充为红色，并取消外部轮廓，以修饰文字。

图 12-235　绘制的留白区域

新口味 新时尚

图 12-236　输入的文字

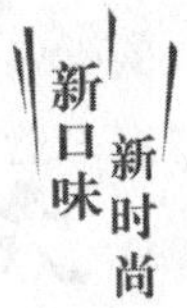

新口味 新时尚

图 12-237　添加的文字修饰对象

22 将上一步制作好的文字和对象群组，然后移动到正面展开图中，并旋转一定的角度，再调整到适当的大小后如图 12-238 所示。

23 在正面包装的底部添加该产品的公司名称，并使用矩形工具在文字下方绘制两个矩形，如图 12-239 所示。

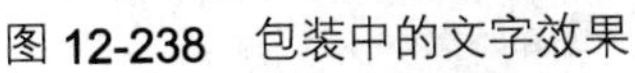

图 12-238　包装中的文字效果

图 12-239　包装中的公司名称

24 将“老实人”图案复制一份，并将复制的图案修剪为如图 12-240 所示的效果。导入光盘中的“源文件与素材\第 12 章\素材\标志文字.psd”文件，将其转换为矢量图，并与修剪后的“老实人”图案进行如图 12-241 所示的组合排列。

图 12-240　修剪后的图案

图 12-241　标志文字与图案的组合效果

25 在上一步制作的文字和图案之间添加“老实人”的拼音字母，并绘制一条“红色”的线条，完成对该产品标志的制作，如图 12-242 所示。

26 将制作好的标志移动到包装正面展开图的左上角，并调整到适当的大小，完成包装正面展开图的制作，如图 12-243 所示。

图 12-242　完成的标志效果

图 12-243　完成后的包装正面展开图

12.5.2　包装背面展开图设计

1 将完成后的包装正面展开图复制一份到空白区域，然后删除其中多余的内容，以在此基础上进行包装背面展开图的制作，如图 12-244 所示。

2 选择包装中的背景矩形，单击属性栏中的水平镜像按钮，将其水平镜像，然后将标志移动到背景矩形的右上角，如图 12-245 所示。

图 12-244　删除包装正面中不需要的内容

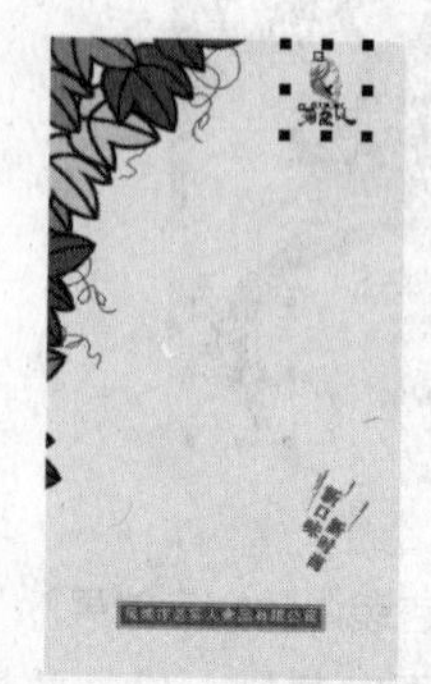

图 12-245　调整对象的位置

3 选择"新时尚"和"新口味"文本对象，将其旋转到一定的角度，然后移动到如图 12-246 所示的位置。

4 删除公司名称下方的 2 个矩形，然后将公司名称文本填充为黑色，并将字体设置为"方正大黑简体"，再移动到如图 12-247 所示的位置。

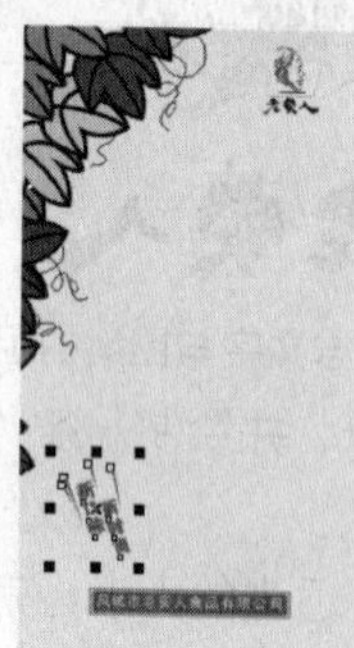

图 12-246　调整对象的方向和位置

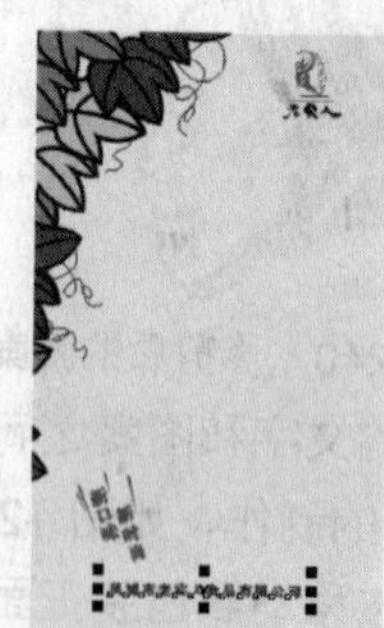

图 12-247　调整后的文字效果

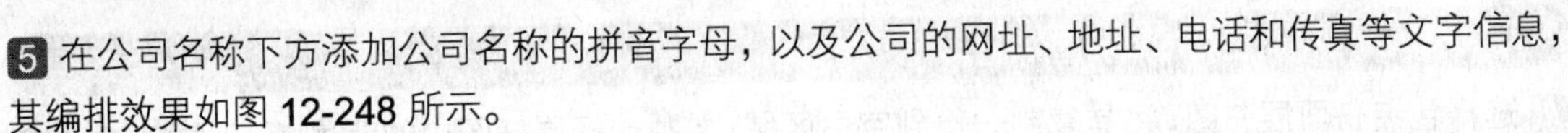

5 在公司名称下方添加公司名称的拼音字母，以及公司的网址、地址、电话和传真等文字信息，其编排效果如图 12-248 所示。

6 使用矩形工具和形状工具绘制如图 12-249 所示的圆角矩形，并将其填充为 0%处为（C:12、M:12、Y:60、K:0）、52%处为白色、100%处为（C:12、M:12、Y:60、K:0）的线性渐变色，并取消外部轮廓。

7 为圆角矩形应用“开始透明度”为 50 的标准透明效果，如图 12-250 所示。

图 12-248 添加公司信息

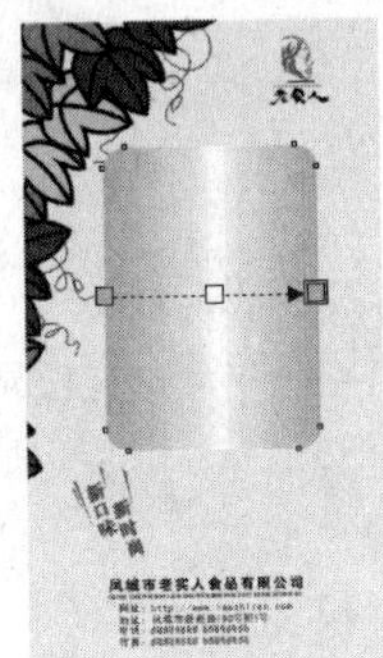

图 12-249 绘制的圆角矩形

图 12-250 圆角矩形的透明效果

8 采用绘制和复制的方法制作如图 12-251 所示的边角图案，然后分别将其排列在圆角矩形的 4 个边角处，如图 12-252 所示。

9 使用手绘工具在 4 个图案之间绘制直线条，将线条的轮廓色设置为红色，并设置适当的轮廓宽度，如图 12-253 所示。

图 12-251 绘制的边角图案

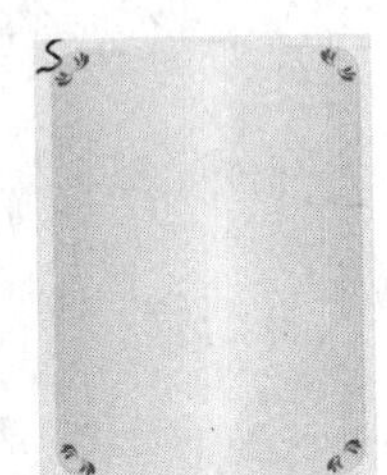

图 12-252 圆角矩形上的图案效果

图 12-253 绘制的线条

10 在圆角矩形中添加所需的文字、矩形和线条，将矩形填充为红色，矩形中的文字填充为白色，线条的轮廓色为红色。其中标题文字的字体为“方正准圆简体”，正文的字体为“隶书”，如图 12-254 所示。

11 在包装背面中添加产品的配料、保质期、生产日期、产品标准号等文字信息，完成包装背面展开图的制作，如图 12-255 所示。

图 12-254 添加到圆角矩形中的文字效果

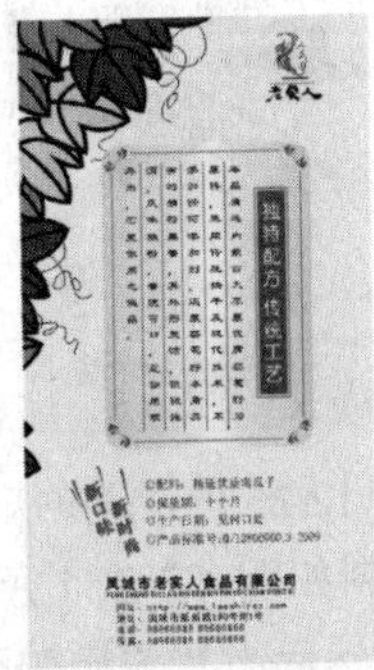

图 12-255 完成后的包装背面展开图效果

12.5.3 包装立体效果图制作

1 选择包装正面展开图，将其复制一份到空白区域。单独选择展开图中的背景矩形，按下 Ctrl+Q 组合键将其转换为曲线，然后使用形状工具将其编辑为如图 12-256 所示的形状。

2 在包装袋上绘制如图 12-257 所示的 4 个褶皱处的阴影对象，将左边的两个对象颜色填充为（C:0、M:0、Y:90、K:10），右边的两个对象填充为（C:0、M:0、Y:100、K:10），并取消它们的外部轮廓。

图 12-256 编辑背景矩形的形状

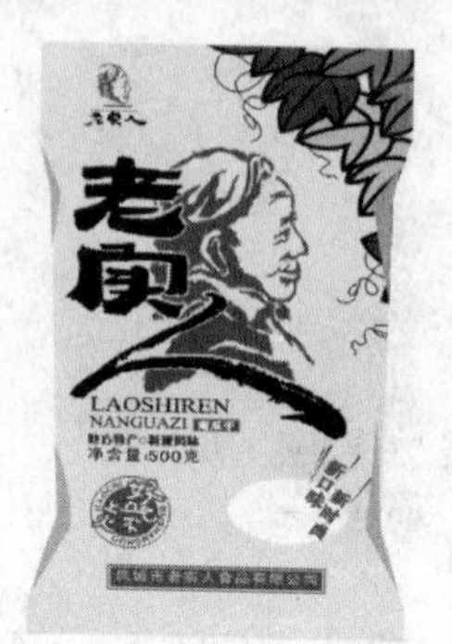

图 12-257 绘制的阴影对象

3 为上一步绘制的 4 个对象分别应用如图 12-258 所示的线性透明效果。

图 12-258 对象的线性透明效果

4 在包装袋底部绘制如图 12-259 所示的矩形，将其颜色填充为（C:0、M:0、Y:90、K:5），并取消外部轮廓，然后为其应用“开始透明度”为 45 的“标准”透明效果，以表现塑料袋底部贴合处的明暗效果，如图 12-260 所示。

图 12-259 绘制的矩形

图 12-260 袋子底部贴合处的明暗效果

5 在袋子底部绘制如图 12-261 所示的对象，将其颜色填充为（C:0、M:0、Y:100、K:15），并取消外部轮廓，然后为其应用如图 12-262 所示的线性透明效果，以表现此处的明暗层次。

图 12-261　绘制的对象

图 12-262　对象的透明效果

6 在塑料袋顶部封口处绘制如图 12-263 所示的矩形，将其颜色填充为（C:0、M:0、Y:100、K:10），并取消外部轮廓，然后为其应用如图 12-264 所示的“线性”透明效果，以表现封口处的明暗层次。

7 在封口处绘制如图 12-265 所示的 4 个对象，将左边的两个对象填充为（C:0、M:0、Y:90、K:15），右边的两个对象填充为白色，并取消它们的外部轮廓。

图 12-263　绘制的矩形

图 12-264　封口处的明暗层次

图 12-265　绘制封口处阴影对象

8 为封口左边的两个对象分别应用“开始透明度”为 70 和 50 的“标准”透明效果，右边的两个对象分别应用“开始透明度”为 80 和 70 的“标准”透明效果，如图 12-266 所示。

9 选择顶部封口处的标志，按下 Shift+PageUp 组合键，将其调整到最上层，如图 12-267 所示。

图 12-266　封口处的明暗效果

图 12-267　调整标志的排列顺序

10 在包装上绘制如图 12-268 所示的反光对象，将其填充为白色，并取消外部轮廓，然后为它们应用“开始透明度”为 50 的“标准”透明效果，以表现塑料袋上的反光效果，如图 12-269 所示。

图 12-268　绘制的反光对象

图 12-269　对象的透明效果

11 在包装封口处的下方绘制如图 12-270 所示的对象，将其填充为白色，并取消外部轮廓，然后为其应用如图 12-271 所示的线性透明效果，以表现此处的反光效果。

图 12-270 绘制的对象

图 12-271 制作的反光效果

12 导入光盘中的"源文件与素材\第 12 章\素材\瓜子图像.psd"文件，将导入的图像放置在包装袋中留白的位置，并调整到对应的大小，以表现透过塑料袋看到的实物效果，如图 12-272 所示。

13 选择瓜子图像，然后连续按下 Ctrl+PageDown 组合键，将瓜子图像调整到对应的文本对象的下方，如图 12-273 所示。这样，塑料袋正面的立体效果就制作完成了。

图 12-272 透过包装袋看到的实物效果

图 12-273 调整图像的排列顺序

14 将完成后的塑料袋正面效果图复制一份到空白位置，并将塑料袋水平镜像，然后删除阴影对象和背景底色以外的所有对象，如图 12-274 所示。

15 将包装背面中除背景底色以外的所有内容复制一份到镜像后的塑料袋上，并如图 12-275 所示适当调整它们的大小。

16 选择包装袋底部的阴影对象，将其调整到文字的上方，如图 12-276 所示。

17 将制作好的包装袋正面和背面效果图对象群组。

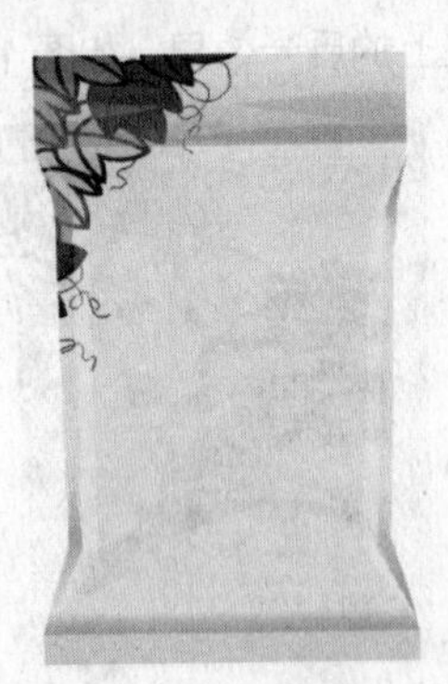

图 12-274 镜像并删除部分内容

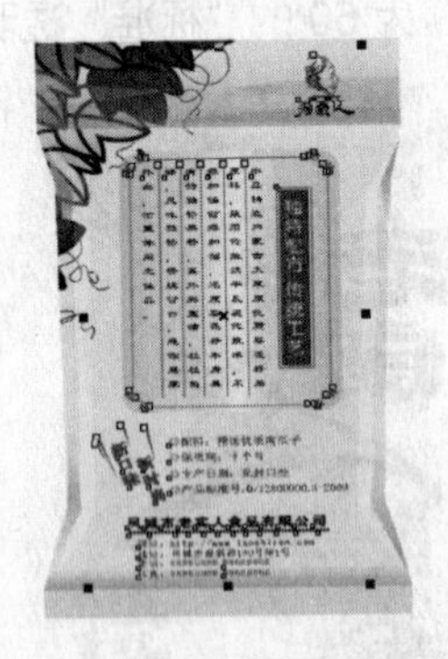

图 12-275 添加包装袋背面内容

18 绘制如图 12-277 所示的矩形，为其填充 0%处"30%黑"（见调色版）、24%处"10%黑"、39%处白色、55%处"10%黑"和 100%处"70%黑"的线性渐变色，并取消外部轮廓，然后将其调整到塑料袋效果图的下方。

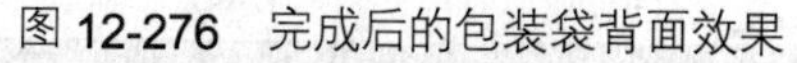

图 12-276　完成后的包装袋背面效果

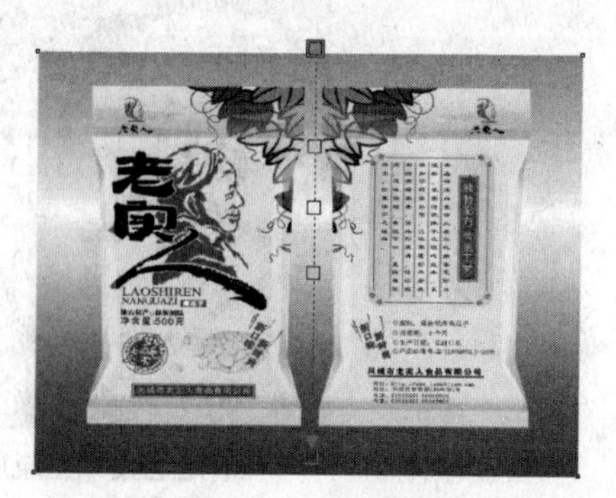

图 12-277　添加效果图的背景

19 选择塑料袋正面效果图，将其复制，并将复制的对象垂直镜像，然后垂直移动到如图 12-278 所示的位置。

20 执行“位图”→“转换为位图”命令，在弹出的“转换为位图”对话框中，设置适当的分辨率大小，并选中“透明背景”复选框，如图 12-279 所示，然后单击“确定”按钮，将镜像后的对象转换为位图。

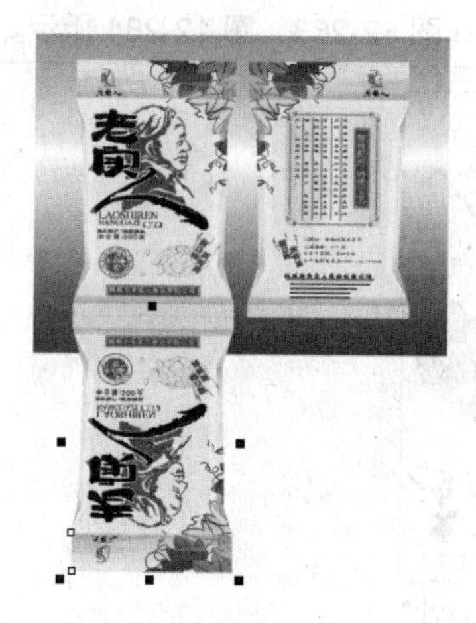

图 12-278　复制并镜像后的效果

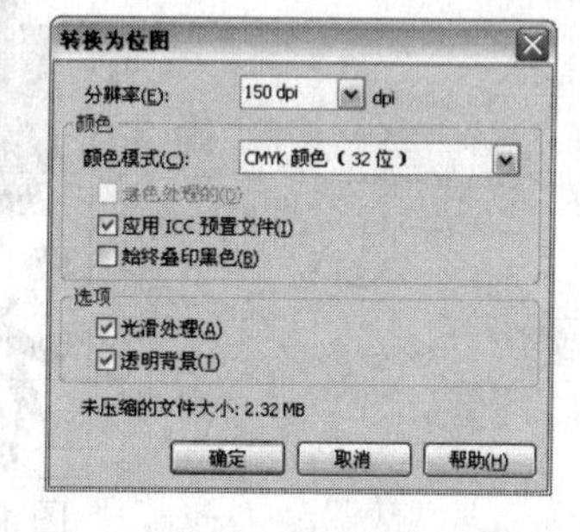

图 12-279　“转换为位图”对话框设置

21 使用形状工具将位图中多出背景对象以外的区域裁减掉，如图 12-280 所示，然后为剩下的位图应用“开始透明度”为 50 的“标准”透明效果，以表现塑料袋的投影，如图 12-281 所示。

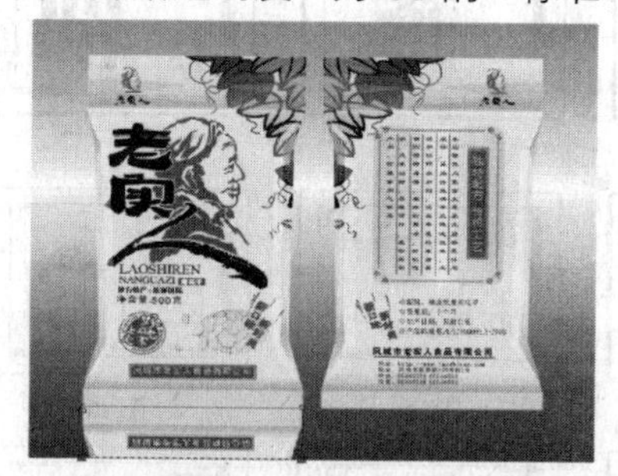

图 12-280　位图的裁剪效果

图 12-281　塑料袋的投影效果

22 按照同样的操作方法为背面塑料袋制作投影，完成效果如图 12-282 所示。这样，“老实人”包装效果就制作完成了。

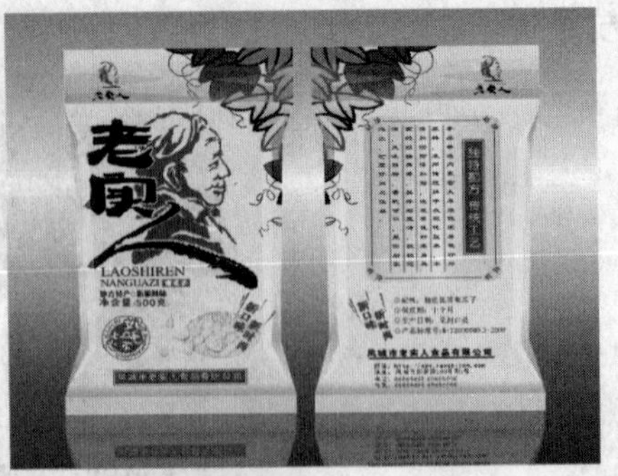

图 12-282　完成后的包装效果

12.6 VI 设计

本实例是为桃花故里酒店设计的 VI。桃花故里酒店地处以桃花闻名的风景名胜区，因此在设计该酒店标志时，以桃花为主题展开，标志中以桃花和古典楼阁为基本设计元素，采用书法绘画风格，主要以体现当地特色产物为主。开启光盘中的“源文件与素材\第12章\源文件\VI.cdr”文件，查看完成后的酒店 VI 设计效果，如图 12-283、图 12-284 所示。

图 12-283　标志设计

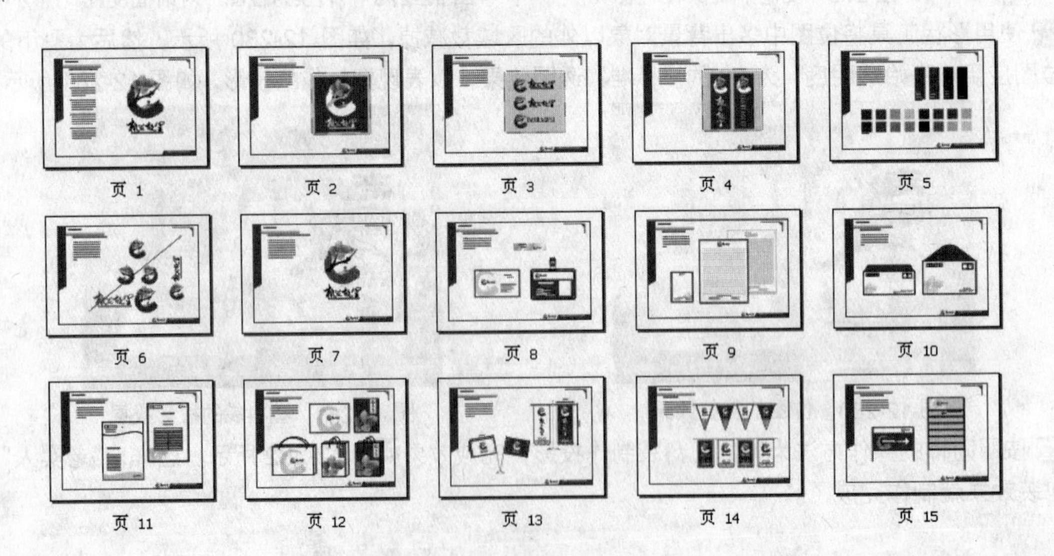

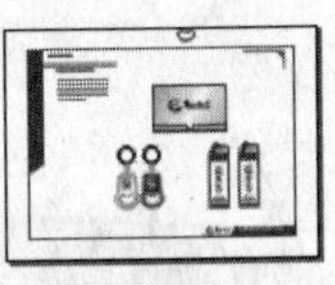

图 12-284 酒店 VI 设计

12.6.1 标志设计

标志是 VI 设计的核心部分，VI 的基础部分和应用部分都是围绕标志展开设计的。因此进行 VI 设计的第一步是要设计并确定标志，在确定好标志后才能进行 VI 的全面设计，具体操作步骤如下。

1 单击标准工具栏中的新建按钮，新建一个图形文件，然后单击属性栏中的横向按钮，将绘图页面设置为横向。

2 使用贝塞尔工具绘制桃花的花瓣外形，如图 12-285 所示，然后执行“窗口”→“泊坞窗”→“颜色”命令，打开“颜色”泊坞窗，如图 12-286 所示。

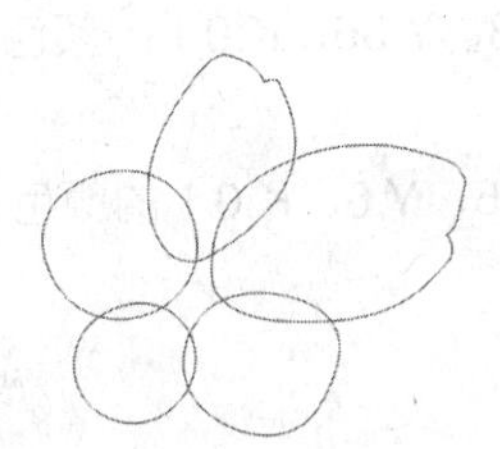

图 12-285 绘制花瓣

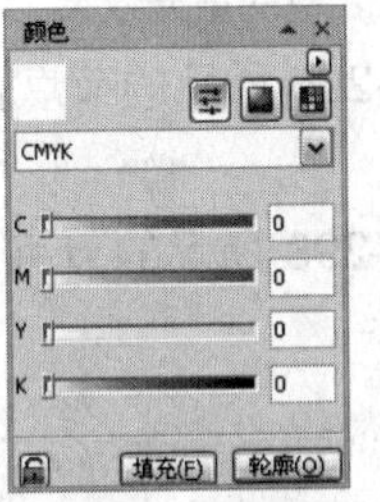

图 12-286 设置颜色

3 选择如图 12-287 所示的花瓣对象，然后在“颜色”泊坞窗中设置（C:3、M:78、Y:30、K:0）并为其填充，并取消外部轮廓。

4 将工具切换到交互式网格填充工具，然后同时选择如图 12-288 所示的节点，并在“颜色”泊坞窗中使用（C:0、M:20、Y:0、K:0）的颜色为它们填充，如图 12-289 所示。

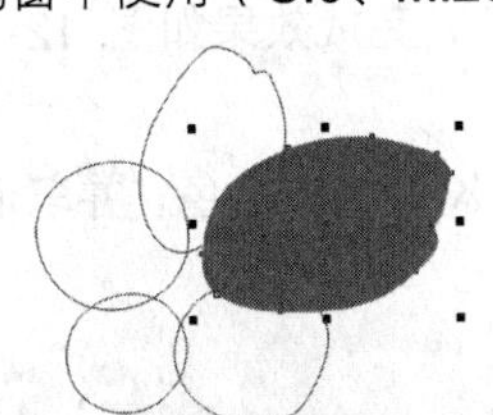

图 12-287 对象的填充效果

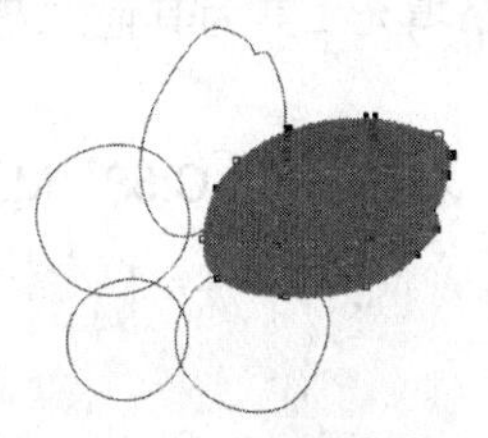

图 12-288 选择的网格节点

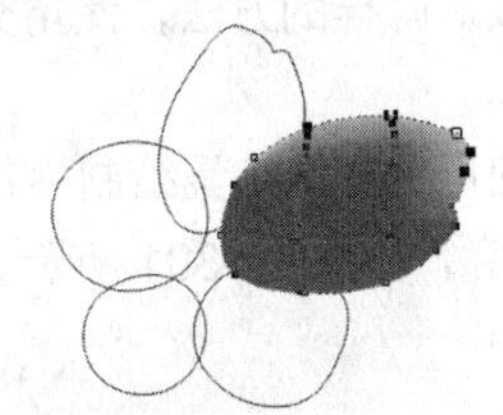

图 12-289 所选区域的填充效果

5 选择如图 12-290 所示的节点，为它们填充（C:0、M:46、Y:8、K:0）的颜色，如图 12-291 所示。

6 选择如图 12-292 所示的节点，为它们填充（C:0、M:20、Y:2、K:0）的颜色，如图 12-293 所示。

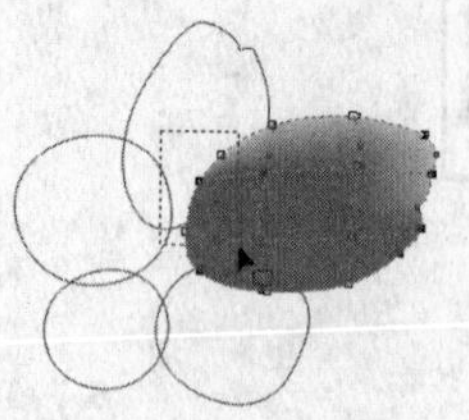

图 12-290 选择的节点

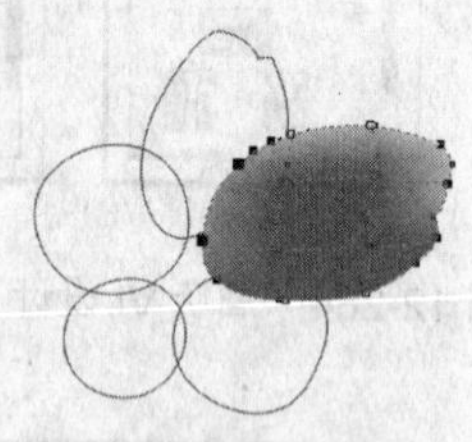

图 12-291 所选区域的填充效果

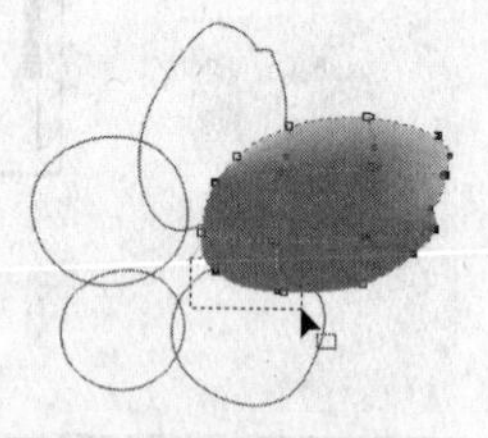

图 12-292 选择的节点

7 选择如图 12-294 所示的节点，为它们填充（C:0、M:51、Y:14、K:0）的颜色，如图 12-295 所示。

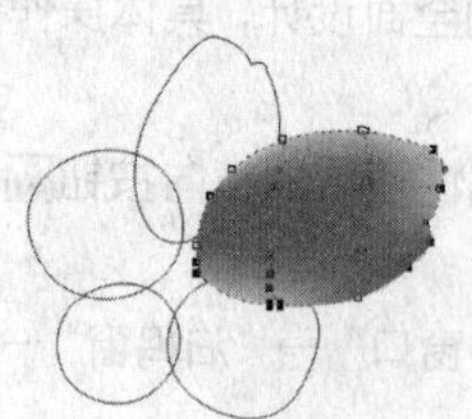

图 12-293 所选区域的填充效果

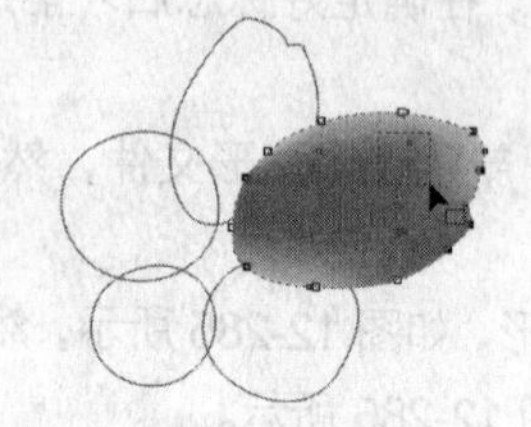

图 12-294 选择的节点

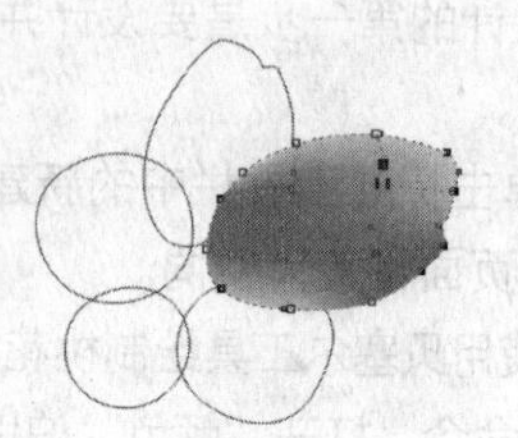

图 12-295 所选区域的填充效果

8 选择如图 12-296 所示的节点，为它们填充（C:0、M:88、Y:36、K:0）的颜色，如图 12-297 所示。

9 选择如图 12-298 所示的节点，为它们填充（C:0、M:46、Y:6、K:0）的颜色，如图 12-299 所示。

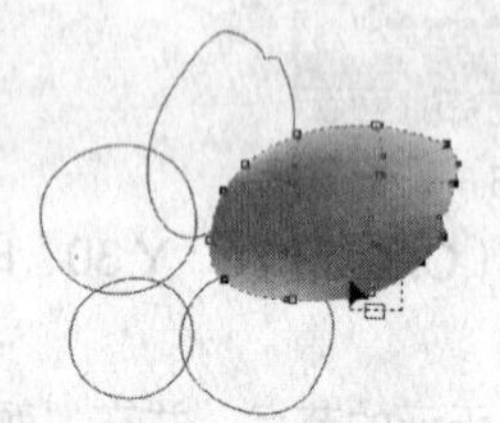

图 12-296 选择的节点

图 12-297 所选区域的填充效果

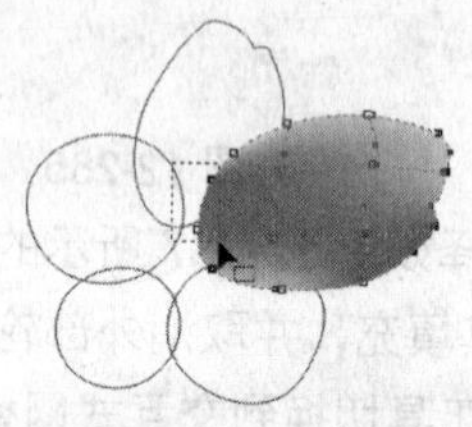

图 12-298 选择的节点

10 按照同样的方法，使用交互式网格填充工具为其他的花瓣填充颜色，完成效果如图 12-300 所示。

11 使用贝塞尔工具绘制桃花的枝干，为其填充（C:58、M:73、Y:92、K:15）的颜色，并取消外部轮廓，如图 12-301 所示。

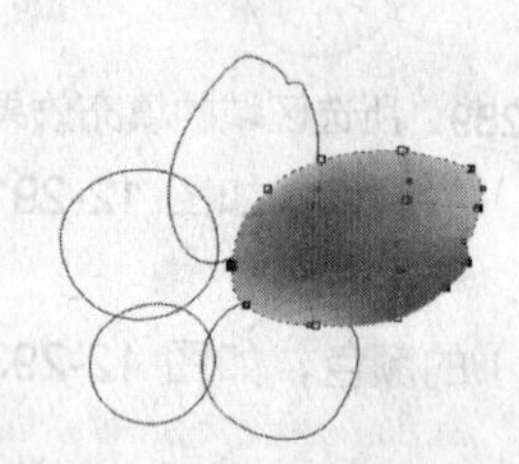

图 12-299 所选区域的填充效果

图 12-300 所有花瓣的填充效果

图 12-301 绘制桃花的枝干

12 导入光盘中的“源文件与素材\第 12 章\素材\笔触和楼阁.cdr”文件，如图 12-302 所示，将该对象颜色填充为（C:79、M:10、Y:95、K:0），然后与桃花元素组合，并调整其排列顺序后如图 12-303 所示。

图 12-302　笔触和楼阁图案

图 12-303　完成后的标志图案效果

13 导入光盘中的“源文件与素材\第 12 章\素材\标准字.cdr”文件，然后将标准字和标志图案进行组合，效果如图 12-304 所示。

14 输入酒店名称的拼音字母，将字体设置为“Times New Roman”，并调整到适当的大小后如图 12-305 所示进行排列，完成标志的设计。

图 12-304　标准字与标志的组合效果

图 12-305　完成后的标志效果

12.6.2　VI 基础部分设计

VI 基础部分主要包括标志、标准字和标准色，以及它们的应用规范。下面介绍 VI 中主要基础部分的设计方法，具体操作步骤如下。

1 使用矩形工具在绘图页面中绘制一个大小为 250mm×170mm 的矩形，然后绘制 VI 手册中的版面，如图 12-306 所示。

2 使用文本工具输入版面中的基本文字，并设置适当的字体和字体大小，如图 12-307 所示。

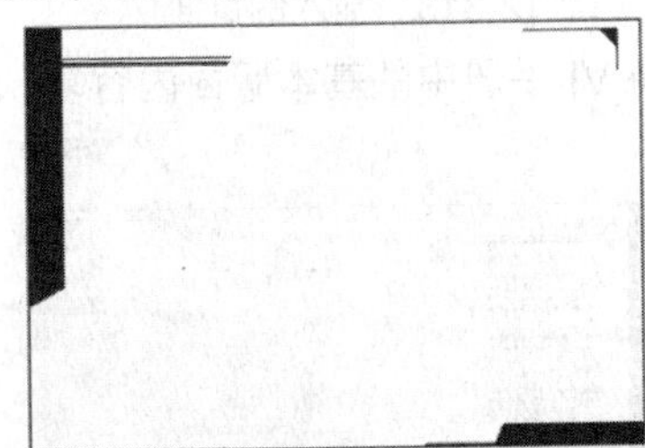

图 12-306　绘制 VI 设计中的版面

图 12-307　输入文字

3 将前面制作好的标志移动到 VI 手册版面中，并调整到适当的大小，如图 12-308 所示。

4 使用文本工具在标志左端创建一个段落文本框，然后输入对企业标志的释义内容，并将字体设置为“华文中宋”，字体大小为“8.5pt”，并将水平对齐方式设置为“全部调整”，如图 12-309 所示。

图 12-308　将标志放置在 VI 手册版面中

图 12-309　添加标志释义

5 执行“文本”→“段落格式化”命令，打开“段落格式化”泊坞窗，如图 12-310 所示，展开“缩进量”选项，将“左”选项参数设置为 3.0mm，然后按下 Enter 键，此时段落文本的编排效果如图 12-311 所示。

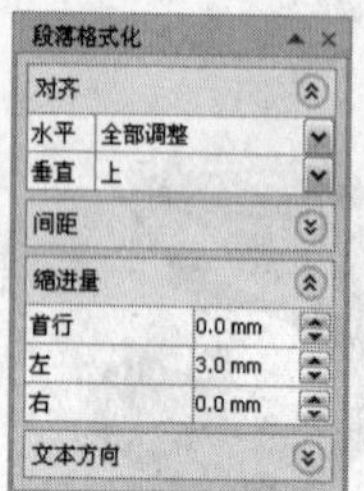

图 12-310　设置段落文本的缩进量

图 12-311　排版效果

6 执行“版面”→“插入页”命令，在弹出的“插入页面”对话框中，将插入的页数设置为 17，如图 12-312 所示，然后单击“确定”按钮，为当前文档插入 17 个页面，如图 12-313 所示。

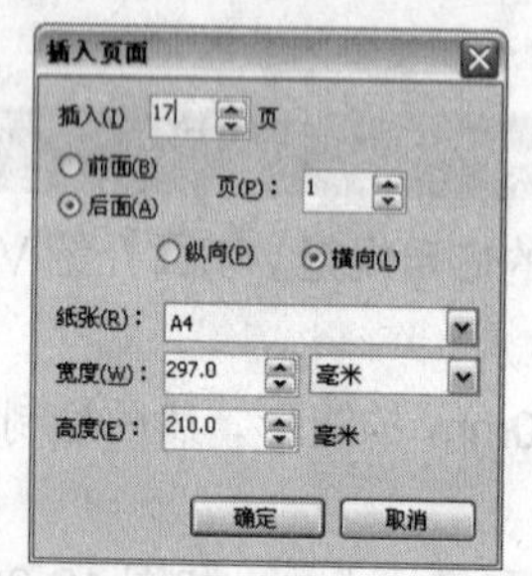

图 12-312　插入页面

图 12-313　插入的页面

7 切换到当前文档的“页 1”，如图 12-314 所示，然后将 VI 手册中的基本版面内容复制到“页 2”中，并如图 12-315 所示修改标题内容。

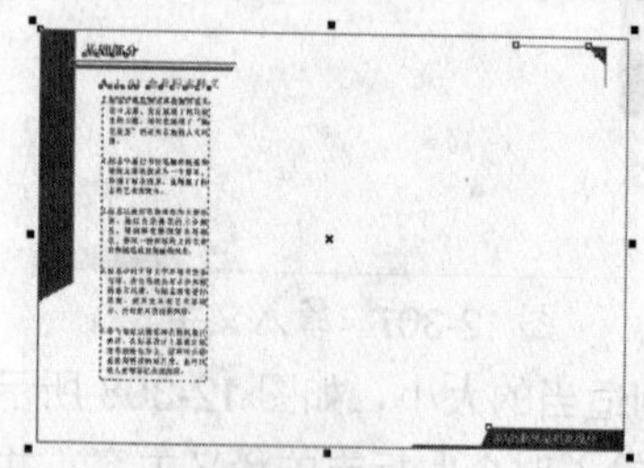
图 12-314　切换文档

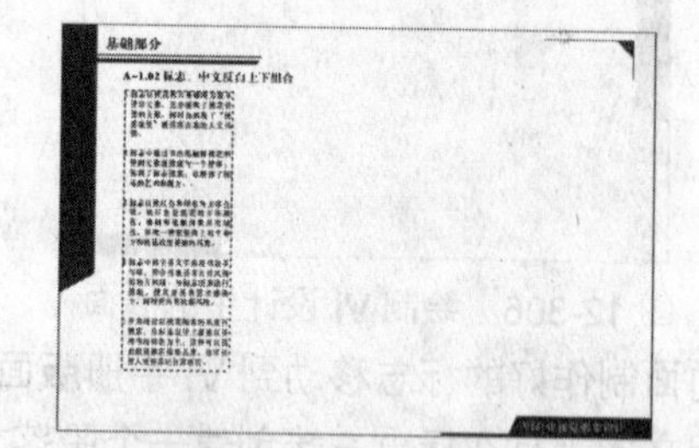
图 12-315　复制的手册版面内容

8 选择标志释义文本对象，在“段落格式化”泊坞窗中将“左”缩进量设置为 0，然后按下 Enter 键，取消段落文本的缩进设置，再将文字修改为相应的说明内容，如图 12-316 所示。

9 选择多边形工具展开工具栏中的图纸工具，并在属性栏中将图纸的行和列数都设置为 40，然后在绘图页面中按住 Ctrl 键绘制图纸，并将图纸调整到如图 12-317 所示的大小。

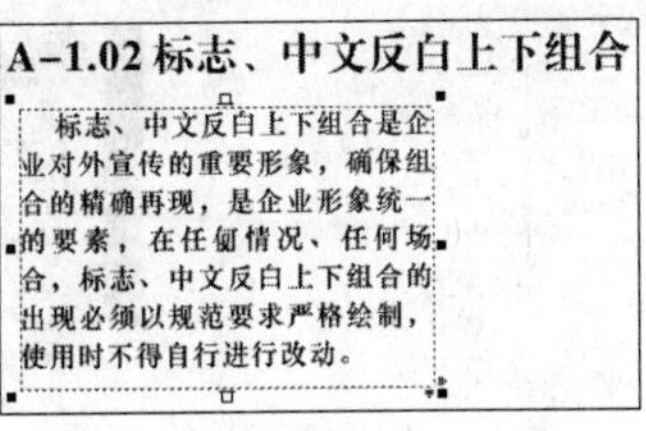
A-1.02 标志、中文反白上下组合

标志、中文反白上下组合是企业对外宣传的重要形象，确保组合的精确再现，是企业形象统一的要素，在任何情况、任何场合，标志、中文反白上下组合的出现必须以规范要求严格绘制，使用时不得自行进行改动。

图 12-316　修改说明文字

10 单击调色板中的“10%黑”色标，修改图纸的轮廓色，如图 12-318 所示。

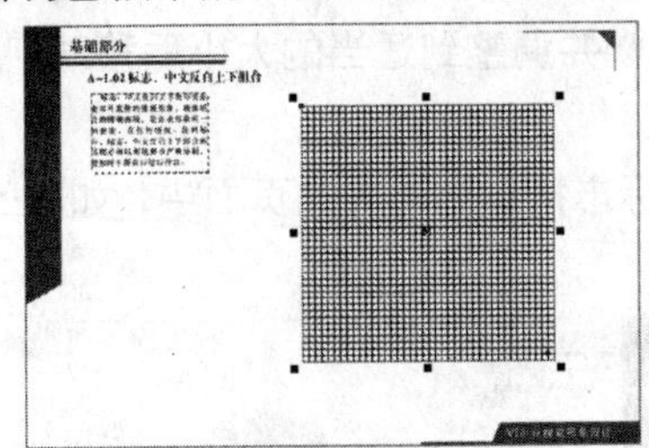
图 12-317　绘制的图纸

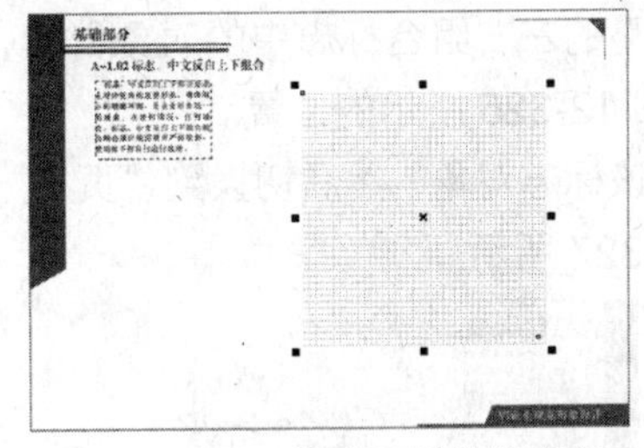
图 12-318　修改图纸的轮廓色

11 使用文本工具并结合复制命令，在图纸四周添加如图 12-319 所示的数字，并将部分数字的颜色修改为“40%黑”。

12 使用矩形工具在图纸上绘制一个正方形，将正方形填充为（C:80、M:10、Y:100、K:0）的颜色，并取消外部轮廓。同时选择正方形和图纸对象，然后按下 C、E 键，将它们居中对齐，如图 12-320 所示。

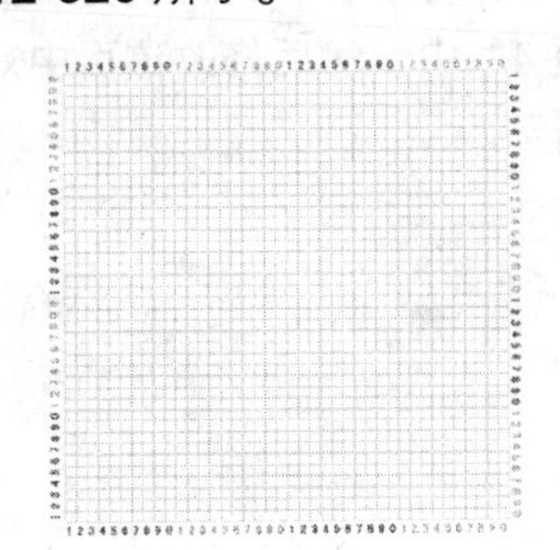
图 12-319　添加的数字

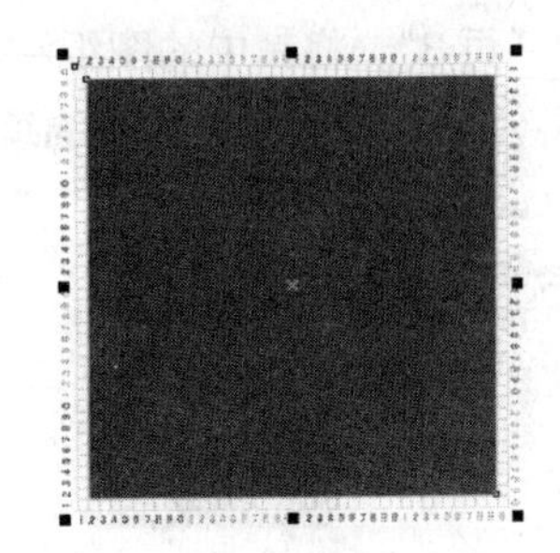
图 12-320　绘制的正方形

13 将“页 1”中的标志复制到“页 2”上，如图 12-321 所示，然后将标志中的笔触和文本对象填充为白色，桃花的枝干对象填充为“15%黑”，完成标志反白效果的制作，如图 12-322 所示。

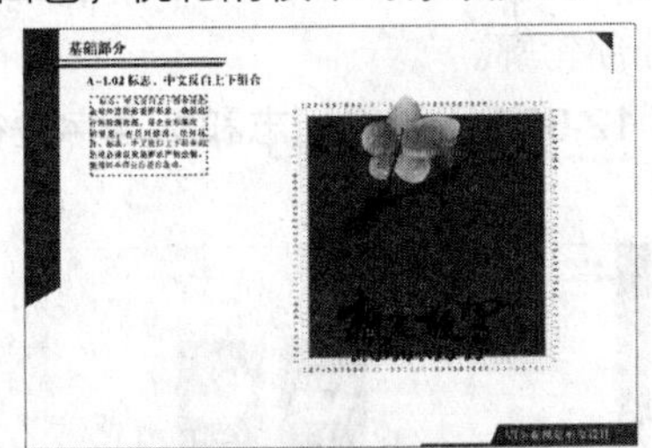
图 12-321　复制的标志

图 12-322　标志的反白效果

14 将“页 2”中的基本版面元素复制到“页 3”中，然后修改对应的文本内容，效果如图 12-323 所示。

15 将“页 1”中的标志和“页 2”中的图纸对象复制到“页 3”中，然后将标志图案和标准字按照左右顺序进行组合，完成效果如图 12-324 所示。

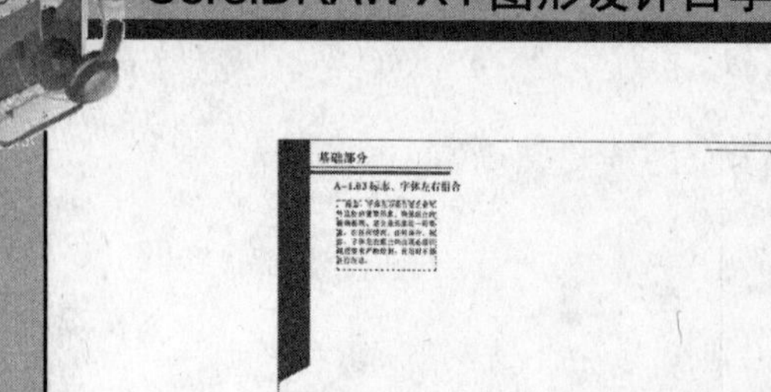

图 12-323 “页 3”中的基本版面效果

图 12-324 标志的左右组合效果

16 将完整的左右组合标志中的对象群组，然后复制一份，并调整到适当的大小后移动到版面左下角如图 12-325 所示的位置。

17 复制该标志对象，然后切换到“页 2”和“页 1”，将标志拷贝到对应的页面中，如图 12-326 和图 12-327 所示。

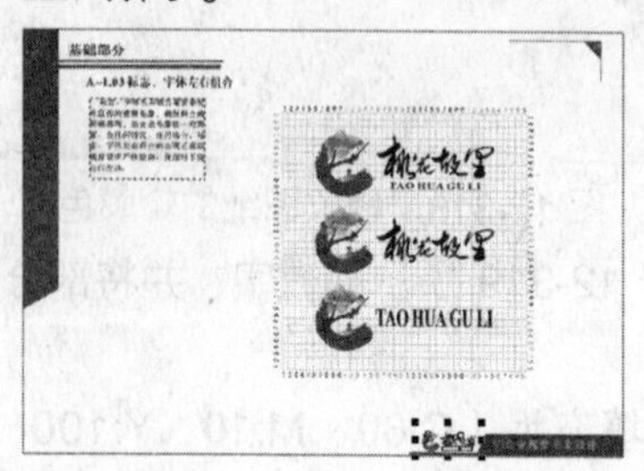

图 12-325 版面中的标志效果

图 12-326 页面 1 中的标志效果

18 切换到“页 3”，将 VI 版面中所有的基本元素复制到后面的页面中，以便于统一版面。

19 再切换到“页 3”，将其中的图纸和数字对象复制到“页 4”中，然后修改该页中对应的文字说明内容，并注意修改版面右上角的编号，如图 12-328 所示。

图 12-327 页面 2 中的标志效果

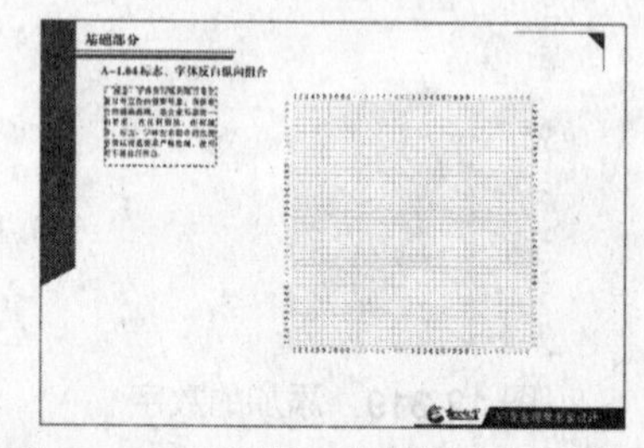

图 12-328 页面 4 中的基本版面效果

20 在图纸上绘制如图 12-329 所示的两个矩形，分别将它们填充为（C:80、M:10、Y:100、K:0）和（C:0、M:100、Y:25、K:0）的颜色，并取消它们的外部轮廓。

21 将“页 2”中的反白标志复制到“页 4”中，并如图 12-330 所示将标志和标准字进行纵向组合。

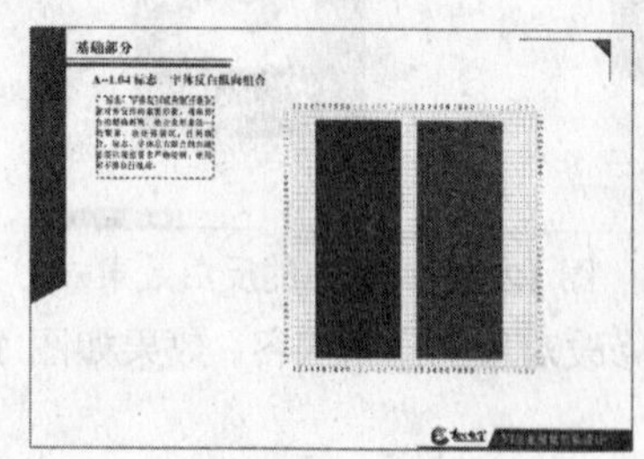

图 12-329 绘制的矩形

图 12-330 标志的反白纵向组合效果

22 切换到“页 5”，修改版面中对应的文字内容，如图 12-331 所示。

23 在版面中采用绘制和复制的方法制作 4 个大小相同的矩形，然后将标志中应用的颜色分别填充在对应的矩形上，并添加颜色参数说明，如图 12-332 所示。

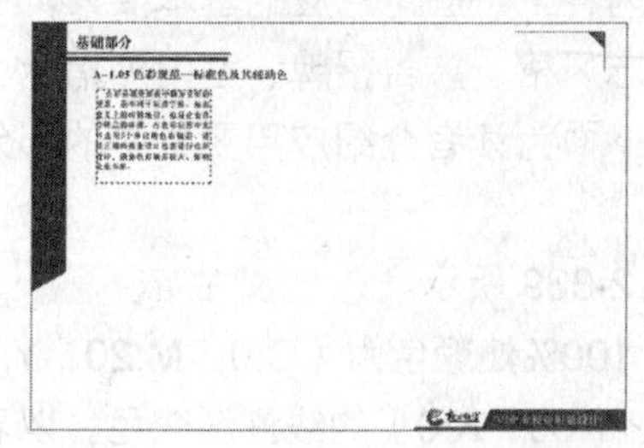

图 12-331　页面 5 中的版面效果

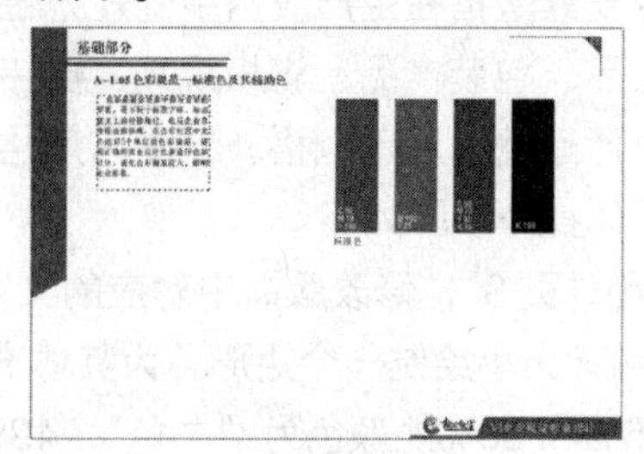

图 12-332　标准色的设置

24 在标准色的下方绘制 16 个大小相同的正方形，然后为对应的标准色分别设置 3 个不同的辅助色，以便于设计师在实际应用过程中选择所需的颜色，如图 12-333 所示。

25 切换到“页 6”，修改版面中对应的文字内容，如图 12-334 所示。

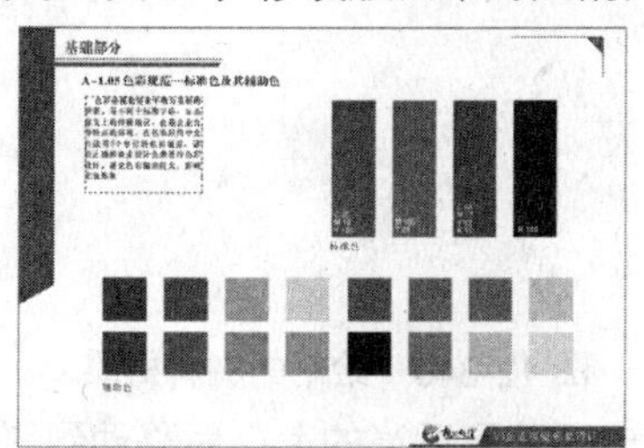

图 12-333　辅助色的设置

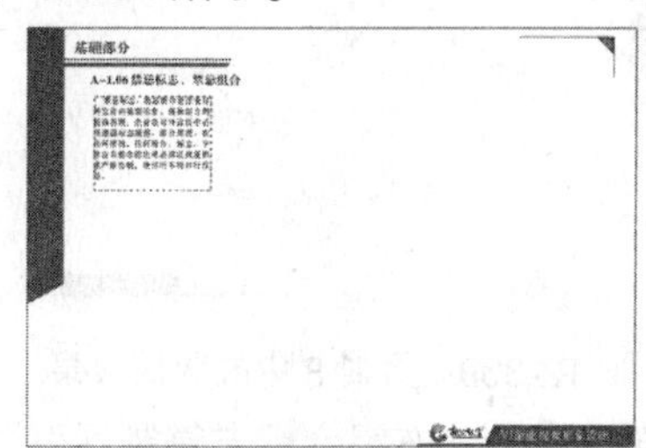

图 12-334　页面 6 中的版面效果

26 将前面页面中的标志复制到页面 6 中，并列举几种错误的标志组合效果，然后在错误标志上绘制一条斜线，将线条的轮廓色设置为红色，如图 12-335 所示。

27 切换到“页 7”，修改版面中对应的文字内容，如图 12-336 所示。

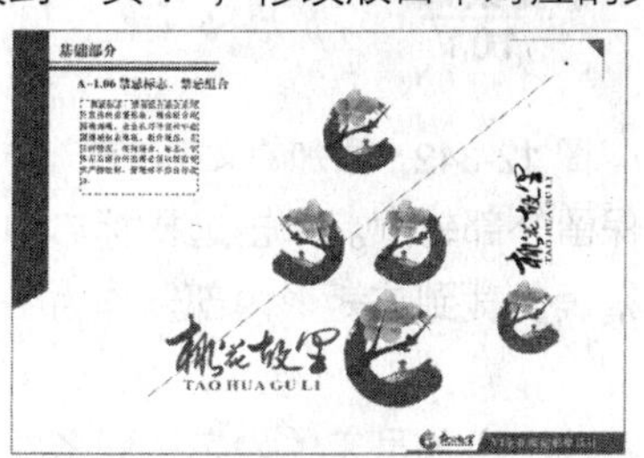

图 12-335　错误组合的标志效果

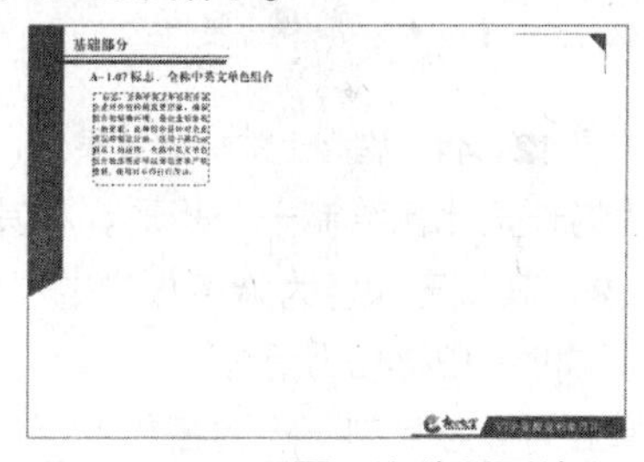

图 12-336　页面 7 中的版面效果

28 将页面 1 中的标志复制到页面 7 中。选择该标志对象，执行“位图”→“调整”→“色度/饱和度/亮度”命令，在弹出的“色度/饱和度/亮度”对话框中将“饱和度”参数设置为-100，如图 12-337 所示，然后单击“确定”按钮，将标志颜色调整为灰度，如图 12-338 所示。

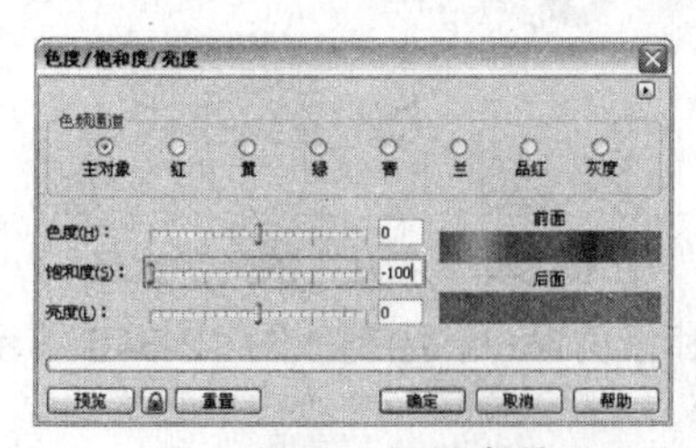

图 12-337　设置参数

图 12-338　标志的单色组合效果

12.6.3 VI应用部分设计

应用要素是指在生产应用中的规范性内容，在这些内容上将应用对应的基本要素，主要包括事务用品、包装产品、旗帜规划、员工制服、媒体标志风格、广告招牌、室内外指示、环境风格、交通运输、展示风格、专卖店风格等项目大类。下面为读者介绍应用要素中的部分设计内容，具体操作步骤如下。

1 切换到“页 8”，修改版面中对应的文字内容，如图 12-339 所示。

2 按照胸牌大小绘制一个矩形，为其填充 0%、35%和 100%处颜色为（C:0、M:20、Y:100、K:0）、15%和 68%处颜色为“白色”、49%（C:0、M:0、Y:60、K:0）的线性渐变色，以表现胸牌的金属材质效果，如图 12-340 所示。

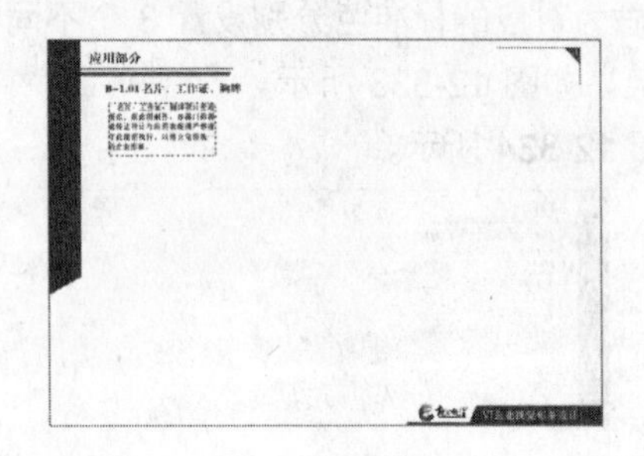

图 12-339 页面 8 中的版面效果

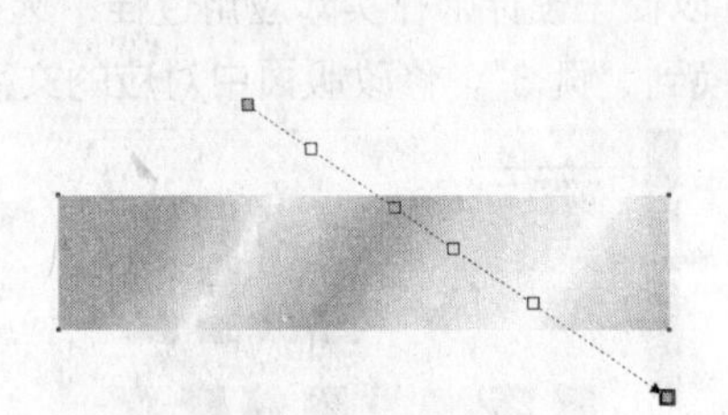

图 12-340 绘制的胸牌材质

3 将页面 3 中的左右组合标志复制到页面 8 中，并将标志调整到适当的大小后移动到胸牌上，如图 12-341 所示。

4 在胸牌上输入添加员工的所属部门和编号，如图 12-342 所示。

图 12-341 胸牌上的标志效果

图 12-342 添加的文字内容

5 按名片的长宽比例绘制一个矩形，将其填充为白色，保留外部轮廓。单击选择标志中的笔触和楼阁对象，其填充颜色为调色板中的“10%黑”，然后精确剪裁到该矩形内部，作为名片中的辅助图形，如图 12-343 所示。

6 将胸牌上的标志复制一份到名片上，并进行排列。在名片上添加员工的姓名、职务，以及公司和个人的联络方式等文字信息，然后如图 12-344 所示进行编排。

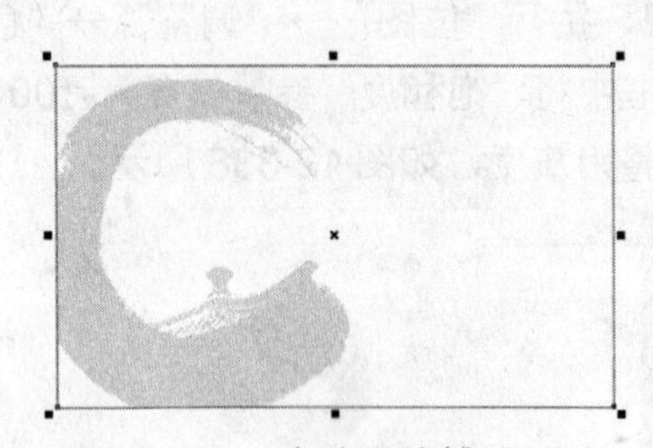

图 12-343 名片中的辅助图形

图 12-344 名片中的文字信息

7 绘制如图 12-345 所示的工作牌，然后结合使用复制和修剪命令，绘制如图 12-346 所示的对象，将其填充为标志中的标准绿色。

8 将名片中的辅助图形复制一份到工作牌中，并将该对象填充为（C:100、M:20、Y:100、K:0）的颜色，如图 12-347 所示。

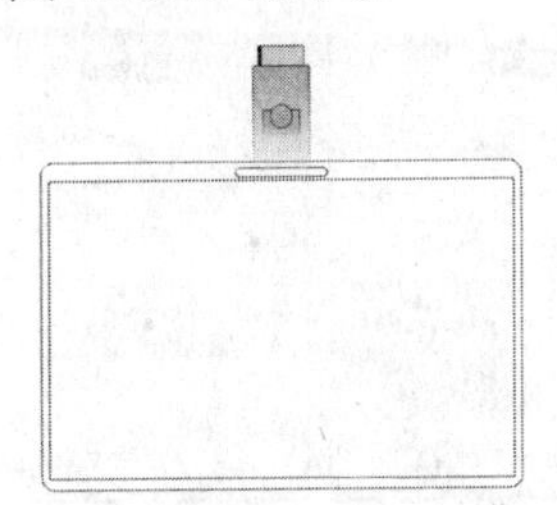

图 12-345 绘制工作牌

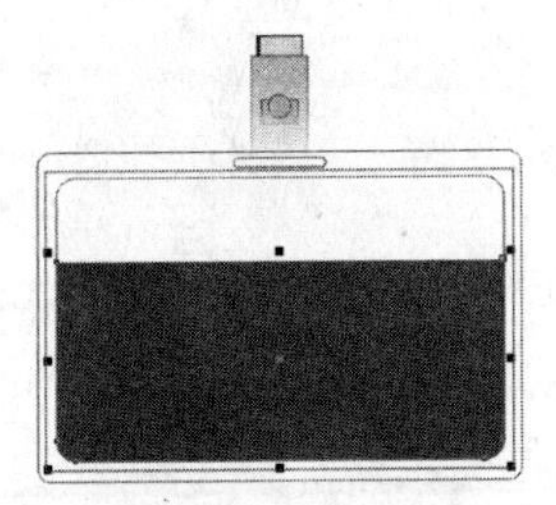

图 12-346 绘制工作牌的底色

9 在工作牌中添加标志和相关的文字内容，并将贴照片的区域填充为白色，如图 12-348 所示。

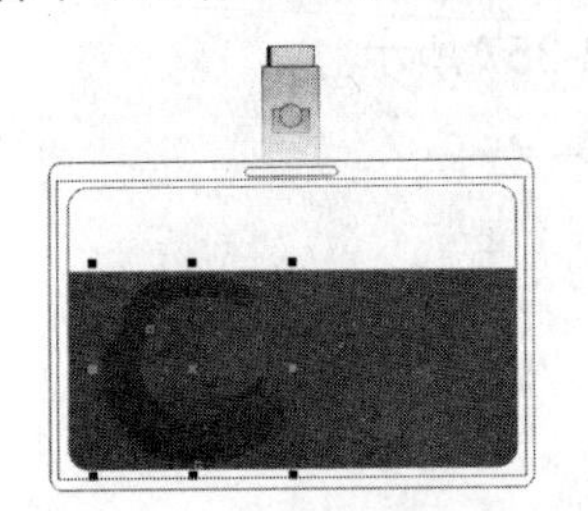

图 12-347 工作牌中的辅助图形

图 12-348 工作牌效果

10 将制作好的胸牌、名片和工作牌对象分别移动到 VI 版面中，效果如图 12-349 所示。

11 切换到“页 9”，修改版面中对应的文字内容，如图 12-350 所示。

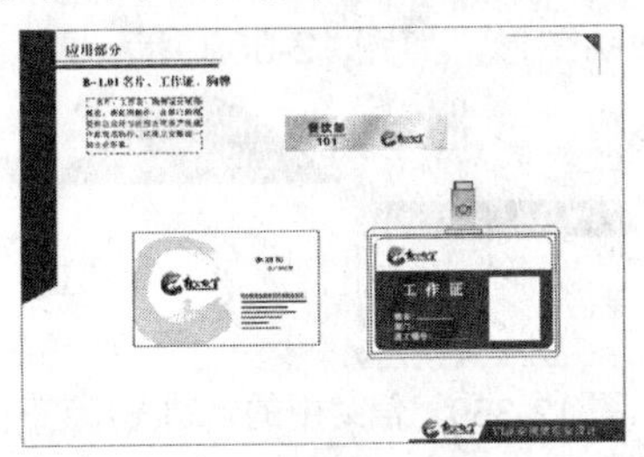

图 12-349 胸牌、名片和工作牌效果

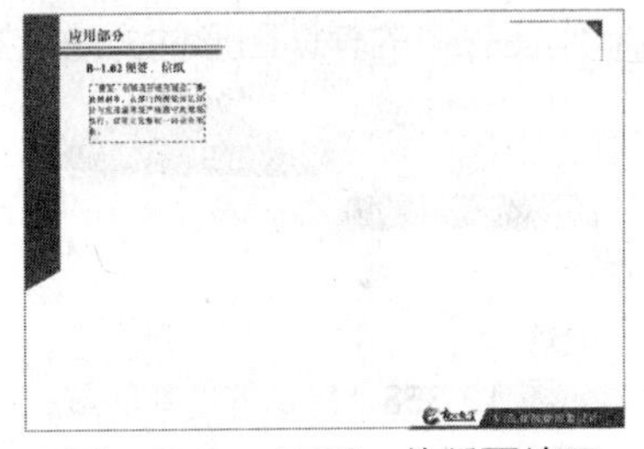

图 12-350 页面 9 的版面效果

12 按便签的长宽比例绘制一个矩形，将其填充为白色，然后将灰度标志中的花瓣对象复制一份到该页面中，并将其水平镜像后，精确剪裁到该矩形内部，如图 12-351 所示。

13 复制该矩形对象，然后在该对象上单击鼠标右键，从弹出的快捷菜单中选择“提取内容”命令，将该矩形中的辅助图形提取出来，再按下 Delete 键删除该图形，最后为矩形应用“开始透明度”为 30 的“标准”透明效果，这样可以使便签中的辅助图形变得淡一些，如图 12-352 所示。

14 在便签中添加标志、公司名称和公司联络方式等文字信息，并在便签底部绘制一个以标准绿色填充的矩形，以修饰便签，完成效果如图 12-353 所示。

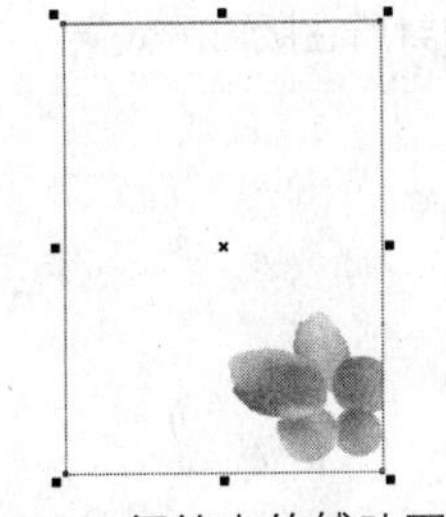

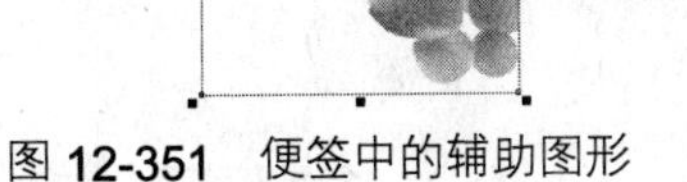

图 12-351 便签中的辅助图形

图 12-352 淡化辅助图形的效果

图 12-353 完成后的便签效果

15 绘制如图 12-354 所示的两种信纸，并将便签中的标准和文字信息复制到信纸上，完成效果如图 12-355 所示。

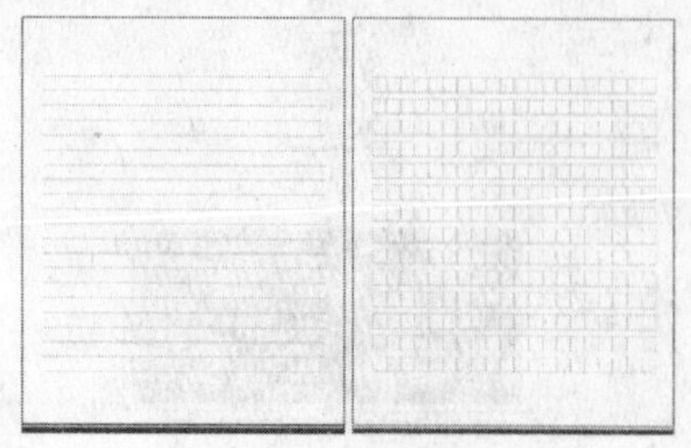
图 12-354 绘制的信纸

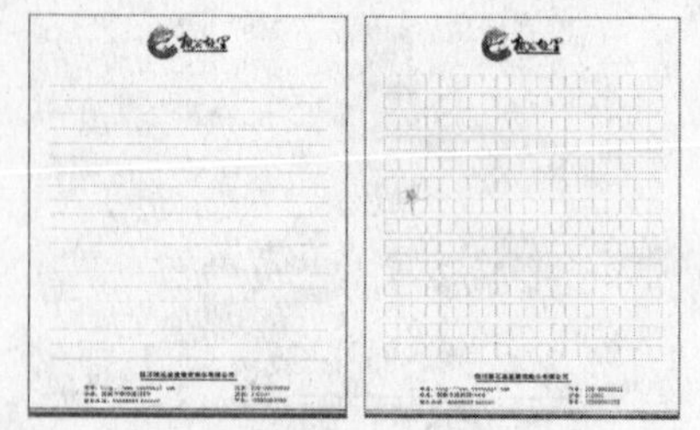
图 12-355 信纸中的标志和文字信息

16 将制作好的便签和信纸分别移动到 VI 版面中，效果如图 12-356 所示。

17 切换到“页 10”，修改版面中对应的文字内容，如图 12-357 所示。

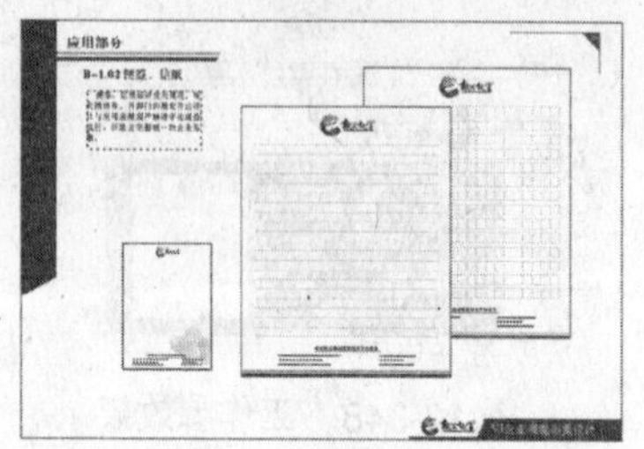
图 12-356 版面中的标签和信纸效果

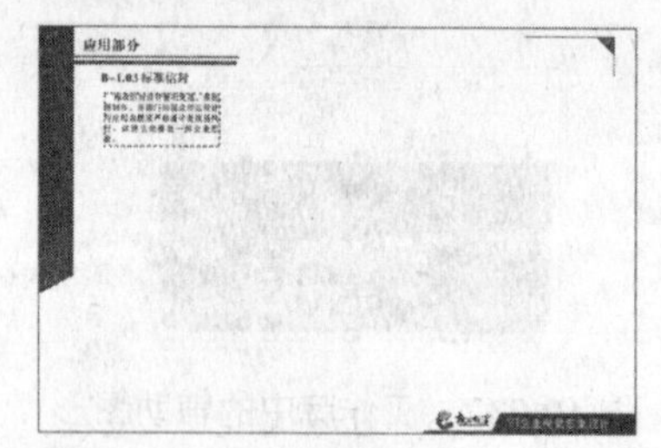
图 12-357 页面 10 的版面效果

18 绘制如图 12-358 所示的两个信封外形，将信封的封口处填充为标准绿色。

19 按照制作便签中的辅助图形的方法，在信封上添加辅助图形，如图 12-359 所示。

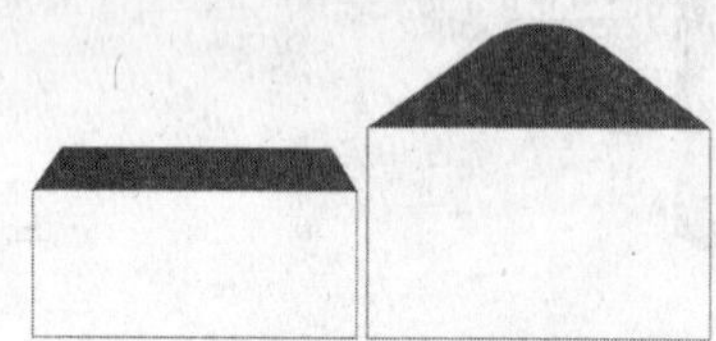
图 12-358 绘制的信封外形

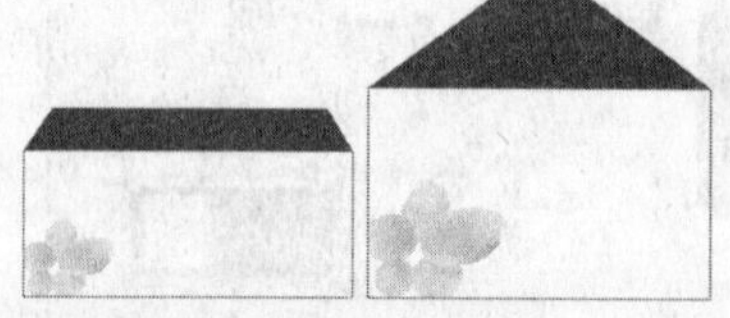
图 12-359 信封中的辅助图形

20 在信封中添加标志、公司联系方式，以及信封中必要的元素，完成效果如图 12-360 所示。将制作好的信封移动到 VI 版面中，如图 12-361 所示。

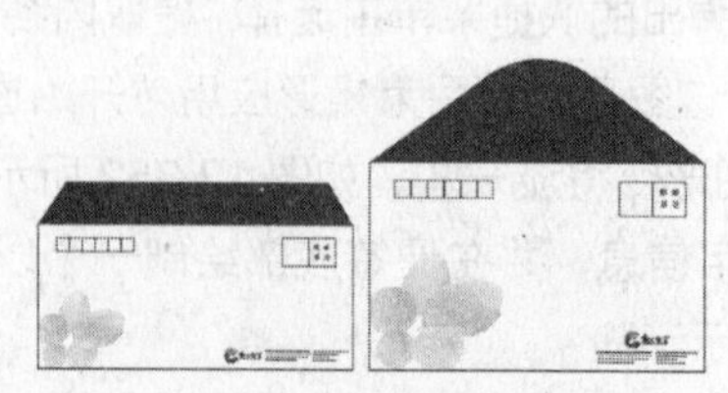
图 12-360 完成的信封效果

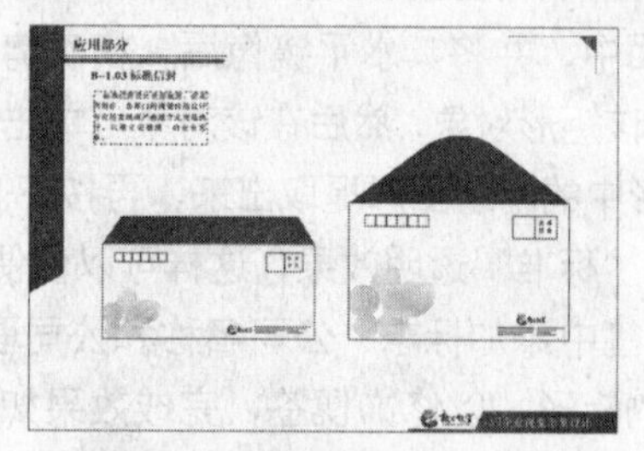
图 12-361 信封所在版面的效果

21 切换到“页 11”，修改版面中对应的文字内容，如图 12-362 所示。

22 绘制如图 12-363 所示的文件袋和档案袋外形，并分别为它们添加相应的辅助图形。在文件袋和档案袋上添加标志和必要的文字信息，完成效果如图 12-364 所示。

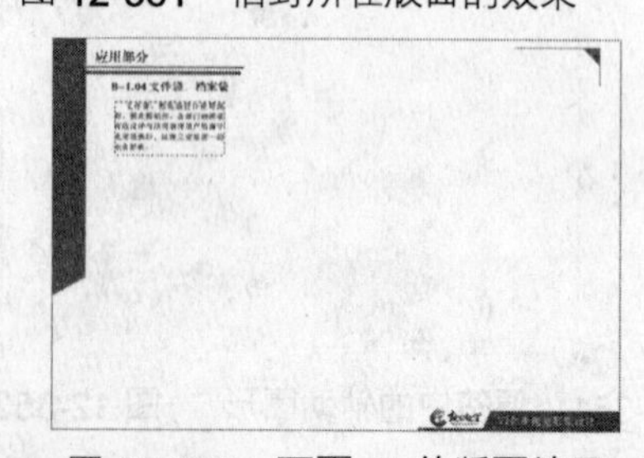
图 12-362 页面 11 的版面效果

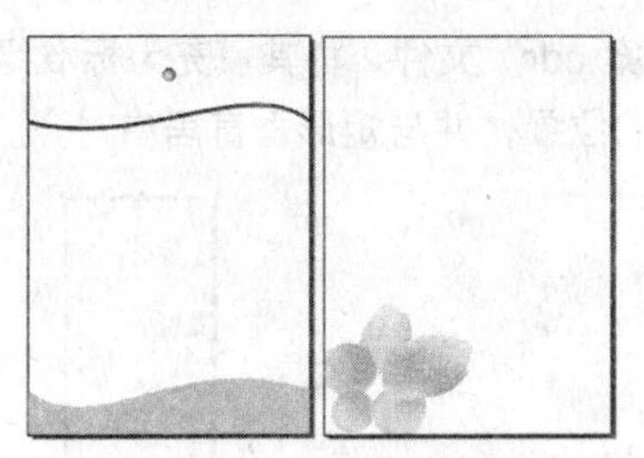

图 12-363 文件袋和档案袋外形

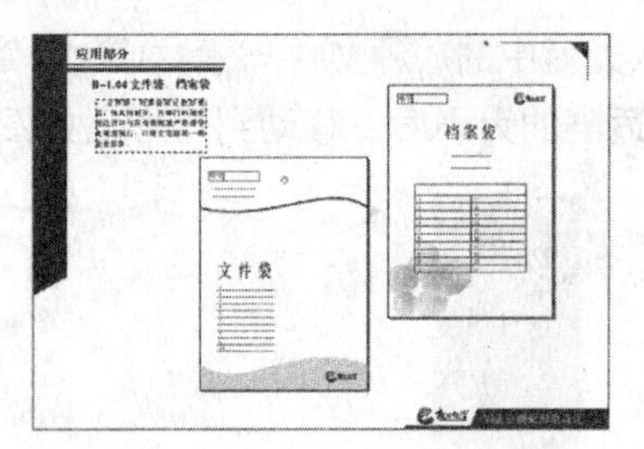

图 12-364 完成后的效果

23 切换到“页 12”，修改版面中对应的文字内容，如图 12-365 所示，然后绘制如图 12-366 所示的两种不同的手提袋正面设计效果。

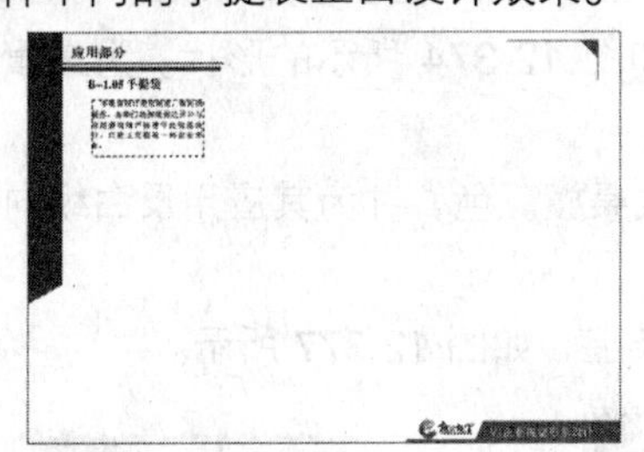

图 12-365 页面 12 的版面效果

图 12-366 不同的手提袋正面设计效果

24 复制手提袋正面对象，然后绘制整个手提袋效果，如图 12-367 所示。复制绿色的手提袋，将手提袋的整体颜色填充为白色，然后在该手提袋中应用反白纵向组合的标志效果，如图 12-368 所示。

图 12-367 绘制的手提袋整体效果

图 12-368 白色手提袋效果

25 将制作好的手提袋放置在 VI 版面中，效果如图 12-369 所示。

26 切换到“页 13”，修改版面中对应的文字内容，如图 12-370 所示。

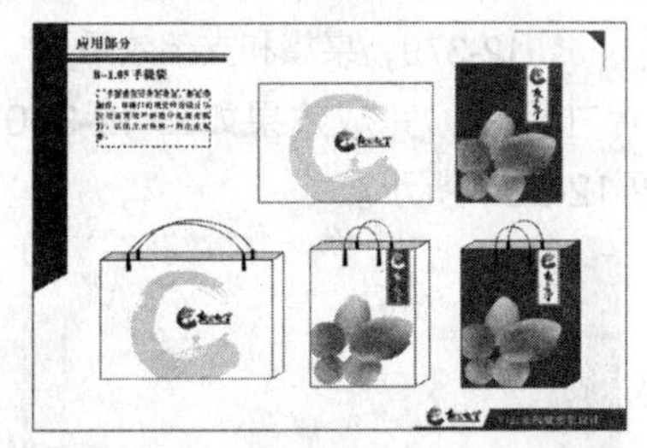

图 12-369 VI 版面中的手提袋效果

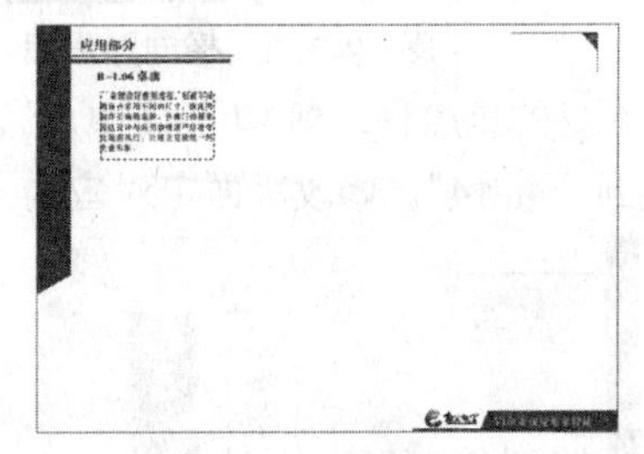

图 12-370 页面 13 的版面效果

27 按长条形桌旗的长宽比例绘制如图 12-371 所示的一个矩形，为其填充标准绿色，并取消外部轮廓。复制该矩形，并将其按对象中心缩小到一定的大小，然后将其填充为白色，如图 12-372 所示。

28 导入光盘中的“源文件与素材\第 12 章\素材\传统图案.cdr”文件，将其填充为标准绿色，并调整到适当的大小后，移动到矩形上如图 12-373 所示的位置，并与矩形垂直居中对齐。

图 12-371　绘制的矩形

图 12-372　复制后的白色矩形

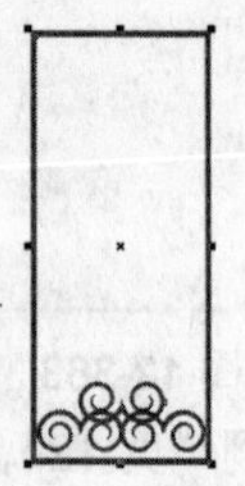

图 12-373　桌旗上的传统图案效果

29 按传统图案底部的形状，将下方的两个矩形编辑为如图 12-374 所示的形状。为桌旗添加纵向组合的标志，如图 12-375 所示。

30 复制上一步制作好的桌旗，并如图 12-376 所示修改桌旗颜色，并为其应用反白纵向组合的标志。

31 绘制一个桌旗支架，然后将制作好的桌旗放置在支架上，如图 12-377 所示。

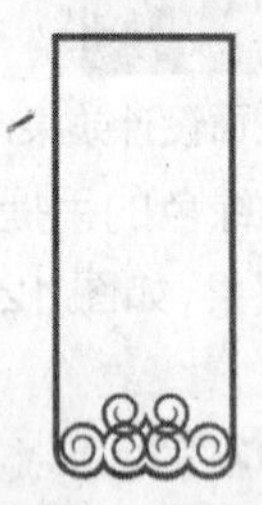

图 12-374　编辑矩形形状

图 12-375　标志

图 12-376　反白桌旗

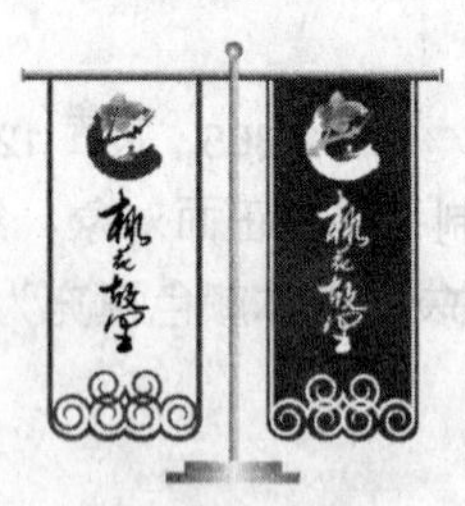

图 12-377　桌旗和支架

32 绘制如图 12-378 所示的横向形桌旗，然后绘制一个桌旗支架，并将支架和桌旗进行组合，效果如图 12-379 所示。

图 12-378　横向形桌旗

图 12-379　桌旗和支架效果

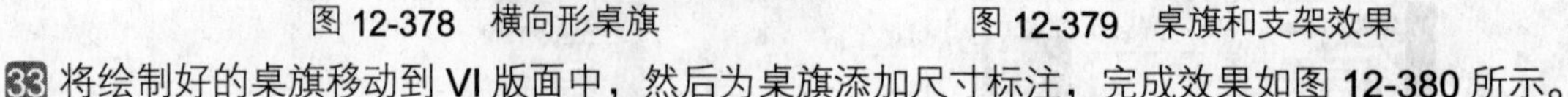

33 将绘制好的桌旗移动到 VI 版面中，然后为桌旗添加尺寸标注，完成效果如图 12-380 所示。

34 切换到“页 14”，修改版面中对应的文字内容，如图 12-381 所示。

图 12-380　版面中的桌旗效果

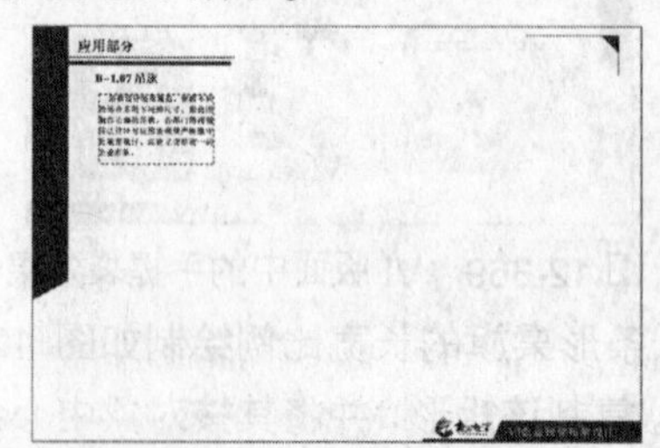

图 12-381　页面 14 的版面效果

35 绘制如图 12-382 所示的三角形，将其填充为白色，将桌旗中的传统图案复制一份到该页面

中，并调整到适当的大小后移动到三角形上，如图 12-383 所示。

36 采用复制和修剪命令，在三角形中绘制如图 12-384 所示的对象，作为吊旗中的颜色修饰部分。

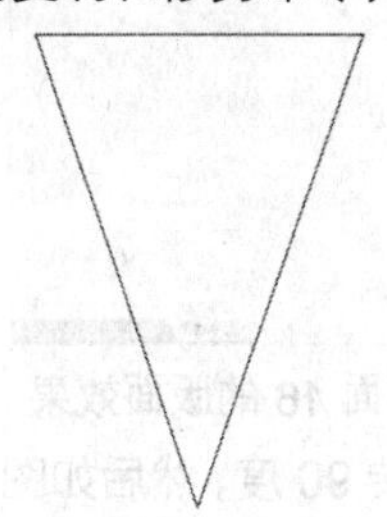

图 12-382 绘制的三角形

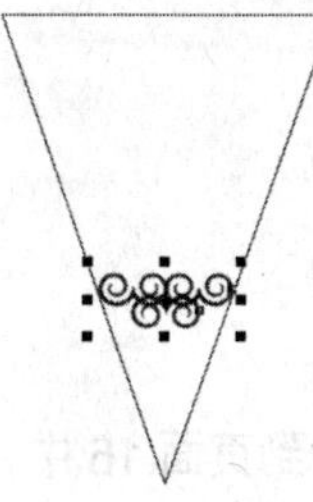

图 12-383 传统图案

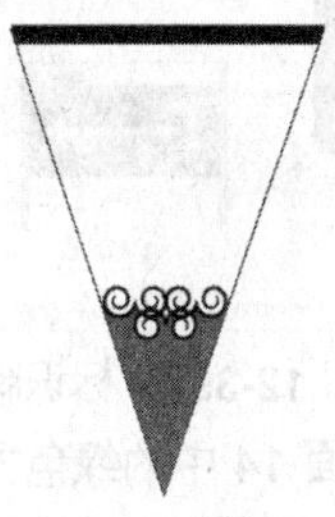

图 12-384 修饰部分

37 在吊旗中添加上下组合的标志，效果如图 12-385 所示。复制该吊旗，然后制作其他 3 种颜色的吊旗，如图 12-386 所示。

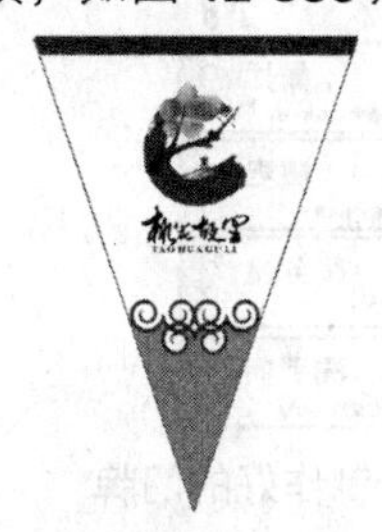

图 12-385 在吊旗中添加标志

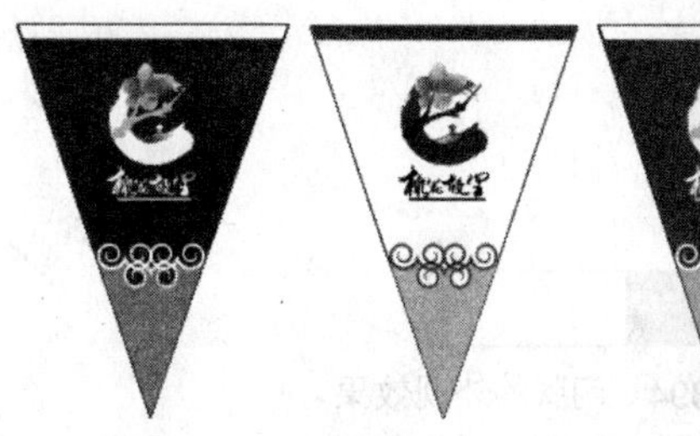

图 12-386 其他 3 种颜色的吊旗

38 复制页面 13 中的长条形桌旗到页面 14 中，然后如图 12-387 所示制作方形的吊旗效果。

39 在吊旗上采用渐变填色的方式绘制不锈钢横条，然后将吊旗放置在横条下方，再将它们移动到 VI 版面中，完成效果如图 12-388 所示。

图 12-387 方形吊旗效果

图 12-388 吊旗所在版面的效果

40 切换到“页 15”，修改版面中对应的文字内容，如图 12-389 所示。

41 绘制如图 12-390 所示的指路标识牌，并在标识牌上添加辅助图形、标志和必要的文字信息，如图 12-391 所示。

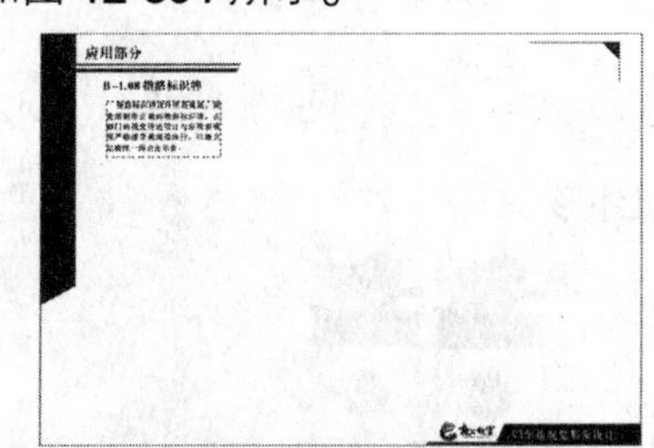

图 12-389 页面 15 的版面效果

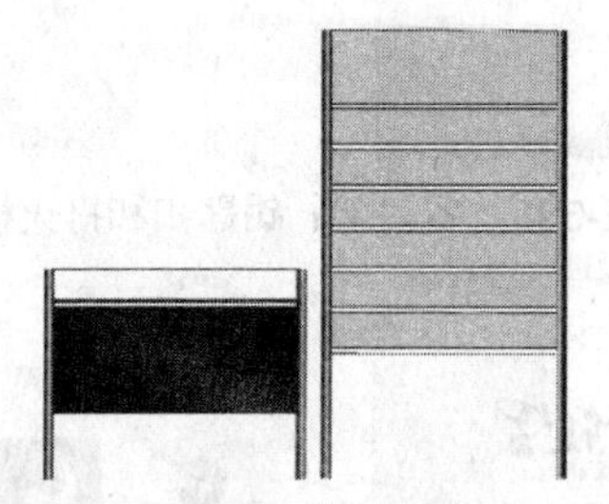

图 12-390 指路标识牌

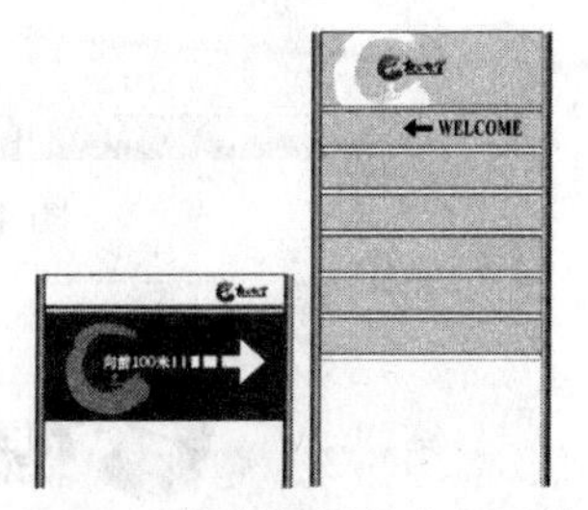

图 12-391 添加标识牌中必要的元素

42 将制作好的标识牌移动到 VI 版面中，完成效果如图 12-392 所示。

43 切换到“页 16”，修改版面中对应的文字内容，如图 12-393 所示。

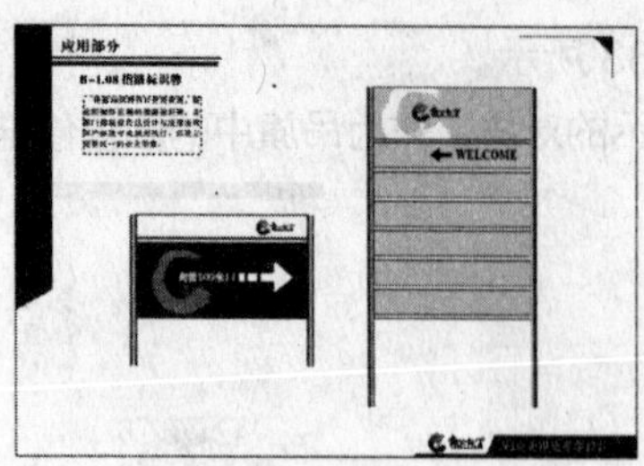

图 12-392　标识牌所在的版面效果

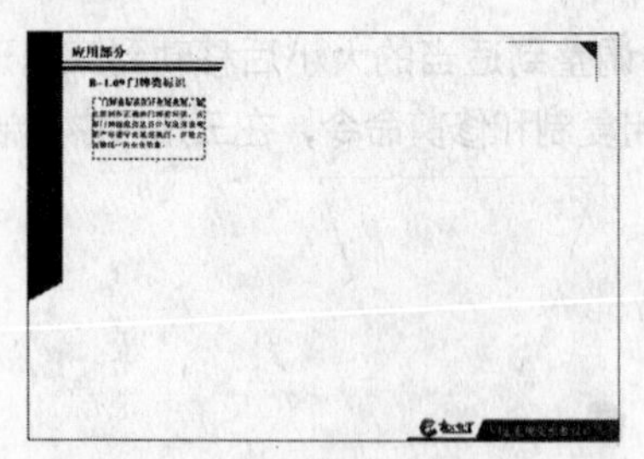

图 12-393　页面 16 的版面效果

44 将页面 14 中的绿色方形吊旗复制一份到页面 16 中，并将其顺时针旋转 90 度，然后如图 12-394 所示修改其大小和颜色，以作为门牌的外观效果。

45 在门牌上添加文字和对应的图形信息，完成效果如图 12-395 所示。门牌在 VI 版面中的效果如图 12-396 所示。

图 12-394　门牌的外观效果

图 12-395　制作好的门牌

46 切换到“页 17”，修改版面中对应的文字内容，如图 12-397 所示。

图 12-396　门牌所在的版面效果

图 12-397　页面 17 的版面效果

47 绘制如图 12-398 所示名片架、钥匙扣和打火机外形，然后为它们添加标志元素，并为打火机添加传统图案，完成效果如图 12-399 所示。名片架、钥匙扣和打火机在 VI 版面中的效果如图 12-400 所示。

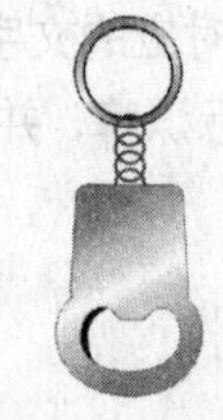

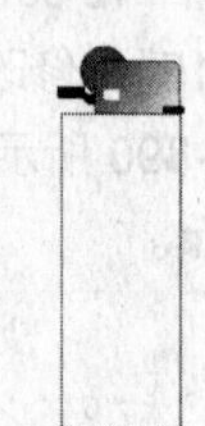

图 12-398　名片架、钥匙扣和打火机外形

图 12-399　添加到名片架、钥匙扣和打火机上的标志和图案元素

48 切换到“页 18”，修改版面中对应的文字内容，如图 12-401 所示。绘制如图 12-402 所示的横向灯箱外形，然后复制该灯箱，并将其顺时针旋转 90 度，得到如图 12-403 所示的竖式灯箱。

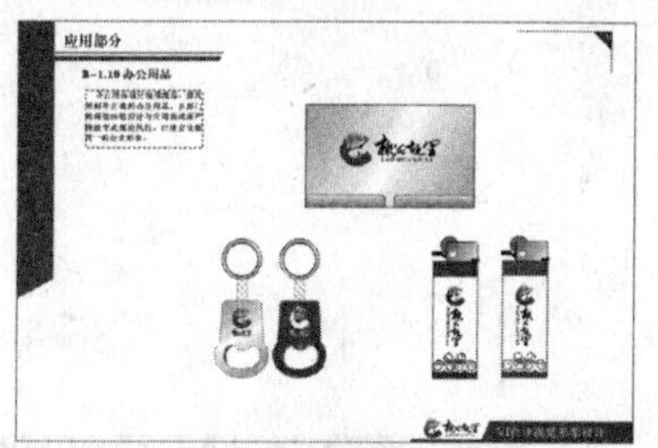

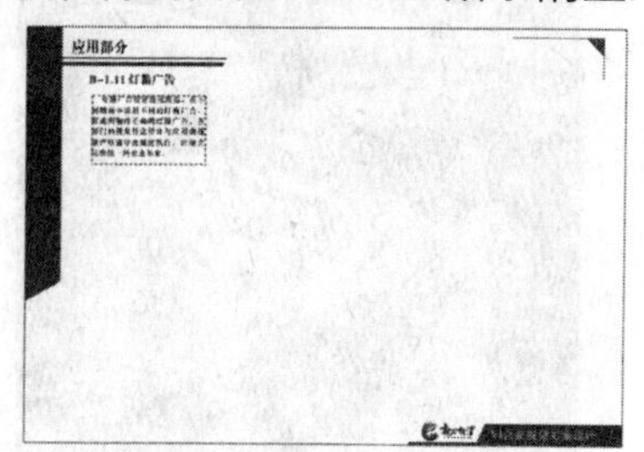

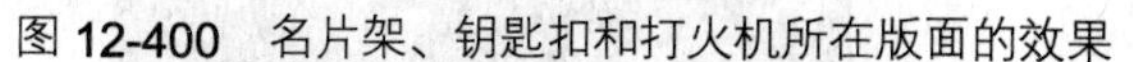

图 12-400　名片架、钥匙扣和打火机所在版面的效果　　图 12-401　页面 18 的版面效果

49 将标志中的笔触和楼阁图案复制一份，将其填充为（C:40、M:0、Y:43、K:0）的颜色，然后将其精确剪裁到到圆形灯箱中，效果如图 12-404 所示。

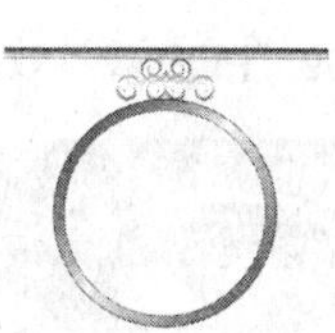

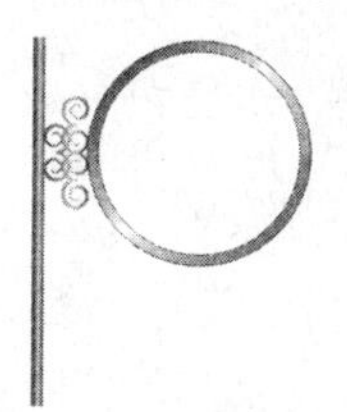

图 12-402　横向灯箱　　图 12-403　竖向灯箱　　图 12-404　灯箱中的辅助图形

50 在圆形灯箱中添加标志，效果如图 12-405 所示。将制作好的灯箱画面复制一份到竖式灯箱中，效果如图 12-406 所示。

51 将制作好的灯箱移动到 VI 版面中，完成效果如图 12-407 所示。这样，“桃花故里”酒店的整个 VI 就制作完成了。

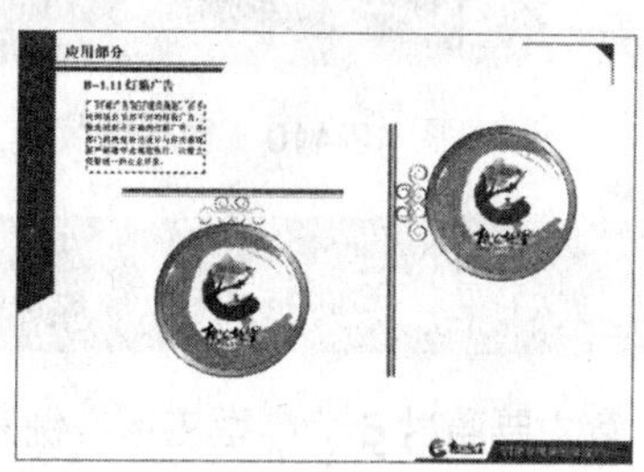

图 12-405　灯箱中的标志效果　图 12-406　竖式灯箱效果　　图 12-407　灯箱所在版面的效果

12.7 上机实践

（1）请导入光盘中的“源文件与素材\第 12 章\素材\DM 单.jpg”文件，如图 12-408 所示，然后利用绘图工具、填色工具、文本工具和导入位图功能等制作该 DM 单内容。

（2）请导入光盘中的“源文件与素材\第 12 章\素材\POP.jpg”文件，如图 12-409 所示，然后利用绘图工具、填色工具和文本工具绘制该 POP 内容。

（3）导入光盘中的“源文件与素材\第 12 章\素材\食品包装.jpg”文件，如图 12-410 所示，然后参考该食品包装的设计风格，设计一款零食包装。

（4）导入光盘中的“源文件与素材\第 12 章\素材\饮料包装.jpg”文件，如图 12-411 所示，然后参考该易拉罐的设计风格，设计一款饮料包装。

图 12-408　DM 单设计效果

图 12-409　POP 设计效果

图 12-410　食品包装

图 12-411　饮料包装

12.8 巩固与提高

本章主要通过 6 个典型应用实例为大家讲解了 CorelDRAW X4 在平面设计工作中的典型应用。通过本章典型应用实例的设计与制作方法，读者可以熟练掌握 CorelDRAW X4 软件的综合应用技巧，进一步提高设计应用水平。下面准备了一些练习，希望用户通过完成下面的习题巩固前面学习到的知识。

1．单项选择题

（1）在 CorelDRAW X4 中，选择渐变工具后，使用（　　）渐变可以为对象设置两种颜色的渐变色。

A．单色　　B．双色　　C．线性渐变　　D．射线渐变

（2）通过（　　）设置，可以为对象填充两种或两种以上的颜色渐进效果。

A．自定义渐变　　B．方形渐变　　C．交互式填充工具　　D．图样

（3）通过设置（　　），可以单独设置段落文本中第一个字符的大小，以突出显示文本的起始字符。

A．字体样式　　B．首字下沉　　C．段落　　D．分栏

2．多选题

（1）在 CorelDRAW X4 中，要新建一个文件，可以使用下列哪些方法（　　）

A．单击新建按钮　　B．选择“文件→新建”命令

C．按“Enter”键　　D．按“Ctrl＋N”键

（2）CorelDRAW 中的图样分为三种类型，分别是包括（　　）图样。

A．湿笔画　　B．位图　　C．全色　　D．双色

3．判断题

（1）在同一个段落文本中编排大量的文本时，用户可以将一个段落文本按指定的栏数划分，使阅读者能够更轻松地阅读文字内容。（　　）

（2）使用“后减前”命令，可以减去选定对象中除最上层以外的所有对象，同时最上层对象中与下层对象重叠的部分也会被减去。（　　）

（3）使用“图框精确剪裁”命令，可以将矢量图形、位图、文本对象等放置在其他对象或容器内，使对象被裁剪以适合容器的形状，从而达到图框精确剪裁对象的效果。（　　）

读书笔记